普通高等教育"十一五"国家级规划教材

高等院校石油天然气类规划教材

地球物理测井

宋延杰　陈科贵　王向公　主编

石油工业出版社

内 容 提 要

本书全面介绍了地球物理测井的各种方法和综合解释方法，主要内容包括电法测井、声波测井、放射性测井、成像测井、工程测井与地层测试、生产动态测井和地层倾角测井的基本原理和应用，常规录井技术、综合录井技术、录井新技术及其应用，纯岩石、泥质砂岩、碳酸盐岩地层评价方法以及测井资料数据处理的基本方法。

本书是为石油高等院校资源勘查工程、石油工程等专业的全日制本科设置的地球物理测井课所编写的教材，也可作为这些专业及其他有关专业的科技人员在职培训或进修选用的教材。

图书在版编目(CIP)数据

地球物理测井/宋延杰，陈科贵，王向公主编．—北京：石油工业出版社，2011．5(2022．7 重印)

(普通高等教育“十一五”国家级规划教材·高等院校石油天然气类规划教材)

ISBN 978－7－5021－8267－0

Ⅰ．①地… Ⅱ．①宋…②陈…③王… Ⅲ．①测井－高等学校－教材 Ⅳ．①P631．8

中国版本图书馆 CIP 数据核字(2011)第 017770 号

出版发行：石油工业出版社

(北京安定门外安华里 2 区 1 号　100011)

网　址：www.petropub.com

编辑部：(010)64523574

图书营销中心：(010)64523633　(010)64523731

经　　销：全国新华书店

排　　版：北京乘设伟业科技有限公司

印　　刷：北京中石油彩色印刷有限责任公司

2011 年 5 月第 1 版　2022 年 7 月第 5 次印刷

787 毫米×1092 毫米　开本：1/16　印张：26．25

字数：672 千字

定价：52．00 元

(如出现印装质量问题，我社图书营销中心负责调换)

前　言

地球物理测井是应用地球物理学的一个分支,简称测井(well logging)。它是在勘探和开采石油、天然气、煤、金属矿等地下矿藏的过程中,利用各种仪器测量井下地层的物理参数和井眼的技术状况,以解决地质和工程问题的一类工程技术的总称。它是应用物理学原理解决地质和工程问题的一门边缘性技术学科,是石油工业发展中的重要学科之一。长期以来,测井技术在石油勘探开发中发挥着重要的作用,勘探测井被称为寻找油气田的"眼睛",生产测井被称为油气田开发的"医生"。

随着油气勘探开发的发展,不断出现一些复杂难题。勘探方面,油田总体规模变小,储集层条件变差、类型增多、岩性复杂,储集层非均质性严重,物性变化范围大,薄互层及低孔、低渗储集层普遍存在;开发方面,由于长期注水,储集层岩性、物性、含油性、电性等都发生了较大的变化。这些难题的解决推动着地球物理测井方法与技术不断向前发展。电缆测井技术经历了模拟测井、数字测井、数控测井和成像测井四个阶段,在每个阶段均推出了许多测井新方法、新技术和新装备。特别是20世纪90年代以来,声成像、电成像、核磁共振测井的出现,使得测井数据的应用范围不断拓宽,应用水平不断提高,已经从最初的井间地层对比发展到油气藏综合描述、生产动态监测和工程问题的整体描述与解决。

本书是为石油高等院校中资源勘查工程、石油工程等专业的全日制本科设置的地球物理测井课所编写的教材。由于资源勘查工程、石油工程等专业的工程技术人员在生产实践中主要应用测井资料解决地质、生产、工程等方面问题,因此,在教材的编写中,编者按照基本原理和应用并重的原则,注重加强教材的实用性。基本原理部分做到阐述清楚、明了,能够使不同专业和不同层次的人都易于接受;应用部分则进行全面和详尽的阐述,充分满足现场工程技术人员的需要。同时,在保留经典内容的基础上,编者十分注重技术的更新,将本学科及相关学科发展的最新技术引入教材中,如引入成像测井技术、现代录井技术、新的测井解释方法等。本书几乎涵盖了测井技术的方方面面,从测井原理到测井解释,从裸眼井测井到生产测井,从常规测井技术到成像测井技术,从常规的碎屑岩储集层测井解释方法到碳酸盐岩储集层测井解释方法等等,是一本内容丰富的教材。

在本书编写过程中,参考了多部教材和专著,在此向这些教材和专著的作者表示衷心的感谢。

本书由宋延杰(东北石油大学)、陈科贵(西南石油大学)、王向公(长江大学)主编。本书第一章和第九章第一节、第二节、第四节由宋延杰编写;第六章第二节、第七章和第八章第一节由陈科贵编写;第二章由王向公编写;第四章由蔺景龙(东北石油大学)编写;第五章由李鹏举(东北石油大学)编写;第八章第二节和第九章第三节由李雪英(东北石油大学)编写;第三章由徐德龙(东北石油大学)编写;第六章第一节由邱春宁(西南石油大学)编写。全书由宋延杰统校。

由于编者水平有限,教材中一定还有不当之处,在此诚请使用本教材的广大师生和阅读本书的读者提出宝贵意见,以便教材再版时修改。

编　者

2010 年 12 月

目　　录

第一章　储集层评价基础

石油和天然气储藏在地下具有连通的孔隙、裂缝或孔洞的岩石中。自然界中存在着各种各样的岩层，例如沉积岩层、火成岩层、变质岩层等，但并不是所有的岩层都能储集油气。在石油地质中，把能够储存和渗滤流体的岩层称为储集层。由此可见，储集层必须具备两个基本条件：一是孔隙性，即是具有储存石油、天然气、水等流体的孔隙、裂缝、孔洞等空间场所；二是渗透性，即这些空间场所必须是连通的，能够形成油气水等流体的流动通道。用测井资料划分井剖面的岩性和储集层，评价储集层的岩性、物性、含油性、生产价值和生产情况等，是测井技术最基本和最重要的应用，也是测井技术其他应用的基础。

第一节　储集层分类和特点

世界上能够储集石油和天然气的岩石有许多，按其岩石的性质来划分，主要有碎屑岩储集层、碳酸盐岩储集层和其他岩类储集层。世界上近95%的油气田都发现在前两种储集层中，而其他岩类储集层的岩石类型尽管很多，但在世界油气总储量中只占很小的比例，故其意义远不如碎屑岩储集层、碳酸盐岩储集层。

一、碎屑岩储集层

碎屑岩主要是由各种岩石碎屑、矿物碎屑、胶结物（泥质、灰质、硅质和铁质）及孔隙空间组成。碎屑岩颗粒最常见的矿物有石英、长石、云母及重矿物，其中，石英、长石在碎屑岩中占95%以上。碎屑岩的岩石类型包括从砾岩、砾状砂岩、粗砂岩、中砂岩、细砂岩、粉砂岩到粘土岩各种粒级的岩石，表1－1给出了常用的碎屑颗粒的粒度分级。世界各地的碎屑岩储集层以砂岩为主，其次为砾岩。其中，以中、细砂岩和粉砂岩为主，砾岩、砾状砂岩、粗砂岩储集层在一些盆地都不同程度地出现。目前，碎屑岩储集层是我国最主要和分布最广的储集层。世界上已发现的油气储量中，大约58%的石油和75%的天然气储存在碎屑岩中。

表1－1　碎屑颗粒的粒度分级表

碎屑名称		颗粒直径，mm
砾	巨砾	>1000
	粗岩	1000～100
	中砾	100～10
	细砾	10～2
砂	巨砂	2～1
	粗砂	1～0.5
	中砂	0.5～0.25
	细砂	0.25～0.1
粉砂	粗粉砂	0.1～0.05
	细粉砂	0.05～0.01
粘土（泥）	粘土（泥）	<0.01

碎屑岩储集层中最常见的孔隙空间主要是碎屑颗粒之间的粒间孔隙，影响储集层性质的主要因素有：

（1）碎屑颗粒的排列方式和大小。碎屑颗粒的排列方式主要有紧密排列、不紧密排列、中等紧密排列。其中，紧密排列排列密，孔隙度小，连通性较差，渗透率低，储集物性差；不紧密排列排列疏松，孔隙度大，连通性好，渗透率高，储集物性好；而中等排列介于两者之间。

颗粒近于球形且大小均等时，孔隙度与颗粒大小无关。但随着颗粒减小，孔隙连通变差，流体与孔隙内壁之间的吸附力增大，有效孔隙度和渗透率随之降低。

（2）碎屑颗粒的分选程度和圆球度。岩石的分选程度差，大颗粒之间会被小颗粒充填，小颗粒之间会被更小的颗粒充填，孔隙度、渗透率低，物性变差；圆球度差，颗粒凸凹不平，形状不规则，常常互相镶嵌，彼此咬合，从而使颗粒间孔隙度减小、渗透率降低、物性变差。

（3）胶结物的含量、类型和成分。胶结物的含量、类型和成分对储集物性有明显的影响。胶结物含量高，粒间孔隙多被充填，孔隙体积、半径变小，孔隙连通性变差，导致储集物性变差。胶结物的多少直接决定着胶结类型，胶结物含量高，一般为基底或孔隙—基底式胶结，储集物性差；胶结物含量低，多为接触或接触—孔隙式胶结，储集物性较好。胶结物成分对储集物性好坏也有直接影响，硅—铁质或铁质或钙质胶结的岩石较致密，储集物性差；泥质或泥质—钙质胶结的岩石较疏松，储集物性好。

二、碳酸盐岩储集层

碳酸盐岩储集层包括石灰岩、白云岩、生物碎屑灰岩等，这一类储集层在世界上占有很重要的地位。碳酸盐岩储集层中的油气储量占世界油气总储量的一半，而产量占总产量的60%以上。中东的高产油气田，我国华北的震旦系、寒武系和奥陶系的产油层，我国四川的震旦系、二叠系、三叠系的油气层，均属于这一类。

碳酸盐岩的基本化学成分是碳酸盐，如 $CaCO_3$，$MgCO_3$ 等。矿物组成主要为方解石和白云石，此外，还有文石、菱铁矿、菱锰矿以及铁白云石等，还含有一些非碳酸盐矿物，如粘土矿等。矿物成分以方解石为主的称为石灰岩，而矿物成分以白云石为主的称为白云岩。

碳酸盐岩一般比较致密，其原生孔隙很小，一般只有1% ~2%，但其性脆，化学性质不稳定，容易形成各种各样的裂缝、孔洞。一般认为，只要碳酸盐岩的总孔隙度（包括原生和次生孔隙）大于5%，就具有渗透性。

碳酸盐岩的储集空间具有多样性、分布不均匀等特点，储集空间类型主要有三种：

（1）孔隙性储集空间。孔隙性储集空间主要由颗粒、生物骨架和结晶颗粒支撑的粒间孔隙、晶间孔隙、鲕状孔隙、生物体腔形成的粒内孔隙组成，它们一般是在岩石成岩过程中形成的原生孔隙。而晶间孔隙可以是沉积时期形成的，但更多的是在成岩后生阶段由于白云岩化作用及重结晶作用等形成的。具有这种储集空间的储集层物性、油气水分布、钻井液侵入特性等与砂岩储集层类似，适用的测井方法与解释方法也基本相同。

（2）裂缝性储集空间。裂缝性储集空间主要是由构造裂缝组成，其特点是：岩石致密，平均孔隙度很小；由于裂缝的数量、形状和分布极不均匀，致使裂缝性储集空间的孔隙度、渗透率变化大，油气水分布不规律；主要裂缝发育带厚度很小，一般为1m左右；裂缝性储集空间的渗透率高，钻井液侵入较深。对于裂缝异常发育而原生孔隙又很低，以致在通常的测井探测范围内可以认为裂缝是均匀分布的裂缝性储集层，测井解释效果比较好；对于裂缝不太发育、分布又不均匀、裂缝孔隙度很小、粒间孔隙度也很低的孔隙—裂缝性储集层，目前测井解释还存在很多困难。

(3)洞穴型储集空间。洞穴型储集空间主要是由溶蚀作用、结晶作用或其他次生变化形成的比较大的孔洞。这类孔洞形状不一,大小悬殊。这是富集油气的一种重要的孔隙类型,常是钻遇高产油气层的一种显示。目前,测井解释只考虑较小的洞穴,并认为它们在测井探测范围内是均匀分布的。

三、其他岩类储集层

这类储集层包括岩浆岩、变质岩和泥岩等。它们都很致密,由于成岩作用以后的风化作用、剥蚀作用或其他强烈的构造运动作用,可以形成次生孔洞和裂缝。如果靠近油源,这些次生的孔洞和裂缝有可能储集油气。

第二节　储集层的基本评价参数

储集层是形成油气层的基本条件,是应用测井资料进行地层评价和油气分析的基本对象,因而了解储集层岩石的物性和含油性好坏具有十分重要的意义。在油气田的勘探开发阶段,通过探井、评价井和开发井的岩心分析、测井解释和现场试井,所取得的储集层岩石物性和含油性资料,是进行油气藏评价、射孔完井的产能分析和计算的重要参数。本节重点介绍孔隙度、渗透率等描述储集层岩石物性好坏的参数,介绍含油饱和度、含水饱和度、束缚水饱和度等描述储集层岩石含油性好坏的参数。

一、孔隙度

岩石的孔隙性是衡量岩石的孔隙空间储集油气能力的一个重要度量,岩石的孔隙性一般用孔隙度来表示。储集岩石的孔隙度定义为岩石本身的孔隙体积和岩石体积之比值。它是一个量纲为 1 的量,它可以用小数或百分数表示,定义式为:

$$\phi = \frac{V_p}{V}$$

式中　ϕ——孔隙度,小数;

V_p——岩石孔隙体积,cm^3;

V——岩石体积,cm^3。

对于任何实际的储集层,并不是所有的孔隙都是连通的,而只有那些相互连通的孔隙才具有储油气的能力。因此,通常又将孔隙度划分为总孔隙度、有效孔隙度、缝洞孔隙度。总孔隙度定义为岩石中总孔隙体积与岩石体积之比,用 ϕ_t 表示;有效孔隙度定义为岩石中连通孔隙体积与岩石体积的比值,用 ϕ_e 表示;缝洞孔隙度定义为岩石中缝洞孔隙体积与岩石体积的比值,用 ϕ_2 表示。大量的实验研究表明,纯砂岩储集层的总孔隙度和有效孔隙度基本上是同一数值。

岩石孔隙是指组成岩石的各种颗粒间的空间场所,按其生成和形成过程可分为:

(1)原生孔隙:在沉积过程中形成的孔隙,如碎屑沉积(包括砂岩、砾岩等)颗粒间的粒间孔隙、岩层层理、层面间的层间孔隙等。它由颗粒形状、分选程度、排列方式和胶结程度等因素决定。

(2)次生孔隙:岩石生成后由次生作用形成的孔隙。它由溶解过程、盐类和胶结物的重新沉淀以及岩石的白云化、构造运动产生裂缝等因素决定。

岩石的孔隙度越大,说明岩石中孔隙空间越多。在自然条件下,岩石中孔隙的大小不同,孔隙间连通程度不同,对流体的储存和流动所起的作用是不相同的。实践证明,储集层的性质在很大程度上是由孔隙、孔道的大小来决定的。所以根据孔隙的大小和它们对流体的作用,可把岩石孔隙分为三类:

(1)超毛细管孔隙:孔隙直径大于0.5mm,裂缝宽度大于0.25mm。在自然条件下,此类孔隙中除岩石颗粒表层有一层不能流动的束缚水(薄膜滞水)外,在重力作用下其他流体(油气和水)可在毛细管中自由流动。一些胶结疏松的砂岩和未胶结的砂岩中的孔隙均属于此类。

(2)毛细管孔隙:孔隙直径为0.5~0.0002mm,裂缝宽度为0.25~0.0001mm。此类孔隙中除颗粒表面的束缚水之外,某些毛细管弯曲较大的地方也有不能流动的滞水,油气和水由于受到毛细管阻力作用在毛细管孔道内不能自由流动。只有当外部的压力作用大于本身的毛细管阻力时,它们才能在其中流动,一般的砂岩孔隙属于此类。

(3)微毛细管孔隙:孔隙直径小于0.0002mm,裂缝宽度小于0.0001mm。由于孔隙极其微小,毛细管对流体的束缚力很大,在通常压力下,流体在其中不能流动。此类孔隙中的流体通常是成岩过程中形成的地层水,其他地层生成的油气不可能进入此类孔隙。一般粘土层和泥岩的孔隙均属于此类,这类岩层是非储集层,即生油层或是盖层。

根据岩石孔隙的三种类型,可更清晰地理解岩石有效孔隙的概念。有效孔隙指除去粘土束缚水、"死孔隙"(指不与总的孔隙系统连通的孔隙)的岩石孔隙。

二、渗透率

岩石的渗透性是指岩石允许流体通过的能力,一般用渗透率来表示。渗透率是衡量流体通过相互连通的岩石孔隙空间难易程度的尺度。很多岩层,如粘土、页岩、硬石膏和一些胶结程度较高的砂岩,即使是多孔的,但是水、石油或天然气也不能在其中流动。

1856年,法国工程师H. Darcy根据实验,导出了一种用于描述流体通过多孔岩石流动的关系式,即达西定律。达西定律说明,通过某一给定岩石的流量与岩石的横截面积和所施加的压力差成正比,而与岩石的长度和流体的粘度成反比,其比例系数为岩石的渗透率,表达式为:

$$K = \frac{q\mu L}{A\Delta p} \tag{1-1}$$

式中 q——流量,cm^3/s;

A——流体流动的岩石横截面积,cm^2;

μ——粘度,cP(1cP = 0.001Pa·s);

L——流体流动的岩石长度,cm;

Δp——流体流动的岩石两端的压差,atm(1atm = 101325Pa);

K——渗透率,D。

岩石渗透率的单位为达西D(或平方微米μm^2)。1D的岩石渗透率定义为长度是1cm、横截面积为$1cm^2$的岩石,两端的压力差为1atm,有粘度为1cP的流体通过,而且每秒钟流量为$1cm^3$。实际应用中,由于达西单位比较大,一般用mD(或$10^{-3}\mu m^2$)表示岩石的渗透率,1D = 1000mD。

在实验室中，用不同的流体可以测量几种渗透率（常用的试验流体是空气、石油、天然气和盐水）。工程师和地质学家定义了以下几种渗透率，以便在用实验资料对储集层性能评价时作出区别。

（一）绝对渗透率

当岩心孔隙被一种流体100%饱和时，只有该种流体通过岩心时的岩石渗透率称为岩石的绝对渗透率，用K表示。它反映了岩石本身的性质及其特有的孔隙空间形态。岩石绝对渗透率大小只与岩石本身的性质及岩石孔隙结构有关，而与流体的性质无关。如果岩石被其他流体饱和并实验时（假定所饱和的流体不与岩石发生化学反应，从而不改变岩石的孔隙空间），岩石的绝对渗透率不变。岩心分析或测井解释给出的渗透率一般是指岩石的绝对渗透率。

（二）有效渗透率

当有两种或两种以上的流体通过岩石的孔隙时，对其中某一种流体测得的渗透率称为该种流体的有效渗透率，也称相渗透率，通常用K_o，K_w，K_g分别表示岩石对油、水、气的有效渗透率。有效渗透率除和岩石结构有关以外，还与流体的性质和相对含量以及流体和岩石的相互作用有关，一般由试油资料确定的渗透率为有效渗透率。

（三）相对渗透率

某种流体的相对渗透率是同一岩石某种流体的有效渗透率和该岩石绝对渗透率的比值，其值在0~1之间。通常用K_{ro}，K_{rw}，K_{rg}分别表示油、水、气的相对渗透率，相对渗透率是饱和度的函数。它可以衡量多种流体通过岩石时某种流体通过岩石的难易程度。除受岩石的性质、孔隙结构影响外，它还受润湿性、流体类型和分布及含量等影响。

三、饱和度

饱和度用来表示岩石孔隙空间所含流体的相对含量，其定义是某种流体（油气或水）所充填的孔隙体积占有效孔隙体积的百分数。岩石含水孔隙体积占有效孔隙体积的百分数称为含水饱和度，用S_w表示；岩石含油气体积占有效孔隙体积的百分数称为含油气饱和度，用S_h表示，且$S_w+S_h=1$。当地层只含油和水时，用S_o表示含油饱和度，$S_w+S_o=1$；当地层只含气和水时，用S_g表示含气饱和度，且$S_w+S_g=1$。岩石孔隙总是含有地层水的，其中被吸附在岩石颗粒表面的薄膜水和狭窄孔隙喉道中的毛细管滞留水在自然条件下是不能自由流动的，称之为束缚水。岩石含束缚水孔隙体积占有效孔隙体积的百分数称为束缚水饱和度，用S_{wi}表示。储集层的束缚水含量取决于它的岩性。地层的泥质含量越多，岩石颗粒越细，孔隙孔道越窄，其束缚水饱和度越大。因此，不同岩性的储集层，它们的油、水层饱和度界限也是不同的。为了准确评价储集层的含油性，往往需要将地层的含水饱和度S_w与束缚水饱和度S_{wi}进行比较。当S_w小且$S_w \approx S_{wi}$时，储集层为只含束缚水的油（气）层；反之，当S_w很高且$S_w \gg S_{wi}$时，储集层为水层；界于这两者之间的储集层则为油水同层。

束缚水饱和度的大小还受岩石的润湿性的影响。润湿性定义为当两种非混相流体同时呈现于固相介质表面时，某一流体优先润湿某一固体表面的能力。它是两种流体和固体之间的表面能力作用的结果。一般认为，天然气对岩石是非润湿性的，而油和水对岩石都有一定的润湿性。岩石表面的润湿性不是亲水就是亲油，或者是既不亲水也不亲油的中性，这取决于流体和岩石的化学成分、油藏的饱和历史。润湿性是储集层岩石的一个重要物理性质，它既影响毛细管的压力状态，又影响地层流体的驱替效率。基于油气二次运移和油气藏形成理论考虑，一般认为多数油气藏是亲水的。但是,由于岩石表面活性组分的吸附或有机物质的沉淀作用(特别是很多附着在岩石表面的粘土矿物的影响)以及人为处理对岩石表面的影响,也会改变岩石的润湿性。对于亲水储集层,束缚水饱和度增高。

四、储集层的厚度

通常用岩性变化(如砂岩到泥岩或碳酸盐岩到泥岩)或孔隙性与渗透性的显著变化(如巨厚致密碳酸盐岩中的裂缝带)来划分储集层的界面。储集层顶底界面之间的厚度即为储集层的厚度。

在油气储量计算中,要用油气层有效厚度。它是指在目前经济技术条件下能够产出工业性油气流的油气层实际厚度,即符合油气层标准的储集层厚度扣除不合标准的夹层(如泥质夹层或致密夹层)剩下的厚度。

第三节　油气水层特征

油层、气层和水层等名称是在石油勘探开发过程中,人们根据试油的结果对储集层下的几种结论,也是测井解释中采用的结论。在测井解释中,根据试油的结果,一般把解释的结论分为6种(各油田的规定可能有不同)。

油层:产油,不含水或含水小于10%;

气层:产气,不含水或含水小于10%;

油水同层:油水同出,含水10%~90%;

含油水层:产水大于90%或见油花;

水层:完全出水,有时也把含油水层划为水层;

干层:产液量小于某一规定值的层。

从油气水层划分标准可以看出,测井计算的产水率参数最适合划分油气水层。对于油水共渗体系,地层的产水率可近似表示为:

$$F_w = \frac{Q_w}{Q_w + Q_o} \tag{1-2}$$

式中　Q_w,Q_o——水、油的分流量,m^3;

F_w——地层产水率,小数。

根据式(1-1)的达西定律,可得油和水的分流量表达式为:

$$Q_o = K_o \frac{A\Delta p}{\mu_o L} \tag{1-3}$$

$$Q_w = K_w \frac{A\Delta p}{\mu_w L} \tag{1-4}$$

式中　K_w,K_o——水、油的有效渗透率,D;

μ_w,μ_o——水、油的粘度,cP。

将式(1-3)和式(1-4),$K_w = K \times K_{rw}$,$K_o = K \times K_{ro}$代入式(1-2),得:

$$F_w = \frac{1}{1 + \frac{K_{ro}\mu_w}{K_{rw}\mu_o}} \tag{1-5}$$

式中　K_{rw},K_{ro}——水、油的相对渗透率,小数。

由式(1-5)可知,对于油水共渗体系,地层产水率与油水的相对渗透率和粘度有关。而油水的相对渗透率除与岩石的性质、孔隙结构有关外,还与含水饱和度、束缚水饱和度等有关,故对于某一地区或层位,当岩性、束缚水饱和度和油水粘度比一定时,地层产水率随含水饱和度的增大而增大,因而可用含水饱和度参数划分油水层,但其界限值随地区或层位不同而不同。在测井定性解释中,对含泥质较少、孔渗较高的砂岩,可将含水饱和度小于50%的储集层解释为油气层,将含水饱和度在50%~70%之间的储集层解释为油水同层,将含水饱和度大于70%的储集层解释为水层。

一、孔隙饱和特性

在储集层孔隙中存在油水两相流动的情况下,当含水饱和度很低而含油饱和度很高时,水的相对渗透率 K_{rw} 接近于零,而油的相对渗透率 K_{ro} 很高。此时,地层孔隙中的水以束缚水形式存在,主要分布于流体不易在其中流动的微小毛细管孔隙内或被亲水岩石颗粒表面所吸附,而油则主要占据较大的孔道或孔道内流动阻力较小的部位,形成只有油流动而水不流动状态,故地层将只产油而不产水。此时的含水饱和度为束缚水饱和度,用 S_{wi} 表示。当含水饱和度很高而含油饱和度很低时,K_{ro} 接近于零,而 K_{rw} 很高。这时,地层孔隙中或者被水完全充满(不含油),或者只有处于孤立状态的残余油,形成只有水能够流动的状态,故地层将只产水而不产油。此时的含油饱和度称为残余油饱和度,用 S_{or} 表示。由此可见,油气层和水层在孔隙饱和特性上的区别为:(1)油气层为含油气且只含束缚水的储集层,即 $S_w=S_{wi}$;(2)水层是一点不含油(纯水层)或只含残余油的储集层;(3)油水同层是介于上述二者之间的储集层。

图1-1分别给出亲水岩石和亲油岩石的油或水的相对渗透率与含水饱和度的关系曲线,说明了油或水的相对渗透率随含水饱和度的变化关系。此外,该图还表明,岩石的润湿性对储集层的油或水的相对渗透率和孔隙饱和特性有较大的影响。在亲水储集层中,S_{wi} 较高,一般大于20%,而残余油饱和度 S_{or} 较低,油和水的相对渗透率相等点的含水饱和度较高,$S_w>50\%$,见图1-1(a)中的A点。在亲油岩石中,S_{wi} 较低,一般小于15%,而 S_{or} 较高,油和水的相对渗透率相等点的含水饱和度较低,$S_w<50\%$,见图1-1(b)中的A′点。计算油水相对渗透率的一般关系式为:

$$K_{rw}=\left(\frac{S_w-S_{wi}}{1-S_{wi}}\right)^m$$

$$K_{ro}=\left(1-\frac{S_w-S_{wi}}{1-S_{wi}-S_{or}}\right)^n\left[1-\left(\frac{S_w-S_{wi}}{1-S_{wi}-S_{or}}\right)^h\right]$$

式中　m,n,h——地区经验系数,与岩性、润湿性等因素有关,一般取 $m=3\sim4$,$n=1\sim2$,$h=1\sim2$。

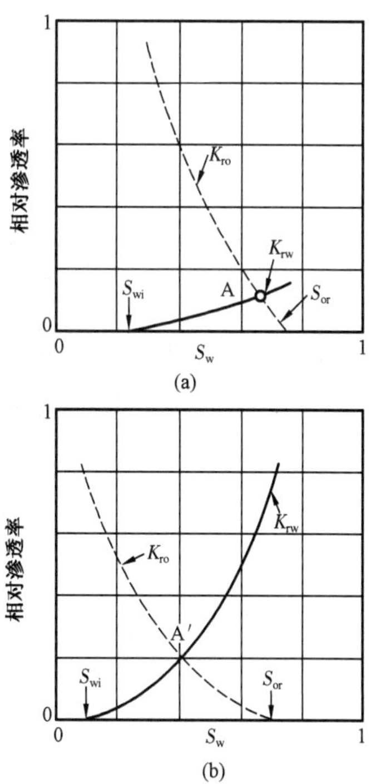

图1-1　相对渗透率与含水饱和度的关系
(a)亲水储集层;(b)亲油储集层

二、钻井液侵入特性

钻井破坏了地层压力平衡。为了平衡地层压力,保证钻井正常进行,要不断地往井内注入钻井液,并随时根据地层压力的变化调整钻井液密度,使井底压力始终与地层压力保持平衡,并使钻井液柱压力略大于地层压力,防止发生井喷。在此压差作用下,钻井液滤液向储集层中渗透,这种渗透存在着径向渗透和纵向渗透两种过程。

(一)径向渗透

钻井液滤液开始向储集层渗透后,在不断渗透过程中,钻井液中的固体颗粒逐渐在井壁上沉淀下来形成泥饼。由于泥饼渗透性很差,因此,当泥饼形成后,钻井液滤液的径向渗透过程基本停止。此时,由于滤液对地层的侵扰,形成了以井轴为圆心的同心环带,见图1-2。井壁内的环带为泥饼,其电阻率称为泥饼电阻率,用 R_{mc} 表示;井壁附近的岩石孔隙受到钻井液滤液强烈的冲刷,原来孔隙中的自由流体几乎都被挤走,只剩下残余流体(水层为束缚水,油气层则为束缚水和残余油气),这一环带叫冲洗带,其电阻率称为冲洗带电阻率,用 R_{xo} 表示;冲洗带以外是一个过滤带,滤液渐少,原状地层的流体渐多,直到没有滤液的原状地层,这一环带叫过渡带,其电阻率称为过渡带电阻率,用 R_i 表示;过渡带以外为原状地层,其电阻率称为原状地层电阻率,用 R_t 表示。冲洗带和过渡带合称为侵入带,其外径用侵入带直径 D_i 表示。钻井液滤液侵入地层的深浅取决于地层的孔渗性、钻井液性能、钻井液柱与地层之间的压差以及地层被钻井液浸泡的时间。一般在其他条件相同的情况下,地层孔隙度和渗透率越低,钻井液侵入越深。根据 R_{xo},R_t 的相对大小,通常将储集层的侵入特性分为高侵、低侵和无侵(侵入不明显)三种情况。

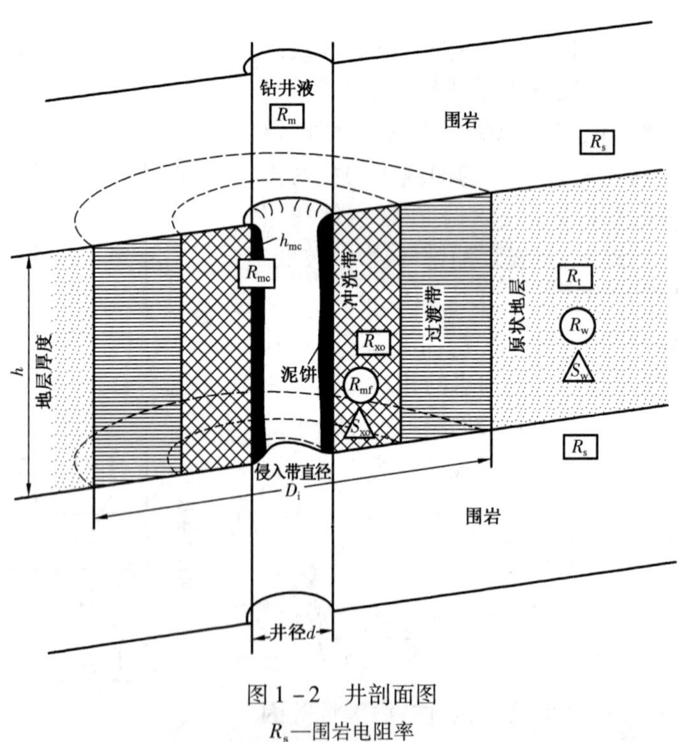

图1-2 井剖面图

R_s—围岩电阻率

$R_{xo}>R_t$ 称为钻井液滤液高侵,高侵地层电阻率的径向变化称为高侵剖面,见图1-3。淡水钻井液($R_{mf}>R_w$,R_{mf}为钻井液滤液电阻率,R_w 为地层水电阻率)的水层一般形成典型的高侵剖面。

$R_{xo} < R_t$ 称为钻井液滤液低侵,低侵地层电阻率的径向变化称为低侵剖面,见图 1－4。一般油气层具有低侵剖面特征,部分水层($R_{mf} < R_w$)也可能出现低侵剖面,但 R_{xo} 和 R_t 的差别比相应的油气层要小。

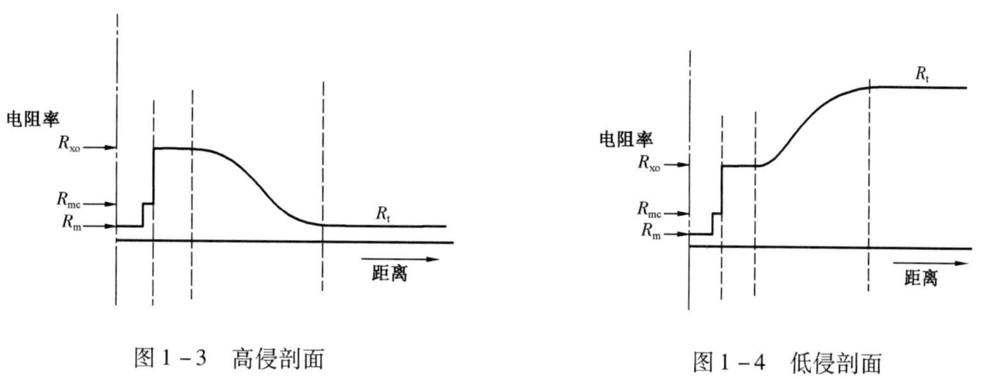

图 1－3　高侵剖面

图 1－4　低侵剖面

下面以高渗透油气层的淡水钻井液滤液低侵为例,说明钻井液滤液侵入油气层后径向电阻率的变化情况。在泥饼形成以前,钻井液滤液以径向渗滤为主,其地层电阻率的径向变化与低侵剖面相似,见图 1－5(a)。在最后泥饼形成时,在油气层中,由于油气的相对渗透率大于地层水的相对渗透率,在滤液径向渗透的过程中,油气会被排走得更快些,以致在未侵入带之前形成一个地层水饱和度相对较高的环形空间,其电阻率低于 R_t,称为低阻环带,其电阻率为 R_{an}。与此同时,当形成泥饼时,滤液的纵向运移加强,滤液将向下移动,可动油气将去替代它们,这就有可能在低阻环带之前形成一个含油气饱和度相对高、地层水较少而滤液较多的高阻环带,其电阻率大于 R_t,见图 1－5(b)。油气层能够形成低阻环带,但并不是所有油气层都能够形成低阻环带。

(二)纵向渗透

当泥饼厚度达到最大时,由于泥饼的渗透率很小,这时钻井液滤液的纵向运移占优势。在重力的作用下,油气层侵入带中的滤液和低阻环带中的地层水都要向下移动。可动油气将取代它们,以致低阻带将逐渐消失,冲洗带范围将缩小。而高阻环带将向冲洗带方向扩大,最后达到平衡状态。此时,地层将分为 4 个带,泥饼有限的渗透性所维持的冲洗带厚度很薄。高阻环带径向范围大约是冲洗带的最大范围。此范围内所含的水一部分为束缚水,大部分是钻井液滤液,侵入带和未侵入带(即原状地层)见图 1－5(c)。固井以后,井眼周围所有可能移动的地层水和滤液将继续向下往油水接触面分散,可动油气则向上代替它们,最后,井眼周围地层的含油气饱和度仍接近于未侵入前的地层含油气饱和度,但这时的水为地层水和滤液的混合物,见图 1－5(d)。

测井解释的主要目的是判断油气、水层,而油气、水层的侵入特性又有较大的差别,所以深入研究侵入带(特别是冲洗带)与未侵入带特征对测井解释是十分重要的。表 1－2 列出了油气层和水层在侵入特性上的一些主要差别,它们是定性判断油气水层的重要依据之一。

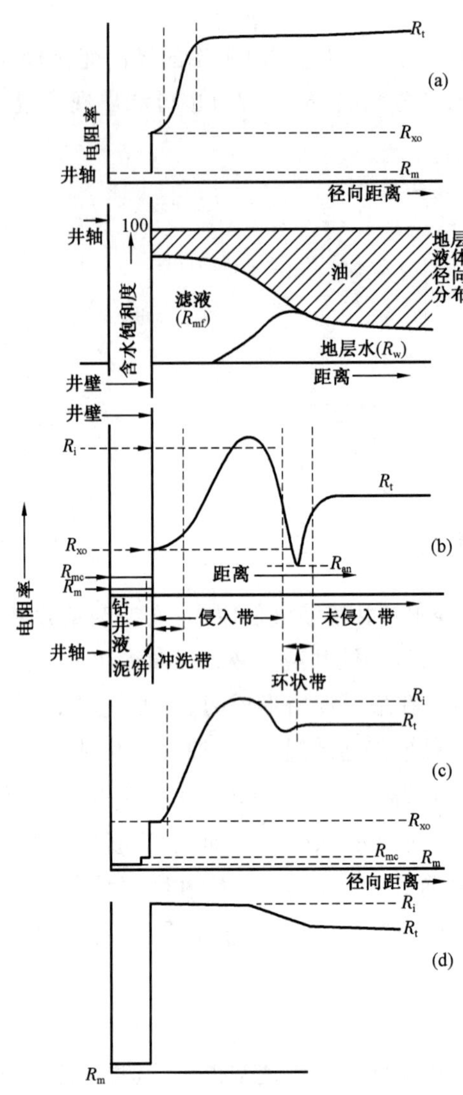

图 1－5　高渗透油气层侵入剖面随时间的变化

(a)泥饼形成以前;(b)最后泥饼形成时;(c)纵向渗滤期间;(d)固井以后

表 1－2　油气层和纯水层在侵入性质上的差别(淡水钻井液)

		油　气　层	纯　水　层
孔隙流体	冲洗带	含盐量低的滤液,束缚水和残余油气	含盐量低的滤液,束缚水
	未侵入带	油气为主,少量含盐较高的地层水	含盐量较高的地层水
含水饱和度	冲洗带	大于 50%	100%
	未侵入带	一般小于 40%	100%
电阻率		$R_{xo} \leqslant R_t$	$R_{xo} > R_t$
侵入性质		钻井液低侵或侵入不明显	钻井液高侵

第二章　电法测井

电法测井是研究地层电学性质和电化学性质的各种测井方法的总称，包括自然电位测井、电阻率测井和电磁波测井。

自然电位测井研究地层的电化学性质，属于泥质指示测井系列。其主要用途为：划分非泥质储集层，估计储集层的泥质含量，以便对各种测井响应值进行泥质影响校正；参与地层对比；确定地层水电阻率。自然电位测井主要用于砂泥岩剖面。

利用岩石导电特性——电阻率（或电导率）研究地层性质的一类测井方法，称电阻率法测井。在测井工作的前20多年中，只是采用普通电阻率测井，随后研究了一系列新的电阻率测井方法，如各种侧向测井和感应测井等，电阻率测井成了一类十分重要的测井方法。

通常把各种电阻率测井称为饱和度测井系列，因为在裸眼井中它是提供岩层含烃饱和度（含水饱和度）参数的重要方法。其中，由探测深度较大的电阻率测井方法提供原状地层的饱和度参数，而探测深度非常浅的电阻率测井（也称微电阻率测井）提供冲洗带的饱和度参数。

电阻率测井系列的测井方法很多，在实际测井工作中，视钻井液和地层条件而定。通常采用探测深度为深、中、浅三种电阻率测井组合使用。

第一节　自然电位测井

在生产实践中人们发现，在没有人工供电的情况下，仍可在井内测量到电位变化。这个电位是自然存在的，故称之为自然电位，用SP表示。

自然电位测井测量的是自然电位随井深变化的曲线。曲线的变化与岩性有密切关系，在实测曲线上，泥岩井段的自然电位曲线比较平直，解释中以泥岩井段的曲线作为基线来计算渗透层井段自然电位异常幅度。异常偏向负方向叫负异常，异常偏向正方向叫正异常。由于自然电位曲线在渗透层处有明显的异常显示，因此，它是划分和评价储集层的重要方法之一。

一、井内自然电位产生的成因

在井中，当地层水含盐浓度和钻井液含盐浓度不同时，引起离子的扩散作用和岩石颗粒对离子的吸附作用；当地层压力与钻井液压力不同时，在地层孔隙中产生过滤作用。这些在井壁附近产生的电化学过程会产生自然电动势，形成自然电场。

（一）扩散吸附电位

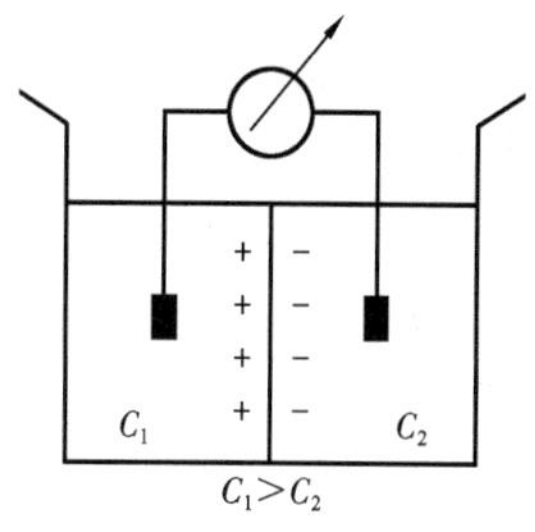

图2－1　不同浓度盐水接触面上的扩散作用

如图2－1所示，在一个玻璃容器中，用一个半透膜将其分割开来，分别盛有两种不同浓度C_1和C_2的氯化钠（NaCl）溶液。半透膜的作用是防止浓度不同的溶液混合起来，但能使离子自由穿过。离子在渗透压力的作用下，高浓度溶液的离子要穿过半透膜移向浓度较低的溶液，这种现象叫扩散。对于氯化钠溶液来说，由于氯离子（Cl^-）的迁移率大于钠离子（Na^+）的迁移率，于是在低浓度的溶液中氯离子相对增多，形成负电荷的富集；在高浓度的溶液中钠离子相对增多，形成正电荷的富集，从而在两种不同浓度氯化钠溶液的接触面上产生了自然电场，因此能测量到电位差。离子继续扩散时，Cl^-受到高浓度一侧富集正电荷的吸附和低浓度一侧富集负电荷的排斥作用，其扩散速度减慢；Na^+受到低浓度一侧富集负电荷的吸附和高浓度一侧富集正电荷的排斥作用，其扩散速度加快，因而使离子的富集速度减慢。当自然电场的电动势增加到使正、负离子的扩散速度相同时，电荷的富集停止，但离子的扩散作用还在进行，溶液达到动态平衡状态，电动势保持为一定值。因为这个电动势是离子扩散作用形成的，故称它为扩散电动势或扩散电位。实验证明，扩散电位的大小决定于溶液的浓度差，另外还与溶液的温度和溶液所含离子的种类有关。

扩散电动势 E_d 可用下式表示：

$$E_d = K_d \lg \frac{C_1}{C_2} \tag{2-1}$$

式中 C_1，C_2——溶液盐类的浓度，g/L；

K_d——扩散电位系数，与溶液中盐类的化学成分和温度有关，mV。

井内产生的自然电位，也是两种不同浓度的溶液相接触的产物。地层被井钻穿后，钻井液滤液和地层孔隙中的地层水直接接触，由于钻井液滤液的浓度不同于地层水溶液的浓度，它们之间就产生了离子的扩散作用。假定钻井液滤液和地层水溶液所含的盐类都是氯化钠，且地层水溶液的浓度大于钻井液滤液的浓度，这样扩散作用的结果是地层水内富集正电荷，钻井液滤液内富集负电荷。根据理论分析和实验结果，对于纯水砂岩或砂层，在温度为25℃时，$K_d = -11.6$mV，井壁上产生的扩散电动势可用下式近似表示（当溶液的浓度比较低时，溶液的浓度和电阻率近似成反比）：

$$E_d = -11.6 \lg \frac{C_w}{C_{mf}} = -11.6 \lg \frac{R_{mf}}{R_w} \tag{2-2}$$

式中 C_w，C_{mf}——地层水和钻井液滤液的浓度，g/L；

R_w，R_{mf}——地层水和钻井液滤液的电阻率，Ω·m。

与纯水砂岩相邻的泥岩井壁上产生的扩散电动势，是泥岩内地层水与井壁钻井液滤液相接触的产物。假定泥岩所含的地层水成分和浓度与相邻砂岩层中的地层水相同，由于泥岩的结构、化学成分与砂岩不同，所以在泥岩的井壁上形成的自然电位与砂岩相比，不但数值差别很大，而且符号也相反。由于粘土矿物表面有选择吸附负离子的能力，因此当浓度不同的氯化钠溶液扩散时，粘土矿物颗粒表面吸附 Cl^-，使其扩散受到牵制，只有 Na^+可以在地层水中自由移动。因此在泥岩井壁上主要是 Na^+的扩散作用。当 $C_w > C_{mf}$时，在钻井液和泥岩的接触面上，钻井液带正电荷，泥岩带负电荷，这时形成的电动势称扩散吸附电动势，以 E_{da}表示。根据实验结果和理论分析，在泥岩井壁上产生的扩散吸附电动势 E_{da}可由下式表示：

$$E_{da} = K_{da} \lg \frac{C_w}{C_{mf}} = K_{da} \lg \frac{R_{mf}}{R_w} \tag{2-3}$$

式中 K_{da}——扩散吸附电位系数，其大小和符号主要决定于岩石颗粒的大小及化学成分，也和溶液的化学成分、温度、浓度比等因素有关，可用实验得出。

由于泥岩的选择吸附作用，使一种离子容易通过，另一种离子不易通过，它好像离子选择薄膜一样，因此通过泥岩所产生的扩散吸附电位又称薄膜电位。

（二）过滤电位

在钻井过程中，一般均使钻井液柱压力略大于地层压力。在压力差的作用下，钻井液滤液向地层中渗入。由于平衡离子的作用，在岩石孔隙中的滤液带有相当多的正离子向压力低的地层一方移动并聚集，而在压力大的一端聚集较多的负离子，产生电位差，这就是过滤电动势，它用 E_f 表示。为了定量估计过滤电位，应用 Helmholz 理论得到 E_f 的表达式：

$$E_f = A_f \frac{R_{mf}}{\mu} \Delta p \tag{2-4}$$

$$A_f = \frac{\varepsilon \xi}{4\pi}$$

式中 R_{mf}——钻井液滤液电阻率，Ω · m；

μ——钻井液滤液的粘度，cP；

Δp——钻井液柱与地层之间的压力差，atm；

A_f——过滤电动势系数，mV；

ε——渗透滤液（此处即钻井液滤液）的介电常数；

ξ——与岩石的物理化学性质有关的参数。

渗透性岩石的 A_f 平均值等于 0.77mV。

只有在钻井液柱压力和地层压力差 Δp 很大且泥饼形成前的情况下，过滤电动势 E_f 值才是造成自然电场中不可忽略的部分。一般在石油钻井中 Δp 不会很大，故 E_f 可以忽略。

二、自然电位曲线特征及影响因素

（一）井内自然电场的分布

若砂岩的地层水矿化度为 C_2，泥岩的地层水矿化度为 C_1，钻井液滤液的矿化度为 C_{mf}，设 $C_1 \geqslant C_2 > C_{mf}$，井内自然电场的分布如图 2－2 所示。

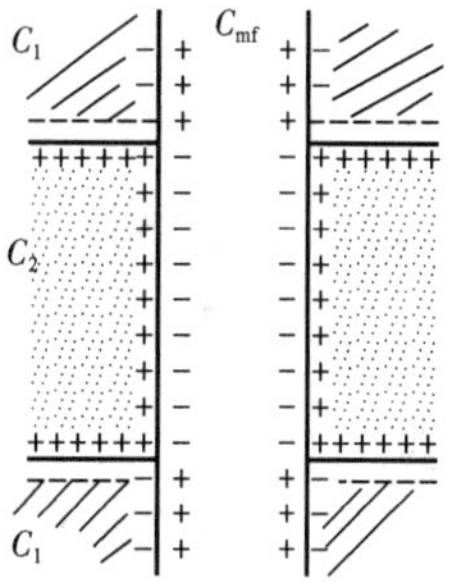

图 2－2 井内自然电场的分布

在砂岩和钻井液的接触面上，由于扩散作用产生扩散电动势 E_d 为：

$$E_d = K_d \lg \frac{C_2}{C_{mf}} \tag{2-5}$$

在泥岩和钻井液的接触面上，由于扩散吸附作用产生扩散吸附电动势 E_{da} 为：

$$E_{da} = K_{da} \lg \frac{C_1}{C_{mf}} \tag{2-6}$$

在砂岩和泥岩的接触面上，由于扩散吸附作用，产生的扩散吸附电动势 E_{da} 为：

$$E_{da} = K_{da} \lg \frac{C_1}{C_2} \tag{2-7}$$

在井与砂岩、泥岩的接触面上，自然电流回路的总自然电动势 E_s 是每个接触面上自然电动势的代数和：

$$
\begin{aligned}
E_s &= K_d \lg \frac{C_2}{C_{mf}} + K_{da} \lg \frac{C_1}{C_{mf}} - K_{da} \lg \frac{C_1}{C_2} \\
&= K_d \lg \frac{C_2}{C_{mf}} + K_{da} \lg \frac{C_2}{C_{mf}} \\
&= (K_d + K_{da}) \lg \frac{C_2}{C_{mf}} \\
&= K \lg \frac{C_2}{C_{mf}}
\end{aligned}
\tag{2-8}
$$

式中　K——自然电位系数，$K = K_d + K_{da}$。

如果砂岩含有泥质或者泥岩不纯，将使总的自然电动势减小，此时不能按式(2－8)计算砂泥岩接触面上回路的总自然电动势。

(二)自然电位的曲线形状

在砂岩井壁、泥岩井壁以及砂泥岩接触面上，存在着自然电动势。砂泥岩和钻井液具有导电性，它们构成闭合回路，形成自然电流。自然电位测井记录的是自然电流在井内的电位降。

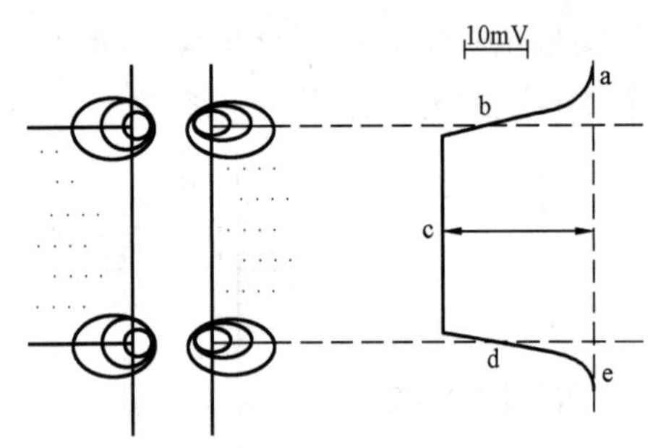

图2－3　井内自然电场的分布和自然电位曲线形状

如图2－3所示，在离开砂岩较远的泥岩上，自然电流很小，几乎没有什么变化，所以大段泥岩上的自然电位曲线基本上是一条直线。过了a点，电流强度逐渐增加，当$C_w > C_{mf}$时，自然电位逐渐降低，曲线向负的方向偏转。在泥岩层与砂岩层交界面处b点，井内自然电流强度最大，电位变化也最大，自然电位曲线急剧向负方向偏转。过了地层界面，电流密度又逐渐减小，电位继续降低。在地层中心c点，电流强度最小，自然电位曲线几乎与井轴平行。在砂岩层的下部，自然电流强度逐渐增加，自然电位逐渐增大，曲线向正方向偏转。在砂岩层与泥岩层的交界面处d点，电流密度最大，自然电位曲线急剧向正方向偏转。过了交界面，再向下到泥岩层e点，自然电位值逐渐增大，在大段泥岩处记录的自然电位接近直线。

渗透性地层的自然电位可以偏向泥岩基线的左边(负异常)或右边(正异常)，主要取决于地层水和钻井液滤液的相对矿化度。当地层水矿化度大于钻井液滤液矿化度时，自然电位显示负异常；当地层水矿化度小于钻井液滤液矿化度时，自然电位显示正异常；如果钻井液滤液的矿化度与地层水的矿化度大致相等，自然电位偏转幅度很小，曲线无显著异常。

综上所述，自然电位曲线具有如下特点：

(1)若地层、钻井液是均匀的，上下围岩岩性相同，自然电位曲线对地层中心对称。

(2)在地层顶底界面处，自然电位变化最大。当地层较厚(大于四倍井径)时，可用曲线半幅点确定地层界面。

(3)测量的自然电位幅度为自然电流在井内产生的电位降，永远小于自然电流回路总的电动势。

(4)对泥岩基线而言，渗透性砂岩的自然电位可向左或向右偏转，主要取决于地层水和钻井液滤液的相对矿化度。

（三）自然电位曲线的影响因素

在石油钻井的砂泥岩剖面中，自然电位的幅度和特点主要决定于造成自然电场的静自然电位 SSP，并且受自然电流 I 分布的影响。SSP 的大小取决于岩性、地层温度、地层水和钻井液中所含离子成分、钻井液滤液电阻率与地层水电阻率之比。而自然电场中自然电流 I 的分布则决定于流经路径中介质的电阻率及地层的厚度和井径的大小。这些因素对自然电位幅度 ΔU_{SP} 及曲线形状均有影响，但影响的主次各异。

1. 地层水和钻井液滤液含盐浓度比值影响

地层水和钻井液滤液中含盐量的差异是造成自然电场中扩散电动势 E_d 和扩散吸附电动势 E_{da} 的基本原因。这两个电动势的大小决定于 C_w/C_{mf} 值，见式(2-2)和式(2-3)。以泥岩作基线，当 $C_w > C_{mf}$ 时，砂岩层段则出现自然电位负异常；当 $C_w < C_{mf}$ 时，则砂岩层段出现自然电位的正异常；当 $C_w = C_{mf}$ 时，没有造成自然电场的电动势产生，则没有自然电位异常出现。C_w 与 C_{mf} 的差别越大，造成自然电场的电动势越大。

2. 岩性影响

在砂泥岩剖面井中，SP 以大段泥岩处的 SP 曲线作基线，在自然电位曲线上出现异常变化的多为砂岩层。当目的层为含水纯砂岩时，SP 偏转幅度达到最大值 SSP_{max}。如果地层水和钻井液中只含有 NaCl 并且 $C_w > C_{mf}$，在 18℃时，$SSP = SSP_{max} = -69.6\lg(C_{mf}/C_w)$，SP 曲线上出现最大的异常。当目的层含有泥质（其他条件不变）时，SSP 降低，因而曲线异常的幅度也减小。此外，当剖面上有部分泥岩的阳离子交换能力减弱时，渗透层的自然电位异常幅度也会相对降低。

3. 温度影响

同样岩性的岩层，由于埋藏深度不同，其温度不同，所以 K_d（或 K_{da}）值有差别。这就导致埋藏深度不同的同样岩性岩层的 SP 曲线上的异常幅度有差异。欲研究温度对自然电位的影响则需计算出地层温度(t)的 K_d（或 K_{da}）值。为计算方便起见，先计算出 18℃的 K_d（或 K_{da}）值，然后用下式可计算出任何地层温度(t)的 K_{da} 值：

$$K_{da} = K_{da}^{t=18℃} \frac{273 + t}{291} \tag{2-9}$$

式中 $K_{da}^{t=18℃}$——温度为 18℃的扩散吸附电动势系数，mV；

t——地层温度，℃。

K_d 的温度换算公式与 K_{da} 的形式完全相同。

4. 地层水和钻井液滤液含盐性质影响

井内钻井液滤液和地层水中所含盐类不同，则溶液中所含离子不同。不同离子的离子价和迁移率均不同，它直接影响扩散电动势系数 K_d 和扩散吸附电动势系数 K_{da} 值，由此影响 E_d 和 E_{da} 值。

在纯砂岩中，如果地层水所含盐类发生变化，扩散电动势系数 K_d 也随之改变，参见表 2-1。因此，不同溶质的溶液，即使在其他条件都相同的情况下，所产生的扩散电动势 E_d 值也有差异。

表 2-1　在 18℃下几种盐溶液的 K_d 值

溶质	NaCl	$NaHCO_3$	$CaCl_2$	$MgCl_2$	Na_2SO_4	KCl
K_d,mV	-11.6	+2.2	-19.7	-22.5	+5	-0.4

5. 地层电阻率影响

自然电场产生后,在地层界面附近有自然电流 I 在介质中流动,由理论可知:

$$\Delta U_{SP} = SSP\left(\frac{1}{1+\frac{r_{sd}+r_{sh}}{r_m}}\right) \tag{2-10}$$

式中　r_{sd}——砂岩的等效电阻;

r_{sh}——泥岩的等效电阻;

r_m——钻井液柱的等效电阻。

当地层较厚并且各部分介质的电阻率差别不大时,由于岩层的截面比井的截面大得多,则砂岩和泥岩对自然电流的等效电阻 r_{sd} 和 r_{sh} 与钻井液柱的等效电阻 r_m 相比小得多,此时对于纯砂岩来说,$\Delta U_{SP}=SSP$。当地层电阻率增高时,r_{sd},r_{sh} 与 r_m 比较不能忽略,因此,$\Delta U_{SP}<SSP$。地层电阻率越高,ΔU_{SP} 越低。根据这个特点可以分辨油、水层。

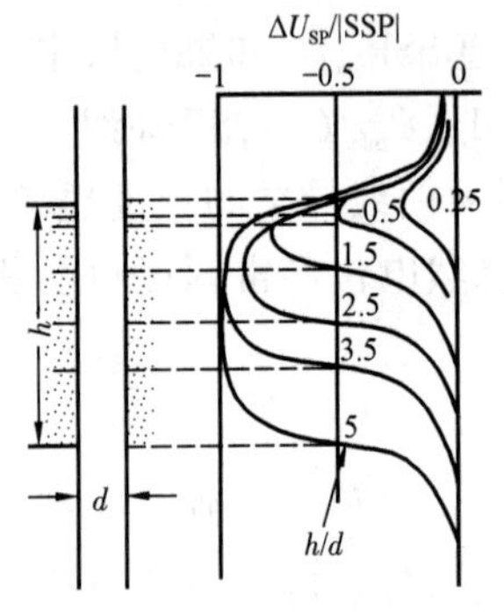

图 2-4　自然电位测井理论曲线

d—井径;h—地层厚度

6. 地层厚度影响

图 2-4 是对含水砂岩计算出的一组自然电位测井理论曲线。从曲线上可以看出,自然电位幅度 ΔU_{SP} 随地层厚度的变薄而降低,而且曲线变得平缓。这是由于地层厚度变薄后,自然电流经过地层的截面变小,等效电阻 r_{sd} 增加,使 ΔU_{SP} 与 SSP 差别加大,见式(2-10)。

7. 井径扩大和钻井液侵入影响

井径扩大使井的截面加大,自然电流 I 流经井孔的等效电阻 r_m 相应减小,因此 ΔU_{SP} 降低。

在有钻井液侵入的渗透层井段所测的自然电位幅度 ΔU_{SP} 比同样的渗透层没有钻井液侵入时所测的 ΔU_{SP} 要低。这是由于钻井液侵入的结果使地层水和钻井液滤液的接触面向地层内部推移。这相当于产生自然电场的场源与测量电极 M 之间的距离加大,而测量的自然电位下降。侵入越深,所测的 ΔU_{SP} 越低。

总之,在实测的 SP 曲线上,渗透层井段的自然电位幅度值 ΔU_{SP} 的大小受多种因素的影响而小于静自然电位 SSP 值。在使用自然电位曲线进行地质解释时,要借助其他测井曲线确定使 ΔU_{SP} 降低的原因,以便得到切合实际的解释结果。如果使用 SP 曲线参与定量解释,则对目的层的 ΔU_{SP} 应作出相应的校正,求出其静自然电位 SSP 后,再参与计算,才能提高解释结果的可靠性。

三、自然电位曲线应用

自然电位曲线可以用于判断岩性,地层对比,估计渗透性岩层的厚度,计算地层水电阻率及地层泥质含量等。

(一)判断岩性和确定渗透性地层

自然电位主要是离子在岩石中的扩散吸附作用产生的,而岩石的扩散吸附作用与岩石的成分、结构、胶结物成分及含量有密切关系，所以可以根据自然电位曲线的变化判断岩性和分析岩性的变化。

在砂泥岩剖面中，以泥岩的自然电位为基线，如果砂岩地层的岩性由粗变细，泥质含量增加，表现为自然电位幅度值降低。根据自然电位曲线可以清楚地划出泥岩、砂岩、泥质砂岩。自然电位曲线在渗透性的纯砂岩井段出现最大的负异常，含泥砂岩层具有较低的负异常，泥质含量越多，负异常幅度越低。在同一口井中，含水砂岩的自然电位幅度比含油砂岩的自然电位幅度高。

碳酸盐岩地层的渗透层多为次生裂缝性孔隙的层位。它出现在致密的碳酸盐岩地层中，上下没有泥岩隔层。碳酸盐岩中的钙质成分对正离子有选择吸附性。因此，碳酸盐岩剖面的渗透层与砂泥岩剖面有完全不同的电性特征，自然电位曲线在致密碳酸盐岩地层和裂缝性渗透层处没有明显的差异，难以应用自然电位曲线将碳酸盐岩剖面中的渗透层划分出来。

碳酸盐岩地层中的泥质成分对自然电位有很大影响。在其他条件相同时，随着泥质含量的增加，自然电位异常幅度值减小。泥质含量大的碳酸盐岩地层，其自然电位可能与粘土层差不多。因此，对碳酸盐岩地层而言，自然电位的异常幅度主要反映地层中的泥质含量。

在膏岩剖面中，由于盐岩、石膏、硬石膏等非常致密，基本上不含地层水，因此不产生扩散吸附电位。这些地层处的自然电位曲线与围岩相同。

（二）估计渗透性岩层厚度

渗透性地层在自然电位曲线上具有明显的异常。自然电位曲线与微电极或短电极距的视电阻率曲线配合划分渗透层的界面是十分有效的。

单独用自然电位曲线划分渗透层的界面位置可用半幅点法。图2－5为半幅点法示意图。地层的上下围岩相同，找出从泥岩基线到异常幅度的中点P，过P点作一条平行于井轴的直线，与自然电位曲线相交于a，b两点。a点为渗透层顶界面的深度，记作z_a；b点为底界面的深度，记作z_b。渗透层的厚度$h=z_b-z_a$。对于层厚与井径比值(h/d)大于4的厚渗透层可以这样估计，而且地层越厚，精度越高。薄的渗透层如用半幅点法估计岩层厚度会产生偏高的误差，故不能用半幅点法。

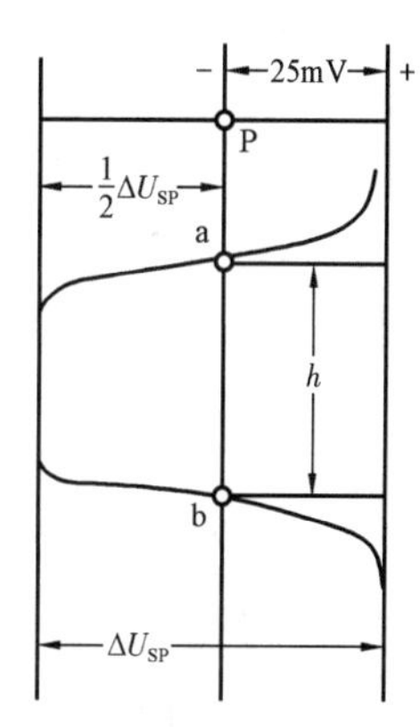

图2－5　半幅点法示意图

（三）估计地层泥质含量

利用自然电位测井确定地层的泥质含量，是建立在大量实验研究的基础上的。在一个地区，根据具体条件，可以利用实验和数理统计方法，直接建立自然电位和泥质含量之间的关系，或是建立含泥质地层与纯砂岩层的自然电位比值同泥质含量之间的关系。找出这种关系式，就可直接根据自然电位曲线确定地层的泥质含量。下面介绍两种方法：

一种方法是对本地区泥质砂岩进行取样，测定其泥质含量，直接建立经岩层厚度和电阻率校正的自然电位幅度$\Delta U_{SP}^{c\cdot c}$和泥质含量V_{sh}的关系$\Delta U_{SP}^{c\cdot c}=f(V_{sh})$。有了两者之间的关系式，就可以根据$\Delta U_{SP}^{c\cdot c}$求出解释层的泥质含量。或者建立岩样测定的泥值含量与自然电位相对值T_{SP}之间的关系，即：

$$T_{SP}=\Delta U_{SP}^{c\cdot c}/SP_{max}=f(V_{sh}) \tag{2－11}$$

式中　SP_{max}——本地区所选标准层的自然电位幅度，一般可选厚的纯砂岩层或在本地区内泥质含量稳定的厚地层为标准层。

另一种方法是利用经验公式估算，当砂岩中泥质含量增加时，其自然电动势减小，从而使自然电位幅度降低，因此，地层的泥质含量可用下列经验公式估算：

$$V_{sh} = 1 - PSP/SSP \tag{2-12}$$

式中 SSP——解释井段的厚的含水纯砂岩的静自然电位，mV；

PSP——泥质砂岩的自然电位，mV。

（四）判断水淹层

水淹层在自然电位曲线上显示的特点较多，要根据每个地区的实际情况进行分析。但部分水淹层（油层底部或顶部见水）在自然电位曲线上显示的特点，是自然电位曲线的基线在该层上下发生偏移，出现台阶。油层底部水淹，自然电位基线在底部产生偏移；油层顶部水淹，自然电位基线在顶部产生偏移。

根据基线偏移的大小，可以估算水淹程度。由统计资料得出，当基线偏移大于 8mV 时，为高含水层；当基线偏移小于 8mV 大于 5mV 时，可判断为中含水层；当基线偏移低于 5mV 时，可能为低含水层，也可能是由岩性变化引起的基线偏移。

（五）确定地层水电阻率

利用自然电位曲线确定地层水电阻率时，假定自然电位只是由扩散吸附作用产生的。根据已知的岩层电阻率、地层厚度、钻井液电阻率、围岩电阻率和侵入带电阻率等资料，将自然电位异常幅度 U_{SP} 校正到自然电流回路的总电动势 E_s（即静自然电位），然后利用式（2－8）和已知的钻井液滤液电阻率 R_{mf}、自然电位系数 K，便可求出地层水电阻率。

对于含水纯砂岩，确定地层水电阻率的方法如下：

（1）从自然电位曲线读出幅度值 U_{SP}，然后利用自然电位的校正图版（图 2－6），根据已知的地层厚度 h、井径 d、地层电阻率 R_t、冲洗带电阻率 R_{xo}、围岩（泥岩）电阻率 R_s、钻井液电阻率 R_m 和侵入带直径 d_i，求出校正系数 υ，则静自然电位为：

$$SSP = U_{SP}/\upsilon \tag{2-13}$$

（2）根据地层温度和已知的自然电位系数 $K^{18℃}$，按下式计算出相应地层温度的自然电位系数：

$$K^t = \frac{273 + t}{273 + 18} K^{18℃} \tag{2-14}$$

式中 $K^{18℃}$——18℃时自然电位系数；

K^t——地层温度为 t 时自然电位系数。

当地层水溶液的主要盐类为 NaCl 时，$K^{18℃} = 69.6$mV。

（3）根据已知的 K^t，可以按公式 $SSP = K^t \lg R_{mf}/R_w$ 计算或利用图版（图 2－6）求出比值 R_{mf}/R_w。

图版（图 2－6）的横坐标为静自然电位，纵坐标为 R_{mf}/R_w，曲线模数为地层温度。根据已知的静自然电位，在横坐标上找出对应的点，由该点引垂线向上，与相应温度的曲线相交，由交点引平行横坐标的直线，与纵坐标交点的读数即为 R_{mf}/R_w 的比值 X。

（4）据经验关系 $R_{mf} = 0.75R_m$，求出 R_{mf}，则：

$$R_w = R_{mf}/X \tag{2-15}$$

该方法适用于地层水含盐浓度（或矿化度）较低且含盐成分为 NaCl 的含水纯砂岩。当地

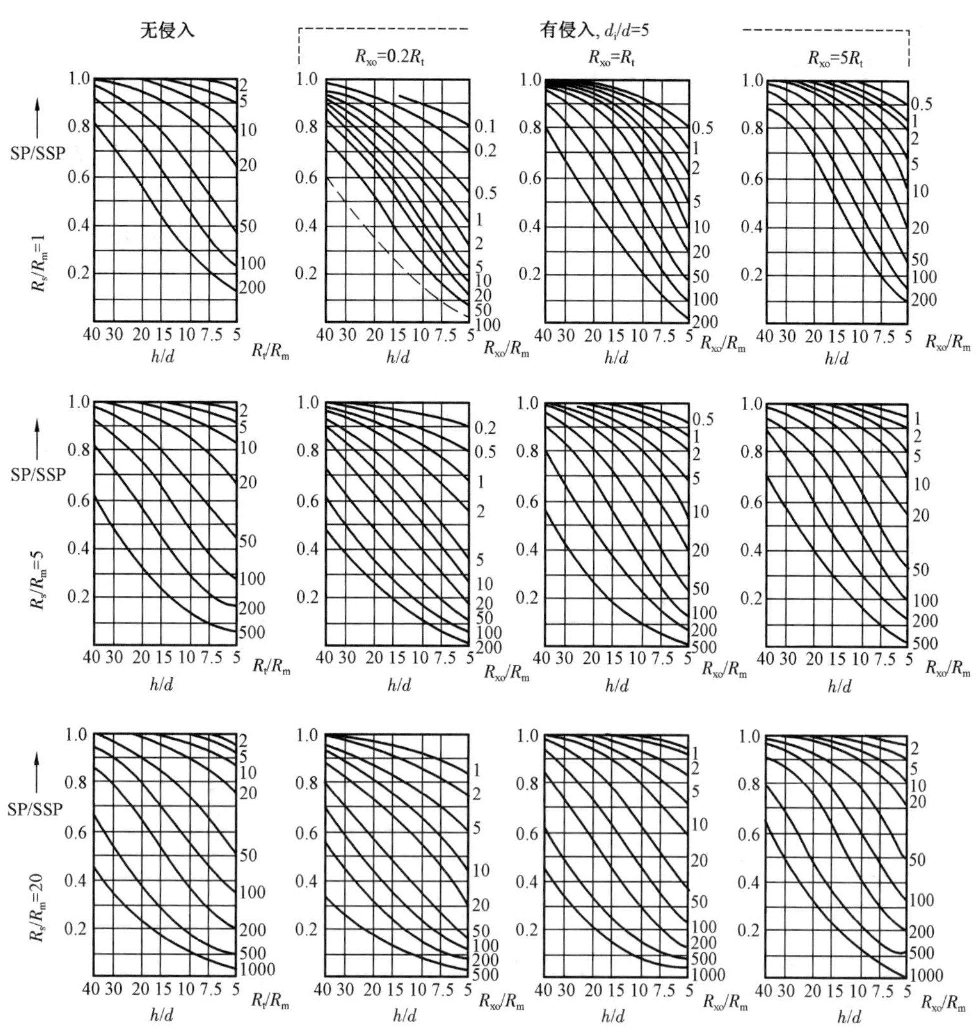

图 2－6　自然电位校正图板

层水含盐浓度较高或含其他盐成分时，浓度与电阻率之间不能保持线性反比关系，于是引入等效电阻率概念，使浓度与等效电阻率成线性反比关系。由静自然电位采用等效电阻率概念较准确地计算地层水电阻率的方法参见第九章。

第二节　普通电阻率测井

普通电阻率测井是测井方法中使用最早也最常用的方法，到目前为止，在划分钻井地质剖面和判断岩性等工作中仍起着一定的作用。普通电阻率测井包括梯度电极系、电位电极系和微电极测井。这些测井方法是根据岩石中导电性的差别，在井内研究钻井剖面，测量的参数是地层电阻率。因为在井的条件下，测量地层电阻率时，要受井径、钻井液电阻率、上下围岩以及电极距等因素的影响，测量的参数不等于地层的真电阻率，而是地层的视电阻率，因此，这种测井方法又叫视电阻率测井。

岩石电阻率与岩性、储集层物性和含油性有着密切的关系。普通电阻率测井的主要任务，是根据测量的岩层电阻率，来判断岩性，划分油气水层，研究储集层的含油性、渗透性和孔隙性。

一、岩石电阻率与岩性、孔隙度和含油饱和度的关系

普通电阻率法所研究的参数是岩石的电阻率。不同岩石的电阻率各不相同。岩石电阻率的大小取决于岩石结构，岩石孔隙内地层水中盐类的化学成分、浓度、温度，岩石孔隙度和岩石含油饱和度。

掌握了岩石电阻率和上述因素的关系，就可以通过对普通电阻率法测井所测得的电阻率曲线的解释，得到储集层的重要参数——孔隙度、含油饱和度。这些参数是划分油气层及评价油气层的重要依据。

（一）*岩石电阻率与岩性的关系*

主要岩石及矿物的电阻率见表2－2。由表中可以看出，不同矿物、不同岩石的电阻率各不相同。金属矿物的电阻率极低，而一些主要造岩矿物（如石英、云母、方解石等）的电阻率很高，另外石油的电阻率也是很高的，它们几乎不导电。岩石的电阻率则有火成岩电阻率高、沉积岩电阻率低的特点。这主要是由于两大类岩石的岩性及结构不同而导致其导电性质不同。

表2－2　主要岩石及矿物的电阻率

岩石及矿物	电阻率，Ω·m	岩石及矿物	电阻率，Ω·m
粘土	1～200	硬石膏	10^4～10^6
泥岩	5～60	石英	10^{12}～10^{14}
页岩	10～100	白云母	4×10^{11}
疏松砂岩	2～50	长石	4×10^{11}
致密砂岩	20～1000	石油	10^9～10^{16}
含油气砂岩	2～1000	方解石	5×10^3～5×10^{12}
贝壳灰岩	20～2000	石墨	10^{-6}～3×10^{-4}
石灰岩	50～5000	磁铁矿	10^{-4}～6×10^{-3}
白云岩	50～5000	黄铁矿	10^{-4}
玄武岩	500～10^5	黄铜矿	10^{-3}
花岗岩	500～10^5		

大部分火成岩非常致密，不含地层水。这种岩石主要靠组成岩石的造岩矿物中极少量的自由电子导电，所以电阻率较高。这种依靠电子导电的岩石称为电子导电岩石。含有金属矿物的火成岩电阻率一般较低，这是因为金属矿物自由电子多，导电能力强。这种火成岩的电阻率决定于金属矿物的百分含量及其分布特点。

沉积岩与火成岩不同。沉积岩中均含有孔隙（岩石颗粒间的空间、裂缝和溶洞），并且在孔隙中含有地层水。地层水中含有氯化钠（NaCl）、氯化钙（$CaCl_2$）、硫酸镁（$MgSO_4$）等盐类。盐在水中呈离子状态，在外加电场的作用下，地层水中的正离子沿着电场正方向移动，负离子沿着电场反方向移动，运动的正、负离子形成电流。同时，沉积岩中的造岩矿物的自由电子也起一定的导电作用。这种主要依靠离子导电的岩石称为离子导电岩石。沉积岩主要靠离子导电，其导电能力强，所以沉积岩电阻率较低。

沉积岩电阻率的大小主要取决于岩石中泥质含量和岩石孔隙中地层水的含量、性质、浓度等因素。

一般泥质砂岩比砂岩电阻率低。泥质含量越高，电阻率越低。这是由于含有泥质的岩石的比面积（单位体积岩石内岩石颗粒表面积的总和）增大，附加导电性（粘土颗粒表面带负电荷，吸附水溶液中阳离子而达到电平衡，形成双电层，而这被吸附的阳离子又处于可交换状态，即在外电场作用下可与其他被吸附的阳离子或水溶液中的其他阳离子交换位置，引起导电，从而增加岩层的导电能力，称为附加导电性）增大，岩石导电能力增强，电阻率降低。另外，在地层水矿化度比较低的情况下，由于泥质颗粒中部分矿物水解使地层水中离子数目增多，也会使岩石电阻率有所降低。

（二）岩石电阻率与地层水性质的关系

沉积岩是由造岩矿物的固体颗粒组成，这些固体颗粒称为岩石的骨架。一般来说，岩石骨架的自由电子很少，因此电阻率很高，所以沉积岩的导电能力，主要取决于岩石孔隙中地层水的导电能力。

地层水的电阻率，取决于其溶解盐的化学成分、溶液含盐浓度和地层水的温度，因为它们影响地层水中离子的数目和迁移速度。

1. 地层水电阻率与盐类化学成分的关系

在油气田的地层水中，主要含有 $NaCl$，KCl，Na_2SO_4，$MgSO_4$，$CaSO_4$ 等盐类。由于这些盐类具有不同的电离度，它们的离子具有不同的离子价和不同的迁移率，使得地层水电阻率也不同。电离度大，盐的分子离解为离子的百分比高，离子数目多，地层水电阻率小；离子价高，离子携带的电荷多，地层水电阻率小；离子迁移率大，运动速度快，地层水电阻率小。表 2－3 给出了几种盐类溶液在温度为 18℃、浓度为 10g/L 时的电阻率。

表 2－3　几种盐类溶液的电阻率（18℃）

盐溶液	$NaCl$	KCl	Na_2SO_4	$MgSO_4$	$CaSO_4$
电阻率，Ω·m	0.55	0.7	0.47	0.95	1.4

实际地层水含的盐类主要为 NaCl，因此可把地层水近似地认为是氯化钠溶液。如果地层水含有较多的除氯化钠以外的其他盐类，则可把每一种离子的含量乘以适当的系数，将其转化为等效的 NaCl 的含盐量，然后根据等效的 NaCl 的含盐量求地层水电阻率。

2. 地层水电阻率与溶液浓度及温度的关系

地层水含盐浓度增加，离子数目增多，溶液导电性增强，电阻率降低。而当溶液的温度升高时，离子的迁移率增大，溶液的导电性增加，其电阻率降低。另外，岩层中的某些盐类由于温度升高，溶解度增大，使溶液的离子浓度增大，电阻率降低。

地层水电阻率与含盐浓度成反比，随温度增加而减小，温度每升高 1℃，地层水电阻率约减小 2%，不同盐类的地层水的电阻率不同。由于岩石电阻率与岩石孔隙中地层水电阻率成正比，所以，岩石电阻率与孔隙中所含地层水溶液的性质、矿化度及温度之间的关系，就相当于地层水电阻率与溶液成分、矿化度及温度之间的关系。也就是说，岩石电阻率与地层水矿化度、温度之间存在着反比关系。

（三）岩石电阻率与孔隙度的关系

当纯岩石孔隙中饱含地层水时，岩石电阻率值受所含地层水的电阻率、含量及分布特点的影响。假设岩石孔隙中饱含水时的电阻率为 R_0，此时 R_0 主要决定于岩石的孔隙度 ϕ 和地层水电阻率 R_w，即 $R_0 = f(R_w, \phi)$。地层水的含量和分布特点归结到孔隙度和孔隙形状影响之中。对饱含水纯岩石进行下列实验:选择一块孔隙度为 ϕ 的纯岩样,饱和电阻率分别为 R_{w1},R_{w2},…,R_{wn}的水,测得相应的岩石电阻率分别为 R_{01},R_{01},…,R_{0n}。实验表明,岩石电阻率随水电阻率的变化而变化,并且它们之间有近似于正比的关系,即:

$$\frac{R_{01}}{R_{w1}} = \frac{R_{02}}{R_{w2}} = \cdots = \frac{R_{0n}}{R_{wn}} \tag{2-16}$$

对于同一岩样,二者比值为一常数。这个比值只与岩样的孔隙度、胶结情况和孔隙形状有关,而与饱含在岩样孔隙中的地层水电阻率无关。定义这个比值为岩石的地层因素,用 F 表示,即:

$$F = \frac{R_0}{R_w} \tag{2-17}$$

式中 R_0——饱含水岩石电阻率,$\Omega \cdot m$;

R_w——地层水电阻率,$\Omega \cdot m$。

现在取同类岩石的 n 块岩样,其孔隙度分别为 ϕ_1,ϕ_2,…,ϕ_n。各岩样饱和水电阻率为 R_w,测出各岩样的电阻率为 R_{01},R_{02},…,R_{0n},可得出:

$$F_1 = \frac{R_{01}}{R_w}, F_2 = \frac{R_{02}}{R_w}, \cdots, F_n = \frac{R_{0n}}{R_w}$$

且 $F_1 \neq F_2 \neq \cdots \neq F_n$。

将上述实验数据交会在以 F 为纵坐标、以 ϕ 为横坐标的双对数坐标纸上,发现所有数据点基本上分布在一条直线上。因此,可归纳出下列关系式:

$$F = \frac{a}{\phi^m} \tag{2-18}$$

式中 a——比例系数,其值决定于岩性,变化范围在 0.6~1.5;

m——胶结指数,随着岩石胶结程度不同而变化,一般为 2 左右,变化范围为 1.5~3;

ϕ——岩石孔隙度。

在用式(2-18)计算岩石孔隙度时,应根据各地区、各种地层的实验统计结果确定 a,m 值。几种常见岩石的 a,m 值列于表 2-4 中。

表 2-4 胶结系数 m 和比例系数 a 数值表

岩石名称	疏松砂岩	弱胶结砂岩	中等胶结砂岩	疏松的贝壳灰岩及白云岩	中等致密的粗晶质灰岩及白云岩	致密细晶质灰岩及白云岩
a	1	0.7	0.5	0.55	0.6	0.8
m	1.3	1.9	2.2	1.85	2.5	2.3

在勘探初期没有条件确定 a,m 系数时,可根据岩性在地层因素与孔隙度关系图版中选择计算公式,或直接根据岩性选择 F 与 ϕ 的关系曲线求出 ϕ。

总之,对于含水纯砂岩,岩石的孔隙度越大,所含地层水电阻率越低,胶结程度越差,岩石的电阻率就越低;反之,岩石的孔隙度越小,所含地层水电阻率越高,胶结程度越好,岩石的电阻率就越高。

(四)岩石电阻率与含油饱和度的关系

当砂岩的孔隙中不仅含水而且含有油时,在连通的条件下,水处于颗粒表面,油处于孔隙的中央部位,四周被水包围着。由于石油电阻率很高,是不导电的,所以岩性、物性相同的含油岩石与含水岩石相比,电流的流动路径变得更曲折,相当于导体长度增加,导体横截面积变小,因而含油岩石电阻率比含水岩石电阻率大。岩石含油越多(即含油饱和度越高),岩石电阻率就越高。这时岩石电阻率除了与岩石的孔隙度、胶结情况及孔隙形状有关外,还与油、水在孔隙中的分布状况及含油饱和度有关。

岩石电阻率与含油饱和度之间的关系是通过实验获得的。通常选取一个有代表性的岩样,在实验室内先测出其完全含水时的电阻率 R_o,然后向完全含水岩样逐步注入石油,同时不断测出在不同含油饱和度 S_o 下相应的含油岩样电阻率 R_t。引入一个新的参数,叫岩石电阻增大系数,用 I 表示。它表示含油岩石电阻率 R_t 与该岩石完全充满水时的电阻率 R_o 的比值,即:

$$I = \frac{R_t}{R_o} \tag{2-19}$$

因为采用比值的方法,电阻增大系数消除了地层水电阻率、岩石孔隙度和孔隙形状等因素的影响。当岩性一定时,它只与岩石含油饱和度有关。根据实验结果,在双对数坐标纸中,纵坐标表示电阻增大系数 I,横坐标表示含油饱和度 S_o,I 与 S_o 有近似直线关系。

对不同岩性的岩石研究结果,都可得到相同规律的实验公式,表示如下:

$$I = \frac{R_t}{R_o} = \frac{b}{S_w{}^n} = \frac{b}{(1 - S_o)^n} \tag{2-20}$$

式中 S_o——含油饱和度;

n——饱和度指数;

S_w——含水饱和度;

b——系数。

指数 n 和系数 b 与岩性有关,不同地区地层的 n 和 b 值不同,可用实验方法确定。当知道 n 和 b 之后,可利用建立的公式或 I 与 S_o 的关系曲线求出地层的含油气饱和度。

二、普通电阻率测井

普通电阻率测井是把一个普通的电极系(由三个电极组成)放入井内,测量井内岩层电阻率变化的曲线,用以研究钻井地质剖面和判断油气水层。

(一)均匀介质电阻率测量原理

电阻率法测井是根据自然界中各种不同岩石和矿物的导电能力不同这一特点,来区别钻井剖面上的岩石性质的一种方法。岩石导电能力常用电阻率这个物理量来表示。物质的电阻率等于由该物质所构成的物体的电阻乘以该物体的截面积,除以该物体的长度。电阻单位用欧姆(Ω)时,电阻率单位就是Ω·m。

岩石电阻率只有当给岩石通以一定的电流时才能测定出来,所以在进行电阻率测井时,都设有供电线路,通过供电电极 A 供给电流 I,通过电极 B 供给电流 $-I$,在井内建立电场,然后用测量电极 M,N 进行电位差测量。这个电位差反映了电场分布特点,从而反映了岩石电阻率的变化。因而电阻率法测井的理论实质是研究各种不同介质中电场分布的问题,其测量原理

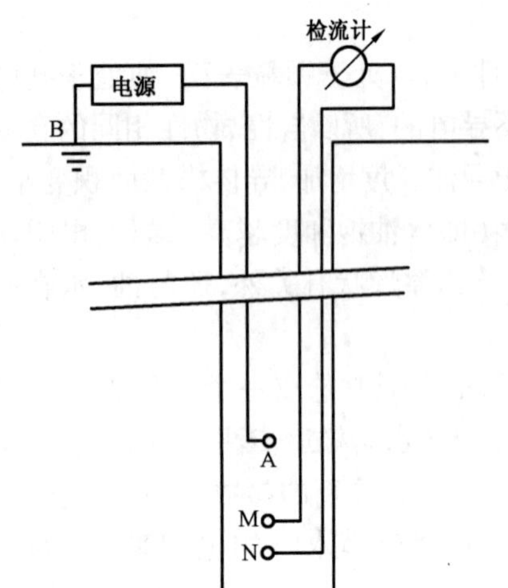

图2-7　普通电阻率测井测量原理线路图

线路图如图2-7所示。

A,B,M,N四个电极中的三个电极形成一个相对位置不变的体系,称为电极系。测量时将电极系放入井中,而另外一个电极(B或N)则留在地面上,在提升过程中进行测量,同时在地面仪器的记录部分记录出沿井身的电位差变化曲线。这个电位差经过适当刻度后,转变成量纲与电阻率相同的量,称为视电阻率 R_a。

在实际测井中为提高工效,常采用视电阻率和自然电位同时测量的方法进行测井。

由于井内存在的自然电位是直流电位,而视电阻率测井供电线路供给低频(小于15Hz)矩形波交流电,所以在用普通电极系测量视电阻率的同时,用一个测量电极带测出一条自然电位曲线。井下测量电极M是视电阻率测量电路和自然电位测量电路的公用测量电极,把同时接收到的直流电位和矩形交流电位分别送给自然电位测量电路和视电阻率测量电路,因此可以同时测量两条曲线。测井时,测量电极M和N之间的电位差 ΔU_{MN},并按下面的公式:

$$R_a = K\frac{\Delta U_{MN}}{I} \tag{2-21}$$

求出一个量纲与电阻率相同的量——视电阻率 R_a。式(2-21)中,K 称为电极系系数,只与电极系的尺寸、类型有关。

假设介质是均匀的、各向同性的,其电阻率是 R。以点电源A为球心,以 r 为半径作一球面,则在球面上电流密度为:

$$j = \frac{I}{4\pi r^2} \tag{2-22}$$

根据欧姆定律微分形式 $E = Rj$,可得该球面的电场强度为:

$$E = \frac{RI}{4\pi r^2} \tag{2-23}$$

利用电场强度与电位 U 的关系 $E = -\mathrm{d}U/\mathrm{d}r$,并进行积分,同时,考虑到 $r\to\infty$ 时 $U\to 0$,则:

$$U = \frac{RI}{4\pi r} \tag{2-24}$$

如果电极系由A,B,M,N组成,则:

$$U_M = \frac{RI}{4\pi\overline{AM}}, U_N = \frac{RI}{4\pi\overline{AN}}$$

从而有:

$$\Delta U_{MN} = U_M - U_N = \frac{RI}{4\pi}\left(\frac{1}{\overline{AM}} - \frac{1}{\overline{AN}}\right) = \frac{\overline{MN}}{4\pi\overline{AN}\cdot\overline{AM}}RI$$

则：

$$R = \frac{4\pi\overline{AM}\cdot\overline{AN}}{\overline{MN}}\cdot\frac{\Delta U_{MN}}{I} \tag{2-25}$$

将式(2-25)和式(2-21)相比较，可知为了使在均匀各向同性介质中测得的视电阻率等于真电阻率，必须有：

$$K = \frac{4\pi\overline{AM}\cdot\overline{AN}}{\overline{MN}} \tag{2-26}$$

如果电极系由A,B,M组成，则电极A的电流I和B电极的电流$-I$对M点电位均有贡献。根据电位叠加原理，有：

$$U_M = \frac{RI}{4\pi}\cdot\frac{1}{\overline{AM}} - \frac{RI}{4\pi}\cdot\frac{1}{\overline{BM}} \tag{2-27}$$

N点放在地面上，距离A和B都很远，所以$U_N=0$。因此：

$$\Delta U_{MN} = \frac{RI}{4\pi}\left(\frac{1}{\overline{AM}} - \frac{1}{\overline{BM}}\right) = \frac{RI}{4\pi}\frac{\overline{AB}}{\overline{AM}\cdot\overline{BM}} \tag{2-28}$$

由此得出：

$$R = \frac{4\pi\overline{AM}\cdot\overline{BM}}{\overline{AB}}\cdot\frac{\Delta U_{MN}}{I} \tag{2-29}$$

为使均匀介质的$R_a=R$，必须取：

$$K = \frac{4\pi\overline{AM}\cdot\overline{BM}}{\overline{AB}} \tag{2-30}$$

(二)电极系分类

普通电阻率测井的线路中一共有四个电极，其中两个是供电电极，以A,B表示；另外两个是测量电极，以M,N表示。两个供电电极A,B和一个测量电极M(或两个测量电极M,N和一个供电电极A)组成电极系ABM(或AMN)。在电极系的三个电极中，有两个在同一线路(供电线路或测量线路)中，叫成对电极或同名电极；另外一个和地面电极在同一线路(供电线路或测量线路)中，叫不成对电极或单电极。根据电极间的相对位置的不同，可以分为梯度电极系和电位电极系两种基本类型。

1. 梯度电极系

电极系的三个电极之间有三个距离：$\overline{AM}$,$\overline{AN}$,$\overline{MN}$或$\overline{AM}$,$\overline{BM}$,$\overline{AB}$。在这三个距离之中，如果成对电极之间的距离($\overline{MN}$或$\overline{AB}$)最小，即$\overline{AM}>\overline{MN}$或$\overline{AM}>\overline{AB}$，叫梯度电极系，如图2-8所示。

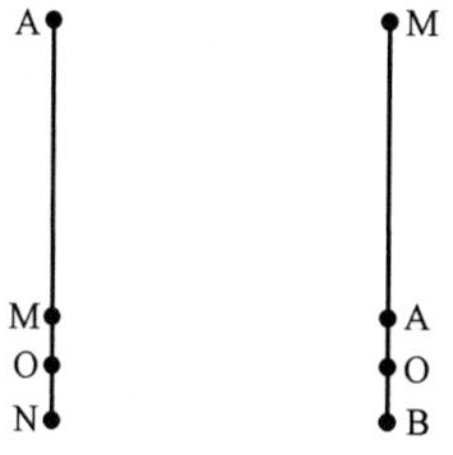

A
M
O
N

M
A
O
B

图2-8　梯度电极系

梯度电极系又分为底部梯度和顶部梯度电极系两种。成对电极在不成对电极之上的电极系，测量的视电阻率曲线在高阻层的顶部界面出现极大值，能够清楚地划分出高电阻率地层的顶界面，所以叫顶部梯度电极系；成对电极在不成对电极之下的电极系，测量的视电阻率曲线在高阻层的底部界面出现极大值，能够清楚地划分出高电阻率地层的底界面，所以叫底部梯度电极系。当成对电极间的距离无限小（在极限情况下等于零）时的梯度电极系叫理想梯度电极系。单电极供电时的视电阻率公式为：

$$R_a = \frac{4\pi \cdot \overline{AM} \cdot \overline{AN}}{I} \cdot \frac{\Delta U_{MN}}{\overline{MN}} \tag{2-31}$$

如果是理想梯度电极系，则$\overline{MN} \to 0$，$\frac{\Delta U_{MN}}{\overline{MN}} \to E_0$（$E_0$ 表示记录点 O 的电场强度），$\overline{AM} = \overline{AN} = \overline{AO}$，则：

$$R_a = \frac{4\pi \cdot \overline{AO}^2}{I} E_0 \tag{2-32}$$

由于视电阻率正比于 O 点的电场强度，而电场强度等于电位梯度的负值，所以这种电极系叫梯度电极系。

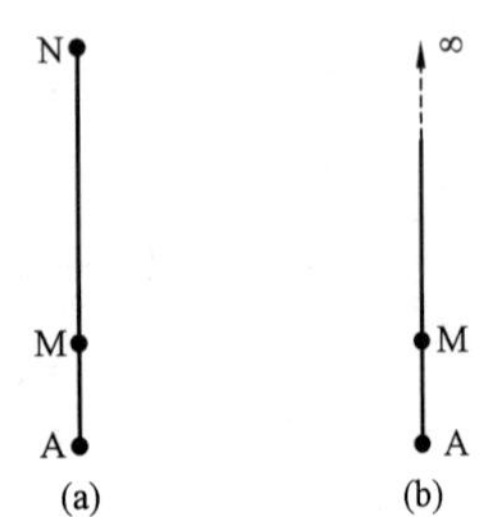

图 2－9　电位电极系（a）和理想电位电极系（b）

2. 电位电极系

电位电极系的三个电极之间，如果成对电极之间的距离（$\overline{MN}$或$\overline{AB}$）较大，即$\overline{MN} > \overline{AM}$或$\overline{AB} > \overline{AM}$，叫电位电极系，如图 2－9 所示。

当成对电极中的一个电极放到无限远处时，即$\overline{MN} \to \infty$ 或$\overline{AB} \to \infty$，此种电极系称为理想电位电极系。理想电位电极系的视电阻率公式为：

$$R_a = \frac{4\pi \cdot \overline{AM} \cdot \overline{AN}}{\overline{MN}} \cdot \frac{\Delta U_{MN}}{I} \tag{2-33}$$

理想电位电极系的$\overline{MN} \to \infty$，$U_N \to 0$，所以 $\Delta U_{MN} \to U_M$，$\overline{AN}/\overline{MN} \to 1$，其视电阻率公式为：

$$R_a = \frac{4\pi \cdot \overline{AM}}{I} \cdot U_M \tag{2-34}$$

由式（2－34）可以看出，视电阻率正比于 M 点的电位，故称其为电位电极系。

（三）电极系的记录点和电极距

记录点表示电极系在井内的深度位置。电极系在某一位置测得的视电阻率数值，被认为是电极系记录点所在深度地层的视电阻率值。采用记录点这一概念，可以确定视电阻率测井曲线上各点在井内所对应的深度，以便更好地划分地层，确定地层顶底界面。

对于梯度电极系，记录点选择在成对电极的中点，测量的视电阻率曲线的极大值和极小值正好对准地层的界面。记录点一般用符号“O”表示，由不成对电极到记录点 O 的距离叫电极距，以 L 表示，图2－8中 $L = \overline{AO}$或 $L = \overline{MO}$。

对于电位电极系，当记录点选择在两个相近电极 A，M 的中点时，记录的视电阻率曲线正好关于相应地层中心对称，单电极到最近一个成对电极之间的距离叫电位电极系的电极距。图 2－9 中 $L = \overline{AM}$。

（四）电极系互换原理

把电极系中的电极与地面电极功能互换（原供电电极改为测量电极或原测量电极改为供

电电极)，而各电极的相对位置不变，则测得的视电阻率和原来的完全相同，这叫电极系的互换原理。

(五)电极系的探测深度

为了定性地判断测量的视电阻率主要反映的介质范围，引入了电极系探测深度(或探测半径)的概念，即在均匀介质中，以供电电极为中心，以某一半径画一球面，如果球面内包括的介质对电极系测量结果的贡献占总结果的50%，则此半径就是该电极系的探测深度(或探测半径)。一般电位电极系的探测半径为2 $\overline{AM}$;梯度电极系的探测半径为$\overline{AO}$。一般来说，随着电极距的加大，电极系的探测深度将加大，但当介质分布情况改变时，探测半径也会有所改变，所以目前各地区的探测半径也不完全一致，应根据所测对象合理地选择，以利于解释中进行地层对比，准确地划分油、气、水层。

(六)电极系的表示方法

梯度电极系和电位电极系都可用符号表示出来，通常按照电极在井中的次序由上到下写出代表电极的字母，字母间写出相应电极间的距离(以米为单位)，表示出电极系的类型。例如，A0.4M0.1N 表示单电极供电、电极距为0.45m 的底部梯度电极系，电极 A，M 之间的距离为0.4m，M，N 之间的距离为0.1m。

(七)视电阻率曲线特点

视电阻率曲线是电极系沿井身移动过程中测量出来的。视电阻率值的大小与岩层真电阻率有着密切的关系。在岩层界面上，视电阻率曲线将发生变化，这些变化的特征就是划分岩层的依据。下面假定只有一个高电阻率地层，上下围岩的电阻率相等，并且没有井的影响，采用理想电极系进行测量，应用视电阻率的简化公式，着重对梯度电极系的视电阻率曲线形状进行分析。

1. 梯度电极系视电阻率简化公式

梯度电极系测量的视电阻率与记录点 O 处的电位梯度(即电场强度)成正比。根据微分形式的欧姆定律 $E_0 = R_0 j_0$，其中，E_0，R_0，j_0 分别为记录点 O 处的电场强度、电阻率和电流密度，得出梯度电极系的视电阻率公式为:

$$R_a = \frac{4\pi \cdot \overline{AO}^2}{I} E_0 = \frac{R_0 j_0}{I/(4\pi \cdot \overline{AO}^2)} \tag{2-35}$$

式中，$I/(4\pi \cdot \overline{AO}^2)$是均匀介质中记录点 O 处的电流密度，记作$j_{0j}$，则式(2-35)变为:

$$R_a = R_0 j_0 / j_{0j} \tag{2-36}$$

式(2-36)说明，理想梯度电极系的视电阻率 R_a与其记录点 O 处的电阻率 R_0 和电流密度 j_0 成正比，而与均匀介质中 O 点的电流密度 j_{0j}成反比。当供电电流 I 和$\overline{AO}$固定之后，j_{0j}是常数;R_0 是地层电阻率，对某一地层可视为常数;而 j_0 则依电极系与地层的相对位置而定，变化比较复杂，是引起视电阻率曲线变化的基本因素。因此，要分析视电阻率曲线变化的规律，主要是分析记录点 O 处电流密度 j_0 变化的规律。

2. 理想梯度电极系视电阻率曲线

对于厚度大($h \geqslant 10\ \overline{AO}$)的高阻层，计算的理想底部梯度电极系视电阻率曲线见图2-10。该高阻层的真电阻率 $R_t = 5\Omega \cdot m$，围岩电阻率 $R_s = 1\Omega \cdot m$。下面用式(2-36)分析该视电阻率曲线的变化规律。

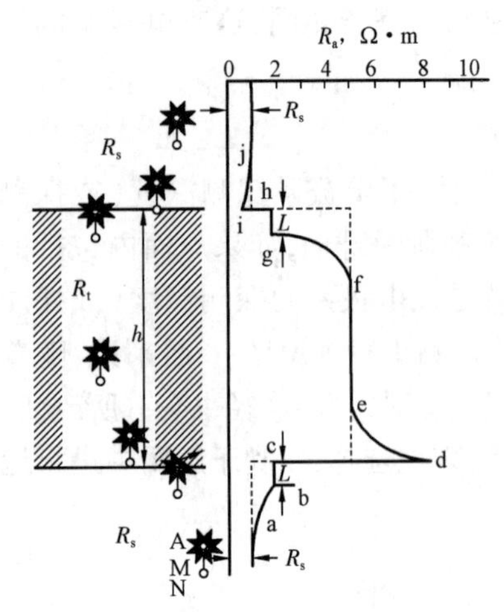

图 2－10　理想底部梯度电极系视电阻率曲线

在 a 点以下,单电极远离高阻层底界面。单电极至底界面距离明显大于 2 $\overline{AO}$,高阻层在其探测范围之外,电极系相当于在均匀介质中,$j_0=j_{0j}$,$R_a=R_s$,视电阻率曲线为平行深度轴的直线。

在 ab 点段,a 点大约距离高阻层底面 2 $\overline{AO}$,而单电极距底界面大约等于$\overline{AO}$。此时高阻层进入探测范围,使向下流动的电流开始增加,而向上流动的电流开始减小,致使$j_0>j_{0j}$,R_a 开始增加,直至 b 点,它距底界面$\overline{AO}$。

在 bc 段,此时 A 和 O 点(M,N 的中点)分居底界面两侧。由于电流透过系数不变,j_0 将保持不变,从而使 R_a 不变。

在 cd 段,记录点由围岩进入高阻层。记录点处的电阻率由 R_s 跃变为 R_t,使 R_a 直线上升,在高阻层底界面达到极大值。

在 de 段,单电极逐渐远离高阻层底界面。下部低阻围岩对电流的吸引作用逐渐减弱,使向上流的电流增加,而向下流的电流减少,从而使 j_0 下降,导致 R_a 降低。

在 ef 段,电极系相当于处在电阻率为 R_t 的均匀各向同性介质中。此时 R_a 最接近 R_t。

在 fg 段,单电极逐渐接近高阻层顶界面。上部低阻围岩对电流的吸引作用逐渐增强,使向上流的电流增加,而向下流的电流减少,从而使 j_0 下降,导致 R_a 降低。直到单电极到达高阻层顶界面时,此下降趋势终止于 g 点。

在 gh 段,当单电极进入上部围岩时,O 点仍在高阻层中,由于电流透过系数不变,j_0 将保持不变,从而使 R_a 不变,直到 O 点到达高阻层的顶界面为止,线段 gh 的长度等于$\overline{AO}$。

在 hi 段,当 O 点进入上部围岩中时,由于 R_0 突然由 R_t 下降到 R_s,且 j_0 仍低于 j_{0j},使 R_a 急剧下降到达 i 点。此点的视电阻率是 R_a 的最小值,并小于 R_s。

在 ij 段,整个电极系都处于上部围岩中,且逐渐远离高阻层顶界面。高阻层对单电极电流的排斥作用逐渐减小,使 j_0 逐渐增加,R_a 逐渐增大。

在 j 点以上,电极系远离高阻层顶界面,单电极的电流分布不受界面影响,相当于电极系处于上部围岩均匀介质中,故 $R_a=R_s$,视电阻率曲线为平行于深度轴的直线。

3. 高电阻率厚层梯度电极系视电阻率曲线

对于高阻厚层($h\geqslant L$),梯度电极系的视电阻率曲线对地层中点不对称。底部梯度电极系的视电阻率曲线在高阻层的底界面出现极大值,顶界面出现极小值;顶部梯度电极系的视电阻率曲线在高阻层的顶界面出现极大值,底界面出现极小值。当地层厚度很大时,在地层中点附近,视电阻率曲线出现一段与深度轴平行的直线,其 R_a 等于地层电阻率。图 2－11 给出了高阻厚层理想顶部梯度电极系视电阻率曲线。

4. 高电阻率薄层梯度电极系视电阻率曲线

对于高阻薄层($h<L$),梯度电极系的电阻率曲线对地层中点不对称。底部梯度电极系的视电阻率曲线在地层底界面出现极大值,顶界面出现极小值;顶部梯度电极系的视电阻率曲线在高阻层的顶界面出现极大值,底界面出现极小值。这是确定地层界面的重要特征。当用底部梯度电极系时,在薄的高阻层下方出现一个假极大值,它距离高阻层底界面一个电极距。图

2－12 给出了高阻薄层理想底部梯度电极系视电阻率曲线。

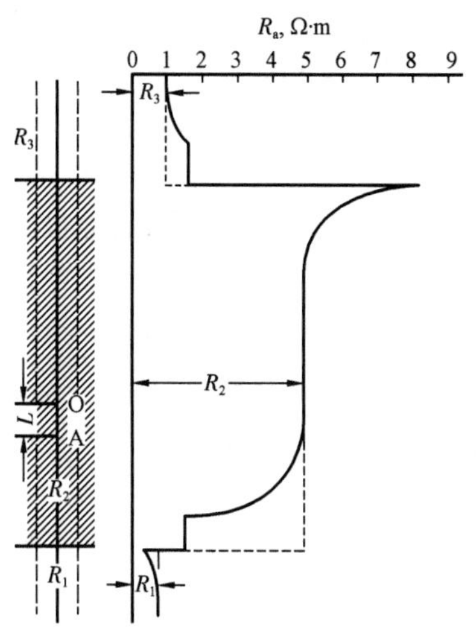

图 2－11　高阻厚层理想顶部梯度电极系视电阻率曲线

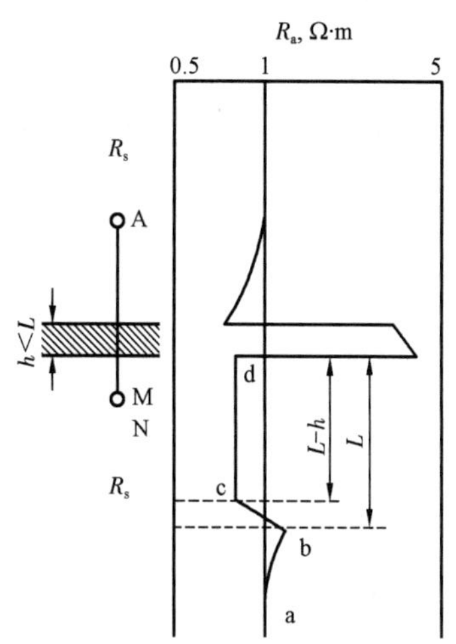

图 2－12　高阻薄层理想底部梯度电极系视电阻率曲线

上面分析了高阻厚层和薄层梯度电极系的视电阻率曲线的特点。对于 $h>L$ 的中厚度岩层，其视电阻率曲线与厚层曲线形状相似，但随着厚度的减小，地层中部视电阻率曲线的平直段变小以至消失。

对于不同厚度的地层，选取视电阻率数值的方法不同，被选取的视电阻率数值叫视电阻率的基本值，可以总结如下三种情况：

(1)高阻厚层。高阻厚层的视电阻率曲线的中部直线段最接近地层的真电阻率，应取这部分曲线的平均值作为视电阻率的基本值。

(2)高阻薄层。视电阻率曲线只有一个尖峰，取它的极大值作为视电阻率的基本值。

(3)高阻中厚层。由顶界面往下一个电极距的地方(图 2－13)，作一条与深度轴垂直的直线，然后再作一条与深度轴平行的直线，使图上阴影部分 A 的面积与阴影部分 B 的面积大致相等，此平行深度轴直线的横坐标即为视电阻率的基本值，这种方法的基本值叫面积平均值。

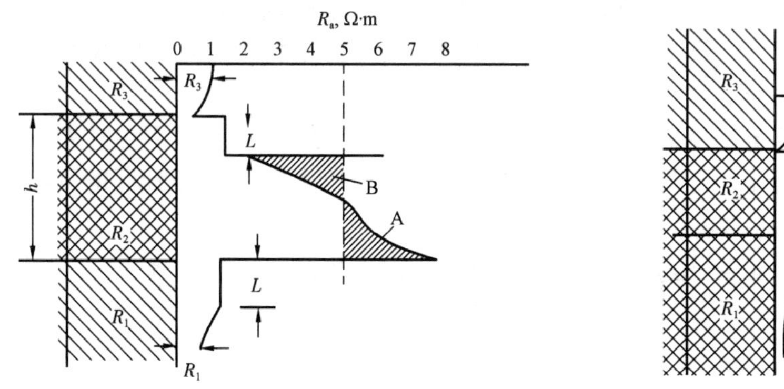

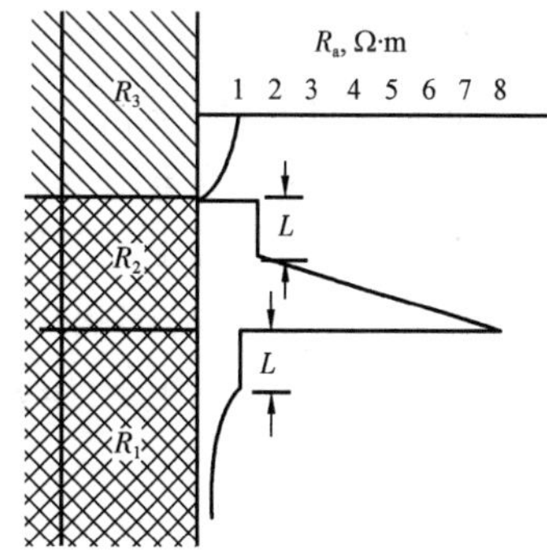

图 2－13　中厚层理想梯度电极系视电阻率曲线

电位电极系的视电阻率曲线在地层界面附近没有明显的特征点，但是曲线形状仍反映了地层电阻率的变化规律。图 2－14 给出了不同厚度高阻层的理想电位电极系视电阻率曲线。

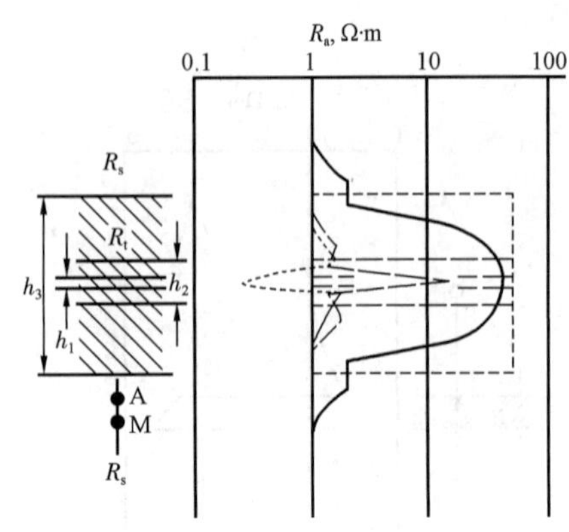

图2－14　不同厚度高阻层的理想电位电极系视电阻率曲线

$h_1 = 8\,\overline{AM}; h_2 = 2\,\overline{AM}; h_3 = 0.4\,\overline{AM}$

在高阻薄层($h < L$)中部显示视电阻率极小值,而且在岩层界面上下半个电极距处出现两个假极大值,它们间的距离为 $h + L$,由假极大值往里移动 $L/2$ 即为高阻层的界面。所以当电位电极系的电极距 L 大于地层厚度 h 时,视电阻率曲线不能反映地层电阻率的变化。因此,在实际工作中,要求电位电极系的电极距小于划分地层的最小厚度。我国通常采用的电位电极系的电极距为0.5m。因此,对于厚度大于0.5m的地层,电位电极系视电阻率曲线才能显示地层电阻率变化。

综上所述,理想电位电极系视电阻率曲线的特点及分层取值方法是:

(1)当上下围岩电阻率相等时,电位电极系的视电阻率曲线对地层中心对称。

(2)当地层厚度大于电极距时,对应高电阻率地层中心,视电阻率曲线显示极大值。地层厚度越大,极大值越接近地层真电阻率。

(3)当地层厚度小于电极距时,对应高电阻率地层中心,视电阻率曲线显示极小值。

(4)对厚层取视电阻率曲线的极大值作为电位电极系的视电阻率数值。

前面分析视电阻率曲线形状时,假定只有一个单一的高电阻率地层,上下围岩的电阻率相等,并且没有井的影响,采用理想电极系进行测量。实际井下的情况是复杂的,在纵向上存在不同岩性的地层,其电阻率不同;由于泥饼、侵入带的存在,同一地层横向上电阻率也有变化,尤其在发育不均匀的裂缝性储集层更为突出。实际测井用的电极系并非理想电极系,梯度电极系成对电极之间的距离不趋于零,电位电极系成对电极之间的距离不趋于无限大。因此,电极系在井内移动时,实测的视电阻率曲线与上面讨论的曲线有很大差别。

由于井和电极距等的影响,使高阻层的视电阻率曲线变得比较平滑,不像理论曲线那样特征明显,但仍然具有理论曲线的基本特征。以梯度电极系为例,我国使用的短电极系 $\overline{MN} = 0.1$m,长电极系 $\overline{MN} = 0.5$m。由于非理想电极系的影响,理论计算和实践证明,$\overline{MN}$ 增大时,视电阻率曲线极大值减小,且极大值和极小值之间地层界面向单电极一方移动 $\overline{MN}/2$ 的距离。为了准确地确定地层界面,生产中通常采用短电极的视电阻率曲线进行分层。因为短电极系的 $\overline{MN} = 0.1$m,$\overline{MN}/2 = 0.05$m,分层时可以不考虑它的影响,仍然取视电阻率曲线的极大值和极小值,确定地层的顶底界面。

电位电极系实测的视电阻率曲线反映地层界面不十分清楚,所以通常不用它来分层。一般按异常幅度的半幅点确定地层界面,作为参考,这样划分的地层厚度小于地层的真厚度。

(八)视电阻率曲线的影响因素

为了正确地解释视电阻率曲线,必须研究岩石电阻率在横向上的变化规律以及视电阻率曲线的影响因素。

1. 井的影响

在实际测井中,井的影响是无法避免的。用电模拟考察井对视电阻率曲线的影响,考察条件:井径为 d,地层厚度 $h = 16d$,钻井液电阻率为 R_m,且 $R_m = R_s$(围岩电阻率),目的层电阻率 $R_t = 10R_m$。在这个高电阻厚地层附近,用三个电极距不同的底部梯度电极系进行测量,得到三条视电阻率曲线。将这组实测曲线和无井影响的理论曲线进行对比,曲线形状基本相同,底界面极大值特征点仍然明显，而顶界面的极小值不易分辨，整个曲线由于有井存在而变得平缓。这是由于钻井液电阻率比地层电阻率低，而钻井液又包围着电极系，使测量结果比无井影响时要低。井径越大，钻井液对测量结果贡献越大，在同样条件下视电阻率就越低。

2. 电极系的影响

从理论曲线分析可知，不同类型的电极系所测视电阻率曲线形状不同。即使同一类型的电极系在同样的测量条件下，电极系的尺寸不同，所测的视电阻率曲线的形状及幅度也不一样。这是由于$\overline{AO}$不同探测深度不同，钻井液电阻率和围岩电阻率对测量结果贡献不同。当电极距较小时（$\overline{AO}=2d$），由于井的影响较突出，视电阻率曲线幅度不是很高。当电极距增大（$\overline{AO}=8d$）时，其探测深度加大，使井的贡献相对减小，而使地层的贡献占主要地位，视电阻率曲线幅度变高。当电极距增加到一定程度时，反而会使视电阻率幅度变低，这是低阻围岩影响突出造成的。

另外，实际使用的电极系均与理想电极系有差异，这又是造成实测曲线和理论曲线间差异的一个原因。

电位电极系理论曲线是用理想电位电极系（$\overline{MN}\to\infty$）计算的，而实际上 N 电极不可能放到无限远处，$\overline{MN}$是个有限值。这使视电阻率曲线的对称性受到影响。随着成对电极之间距离$\overline{MN}$的减小，视电阻率极大值的位置离开地层中点向 N 电极一方偏移。$\overline{MN}$越小，偏移越大。随着电位电极系的成对电极$\overline{MN}$逐渐变小，视电阻率曲线形状从电位曲线向梯度曲线过渡。

实际用的梯度电极系也不是理想的梯度电极系，成对电极之间的距离总是个有限值而不是无限小，所以实测曲线和理论曲线不完全一致。随着成对电极之间距离的增加，视电阻率曲线上的极大值随之降低，并且极大值（和极小值）离开界面向不成对电极一方移动$\overline{MN}/2$。从理论上讲，在实测曲线上划分高阻层界面时，需从极大值的深度位置向成对电极一方移动$\overline{MN}/2$，即是高阻岩层的界面位置。一般将短电极距电极系测出的视电阻率曲线上的极大值直接定为高阻层界面位置，因此，不进行$\overline{MN}/2$ 的校正，也不会引起深度误差。

3. 地层倾斜的影响

理论曲线均是在水平岩层中得出的结果，而实际大部分遇到的岩层总有些倾斜，井轴不垂直于地层界面，使实测曲线与理论曲线形状和幅度有所不同。在其他条件均相同只改变地层倾角β时，随着β增加，极大值向地层中心移动使曲线变得较对称；曲线的极大值随β的增加而减低，曲线变得平缓，极小值模糊不清；利用倾斜地层中所测的视电阻率曲线划分岩层所得到的厚度叫视厚度（h_a），$h_a>h$。β越大，h_a 和 h 的差别越大。当$\beta<60°$时，视电阻率曲线还保持原曲线的基本特征，只是确定的岩层厚度偏大。

4. 高阻邻层的屏蔽影响

以上讨论的是单一高电阻地层的视电阻率曲线。实际测井工作中经常碰到的是许多高电阻率地层和低电阻率地层交互出现。如果各高阻层之间的距离小于两个电极距，则相邻高阻层对供电电极发出的电流产生屏蔽作用，因而使曲线形态发生畸变。实践证明，高阻邻层的屏蔽作用不仅与地层厚度和地层电阻率有关，而且与电极系类型、电极距、夹层厚度有关。

图 2－15 中，Ⅰ和Ⅲ为两个相邻的高电阻率地层，Ⅱ为低电阻率夹层。在图 2－15(a)中，采用底部梯度电极系进行测量，电极距小于夹层厚度。当测量电极 M，N 正对高阻层Ⅰ时，A 电极位于高阻层Ⅲ的下方，由于高阻层Ⅲ对电流的排斥作用，使 M，N 电极间的电流密度增大，于是高阻层Ⅰ的 R_a 曲线升高，形成增阻屏蔽。当采用顶部梯度电极系测量时，上部高阻层Ⅲ没有屏蔽作用，高阻层Ⅰ的视电阻率曲线不发生畸变，但因高阻层Ⅰ的屏蔽作用，使高阻层Ⅲ

的视电阻率曲线升高,如图 2-15(b)所示。

在图 2-15(c)中,电极距大于高阻层Ⅰ,Ⅲ和低阻层Ⅱ的总厚度,因此,当测量电极 M,N 正对高阻层Ⅰ时,A 电极在高阻层Ⅲ上方,流向下方的电流受到高阻层Ⅲ的屏蔽作用,使得记录点 O 处的电流密度减小,于是高阻层Ⅰ的 R_a 曲线降低,形成减阻屏蔽。

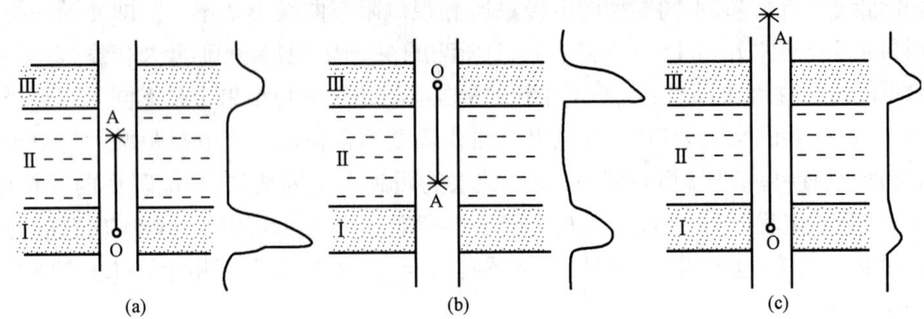

图 2-15 高阻邻层对视电阻率曲线的屏蔽影响

(a),(b)增阻屏蔽;(c)减阻屏蔽

综上所述,在定性分析屏蔽影响时,必须考虑以下几点:

(1)位于单电极方向的高阻层可能成为屏蔽层。用底部梯度电极系测量视电阻率曲线时,测量层上方的高阻层可能对测量层的视电阻率曲线产生屏蔽作用。

(2)当测量电极 M,N 位于测量层,高阻层的底界面与单电极之间的距离大于一个电极距时,屏蔽作用不大,可不必考虑。

(3)高阻层的底界面与单电极之间的距离小于一个电极距时,出现增阻屏蔽。距离越小,屏蔽作用越大,视电阻率曲线升高越明显。当电极位于高阻层顶面之上时,出现减阻屏蔽,视电阻率曲线显著降低。

(4)单电极位于高阻层之中时,在高阻层的底面附近为增阻屏蔽,在高阻层的顶面附近为减阻屏蔽,在地层中部偏下没有屏蔽作用。

实际工作中,测量层和屏蔽层的厚度、电阻率往往有很大差别,所以高阻邻层的屏蔽作用和它的厚度及电阻率有关。屏蔽层的厚度越大,电阻率越高,则屏蔽作用越强。因此,在分析视电阻率曲线时,要根据电极距的大小、地层厚度、高阻邻层的位置等因素考虑屏蔽作用对视电阻率曲线的影响。

(九)视电阻率曲线应用

1. 划分岩层

用视电阻率曲线划分岩层时,要利用曲线的明显特征。在实际的梯度曲线上,极小值已失去划分岩层的价值,而极大值却仍很突出。所以,通常采用顶部和底部梯度曲线上的极大值分别确定高阻岩层的顶界面和底界面的深度:

顶界面深度 $z_{顶}=z_{max}^{顶梯}$(顶部梯度电极系曲线上视电阻率极大值的深度);

底界面深度 $z_{底}=z_{max}^{底梯}$(底部梯度电极系曲线上视电阻率极大值的深度);

地层的厚度 $h=z_{底}-z_{顶}$。

一般常用$\overline{AO}=1m$ 的两种不同类型的梯度曲线上的极大值划分高阻岩层,且不需作$\overline{MN}/2$校正。

2. 岩层的视电阻率读数

在高阻地层界面内，视电阻率曲线变化很大，各深度上的视电阻率值各不相同，选择哪一点的值能代表高阻层的电阻率呢？对不同厚度的岩层采用不同的取值方法：

高阻厚层——从理论曲线分析得知，在相当厚的高阻层的中部，R_a 曲线上出现一个直线段，其视电阻率值 $R_a = R_t$。故在实测曲线上读地层中部较平直段的视电阻率平均值来代表岩层的电阻率。

中等厚度高阻层——在底部（顶部）梯度电极系视电阻率曲线上，在高阻层内距顶（底）界面一个电极距的范围内，视电阻率数值很低，这个范围常叫屏蔽区或盲区。取值时把这部分去掉，即在距顶（底）界面一个电极距的地方作一条与井轴垂直的直线，在该直线与顶（底）界面之间，取曲线面积的平均值。这条直线在横轴上的读数 R_a 值最接近岩层的真电阻率 R_t 值。这叫去掉屏蔽区取面积平均值法。高阻厚层也可用此法读数。

高阻薄层——在视电阻率曲线上只有一个较窄的尖峰，只有取极大值作为高阻薄层的视电阻率值。这个极大值小于 R_t，但它是曲线上最接近 R_t 的一个值。

三、标准测井

在一个油田或一个区域内，为了研究地质剖面、构造形态、岩性和岩相的变化，选择一至两个电极系作为标准电极系，与自然电位、井径等测井方法组成测井系列，在全区所有井中，用相同的深度比例和横向比例对全井进行测量，这就是所谓的标准测井。

（一）标准电极系的选择

由于不同类型、不同电极距的电极系对厚度和电阻率不同的岩层具有不同的使用效果，因此，标准测井所使用的电极系应满足以下两个要求：

（1）在标准测井的视电阻率曲线上能清楚地划分地质剖面上的各种岩层，并准确地确定其界面。

（2）标准电极系测量的视电阻率尽可能接近岩层的真电阻率。

由于地质剖面的复杂性，选择的电极系要完全满足上述条件是困难的，但首先要考虑油气层在视电阻率曲线上能够清楚地反映出来。在砂泥岩剖面中，多选择底部梯度电极系，它能清楚地反映出高阻薄层电阻率的变化特征，根据视电阻率曲线的极大值能够准确底定出油水接触面。但是，电位电极系的探测范围较大，井的影响较小，测量的视电阻率接近岩层真电阻率。因此，在标准测井中，有些地区也选 0.5m 电位电极系作标准电极系，特别是高电阻率地层能获得较好的效果。

电极距的选择不但要考虑岩层的厚度，还应考虑井径和钻井液电阻率的大小。井径大，钻井液电阻率低，应选用较大电极距的电极系，以减小其对测量结果的影响；但电极距增大，高阻邻层的屏蔽影响也增加，使分层能力下降。所以，标准电极系电极距的选择一般通过实验确定，目前我国一些地区使用的标准电极系如表 2－5 所示。

表 2－5　我国一些地区使用的标准电极系

地　区	电　极　系
玉门、新疆、四川、大庆	M2.25A0.5B，B2.25A0.5M
渤海湾	A2.25M0.5N
青海	N0.5M2.75A
江汉	A3.75M0.5N（盐水钻井液），A2.25M0.5N，A0.95M0.1N（淡水钻井液）

自然电位曲线能清楚地反映地层的渗透性。井径曲线能显示地层的岩性特征,可用来划分地层剖面。因此,在标准测井中,自然电位和井径测井也是不可缺少的内容。

(二)标准测井的应用

标准测井曲线的主要用途是绘制单井综合录井图和井与井之间的地层对比。

1. 绘制录井图

综合录井图是根据在钻井过程中所取得的岩心和岩屑录井资料编绘成的一种图件。从综合录井图上可以了解岩层的地质年代、层序、岩性、深度、厚度以及含油气情况,利用综合录井图还可进一步研究油田的构造形态和岩相变化等地质现象。

在综合录井图上绘有标准测井曲线,它的主要用途如下所述。

1)确定岩层厚度及埋藏深度

根据岩心,特别是岩屑录井资料往往不能准确地确定岩层厚度和深度。因此,在目前录井工作中,应综合考虑标准测井的各条曲线划分岩层界面,确定岩层厚度及深度。对于高电阻率岩层的底界面,以梯度电极系视电阻率曲线的极大值来确定,自然电位曲线在渗透性厚层砂岩处有明显的异常幅度,利用半幅点也能准确地确定岩层界面。井径曲线砂泥岩剖面上分层能力也很强,泥岩处井径扩大,渗透性好的砂岩处井径缩小或接近钻头直径。

2)确定岩性

在取心井段,特别是当岩心收获率很高时,应以岩心资料作为确定岩性的依据。但是为了提高钻井速度,降低钻井成本,大多采用岩屑录井。由于各种原因,岩屑录井剖面不但在深度上不准,而且在岩性上也可能产生错误。利用标准测井曲线,可以核对岩屑录井的岩性,最后绘制综合解释剖面。由于标准测井中任何一种曲线都是间接地反映地层某一方面的特性,因此在运用各种曲线时,要结合地区的具体情况,详细研究取得的地质资料与电测曲线的关系,总结出各种地层及油气水层在曲线上的显示特征。在以后新钻的井中,可以利用电测曲线的对比,了解剖面的地质情况。由于地下情况不断变化,所以要经常研究标准测井曲线与岩性之间的关系。当这项工作做得比较完善时,在一个岩性简单的小区域内,可以根据测井曲线粗略地评价地层,再结合该井的地质资料或与邻井的测井曲线对比,就能较准确地判断岩性。

3)确定解释的目的层位

通过标准测井曲线简单的地层对比,能够确定解释的目的层位。在淡水钻井液的砂泥岩剖面上,油气水层均为渗透性地层,在自然电位曲线上表现为负异常,井径小于钻头直径,根据这个特点,可以划分出渗透性地层,一般来说,油气层电阻率比水层要高,利用视电阻率曲线可以大致地判断油水层。

2. 地层对比

绘制综合录井图只能认识一口井的地质剖面。通过地层对比,可以确定地层在空间的分布情况、岩性变化规律,从而找到生油、储油的有利地层和有利地区,还可以预测钻探目的层的埋藏深度,设计钻井地质预告。

地层对比的方法很多,主要有岩性对比法、沉积韵律对比法、古生物对比法、测井曲线对比法。在不同的地质条件下,各种方法的使用效果不同,为了准确地进行地层对比,这些方法应该互相补充。下面主要介绍利用测井曲线进行地层对比的方法。

各种测井曲线都是地层岩性特征的反映。由于不同层系组合特征及沉积韵律等可能存在差别,因此在测井曲线上常常见到某一层系、某一岩层组甚至某一岩层在某一种测井曲线上有明显的特点，而这些特点在其他井的测井曲线上也有相同或近似的反映。把相邻各井的测井曲线进行比较，就能找出各井剖面之间同一层系、地层组甚至同一地层，并能推断它们所在的构造部位、埋藏深度、厚度及岩性变化。由于测井曲线进行地层对比既直观又简单，所以它是现场地层对比的主要方法之一。

为了有效利用测井资料进行地层对比，首先要分析岩心、岩屑等第一性资料，找出岩性与电性之间的关系，并要深入认识某些井的标准测井曲线特征。

综上所述，各组、段地层在标准测井曲线上都有其特征，可以利用它们进行地层对比。

地层对比时，首先分析各井测井曲线的特征，并从中找出标准层，选择标准层的原则是：

(1)在整个构造区域内分布广，厚度变化较小，且岩性稳定；

(2)测井曲线上有明显特征，易于识别。

选择标准层时，需要对这个地区的测井曲线进行分析比较。一般在砂泥岩剖面中可选择厚度稳定的纯泥岩、页岩、油页岩或变化较小的砂岩作标准层。

在地层对比时，利用标准层控制，根据测井曲线形状、上下组合特征，把井剖面分成若干大段，然后把大段分成许多小层组，详细地逐层对比。最后把各井相应的系、组、段、层用虚线连接起来，绘制出标准测井曲线对比图。

绘制测井曲线地层对比图的方法有两种：一种是根据海拔高度绘制的，它直观地反映地层的自然起伏情况，能得到地层在空间变化的立体概念，一般研究油田的构造情况时经常绘制这种对比图；另一种是以标准层面为基准面绘制的，它直观地反映岩层厚度及岩性在局部范围内的详细变化规律，一般研究油层情况时经常绘制这种对比图。

第三节 侧向测井

在高矿化度钻井液和高阻薄层的井中，普通电阻率测井曲线变得平缓，难以进行分层和确定地层真电阻率。为了减小钻井液的分流作用和低阻围岩的影响，提出了侧向测井。侧向测井又叫聚焦测井，它的电极系中除了主电极之外，上下还装有两个屏蔽电极。主电流受到上、下屏蔽电极流出的电流的排斥作用，使得测量电流线垂直于电极系，成为水平方向的层状电流射入地层，这就大大降低了井和围岩对视电阻率的影响。目前，侧向测井的种类较多，有三电极侧向测井、七电极侧向测井、双侧向测井、微侧向测井、邻近侧向测井、微球形聚焦测井等。

一、三电极侧向测井

(一)三电极侧向测井的原理

三电极侧向测井又简称三侧向测井。它的电极系由三个柱状金属电极组成。主电极 A_0 位于中间，比较短。屏蔽电极 A_1 和 A_2 对称地排列在 A_0 的两端，电极之间用绝缘材料隔开，如图 2-16 所示。测井时，主电极和屏蔽电极通以相同极性的电流 I_o 和 I_S，并保持 I_o 为常数，采取自动控制 I_S 的方法，使得 A_1，A_2，A_0 三个电极的电位相等，沿纵向方向的电位梯度为零（即 $\frac{\partial U}{\partial Z}=0$），这样就保证从主电极流出的电流不会沿井轴方向流动。电极系的电场分布可近似看成一个被拉长的旋转椭球体的电场。该电场的等位面是以电极的两个端点作为焦点的一族共焦旋转椭球面。整个电极表面即等位面，就是一个椭球面。显然，从主电极流出的电流线（是一族共焦的双曲线）垂直于电极表面，水平地流入地层，如图 2-16 中的阴影部分所示。实验

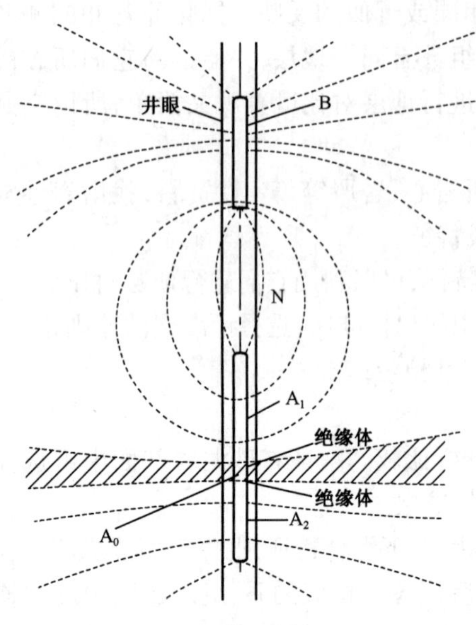

图 2-16　三电极侧向测井的电极系

表明，主电流层（或电流盘）厚度大约等于主电极长度加上主电极与每个屏蔽电极距离的 1/2，并且它的厚度在一定径向距离内基本上保持不变。测得的视电阻率 R_a 可表示为：

$$R_a = KU/I_o \tag{2-37}$$

式中　U——电极表面的电位，V；

I_o——主电流强度，A；

K——三侧向电极系系数。

电极系系数 K 可用实验方法或理论计算求得。K 的理论计算方法实际上是计算均匀介质中三侧向测井的电位。

假设三侧向柱状电极系可近似看成无绝缘环存在的线电极，电极系全长为 $2L_o$，主电极全长为 $2L$，电极系半径为 r_o 且满足 $r_o \ll L_o$，整个电极流出的电流为 I，主电流为 I_o，电流密度 j 均匀地分布在线电极上，电极系位于电阻率为 R_t 的均匀介质中。坐标原点设在电极系的中点，同时 z 轴与电极的轴线重合，如图 2-17 所示。

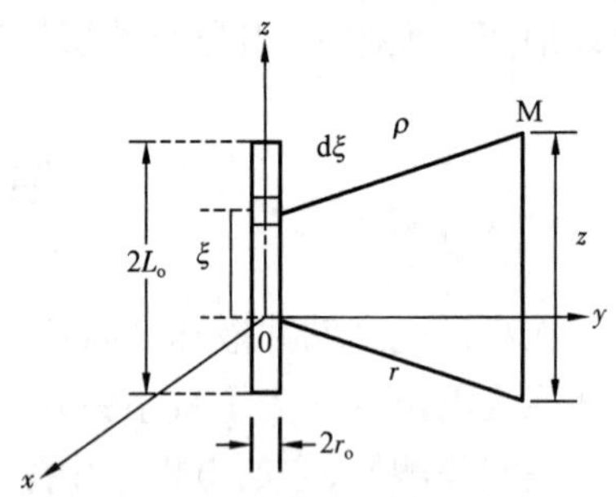

图 2-17　柱状电极电场的计算

在这种近似的线电极上取一小段，离原点距离为 ξ。显然，由 $\mathrm{d}\xi$ 小段流出的电流 $\mathrm{d}I$ 在任意一点 M 处产生的电位为：

$$\mathrm{d}U = \frac{R_t \mathrm{d}I}{4\pi\rho}$$

式中　ρ——$\mathrm{d}\xi$ 到 M 点的距离，即 $\rho = \sqrt{r^2 + (z-\xi)^2}$。

根据假设，$\mathrm{d}I$ 又可写成：

$$\mathrm{d}I = j\mathrm{d}\xi = \frac{I_o}{2L}\mathrm{d}\xi$$

将上式代入 $\mathrm{d}U = \frac{R_t \mathrm{d}I}{4\pi\rho}$ 中，可得：

$$\mathrm{d}U = \frac{R_t I_o}{8\pi L}\frac{\mathrm{d}\xi}{\sqrt{r^2 + (z-\xi)^2}}$$

则整个电极在 M 点处产生的电位为：

$$U = \int_{-L_o}^{L_o}\frac{R_t I_o}{8\pi L}\frac{\mathrm{d}\xi}{\sqrt{r^2 + (\xi - z)^2}}$$

$$= \frac{R_t I_o}{8\pi L}\ln\frac{\sqrt{r^2 + (z-L_o)^2} - (z-L_o)}{\sqrt{r^2 + (z+L_o)^2} - (z+L_o)} \tag{2-38}$$

式（2-38）表明，在电阻率和电极系给定的情况下，电位 U 是坐标 (r,z) 的函数。若三侧向记录点的坐标取为 $z=0, r=r_o$，则得到记录点电位（即电极表面上的电位）为：

$$U(r_o,0) = \frac{R_t I_o}{4\pi L}\ln\frac{\sqrt{r^2+L_o^2}+L_o}{r_o}$$

又因为 $L_o \gg r_o$，则上式可以近似为：

$$U(r_o,0) = \frac{R_t I_o}{4\pi L}\ln\frac{2L_o}{r_o}$$

将上式代入式（2－37）中，就得到了计算电极系系数 K 的近似公式，即：

$$K = 4\pi L/\ln(2L_o/r_o) \quad (2-39)$$

需要指出的是，用式（2－39）计算出的 K 值是近似的，因为在计算中把柱状电极看成线电极，同时还忽略了绝缘环的存在。

由式（2－37）可以看出：三侧向测得的 R_a 与比值 U/I_o 成正比。通常把比值 U/I_o 称为主电极的接地电阻 r_q，它指的是从主电极流出的电流在其所经历的地层范围内的电阻，所以三侧向测出的 r_a 实际上反映了主电极接地电阻的变化。因此，式（2－37）可以改写为：

$$R_a = Kr_q$$

式中　r_q——主电极接地电阻。

通常，r_q 由以下各电阻串联而成：

$$r_q = r_m + r_{mc} + r_{xo} + r_i + r_t$$

式中　$r_m, r_{mc}, r_{xo}, r_i, r_t$——钻井液、泥饼、冲洗带、侵入带及原状地层中主电流经过部分的径向电阻。

（二）三电极侧向测井视电阻率曲线

三侧向测井的 R_a 理论曲线可以通过电模型实验或理论计算（如采用数字滤波方法及有限元素法等）得到。图 2－18 中的曲线是由电模型实验结果绘制而成的。地层模型是：

$$h/d = 4, R_t/R_m = 40, R_s/R_m = 1$$

式中　h, d——地层厚度和井径；

R_t, R_s, R_m——地层电阻率、围岩电阻率及钻井液电阻率。

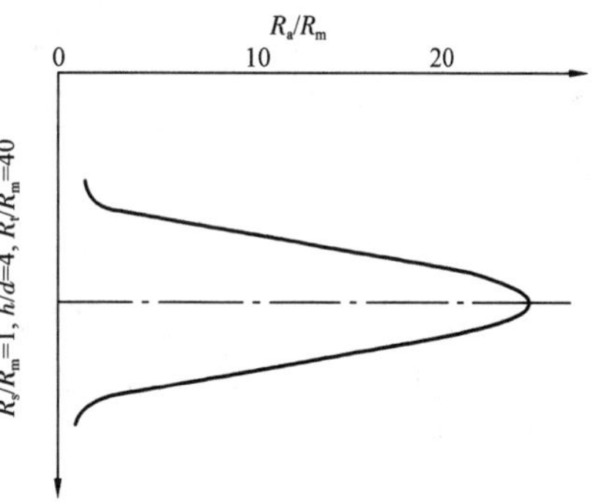

图 2－18　单一高电阻地层视电阻率曲线

从图中可以看到：在上下围岩电阻率相等时，视电阻率曲线对称于地层中部；对着高阻层的视电阻率最大值在地层的中点，它是地层视电阻率最有特征的数值，同时受相邻的高阻层影响较小。

通常，影响视电阻率曲线的因素有两个方面：电极系参数和地层参数。电极系参数包括电极系长度、主电极长度及电极系直径。电极系越长，主电流聚焦越好，则主电流进入地层的深度也越深。但是计算表明，当电极系尺寸达到一定程度后，再改变电极系长度对探测深度几乎没有什么影响。另外，主电极长度对视电阻率曲线的纵向分层能力有影响，主电极越短则分层能力越强，为了划分地层剖面，应当选择合适的主电极长度，一般认为是井径的 0.5～0.75 倍较好。电极系直径对 R_a 的影响也很大,电极系直径增加或减少则 R_a 也相应地增加或减少,这是钻井液分流作用减少或增加的结果。地层参数主要是钻井液、侵入带、围岩和邻层介质的电阻率。通常钻井液、侵入带和围岩的电阻率较低,它们使 R_a 曲线降低。一般相邻高阻层对 R_a 读数影响较小。

(三)三电极侧向测井资料的应用

1. 划分地层剖面

三电极侧向测井受井、层厚、邻层的影响较小,纵向分层能力较强。通常在视电阻率曲线急剧上升的位置为地层界面。

2. 深浅三侧向曲线重叠法判断油水层

由于三侧向的视电阻率曲线受钻井液和侵入带的影响,而油层和水层侵入的性质一般情况下是不相同的,油层多为减阻侵入,而水层多为增阻侵入。目前我国一些油田采用两种不同探测深度(深浅)的三侧向视电阻率曲线进行重叠比较的方法来判断油水层。

深浅三侧向的电极系结构如图 2-19 所示。图上标有深浅三侧向的电极尺寸,它们主要差别是,深侧向屏蔽电极较长,浅侧向屏蔽电极较短,深侧向 B 电极距屏蔽电极较远,浅侧向 B 电极在屏蔽电极附近,这样对主电极的聚焦能力不同,电流线的分布不同。浅侧向流入地层的电流分散,探测深度较小;深侧向流入地层的电流比较集中,探测深度较大。

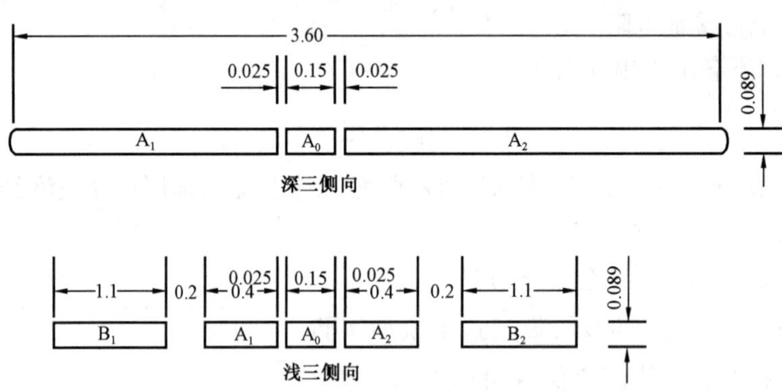

图 2-19 深浅三侧向电极系的结构(图中数字单位为米)

在油层(钻井液低侵)处,一般深三侧向的视电阻率 R_a 值大于浅三侧向的视电阻率 R_a 值,曲线出现正差异;在水层(钻井液高侵)处,一般深三侧向的视电阻率 R_a 值小于浅三侧向的视电阻率 R_a 值,曲线出现负差异。

3. 确定地层电阻率

利用三侧向的视电阻率确定地层电阻率时,和普通电极系一样,仍然遇到三个未知数 R_t, R_i 和 D。如果侵入带的电阻率 R_i 是已知的(用微侧向测井求得),可以利用深浅三侧向的侵入校正图版求出地层真电阻率 R_t 和侵入带直径 D。

二、七电极侧向测井

(一)七电极侧向测井的原理

七电极侧向测井又简称七侧向测井。在原理上与三电极侧向测井基本相同,只是在电极系结构上略有差异。

七电极侧向测井的电极系由七个环状金属电极组成,一个主电极 A_0 以及三对电极 M_1 和

M_2,N_1 和 N_2,A_1 和 A_2,如图 2－20 所示。

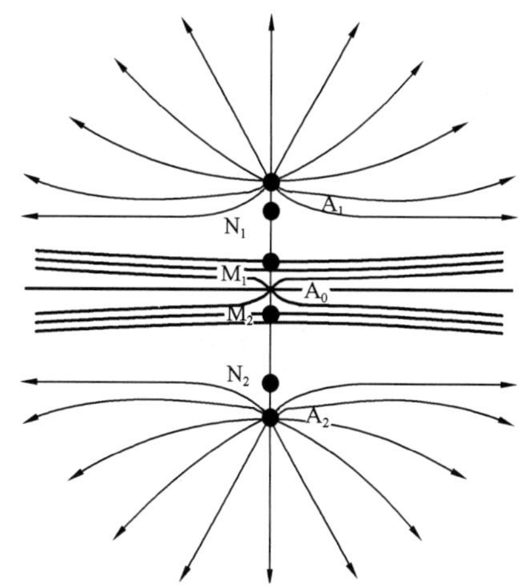

图 2－20 七侧向电极系排列和电流分布

每对电极对称地分布于 A_0 两侧,并且每对电极用导线连接。测量时,以稳定的电流 I_0 供给主电极 A_0,给屏蔽电极 A_1 和 A_2 供给与 I_0 极性相同但强度可调节的电流 I_s,使两对监督电极 M_1,M_2 和 N_1,N_2 保持相同的电位,则主电极和屏蔽电极的电流不能通过 M_1,N_1(M_2,N_2)沿井轴方向流动,使主电极的电流和三电极侧向测井一样,呈层状垂直流入地层。当 M_1,N_1(M_2,N_2)电极间的电位不相等时,可通过仪器的自动调节装置调节 A_1 与 A_2 的电流 I_s,使 M_1,N_1(M_2,N_2)之间的电位差为零。测量 M_1(或 N_1,M_2,N_2)与远处的电极 N 之间的电位差。视电阻率用下式表示:

$$R_a = K\frac{U}{I_0} \qquad (2-40)$$

式中 K——七电极侧向测井电极系系数,可通过理论计算和实验求得。

下面讨论理论计算 K 值的方法。

设七侧向测井在电阻率为 R_t 的均匀介质中,任一监督电极(例如 M_1)的电位 U_{M_1}是供电电极 A_0,A_1,A_2 在该点建立的电位的总和,即:

$$U_{M_1} = \frac{R_tI_0}{4\pi}\frac{1}{\overline{A_0M_1}} + \frac{R_tI_s}{4\pi}\frac{1}{\overline{A_1M_1}} + \frac{R_tI_s}{4\pi}\frac{1}{\overline{A_2M_1}} \qquad (2-41)$$

令 I_s 与 I_0 之比值为 n_0,则有:

$$I_s = nI_0 \qquad (2-42)$$

将式(2－42)代入式(2－41),得:

$$U_{M_1} = \frac{R_tI_0}{4\pi}\left[\frac{1}{\overline{A_0M_1}} + n_0\left(\frac{1}{\overline{A_1M_1}} + \frac{1}{\overline{A_2M_1}}\right)\right] \qquad (2-43)$$

同理可得 N_1 电极的电位为:

$$U_{N_1} = \frac{R_tI_0}{4\pi}\left[\frac{1}{\overline{A_0N_1}} + n_0\left(\frac{1}{\overline{A_1N_1}} + \frac{1}{\overline{A_2N_1}}\right)\right] \qquad (2-44)$$

测井时 M_1,N_1 的电位相等,则式(2－43)等于式(2－44),经运算整理得:

$$n_0 = \frac{\overline{A_1M_1}\cdot\overline{A_1N_1}\cdot\overline{A_2M_1}\cdot\overline{A_1N_1}}{\overline{A_0M_1}\cdot\overline{A_0N_1}\cdot(\overline{A_2M_1}\cdot\overline{A_2N_1} - \overline{A_1M_1}\cdot\overline{A_1N_1})} \qquad (2-45)$$

测井时,测量的为任一监督电极与 N 电极之间的电位差。由于 N 电极距供电电极很远,其电位可视为零,任一监督电极(例如 M_1)与 N 电极的电位差就是 M_1 电极电位 U_{M_1}。由式(2－43)可得:

$$R_t = \frac{4\pi}{\dfrac{1}{\overline{A_0M_1}} + \dfrac{n_0\,\overline{A_1A_2}}{\overline{A_1M_1}\cdot\overline{A_2M_1}}}\cdot\frac{U_{M_1}}{I_0} \qquad (2-46)$$

将式(2－45)代入式(2－46),经整理后得:

$$R_t = 4\pi \frac{\overline{A_0M_1} \cdot \overline{A_0N_1}(\overline{A_0M_1} + \overline{A_0N_1})}{\overline{A_0A_2}^2 + \overline{A_0M_1} \cdot \overline{A_0N_1}} \frac{U_{M_1}}{I_0} = K\frac{U_{M_1}}{I_0} \qquad (2-47)$$

$$K = 4\pi \frac{\overline{A_0M_1} \cdot \overline{A_0N_1}(\overline{A_0M_1} + \overline{A_0N_1})}{\overline{A_0A_2}^2 + \overline{A_0M_1} \cdot \overline{A_0N_1}}$$

式中 K——电极系系数。

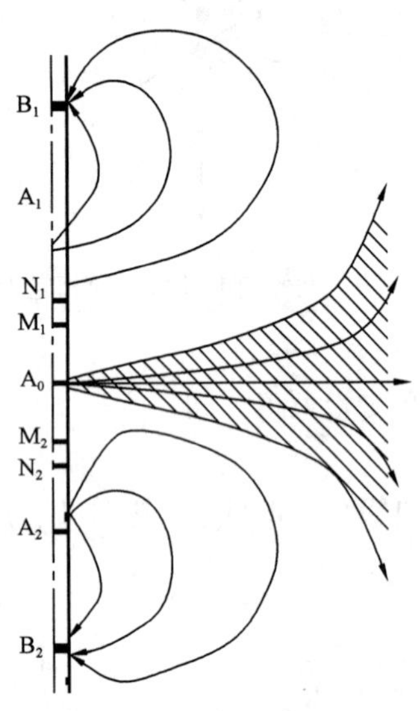

图2－21 浅七侧向电极系排列和电流线

七侧向电极 M_1,N_1 的中点 O_1 与 M_2,N_2 的中点 O_2 之间的距离称为电极距,用 L 表示($L=\overline{O_1O_2}$)。电极 A_1 与 A_2 之间的距离称为电极系长度,以 L_0 表示($L_0=\overline{A_1A_2}$)。比值$\frac{L_0-L}{L}$称为聚焦系数,用 q 表示。比值 L_0/L 称为分布比,用 S 表示。

七侧向也分深侧向和浅侧向两种,深侧向屏蔽电流的回路电极 B 不在电极系内,而在距离电极系比较远的地方,这种电极系探测范围较深。为了缩小探测范围,浅侧向把 B_1 和 B_2 移到电极系内靠近 A_1 和 A_2 的地方,如图 2－21 所示。由图中可以看出,因为 B_1 和 B_2 在 A_1 和 A_2 的旁边,降低了主电极的聚焦能力,流入地层的电流线分散,因而大大降低了探测范围,这种电极系叫浅侧向电极系。

目前,我国所用的深侧向电极系为 $A_0 0.25M_1 0.11N_1 0.638A_1$,它的分布比 $S=3.27$,电极系的系数 $K=0.636$m;浅侧向电极系为 $A_0 0.167M_1 0.083N_1 0.25A_1 0.5B_1$,$S=2.4$,$K=1.175$m,电极系直径 $d_s=102$mm。

(二)七电极侧向测井视电阻率曲线

图 2－22 是利用电模型实验对不同厚度的单一高电阻率地层测得的视电阻率曲线,图 2－22(a)是在上下围岩电阻率相同时测出的,图 2－22(b)是在上下围岩电阻率不相同时测出的,从图中可以看出:

(1)当上下围岩电阻率相同时,单一地层曲线形状对地层中心对称;当上下围岩电阻率不相同时,曲线不对称。

(2)曲线的宽度比地层厚度小一个电极距。确定界面时,先定曲线半幅点,然后由半幅点向上下各外推半个电极距,即为地层界面的位置。

(三)七电极侧向测井资料的应用

(1)根据七侧向测得的视电阻率曲线可以划分地层剖面。

(2)利用测井解释图版可确定出地层电阻率及侵入带直径。

(3)根据深浅七侧向探测深度不同,可利用深浅七侧向测得的视电阻率曲线幅度差判断油水层。同三侧向一样,对于油层,深浅七侧向视电阻率曲线出现正幅度差;而对于水层,则出现负幅度差。但特别需要指出的是,在无钻井液侵入的情况下,有时深浅七侧向测得的视电阻率曲线也会出现负幅度差,这给准确判断油水层带来困难。因此,为了正确判断油水层,需要

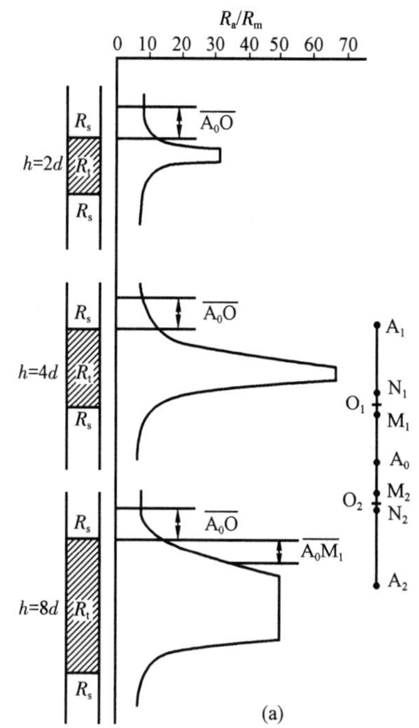

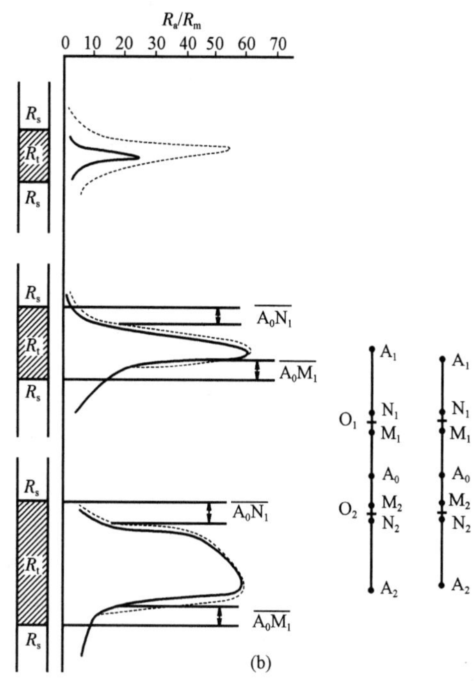

图 2－22 不同厚度地层测量的视电阻率曲线

(a)上下围岩电阻率相同;(b)上下围岩电阻率不同

与其他测井资料配合,综合分析以得出正确结论。这种现象(即无钻井液侵入时,浅七侧向的视电阻率大于深七侧向的视电阻率)可以从七侧向的井眼校正图版和围岩校正图版中得到解释,主要是低阻围岩对电流线的吸引程度对深浅七侧向不一样所造成的。当地层厚度大于 2m 时,浅七侧向的回流电极 B_1B_2 已经进入地层,低阻围岩对电流线的吸引已经不起作用;当地层厚度大于2m 时,校正系数 $R^S_{LL7cc}/R^S_{LL7c}=1$。而对于深七侧向来说,由于它的回流电极 B 在无穷远处,低阻围岩对电流线的吸引使得视电阻率明显地降低,当地层厚度大于(或等于)2m 时,校正系数 R^D_{LL7cc}/R^D_{LL7c} 明显地大于 1。

三、双侧向测井

(一)双侧向测井原理

双侧向测井是在三侧向、七侧向的基础上发展起来的。它的电极系与七侧向类似,不同的是在七电极系的外面再加上两个屏蔽电极 A'_1 及 A'_2,如图 2－23 所示。为了增加探测深度,屏蔽电极 A'_1 及 A'_2 不是环状而是柱状电极,与三侧向的屏蔽电极相同。

测井时,主电极 A_0 发出恒定的电流 I_0,并通过两对屏蔽电极 A_1、A'_1 和 A_2、A'_2 发出与 I_0 极性相同的屏蔽电流 I_1 和 I'_1。通过自动调节使其满足:(1)屏蔽电极 A_1 与 A'_1(或 A_2 与 A'_2)的电位比值为一常数即 $U_{A'_1}/U_{A_1}=a$(常数 a 在测井时给定);(2)监督电极 M_1 与 M'_1(或 M_2 与 M'_2)之间的电位差为零。然后,测量任一监督电极(如 M_1)和无穷远电极 N 之间的电位差。在主电流 I_0 恒定不变的条件下,测得的电位差是与介质的视电阻率成正比。它们之间的关系为:

$$R_a = K\frac{U_{M_1}}{I_0} \tag{2-48}$$

式中 K——双侧向的电极系系数;

U_{M_1}——监督电极 M_1 的电位。

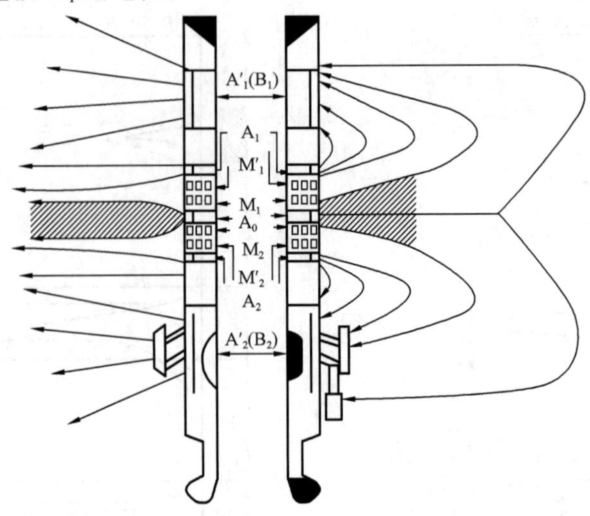

图 2-23 双侧向电极系和电流分布

左侧为深侧向电极系;右侧为浅侧向电极系

同样,确定 K 的方法可以通过实验和理论计算得到。求 K 的原则是,它必须使均匀介质的视电阻率等于真电阻率 R_t。由式(2-48)可得:

$$K = R_t \frac{I_0}{U_{M_1}} \tag{2-49}$$

在用式(2-49)计算 K 时,I_0 及 R_t 是预先给定的,所以只要能计算出 U_{M_1},则由式(2-49)就可求得双侧向的电极系系数 K。为了计算简便,假设取为单位电流即 $I_0=1$。因为 I_0 增大一个倍数时,而屏蔽电流 I_1,I'_1 也相应增加同一倍数,则监督电极上的电位 U_{M_1} 也增加同一倍数。为此,式(2-49)又可以写成如下形式:

$$K = R_t \frac{1}{U_{M_1}} \tag{2-50}$$

用理论计算确定 K 值的方法包括有限元素法。用有限元素法确定 K 值,仍然是一种近似方法。为了较准确地得到 K 值,还需要和实验的结果进行比较,最后得到较精确的结果。

双侧向测井根据探测深度分为深、浅侧向测井。前者测出的视电阻率主要反映原状地层的电阻率,而后者主要反映侵入带电阻率。浅侧向的电极系和电流分布如图 2-23 所示。

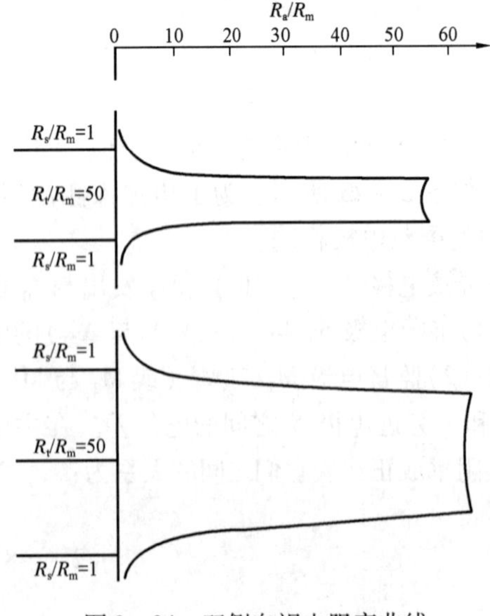

图 2-24 双侧向视电阻率曲线

(二)双侧向视电阻率曲线特点

图 2-24 是由电阻网格模型实验得到的双侧向视电阻率曲线。从曲线中可以看到,双侧向的视电阻率曲线和七侧向的视电阻率曲线相似。在上下围岩相同时,视电阻率曲线对称于地层中部;在地层的上下界面附近也出现两个小尖,随着层厚增加,这两

个小尖也就逐渐消失;对于高阻厚层的中部,视电阻率数值最高,且曲线较平缓,变化不大。

双侧向测得的视电阻率 R_a 同样受到电极系特性和介质电阻率的影响。不同的电极系对 R_a 的影响也不同,因此有必要结合本地区的地质条件(如层厚变化、油水层电阻率、岩性、侵入等)选定测井的电极系。通常确定电极系的原则是:层厚影响小,分层能力强,即薄层电阻率曲线显示清晰;深浅侧向的探测深度差别要大,有利于判断侵入特征;井眼影响小,在同样井眼条件下,要求对深浅测井影响相同。影响双侧向电极系特性的主要参数是屏蔽电极长度、$\overline{O_1O_2}$等。屏蔽电极 A'_1 和 A'_2 长度影响双侧向的探测深度,增加 A'_1 和 A'_2 的长度可以增加探测深度。$\overline{O_1O_2}$的长度主要决定 R_a 曲线的分层能力。为了划分薄层如厚度为 0.6m 的地层,则$\overline{O_1O_2}$要小于 0.6m 才行。

另外,双侧向测出的视电阻率(深、浅侧向的视电阻率分别用 R_{LLD},R_{LLS}表示)同样受到井眼、围岩及侵入的影响,因此要对视电阻率进行校正。

(三)双侧向测井资料的应用

由于双侧向是在三侧向和七侧向的基础上发展起来的,因而它已经广泛地用来解决地质问题,并获得了较好的效果。

1. 划分地质剖面

双侧向的分层能力较强,视电阻率曲线在不同岩性的地层剖面上显示清楚。一般厚度在 0.4m 以上的低阻泥岩、高阻致密层在曲线上都有明显的显示。

2. 判断油(气)、水层

由于深侧向探测深度较深,而且深、浅侧向受井眼影响程度比较接近,这就有利于用深、浅侧向测出的视电阻率曲线的幅度差直观判断油(气)、水层。同样,油(气)层的双侧向视电阻率曲线出现正幅度差(或叫正差异),水层的视电阻率曲线出现负幅度差(或叫负差异)。需要指出的是,深、浅侧向在渗透层处产生的幅度差与钻井液滤液侵入深度以及 R_{mf}/R_w 大小有关。当钻井液滤液侵入深度超过深侧向探测范围时,深、浅侧向的视电阻率读数几乎相同,此时,油(气)层不会出现正差异,水层不会出现负差异,从而给油(气)、水层解释造成困难,因此。在钻到油(气)层时,应及时进行测井,减小钻井液滤液侵入深度,增加双侧向测井曲线的差异,这也是提高油(气)、水层测井解释精度的一条重要措施。另外,在水层中,如果 R_{mf}/R_w 增大,则对着水层处曲线的负幅度差也增大。综上所述,在应用双侧向测井资料时,不能单凭正负幅度差的大小来划分油(气)、水层,要结合其他测井资料进行综合分析判断,才能得出正确结论。

3. 确定地层电阻率

可以根据双侧向测得的视电阻率值,利用校正图版求出地层真电阻率 R_t 和侵入带直径 d_i。

第四节　冲洗带电阻率测井

一、微电极测井

在普通视电阻率曲线上划分出的高阻层,可能是孔隙性、渗透性很好的油气储集层,也可能是非渗透性的致密层。因此,单用普通视电阻率曲线不能区分渗透性岩层。另外,为了计算石油储量,需要把油层中的泥质或钙质薄夹层划分出来以便计算油层的有效厚度,而普通视电阻率曲线解决不了这个问题，并且也无法准确地求出井壁附近的冲洗带电阻率 R_{xo}。从提高纵向分辨能力出发应当采用更小的电极距组成的电极系，但电极距小，钻井液的影响增大，无法求准 R_{xo}。为此，设计出一种贴井壁测量的特殊装置，叫微电极测井仪器。

（一）微电极测井原理

微电极系主体上装有三个弹簧片扶正器，弹簧片之间的夹角为 120°（另外还有一种在主体上对称装有两个弹簧片扶正器的微电极系，适用于阻力较大的井孔，但扶正效果不如前者），在其中一个弹簧片上装有硬橡胶绝缘板，将供电电极 A 和测量电极（M_1，M_2）按直线排列嵌在绝缘极板上。弹簧片扶正器使电极紧贴在井壁上，克服了钻井液对测量结果的影响。

按等距离直线排列嵌在极板上的三个电极组成两个不同类型的电极系。其中，A0.025$M_1$0.025M_2 为微梯度电极系，其电极距为 0.0375m；A0.05M_2 为微电位电极系，其电极距为 0.05m。由于两个电极系的电极距不同，它们的探测深度也不相同。实验证明，微梯度的探测深度约为 40mm，微电位的探测深度约为 100mm。因此，前者测量结果在渗透层处受泥饼影响较大，而后者主要反映井壁附近冲洗带电阻率。

微电极系测量的结果除了受泥饼、侵入带和原状地层的影响外，还与极板的形状和大小有关。测量的结果仍是视电阻率 R_a，其表达式仍为：

$$R_a = K\frac{\Delta U}{I} \tag{2-51}$$

式中　K——微电极系系数。

K 值与电极距和极板的形状、大小有关。由于微电极系电极距很小，电极不能认为是点电极，同时绝缘极板的形状、尺寸的影响均无法计算，所以微电极系的 K 值只能用实验方法确定。

测定 K 值一般在微电极系校验池中进行，池中装满已知电阻率为 R 的 NaCl 溶液，将微电极系浸没在溶液中，极板与池壁应有一定距离。实验得知，用导电金属校验池时这个距离大于 300mm，用非金属校验池时则池壁与极板间的距离应大于 500mm，这样可以忽略边界影响。测量微电极系 K 值原理图如图 2-25 所示。在供电回路中通入已知电流 I，测出电位差 $\Delta U_{M_1M_2}$ 或 ΔU_{M_2N}（一般用微电极系主体作 N 电极），用视电阻率公式计算出 K 值。

$$K = R\frac{I}{\Delta U_{M_1M_2}} \text{或} K = R\frac{I}{\Delta U_{M_2N}} \tag{2-52}$$

为了测准 K 值，可用几种不同电阻率的 NaCl 溶液进行校验，然后求出 K 值的平均值作为微电极系的 K 值。实验证明，极板和电极磨损都会使 K 值发生变化，因此应经常校验 K 值，以确保微电极曲线的可靠性。微电极测井探测范围很小，曲线容易受到极板和井壁接触条件的影响。为了保证微电位和微梯度在相同的接触条件下测量，必须采用微电位和微梯度同时测量的方式进行测井，其原理线路如图 2-26 所示。这种测量方法不仅避免了单独测量的曲线难以对比的困难，而且提高了工作效率。为保证纵向分辨能力强，测井时电极系提升速度不宜过快。

（二）微电极测井曲线

通常采用重叠法将微电位和微梯度两条曲线绘制在测井图上，从曲线图上可以看到两种微电极曲线之间的幅度差。当微电位曲线幅度大于微梯度曲线幅度时，称为“正幅度差”；当微电位曲线幅度小于微梯度曲线幅度时，称为“负幅度差”。

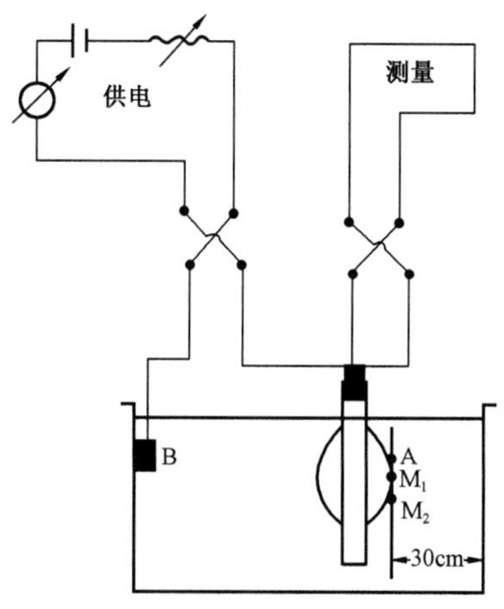

图 2－25　测量微电极系 K 值原理图

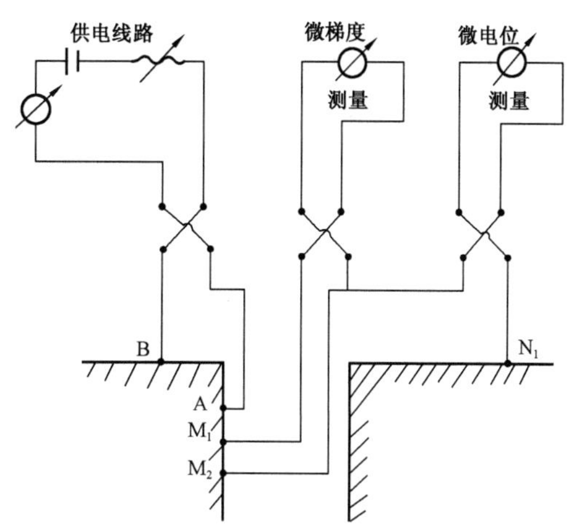

图 2－26　微电极系测量原理线路

渗透性地层在微电极曲线上的基本特征就是有幅度差。因为孔隙性好的渗透性地层有钻井液滤液侵入，同时钻井液中的泥质颗粒留在井壁上形成泥饼。泥饼电阻率一般是钻井液电阻率的 1～3 倍，而冲洗带电阻率比泥饼电阻率要高出 5 倍以上。在这种渗透层井段进行微电极测井，探测深度较大的微电位电极系所测结果主要受冲洗带电阻率的影响，而探测深度较小的微梯度电极系所测结果主要受泥饼电阻率的影响，所以出现"正幅度差"。幅度差的大小决定于泥饼电阻率和冲洗带电阻率的比值 R_{mc}/R_{xo} 以及泥饼的厚度 h_{mc}。常见的渗透性砂岩层在微电极曲线上都有幅度差这一显著特征。

在含高矿化度地层水的大孔隙砂岩层中，可能在微电极曲线上出现负幅度差。这是由于紧靠泥饼的岩石孔隙中充满泥质颗粒，其电阻率大于未被泥质颗粒充填的冲洗带电阻率，所测微梯度曲线幅度较高，所以在这种渗透层井段得到"负幅度差"。图 2－27 是砂岩附近微电极曲线上出现负幅度差的实例。在微电极曲线上，砂岩层的上部出现正幅度差，这部分主要含有油气；在曲线上两种微电极曲线读数相同的地方是过渡带；砂岩层的下部出现负幅度差，这部分砂岩孔隙中含有高矿化度水。

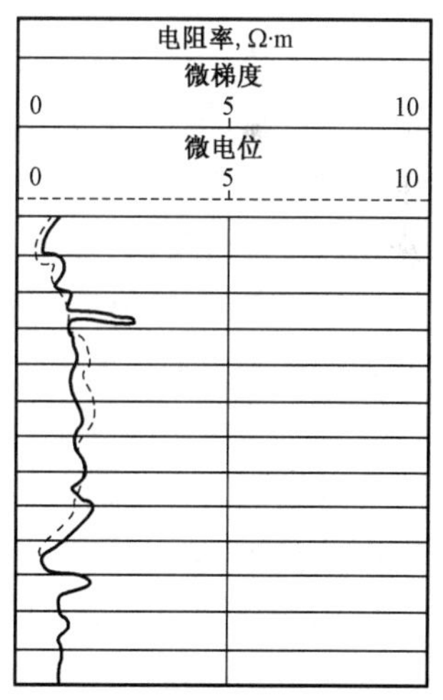

图 2－27　微电极系统电阻率测井曲线出现负幅度差实例

非渗透性地层处的微电极曲线无幅度差或者有正负不定的较小幅度差。在砂泥岩剖面上，泥岩是常见的非渗透性岩层，其电阻率值较低。非渗透性的石灰岩和白云岩薄夹层在微电极曲线上视电阻率读数最高，或者可见到正负不定的幅度差，这是井壁不光滑造成的。

（三）微电极测井资料的应用

选择微梯度和微电位两种电极系以及相应的电极距，目的是要它们在渗透性地层上记录的视电阻率曲线有明显的幅度差。因此，不但要求微梯度与微电位同时测量，而且要求将微梯度与微电位两条视电阻率曲线画在一起，采用重叠法进行解释，以便观察两条曲线是否有幅度差和幅度差的大小。微电极测井主要有以下几方面应用。

1. 确定岩层界面，划分薄层和薄的交互层

通常依据微电位测井曲线的半幅点或转折点确定地层界面，一般可划分 0.2m 厚的薄层，在条件好时可划分 0.1m 厚的薄层。薄的交互层也有清楚的显示。利用微电极曲线可以扣除渗透性砂岩中的钙质夹层和泥岩夹层，确定油层的有效厚度。

2. 判断岩性和确定渗透性地层

由于微梯度和微电位的探测范围不同，微梯度测量的视电阻率主要受泥饼影响，读数较低；微电位测量的视电阻率主要受冲洗带电阻率的影响，读数较高。在渗透性地层处，微电位的读数大于微梯度，显示正幅度差。在非渗透性地层，没有幅度差，或者出现正负不定的幅度差。根据微电极系曲线的特点，首先将具有正幅度差的渗透层划分出来，同时也就把没有幅度差的非渗透性地层识别出来了。再根据微电极曲线的幅度大小和幅度差的大小，可以详细地判断岩性，确定地层的渗透性。

含油砂岩和含水砂岩一般都有明显的幅度差。如果岩性相同，则含水砂岩的幅度和幅度差都略低于含油砂岩，砂岩含油性越好，这种差别就越明显，这是由于含油砂岩的冲洗带中有残余油存在。如果砂岩含泥质较多，含油性变差，则微电极曲线幅度和幅度差均要降低。

泥岩的微电极曲线幅度低，没有幅度差或有很小的正负幅度差，曲线呈直线状，具有砂泥岩剖面中典型的非渗透性岩层曲线特点。当泥岩很致密时，曲线幅度升高。

致密灰岩的微电极曲线幅度特别高，常呈锯齿状，有幅度不大的正幅度差和负幅度差。

灰质砂岩的微电极曲线幅度比普通砂岩高，但幅度差比普通砂岩小。

生物灰岩的微电极曲线幅度很高，正幅度差特别大。

孔隙性、裂缝性灰岩的微电极曲线幅度比致密灰岩低得多，一般有明显的正幅度差。

根据上述特征可以定性判断剖面岩层的岩性，但为了更准确地划分岩性剖面，还需要参考其他曲线进行综合分析。

3. 确定含油砂岩的有效厚度

在评价油气层时，需要求出油气层的有效厚度。由于微电极曲线具有划分薄层、区分渗透性和非渗透性地层的两大特点，所以利用它将油气层中的非渗透性薄夹层划分出来并把其厚度从含油气井段的总厚度中扣除，就得到油气层的有效厚度，其结果是比较可靠的。

4. 确定井径扩大井段

在井内如有井壁坍塌形成的大洞穴或石灰岩的大溶洞时，微电极系的极板悬空，所测的视电阻率曲线幅度降低，其视电阻率和钻井液电阻率基本相同。

5. 确定冲洗带电阻率和泥饼厚度

在渗透性地层处，微电极测量的视电阻率与泥饼电阻率 R_{mc}、泥饼厚度 h_{mc}、冲洗带电阻率 R_{xo} 和井径 d 等因素有关。为了求出冲洗带电阻率 R_{xo}，在模型井中进行测量，然后绘制如图 2－28所示的解释图版。图版中虚线的模数为泥饼厚度 h_{mc}，实线的模数为 R_{xo}/R_{mc}。使用图版时，必须知道泥饼电阻率 R_{mc}，它可由地层温度下的钻井液电阻率 R_m 和钻井液滤液电阻率 R_{mf} 估计，其计算公式为 $R_{mc}=0.69R_{mf}(R_m/R_{mf})^{2.65}$。从图 2－28 中读出储集层对应资料点的实线模数和虚线模数，则 $R_{xo}=(R_{xo}/R_{mc})R_{mc}$，泥饼厚度等于虚线模数。图版是在一定条件下制作的，使用时应尽量符合其条件，才不至于产生很大的误差。

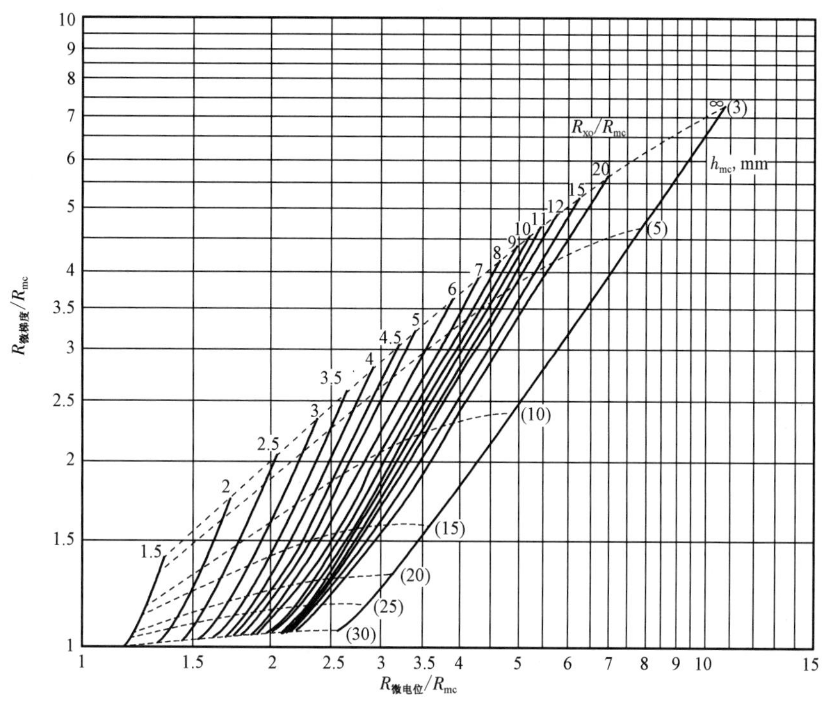

图 2－28　微电极系测井曲线解释图版

二、微侧向测井

(一)微侧向测井原理

侧向测井是在普通电极系的基础上加上聚焦装置而得出的。这样改进的结果是使电极系探测深度有了很大提高,降低了井眼、围岩的影响。同样,微侧向测井是改进微电极测井而提出来的。

微侧向测井电极系是由中心电极(主电极)A_0 和与 A_0 同心的环状电极(M_1,M_2,A_1)组成的。通常情况下,它们之间的距离是 $A_0 0.016 M_1 0.012 M_2 0.012 A_1$。这些电极都装在绝缘极板上,极板靠弹簧压在井壁上,如图 2－29 所示。

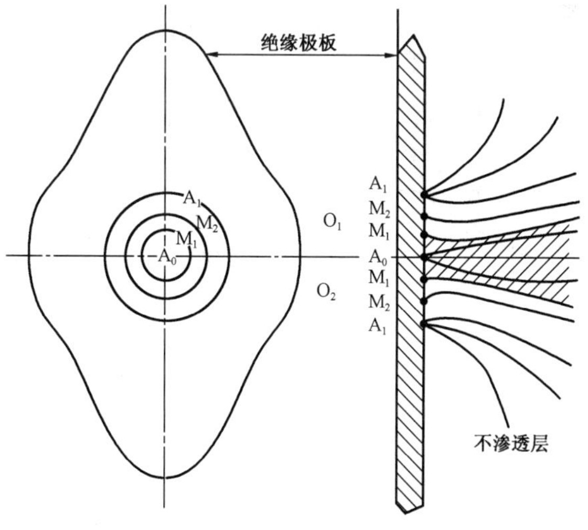

图 2－29　微侧向电极系和电流分布

测量过程中,主电极 A_0 的电流保持恒定,由屏蔽电极 A_1 流出的电流极性和 A_0 的相同,它的大小自动调节,使 M_1 与 M_2 之间的电位差为零。测量 M_1(或 M_2)和参考电极 N 之间的电位差。同样,由于 N 电极在无穷远处,所以 M_1 和 N 的电位差就等于 M_1 的电位 U_{M_1}。测量的电位 U_{M_1} 与地层的电阻率成正比,其视电阻率仍用下式表示:

$$R_{MLL}=K\frac{U_{M_1}}{I_0} \quad (2-53)$$

式中 K——微侧向电极系系数。

由于 A_1 电流的屏蔽作用，由主电极 A_0 流出的电流被约束成水平方向流入井壁附近地层。该电流束的直径等于 M_1 和 M_2 的平均直径（约 44mm），离开井壁越远，电流束就越分散。实验证明，主电极电流产生的电压降主要在离电极 80mm 的范围内。在 80mm 以外，电流束分散很严重，因此，在这个范围以外的介质对测量结果影响很小。微侧向测井由于探测深度较浅，所测量的视电阻率可用来确定钻井液滤液冲洗带电阻率 R_{xo}。

由于微侧向电极系有聚焦装置，主电流被聚焦成束状水平流入地层，电流流经泥饼的距离比流经冲洗带的距离小得多，并且泥饼的电阻率又比冲洗带电阻率小很多，所以泥饼对测量的视电阻率影响较小。

另外，由于微侧向电流的聚焦，极板和井壁接触不良对视电阻率的影响比微电极测井要小得多。

（二）微侧向测井资料的应用

1. 确定冲洗带电阻率

当需要确定更准确的冲洗带电阻率 R_{xo} 时，可按井径选择微侧向校正图版。图 2－30、图 2－31分别给出了井径为 7¾in 和 9¾in 的微侧向校正图版，这两张图版是在物理实体模型（即在实验室内模拟有井、泥饼和冲洗带存在的地层模型）中通过测量而绘制的图版。两张图版结构是一样的，只有井径、极板曲率不同，所以用法是相同的。利用该图版确定 R_{xo} 的方法为，首先由比值 R_{MLL}/R_{mc} 插入图版的左边，水平延伸与估计的泥饼厚度曲线相交，交点向下投影，读出 $R_{xo}/R_{mc}=\delta$ 值（δ 称校正系数），则 $R_{xo}=R_{mc}\cdot\delta$。

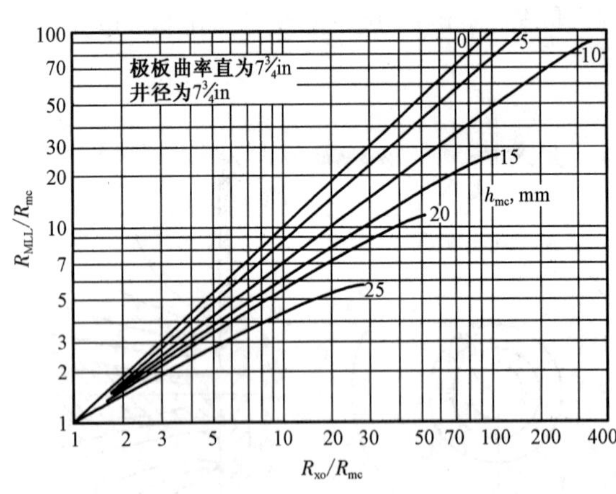

图 2－30　井径为 7¾in 的微侧向校正图版

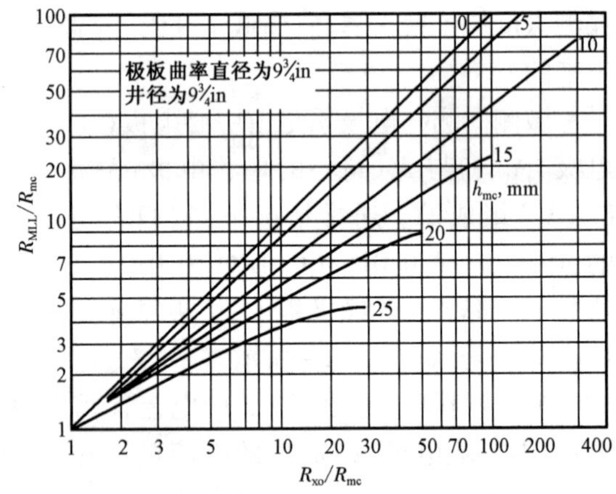

图 2－31　井径为 9¾in 的微侧向校正图版

2. 划分薄层

由于微侧向主电流层厚度很小，约 44mm，所以它的纵向分层能力强，可以分出厚度约 50mm 的薄层。

三、邻近侧向测井

微侧向测井一般在泥饼不厚和钻井液电阻率低的条件下使用效果较好，而在泥饼较厚、侵入较深以及钻井液电阻率较高情况下，微侧向测井的应用效果较差，为此提出了邻近侧向测井。邻近侧向受泥饼影响较小，所以它可以用于钻井液电阻率较高、泥饼较厚的井中。在测量方法上，它与微侧向类似。邻近侧向的电极系是装在稍宽的极板上，如图2－32所示。从图中可以看到，主电极 A_0 和屏蔽电极 A_1 的横截面积比微侧向测井的相应电极大。由于聚焦面积增大，所以探测深度比微侧向要稍深些，能探测到径向深度150～250mm范围内的地层电阻率。

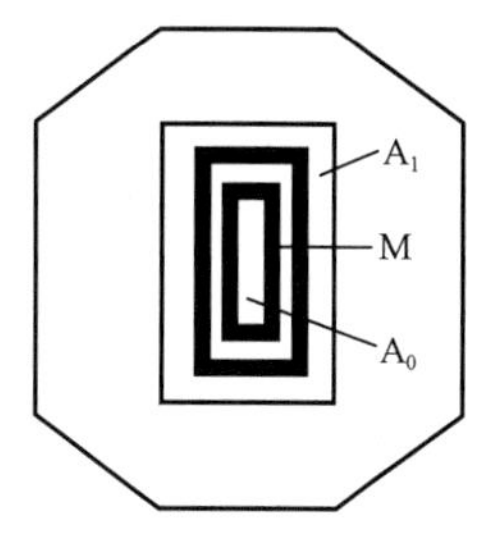

图2－32 邻近侧向电极系

测井时，调节主电极 A_0 的电流 I_0，使得 M 和 A_0 电极的电位相等，即 $U_M = U_{A_0}$，这样在 M 和 A_0 的电极间形成零电位梯度区，使得主电极 A_0 发出的电流进一步压缩，迫使窄的电流束通过泥饼而垂直于井轴方向流入地层，减小了泥饼的影响。通常，泥饼厚度 $h_{mc} < 19$mm 时，邻近侧向测出的视电阻率 R_{PL} 基本上就是冲洗带的电阻率 R_{xo}。视电阻率公式为：

$$R_{PL} = K\frac{U_M}{I_0} \tag{2-54}$$

邻近侧向测井资料的应用和微侧向相同。它与微侧向不同的是，当泥饼厚度大约超过10mm时，用邻近侧向比微侧向测井要好。邻近侧向受泥饼影响小，这是由于探测深度较大（对微侧向而言），但是随着探测范围增大，又容易受到原状地层电阻率 R_t 的影响。实验表明，在侵入较深，即侵入带直径 $d_i > 1$m 时，邻近侧向的视电阻率 $R_{PL} = R_{xo}$；如果侵入直径小于1m，则测量结果将受 R_t 的影响。

四、微球形聚焦测井

微侧向和邻近侧向测井都采用了聚焦极板装置。在条件适合的情况下，用它们确定 R_{xo} 值是可靠的。但是，它们均存在一定的局限性。前者探测深度较浅，受泥饼影响大，当泥饼厚度大于10mm时，带来的误差很大；后者虽然可以克服较厚泥饼的影响，但是由于探测深度较大，在一定程度上又受到地层电阻率 R_t 的影响，只适应于侵入较深的地层。当侵入直径大于1m时，R_t 才不明显地影响邻近侧向测井视电阻率读数。

理论研究和实践证明，微球形聚焦测井既具备微侧向和邻近侧向测井的优点，也能在较大程度上克服了微侧向和邻近侧向测井的缺点。另外，微球形聚焦测井的适用范围宽，在电阻率测井系列中又便于和双侧向测井结合，探明径向电阻率变化，了解钻井液滤液侵入特性。因此，微球形聚焦测井在国内外得到了广泛应用。

（一）测井原理

1. 球形聚焦测井原理

设计球形聚焦测井的目的，是在探测深度浅时测井响应不受井眼影响。它的依据是：在均匀介质中，点电极发出的电流线呈辐射状，等位面是以点电极为球心的同心球面。但是在有井存在的非均匀介质中，由于井内是导电性好的盐水钻井液，则井中点电极发出的电流主要沿井眼流动，其等位面不是球面。球形聚焦测井就是设法在井眼内形成辅助电流，把点电极发出的主电流排挤到地层中去，使主电流形成的等位面是圆球形，这就相当于没有井眼影响的均匀介质一样。所以，球形聚焦测井电极系与前面几种测井电极系结构有较大差别。

图2－33是球形聚焦电极系。其中，A_0 为主电极；A_1，A_1'为辅助电极；M_0，M_0'为测量电极；M_1，M_1'和 M_2，M_2'为监督电极。这些电极对称地排列在主电极 A_0 的两端，每对同名电极用粗导线连接。主电极 A_0 流出的电流一部分流入回流电极B称主电流 I_0，另一部分流入辅助电极 A_1 和 A_1'的电流称辅助电流 I_a。在测量时，自动调节 I_0 和 I_a，使监督电极之间的电位差等于零，而测量电极 M_0 和 M_0'与监督电极之间的电位差等于给定值。由于监督电极之间的电位差等于零，因此可以认为，监督电极附近相当于有一个“绝缘塞”，它阻止辅助电流沿井轴流动。在监督电极与主电极之间，有辅助电极 A_1 和 A_1'，所以辅助电流 I_a主要在井眼内流动。由于 I_0 与 I_a的极性相同，在电场力的作用下，主电流 I_0 被排斥而大量进入电阻率为 R_{xo}的冲洗带介质中。如冲洗带电阻率 R_{xo}不变化，则冲洗带可认为是均匀介质，所以主电流 I_0 流向B电极的电流线向四周均匀散开而呈辐射状，其等位面近似看成为圆球形。球形聚焦由此得名。

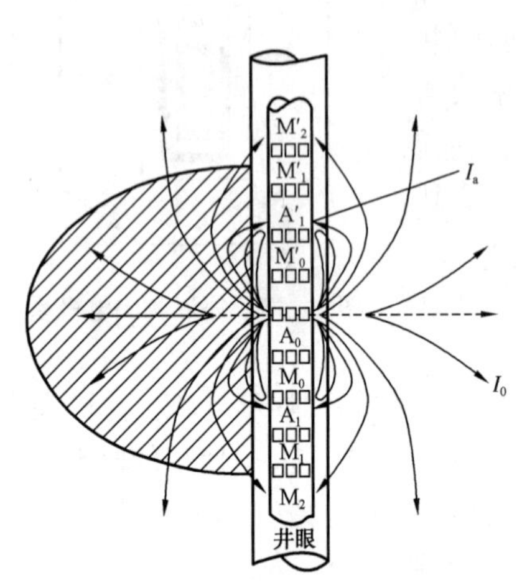

图2－33　球形聚焦电极系

2. 微球形聚焦测井原理

微球形聚焦的电极系排列像球形聚焦，但电极的尺寸较小，且嵌在绝缘极板上。图2－34给出了微球形聚焦电极系。

主电极 A_0 为长方形；依次向外有两个矩形框状电极，即测量电极 M_0 及辅助电极 A_1；再往外是一字形电极 M_1，M_2，上下对称排列，同名电极短路连接，作监督电极用。极板的金属护套和支撑板作为回流电极B。和球形聚焦一样，主电流 I_0 和辅助电流 I_a都通过主电极 A_0 发出。I_a返回到较近的 A_1 电极，主电流 I_0 的回路电极在比较远的B电极中。所以，I_a沿泥饼流动，影响它的因素主要是泥饼厚度、泥饼电阻率等。I_0 主要在井眼附近的冲洗带地层中流动。由于 R_{xo}在冲洗带范围内是不变的，所以，I_0 的电流线呈辐射状，等位面呈球形。因此，I_0 的变化主要反映 R_{xo}的变化，泥饼影响小。由于在测井时，微球形聚焦极板紧贴在井壁上，所以测量结果比球形聚焦受到的井眼影响要小，是确定冲洗带电阻率 R_{xo}较好的方法。

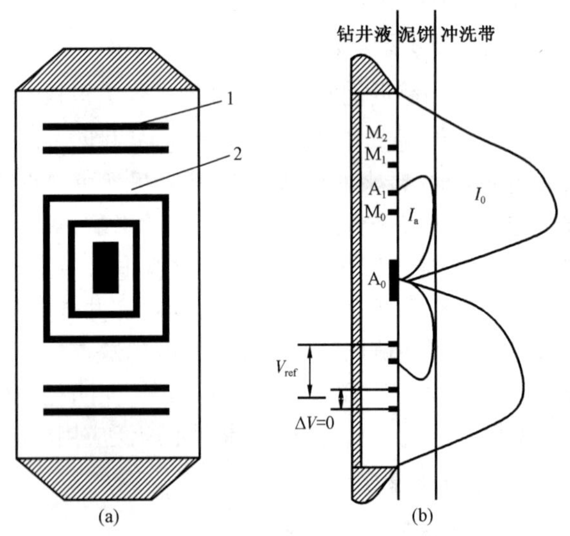

图2－34　微球形聚焦电极系与电流分布
(a)电极系；(b)电流分布

微球形聚焦测得的视电阻率 R_{MSFL}用下式表示：

$$R_{MSFL}=K\frac{\Delta U_{M_0M_1}}{I_0} \tag{2-55}$$

式中 I_0——主电流；

$\Delta U_{M_0M_1}$——M_0 和 M_1 电极之间的电位差；

K——微球形聚焦电极系系数。

（二）微球形聚焦测井资料的应用

由于微球形聚焦测井受泥饼影响小，因此，它是目前最好的冲洗带电阻率测井方法，在确定 R_{xo}值中起着重要作用。另外，由于主电极 A_0 发出的 I_0 开始时以很细的电流束穿过泥饼进入地层，这样不仅能减少泥饼的影响，而且也具备了很好的纵向分层能力。同时，微球形聚焦测井在区分渗透层岩性和划分夹层方面也都显示出比微电极测井更大的优越性。

第五节 感应测井

前面讨论的直流电测井法（普通电阻率测井、侧向测井）中，都需要井内有导电的液体，使供电电极的电流通过它进入地层，在井内形成直流电场，然后测量井轴上的电位分布，求出地层的真电阻率。这些方法只能用于导电性能较好的钻井液中。然而，在油田勘探过程中，为了获得地层的原始含油饱和度，需要在个别的井中使用油基钻井液。在这样的条件下，井内无导电性介质，前面所述的那些测井方法不能使用。

为了解决在油基钻井液中测量地层的电阻率而提出的感应测井，在生产实践中不断改进完善，也能应用于淡水钻井液的井中，而且在一定条件下，它比普通电阻率测井法优越，例如受高阻邻层影响小，对低电阻率地层反应灵敏，因此目前感应测井被广泛应用。

一、感应测井的原理

设 T 是发射线圈，R 是接收线圈，如图 2－35所示。T 和 R 总称线圈系。T 和 R 都在井轴上，而且线圈和井轴一致。设井轴是球极坐标系(r,φ,z)的 z 轴。T 和 R 间的距离是 L，称为线圈距。它们在 z 轴上的位置分别是 $-L/2$ 和 $L/2$。假定介质有对 z 轴的旋轴对称性，即介质可以看成由许多截面积为 $\mathrm{d}r\mathrm{d}z$ 的单元环所组成。单元环在(r,φ,z)坐标系中的方程是 $r=$常数，$z=$常数。在通过 z 轴的子午面上，它可以用面积元 $\mathrm{d}r\mathrm{d}z$ 代表。在单元环内部物质是均匀的。

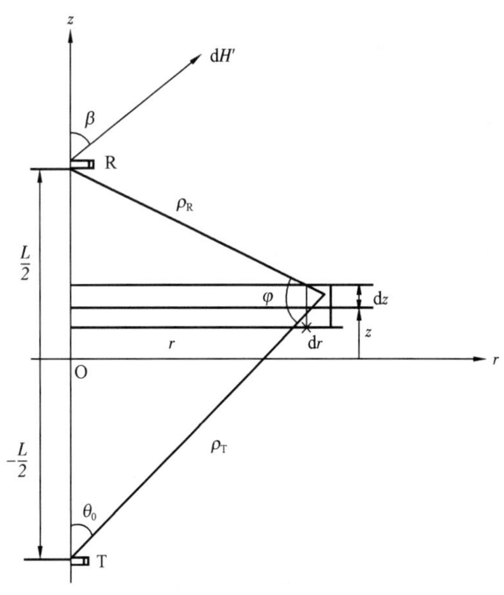

图 2－35 感应测井原理

在发射线圈所造成的交变电磁场作用下，在这些单元中产生交变的感应电流，称为涡流。涡流又会形成二次交变电磁场。在二次交变电磁场的作用下，接收线圈 R 中会产生感应电动势，称为二次感应电动势。

发射线圈的尺寸和线圈间的距离相比是很小的。这样的线圈相当于一个磁偶极子,其偶极距为:

$$\boldsymbol{M} = n_T S_0 I \tag{2-56}$$

$$S = \pi a^2$$

式中 n_T——发射线圈的匝数;

S_0——线圈的面积;

a——线圈半径;

I——线圈中的电流强度。

由于 I 是正弦交变电流,所以:

$$I = I_0 e^{i\omega\theta}$$

式中 i——单位虚数,$i = \sqrt{-1}$;

ω——交变电流的角频率。

$\boldsymbol{M}$ 的方向和井轴一致。根据电磁学理论,磁场强度的矢径方向的分量为:

$$H_\rho = \frac{\boldsymbol{M}\cos\theta}{2\pi\rho_T^3} = \frac{n_T S_0 I\cos\theta}{2\pi\rho_T^3} \tag{2-57}$$

式中 ρ_T——测点距发射线圈的距离;

θ——矢径方向与 $\boldsymbol{M}$ 方向的夹角。

设单元环的半径为 r,以 T 为球心,通过单元环作一球面。在这个球面上,磁场强度的法线分量由式(2-57)给出。因为球面上的面积元是 $dS = 2\pi\rho_T^2\sin\theta d\theta$,所以通过单元环的磁通为:

$$\begin{aligned}\Phi &= \int_0^{\theta_0} \mu H_\rho 2\pi\rho_T^2 \sin\theta d\theta \\ &= \frac{\mu n_T S_0 I}{\rho_T} \cdot \frac{1}{2}\sin^2\theta_0\end{aligned} \tag{2-58}$$

式中 θ_0——通过单元环的矢径与井轴的夹角。

由于 $\sin\theta_0 = \frac{r}{\rho_T}$,则:

$$\Phi = \frac{\mu n_T S_0 r^2}{2\rho_T^3} \cdot I = M_T I \tag{2-59}$$

$$M_T = \frac{\mu n_T S_0 r^2}{2\rho_T^3}$$

式中 M_T——发射线圈和单元环之间的互感。

根据电磁感应原理,单元环上的电动势为:

$$V = -i\omega M_T I = -\frac{i\omega\mu n_T S_0 r^2}{2\rho_T^3} I \tag{2-60}$$

单元环的电导为：

$$G = \frac{\sigma \mathrm{d}r\mathrm{d}z}{2\pi r} \tag{2-61}$$

式中　σ——单元环的电导率。

单元环中的电流(涡流)为：

$$\mathrm{d}I' = G \cdot V = -\frac{\mathrm{i}\omega\mu n_{\mathrm{T}} S_0 r I}{4\pi\rho_{\mathrm{T}}^3}\sigma \mathrm{d}r\mathrm{d}z$$

这个涡流在空间中形成二次电场。根据 Biot - Savart 定理，单元环上的一段小距离 $\mathrm{d}l$ 在接收线圈处所形成的磁场强度为：

$$\mathrm{d}H' = \frac{1}{4\pi}\frac{\mathrm{d}l\mathrm{d}I'}{\rho_{\mathrm{R}}^2}$$

式中　ρ_{R}——接收线圈到单元环上某一点的距离。

$\mathrm{d}H'$在通过 z 轴和 ρ_{R} 的平面上，而且垂直于 ρ_{R}。当 $\mathrm{d}l$ 沿单元环移动时，$\mathrm{d}H'$与 z 轴的夹角 β 不变，所以很容易求出整个单元环所形成的磁场的 z 分量：

$$\mathrm{d}H'_z = \frac{r}{2\rho_{\mathrm{R}}^2}\cos\beta \mathrm{d}I'$$

考虑到 $\cos\beta = \frac{r}{\rho_{\mathrm{R}}}$，即得：

$$\mathrm{d}H'_z = \frac{r^2}{2\rho_{\mathrm{R}}^3}\mathrm{d}I'$$

设接收线圈的匝数为 n_{R}，面积为 S_0，则单元环在接收线圈中产生的磁通为：

$$\Phi' = \mu \mathrm{d}H'_z n_{\mathrm{R}} S_0 = \frac{\mu n_{\mathrm{R}} S_0 r^2}{2\rho_{\mathrm{R}}^3}\mathrm{d}I' = M_{\mathrm{R}}\mathrm{d}I'$$

$$M_{\mathrm{R}} = \frac{\mu n_{\mathrm{R}} S_0 r^2}{2\rho_{\mathrm{R}}^3}$$

式中　M_{R}——接收线圈与单元环的互感。

在接收线圈中产生的二次感应电动势为：

$$\begin{aligned}\mathrm{d}V_{\mathrm{R}} &= -\mathrm{i}\omega M_{\mathrm{R}}\mathrm{d}I' = -\omega^2 M_{\mathrm{R}} M_{\mathrm{T}} G I \\ &= -\frac{\omega^2\mu^2 n_{\mathrm{T}} n_{\mathrm{R}} S_0^2 I}{4\pi L}\cdot\frac{L}{2}\cdot\frac{r^3}{\rho_{\mathrm{T}}^3\rho_{\mathrm{R}}^3}\sigma \mathrm{d}r\mathrm{d}z\end{aligned} \tag{2-62}$$

令仪器常数 $K = -\frac{\omega^2\mu^2 n_{\mathrm{T}} n_{\mathrm{R}} S_0^2 I}{4\pi L}$，并定义单元环微分几何因子为：

$$g = \frac{L}{2}\cdot\frac{r^3}{\rho_{\mathrm{T}}^3\rho_{\mathrm{R}}^3} \tag{2-63}$$

将式(2－63)代入式(2－62),则 dV_R 的表达式简化为:

$$dV_R = K \cdot g\sigma \mathrm{d}r\mathrm{d}z$$

对 $\mathrm{d}r\mathrm{d}z$ 积分,把所有单元环的贡献都考虑进去,得:

$$V_R = K\int_{-\infty}^{\infty}\int_{0}^{\infty} g\sigma \mathrm{d}r\mathrm{d}z \tag{2-64}$$

这就是地层中涡流所形成的二次感应电动势,也称为有用信号。根据式(2－63)和式(2－64),V_R 和 I 是同相位的。

现在再计算一下发射线圈和接收线圈间的直接耦合电动势。在接收线圈处,一次磁场为:

$$H_z = \frac{n_T S_0 I}{2\pi L^3}$$

它在接收线圈中产生的磁通为:

$$\Phi_\lambda = \mu H_z n_R S_0 = \frac{\mu\mu_T n_R S_0^2}{2\pi L^3} I = M_{TR} I$$

$$M_{TR} = \frac{\mu\mu_T n_R S_0^2}{2\pi L^3}$$

式中　M_{TR}——发射线圈到接收线圈的互感。

由于这个互感而产生的一次感应电动势为:

$$V_x = -\mathrm{i}\omega M_{TR} I = -\frac{\mathrm{i}\omega\mu n_T n_R S_0^2}{2\pi L} I \tag{2-65}$$

可以看出 V_x 和 I 的相位相差90°。由于 V_x 的表达式中不包含任何与地层性质有关的参数,因此它是无用的,称为无用信号,在测量中将采取措施把它压制掉。由于无用信号和有用信号间相差90°相位,故可以利用这一点将二者区分开来。

现在比较有用信号和无用信号的绝对值大小:

$$\frac{|V_R|}{|V_x|} = \frac{\omega\mu L^2}{2}\int_{-\infty}^{\infty}\int_{0}^{\infty} g\sigma \mathrm{d}r\mathrm{d}z$$

后面的积分是量纲与 σ 相同的量,即为 $1\mathrm{S\cdot m^{-1}}$。设 $L=1\mathrm{m}$,$\omega=4\pi\times10^4\mathrm{rad\cdot s^{-1}}$(即频率20kHz,这就是感应测井通常采用的频率),$\mu=4\pi\times10^{-7}\mathrm{H\cdot m^{-1}}$,即得:

$$\frac{|V_R|}{|V_x|} = 8\%$$

即有用信号为无用信号的8%。这个结论适用于1m间距的双线圈系。

二、感应测井的几何因子理论

感应测井记录的有用信号,是由于地层内感应电流磁场的变化,在接收线圈中产生的感应电动势。要确定接收线圈感应电动势的大小,必须首先求出发射线圈的交变磁场在地层中产生的感应电动势。为了使研究的问题简单直观,把地层分为无数多个截面积为一个单位与井同轴的单元导电环,认为接收线圈的信号是这些单元环独立存在时所产生的信号的总和。

当发射线圈通以交变电流时,它向地层发射交变电磁场,在每个单元环中产生感应电动势。每个单元环电流强度的大小与单元环的电导率有关。单元环的电流也是交变电流,在它周围又可产生交变电磁场,接收线圈在此交变电磁场的作用下可产生有用信号。整个地层可由无数多个单元环组成,因此每个单元环在接收线圈中产生的信号,则是所有单元环产生的总信号的一部分。

根据理论计算,单元环的交变电流在接收线圈中产生的信号 e 可用下式表示:

$$e = Kg\sigma \tag{2-66}$$

$$g = \frac{Lr^3}{2R_T^3 R_R^3}$$

式中 K——仪器常数;

σ——单元环地层电阻率;

g——单元环的几何因子;

r——单元环的半径;

R_T——发射线圈到单元环的距离;

R_R——接收线圈到单元环的距离;

L——发射线圈到接收线圈的距离。

由上式可以看出,单元环的几何因子 g 是由单元环的几何位置所决定的函数。显然,空间中不同大小、不同位置的单元环,有不同的几何因子数值。由式(2-66)可得:

$$g = \frac{e}{K\sigma} = \frac{e}{E_R} \tag{2-67}$$

式(2-67)说明几何因子的物理意义是:在均匀无限厚的地层中,单元环在接收线圈中产生的信号占全部地层在接收线圈中产生总信号的百分数。当线圈距 L 选定后,g 与单元环和线圈的相对位置有关,所以称 g 为单元环的几何因子。它表示处在不同位置的单元环,对总信号贡献的大小不同。

假定整个空间是均匀介质,其电导率为 σ,整个均匀介质的全部环流在接收线圈产生的感应电动势,是无数多个位置和半径不同的单元环所产生的感应电动势的总和 E_R,即:

$$\begin{aligned} E_R &= e_1 + e_2 + e_3 + \cdots = Kg_1\sigma + Kg_2\sigma + Kg_3\sigma + \cdots \\ &= K(g_1 + g_2 + g_2 + \cdots)\sigma \end{aligned}$$

式中 $g_1, g_2, g_3 \cdots$——地层中位置和半径不同的单元环的几何因子。

按照几何因子的物理意义,因全部空间对测量结果的贡献是100%,因此所有单元环的几何因子总和应为1,即:

$$E_R = K(g_1 + g_2 + g_3 + \cdots)\sigma = K\sigma \tag{2-68}$$

式(2-68)说明几何因子假说在一定条件下是正确的。E_R 与地层电导率 σ 有正比关系,所以,通过对地层有用信号的测量,即可求出均匀无限厚地层的电导率。

实际的地层是有限厚的,并且有侵入带的存在,井内钻井液、上下围岩、侵入带以及地层电阻率都不相同，这时感应测井的有用信号可用下式表示：

$$E_{R} = K(\sigma_{A}G_{A} + \sigma_{B}G_{B} + \sigma_{C}G_{C} + \sigma_{D}G_{D}) \tag{2-69}$$

式中 $G_{A}, G_{B}, G_{C}, G_{D}$——井眼、侵入带、地层、围岩的几何因子；

$\sigma_{A}, \sigma_{B}, \sigma_{C}, \sigma_{D}$——井眼、侵入带、地层、围岩的电导率。

因此，在非均匀介质中测量的视电导率为：

$$\sigma_{a} = \frac{E_{R}}{K} = \sigma_{A}G_{A} + \sigma_{B}G_{B} + \sigma_{C}G_{C} + \sigma_{D}G_{D} \tag{2-70}$$

从式(2－70)可以看出，空间各部分介质对测量总信号贡献的大小由各部分介质的电导率及其几何因子所决定。

在感应测井过程中，接收线圈中除了产生与地层电导率有关的有用信号外，在发射线圈交变的电磁场作用下，由于互感作用，可直接产生感应电动势。因为这个电动势与地层的电导率无关，称它为无用信号，用 E_0 表示。经过计算，无用信号 E_0 的数值可由下式求得：

$$E_{0} = -\frac{\omega\mu n_{T}n_{R}S_{T}S_{R}I}{2\pi L^{3}} \tag{2-71}$$

式(2－71)表明，无用信号 E_0 只与仪器结构和发射电流的强度及频率有关，与地层电导率无关。因此，在测井过程中，应该把无用信号消除掉。通常采用补偿线圈的方法，使发射和接收线圈之间的互感信号降到最小。另外，利用有用信号和无用信号相位相差90°，采用相敏检波电路即可把无用信号消除。

三、感应测井曲线的形状

下面介绍用0.8m六线圈系在无井条件下，根据几何因子理论计算的感应测井理论曲线特征。

(一)上下围岩相同，单一电导率地层

图2－36给出地层电导率 $\sigma_{t}=100$mS/m，围岩电导率 $\sigma_{s}=500$mS/m，不同厚度的单一地层的视电导率曲线。

当地层厚度大于1.7m时，曲线上可以看到过聚焦产生的局部极值，其位置对称出现在界面以内0.85m左右的地方，在曲线上好像是一对"耳朵"；对于厚度大于3m的地层，曲线中部向外凸呈圆弧状；对于厚度等于3m的地层，曲线中部较平直；对于厚度等于2m的地层，曲线中部呈凹形。如果有井存在，"耳朵"变得不明显。当地层厚度大于2m时，可用视电导率曲线的半幅点划分地层界面。

当地层厚度小于1.7m时，视电导率曲线呈现一尖峰(视电导率极小值，即视电阻率极大值)。实际测井条件下"耳朵"的现象并不明显。

"耳朵"现象不是由地层电导率变化引起的，而是由于过聚焦作用产生的。因此，只有地层中部的视电导率，才反映地层本身的特点。通常把地层中点的视电导率作为地层的视电导率值。

高电导率地层($\sigma_{t}=500$mS/m，$\sigma_{s}=100$mS/m)的视电导率曲线形状与上述的基本相同，只是曲线偏移的方向恰好相反，围岩视电导率的影响较小。

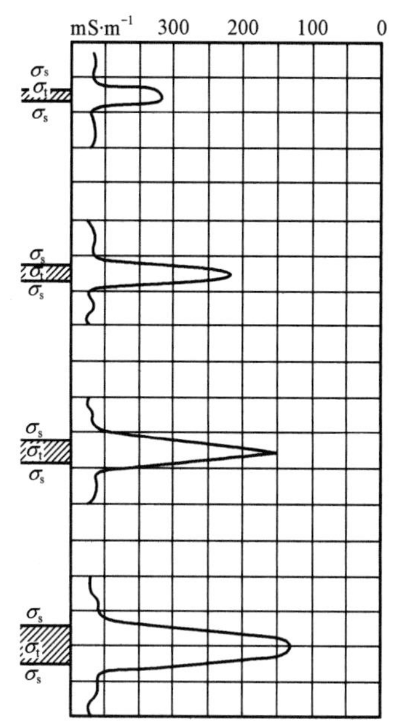

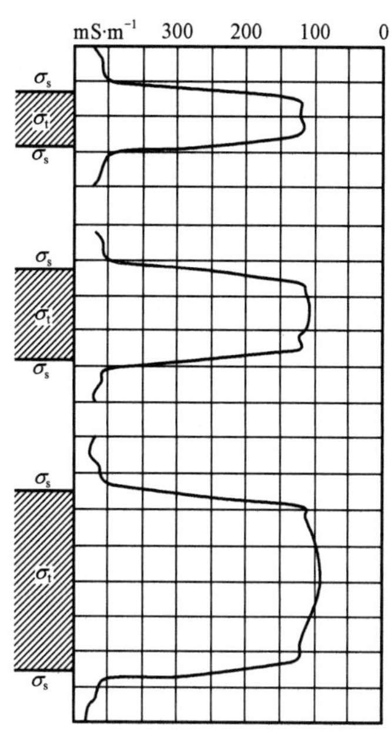

图 2－36　上下围岩对称低电导率地层的视电导率曲线（纵向每格代表 2m）

（二）上下围岩不同，单一低电导率地层

上下围岩不同时，高电导率地层（$\sigma_t > \sigma_{s1} > \sigma_{s2}$）和低电导率地层（$\sigma_t < \sigma_{s1} < \sigma_{s2}$）的曲线因受不同围岩的影响，视电导率曲线呈不对称形状。对于厚度大于 2m 的地层，地层中部的曲线呈倾斜状，地层中点对应于倾斜段的中点；对于厚度小于 2m 的地层，视电导率曲线偏向与地层电阻率差别小的围岩一侧。

对于中间电导率地层（$\sigma_{s1} < \sigma_t < \sigma_{s2}$），厚度大于 2m 的，曲线呈比较清楚的台阶状，用半幅点分层，视电导率取地层中点值，或取倾斜台阶中间部分的平均值；厚度小于 2m 的，分层和读数都比较困难。

四、感应测井曲线的解释

由于地层电阻率是确定地层含油饱和度的重要参数，必须采取各种方法求准它。感应测井是求准地层电阻率的重要测井方法。

为了正确地选择感应测井校正图版，并通过校正图版获得较准确的 R_t 值，必须求准地层厚度 h、地层视电导率 σ_a 和上下围岩视电导率 σ_{sa}。

（一）确定基本值

1. 分层

对 0.8m 六线圈系来说，当层厚大于 3m 时，可根据曲线半幅点划分地层界面；层厚小于 3m 时，地层界面不在半幅点处，而是向峰值方向移动。取准地层厚度对于求准地层电导率非常重要。一般情况下不单独用感应测井曲线来划分地层界面，而应当同时参考微电极曲线、微侧向曲线和短电极距梯度电极曲线。

2. 读取目的层视电导率值

对于感应测井曲线来说，不论高电导率地层还是低电导率地层，其地层中点都对应于曲线的极值（极大值或极小值），所选取的视电导率值就是这个极值。如果地层较厚，而由于岩性不均匀或含油不均匀在中部有微小的起伏，则取中部的面积平均值。如果地层中含有薄的泥质或钙质夹层，则将夹层去掉而取余下部分的平均值。

3. 读取围岩视电导率值

如果围岩是均匀的，可直接读出视电导率值；如果围岩不均匀，应在靠近界面处读取视电导率值，因为这部分围岩的影响最大。根据感应测井的纵向探测特性，最好在距地层中点5m范围内取围岩的视电导率值（如果地层厚度接近或超过10m，则围岩的贡献可以忽略，此时，围岩视电导率是否取准就无关紧要了）。另外，当地层上下围岩电导率不同时，可分别读取上下围岩的视电导率，然后取二者的平均值作为选取图版所用的 σ_s。

（二）确定地层电导率

感应测井曲线解释的任务是确定岩石电导率。感应测井的线圈虽然有纵向和径向的聚焦作用，受围岩、钻井液和侵入带的影响较小，但是这些影响并未完全消除。为了求得较准确的地层电导率，需要对感应测井的视电导率进行一系列校正，即井眼校正、传播效应校正、围岩校正和侵入带校正。

1. 井眼校正

根据几何因子理论，井眼产生的信号为 $\sigma_m g_d$。这里 σ_m 是钻井液电导率；g_d 为井眼的几何因子，可根据井径大小从径向特性曲线上查出。井眼校正后的地层电导率值为 $(\sigma_a - \sigma_m g_d)/(1 - g_d)$。对于目前使用的0.8m六线圈系，在一般情况下，井眼影响不大。例如，当 $d < 0.3$m时，$|g_d| < 0.001$，可以不进行校正；但在井径扩大或盐水钻井液的条件下，且地层电导率较低，则井眼影响不可忽略，应进行校正。

2. 均匀介质传播效应校正

在几何因子理论中，把单元环假定为独立存在于自由空间，各单元环感应电流之间没有相互作用，对电磁波的传播没有影响，即忽略了传播效应。在这种条件下，感应测井常用的20kHz/s的交变磁场，每通过42m的介质，才产生1°的相位移。这样在仪器探测范围内，电磁波的幅度衰减和相位移动都可以忽略。所以，几何因子理论在电磁波的频率较低、介质的电导率很小、探测范围不大时，可以得出较好的结果。

在实际测量过程中，有时遇到电导率较高的地层，因此应用几何因子理论产生较大的误差。例如，用0.8m六线圈系，通20kHz/s的交流电，在 $\sigma_t = 1000$mS/m的均匀介质中测量，其视电导率只有778mS/m，误差超过20%。

由于传播效应的影响，在均匀介质中测得的视电导率 σ_a 与介质电导率 σ 的关系可用下式表示：

$$\frac{\sigma_a}{\sigma} = \frac{e^{-p}}{p^2}[(1 + p)\sin p - p\cos p] \tag{2-72}$$

其中，$p = \sqrt{\omega\mu\sigma L/2}$，称为传播参数。

式(2－72)说明，σ_a/σ 与 p 有关。由 p 的定义可知，当发射线圈中电流的角频率 ω 和线圈距固定之后，μ 为常数，因此 σ_a/σ 只与 σ 有关。

3. 围岩校正

围岩影响与地层厚度有关。地层越薄，围岩影响越大；地层越厚，围岩影响越小。因此围岩和层厚影响的校正应同时进行。图2－37是感应测井厚度—围岩校正图版，图版的参数是

井径 d、钻井液电导率 σ_m 和围岩电导率 σ_s，曲线的参数是地层电阻率 R_t。

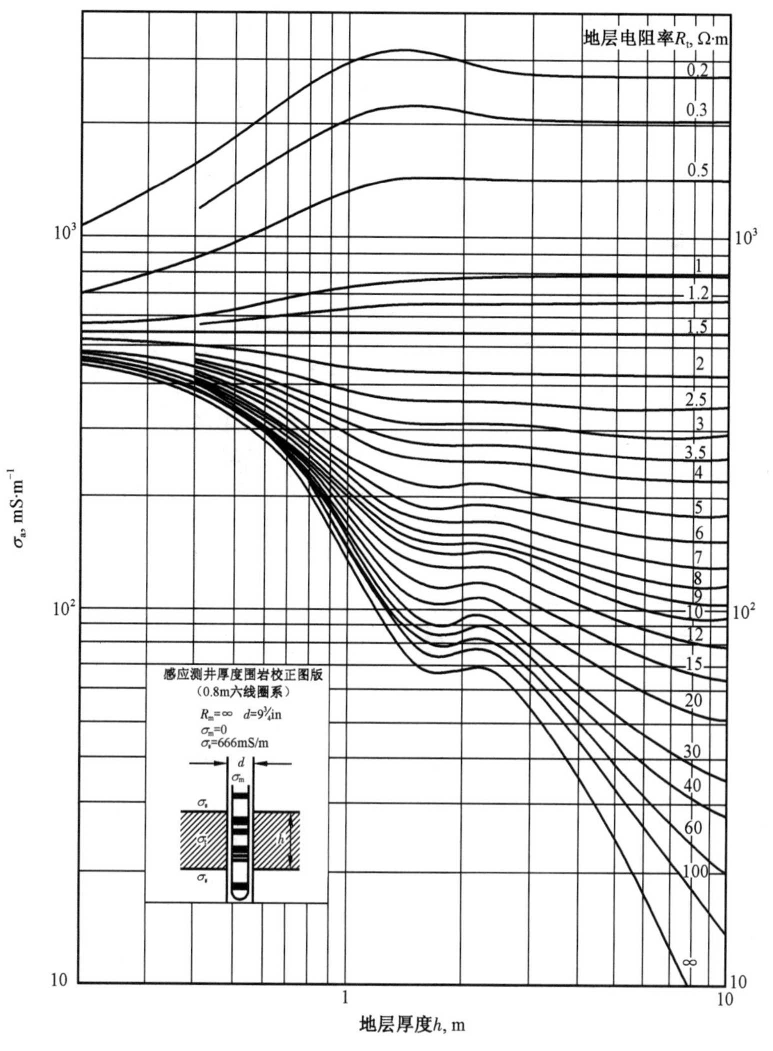

图 2－37 感应测井围岩—层厚校正图版

图版的使用方法很简单，首先根据井径 d，钻井液电导率 σ_m 和围岩电导率选出相应的图版，然后根据从感应测井曲线上读出的视电导率 σ_a 和地层厚度 h，在图版纵横坐标上找出相应的点，通过此点曲线的模数，即为所求地层的电阻率。如果点不是正好落在某条曲线上，可以用内插法确定。

4. 无限厚地层侵入影响校正

图 2－38 为无限厚地层侵入影响校正图版，图版的参数为侵入带直径 d_i，曲线模数为侵入带电阻率 R_i。图版的纵坐标为视电导率 σ_a，当 $\sigma_a > 100$mS/m 时，用图版右边的曲线族；当 $\sigma_a < 100$mS/m时，用图版左边的曲线族。在进行侵入影响校正时，首先要根据其他测井资料求出侵入带电导率 σ_i（或电阻率 R_i）及侵入带直径 d_i，再根据测井曲线求出 σ_a 及 h 值。根据 σ_a 值找出纵坐标，由纵坐标向右作水平线与相应的 σ_i 曲线交点所对应的横坐标，即为所求得地层的电导率 σ_t。

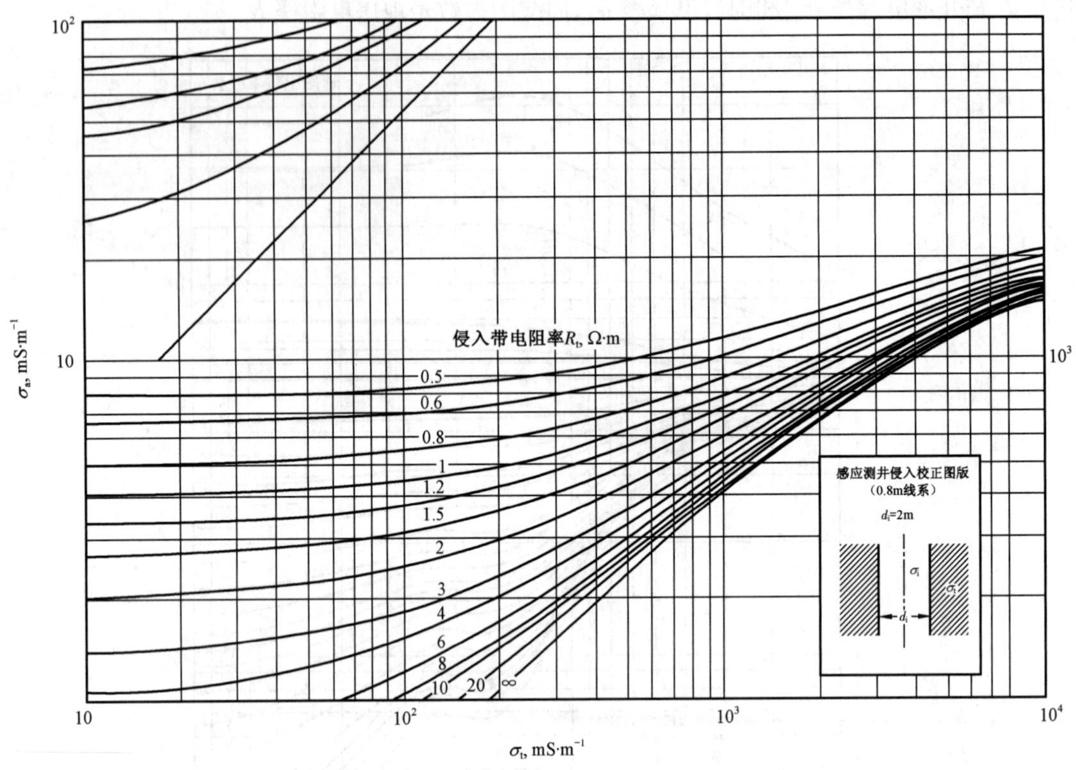

图 2－38　无限厚地层侵入校正图版

第三章　声波测井

声波测井是通过测量井壁介质的声学特性来研究井壁地层的地质特性及井眼工程状况的一类测井方法，在油田勘探和开采、工程物探等许多领域有广泛的应用。声波测井的基本原理是：声波在不同介质中传播时，它的传播速度有很大的差别，而且它的幅度衰减、频率变化等声学特性也是不同的。现代测井技术正是通过测量地层和井孔中的上述几种声学参数，并结合电法和放射性等其他测井方法，估计井外地层的性质，如地层的厚度、孔隙度、含油饱和度、含水饱和度、含气饱和度、渗透率等。此外，还可以利用声波测井资料分析地层应力，探测地层裂缝，检测套管井中水泥胶结状态，评价固井质量等等。

声波测井使用的仪器有许多不同的种类，它们的共同特点是能够发射和接收声波。不同的仪器发射和接收不同类型的声波，从而达到不同的检测目的。近代声波测井技术发展很快，目前常用的声波测井主要有如下几种方法：声波速度测井、声波幅度测井、长源距声波全波列测井和声成像测井。

既然声波测井主要是研究岩石及其孔隙内介质的声学特性，下面首先来叙述岩石等介质在传播声波上的一些特性。

第一节　岩石的声学特性

声波是由物质的机械振动产生的一种运动形式，通过物质内质点的相互作用将振动由近及远地传递而得以传播。人耳可听到的声波的频率介于 20Hz 至 20kHz 之间。低于 20Hz 的机械波叫次声波，高于 20kHz 的机械波叫超声波。目前，声波测井应用的频率介于 15kHz 至 30kHz 之间，因此通常称之为声波。由于声波是弹性体受外力作用产生弹性形变产生的，所以声波在物质中传播的速度、频率、幅度与物体的弹性及弹性力学参数密切相关。

一、岩石的弹性及弹性力学参数

（一）岩石的弹性

受外力作用后发生形变，当外力取消后能够恢复到原来状态的物体叫弹性体。弹性体的形变叫弹性形变。而当外力取消后不能恢复其原来状态的物体叫塑性体。

在弹性力学中，对理想弹性体有以下几个基本假设：

（1）物体是连续的，即整个物体都被组成该物体的介质所充满，因而相应的物理量，如应力、应变、位移及描述物体或介质弹性力学性质的参数，都可以当作空间上的连续函数来处理。

（2）物体是均匀的。所谓均匀，是指物体由同一类型的材料组成。

（3）物体是各向同性的。

（4）物体是完全弹性的，即对应于一定的温度，存在着应力和应变之间的一一对应关系，并且这种对应关系是线性的，服从广义的虎克定律，在弹性限度范围内，各种表征物体弹性力学性质的参数都是恒定的常量，不随时间而改变，在形变过程中没有能量损耗。

显然，地下岩石并非理想弹性体。岩石中有孔隙和裂缝，并不是连续介质。这些孔隙中往往含有油、气、水等不同于岩石骨架成分的物质，而且孔隙和裂缝的大小、形状和分布都是随机的，所以岩石是非均匀介质。其次，由于存在沉积的层理、断裂形成的节理等因素，岩石的各向异性情况也相当复杂。最后，由于岩石中存在孔隙和裂缝，而且其中存在的流体在受力时发生形变的规律不可能与固相骨架相同，甚至存在着流体在孔隙中的流动和骨架颗粒的相对滑动，因而整个岩石表现出非弹性的特征。

在声波测井中，由于声波的能量较小，作用在岩石上的时间也短，所以岩石可以近似地看成弹性体，因此，研究声波在岩石中的传播规律，可以应用弹性波在物质中的传播规律。

（二）弹性力学参数

用来描述物体弹性的物理量主要有杨氏模量（纵向伸长系数）、泊松比、切变模量、体变模量、拉梅系数和密度。

1. 杨氏模量

如果在长度为 L、横截面积为 A 的弹性体两端施以外力 F，弹性体的长度发生 ΔL 的变化，则弹性体单位截面上受力为 F/A，弹性体的相对形变为 $\Delta L/L$。杨氏弹性模量定义为弹性体单位截面所受的力与单位长度的形变之比，以 E 表示，则有：

$$E = \frac{F/A}{\Delta L/L} = \frac{F \cdot L}{A \cdot \Delta L} \tag{3-1}$$

地球上的矿物和岩石，其杨氏模量的变化范围相当大，低至某些砂岩的 $0.3\times10^9\mathrm{N/m^2}$，高至橄榄石的 $235\times10^9\mathrm{N/m^2}$ 乃至辉石的 $455\times10^9\mathrm{N/m^2}$。

2. 泊松比

弹性体在外力作用下，在产生纵向伸长的同时，横向上产生压缩。设有一圆柱形弹性体，原来的直径和长度分别为 D 和 L，在外力作用下，直径和长度的变化量分别为 ΔD 和 ΔL。泊松比定义为弹性体的直径变化率与长度变化率之比，用 σ 表示，则：

$$\sigma = \frac{\Delta D/D}{\Delta L/L} = \frac{L \cdot \Delta D}{D \cdot \Delta L} \tag{3-2}$$

泊松比只是表示物体的几何形变的系数。岩石和矿物的泊松比都小于0.5。泊松比值最低的是某类砂岩，$\sigma = 0.05 \sim 0.06$；泊松比最大的是软泥，$\sigma = 0.45$ 或更大。对于大多数岩石来讲，泊松比的平均值为0.25。

3. 切变模量

单位正方体受切应力 F_t 作用，产生一定角度的变化 φ。单位面积切应力与切变角的比值为切变模量，以 μ 表示，则：

$$\mu = \frac{F_t/A}{\varphi} \tag{3-3}$$

对于地球上的岩石和矿物来说，切变模量的数值都小于杨氏模量。凝灰岩类岩石的切变模量最小，$\mu = 1.7\times10^9\mathrm{N/m^2}$；赤铁矿类岩石的切变模量最大，$\mu = 87\times10^9\mathrm{N/m^2}$。

4. 体变模量

岩石的体变模量定义为岩石受均匀静压力作用时，所受静压力与体积变化量的比值，以 K 表示，则：

$$K = \frac{F}{\Delta V/V} = \frac{F \cdot V}{\Delta V} \tag{3-4}$$

式中　V——物体原来的体积；

F——物体所受静压力；

ΔV——物体受力后体积的变化量。

5. 拉梅系数

拉梅系数记作 λ，可表示为：

$$\lambda = \frac{E \cdot \sigma}{(1+\sigma)(1-2\sigma)} \tag{3-5}$$

各弹性参数的关系为：

$$E = \frac{\mu(3\lambda + 2\mu)}{\lambda + \mu},\ \mu = \frac{E}{2(1+\sigma)},\ \sigma = \frac{\lambda}{2(\lambda+\mu)},\ K = \frac{E}{3(1+\sigma)}$$

6. 密度

岩石的密度定义为单位体积岩石的质量。岩石由固相骨架和孔隙流体组成，分别用 ρ_{ma} 和 ρ_f 表示骨架的密度和孔隙流体的密度。若孔隙中只存在一种密度为 ρ_f 的流体，岩石的密度 ρ 可表示为：

$$\rho = (1-\phi)\rho_{ma} + \phi\rho_f \tag{3-6}$$

式中　ϕ——岩石的孔隙度。

若孔隙中存在油、水两种流体，且含油饱和度为 S_o，含水饱和度为 S_w，则岩石的密度可表示为：

$$\rho = (1-\phi)\rho_{ma} + \phi S_o\rho_o + \phi S_w\rho_w \tag{3-7}$$

式中　ρ_o，ρ_w——孔隙中油、水的密度。

二、岩石的声学参数

（一）岩石的纵波速度和横波速度

声波在介质中传播，传播方向和质点振动方向一致的波称为纵波，而传播方向与质点振动方向相互垂直的波称为横波。纵波可以通过岩石传播是毫无疑问的，在实验及理论上也证明了横波能在有孔隙且孔隙中有流体的岩石中传播。地球上的矿物及岩石中，纵波速度（v_P）最低的是某些砂岩（$v_P \approx 0.2$km/s），纵波速度最大的是纯橄榄石（$v_P \approx 8.77$km/s）。岩石的纵波速度和横波速度（v_S）与弹性力学参数的关系可由以下两式表述：

$$v_P = \sqrt{\frac{\lambda + 2\mu}{\rho}} = \sqrt{\frac{E}{\rho} \cdot \frac{1-\sigma}{(1+\sigma)(1-2\sigma)}} \tag{3-8}$$

$$v_S = \sqrt{\frac{\mu}{\rho}} = \sqrt{\frac{E}{\rho} \cdot \frac{1}{2(1+\sigma)}} \tag{3-9}$$

v_P 与 v_S 之间的关系为：

$$\frac{v_P}{v_S} = \sqrt{\frac{2(1-\sigma)}{1+2\sigma}} \tag{3-10}$$

多数岩石的泊松比 $\sigma = 0.25$，所以在岩石中传播的纵横波速度之比约为 1.73，即在岩石中纵波传播的速度大于横波传播的速度。

由式(3－8)可知,岩石中传播的纵波的速度将随着岩石的弹性加大而增大,但却不随岩石密度的增大而减小。这是因为岩石的杨氏模量与岩石密度还有关系,并且随着岩石密度的增大,杨氏模量有更高数量级的增大。所以在通常情况下,随着岩石密度的增大,岩石中传播的纵波速度是增大的。对于沉积岩而言,声波速度与下列因素有关。

1. 岩性

不同岩性的岩石的声波传播速度是不相同的。这是因为不同岩性的岩石的弹性和密度是不相同的。一般来说,声波速度随岩石密度的增大而增大。常见介质和沉积岩的纵波速度与声波时差见表3－1。

表3－1　常见介质与沉积岩的纵波速度与声波时差

介质	声速,m/s	时差,μs/m	介质	声速,m/s	时差,μs/m
空气(0℃,1atm)	330	3000	泥质砂岩	5638	177
甲烷(0℃,1atm)	442	2260	泥质灰岩	3050～6400	330～154
石油(0℃,1atm)	1070～1320	985～757	岩盐	4600～5200	217～193
水、一般钻井液、泥饼	1530～1620	655～620	无水石膏	6100～6250	164～163
疏松粘土	1830～2440	548～410	致密灰岩	7000	141
泥岩	1830～3962	548～252	致密白云岩	7900	125
渗透性砂岩	2500～4500	400～220	套管(钢)	5340	187

2. 岩石的结构

胶结疏松、孔隙度大的岩石,相应的岩石密度较小。一般来说,岩性相同流体不变的沉积岩的密度随其孔隙度的增大而线性地减小。因此,沉积岩的孔隙度与声波速度之间存在相关关系,即随着孔隙度的增大,声波速度减小。

3. 地层埋藏深度及地质时代

地层埋藏的深浅及地层地质时代的新老均对声波在地层中传播的速度有影响。岩性和地质时代相同而埋藏深度不同的地层声波速度是不同的,地层埋藏深,声波传播速度大;反之,地层浅,声波传播速度小。岩性和埋藏深度相同而地质年代不同的地层声波传播速度也不同,老地层比新地层声速大。这是因为在压缩的情况下,随着地层的加深、地层时代的变老,岩石的杨氏模量加大。

(二)岩石的声波时差

在声波测井中,声波时差定义为声波通过单位距离所需的时间,即声速的倒数。时差的单位一般记为微秒/米(μs/m)或微秒/英尺(μs/ft)。

(三)岩石的声波幅度

声波在岩石介质中传播时,由于内摩擦、波前扩展以及界面吸收的原因,有部分声波的能量转化为热能,从而造成声波能量的衰减,使声波幅度逐渐减小(声波能量与幅度的平方成正比)。这种声波幅度衰减的大小与岩石的密度以及声波的频率有关。岩石的密度越小,声波传播速度越低,声波频率越高,声波的幅度衰减就越大,接收到的声波幅度就低,所以通过声波幅度的衰减可以了解岩层的特点或固井质量。

另外,岩石中颗粒、孔隙和裂缝也可以造成声波的散射衰减。声波散射后,有一部分声波能量的传播方向发生变化，使原传播方向的能量减小。散射衰减的程度与岩石的成分、胶结状态、颗粒粒度及孔隙度等因素有关。依据衰减系数与频率的关系，可将散射分为三种类型：漫散射、中间散射和瑞利散射。

设 λ'为声波波长，D 为散射体的平均直径，将 $\lambda'/D<1$ 的声波散射称为漫散射，其散射衰减系数与频率无关；将 $1<\lambda'/D<2\pi$的声波散射称为中间散射，其散射衰减系数与声波频率的平方成正比；将 $\lambda'/D>2\pi$即波长远大于散射体的平均直径的声波散射称为瑞利散射，其散射衰减系数与声波频率的四次方成正比。当声波频率不太高时，散射衰减可以认为主要是由于瑞利散射造成的。

与此相类似，还有反射现象。当声波波长较小和反射系数较大时，反射衰减相对明显，但与其他衰减机制相比，一般可忽略不计。

最后，还应提到的是声扩散的影响。声扩散是指声波能量的几何扩散，使声能密度减小。当场点足够远时，有限大小的声源所辐射的声场类似于球面波扩散。值得注意的是，该衰减不反映岩石本身的性质，它是波动所特有的性质。

（四）岩石的声阻抗

岩石的声速 v 与其密度 ρ 的乘积称为岩石的声阻抗，即：

$$Z=\rho\cdot v \tag{3-11}$$

两种介质的声阻抗之比称为声耦合率。介质Ⅰ和介质Ⅱ的声阻抗相差越大，则二者的声耦合越差，声波的能量就越不容易从介质Ⅰ中透射到介质Ⅱ中去。

（五）岩石的声波衰减系数

声波在岩石中传播时，随着传播距离的增大，其能量会逐渐衰减。假定某平面波从 A 点传播到 B 点，传播距离为 $\mathrm{d}l$，声压从 p_0 变化至 p，相对变化为 $\mathrm{d}p/p$，则 $\mathrm{d}p/p$ 与传播的距离 $\mathrm{d}l$ 成正比，即：

$$\frac{\mathrm{d}p}{p}=-\alpha\mathrm{d}l \text{ 或 } p=p_0\mathrm{e}^{-\alpha} \tag{3-12}$$

式中　α——岩石对声波的衰减（吸收）系数。

第二节　声波速度测井

声波速度测井是通过测量井下岩层的声波传播速度（实际中记录的是声波时差值），研究井外地层的岩性、物性，估算地层孔隙度的一种测井方法。它是目前三种孔隙度测井方法之一，也是目前常规声波测井中主要的方法之一。声波速度测井所记录的地层声速，一般是指地层纵波的速度（或纵波时差）。它是阵列声波、多级子阵列声波测井的基础。本节将介绍声波速度测井的基本原理、声波时差的形成和记录以及声波速度测井资料的应用。

一、射线声学理论和波动声学理论

（一）井孔中射线声学理论

射线声学是研究声波的波前或者波阵面的空间位置与其传播时间的关系的学科，又被称为几何声学。与几何光学相似，它们都是利用波前、射线等几何图形来描述波的运动过程和规律。射线声学包括很多研究内容，在此主要介绍费马原理、惠更斯原理、声波的反射与折射定律等。

在目前声波测井中，一般进行定性分析时，大多采用射线声学理论或几何声学理论。射线声学对于了解声波在井内传播的路径和走时是非常有用的。但是，由于射线理论是波动理论的一种近似，因此它有特定的使用范围，即声波的波长与模型的几何尺寸相比非常小时才适用。实际声波测井中，当声源的发射主频为 20kHz 或甚至更低频率时，如果假定井内流体的波速为 1500m/s，那么此时声波的最小波长为 0.075m，而井直径一般为 0.1m，二者的几何尺寸接近。由此可见，射线理论并不能完全适用于声波测井，因而也不能完全解释井内所传播的所有波形。

1. 费马时间最小原理和惠更斯原理

1）费马时间最小原理

一般声波在均匀各向同性、完全弹性的无限大介质中传播经过 A，B 任意两点时，是沿着这两点所决定的直线传播的。然而，理论和实验证明，在不均匀介质如各向异性介质中，声波并不沿直线传播，这时声波在传播时遵循何种规律呢？费马时间最小原理对此给予了回答。声波在一般介质中传播时，所经过的任意两点的传播路径满足所用时间最小的传播条件，这就是费马时间最小原理。这一原理是从光波动学中借鉴而来的，它的证明可参看有关文献。在介质的声学性质已知情况下，可以根据费马时间最小原理来确定声波在经过介质的任意两点时所走的路径，还可以确定声波的走时，即声波经过这两点所用的时间。费马时间最小原理在讨论非均匀介质中任意两点的声波的传播时是方便的，因此可以利用费马时间最小原理分析井内所传播的波。

2）惠更斯原理

波传播到的介质中的各点都可以看成新的波源，称作子波源。每个子波源都可以向各个方向发出微弱的波，称之为子波。这些子波是以所在介质的声波速度传播的，新的波前就是由这些子波相互叠加而形成的，这些子波所形成的包络决定了新波前的位置。因此，有了惠更斯原理，就可以根据已知的波前求得后来时刻的波前。利用惠更斯原理时应该注意，它只是说明空间中所传播的可能的波，而没指出波必须沿某一方向传播。

2. 井内传播的波

1）流体直达波

所谓流体直达波，即由声源出发经过井内流体而直接到达接收器的波。这种波也是声源的入射波。直达波直接从声源出发到达接收器或观测点，它不受周围不连续区域的影响。事实上，某一点的声场是由直达场或入射场叠加而成的。这种波显然符合费马时间最小原理。

2）滑行纵波和滑行横波

滑行波在地球物理领域又称为首波，而在声学领域称之为头波和旁侧波。它是声波在特定入射条件下，以折射区的波速在折射区内靠近界面传播的波。现分别分析这两种波。

a. 滑行纵波

图 3－1 中有两种不同的半无限大介质构成的界面，其中入射区（流体）和折射区（固体）中的纵、横波速度和介质的密度分别为 v_{c1}，ρ_1 和 v_{c2}，v_{S2}，ρ_2。根据费马时间最小原理，可得到：

$$\alpha_i = \alpha_r \tag{3-13}$$

$$\frac{\sin\alpha_i}{\sin\beta_c} = \frac{v_{c1}}{v_{c2}} \tag{3-14}$$

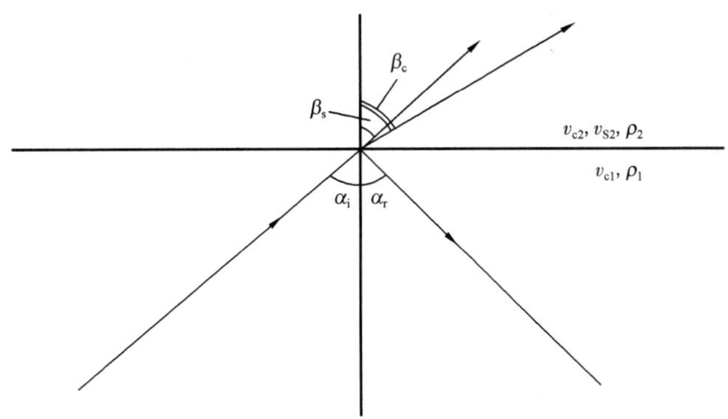

图 3－1　声波在流体与固体界面上的反射和折射

$$\frac{\sin\alpha_i}{\sin\beta_S} = \frac{v_{c1}}{v_{S2}} \tag{3-15}$$

式中　α_i, α_r——入射角和反射角；

β_c, β_S——折射纵波和折射横波的折射角。

式(3－13)至式(3－15)是描述反射和折射定律的数学表达式。产生滑行纵波的条件是，当入射角等于某一固定值时，折射区中的折射角 $\beta_1 = 90°$，此时相应的入射角满足：

$$\sin\alpha_{i1} = \frac{v_{c1}}{v_{c2}} \tag{3-16}$$

或者

$$\alpha_{i1} = \arcsin\frac{v_{c1}}{v_{c2}} \tag{3-17}$$

这时在折射区中，折射波以该区域的纵波速度沿界面向前滑行传播，这种波称为滑行纵波。将折射角为直角时对应的入射角称为第一临界角，记为 α_{i1}。滑行纵波在折射区沿界面传播的同时，它会以第一临界角将能量辐射到入射区，并在入射区传播。波的这一传播路径同样符合费马时间最小原理，或者说，它可以利用费马时间最小原理来给出。

b. 滑行横波

与滑行纵波相类似，当折射横波的折射角等于 90°时，折射横波以折射区的横波速度在界面滑行传播，这种波称为滑行横波，此时对应的入射角为第二临界角：

$$\alpha_{i2} = \arcsin\frac{v_{c1}}{v_{S2}} \tag{3-18}$$

滑行横波在折射区沿界面传播的同时，它会以第二临界角将能量辐射到入射区，并在入射区传播。这一传播路径同样可以利用费马时间最小原理来给出。

c. 一次和多次反射波

入射波遇到井壁或界面并与之产生一次和多次作用产生反射波，这样产生的波分别称为一次和多次反射波。具体地说，入射波与界面或者井壁在第一次作用时产生的波称为一次反射波，由多次作用产生的波称为多次反射波。这时入射波和反射波符合反射定律。

总之，按照射线声学，在井内由单个声源激发的波共有直达波(入射波)、一次和多次反射波、滑行纵波和滑行横波。然而，在实际声波测井中，难以清楚地观测到以上几种波。在实际测井中所记录的波形实际上是各种波成分叠加的总效应，而且会表现出一些用射线声学不能完全解释的现象。如实际测井中的伪瑞利波和斯通利波等，都无法直接用射线理论来解释。正如以前所述，射线理论是严格的波动理论的一种近似，要透彻地了解井中激发的全波列波形成分，就必须利用波动理论来研究这一问题。

（二）井孔中的波动理论—模式方法

波动理论一般是指从弹性波动力学出发，通过求解研究区中满足一定边界条件和初始条件的波动方程来表述和分析区域中某一点在某一时刻的波动场（如声场或弹性波场）。某一区域的声场可用多种方法来表示，如波函数展开法等。所谓声波测井中的模式方法，就是从波动理论出发，用特定的波函数通过求解波动方程来表述声场的一种方法。利用该方法来表示声场，是由于所采用的波函数有特定的物理意义，在分析声场时比较方便。如第一节所述，只有在声波的波长远远小于介质的几何尺寸时，射线声学才适用。而在实际声波测井中，由于所采用的声波的频率比较低，因而波长与井径相比比较接近甚至较大，所以实际井中的波列无法完全用射线声学解释。具体地说，虽然所有的波在传播时仍遵循费马时间最小原理，但是由于它们在时间和空间上总是相互叠加、相互干涉，最后只能观测到它们的综合效应，而难以分清各种分波，如直达波和多次反射波等。所以，要全面而系统地了解井中声波的传播特点，定量分析井外介质的性质对井内各种波列的影响，就必须采用波动理论。具体的相关理论知识可查阅相关文献。

二、单发双收声波速度测井

根据前面的讨论，声波在声阻抗不同的两种介质的界面上传播时发生的折射和反射是符合波的折射和反射定律的。对介质Ⅰ，Ⅱ，其波速 v_1，v_2 是固定值，所以随着入射角增大，折射角也要增大，在 $v_2 > v_1$ 的条件下，当入射角增大到临界角时，折射角为直角。声速测井就是测量滑行纵波穿越地层 1m 所用的时间，即时差，单位是微秒/米。

声波速度测井仪器由地面仪器和井下仪器组成。井下仪器包括三个部分：声系（由发射探头和接收探头按一定要求形成的空间位置相对固定的组合称为声波测井仪器的声系）、电子线路及隔声体。

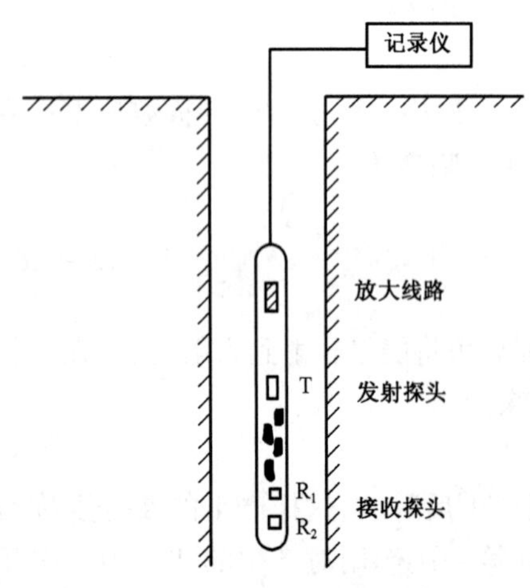

图 3－2　单发双收声波速度测井示意图

声系是声波速度测井仪下井仪器的主体。对于单发射双接收的仪器（图 3－2），声系由一个发射探头两个接收探头组成；对于双发射双接收仪器，声系由两个发射探头和两个接收探头组成。发射探头将电信号转换成声信号并向地层发射声波，接收探头则接收声波信号并将其转变成电信号。发射探头和接收探头（换能器）一般由陶瓷压电晶体制成，因为这种晶体具有压电效应的物理性质，利用其反效应发生声波，利用其正效应接收声波。

为了防止发射探头发射的声波经仪器外壳直接传至接收探头造成干扰，在发射探头和接收探头之间装有隔声体，以防止声波由仪器外壳直接传播到接收探头。

电子线路用来提供电信号触发发射探头,使发射探头振动发出频率稳定的声波,并将接收探头接收的声信号转换成放大的电信号,经电缆传输至地面仪器进行测量记录。

(一)单发双收声速测井仪的测量原理

声波速度测井仪井下仪器在井内以发射探头发射声波,声波由钻井液向地层传播,钻井液的声速 v_1 不同于地层的声速 v_2,所以在钻井液和地层的界面上将发生波的反射和折射。由于发射探头发射的声波在较大的角度内向各个方向传播,其中必有以临界角方向入射到界面的声波,而且一般地层的速度 v_2 大于钻井液的声速 v_1,所以必然产生在地层中沿井壁传播的滑行波。滑行波在地层中传播的快慢是由岩石性质决定的,所以在井内如果能够接收到滑行波,就能测量地层的声波速度。由于钻井液和地层接触良好,滑行波的传播也必然引起钻井液质点的振动,滑行波在钻井液中以波速 v_1 传播的声波波线与地层和钻井液界面的法线的交角等于临界角,并且这些波线是相互平行的直线,所以在井中可以接收到滑行波(以临界角入射的入射波射线和滑行波在钻井液中传播的第一条声波波线所夹的盲区范围除外),如图 3－3(a)所示。

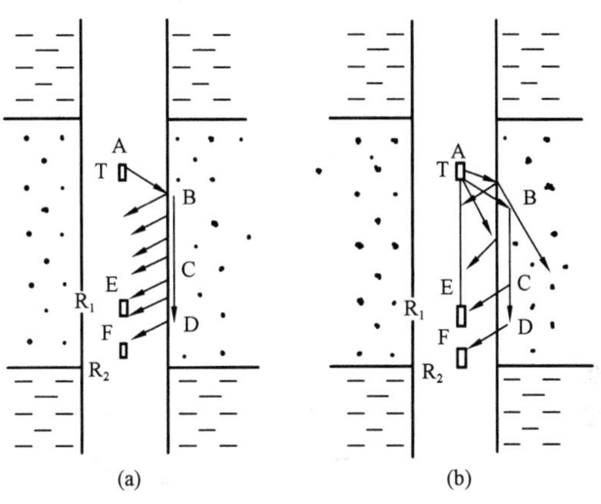

图 3－3　井内声波传播示意图

最后到达接收探头的声波不仅有经过地层的滑行波,而且有不经过地层的反射波以及从发射探头经钻井液直接传到探头的直达波等,如图 3－3(b)所示。由于钻井液的声速比地层的声速小得多(反射波和直达波在钻井液中传播),所以适当选择较大的源距(由发射探头到第一接收探头之间的距离,我国声波速度测井中采用的源距一般为 1m),使滑行波在地层中传播的距离相对地大,则可使滑行波首先到达探头,成为初至波。而直达波、反射波继滑行波之后才能到达接收探头,成为续至波。在声波速度测井中,接收探头在初至波(滑行纵波)的触发下工作,接收声信号并将之转换为电信号,再配合以源距和电子路线的设计只接收和记录初至波,而排除掉续至波。

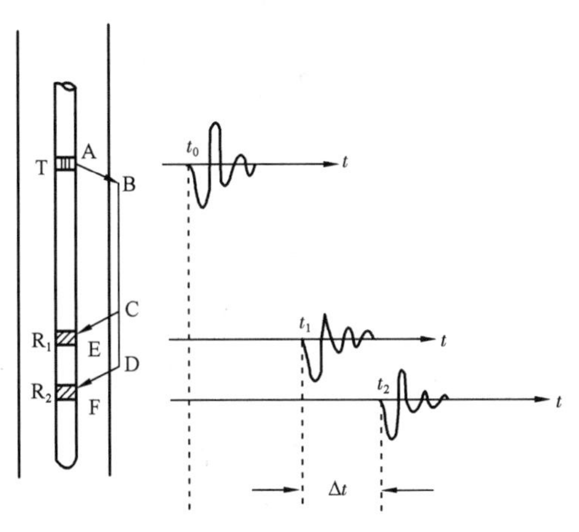

图 3－4　声波速度测井原理图

如图 3－4 所示,发射探头在某一时刻 t_0 发射声波,声波经过钻井液、地层、钻井液传播到接收探头,分别经过路径 ABCE 和 ABCDF 到达第一接收探头和第二接收探头,到达的时刻分别为 t_1 和 t_2,那么到达两个接收探头的时间之差为:

$$t_2 - t_1 = \left(\frac{\overline{AB}}{v_1} + \frac{\overline{BC}}{v_2} + \frac{\overline{CD}}{v_2} + \frac{\overline{DF}}{v_1}\right) - \left(\frac{\overline{AB}}{v_1} + \frac{\overline{BC}}{v_2} + \frac{\overline{CE}}{v_1}\right)$$

$$= \frac{\overline{CD}}{v_2} + \left(\frac{\overline{DF}}{v_1} - \frac{\overline{CE}}{v_1} \right) \tag{3-19}$$

如果在两个接收探头间对应井段的井径没有明显变化且仪器居中，则$\overline{CE} = \overline{DF}$，因此：

$$t_2 - t_1 = \frac{\overline{CD}}{v_2} \tag{3-20}$$

两个探头间的距离称为间距。由于仪器的间距是一定的，因此，时间差的大小可反映地层声速的高低。声波速度测井测量的是声波（滑行纵波）在两个接收探头之间地层中传播所需的时间差。测量时由地面仪器把时间差转变成与其成比例的电位差加以记录。记录点在两个接收探头之间的中点。下井仪器自下而上移动，测量一条随深度变化的声波时差（Δt）曲线，如图3-5所示。曲线幅度单位是微秒/米（μs/m）。

（二）单发双收声波速度测井的影响因素

1. 井径的影响

当井径没有明显变化，井眼比较规则时，井径对声波时差曲线没有影响。但是当井径扩大时，在扩大井段的上下界面处，时差曲线会出现假的异常，如图3-6所示。

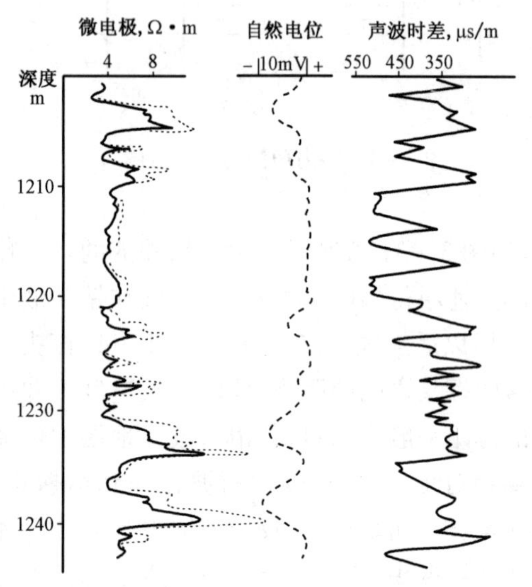

图3-5 声波速度测井曲线

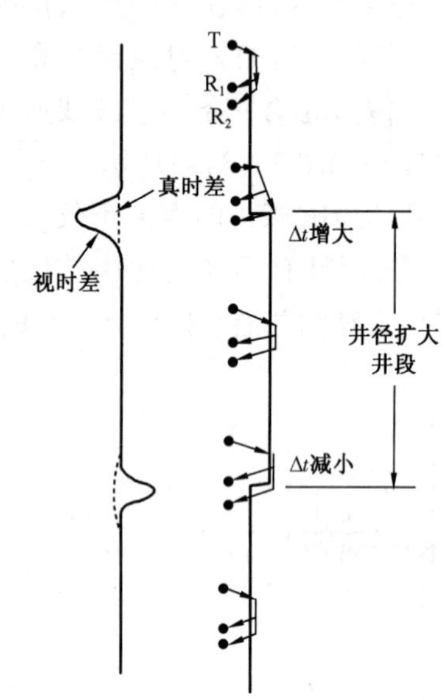

图3-6 井径变化对声波时差的影响

当第一接收探头 R_1 进入井径扩大部分，第二接收探头 R_2 在扩大部分下界面之下时，由于声波到达 R_1 经过的钻井液路径加大了，到达 R_1 的时间延迟了，t_1 增大，而 t_2 变化很小，因此时差 Δt 减小，使声波时差曲线在井径扩大井段的下界面处出现了低于岩层真时差的假异常。当 R_1，R_2 都进入井径扩大井段时，t_1，t_2 所受的影响相同，Δt 没有变化。当 R_1 进入井径扩大井段的上界面以上，R_2 仍处在扩大井段时，t_1 没有变化，而声波到达 R_2 的时间 t_2 增大，这是因为到达 R_2 的声波经过钻井液部分的路径加大了，因此，使 Δt 增大，声波时差曲线在井径扩大的顶界面处出现高于岩层真时差的假异常。

机械强度比较弱的泥岩层段经常出现井径扩大的现象，所以在一些砂泥岩的分界处，由于井径的突变，使声波时差曲线出现如上所述的假异常变化。在砂岩的顶界面处，声波时差 Δt

偏低，出现负异常；在砂岩的底界面处，声波时差 Δt 偏高，出现正的异常。图 3－7 给出了在砂泥岩界面处出现声波时差曲线假异常的实例。

无水石膏和盐岩组成的剖面也会因盐岩层井径扩大而造成声波时差曲线和砂泥岩一样的假异常出现，如图 3－8 所示。

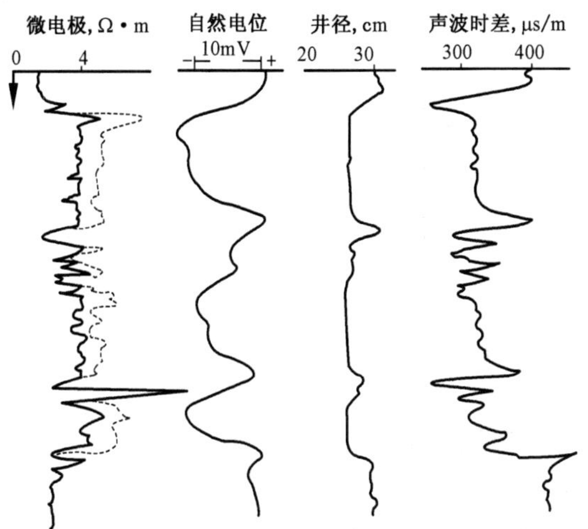

图 3－7　在砂泥岩界面处出现声波时差曲线假异常的实例

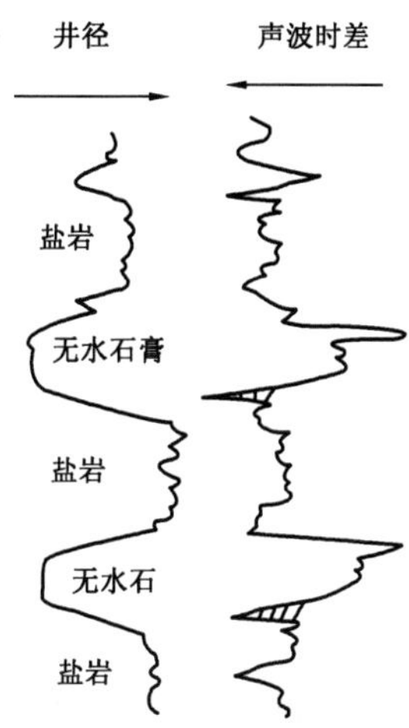

图 3－8　膏盐剖面井径扩大对声波速度测井曲线的影响

声波时差曲线出现的假异常可以配合井径曲线在解释时加以鉴别。

2. *岩层厚度的影响*

岩层的薄厚是相对声速测井仪间距而言的。厚度大于间距的称为厚层，反之称为薄层，它们在声波时差曲线上的显示是有差别的。

1）厚层

图 3－9 右侧是夹在低速页岩中间的厚层高速石灰岩的声波时差理论曲线。声波速度测井实际上是测量两个接收探头 R_1 和 R_2 之间地层的平均声波时差。当 R_1 和 R_2 都在下部页岩位置时，测得的是页岩的声波时差。若仪器由下往上测量，当 R_1 刚好到达石灰岩下界面处，测得的数值仍是页岩的声波时差，相当于曲线的 D 点。再往上测量，R_1 进入石灰岩，R_2 仍在下部页岩的位置，由于 R_1 和 R_2 之间石灰岩所占的比例逐渐增加，页岩的比例逐渐减少，因此，测得的声波时差值是逐渐下降的，曲线由 D 点向 C 点变化。当 R_1 和 R_2 的中点正好达到石灰岩下界面时，R_1 和 R_2 之间石灰岩和页岩所占的比例相等，测得的声波时差是石灰岩和页岩声波时差的平均值，这相当于曲线上的Ⅱ点。当 R_2 正好到达石灰岩下界面时，相当于曲线的 C 点。此后，直至 R_1 到达石灰岩上界面之前，R_1 和 R_2 均在石灰岩之中，测得的是石灰岩的声波时差，构成曲线的 BC 段。当 R_1 进入上部页岩以后，直至 R_2 到达石灰岩上界面为止，页岩所占比例增加，石灰岩比例减小，测得的声波时差值逐渐升高，曲线由 B 点变化到 A 点。其中，当 R_1 和 R_2 中点正好处于石灰岩上界面时，测得的数值为页岩和石灰岩声波时差的平均值，相当于曲线上的Ⅰ点。最后，R_1 和 R_2 均处于上部页岩处，测得的时差为页岩的声波时差。

从上面理论曲线可以看出，在厚地层中部声波时差曲线显示为一异常，异常幅度的峰值就是地层的声波时差值；异常的半幅点（Ⅰ，Ⅱ）正好对应于地层的上下界面，但是实际测井曲线往往受岩性和井径变化的影响，使半幅点不正好对应于地层的上下界面。

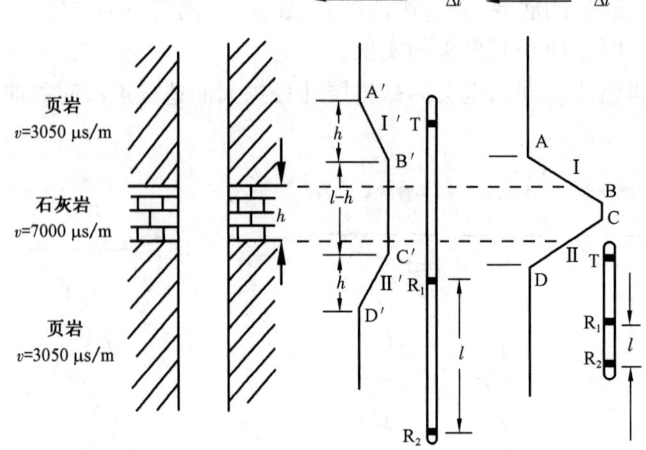

图 3－9　层厚对声波速度测井曲线的影响

2）薄层

图 3－9 中间部分给出了用较大间距的声速测井仪器获得的声波时差理论曲线。由于仪器的间距较大，这时石灰岩相当于薄层。由曲线可以看出，曲线受围岩影响较大，测得的石灰岩声波时差值高于实际的石灰岩声波时差值，并且地层越薄影响越大，声波时差越高；曲线异常半幅点间的距离大于石灰岩地层的厚度。

3）薄交互层

当声速测井仪器的间距大于交互层中的地层厚度时，曲线无法反映地层真实的声波速度，甚至还可能出现反向。如图 3－10 所示，图中交互层的层厚为 0.5m。从图中可知，用 1.5m 间距声速仪测量的石灰岩的时差曲线异常方向与 0.5m 间距的时差曲线异常方向相反。

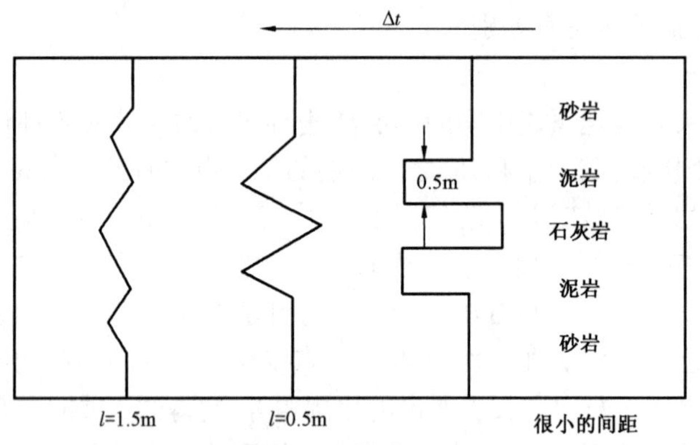

图 3－10　薄交互层的声波时差曲线

从上述分析可以看出，声速测井仪对于小于间距的薄地层分辨能力较差。减少间距可以提高对于薄层的分辨能力，但精度降低，所以应选择合适的间距。目前，常选用 0.5m 的间距。

3. 周波跳跃的影响

在正常情况下，声速测井仪的两个接收探头是被同一脉冲首波触发的，但是在含气疏松地层，由于声波能量的严重衰减，致使首波减弱到只能触发第一接收探头而不能触发第二接收探头，第二接收探头为后续波所触发，因此，在时差曲线上会出现急剧偏转或特别大的时差值，这种现象称为周波跳跃，如图 3－11 所示。

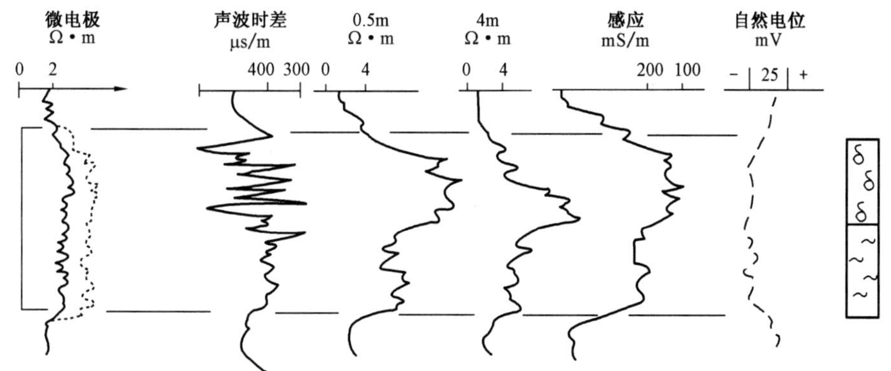

图 3－11　声速测井曲线的周波跳跃实例

三、双发双收声速测井

(一)双发双收声系

为了消除仪器记录点与井壁实际采样点之间的深度误差,减小井眼变化引起的误差,在实际的声波速度测井中一般采用双发双收声系。双发双收声系结构如图 3－12 所示,由两个发射探头 T_1,T_2 和两个接收探头 R_1,R_2 组成。两个接收探头在中间,两端放置发射探头。T_1 和 T_2 轮流交替发射脉冲声波,由 R_1 和 R_2 各记录一次,然后将两次记录的时差求平均值作为 R_1 和 R_2 对应的地层声波时差。下面先分析双发双收声系消除深度误差的原理。

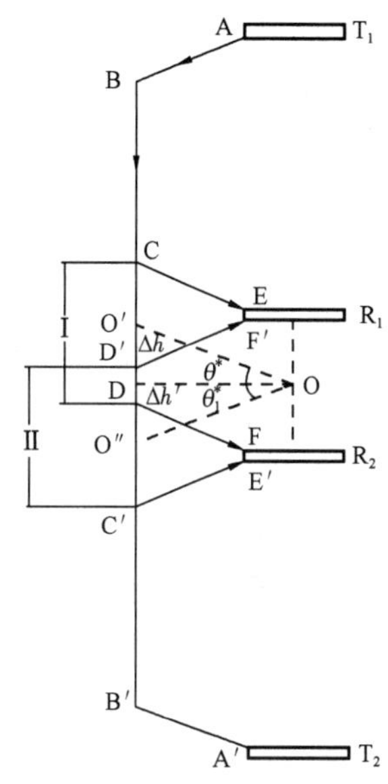

图 3－12　双发双收声系结构

当上发射探头 T_1 发射时,R_1 和 R_2 记录时差的井壁实际采样点深度相对仪器记录点深度向上偏移,深度差为:

$$\Delta h = a\tan\theta^*$$

式中　a——井半径;

θ^*——第一临界角。

当上发射探头 T_2 发射时,R_1 和 R_2 记录时差的井壁实际采样点深度相对仪器记录点深度向下偏移,深度差为:

$$\Delta h' = a\tan\theta_1^*$$

在 R_1 和 R_2 附近的地层岩性变化不大时,$\theta^* = \theta_1^*$,则 $\Delta h = \Delta h'$。因此,T_1 和 T_2 各发射一次脉冲声波记录的结果,反映中点 O 处地层的声波时差平均值,此时实际记录点和仪器记录点重合,不再发生深度误差。

双发双收声系的另一个优点是将井径变化对声速测井的影响减到最小。通过前面的讨论可知,利用单发双收声系测量声波速度(时差)时,其测量值受井径变化的影响,图 3－13(a),(b)为井径变化对单发双收声速测井仪器(发射探头在接收探头之上)影响示意图。设井内钻井液声速为 v_1,地层纵波速度为 v_c,则单发双收声系记录的声波时差为:

$$\Delta t = \frac{\overline{BC}}{v_c} + \frac{\overline{R_2C} - \overline{R_1B}}{v_1} \tag{3-21}$$

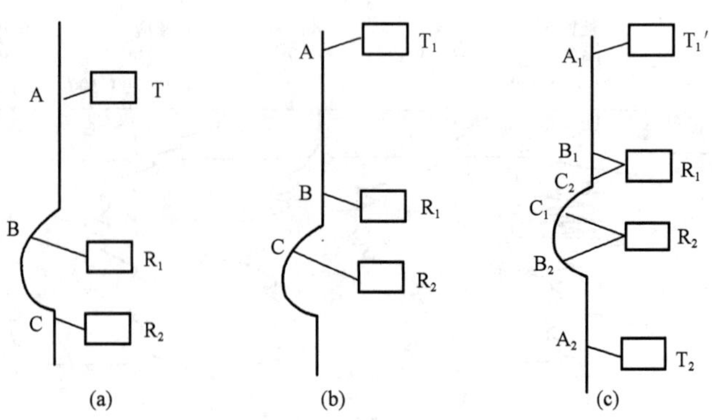

图 3 - 13　井径变化对测量 Δt 的影响

当接收探头 R_1 在井径扩大部位时，由于 $\overline{R_2C}<\overline{R_1B}$，所以记录的时差值要小于实际的时差；当接收探头 R_2 在井径扩大部位时，由于 $\overline{R_2C}>\overline{R_1B}$，所以记录的时差值要大于实际的时差，因此，单发双收声速测井记录的声波时差会随井径的变化而变化。同理可知，如果发射探头在接收探头之下，则由井径变化引起的单发双收声速测井记录的声波时差变化规律与前述相反。

当采用双发双收声系时，如图 3 - 13(c)所示，在 T_1 发射时，R_1 和 R_2 接收探头所记录的时差为：

$$\Delta t_1=\frac{\overline{B_1C_1}}{v_c}+\frac{\overline{R_2C_1}-\overline{R_1B_1}}{v_1}\qquad(3-22)$$

当 T_2 发射时，R_1 和 R_2 记录的时差为：

$$\Delta t_2=\frac{\overline{B_2C_2}}{v_c}+\frac{\overline{R_1C_2}-\overline{R_2B_2}}{v_1}\qquad(3-23)$$

如果取两次记录的时差 Δt_1，Δt_2 的平均值，并近似地认为 $\overline{R_2B_2}=\overline{R_2C_1}$，$\overline{R_1C_2}=\overline{R_1B_1}$，则由双发双收声速测井记录的时差为 R_1 和 R_2 对应地层的纵波时差，从而消除了井径变化对测量结果的影响。因此，通常称双发双收声系声速测井为井眼补偿声速测井。

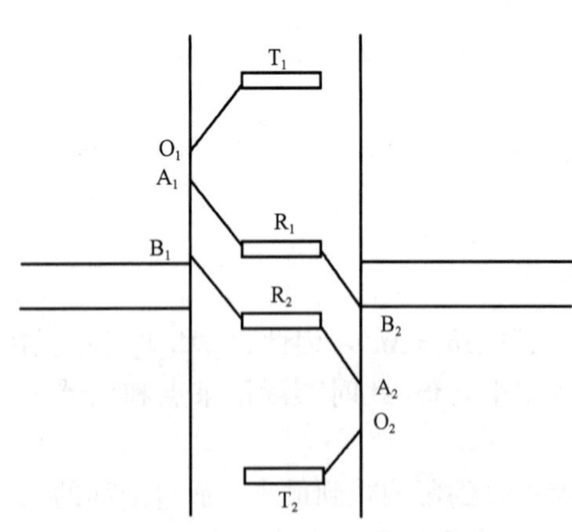

图 3 - 14　双发双收声系在测量井段上出现盲区的示意图

双发双收声系的缺点在于薄层分辨能力差，不如单发双收声系。这是由于滑行纵波必须是入射波在传播过程中以一定的倾斜角入射到井壁上时才能产生，而双发双收声系采取上下两端发射，使得两次时差记录的井段不能完全重合。特别是在低速地层和大井径的井眼，这一问题更为明显，而且有时会出现“盲区”。图 3 - 14 为双发双收声系在测量井段上出现盲区的示意图。当 T_1 发射时，R_1 和 R_2 记录时差反映的是 A_1B_1 井段上的时差值；当 T_2 发射时，R_1 和 R_2 记录时差反映的是 A_2B_2 井段上的时差值，因此，双发双收井眼补偿声速测井值并不能反映两个接收探头 R_1 和 R_2 所对应的地层的声波时差，也就是说，整个接收探头所对应的地层好像探测不到一样，故将双发双收声系测量不到的地层层段称为“盲区”。

（二）双发双收声波速度测井误差

声速测井仪记录方式有两种，一种是模拟记录，一种是数字记录。普通的井眼补偿声速测井的记录方式一般是模拟记录，而且记录值为声波（滑行纵波）时差。记录过程为：首先，将所接收到的滑行波进行放大，并由电缆传输到地面上，由地面转换电路检测滑行波的到达时间；然后，将两列波列首波的到达时间转换为一宽度等于时差的电脉冲，最后利用积分电路转换为与时差大小成正比的电压值被记录下来。

在实际测井中，由于远、近接收探头所接收到的滑行纵波的传播路径不一样，而且声波在传播过程中会产生几何扩散衰减，再加上岩石吸收引起的衰减，所以远接收探头记录到滑行纵波的幅度和波形可能会发生改变，使远接收探头接收到的信号幅度要比近接收探头接收到的声信号小。尽管在电路设计中将远波形的增益调得较高，但难以保证这两道信号的幅度和相位都一致，而地面触发记录电路是固定的，因而电平也是一定的，所以可能造成触发记录误差，如图 3－15 所示。

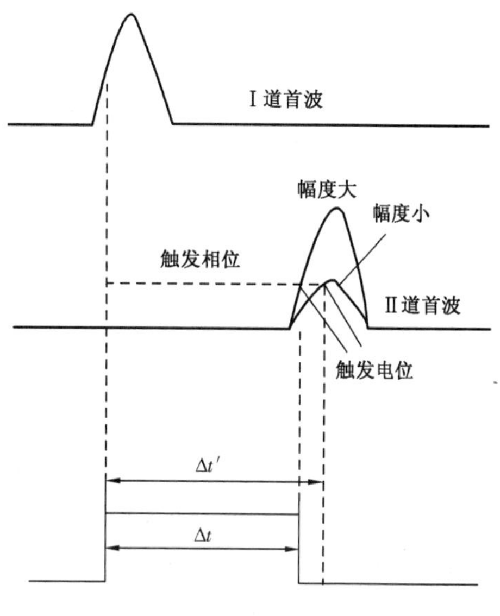

图 3－15　记录误差示意图

当滑行波的幅度较高时，触发记录的时间提前；当幅度较低时，记录的时间滞后，因而记录时差会出现误差。

目前声速测井中发射探头采用的中心频率为 15～20kHz，声波在传播过程中高频成分衰减较大，因此到达接收探头时，声波的中心频率可能还要低。这样，声波主要成分传播的周期不大于 50μs，可能会包含有 10μs 左右的误差。对现有的模拟记录系统而言，这种误差难以消除。

为了减小或消除触发记录引起的误差，可采用数字记录的方法。如果采用数字记录，则可以获得发射探头一次发射时两个接收探头同时接收到的声波全波列。采用相关对比等方法，通过对比两个纵波波形，可以比较精确地确定滑行波的时差。但数字记录存在采样间隔引起的误差，不过这一误差较小，而且可以采用插值等方法使得这一误差降低到测井允许的精度范围之内。

四、声波速度测井资料应用

（一）声波速度测井曲线

声速测井曲线（图 3－16）是指声速测井仪测量的地层声波时差随深度变化的关系曲线。对于夹在厚泥岩层中的砂岩层，其声测井仪器一般是上提测量的，当两个接收探头都处在下部泥岩层段时，测量时差反映的是泥岩的时差。随着仪器提升，当上接收探头处在砂岩层段时，测量时差将随仪器提升而将降低；当下接收探头进入砂岩层段时，测量时差反映的是砂岩的时差值，且不再随仪器提升而变化。当仪器继续提升时，上接收探头进入泥岩层段，测量的时差又将增大。随着仪器进一步提升，下接收探头也进入泥岩层段，测量时差增大到泥岩时差，不再变化。

由此可见，声速测井曲线有如下特点：当目的层的上下围岩声波时差一致时，声波时差曲线关于地层中点对称；岩层界面位于声波时差曲线半幅点；在界面上下一段距离内，测量的声

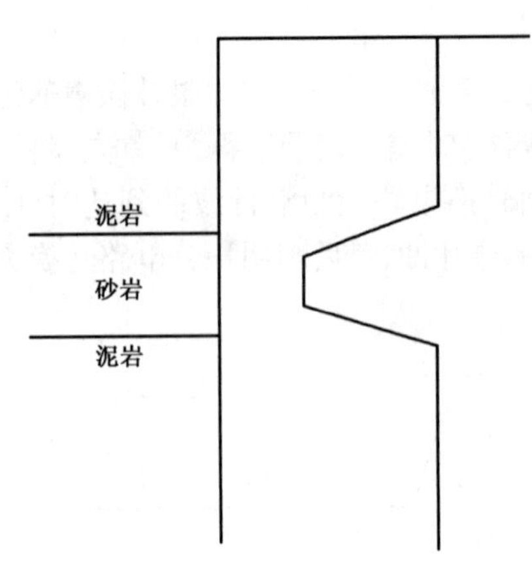

图 3－16 声速测井曲线

波时差是围岩与目的层时差的加权平均值，既不代表目的层时差，也不代表围岩时差；当目的层足够厚且大于间距时，测量的时差曲线对应地层中心处一小段的平均读值是目的层时差。

（二）声波速度测井曲线的应用

1. 划分地层

由于不同岩石的声波速度不同，所以根据声波时差曲线可以划分不同岩性的地层。

在砂泥岩剖面中，一般砂岩声速较大，声波时差曲线显示低值。砂岩的胶结物性质和含量也影响声波时差的大小，通常钙质胶结砂岩比泥质胶结砂岩的声波时差值低，并且随着钙质含量增多砂岩声波时差下降，而随着泥质含量增多砂岩声波时差升高。泥岩声速较小，声波时差曲线显示高值。页岩的声波时差值介于砂岩和泥岩的声波时差值之间。砾岩声波时差较低，并且砾岩越致密，声波时差越低。

在碳酸盐岩剖面中，致密灰岩和白云岩时差最低，如果含有泥质，声波时差稍微增高；如果是孔隙性和裂缝性石灰岩和白云岩，则声波时差明显增大；若裂缝发育，会出现周波跳跃。因此可以利用声波速度测井曲线划分出孔隙性或裂缝性石灰岩、白云岩储集层。

在膏盐剖面中，渗透性砂岩时差最高；泥岩由于普遍含钙、含膏，时差与致密砂岩相近。如果含有泥质，则时差稍有增大。无水石膏的时差很低。盐岩由于扩径严重，声波时差曲线显示周波跳跃现象。

总之，声波时差的高低在一定程度上反映岩石的致密程度，常用它区分渗透性砂岩和致密砂岩。由于声波时差曲线可用于划分地层，因此，当地层孔隙度和岩性在横向上大体稳定时，声波速度测井曲线也可以被用来进行地层对比。

2. 判断气层

在常温常压下，天然气的声波时差比油和水的声波时差大得多，但由于气体受温度和压力的影响很大，在高温高压下，其时差会发生明显减小。一般在地层中天然气的时差要大于同样条件下的油和水的时差。另外，在含气层段上，声波时差曲线往往会产生周波跳跃。在岩性确定的情况下，可以用这一现象来指示气层的存在，如图 3－17 所示。

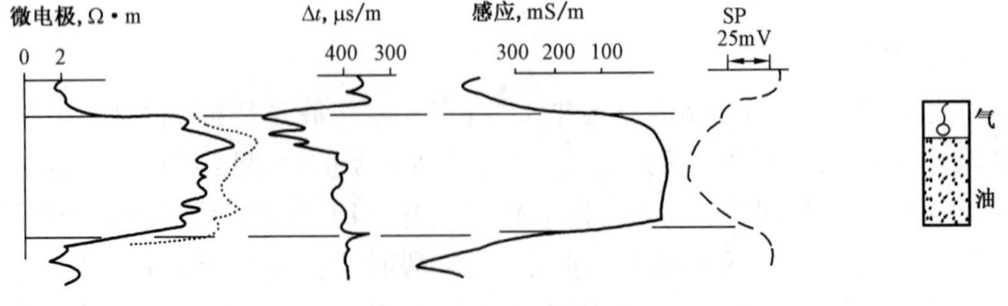

图 3－17 气层在声波速度测井曲线上的显示

3. 估算地层孔隙度

地层岩石的声速与造岩矿物的成分、弹性、密度有关，还与岩石的孔隙度、孔隙流体种类和相态等有关。在孔隙性地层中，关于声波速度与岩石物性参数的关系已进行了大量实验测量和理论模型分析研究。20 世纪 50 年代中期，怀利（Wylie）在总结实验测量结果的基础上，提出了时间平均公式。怀利认为，声波在单位体积岩石内传播可分为两部分：一部分是岩石骨架部分，其体积为$(1-\phi)$；另一部分是岩石孔隙流体部分，其体积为 ϕ。假定岩石骨架的声速为 v_{ma}，流体的声速为 v_f，声波在岩石中传播的时间为这两个组成部分的传播时间之和，即：

$$\frac{1}{v}=\frac{\phi}{v_f}+\frac{1-\phi}{v_{ma}} \tag{3-24}$$

或

$$\Delta t_c=(1-\phi)\Delta t_{ma}+\phi\Delta t_f \tag{3-25}$$

式(3－25)即为怀利时间平均公式。它从射线声学的角度提出了声波时差与孔隙度之间的线性计算模型。其物理意义是：声波在单位厚度岩层上传播所用的时间，等于其在孔隙中以流体声速传播经过等效的孔隙厚度所用的时间，以及在孔隙外岩石骨架部分以岩石骨架声速传播经过等效骨架厚度所用的时间之和。根据式(3－25)，可得孔隙度计算公式：

$$\phi=\frac{\Delta t_c-\Delta t_{ma}}{\Delta t_f-\Delta t_{ma}} \tag{3-26}$$

对于孔隙度在 5% ~25% 之间且颗粒接近球形的压实纯水层，利用式(3－26)求得的孔隙度是比较可靠的。

第三节　声波幅度测井

声波在介质中传播时，声波幅度逐渐衰减。在声波频率一定的情况下，声波幅度衰减的快慢和介质的密度、弹性等因素有关。声波幅度测井就是通过测量声波幅度的衰减变化来认识地层性质和水泥胶结情况的一种测井方法。

根据前面的介绍可知，两种介质的声阻抗相差越大，则声耦合越差，声波能量就越不容易透过界面，这样传到第二介质的能量越少；相反，当两种介质声阻抗相近时，能量很容易透过界面在第二种介质中传播。声波在地层中传播，能量（幅度）有两种衰减形式，一是因为地层吸收声波能量而使幅度衰减，另一种是存在声阻抗不同的两种介质的界面反射和折射，使声波幅度发生变化。这两种变化往往同时存在，究竟以哪种变化为主，应根据具体情况具体分析。如在裂缝发育及疏松岩石井段，声波幅度的衰减主要是由于地层的能量吸收；在套管井中，各种波的幅度变化主要和套管、水泥环、地层之间界面所引起的声波能量分布有关。因此，在裸眼井中测量声波幅度可以划分裂缝带和疏松岩石的地层，而在套管井中测量声波幅可以检查固井质量。

一、水泥胶结声波幅度测井

（一）水泥胶结测井原理

水泥胶结测井（CBL 测井）原理图如图 3－18 所示，由单发单收的声系和电子线路组成，源距 1m。发射换能器发出声波，其中以临界角入射的声波，在井液和套管的界面上折射产生沿这个界面在套管中传播的套管滑行波（简称套管波），套管波又以临界角的角度折射进入井

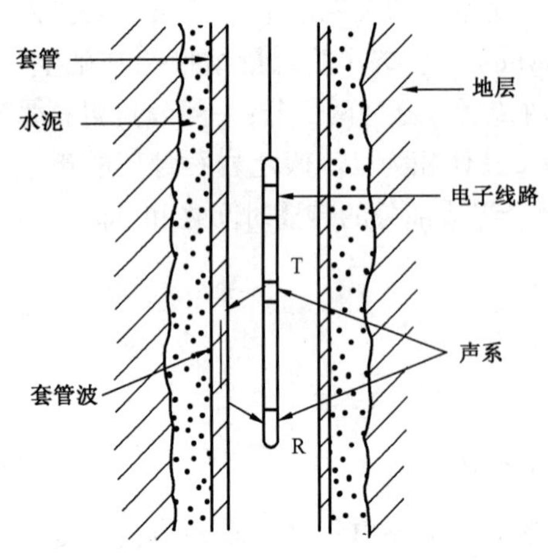

图 3－18　水泥胶结测井原理图

液到达接收换能器被接收。仪器记录套管波的第一负峰的幅度值，以 mV 为单位，即水泥胶结测井曲线值。这个幅度值的大小除了取决于套管和水泥的胶结程度外，还受套管尺寸、水泥环强度和厚度、仪器居中情况的影响。若套管与水泥胶结良好，这时套管与水泥环的声阻抗差较小，声耦合好，套管波的能量容易通过水泥环向外传播，因此，套管波能量有较大衰减，记录到的水泥胶结测井值就很小；若套管波与水泥胶结不好，套管外有水泥浆存在，声阻抗差很大，声耦合差，套管波的能量不容易通过套管外水泥浆传播到地层中去，因此套管波能量衰减较小，所以水泥胶结测井曲线值很大。因此，利用水泥胶结测井曲线值可以判断固井质量。

（二）水泥胶结测井曲线的影响因素

1. 测井时间的影响

井眼固井灌注水泥后有个凝固过程，这期间水泥的强度不断增大。套管波的衰减与水泥强度有关。水泥的强度小，套管波衰减小。在未凝固、封固好的井段测井会出现高幅度值，因此要待凝固后测井。若测井过晚，会因为水泥浆沉淀固结、井壁坍塌造成无水泥井段声幅值偏低的假象。一般固井后 24～48h 之间测量最好。

2. 水泥环厚度的影响

实验证明，水泥环厚度大于 2cm，水泥环厚度对水泥胶结测井曲线影响是个固定值；水泥环厚度小于 2cm，水泥环厚度越薄，曲线幅度值越高，因此，应用声幅测井检查固井质量时，应参考井径曲线进行。

3. 井筒内井液气侵的影响

井筒内井液气侵会使声波能量发生较大的衰减，造成水泥胶结测井曲线幅度降低的现象。在这种情况下，容易把未胶结好的井段误认为胶结良好。

（三）水泥胶结测井曲线的应用

图 3－19 给出了水泥胶结测井曲线实例，从图中可看到：

（1）在水泥面以上曲线幅度最大，在套管接箍处出现幅度变小的尖峰，这是因为声波在套管接箍处能量损耗增大。

（2）深度由浅到深，曲线首次由高幅度向低幅度变化处为水泥面返高的位置。半幅点处对应水泥面深度。

（3）在套管外水泥胶结良好处，曲线幅度为低值。利用相对幅度检查固井质量：

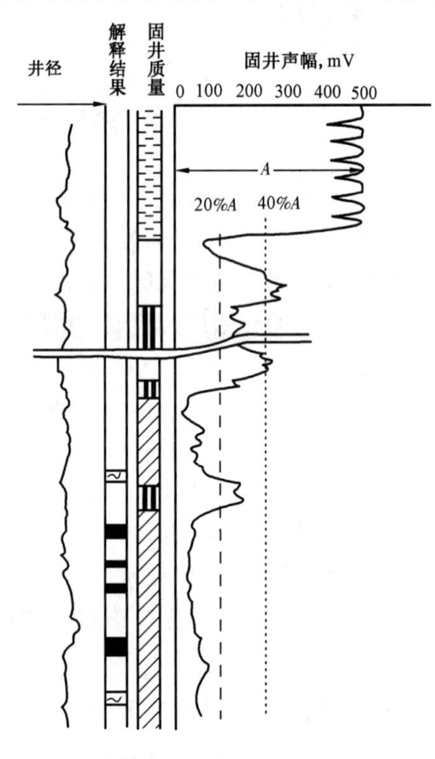

图 3－19　水泥胶结测井曲线实例

$$相对幅度 = \frac{目的井段曲线幅度}{自由套管井段曲线幅度} \times 100\%$$

相对幅度越大，说明固井质量越差，一般规定三级固井质量：

相对幅度小于20%为胶结良好；

相对幅度20%～40%之间为胶结中等；

相对幅度大于40%为胶结不好或窜槽。

根据相对幅度定性判断固井质量，还要参考井径等其他测井曲线，同时要了解施工情况、水灰比、水泥上返速度和添加剂类型等，进行综合判断以得出准确可靠的结论。

二、声波变密度测井

声波变密度测井（VDL测井）也是一种测量套管外水泥胶结情况进而判断固井质量的声波测井方法。它可以提供更多的水泥胶结信息，并且能反映水泥环的第一界面和第二界面的胶结情况。

变密度测井的声系由一个发射换能器和一个接收换能器组成，源距1.5m。在实际的测井中，声系还可以附加另一源距为1m的接收换能器，以便同时记录一条水泥胶结曲线。

在套管井中，从发射换能器到接收换能器的声波信号有四个传播途径：通过套管、水泥环、地层及直接通过钻井液传播。

通过钻井液的直达波最晚到达接收换能器，最早到达接收换能器的一般是沿套管传播的套管波。水泥对声能量衰减大，声波不易沿水泥环传播，所以水泥环波很弱可以忽略。当水泥环的第一、第二界面胶结良好时，通过地层返回接收器的地层波较强。若地层速度小于套管波的速度，地层波在套管波之后到达接收换能器。也就是说，到达接收探头的声波信号次序首先是套管波，其次是地层波，最后是井液波。声波变密度测井就是依时间的先后顺序将这三种波全部记录的一种测井方法，所以这种测井方法有时也叫全波测井。该方法与水泥胶结测井组合在一起，可以较为准确地判断水泥胶结的情况。

经过模拟实验发现，在不同固井质量情况下，套管波与地层波的幅度变化有一定的规律，如图3－20所示。

在自由套管（套管外无水泥）段和第一、第二界面均未胶结的情况下，大部分声能通过套管传到接收换能器而很少耦合到地层中去，所以套管波很强，地层波很弱或完全没有，如图3－20（a）所示。

在有良好的水泥环，并且第一、第二界面均胶结良好的情况下，声波能量很容易传到地层中去，这样套管波很弱，地层波很强，如图3－20（b）所示。

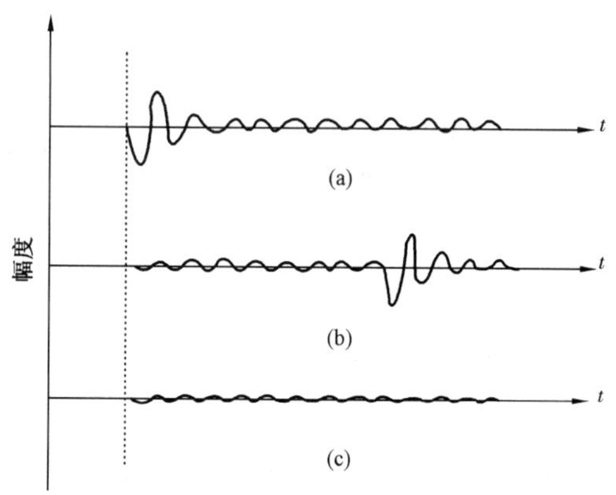

图3－20　套管波及地层波波形变化规律

在水泥环与套管胶结良好，与地层胶结不好（第一界面胶结良好，第二界面胶结不好）的情况下，声波能量大部分传至水泥环，套管中剩余能量很小，传到水泥环的声波能量由于与地层耦合不好，传入地层的声波能量是很微小的，大部分在水泥环中衰减，因此造成套管波与地层波均很弱，如图3－20（c）所示。

声波变密度测井常采用两种不同方式处理接收到的信号，因而得到两种不同形式的记录，即调辉记录和调宽记录。

调辉记录是对接收到的波形经检波去掉负半周，用正半周进行幅度调辉，控制示波器光屏的辉度，信号幅度大则辉度强。接收换能器每接收一个波列，则在荧光屏上按时间先后自左向右水平扫描一次。由照相系统连续拍摄荧光屏上的图像。颜色的深浅表示幅度的大小，信号幅度大则颜色深，如图3－21(a)所示。

调宽记录将正半周的幅度大小变成与之成正比的相线宽度，以宽度表示信号的大小。套管信号和地层信号可根据相线出现的时间和特点加以区分。因为套管的声波速度不变而且通常是大于地层的声速，所以套管的相线显示为一组平行的直线。由于地层速度随岩性不同速度不同，所以地层信号到达接收器的时间是变化的。可将套管波与地层波分开。在自由套管相线上，可以看到人字形的套管接箍，如图3－21(b)所示。

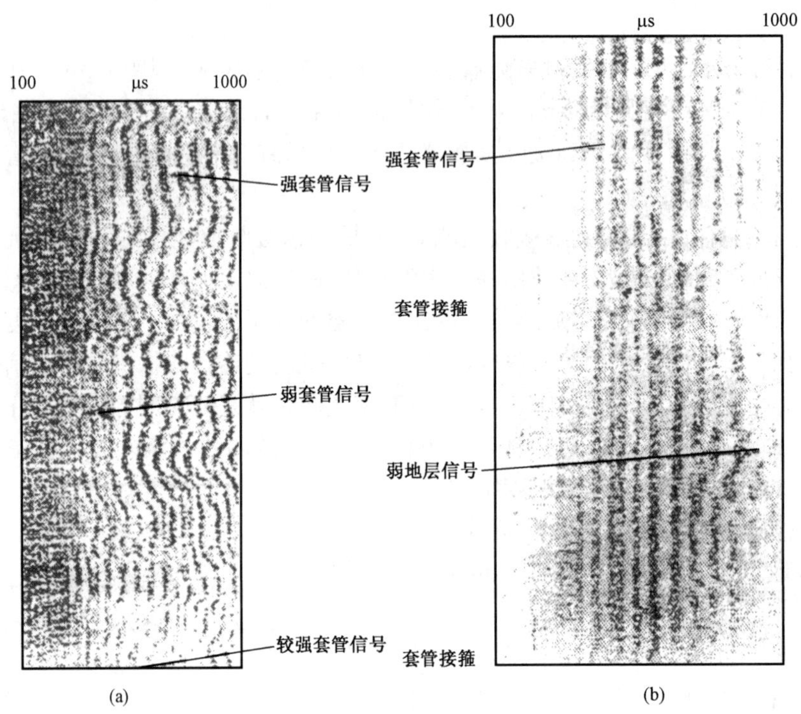

图3－21　声波变密度测井图

三、扇区水泥胶结测井

(一)扇区水泥胶结测井原理

扇区水泥胶结测井(SBT测井)是一种检测套管水泥胶结质量及探测孔穴孔道的声波测井，一次下井可测量8个扇区套管水泥分布图、3ft声幅曲线、5ft变密度图。SBT测井仪如图3－22所示。

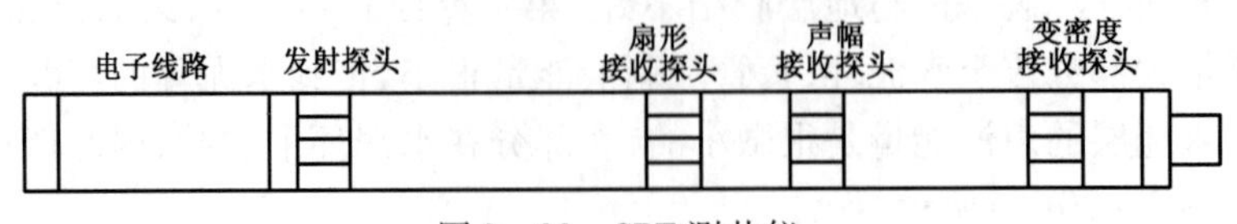

图3－22　SBT测井仪

SBT 测井仪采用了前后排列相连的 2 个压电陶瓷晶体作为全方位发射器，用于 3ft 声幅和 5ft 变密度的声波发射。发射器的中心频率为 25kHz，当发射器受高压脉冲激励时便会向四周发射一定能量的声波，这些声波分别在套管、水泥环、地层和井液中传播。在这些介质的界面处，声波能量由第一介质折射到第二介质后，又有一部分能量从第二介质反射到第一介质中去。如前所述，在这些介质中传播的声波通常最先到达接收器的是套管波，其次是水泥波，最后是地层波和井液波。

3ft 声幅接收探头探测的是套管波，其幅度的大小受井中液体性质、发射器和接收器的距离、发射器的发射频率、套管的直径、套管厚度等因素影响。在这些影响因素中，最主要的是套管外介质性质的影响。套管外介质主要是井液或水泥。当套管外是水泥时，声波幅度能量衰减最大；当套管外是井液时，声波幅度衰减最小。因此，通过接收探头探测到的声幅值与自由套管声幅刻度值的对比，就可以判断套管外水泥胶结质量的好坏。

除了这几种影响声幅测井的因素外，套管外水泥胶结强度越大，接收器接收到的声波幅度的衰减就越大。幅度的衰减程度又同时正比于管外水泥量。常规的 3ft 和 5ft 幅度信号无法区分这两种情况，而扇区水泥胶结测井仪则能较好地解决这个问题。这是因为其声系由处于同截面的 8 个发射探头和处于另一同截面的 8 个接收探头组成，两截面相距为 2ft。每个发射探头和处于另一同柱面的接收探头组成一组，分别探测截面 45°范围内的套管外水泥胶结质量的好坏，如图 3－23 所示。

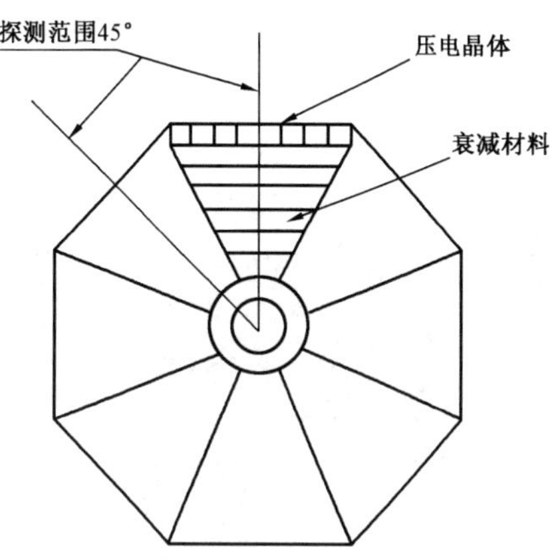

图 3－23　SBT 测井仪单一扇区示意图

8 组探头组合就能探测环套管外周围 360°的水泥胶结质量。如果 3ft 声幅测井指示中等胶结，则有可能是低强度胶结或带有孔道的高强度胶结。对这两者，SBT 则能给出明确的答案。

SBT 测井仪的发射频率在 80～120kHz 之间，常规的电缆在传输这么高的频率信号时衰减很严重。因此，SBT 仪器的电缆传输信号是 20kHz，利用原有高频声幅信号作为调制信号对 20kHz 信号进行调幅后传到地面。SBT 仪器的地面系统则可以选择到达声波的有效信号宽度，并利用 2μs 的高频信号对有效信号进行数字化积分处理，以求其平均幅度。

（二）扇区水泥胶结测井曲线

SBT 测井仪记录的测井曲线格式见表 3－2。

表 3－2　SBT 测井仪记录的测井曲线格式

第 1 道	第 2 道	第 3 道	第 4 道
接箍（CCL） 伽马曲线（GR） 张力 测速 3ft 声幅曲线 首波传播时间 胶结指数 压缩强度 衰减率	8 条 SBT 声幅及最大 SBT 最小平均值	声幅图像	5ft 变密度全波列

在实际测井中，根据需要对表内所给出的13种曲线中的任一条曲线按用户格式绘出原图或回放曲线。第4道显示套管波、地层波、井液波等变密度曲线图。第3道变幅度曲线显示有无孔道(有孔道显示白色)。该图为成像显示，从左边界到右边界为环井筒360°的展开图像，利用5级灰度显示套管外水泥胶结的固井状况(表3－3和图3－24)。

表3－3 SBT变幅度曲线与固井质量对比关系

相对幅度，%	灰度颜色	固井状况
100	白色	固井质量不好
100～80	白色	固井质量不好
80～60	浅灰	固井质量不好
60～40	中灰	固井质量不好
40～20	深灰	固井质量中等
20～0	黑色	固井质量好

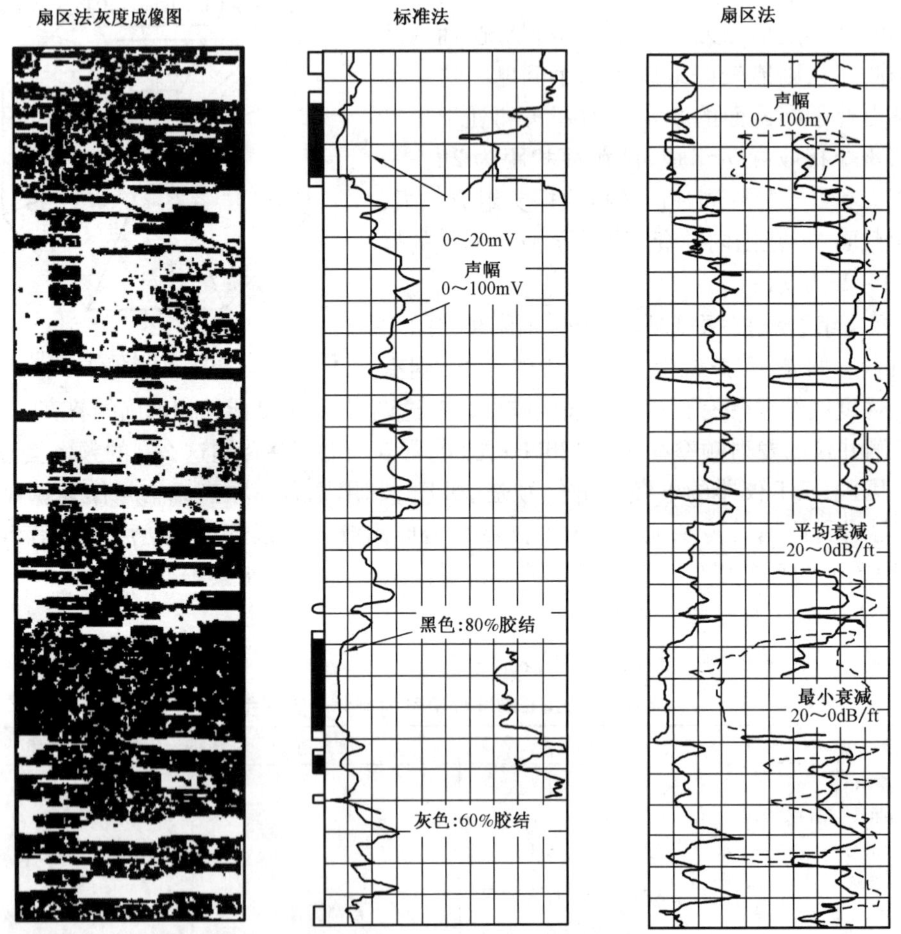

图3－24 SBT声幅值与“标准”水泥胶结测井仪声幅在同一口井的比较

第2道为SBT所测的最大、最小和平均CBL曲线。它们与常规CBL曲线有一定的对应性，并且它们之间差异大小可直接反映环向水泥胶结的均匀程度，差异越大，胶结越不均匀。

（三）扇区水泥胶结测井的优点

与常规 CBL 测井相比，SBT 的主要优点如下：

(1)由于 SBT 仪器 8 组中的每组发射接与收探头都仅限于 45°截面角内能量的发射和接收，因此它能很好地识别套管外的孔穴孔道等。

(2)SBT 的声波能量覆盖面积比许多脉冲回波测井仪器宽，探测范围比较大。

(3)由于脉冲回波仪采用横向探测并且探测回波信号的几个周期，因此在薄水泥环情况下易受地层波干扰；而 SBT 为纵向探测并且只探测单个周期的回波，受薄水泥环影响小。

(4)SBT 的扇面发射接收源距只有 2ft，因此测井曲线受快地层影响较 3ft 和 5ft 小。

(5)SBT 不受重钻井液、油基钻井液、井内套管厚度的影响，而脉冲回波仪受上述影响大。

第四节　长源距声波全波列测井

通常的声波测井，如声波速度测井和声波幅度测井，只记录纵波头波的传播时间和第一个波的波幅，这只是利用井孔中很少的声波信息。实际上，声波发射器在井孔中激发出的波列携带很多地层的信息，如果把声波全波列都记录下来，并且利用全波列信息来研究地层的特性，将是一种很好的声波测井。在 20 世纪 70 年代，随着计算机和数据采集技术的迅速发展，国外已经出现了声波全波列测井。这种声波测井方法采用数字记录方式，记录接收器接收的井孔中的整个全波列，并把这些数字波形在测井现场存放在磁带上。测完井之后，把磁带带回数字处理解释站，将磁带上存放的数字波形回放出来，或者利用数字信号处理方法从全波列中提取有价值的信息，进行后续处理和解释。所有这些过程通称为声波全波列测井。本节首先介绍一下井孔中的声波的波型成分；然后介绍全波列测井的基本原理、声波全波列资料的信息提取，如纵横波信息提取等；最后介绍声波全波列测井资料的应用。

一、井孔中声波的波型成分

在裸眼井中，由对称轴上的点声源激发的全波列是由多种波列成分组成的，在实际声波测井中，只是对其中的某些分波感兴趣，如纵波头波、横波头波、伪瑞利波、斯通利波等。

（一）纵波头波

从射线声学的角度来看，纵波头波（又称滑行纵波）是由声源发出的以第一临界角入射到井壁后，在井外地层并靠近井壁，且以地层中的纵波速度沿井壁滑行的波。这种波在沿井壁传播的同时，又会以第一临界角为折射角折回井中，被接收器接收到。这时，可以认为井壁是一个圆形声源，随时向井内辐射能量。由于辐射到井中的波还会遇到井壁，并产生折射横波折射到地层中，因此纵波头波在传播过程中具有几何衰减特性。从波动理论看，井中的波列可用一系列连续模式和离散模式来表示，而对纵波头波有主要贡献的是连续模式。在某些情况下，泄漏模式也会对纵波头波有贡献，关于这方面内容可参看有关头波的研究文献报道。

（二）横波头波

横波头波又称为滑行横波，类似于纵波头波。从射线声学的角度来看，横波头波是由声源发出且以第二临界角入射到井壁后，在井外地层并靠近井壁，且以地层中的横波速度传播的波。这种波在沿井壁传播时又会以第二临界角为折射角折回井中，被接收器接收到。可以认为井壁是一个圆形声源，随时向井内辐射能量。与纵波头波不同，辐射到井中的波遇到井壁（包括以第二临界角入射到井壁）时产生全反射，即不再向地层辐射声能，但横波头波具有几何扩展特性，因此横波头波在传播过程中具有几何衰减特性。横波头波的表述和分离问题并没有得到很好的解决，一般认为，横波头波并不能精确地与伪瑞利波分离开。

（三）伪瑞利波

伪瑞利波是以相速度（介于井内流体中的纵波速度和地层中的横波速度之间）传播的无几何衰减的高频散波。它有多个模式，并且有截止频率，在截止频率处其相速度等于群速度。伪瑞利波的群速度一般小于相速度。当频率从截止频率开始增大时，相速度和群速度都逐渐减小；当频率趋于无穷大时，相速度趋于井内流体中的纵波速度，而群速度减小到最小值后又逐渐增大，最后也趋于井内流体中的纵波速度。群速度的最小值处对应伪瑞利波的爱瑞相。在这一点处伪瑞利波的幅度最大，或者说，伪瑞利波传播的能量主要集中在爱瑞相处。

（四）斯通利波

斯通利波是以小于且近似等于井内流体中的纵波速度传播的无几何衰减的微频散波。这种波与伪瑞利波的不同之处是它在硬地层中无截止频率，在某些软地层存在截止频率，此时截止频率处的相速度等于群速度，且等于地层中的横波速度。斯通利波只有一个模式。一般在硬地层中，当频率从零趋于无穷大时，斯通利波的相速度趋于井内流体中的纵波速度，而群速度大于相速度，且也趋于井内流体中的纵波速度。一般来讲，斯通利波只是在低频处容易激发，在通常的声波测井中，声源的中心频率在20kHz左右，激发出的斯通利波的幅度比较小。

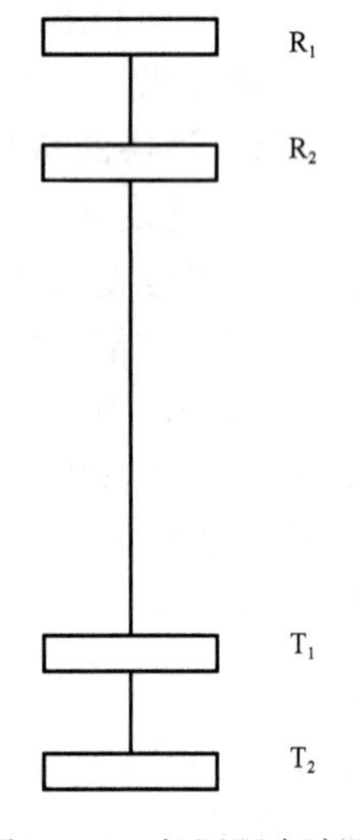

图3－25　长源距声波测井仪声系示意图

二、长源距全波列声波测井测量原理

（一）声系及记录方式

目前使用的长源距全波列声波测井仪器的声系由两个发射探头T_1,T_2和两个接收探头R_1,R_2组成，如图3－25所示。这一声系与上面所讲的双发双收声系不同，该声系的发射探头在声系的一端，两个探头之间的距离为0.6096m（2ft），T_1,R_2之间的距离（近源距）为2.44m（8ft）。两个接收探头之间的距离为0.6096m（2ft），与发射探头相同。所以，T_2,R_1之间的距离为3.66m（12ft）。表3－4描述了长源距声波测井仪器声系的各种工作状态。

表3－4　长源距声波测井仪器声系的各种工作状态表

发　射		接　收		记录结果	记录的时差
T_1	T_2	R_1	R_2		
1	0	1	0	TT_1	T_1,R_1 间距10ft
1	0	0	1	TT_2	T_1,R_2 间距10ft
0	1	1	0	TT_3	T_2,R_1 间距10ft
0	1	0	1	TT_4	T_2,R_2 间距10ft

注："1"表示工作，"0"表示不工作。

由表3－4可知，长源距声波测井仪器的声系处于不同的工作状态时，可以组合成四种单发单收声系，记录四条相应的时差曲线。

（二）长源距声波测井的补偿原理

在实际测井时，为了消除井眼扩大或缩小的影响，长源距声波测井也采用双发双收补偿声速测井方法，因而记录的时差基本上能够消除井径变化的影响。下面介绍长源距声波测井补偿原理。

如图 3－26 所示，当测量某一井段时，接收器 R_1 和 R_2 正对目的层时，讨论发射探头 T_1 工作时的情况。这时 R_1 和 R_2 接收的信号是由 T_1 发射产生的。设它们分别记录到的纵波波至或横波波至时间为 T_{11} 和 T_{12}，则记录到的相应的波的时间差为 $T_d = T_{12} - T_{11}$。T_d 相当于由 T_1 发射与 R_1 和 R_2 接收组成的单发双收声系测量到的波的时间差。经过一段时间，由于声系提升，使 T_1 和 T_2 正对着原目的层时，R_2 先后接收到 T_1 和 T_2 发射出的声波。如果将这两波列的纵波或横波的波至时间分别记为 T_{21} 和 T_{22}，而记它们的时间差为 $T_u = T_{22} - T_{21}$，这相当于发射探头为 R_2、接收探头为 T_1 和 T_2 组成的上发下收单发双收声系记录的纵波或横波的时间差，因此，测量的地层的纵波或横波时间差的补偿时差为 $\Delta T = (T_d + T_u)/2$，这一结果显然相当于双发双收声系利用补偿声速测量原理记录的声波时差。由图 3－26 可见，当考虑 T_2 发射、R_1 和 R_2 接收及 T_1 和 T_2 发射、R_1 接收时，也有类似的情况，这时记录到的时差是源距为 3.048m（10ft）和间距为 0.6096m（2ft）时的双发双收补偿声速测量结果。一般认为，采用长源距的优点在于利用纵波和横波等各个波群传播速度不同的特点，使得各种波群在时间上能够比较容易区分，这样有利于分析每种波群的传播速度。

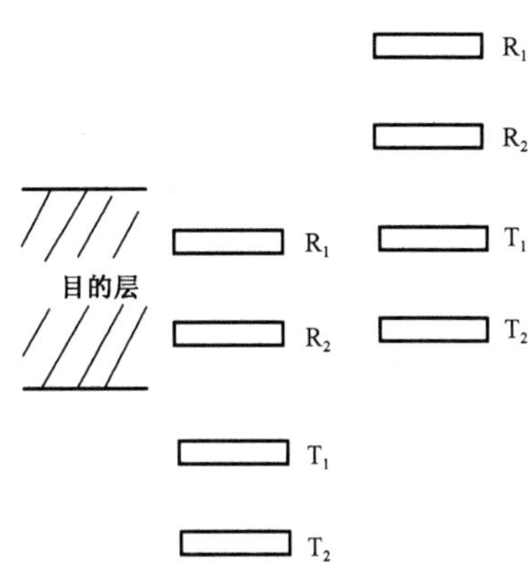

图 3－26 长源距声系井眼补偿原理图

（三）全波列测井中的纵横波提取

从以上分析可知，在测井时可用门槛鉴别的方法来检测纵波的波至，而且还可以利用补偿声速测量法来记录纵波时差。由于纵波后续波的干扰，一般很难利用类似的方法来获得地层的横波速度。但是，长源距声波全波列测井记录了整个波列，即在某个测量点上记录了远近两道波形，因此可以通过一系列信号处理分析，从全波列资料中提取纵波、横波（含伪瑞利波）和斯通利波等。这样不仅可以得到各种波的波速，而且在一定条件下可以得到某一种波群幅度和频率谱等，从而可以充分利用这些测井信息研究地层的特性。下面介绍纵横波提取的方法。

1. 人工波形识别法

首先将长源距声波测井记录列的全波列利用有关程序回放出来，然后利用人工方法观察远近波形中纵波和横波的波至点，并将它们对应的波至读出，进而利用远近波形的波至来计算纵波和横彼时差。这种方法处理速度慢，精度不高，一般不采用。

2. 相关对比法

相关对比法是利用多道（至少两道）波列信号求某一段波列的互相关函数，并利用相关函数的原理来求得波列中某一波群速度（群速度）的一种方法。依照互相关函数的定义，当两列信号相关函数取得某一最大值时，则说明信号是最相关的，或者说是最能重合的。在相关对比分析中，一般定义相关函数为：

$$\rho^2(\Delta t,L) = \frac{1}{M}\frac{\int_0^{T_w}\{\sum_{m=1}^{M} r_m[t+\Delta t(Z_m - Z_1)+L]\}^2 dt}{\sum_{m=1}^{M}\int_0^{T_w}\{r_m[t+\Delta t(Z_m - Z_1)+L]\}^2 dt} \quad (3-27)$$

式中 $\rho^2(\Delta t,L)$——相关函数,范围为 0 ~ 1;

M——信号的道数或者为接收探头的数目;

T_w——所选择信号的时窗长度或宽度;

t——T_w 内的采样点数;

$r_m(t)$——第 m 道信号在 t 时刻的幅度值;

L——第一道信号开窗的起始值;

$Z_m - Z_1$——接收器的间距;

Δt——地层时差。

对于两道信号的相关对比,则 $M=2$。记 $K=\Delta t(Z_2 - Z_1)$,则相关函数变为:

$$\rho^2(\Delta t,L) = \frac{1}{2}\frac{\int_0^{T_w}[r_1(t+L)+r_2(t+K+L)]^2 dt}{\int_0^{T_w}\{[r_1(t+L)]^2+[r_2(t+K+L)]^2\}dt} \quad (3-28)$$

对于离散数据,应有:

$$\rho^2(\Delta t,n) = \frac{1}{2}\frac{\sum_{i=n}^{M_1+n}[f_1(i)+f_2(i+K/\Delta T)]^2}{\sum_{i=n}^{M_1+n}[f_1(i)^2+f_2(i+K/\Delta T)^2]} \quad (3-29)$$

式中 n——近信号 $f_1(i)$ 的开窗起始时间点数;

ΔT——时间采样间距;

M_1——时窗内的时间采样点数;

$f_2(i)$——远信号。

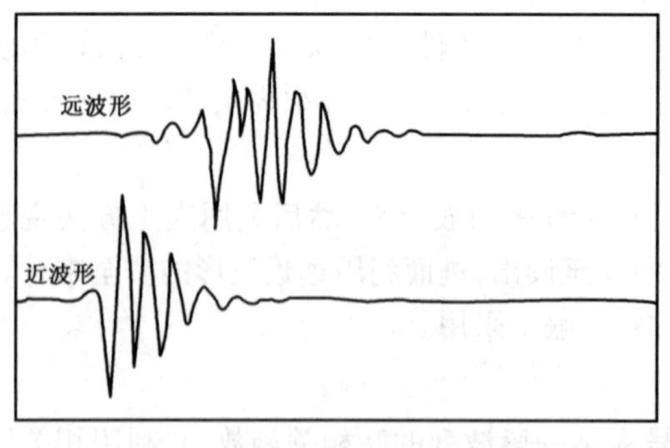

图 3-27 一组声波全波列测井记录的远近波形

这里首先介绍几个在相关对比法中常用的术语,然后,以纵波时差提取为例说明纵波提取步骤。图 3-27 给出了一组声波全波列测井记录的远近波形。窗是指进行某段波列的相关分析时截取的波列段。窗长为截取波形的长度,采用离散点数或时间长度为单位。时间长度等于采样点数乘以时间采样间距。开窗时间或起始窗值为所要分析波列的起始时间值或与其相应的离散点数。关窗时间或终止窗值为分析波列的结束时间或与结束时间所对应的离散点数。时延或窗移值为相关对比过程中时窗的移动的时间延迟或移动的离散点数。下面介绍纵波时差提取的步骤。

首先,确定远近波形的起始窗值。利用仪器测量出的纵波波至 $TT_i(i=1,2,3,4)$ 作为参考点，分别提前一点作为开窗起始位置。

其次，确定窗长。一般根据纵波和横波在地层中传播速度的变化范围来确定窗长。根据实际资料可知，纵横波在地层中传播的速度比在 1.4～2.4 之间，因此，可以近似地取关窗时间为 1.4TT_i，则窗长为 0.4TT_i，对应的时间采样点数为 $M_1=0.4TT_i/\Delta T$。

再次，计算相关函数。固定近波形，移动远波形，利用式（3－29）可求得不同窗移值的互相关函数。

最后，计算互相关函数的最大值，并求得相应的窗移值，然后，利用两道波列的起始窗值、窗移值及时间采样间距来确定纵波时差，即纵波时差为：

$$\Delta t_c=\frac{[(TT_m-TT_n)+M_{max}]\Delta T}{Z_m-Z_n} \tag{3-30}$$

式中 TT_m，TT_n——远近波形的起始窗值；

M_{max}——相关对比法确定的最大相关函数对应的窗移值；

Z_m，Z_n——远近接收器的源距。

利用上面介绍的发射探头和接收探头的组合波列可以进行时差补偿，用以消除井径变化的影响。利用纵波时差的提取方法也可以提取横波的时差。

纵横波时差提取方法有很多种，如相关对比与互功率谱结合法、相似相关法（STC）、慢度—时间相关法与遗传算法结合法等。它们已超出课程学习范围，具体内容可参看有关文献。

三、长源距全波列声波测井资料的应用

由于声波全波列测井能够提供地层的纵波、横波、斯通利波的速度和幅度信息，因此，可以有效地利用这些信息解决勘探与开发中的更多问题。

（一）估算孔隙度

多年来，一直根据怀利时间平均值公式利用地层的纵波速度来计算孔隙度。这是一个经验关系式，其物理依据可用分区均匀的地层模型中的射线声学来解释，而且它也将地层模型等价为分区均匀模型。但是，这一局限在未胶结的地层表现突出，由此计算的孔隙度误差较大。尽管可以采用引入压实校正系数的方法对怀利公式进行修正，但是该公式还是无法考虑颗粒排列方式和有效压力等因素的影响。尽管怀利公式至今仍然在使用，但是它起的作用却是有限的。所以，在大多数情况下，都是用核测井（即中子和密度测井）方法确定孔隙度，而不用怀利公式来计算孔隙度。尽管许多人提出了怀利公式的延伸和广义形式，但都没有突破这种半经验性的孔隙度计算公式本身固有的限制。一般认为横波时差对孔隙度的反应更灵敏，且横波时差与岩性和孔隙度的关系与纵波时差相似，故可用横波时差求孔隙度，其公式为：

$$\Delta t_S/\Delta t_P=\frac{\Delta t_S}{(1-\phi)^2 v_{ma}+\phi v_f} \tag{3-31}$$

式中 v_{ma}——骨架的纵波速度；

v_f——孔隙流体速度。

（二）确定岩性

不同岩性岩石的时差比 DTR（$\Delta t_s/\Delta t_P$）不同，因此，可用 DTR 确定岩性。根据实验分析，在饱和水的岩石中，石灰岩的 DTR 约为 1.9，白云岩的 DTR 约为 1.8，低孔隙砂岩的 DTR 约为 1.6，较纯净的高孔隙砂岩的 DTR 约为 1.8。砂岩的泥质含量增多，则 DTR 增大。石灰岩的白云化程度增大,则 DTR 下降。常见岩石的造岩矿物和岩石的时差比见表 3 - 5。

表 3 - 5　常见岩石的造岩矿物和岩石的时差比

矿物及岩石	DTR	矿物及岩石	DTR
石英	1.487	粘土	1.936
方解石	1.931	石英岩	1.67 ~ 1.78
白云石	1.800	砂岩	1.58 ~ 2.05
石灰岩	1.67 ~ 2.08	石膏	2.49
白云岩	1.77 ~ 2.15	—	—

(三)判断气层

实验表明,岩石孔隙中含有天然气时,其纵波速度明显减小,而横波速度几乎不变。因此,可以根据纵波时差增大和 DTR 减小来识别气层。

(四)估算岩石力学参数

利用全波列测井提取的纵波时差和横波时差可以估算岩石力学参数。

(1)计算等效泊松比 σ 和杨氏模量 E:

$$\sigma = \frac{0.5\mathrm{DTR}^2 - 1}{\mathrm{DTR}^2 - 1} \tag{3-32}$$

$$E = \left(\frac{1}{\Delta t_{\mathrm{P}}}\right)^2 \cdot \rho \cdot \frac{(1+\sigma)(1-2\sigma)}{1-\sigma} \tag{3-33}$$

(2)计算岩石等效切变模量 μ 和体积压缩系数 β:

$$\mu = \frac{E}{2(1+\sigma)} \tag{3-34}$$

$$\beta = \frac{3(1-2\sigma)}{E} \tag{3-35}$$

第四章　放射性测井

放射性测井是通过测量岩石和介质的核物理参数，研究钻井地质剖面，寻找油气藏以及研究油井工程的地球物理方法。放射性测井方法可分为两大类，即以研究伽马射线与物质的相互作用为基础的伽马测井法和以研究中子与物质的相互作用为基础的中子测井法。

放射性测井的优点是在裸眼井、套管井内均可进行，在油基钻井液、高矿化度钻井液以及干井中均可进行，是碳酸盐岩剖面和水化学沉积剖面不可缺少的测井方法。但是它的测速慢，成本高。

第一节　放射性测井核物理基础

一、原子核衰变及其放射性

（一）原子的结构

岩石、石油和地层水都是由分子组成的，分子又是由原子组成的。原子的中心是原子核，离核较远处的核外电子按一定的轨道绕核运动。原子核由质子和中子两种基本粒子组成，质子带一个单位正电荷，中子不带电。

（二）核素和同位素

核素是指原子核中具有一定数目质子和中子并在同一能态上的同类原子，同一核素的原子核质子数和中子数相等。同位素是指核中质子数相同而中子数不同的核素，它们在元素周期表中占同一位置。核素可表示为$^{A}_{Z}X$，其中 X 为元素符号，Z 和 A 分别为原子序数和质量数。

核素有稳定核素和放射性核素之分。稳定核素的原子核不会自发地变为另一种核。而放射性核素的原子核却能自发地发生衰变，由一种核变为另一种核，并放射出射线。

（三）核衰变

放射性核素的原子核自发地发生分解，转变成另外某种原子核，并放出放射性射线，如 α，β，γ 射线，这种现象叫核衰变，放出放射性射线的性质叫放射性，如：

$$^{40}_{19}K \rightarrow ^{40}_{20}Ca + \beta$$

$$^{40}_{19}K + \beta \rightarrow ^{40}_{18}Ar^{*} \rightarrow ^{40}_{18}Ar + \gamma \qquad (4-1)$$

设在 t 时刻某种放射性核素有 N 个原子核，在时间间隔内有 dN 个原子核发生了核衰变，则有：

$$-\frac{dN}{dt} = \lambda N \qquad (4-2)$$

其中，λ 为衰变常数，是表征衰变速度的常数，即单位时间内每个核发生衰变的概率。λ 越大，衰变越快。

对式（4－2）积分，并令 $t=0$ 时 $N=N_0$，则有：

$$N = N_0 e^{-\lambda t}$$

此式称为核衰变定律。由上式可看出，随着时间的增加，放射性元素的原子数在减少。当 $t \to \infty$ 时，原子数量接近于零。除了用 λ 外，还用半衰期 T 来说明衰变的速度。半衰期 T 就是从放射性原子核的初始量开始到一半原子核已发生衰变时所经历的时间。T 和 λ 有如下关系：

$$T = \frac{0.693}{\lambda} \tag{4-3}$$

λ 越大，T 越短，放射性核素的衰变越快。

（四）放射性射线的性质

在放射性射线中有 α,β,γ 射线，此外还有其他射线，这里只介绍 α,β,γ 射线。

α 射线是氦的原子核流。氦的原子核是 ${}_2^4He$，因其质量大，易引起物质的电离或激发，被物质吸收，所以它在物质中运动时射程很小，在空气中为 2.5cm 左右（当 α 射线能量为 4MeV 时），在岩石中和金属矿层中约为几十微米。因 α 射线穿透能力很差，所以在井内探测不到 α 射线。

β 射线是高速运动的电子流，具有电离作用。它在物质中的射程较短，如 1MeV 的 β 射线在空气中的射程为 3.8m，在铅中的射程为 0.67mm。

γ 射线是频率很高的电磁波（波长范围为 $10^{-11} \sim 10^{-9}$cm）或光子流，不带电荷，但其能量很高，一般在几十万电子伏特以上，并且有很强的穿透能力。例如，1MeV 的 γ 射线在铅中的射程半厚度为 8.8mm（铅的吸收能力很强）。所以，γ 射线在放射性测井中能被探测到而得到利用。伽马射线的能量为：

$$E_\gamma = h\nu \tag{4-4}$$

式中 h——普朗克常数，6.626×10^{-34}J·s；

ν——频率。

（五）放射性活度和放射性比度

放射性强弱通常以放射性源每单位时间内发生衰变的原子核数来表示，称为放射性活度（以往的文献曾称为强度）。强度单位为居里（Ci），1Ci 定义为每秒有 3.7×10^{10} 次核衰变。居里的单位太大，常用毫居里（mCi）（居里的千分之一）以及微居里（μCi）作为单位。1975 年国际计量大会对放射性活度的单位做了新的规定，按规定，国际单位制的活度单位命名为贝可勒尔，符号为 Bq。它与居里的关系为：

$$1\text{Ci} = 3.7 \times 10^{10}\text{Bq} \tag{4-5}$$

另外，放射性测井中，也常用计数率（脉冲/min）作为放射性强度的单位。放射性比度（比放射性，放射性浓度）是指单位质量的放射性活度，最常用的单位是 Bq/g 和 Ci/g。纯镭的放射性比度是 1Ci/g。

每克物质中含有相当于一克镭的放射性就称为一克镭当量/克，所以克镭当量/克单位就等于每克物质的放射性强度为 1Ci。

二、伽马射线与物质的作用

当组成伽马射线的伽马光子的能量在 0.5 ~ 5.3MeV 范围内时，γ 射线穿过物质时与构成物质的原子发生作用，主要发生光电效应、康普顿效应、电子对效应。

（一）光电效应

伽马射线穿过物质，与构成物质的原子中的电子相碰撞。伽马光子将其所有能量交给电子，使电子脱离原子而运动形成自由电子，伽马光子本身则整个被吸收，这种效应称为光电效应，见图4－1。被释放出来的电子称为光电子，由这种作用释放出来的电子主要是K壳层的电子，也可以是L壳层或其他壳层的电子。光电子所带走的能量由下式决定：

$$E = h\nu_0 - \varepsilon_i \tag{4-6}$$

式中 ε_i——第 i 层电子结合能。

当入射光子的能量大于核外电子结合能时，伽马射线通过吸收介质，由光电效应而导致伽马射线强度的减弱，用光电吸收系数 τ 表示。经验公式为：

$$\tau = 0.0089\frac{\rho Z^{4.1}}{A}\lambda^n \tag{4-7}$$

式中 ρ——介质的密度，g/cm^3；

Z——原子序数；

A——相对原子质量；

λ——光子波长，$10^{-8}cm$；

n——指数常数（大于1）。

光电效应和 γ 射线的能量及吸收物质的原子序数有密切关系，随原子序数增加而迅速增大，随射线能量增大光电效应迅速减小。利用此效应可寻找重金属及富含重矿物的地层。

（二）康普顿效应

当伽马光子的能量较核外束缚电子的结合能 ε_i 大得多且为中等数值时，它与原子核外轨道电子相互作用时可视为弹性碰撞，能量一部分转交给电子，使电子以与 γ 光子的初始运动方向成 θ 角的方向射出，形成康普顿电子，而损失了部分能量的 γ 光子则朝着与其初始运动成 φ 角的方向散射，这种效应称为康普顿效应，见图4－1。射线通过物质时，康普顿散射会导致 γ 射线强度减弱，其减弱常以散射吸收系数 σ 表示：

$$\sigma = \sigma_e\frac{ZN_A\rho}{A} \tag{4-8}$$

式中 σ_e——一个电子的康普顿散射截面，当伽马光子的能量在0.25～2.5MeV的范围内时，它可视为常数；

N_A——阿伏伽德罗常数。

σ 与 γ 射线的能量、吸收物质的原子序数以及吸收物质单位体积内的电子数有关，σ 随 γ 射线的能量增大而减小。

（三）电子对效应

当 γ 射线的能量大于两个电子的静止质量能（$2m_0C^2 = 1.022MeV$，m_0 为电子的静止质量，C 为光速）时，则它在通过原子核附近时，与核的库仑场相互作用，伽马光子可以转化为一个正电子和一个负电子，而其本身全部被吸收，这种效应称为电子对效应，见图4－1。伽马射线通过吸收介质，由电子对效应而导致伽马射线强度的减弱，用电子对吸收系数 χ 表示：

$$\chi = K\frac{N_A\rho}{A}\cdot Z^2\cdot(E_\gamma - 1.022) \tag{4-9}$$

式中 K——常数。

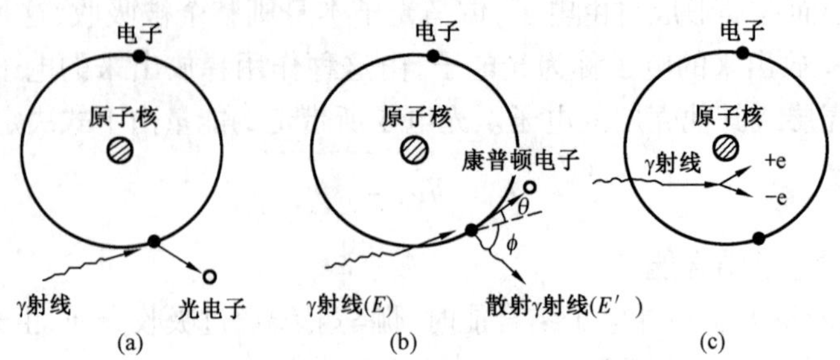

图 4－1 伽马射线与物质的三种作用

(a)光电效应;(b)康普顿效应;(c)电子对效应

射线通过物质时,以上三种作用都可能发生。但一般来说,当伽马光子能量 $E_\gamma<0.66$MeV 时,以光电效应为主;当 E_γ 在 0.66～1.02MeV 的范围内时,以康普顿效应所占比例最大;当 $E_\gamma>2$MeV 时,电子对效应逐渐处于主导地位。

(四)伽马射线的吸收

射线通过物质时,会发生以上三种作用,伽马光子被吸收,γ射线强度逐渐减弱,其程度随吸收物质的吸收系数增大而加剧。实验证明,γ射线强度和穿过吸收物质的厚度有如下关系:

$$I(L) = I_0 e^{-\mu L} \tag{4-10}$$

式中 I_0,I——未经吸收物质和经过厚度为 L 的吸收物质的γ射线强度;

μ——射线经过的吸收物质的总吸收系数,等于光电效应、康普顿散射以及电子对效应的吸收系数之和,即 $\mu=\tau+\sigma+\chi$,cm^{-1}。

三、中子与物质的作用

中子的速度不同即能量不同,与物质相互作用的方式就大不相同,因而中子源发射中子的方式及能量决定了这些中子在地层中所能发生的核反应的类型,也决定了中子测井的类型。

(一)中子的分类

中子按其具有的动能 E_d 的大小可分为以下几类:

(1)慢中子:$E_d<1$keV 的中子,其中 $E_d=0.025$eV 左右的中子叫热中子(相当于与分子、原子、晶格处于热运动平衡的能量),能量比热中子能量低的慢中子称为冷中子,而能量大于热中子能量的慢中子为超热中子(0.1～1eV)。

(2)中能中子:1keV $<E_d<$ 500keV 之间的中子。

(3)快中子:$E_d>500$keV 的中子。

(二)中子源的分类

1. 同位素中子源

利用放射性同位素核衰变放出的高能粒子去轰击某些靶核物质,以实现发射中子的核反应,这样的源称为同位素中子源或放射性中子源。同位素中子源的主要特点是体积小,制备简单,能连续发射中子,使用方便,故在中子测井中得到广泛应用。例如,镅铍(Am－Be)中子源

利用镅衰变产生的 α 粒子去轰击铍原子核，给铍原子核以能量，引起铍发生核反应释放出中子，其核反应式为：

$$ {}^{241}_{95}Am \rightarrow {}^{237}_{93}Np + {}^{4}_{2}He(\alpha) $$

$$ {}^{9}_{4}Be + \alpha \rightarrow {}^{12}_{6}C + {}^{1}_{0}n + 5.7MeV \tag{4-11} $$

产生快中子的平均能量为 5MeV。

2. 加速器中子源

测井使用的另一种中子发生器是加速器中子源。加速器是用人工方法使带电粒子获得较高能量的装置。利用各类加速器所加速的带电粒子去轰击某些靶核，可以引起发射中子的核反应。例如，D－T 加速器中子源用加速器加速氘核（D）去轰击氚核（T）产生快中子。与同位素中子源相比较，这类中子源有下列特点：强度高，可以在广阔能区内获得单色中子，可以产生脉冲中子，加速器不运行时没有很强的放射性。产生的快中子能量是 14MeV，其核反应式为：

$$ T + D \rightarrow {}^{4}_{2}He + {}^{1}_{0}n + 17.588MeV \tag{4-12} $$

（三）中子与物质的作用

中子与地层的相互作用是中子测井的核物理基础。目前测井中使用的中子源发射能量为 14MeV（加速器中子源）及几百万电子伏特（同位素源）的中子。这些中子射入地层，与地层的组成物质发生一系列的核反应。中子在物质中运动，可与物质产生如下几种作用。

1. 非弹性散射

快中子先被靶核吸收形成复核，而后再放出一个能量较低的中子，靶核仍处于激发态（即处于较高的能级），这些处于激发态的核常常以发射伽马射线的方式释放出激发能而回到基态，这种作用过程称为非弹性散射，或称（n，n′）核反应，由此产生的伽马射线称为非弹性散射伽马射线。以中子的非弹性散射为基础的测井方法，称为快中子非弹性散射伽马法。如将高能快中子打到碳原子核、氧原子核上，就会产生非弹性散射，并放出不同能量的伽马射线，碳氧比能谱测井就是测量这种非弹性散射伽马射线。

中子的能量必须大于靶核的最低激发能级才能发生非弹性散射。非弹性散射的阈能为：

$$ E_0 = E_\gamma \frac{M+m}{M} \tag{4-13} $$

式中 E_γ——放出的伽马光子最低能量；

M——靶核的质量；

m——中子的质量。

一个中子与一个原子核发生散射的概率称为微观散射截面，用 σ_s 表示，单位为靶恩（b，$1b=10^{-28}m^2$）。$1cm^3$ 物质中原子核的微观散射截面的总和称为该物质的宏观散射截面，以 Σ_s 表示。非弹性散射截面随着中子能量增大和靶核质量数的增大而增大。

2. 弹性散射

高能快中子经过一两次非弹性散射后，降低了能量，中子已经没有足够的能量再发生非弹性散射或（n，p）核反应，它和原子核碰撞时就只能发生弹性散射而继续减速。在弹性散射过程中，快中子和原子核发生碰撞前后中子和靶核的总动能不变，中子损失的动能全部变成了靶核的动能，而中子能量减小，运动速度降低并发生散射。在弹性散射过程中，靶核越轻，它得到的能量越多,中子损失的能量就越大,速度下降就越大。氢是所有元素中最强的中子减速剂,这是中子测井地层含氢量及解决与含氢量有关的各种地层问题的依据。

在岩石中,快中子从初始能量减速到0.025eV的热中子所需的时间称为中子在岩石中的减速时间τ_f。每次弹性碰撞后,快中子损失的能量与靶核的质量数A、入射中子的初始能量E_0以及散射角φ有关。当$\varphi = 180°$,即发生正碰撞时,中子损失的能量最大。中子经过一次弹性碰撞可能损失的最大能量为:

$$\Delta E_{max} = \left[1 - \left(\frac{A-1}{A+1}\right)^2\right]E_0 \tag{4-14}$$

对氢核来说,质量数$A=1$,因而$\Delta E_{max} = E_0$。即中子与氢核发生正碰撞时,中子就失去全部能量。岩石的宏观减速能力主要取决于岩石中的含氢量,含氢量大的岩石中子减速能力就大。

3. 辐射俘获

快中子经过一系列的非弹性碰撞,能量逐渐减小,最后当中子的能量与组成地层的原子处于热平衡状态时,中子不再减速。处于这种能量状态的中子称为热中子。在温度为25℃时,标准热中子能量为0.025eV,速度为2.2×10^5cm/s。此后,中子与物质的相互作用将不再减速而具有新的特点。热中子在介质中的扩散过程与气体分子的扩散过程相类似,即从热中子密度大的地方向密度小的地方扩散,一直到该被介质的原子核俘获为止。在辐射俘获核反应中,靶核俘获一个热中子而变为激发态的复核,然后放出一个或几个伽马光子,以放出激发能而回到基态,这种反应称为辐射俘获核反应,或称(n,γ)反应。在热中子的作用下,几乎所有元素都产生辐射俘获。这种核反应就是靶核将热中子俘获而处于激发态,又很快以γ射线的形式将激发能释放掉而回到稳定的基态。靶核每俘获一个热中子可以放出一个或几个伽马光子。

一个原子核俘获热中子的概率称为微观俘获截面,以靶恩为单位,用σ_a表示。1cm^{3}的介质中所有原子核微观俘获截面的总和称为宏观俘获截面,用Σ_a表示,单位为cm^{-1}。在核测井中,定义一个基本单位的宏观俘获截面为10^{-3}cm^{-1},称为俘获单位,记为c.u.或s.u.。

热中子从产生的位置到被吸收位置的直线距离称为扩散距离,以r_t表示。在核物理中把热中子在介质中的扩散长度定义为:

$$L_t = \sqrt{\frac{\overline{r_t^2}}{6}}$$

当岩石中俘获截面大的核素含量高时,它的宏观俘获截面就大,扩散长度就小。氯比沉积岩中一般元素的俘获截面大得多,所以含有高矿化度水的岩石比含油的同类岩石宏观俘获截面要大,扩散长度要小。

四、放射性的探测

(一)伽马射线的探测

1. 放电计数管

放电计数管是利用放射性辐射使气体电离的性质来探测伽马射线的装置,如图4-2所示,一般是在密封的玻璃管内充满惰性气体,装有两个电极,中间一条钨丝当作阳极,玻璃管内壁涂上一层导电物质作阴极,在阳极和阴极之间加较高的电压。当岩层中的γ射线进入计数管时,它从管内壁的金属物质中打出电子来,这些电子引起管内气体电离,产生电子和正离子。

在高压电场作用下，电子被吸向阳极，并受到电场的加速作用，获得很大能量，在它移动过程中又使其他气体分子电离，产生电子和正离子，并同样被电场加速。这样就有大量的电子到达阳极，引起阳极放电，因而计数管就有脉冲电流产生，使阳极电压降低，形成一个负脉冲，被测量线路记录下来。再有 γ 射线进入计数管时，就有新的脉冲被记录下来。由于此种计数管的 γ 射线记录效率很低，且只能测量 γ 射线的强度而不能测量能谱，故目前应用比较少，一般采用闪烁计数器。

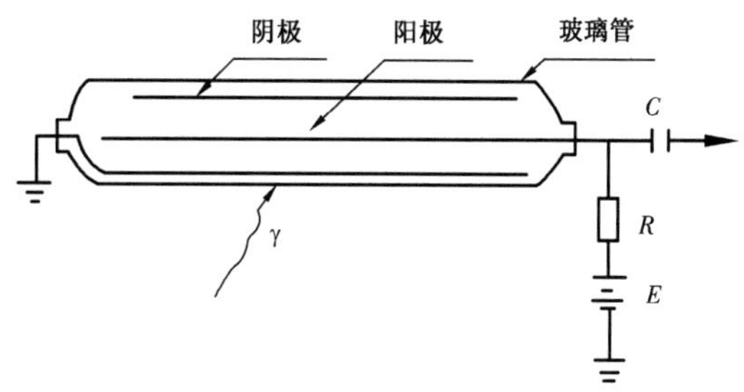

图 4-2　放电计数管工作原理图

2. 闪烁计数器

闪烁计数器由光电倍增管和 NaI 晶体组成，利用被激发物质的发光现象来探测 γ 射线，见图 4-3。当 γ 射线射到 NaI 晶体上时，就从它的原子中打出电子。这些电子具有较高的能量，它们在晶体内运动时足以把它们碰撞的原子激发，被电子激发的原子回到稳定状态时就放出光子。光子射到光阴极上时，就放出光电子，光电子在电场作用下趋向阳极。D 为聚焦电极，把从光阴极放出来的光电子聚焦到 D_1 电极上。D_1 到 D_8 极性是相同的，而电压是递增的。从每一极上打出来的电子立即被加速到后一极上去，这样产生更多的电子。此过程继续下去，可将原先光阴极上发射的电子倍增到极大的数目，最后收集到阳极上，从阳极输出至记录线路。由光电倍增管和 NaI 晶体构成的计数器具有计数效率高、分辨时间短的优点。它既能探测各种带电粒子，又能探测中性粒子；既能探测粒子的强度，又能探测其能量，在放射性测井中已被广泛应用。

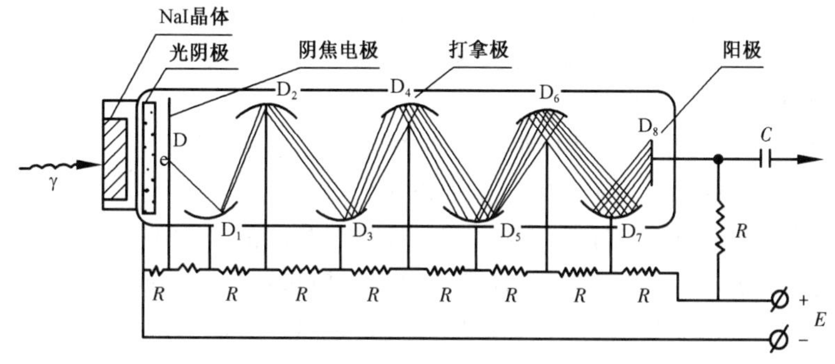

图 4-3　闪烁计数器工作原理图

（二）中子的探测

中子测井测量的热中子和超热中子的能量均在慢中子能量范围之内，因此只讨论慢中子的探测方法。中子与带电粒子不同，不能直接使气体电离。它与原子中电子作用的概率又很小，主要是与原子核发生作用，因此，探测中子主要依靠中子和原子核的核反应进行。中子与某些物质的原子核产生核反应，能放出电离能力很强的带电粒子，以此为基础可探测慢中子的强度。测井用到的有三类探测器，三氟化硼正比计数管、锂玻璃探测器及氦计数器，其核反应方程分别为：

硼俘获热中子的核反应式为：

$$^{10}_{5}B + ^{1}_{0}n \rightarrow ^{7}_{3}Li + ^{4}_{2}He(\alpha) + 2.792MeV$$

锂俘获热中子的核反应式为：

$$^{6}_{3}Li + ^{1}_{0}n \rightarrow ^{3}_{1}H + ^{4}_{2}He(\alpha) + 4.780MeV$$

氦俘获热中子的核反应式为：

$$^{3}_{2}He + ^{1}_{0}n \rightarrow ^{3}_{1}H + ^{1}_{1}p + 0.764MeV$$

利用核反应所产生的带电粒子 α 或 p 使探测器的计数管气体电离形成脉冲电流，产生电压负脉冲，或使探测器的闪烁晶体形成闪烁荧光，产生电压负脉冲来接收记录中子。

第二节　自然伽马测井

把仪器放到井下，测量地层自然伽马射线强度的方法叫自然伽马测井（Gamma Ray Log）。GR 与 SP 相配合能很好地划分岩性和确定渗透性地层，GR 的另一优点是可在套管井中测量。

一、岩石的自然放射性

岩石的自然放射性主要是由于含有铀（$^{238}_{92}U$）、钍（$^{232}_{90}Th$）、锕（$^{227}_{80}Ac$）及其衰变物和钾的放射性同位素 $^{40}_{19}K$，这些核素的原子核在衰变过程中能放出大量的 α，β，γ 射线。岩石的放射性强度决定于放射性核素的种类及含量。按放射性浓度高低，可将沉积岩分为以下几类：

（1）放射性高的岩石有粘土岩、海绿石砂岩、独居石砂岩、钾钡矿砂岩、含铀钒矿灰岩及钾岩等。

（2）放射性中等的岩石有泥质砂岩、泥质碳酸盐等。

（3）放射性低的岩石有石膏、硬石膏、盐岩、纯的石灰岩、白云岩和石英砂岩等。

根据实验和统计可知，沉积岩的自然放射性一般有以下变化规律：

（1）随泥质含量的增加而增加。

（2）随有机物含量的增加而增加，如沥青质泥岩的放射性很高。

（3）随着钾盐和某些放射性矿物的增加而增加。

在油气田中常遇到的沉积岩的自然伽马放射性主要取决于泥质含量的多少。但必须注意，从问题的实质看，岩石自然放射性的强度是由单位质量或单位体积岩石的放射性核素的含量而决定的，当利用自然伽马测井资料求地层泥质含量时应全面考虑。

二、自然伽马测井测量原理

自然伽马测井的测量装置由井下仪器和地面仪器组成。井下仪器有探测器（闪烁计数管）、放大器和高压电源等几部分。自然伽马射线由岩层穿过钻井液、仪器外壳进入探测器。探测器将 γ 射线转化为电脉冲信号，经放大器把电脉冲放大后由电缆送到地面仪器进行记录。将自然伽马测井仪下到井中，测量地层放射性强度随深度变化的曲线，称为自然伽马曲线（GR）。

三、自然伽马测井曲线特点

（一）理论曲线

对于地层厚度为 h 的高放射性地层，上下围岩为半无限厚的低放射性地层，井孔直径为

d_0，地层吸收系数 $\mu = 0.1\text{cm}^{-1}$，且在测井速度 $v = 0$，点状计数管条件下，根据理论计算可获得自然伽马测井的理论曲线，如图4-4所示，其特点为：

(1)上下围岩的放射性相同时，曲线对称于地层中点。

(2)在地层中点处有极大值，极大值随地层厚度 h 增加而增大。当 $h \geqslant 3d_0$ 时，极大值为一常数，与地层厚度无关，与岩石的自然放射性强度成正比。

(3)当 $h \geqslant 3d_0$ 时，由曲线半幅点确定的厚度等于地层的真实厚度；当 $h < 3d_0$ 时，由曲线半幅点确定的地层厚度大于地层的真实厚度，而且地层越薄，大得越多。

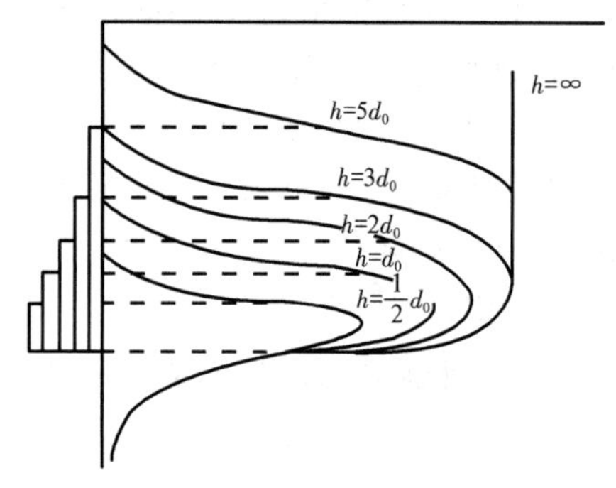

图4-4　自然伽马理论曲线

但实际测井中，计数管不是点状的，测速也不为零，所以实测曲线和理论曲线是有些差异的，但基本形状仍然相似。

（二）自然伽马测井曲线的影响因素

1. 层厚的影响

地层变薄会使泥岩层的自然伽马测井曲线值下降，砂岩层的自然伽马测井曲线值上升，并且地层越薄，这种下降和上升就越多。因此，对于 $h < 3d_0$ 的地层，应用自然伽马测井曲线时应考虑层厚的影响。

2. 井参数的影响

钻井液、套管、水泥环所具有的放射性通常比地层低，同时又能吸收来自地层的伽马射线，所以这些井内介质一般来说会使自然伽马测井读数降低。

井径的扩大意味着下套管井水泥环增厚和裸眼井钻井液层增厚。若水泥环和钻井液不含放射性元素，则水泥环和钻井液层增厚会使GR值降低，但由于钻井液含有一些放射性，所以钻井液的影响很小。套管的钢铁对 γ 射线的吸收能力很强，有一层套管的GR值大约是没有套管的GR值的75%，所以，套管井的GR值会下降。

3. 放射性涨落的影响

在放射性源强度和测量条件不变的条件下，在相等的时间间隔内，对放射性的强度进行重复多次测量，每次记录的数值是不相同的，但总是在某一数值附近上下变化，这种现象叫放射性涨落。这种现象与测量条件无关，是微观世界的一种客观现象，且有一定的规律性。它是由放射性元素的各个原子核的衰变彼此是独立的，衰变的次序是偶然的等原因造成的。放射性涨落与仪器引起的系统误差及由操作造成的偶然误差有本质的不同。确定涨落误差的正常范围，对判断和划分地层有很重要的意义。只有正确地把由涨落误差引起的读数变化与地层性质引起的变化区分开，才能对放射性测井曲线进行正确的地质解释。

由于放射性涨落的存在，使得GR曲线不像电法测井那样光滑。放射性测井曲线读数的变化一方面是由地层性质变化引起的，另一方面是由放射性涨落引起的。要对放射性测井曲线进行正确地质解释，必须正确区分这两种原因造成的曲线变化。

4. $v\tau$ 的影响

当放射性测井仪器在井中的测速 v 很小时，在均匀放射性地层中测得的自然伽马曲线形状与理论曲线形状相似；而当测井速度 v 增大时，实际测得的放射性地层的自然伽马曲线不再对称，与理论曲线相比，自然伽马曲线沿仪器移动方向发生了偏移。测井速度 v 和积分电路时间常数 τ 的乘积对记录的自然伽马测井曲线发生影响的原因是：由于仪器中的积分电路有惰性，而这种惰性当井下仪器以一定速度连续移动时会表现出来。$v\tau$ 越大，这种影响就越显著。为将这一影响减至最小，通常应在 τ 值足以保证测量精度的条件下使 $v\tau$ 为低值。只要 $v\tau$ 选择合适，通常可不考虑这一影响。

四、自然伽马测井曲线的应用

（一）划分岩性和储集层

不同的岩石具有不同的自然伽马射线强度，据此可以划分岩性。在岩性划分的基础上，参考其他曲线可以划分储集层。

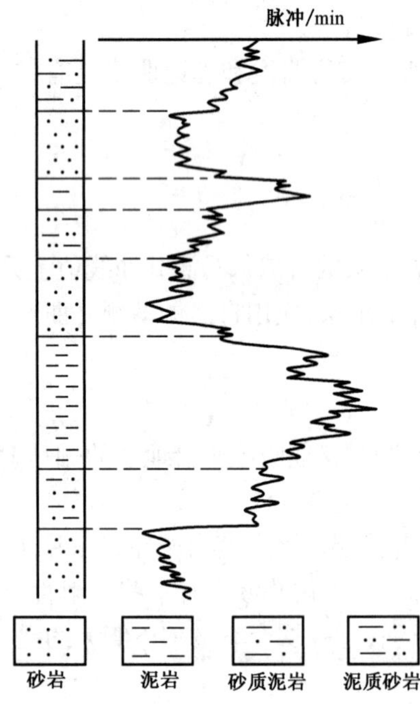

图 4－5　砂泥岩剖面自然伽马测井曲线

在砂泥岩剖面中，纯砂岩的 GR 值最低，粘土岩和泥岩的 GR 值最高，泥质砂岩的 GR 值较低，泥质粉砂岩和砂质泥岩的 GR 值较高，即 GR 值随泥质含量的增加而升高，见图 4－5。一般纯砂岩层和泥质砂岩层是储集层，利用 GR 曲线的半幅点可以确定储集层界面。

在碳酸盐岩剖面中，纯白云岩、石灰岩的 GR 值最低，粘土岩、泥岩和页岩的 GR 值最高，泥灰岩的 GR 值较高，泥质灰岩、泥质白云岩的 GR 值介于它们之间，也是随泥质含量的增加而 GR 值升高。一般裂缝发育的纯白云岩、石灰岩层是储集层。

在膏岩剖面中，岩盐、石膏层的 GR 值最低，泥岩的 GR 值最高。

（二）地层对比

以单井划分岩性为基础，可在构造面上用几口井的 GR 曲线进行地层对比。利用自然伽马曲线进行地层对比具有以下优点：

（1）GR 曲线幅值大小与地层中所含流体性质（油、水或气）无关，储集层含油、含水或含气对 GR 曲线影响不大或根本没有什么影响。但若用自然电位和电阻率进行对比，同一储集层由于含流体性质不同差别很大。含水时，自然电位异常幅度大，电阻率低；含油时，自然电位异常幅度小，电阻率高。

（2）GR 曲线幅值大小与地层水和钻井液矿化度无关，其幅度主要决定于地层中的放射性物质，通常对于不同岩性其幅度较为稳定。

（3）很容易识别对比标准层。通常选用厚度较大的泥岩作标准层，进行油田范围或区域范围内的地层对比。

（4）对于膏岩剖面，由于自然电位和电阻率曲线显示不好，此时更显示出利用自然伽马曲线进行对比的优越性。

（5）可以在套管井中进行地层对比。

（三）确定地层泥质含量

在实际应用中，首先用自然伽马相对幅度的变化计算出泥质含量指数 I_{GR}：

$$I_{GR}=\frac{GR-GR_{min}}{GR_{max}-GR_{min}} \tag{4-15}$$

式中 GR——目的层自然伽马值；

GR_{max}，GR_{min}——纯泥岩、纯砂岩的自然伽马值。

通常 I_{GR} 的变化范围为 0～1，用下式将 I_{GR} 转化成泥质含量 V_{sh}。

$$V_{sh}=\frac{2^{GCUR\cdot I_{GR}}-1}{2^{GCUR}-1} \tag{4-16}$$

式中 GCUR——Hilchie 指数，可根据实验室取心分析资料确定。

GCUR 随地层的地质年代而改变，对于新近系地层取值 3.7，对于老地层取值 2.0。

最后，还应指出的是，由自然伽马测井求出的泥质含量是这一参数的上限。因为使用该方法时把地层中的放射性物质几乎都当成泥质来处理，当地层和岩石骨架中也含有放射性物质时，处理结果就会夸大泥质所占的体积。

第三节 自然伽马能谱测井

自然伽马测井记录的是能量大于 100keV 的所有伽马光子造成的计数率或标准化读数。它只能反映地层中放射性核素的总含量，无法分辨地层中含有放射性核素的种类，地层所能提供的信息没有得到充分的利用。为了弥补自然伽马测井的不足，研制了自然伽马能谱测井（Natural Gamma Ray Spectrometry Log），通过对伽马射线能谱进行分析，不仅可以了解地层放射性总的水平，还可定量测量不同核素的含量，从而得到更多的测井信息。

一、自然伽马能谱测井的原理

这种测井方法的实质是根据测量得到的 ^{238}U，^{232}Th，^{40}K 伽马放射性的混合谱来确定它们在地层中的含量。根据实验室对铀、钍、钾放射的 γ 射线能量的测定，发现铀、钍、钾放射的 γ 射线谱都存在各自易鉴别的特征谱峰。

在 ^{40}K 的伽马能谱中（图 4-6），可以清楚地看到 1.46MeV 的光电峰以及由康普顿散射形成的低能连续谱。在 ^{238}U 系的伽马仪器谱中，最明显的峰是 1.76MeV 的光电峰，易于识别；在 ^{232}Th 系的伽马仪器谱中，最明显的峰是 2.62MeV 的光电峰。从混合源的伽马仪器谱中，可看到相应于 ^{40}K，^{238}U，^{232}Th 的能量分别为 1.46MeV，1.76MeV，2.62MeV 的三个光电峰，且最容易识别，因而选用它们作为识别铀、钍、钾的特征峰。

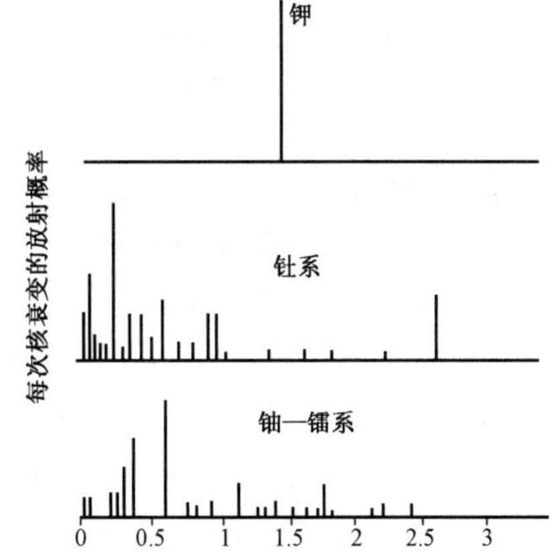

图 4-6 铀系、钍系、^{40}K 伽马能谱

自然伽马能谱测井的探测器与自然伽马测井基本相同，所不同的是增加了多道脉冲幅度分析器，能

分别测量不同幅度的脉冲数，从而得出不同能量的 γ 射线能谱，用以测定不同的放射性核素。自然伽马能谱测井根据测出的 γ 射线特征峰值，经谱分析处理可输出反映铀(U)、钍(Th)、钾(K)含量的三条曲线及总自然伽马曲线(SGR)和无铀自然伽马曲线(CGR)。其中，钾以% 为单位，而铀和钍均以 g/t 为单位。

二、自然伽马能谱测井的应用

(一)研究生油层

大量研究表明，岩石中的有机物对铀在地下的富集起到重大作用，所以铀含量可以评价生油层的生油能力。生油岩中的铀含量与有机碳含量之间有很好的对应关系。与普通粘土岩相比，生油粘土岩在自然伽马能谱曲线上的特征是：钾钍含量与普通粘土岩一样高，而铀含量比普通粘土岩更高。图 4-7 给出泥岩生油层与非生油层的典型显示。图中上部泥岩为生油层，铀含量很高，钾、钍含量较低；下部泥岩为非生油层，铀含量较低，钾、钍含量较高。

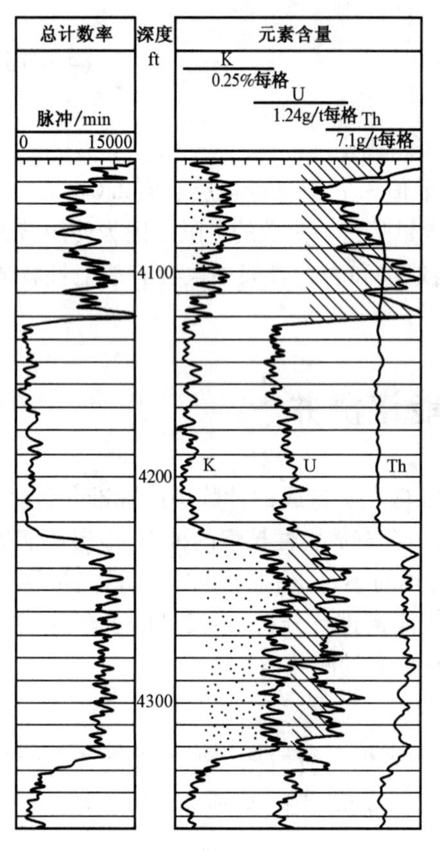

图 4-7　泥岩生油层与非生油层的典型显示

(二)识别页岩储集层

在局部地段，富含有机物的高放射性黑色页岩由于具有裂缝、粉砂、燧石或碳酸盐岩夹层，可成为产油层。这种地层在自然伽马能谱曲线上的特征是钾和钍含量低，而铀含量很高。图 4-8 给出了美国科罗拉多州高放射性裂缝储集层自然伽马能谱特征。该图显示井段皆为泥岩，铀、钍、钾含量皆为高值，但其中部泥岩铀含量和总放射性异常高，已证明中部泥岩为裂缝储集层。

(三)确定高放射性碎屑岩和碳酸盐岩储集层

纯的碎屑岩储集层铀、钍、钾含量均为低值，但当这些岩石中含有高放射性矿物时，铀、钍、钾含量中某一种或某两种元素含量明显偏高，取决于高放射性矿物含有的放射性核素种类和含量；当岩石中含有锆石等高含钍的矿物时，钍含量明显偏高。对于碳酸盐岩储集层，当岩石中含有钾盐或长石等矿物时，钾含量明显增高。另外，在还原条件下，地层水中的铀也会在渗透带沉积，从而使地层的铀含量增高。图 4-9 给出了高放射性碳酸盐岩储集层自然伽马能谱特征。从图中可以看出，B，C 层的铀含量明显增高，说明 B，C 层存在裂缝带。射开 B，C 层，日产油由原来只有 A 层生产时的 0.48m^3 提高到 2.86m^3。

(四)研究沉积环境和确定粘土矿物类型

据统计，陆相沉积、氧化环境、风化层的 Th/U >7，海相沉积、灰色或绿色页岩的 Th/U <7，而海相黑色页岩、磷酸盐岩的 Th/U <2。

根据铀、钍和钾含量可区分粘土矿物，从而确定粘土岩的类型。图 4-10 给出利用钍含量与钾含量交会图确定粘土矿物类型的实例。

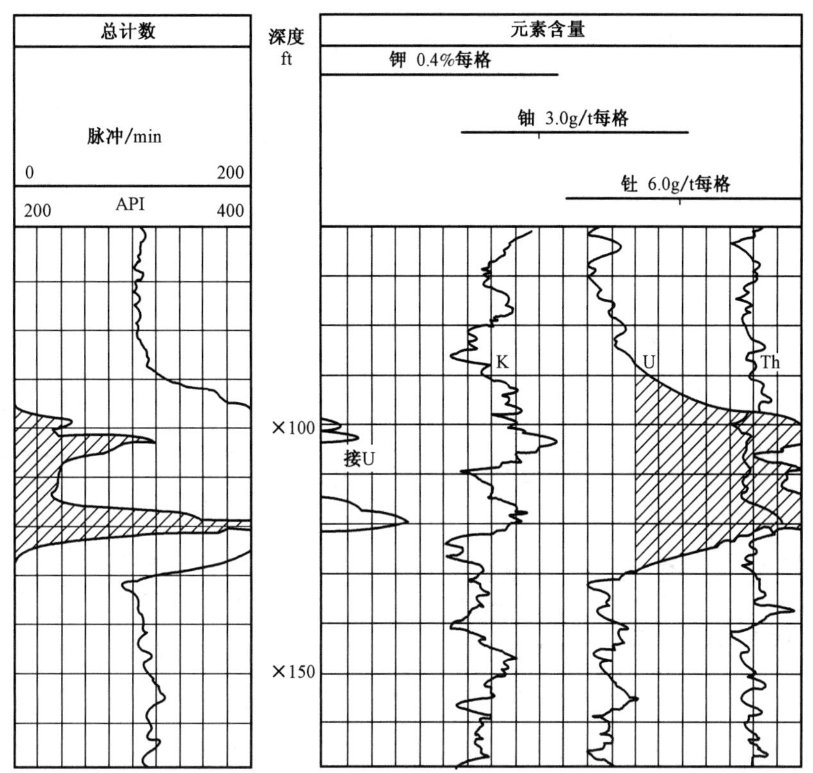

图 4－8　美国科罗拉多州高放射性裂缝储集层自然伽马能谱特征

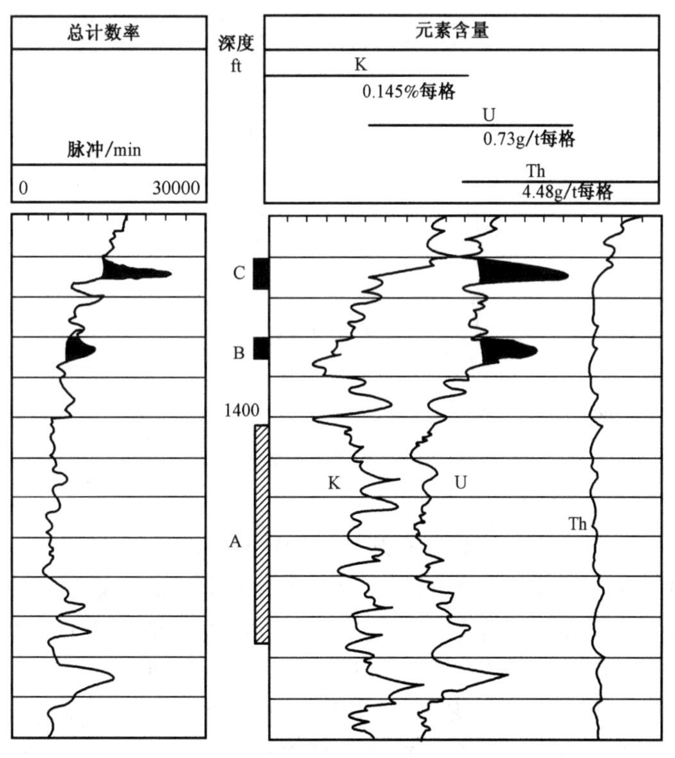

图 4－9　高放射性碳酸盐岩储集层自然伽马能谱特征

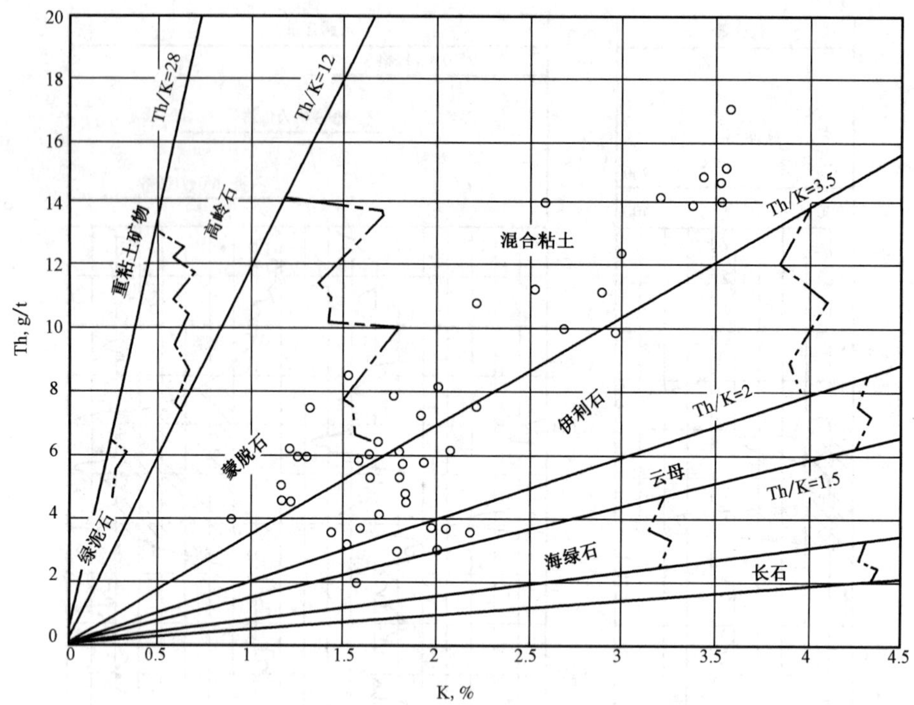

图 4-10　利用钍含量与钾含量交会图确定粘土矿物类型的实例

(五)估算泥质

可分别用总计数率、钍含量和钾含量的测井值来计算泥质含量,其方法与自然伽马相似,先用不同的计数率求出泥质含量指数,然后采用相同的公式来计算泥质体积含量。泥质含量指数的计算公式为:

$$\begin{cases} I_{GRCTS} = \dfrac{CTS - CTS_{min}}{CTS_{max} - CTS_{min}} \\ I_{GRTh} = \dfrac{Th - Th_{min}}{Th_{max} - Th_{min}} \\ I_{GRK} = \dfrac{K - K_{min}}{K_{max} - K_{min}} \end{cases} \tag{4-17}$$

式中　CTS——总计数率;

CTS_{max},CTS_{min}——纯泥岩和纯砂岩中总的计数率;

Th,K——钍和钾的含量;

Th_{max},K_{max},Th_{min},K_{min}——纯泥岩和纯砂岩的钍和钾的含量。

通常钍和钾的含量与泥质含量的关系比较稳定。如果铀的含量与泥质含量关系稳定,也可用铀来计算。究竟选哪条曲线作为最好的确定泥质含量的方法,要根据具体地质条件来定。

此外,自然伽马能谱测井还有研究管外窜槽,估计油水推进界面,识别放射性积垢等其他应用。自然伽马能谱测井虽然有很多优点,但与普通自然伽马测井相比,它的计数率低(铀、钍、钾计数率),测速慢,仪器复杂,成本高,所以只用来解决复杂岩性测井解释,即在普通方法不能解决问题时采用。

第四节　密 度 测 井

密度测井(Formation Density Log)是一种孔隙度测井。它通过测量由伽马源放出并经过岩层散射吸收而被探测器接收到的伽马射线的强度,来研究岩层的密度等性质,确定岩层的孔隙度。

一、地层密度测井的基本原理

伽马射线与物质的作用主要有电子对效应、康普顿效应和光电效应,而其中只有康普顿效应才与地层的密度成正比关系。密度测井主要是利用康普顿散射现象,通过测量散射 γ 射线的强度来研究岩层体积密度。

密度测井仪器由伽马源、伽马射线探测器以及电子线路组成。伽马源和伽马射线探测器装在滑板上,测井时滑板被推靠到井壁上。伽马源和伽马射线探测器中点间的距离称为源距。伽马源放出的伽马射线在岩层中运动,被散射吸收,强度逐渐减弱,然后分别由源距不同的两个探测器接收经过岩石散射后未吸收而到达探测器的散射伽马射线。源和探测器之间由屏蔽隔开,使源发射的伽马光子不能直接到达探测器。仪器背向地层的一方也屏蔽起来,以减小井的影响。离源近的伽马射线探测器称为短源距探测器,离源远的伽马射线探测器称长源距探测器,见图 4－11。

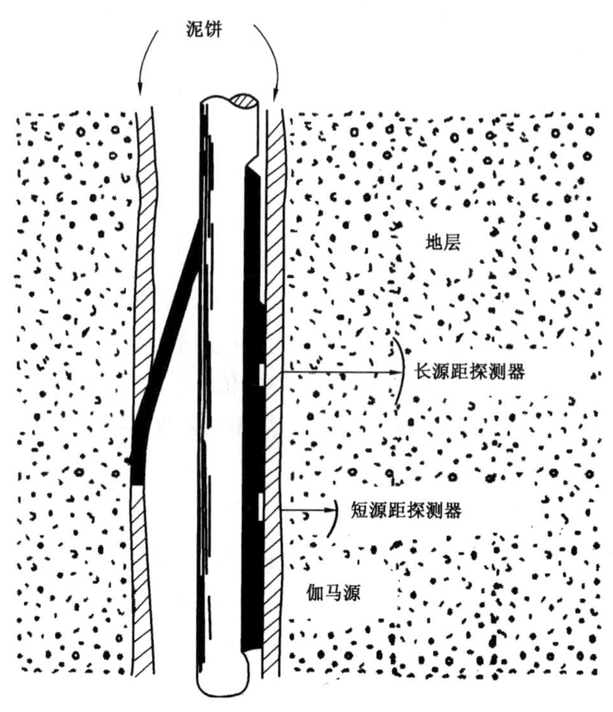

图 4－11　双源距补偿密度测井仪器结构

密度测井使用 ^{137}Cs 作为伽马源。它放出的伽马量子的能量不是很高,为 0.661MeV,这就排除了形成电子对的可能性。如果将记录伽马射线的门槛定为 0.1～0.2MeV,也就是说,只记录那些能量较高的一次散射或多次散射伽马射线,就在很大程度上避免了光电吸收的影响。

此时，康普顿效应占绝对优势，地层的吸收系数为：

$$\mu \approx \sigma = \sigma_e \frac{ZN_A\rho_b}{A} = \sigma_m\rho_b \tag{4-18}$$

式中 Z——原子序数；

A——相对原子质量；

N_A——阿伏伽德罗常数，$6.02 \times 10^{23} mol^{-1}$；

ρ_b——介质体积密度，g/cm^3；

σ_e——一个电子的微观散射截面；

σ_m——质量吸收系数，当地层中没有重矿物时，σ_m 不随 Z 变化，即对岩性不敏感。

实验表明，经过散射吸收而到达探测器的伽马射线强度与介质体积密度有如下关系：

$$I = I_0 e^{-\sigma_m\rho_b L} \tag{4-19}$$

两端取对数，并令 $A = -\sigma_m L, B = \ln I_0$，可得：

$$\rho_b = \frac{\ln I - B}{A} \tag{4-20}$$

由式(4－20)可知，如果密度测井仪器贴井壁，而且地层没有形成泥饼，通过在已知密度的介质中刻度，则只用一个伽马射线探测器测量的散射伽马射线强度（或计数率）就能换算成岩层体积密度。

二、密度测井的影响因素

（一）泥饼影响

密度测井的探测深度不大，一般局限在冲洗带内，所以仪器和井壁之间的泥饼等介质对测井结果有较大影响，必须予以校正。故密度测井多采用长源距和短源距的双探测器装置，以便对泥饼等介质的影响加以校正。这种双源距密度测井也称为补偿密度测井。长源距计数率受泥饼影响较小，所以地层密度是以长源距读数为主要依据的。短源距读数受泥饼影响大，它与长源距读数比较后可对长源距读数提供补偿值。常用短源距一般取15～25cm，长源距一般取35～40cm。

（二）井眼影响

贴井壁双源距密度测井仪器的读数受井眼影响较小。若井径小于10in，井的影响可以忽略不计，但随着井径加大，井的影响也增大。必要时可对井的影响进行校正，用校正后的密度值求孔隙度。否则，测量的地层密度偏低，而求出的储集层孔隙度偏大，对储集层会得出过于乐观的结论。

（三）岩性影响

以石灰岩为标准刻度的密度测井仪器，只有对石灰岩地层测量的密度为真密度，计算的孔隙度为实际孔隙度。如果岩性不同，岩石骨架会造成附加孔隙度。如果忽略了岩性的影响，对砂岩地层求出的孔隙度比实际孔隙度大，而对白云岩求出的孔隙度比实际孔隙度小。当岩石骨架中含有重矿物时，用密度测井求出的孔隙度总比实际孔隙度小。

三、密度测井曲线的应用

（一）确定地层岩性

不同性质的岩石具有不同的密度，如石英砂岩的骨架密度为 $2.65g/cm^3$，石灰岩的骨架密度为 $2.71g/cm^3$，而白云岩的骨架密度为 $2.87g/cm^3$，这是应用密度测井资料确定岩性的基础。在砂泥岩剖面中，泥岩密度通常比砂岩密度低；在碳酸盐岩剖面中，在大段致密碳酸盐岩中，裂缝发育的层段密度低，石灰岩与白云岩的密度也有差别；在膏岩剖面中，硬石膏在密度曲线上显示为明显高值，岩盐在密度曲线上显示为明显低值。

（二）确定地层孔隙度

根据测量的地层密度值 ρ_b，按下式可求出地层孔隙度：

$$\phi = \frac{\rho_{ma} - \rho_b}{\rho_{ma} - \rho_f} \tag{4-21}$$

式中的骨架密度 ρ_{ma} 和孔隙流体密度 ρ_f 可通过实验求出或由经验确定。式（4－21）应用于完全含水纯地层，对于含泥以及含油气地层，必须分别进行泥质校正和油气校正。

（三）划分含气地层

由于天然气的密度远小于水和油的密度，所以对于含气地层，测量的 ρ_b 明显低于该地层完全含水的密度值，而其密度孔隙度值明显大于该地层完全含水的密度孔隙度值。

第五节　岩性密度测井

岩性密度测井（Litho－Density Log）是在补偿地层密度测井基础上发展起来的。它是用伽马源照射地层，用长、短源距伽马射线探测器测量能够产生光电效应和康普顿效应的伽马射线，用能谱分析方法测量光电效应区和康普顿效应区的伽马射线计数率，进而记录岩石质量光电吸收截面和岩石体积密度。由于岩石质量光电吸收截面区分岩性能力很强，故将该种测井方法称为岩性密度测井。

一、岩性密度测井的基本原理

岩性密度测井使用能谱分析技术将高能谱段（即 H 谱段）和低能谱段（即 S 谱段）的伽马光子分开记录，利用 H 谱段的伽马射线计数率测量地层密度 ρ_b，而利用 S 谱段和 H 谱段的伽马射线计数率的比值求出质量光电吸收截面 P_e。测量地层密度的原理和方法在第四节中已作了详细介绍，故这里重点介绍测量质量光电吸收截面的原理和方法。

岩石的质量光电吸收截面定义为岩石中一个电子的平均光电吸收截面。对于单一元素组成的矿物，岩石的质量光电吸收截面为：

$$P_e = \left(\frac{Z}{10}\right)^{3.6} \tag{4-22}$$

式中　Z——原子序数。

对于一种化合物组成的矿物，岩石的质量光电吸收截面为：

$$P_e = 10^{-3.6}\frac{\sum n_i Z_i^{4.6}}{\sum n_i Z_i} = \left(\frac{\overline{Z}}{10}\right)^{3.6} \quad (4-23)$$

式中　Z_i——分子中第 i 种原子的原子序数；

n_i——分子中第 i 种原子的原子数；

$\overline{Z}$——等效原子序数。

为了使用岩石体积物理模型，引入岩石体积光电吸收截面指数概念，它等于岩石的质量光电吸收截面与岩石电子密度指数之积，即：

$$U = P_e \rho_e \quad (4-24)$$

式中　ρ_e——电子密度指数。

对于一种化合物组成的矿物，有 $\rho_e = 2n_e/N_A = (2\sum n_i Z_i/A)\rho_b$。对于常见矿物和水，$2\sum n_i Z_i/A \approx 1.0$，则有 $\rho_e \approx \rho_b$。因此，有 $U = P_e\rho_e \approx P_e\rho_b$。

图 4－12 给出在密度相同而光电吸收截面指数不同的石灰岩中测得的伽马射线能谱。从图中可以看出，高能 H 段主要表示康普顿散射区，其总计数率是电子密度指数 ρ_e 的函数；而低能 S 段主要表示光电效应区，受光电效应和康普顿效应双重影响，其总计数率是体积光电吸收截面指数 U 和电子密度指数 ρ_e 的函数，而且随 U 或 P_e 增大而降低，若能消除 ρ_e 的影响，便可测量 P_e 或 U。因此，利用岩性密度测井长源距低能段总计数 N_{lith} 与其高能段总计数 N_{LS} 的比值计算 P_e。图 4－13 表明，N_{lith}/N_{LS} 与 $1/(P_e + 0.41)$ 之间存在明显的线性关系，利用该关系可由 N_{lith}/N_{LS} 确定 P_e，进而可确定 U。

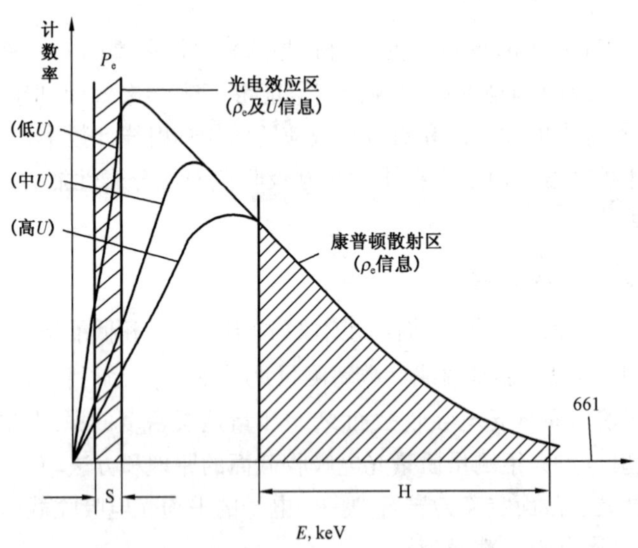

图 4－12　在密度相同而光电吸收截面指数不同的石灰岩中测得的伽马射线能谱

二、岩性密度测井的应用

(一)识别岩性

表 4－1 给出不同矿物或岩石和流体的 P_e 和 U 值。从表中可知，石英、方解石、白云石的

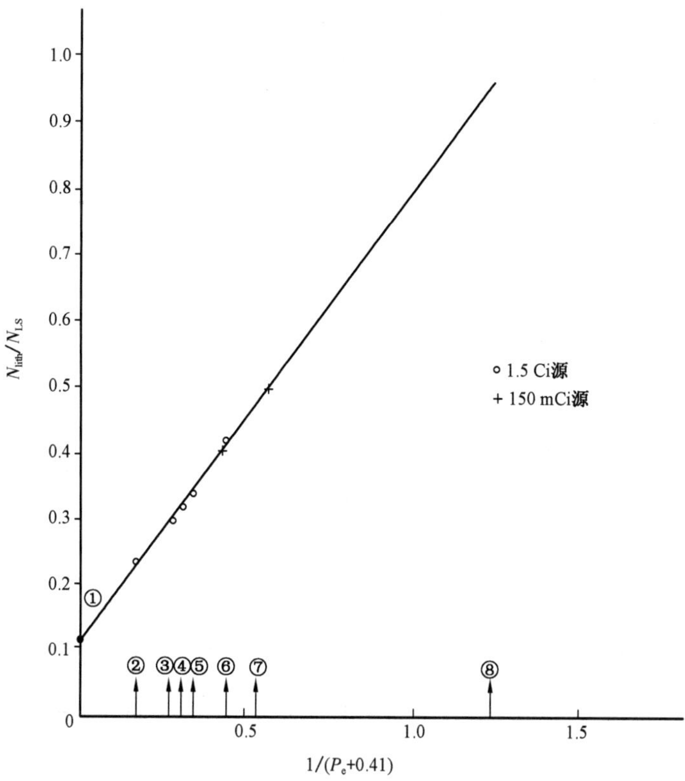

图 4－13　N_{lith}/N_{LS}与 $1/(P_e+0.41)$的关系

①—泥饼，$P_e=150$；②—大理石，$P_e=5.08$；

③—白云石，$P_e=3.14$；④—铝、镁混合物，$P_e=2.81$；

⑤—铝，$P_e=2.57$；⑥—CSi/环氧树脂，$P_e=1.83$；

⑦—SiO_2/环氧树脂，$P_e=1.36$；⑧—校正到 $Z/A=0.56$ 的水，$P_e=0.358$

P_e 和 U 值差别很大，不同粘土矿物的 P_e 和 U 值也有很大不同，流体的 P_e 和 U 值很小，煤层的 P_e 和 U 值非常低，故可以利用这些特征来识别岩性。

表 4－1　不同矿物或岩石及流体的 P_e 和 U 值

矿物/岩石/流体		ρ_b，g/cm^3	ρ_e，电子/cm^3	P_e，b/电子	U，b/cm^3
骨架矿物	石英	2.65	2.65	1.81	4.79
	方解石	2.71	2.71	5.08	13.77
	白云石	2.87	2.86	3.14	9.00
其他矿物	石膏	2.32	2.372	3.42	8.11
	硬石膏	2.96	2.957	5.05	14.95
	重晶石	4.50	4.01	266.82	1070.0
	赤铁矿	5.15	4.987	21.48	107.0
	煤	1.40	1.468	0.18	0.26
	盐岩	2.17	2.07	4.65	9.65

续表

矿物/岩石/流体		ρ_b,g/cm³	ρ_e,电子/cm³	P_e,b/电子	U,b/cm³
粘土矿物	高岭石	2.41	2.41	1.83 ~ 1.84	4.41 ~ 4.44
	绿泥石	2.76	2.78	6.30 ~ 6.33	17.35 ~ 17.58
	伊利石	2.52	2.52	3.45 ~ 3.55	8.69 ~ 8.73
	蒙脱石	2.12	2.12	2.04 ~ 2.30	4.32 ~ 4.40
流体	淡水	1.00	1.11	0.385	0.40
	盐水(0.1mg/L)	1.06	1.16	0.734	0.85
	盐水(0.2mg/L)	1.12	1.21	0.12	1.36
	原油	ρ_o	$1.14\rho_o$	0.119	$0.136\rho_o$
	天然气	ρ_g	$1.25\rho_g$	0.095	$0.119\rho_g$

(二)确定泥质含量

对于含水泥质岩石,设岩石骨架、泥质和孔隙流体的体积光电吸收截面指数分别为 U_{ma},U_{sh}和 U_f,根据岩石体积物理模型概念,可知地层的体积光电吸收截面指数为:

$$U = U_{ma}(1 - \phi - V_{sh}) + U_{sh}V_{sh} + U_f\phi \tag{4-25}$$

式中 ϕ——孔隙度;

V_{sh}——泥质含量。

由式(4-25)得:

$$V_{sh} = \frac{U_{ma}(1 - \phi) + U_f\phi - U}{U_{ma} - U_{sh}} \tag{4-26}$$

考虑到 $U_f\phi$ 很小,故可得:

$$V_{sh} \approx \frac{U_{ma}(1 - \phi) - U}{U_{ma} - U_{sh}} \tag{4-27}$$

式(4-27)适用于岩石骨架岩性单一且 U_{ma}与 U_{sh}差别较大的地层。此外,当岩石骨架中有放射性矿物时,自然伽马测井不能确定泥质含量,可用式(4-26)或式(4-27)求地层的泥质含量。

第六节 中子测井

中子测井(Neutron Log)是一类用中子源照射地层,依据中子与地层相互作用的各种性质来研究地层性质的各种测井方法的总称。中子测井包括使用同位素中子源的超热中子测井、热中子测井以及使用加速度中子源的非弹性散射伽马能谱测井、中子寿命测井。

一、热中子测井

热中子测井采用同位素中子源,由装在下井仪器里的中子源发出中子(平均能量4MeV)

打入地层,在地层中经过多次弹性散射后快中子变成热中子,记录到达探测器热中子。

在中子减速过程中,氢是岩石对中子减速的决定因素,因此含氢量的多少在很大程度上就决定了热中子的空间分布。在中子源周围氢多的情况下,中子源发出的中子在其附近就迅速减速为热中子,所以中子源附近热中子密度较大,待热中子向周围扩散时,不仅由于空间扩大而且由于被周围原子核俘获的原因;在到达离中子源较远的地方,热中子密度就很小了。但是,当中子源附近氢含量低时,中子要经过较大的距离才能转化为热中子,所以在离中子源较远的地方,热中子密度较大,而较近的地方热中子密度较小。在小源距情况下,热中子密度随含氢量的增大而增大,而在大源距情况下则恰好相反,热中子密度随含氢量的增大而减小。在某一源距下,不同含氢量具有相同的热中子密度,这个源距称为零源距。小于零源距的源距称为短源距,大于零源距的源距称为长源距。测井采用长源距,即含氢量大的地层测得的热中子计数率低,含氢量小的地层测得的热中子计数率高。地层含氢量的多少可以用地层的含氢指数表示。某种物质的含氢指数定义为单位体积该种物质的氢核数与同体积淡水氢核数的比值,用 H 表示。按此规定,淡水(纯水)含氢指数为1,而任何其他物质的含氢指数将与其单位体积的氢核数成正比。

如果孔隙中完全充满液体(油和水),则地层含氢指数直接反映纯地层的孔隙度,进而通过测量含氢指数即可确定地层孔隙度。对于含泥地层,由于泥质孔隙含有束缚水,粘土矿物含有结晶水,因而泥质有很高的含氢量,需经泥质校正才能获得地层的有效孔隙度。

在地层含氯量很高的情况下,热中子的空间分布不仅与地层的含氢量有关,还与含氯量有关。由于热中子被氯原子核强烈地俘获,使热中子密度与含氢量相同而含氯量低的地层相比有明显的上升,所以普通热中子测井反映地层孔隙度受地层水含氯量的影响。但在含氯量很小和泥质含量也很少的情况下,这种测井还是能较好地反映地层孔隙度。

为了消除含氯量的影响,多采用补偿热中子测井(CNL 或 CNS),下井仪器设计成双源距探测器,分别由长、短源距两个探测器测得两个计数率(长源距一般在50~60cm,短源距一般在35~40cm)。由地面仪器计算这两个计数率的比值,再根据长、短源距计数率比与中子测井孔隙度之间的关系计算出中子测井孔隙度曲线,这就是补偿中子测井。这种测井不仅能消除氯含量的影响,而且因为长、短源距的计数率所受的干扰相同,因而大大减小了井眼参数的影响。补偿中子测井仪器是在饱含淡水的纯石灰岩刻度井中进行刻度的,因此,它给出了以石灰岩孔隙度为单位的中子测井孔隙度值,即为 Φ_N。对于饱含淡水的纯石灰岩,$\phi=\Phi_N$;对于饱含淡水的纯砂岩,$\Phi_N<\phi$;对于饱含淡水的纯白云岩,$\Phi_N>\phi$。

二、超热中子测井

用点状同位素中子源向地层中发射快中子,在离源一定距离的观察点上选择记录超热中子的测井方法,称为超热中子测井。

为了选择性记录超热中子,主要采取两项技术措施:(1)在探测器外加屏蔽(镉),使热中子到达探测器之前被吸收;(2)在屏蔽与探测器之间加减速剂(石蜡),使穿过屏蔽层的超热中子迅速变为热中子,以提高计数效率。超热中子探测器多采用 ^3He 正比计数管,因为它探测超热中子的效率较高;采用同位素中子源,发射中子能量约为4MeV。

若将中子源和探测器装在同一滑板上,用推靠器使滑板紧贴井壁,则称为井壁超热中子测井(SNP 或 SWN)。井壁超热中子仪器也是在饱含淡水的纯石灰岩刻度井中进行刻度的,因此,它也给出了以石灰岩孔隙度为单位的中子测井孔隙度值,即为 Φ_N。井壁超热中子仪器使用长源距,地层含氢量越大,记录的超热中子计数率越小。

超热中子测井的物理基础决定了它的优点和缺点。其优点是测量结果只与周围介质的减速特性有关,与地层含氢量的关系比较简单,突出了对含氢量的识别能力,因而受地层中热中子吸收剂尤其是含氯量的影响较小。其缺点是对井的影响敏感,探测深度小,计数率低。

井壁超热中子测井在一定程度上克服了这些缺点:(1)探测器紧贴井壁,减少了井的影响;(2)记录超热中子,使岩石骨架和地层水中热中子强吸收体(如氯和硼)的影响降到最小;(3)在地面仪器中完成大部分影响因素的校正。但由于这种仪器的探测深度浅,故受井壁不规则及泥饼影响较大。

三、热中子和超热中子测井曲线的应用

(一)确定地层孔隙度

中子测井仪是在饱含淡水的纯石灰岩刻度井刻度的,因此,对于饱含淡水的纯石灰岩地层,中子测井孔隙度即为地层的真孔隙度,但对于其他岩性,就要进行岩性校正。对于饱含淡水的纯岩石,岩性校正方法为:

$$\phi = \frac{\Phi_{N} - \Phi_{Nma}}{\Phi_{Nf} - \Phi_{Nma}} \tag{4-28}$$

式中 Φ_{Nma}——岩石骨架的含氢指数;

Φ_{Nf}——孔隙流体的含氢指数。

对于补偿中子测井,砂岩骨架的含氢指数为 -0.05,石灰岩骨架的含氢指数为0,白云岩骨架的含氢指数为0.085,淡水钻井液的含氢指数为1。

(二)中子密度孔隙度曲线重叠判断岩性

利用视石灰岩刻度的密度与中子孔隙度重叠可以识别地层的岩性。对于淡水纯岩石,视石灰岩密度孔隙度和视石灰岩中子孔隙度为:

$$\phi_{D} = \frac{\rho_{b} - 2.71}{1.0 - 2.71} \tag{4-29}$$

$$\phi_{N} = \Phi_{N} \tag{4-30}$$

利用式(4-29)和式(4-30)计算含水纯砂岩、石灰岩、白云岩、硬石膏和泥岩的 ϕ_D,ϕ_N 值可知,对于砂岩,$\phi_D - \phi_N = 5\% \sim 6\%$;对于石灰岩,$\phi_D - \phi_N = 0$;对于白云岩,$\phi_N - \phi_D = 8\% \sim 13\%$;对于硬石膏,$\phi_N - \phi_D = 16\%$;对于泥岩,$\phi_N - \phi_D = 10\% \sim 30\%$。图4-14给出利用视石灰岩密度孔隙度和视石灰岩中子孔隙度曲线重叠识别含水纯地层岩性的实例。

(三)中子密度测井曲线重叠划分气层

由于天然气的含氢指数远小于水和油的含氢指数,所以对于含气地层,测量的 Φ_N 明显低于该地层完全含水的 Φ_N 值,而其中子孔隙度值明显低于该地层完全含水的中子孔隙度值,再结合气层的 ρ_b 降低和密度孔隙度增大,可以划分气层。图4-15给出中子密度测井曲线反向刻度重叠显示气层的实例。其中,1772~1810m为典型气层,1828~1850m为典型油层,1850~1871m为典型水层。

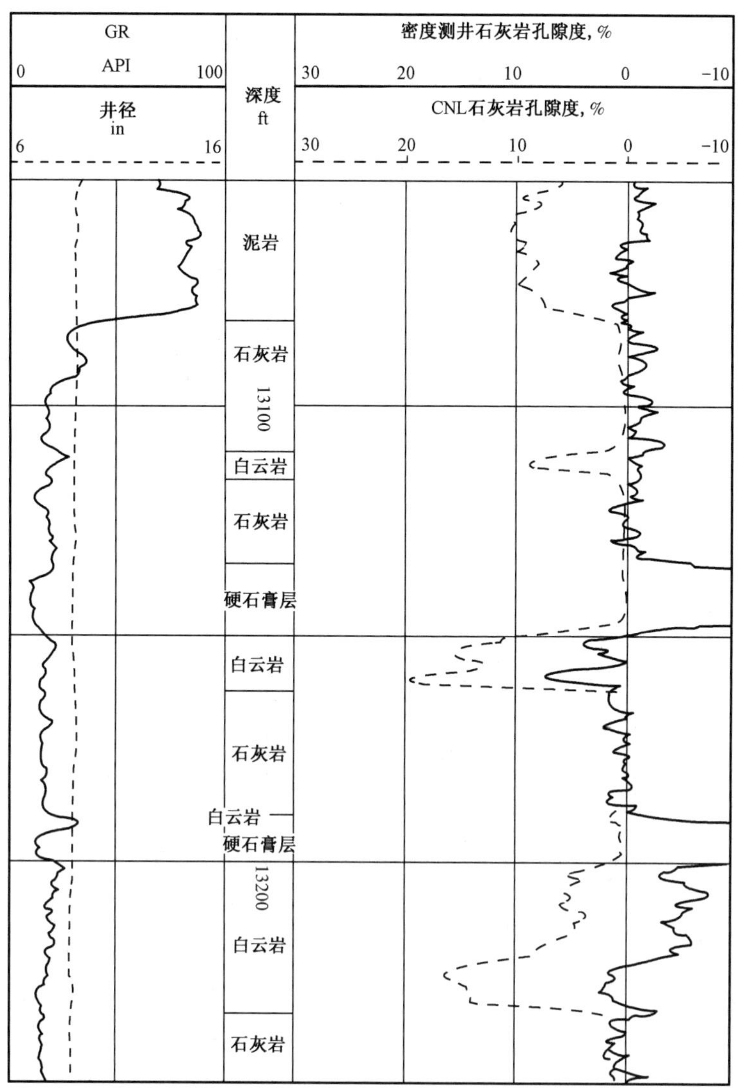

图4－14　利用视石灰岩密度孔隙度和视石灰岩中子孔隙度曲线重叠识别含水纯地层岩性的实例

四、中子伽马测井

中子源向地层发射快中子，快中子经过多次弹性散射变成热中子，热中子继续在地层中扩散不断地被吸收，有些核素能俘获热中子，并放出伽马射线。中子伽马测井采用同位素中子源，中子源向地层发射快中子，在离源一定的地方装有一伽马射线探测器，连续记录地层发射的中子伽马射线，这就是中子伽马测井（NGR）。中子伽马测井值主要反映地层的含氢量，同时又与地层的含氯量有关。

（一）中子伽马测井的探测特性

图4－16给出中子伽马计数率与源距的关系曲线。由图可以看出：

（1）随源距 L 增大，中子伽马计数率按指数规律迅速降低。当 $L>100$cm 时，中子伽马计数率已经很低，此时的读数基本只反映背景值。

（2）当 $L\approx35$cm 时，含氢指数不同的地层有大致相同的中子伽马计数率。此时，测井的读

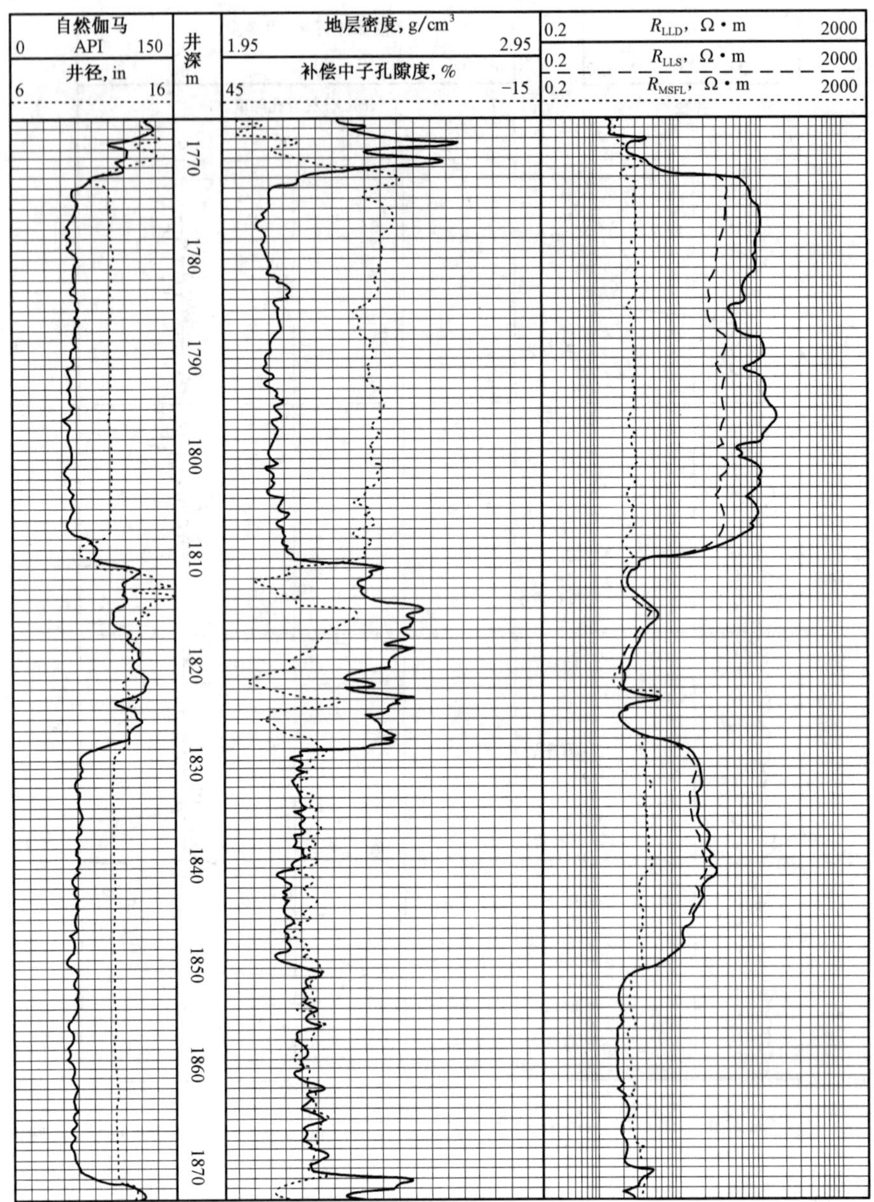

图 4－15　中子密度测井曲线反向刻度重叠指示气层的实例

数与含氢量无关，但是能反映地层水矿化度（NaCl 含量）的变化。

（3）当 $L<35$cm 时，致密地层比孔隙性地层中子伽马读数低；当 $L>35$cm 时，含氢量少的地层中子伽马测井计数率高。

（4）当源距选定后，盐水的中子伽马测井计数率高于淡水。

中子伽马测井的源距一般通过实验选定。若源距太小，受井的影响大，对地层含氢量的变化不灵敏；若源距太大，则计数率太低，涨落误差大。中子伽马测井通常使用长源距，源距一般为 45 ~ 65cm。对于长源距，中子伽马计数率随地层含氢指数增加而减小。中子伽马测井的探测深度比超热中子测井及热中子测井的探测深度都要大，它同样应在标准刻度井中定期进行标定，使测得的结果标准化。

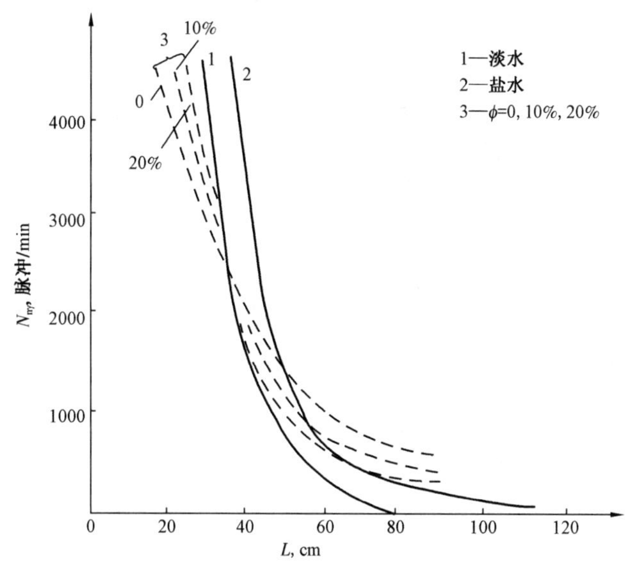

图 4－16　中子伽马计数率与源距的关系曲线

(二)中子伽马测井的应用

1. 划分岩性

在砂泥岩剖面,砂岩的读数高,泥岩的读数低。砂岩的读数随孔隙度增大(孔隙中饱含油或水)和泥质含量增高而降低。在碳酸盐剖面,白云岩、石灰岩显示为高读数,泥岩、泥灰岩显示为低读数,石灰岩、白云岩的孔隙度越大或含泥质越高读数越低。在大段致密灰岩中,低自然伽马和低中子伽马往往是孔隙裂缝带的特征。在膏岩剖面,硬石膏在中子伽马曲线上是高读数;石膏因含氢指数为 0.49,故显示为低读数;钾盐和岩盐本来应该有很高的中子伽马读数,但往往由于井径扩大而形成较低的读数。

2. 寻找气层和划分气水界面

对于钻井液滤液侵入不深的气层,在中子伽马探测范围内尚有天然气存在于孔隙中。由于天然气的含氢指数远小于水和油的含氢指数,气层的含氢指数低于油水层的含氢指数,故气层的中子伽马计数率为高值。图 4－17 给出了中子伽马测井识别气层的实例。从图中看出,由于侵入影响,固井 3d 后所测中子伽马曲线仍然不能显示出气层,而 1.5a 后所测中子伽马测井曲线显示下部两个层为明显的气层。

在中子伽马测井判断气层时,应综合其他测井资料,以区分中子伽马读数的变化是由岩性变化引起的,还是地层含气引起的。若有声波测井曲线,可根据气层出现的周波跳跃现象,与中子伽马测井的气层特征结合,能更准确地判定气层。

3. 划分油水界面

对于岩性、孔隙度稳定的地层,当地层水矿化度大于 150g/L 且侵入不深时,水层的中子伽马计数率相对较高,用中子伽马测井可识别高矿化度水层,结合电法测井信息可划分油水界面。图 4－18 给出中子伽马测井识别油水界面的实例。储集层顶部电阻率为高值,中子伽马测井为低值,为油层;储集层底部电阻率为低值,中子伽马测井为高值,为水层;储集层中间部分为油水过渡带。但中子伽马测井不能区分孔隙度相同的油层和淡水层,主要原因是油层和淡水层相比,若岩石骨架成分相同,两者含氢量几乎相等,而含氯量又相差不大。

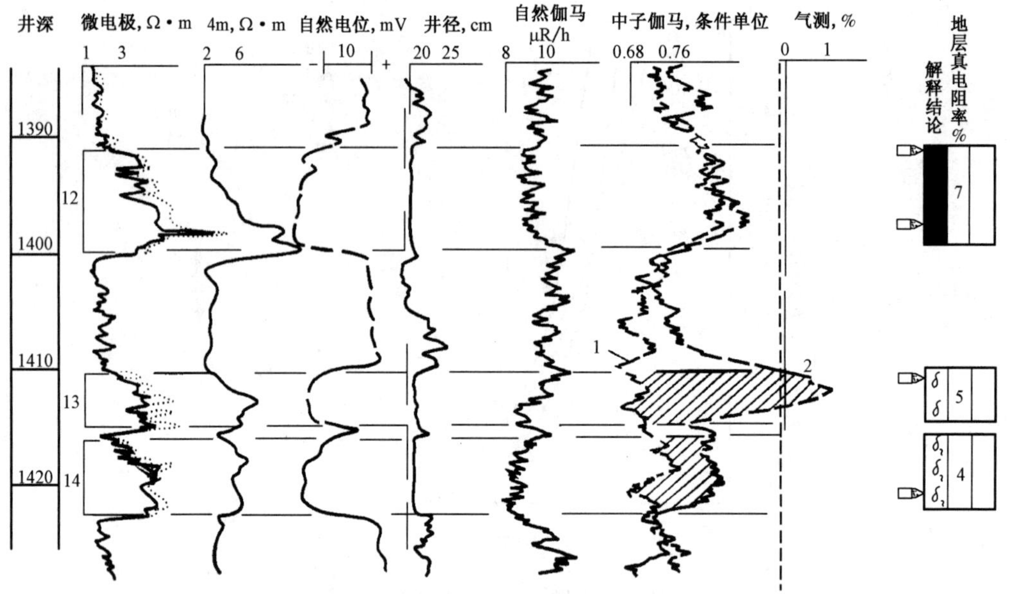

图4－17　中子伽马测井识别气层的实例

1—固井3d后测量的中子伽马曲线；2—固井1.5a后测量的中子伽马测井曲线

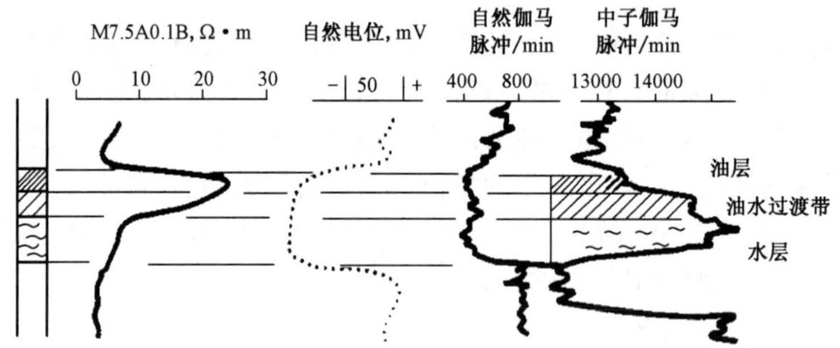

图4－18　中子伽马测井识别油水界面的实例

五、脉冲中子伽马能谱测井

脉冲中子伽马能谱测井是利用脉冲中子源向地层发射14MeV的快中子，分别测量地层非弹性散射伽马能谱和俘获伽马能谱，对这些射线进行时间和能谱分析，以确定地层的岩性和含油饱和度等的测井方法。

（一）基本原理

井下脉冲中子发生器向地层发射14MeV的中子束，中子与地层中某些核素的原子核发生非弹性散射，使这些原子核激发，中子的部分动能转变为与其相互作用的原子核的激发能。处于激发态的原子核是不稳定的，在极短的时间里发射出一个或几个伽马光子，释放多余的能量而恢复到基态。这些光子是在中子脉冲持续期内发生的，在时间分布上可以与此后由其他反应过程产生的光子区分开。不同能量的伽马光子及其强度标志着地层中特定的核素种类和浓度，从而根据所测量特征伽马射线的强度既可确定特定核素的含量。

在岩石中常遇到的核素中，^{12}C和^{16}O具有较大的快中子非弹性散射截面，并且经非弹性散射产生的伽马射线能量高，易于识别，因而可利用这一现象来测定地层的含油饱和度。由于这一测井方法经常是先测定地层碳和氧的比值，而后再求出含油饱和度，所以常称碳氧比能谱测井，简称碳氧比测井。

碳氧比能谱测井测量由快中子与地层中的碳、氧元素发生非弹性散射时放射出的非弹性散射 γ 射线，既可测量 ^{12}C 放射出的 $E_\gamma=4.43MeV$ 的非弹性散射 γ 射线和 ^{16}O 放射出的 $E_\gamma=6.13MeV$ 的非弹性散射 γ 射线，还可测量热中子俘获放出的俘获伽马射线，即测量 ^{1}H，^{28}Si，^{40}Ca，^{35}Cl 和 ^{56}Fe 放出的不同特征能量的俘获伽马射线。

由于非弹性散射 γ 射线、俘获 γ 射线分布的时间不同，可以采用与发射中子脉冲的同步技术，把非弹性散射 γ 射线与其他 γ 射线区分开。

因为原油中含有大量碳元素而不含氧元素，水中含有大量氧元素而不含碳元素，所以碳氧比能谱测井选用 ^{12}C 作为原油的指示元素，^{16}O 作为地层水的指示元素，分别记录碳能窗3.17～4.65 MeV 的非弹性散射 γ 射线计数率和氧能窗 4.86～6.62MeV 的非弹性散射 γ 射线计数率，取其比值即得到地层的 C/O 值。这样，利用 C/O 可区分油层、水层，C/O 越大，含油饱和度越高。同样，石灰岩含大量钙元素而不含硅元素，石英砂岩含大量硅元素而不含钙元素，故利用 Si/Ca 可以指示地层岩性变化。对于石英砂岩，Si/Ca 较大；而对于石灰岩，Si/Ca 较小。

（二）应用

碳氧比能谱测井的主要用途是在地层水矿化度低、不稳定或未知的情况下，确定套管井中地层的含油饱和度，特别是测定注水开发油层的剩余油饱和度。

1. 确定含油饱和度

对于单源距碳氧比能谱测井，可采用考虑井眼、孔隙流体、岩石骨架对测量信号贡献的碳氧比解释模型：

$$\begin{aligned} C/O &= A\frac{C_{骨架}+C_{孔隙流体}+C_{井眼}}{O_{骨架}+O_{孔隙流体}+O_{井眼}} \\ &= A\frac{\alpha(1-\phi)+\beta\phi S_o+B_C}{\gamma(1-\phi)+\delta\phi(1-S_o)+B_O} \end{aligned} \tag{4-31}$$

式中 α,β——岩石骨架和油的碳原子密度；

γ,δ——岩石骨架和水的氧原子密度；

ϕ——岩石孔隙度；

S_o——含油饱和度；

B_C,B_O——井眼内流体、套管、水泥环的碳和氧的贡献值；

A——常数。

对于双探测器碳氧比能谱测井，可以求解长、短源距探测器 C/O 联立方程组，得出含油饱和度和井眼持水率。

2. 定性指示油水层

冀东油田的柳 21－10 井，由于地层水为淡水，储集层的电阻率为高值，难以解释油水层。通过碳氧比测井，发现原解释的部分水层（图 4－19 的 1 号层）C/O 高，碳氧比测井曲线与硅钙比测井曲线重叠时有明显的差别，与水层相比也有明显的异常，用碳氧比测井资料解释的含油饱和度约为 56%，应解释为油水同层。根据碳氧比测井资料解释结果，射开 1 号层，日产油 23t，含水 43%。

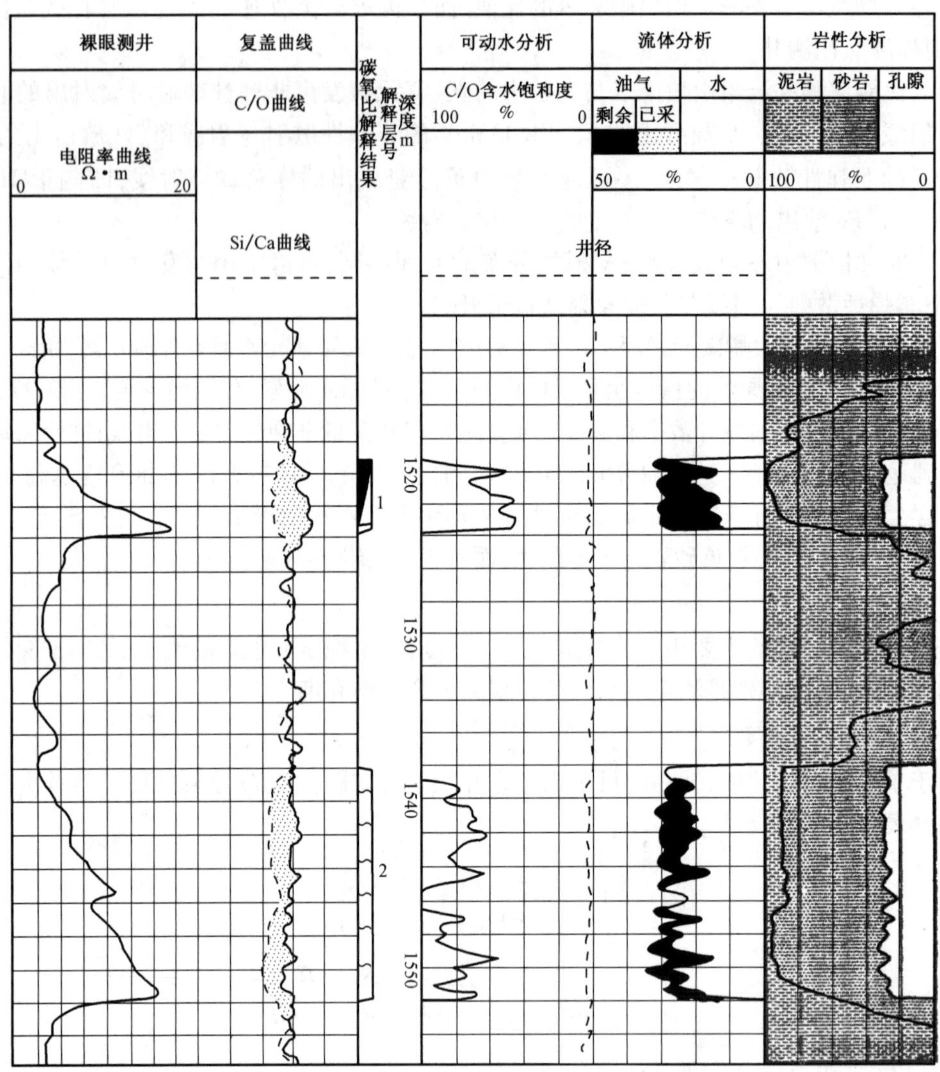

图 4－19　柳 21－10 井的碳氧比测井解释成果

六、中子寿命测井

中子寿命测井（NLL）也称热中子衰减时间测井（TDT）。中子寿命测井是通过测量热中子被俘获放出的伽马射线，进而计算地层热中子寿命和地层对热中子的宏观俘获截面，从而研究地层性质的测井方法。应用中子寿命测井资料可以划分油、气、水层。

（一）中子寿命测井的基本原理

由中子寿命测井井下仪器的脉冲中子源在井内向地层发射 14MeV 的快中子，经过地层原子核的散射减速为热中子，直至被俘获，产生俘获 γ 射线。热中子寿命是指热中子从产生的瞬时起到被俘获的时刻止所经过的平均时间。由计算可知，它等于热中子已有 63.2% 被俘获而剩下的热中子还有原来热中子数的 36.8% 所经过的时间，用 τ 表示。τ 的长短与岩石的宏观俘获截面 Σ 密切相关。显然，Σ 越大，热中子寿命 τ 就越短，它们之间有如下关系：

$$\tau = \frac{1}{v\Sigma} \tag{4－32}$$

式中　v——热中子速度，与地层的温度有关，在25℃时，$v=2.2\times10^5$cm/s；

Σ——岩石的宏观俘获截面，cm^{-1}。

若τ以μs为单位，Σ以$10^{-3}cm^{-1}$为单位，并将25℃时的热中子速度值代入式(4－32)，可得：

$$\tau=\frac{1}{v\Sigma}=\frac{4550}{\Sigma} \tag{4-33}$$

物质的热中子宏观俘获截面Σ是$1cm^3$体积中组成物质的所有原子核的微观俘获截面之和。岩石骨架与孔隙中的流体（原油、天然气、地层水）Σ值存在明显的差别，所以地层的Σ与孔隙度有关。在沉积岩中，除硼以外，以氯的微观俘获截面为最大，所以岩石的Σ主要取决于氯的含量，记录热中子寿命τ或岩石的Σ均能反映地层中含氯量的多少。盐水层比油层、气层的含氯量大，因此，盐水层Σ比油层Σ大，而盐水层τ比油层τ小，所以中子寿命测井可以用来划分盐水层和油层。

热中子在地层内的扩散中，地层中某点的热中子密度按下式规律衰减：

$$n=n_0\cdot e^{-t/\tau} \tag{4-34}$$

式中　n_0，n——衰减开始时和经过时间t后的热中子密度；

τ——岩石的热中子寿命。

中子寿命测井可采用固定门或自动调节门法进行测量。进行中子寿命测井时，在发出脉冲中子之后的间歇时间内，选取两个适当的延迟时间T_1和T_2，分别测量热中子被原子核俘获后放出的俘获γ射线，进而求出热中子寿命。将对应T_1和T_2的热中子密度换成与之成正比的俘获伽马射线计数率N_1和N_2，并代入式(4－34)得：

$$N_1=N_0\cdot e^{-T_1/\tau} \tag{4-35}$$

$$N_2=N_0\cdot e^{-T_2/\tau} \tag{4-36}$$

式(4－35)和式(4－36)相除，整理可得：

$$\tau=\frac{T_2-T_1}{\ln(N_1/N_2)}=\frac{0.4343(T_2-T_1)}{\lg N_1-\lg N_2} \tag{4-37}$$

根据式(4－37)，通过计算就可得出岩石中子寿命τ，再根据τ与Σ的关系可计算出岩石宏观俘获截面曲线Σ。

(二)中子寿命测井的主要应用

1. 定性划分油气层和水层

天然气的热中子宏观俘获截面Σ_g与它的组分、地层压力和温度有关，一般Σ_g为0～12c.u.；原油的热中子宏观俘获截面Σ_o与油气比有关，通常Σ_o在18～22c.u.；纯水在常温下的热中子宏观俘获截面Σ_w为22.1c.u.，随地层水矿化度的增加，地层水热中子宏观俘获截面增大，通常Σ_w为22～120c.u.。故气层的Σ为低值，τ为高值；地层水矿化度比较高的水层的Σ为高值，τ为低值；油层的Σ和τ值介于两者之间。因此可以根据中子寿命测井曲线划分油气层和盐水层。图 4－20 给出了双源距中子寿命测井显示油气水层的实例。在 C 段，Σ 为低值，比值 $R(N_1/F_1)$ 为低值，F_1（长源距探测器门 I 的计数率）和 N_1（短源距探测器门 I 的计数率）曲线有明显的幅度差，指示该层为气层；在 A 段，Σ 为高值，比值 R 为高值，F_1 和 N_1 曲线重叠，指示该层为水层；在 B 段，Σ 介于 C 段气层的 Σ 与 A 段水层的 Σ 之间，比值 R 与 A 段的水层的 R 值相同，F_1 和 N_1 曲线有较小的幅度差，指示该层为油层。

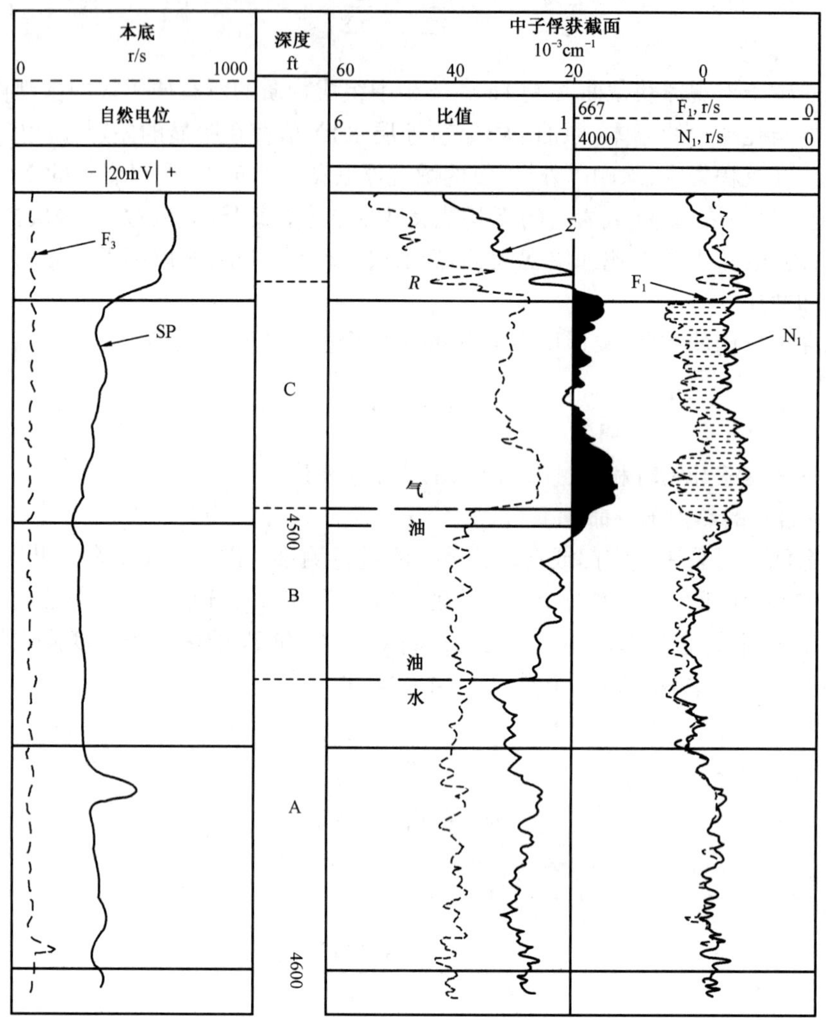

图 4－20　双源距中子寿命测井显示油水层的实例

2. 确定含油饱和度

对于纯岩石，孔隙中含有水和油，中子寿命测井得出的总俘获截面是岩石骨架、油和水的俘获截面之和，即：

$$\Sigma_a = \Sigma_{ma}(1-\phi) + \Sigma_w \phi S_w + \Sigma_h \phi (1-S_w) \tag{4-38}$$

式中　Σ_a——中子寿命测井得出的地层总俘获截面；

$\Sigma_w, \Sigma_h, \Sigma_{ma}$——地层水、油气和岩石骨架的俘获截面；

ϕ——岩石孔隙度；

S_w——岩石的含水饱和度。

利用式(4－38)可得出含水饱和度：

$$S_w = \frac{\Sigma_a - \Sigma_h\phi - \Sigma_{ma}(1-\phi)}{(\Sigma_w - \Sigma_h)\phi} \tag{4－39}$$

含油饱和度 $S_o = 1 - S_w$。式(4－39)只适用于高矿化度地层水的纯地层，如果地层含有泥质，则需对泥质进行校正。

第五章 成像测井

成像测井就是在井下采用传感器阵列扫描测量或旋转扫描测量，沿井眼纵向、周向或径向大量采集地层信息，传输到井上以后通过图像处理技术得到井壁的二维图像或井眼周围某一探测深度以内的三维图像。这种描述地层方式比以往的用曲线表示地层一维信息的方式更精确、更直观、更方便。成像测井在仪器的设计上一定程度地考虑了地层的复杂性和非均质性，因此，它能比较好地解决目前测井地层评价和工程应用方面遇到的难题。

本章内容主要包括井壁成像测井(微电阻率成像、声波井周成像)、方位电阻率成像测井、阵列感应成像测井、多极子阵列声波测井及核磁共振测井的基本原理及资料处理解释方法和地质应用。

第一节 井壁成像测井

井壁成像测井把由井壁及井壁附近地层的岩性、裂缝、孔洞、层理等变化引起的岩石声阻抗或电阻率的变化转换成伪色度，从而使人们直观而清晰地看到地层的岩性及几何界面的变化，用来识别地质特征。

目前井壁成像测井系列主要有声波井周成像测井和微电阻率扫描测井。

一、声波井周成像测井

声波井周成像测井又称超声波井下电视测井，简称声成像。它是利用井壁或套管内壁对超声波的反射特性研究井身剖面的一种超声波测井方法，具有很高的分辨率。声波井周成像测井记录环井壁360°方位随深度变化的井壁地层岩石物理信息的二维图像。声波井周成像测井能用于解释地层的产状、裂缝，以及套管井内射孔层位、套管损坏等地质和工程现象。

(一)声波井周成像测井的基本原理

声波井周成像测井采用一个旋转式聚焦换能器作为声波发生器，发射一定频率的声脉冲，经钻井液传到井壁后反射回来，被同一个换能器接收，接收到的信号大小与井壁介质的性质有关。换能器以固定速率绕井轴旋转，仪器在井下测量时，随着深度的变化，换能器向井壁作螺旋状连续超声波扫描。仪器记录的是以回波方式对整个井壁进行360°扫描所产生的回波幅度和回波时间，并显示成彩色图像。阿特拉斯公司生产的CBIL、斯伦贝谢公司生产的UBI(或USI)、哈里伯顿公司生产的CAST以及华北石油管理局测井公司生产的DBHTV均属这类仪器。

CBIL仪器备有扶正器，保证仪器在井下居中，由方位短节确定磁北方位，发射频率为250kHz，扫描速率为6r/s，每旋转一周采样250个点，方位采样间隔为1.44°；仪器的垂直分辨率为0.762cm，测速为600m/h。测井时，CBIL可提供反映地层或井壁声阻抗的回波幅度图像(BHTA)和反映井眼椭圆度的回波传播时间图像(BHTT)。图像以360°展开，按0°~360°进行方位刻度，0°为磁北方向。

回波幅度图像反映井壁几何形状、表面状态、孔洞及裂缝内充填的介质所造成的回波幅度衰减。回波传播时间图像主要反映井壁几何形状。传播时间图像可以转换成回波传播距离图像(RADIUS),并可作某一深度的时间切片。当裂缝与井眼相交时,由于声脉冲传播时间长于规则井壁的声脉冲传播时间,因而在时间图像上显示出与幅度图像相类似的特征。

图5-1为CBIL现场测井记录。该图显示的井段为砂泥岩剖面,岩性致密,孔隙度约为10%。第一道为四条井径曲线、钻头直径及自然伽马曲线,第二道为深度道,第三道为360°展开的反射系数及灰度。图像中的不规则曲线条纹是裂缝显示,大都为高角度裂缝,而且是应力释放缝。

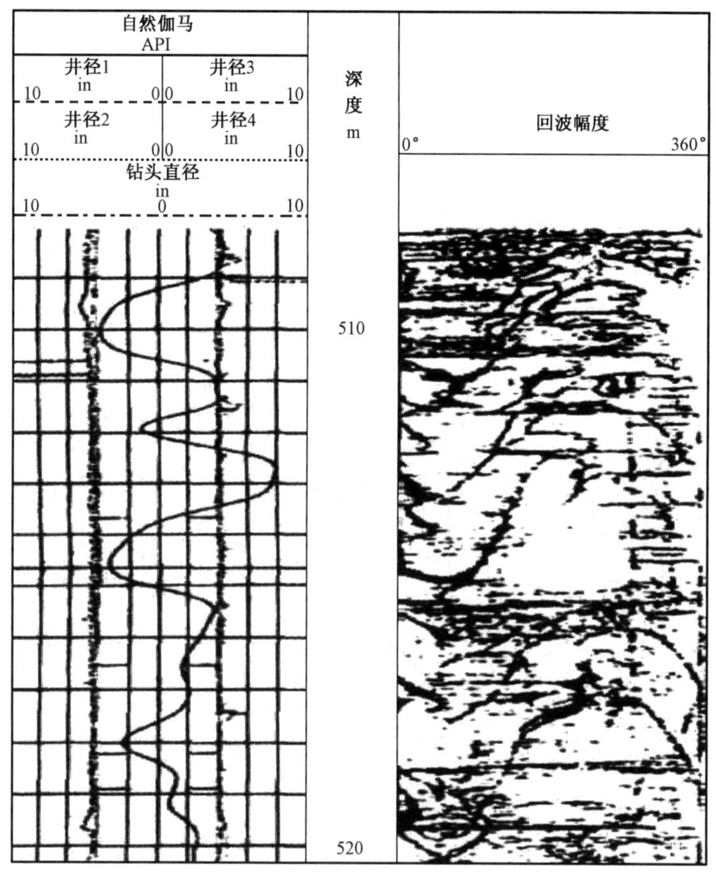

图5-1 CBIL现场测井记录

(二)声波井周成像测井解释方法

声波井周成像测井记录井壁声强反射系数,以反射波的幅度和传播时间显示井壁的地质现象。发射的声波垂直入射到井壁,反射回来的声波其声强决定于钻井液和地层的声阻抗(ρv),声强的反射系数为:

$$\beta = \frac{\rho_2 v_2 - \rho_1 v_1}{\rho_2 v_2 + \rho_1 v_1} \tag{5-1}$$

式中 ρ_1,ρ_2——井内流体和井壁地层的密度;

v_1,v_2——井内流体和井壁地层的声波传播速度。

1. 岩性和地层产状

表5-1给出了流体密度$\rho_1 = 1g/cm^3$,声速$v_1 = 1500m/s$条件下各种岩性地层的反射系

数。从表中可以看出，声阻抗大的地层反射系数也大，泥岩和煤层的反射系数小，而碳酸盐岩、致密砂岩的反射系数大。在声波井周成像图上，泥岩和煤层的图像颜色为深色或暗色；而碳酸盐岩、致密砂岩的图像颜色为浅色或亮色。

表 5－1　各类介质的反射系数

地层	ρ_2, g/cm^3	v_2, m/s	β
致密灰岩	2.71	6500	0.7225
致密白云岩	2.87	7000	0.855
致密砂岩	2.65	2600～3850	0.4184～0.5529
泥岩	2.45	1850～1900	0.2525～0.5307
煤岩	1.3	2000～2380	0.3787～0.1428

对于声阻抗差别明显的两种岩层，由于它们反射波能量的显著差别，图像上显示出岩层界面，依据图形可以分析地层产状。水平地层的分界面为水平线显示；倾斜地层的分界面为正弦线显示，地层倾角越大，正弦波最高点和最低点的距离也越大。地层倾角的计算方法与斜交裂缝倾角的计算方法相同。图 5－2 是不同倾斜方向地层界面的图形显示。

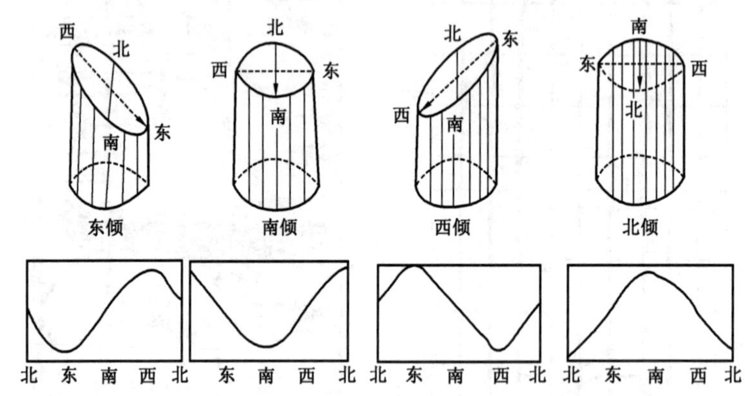

图 5－2　不同倾斜方向地层界面的图形显示

2. 裂缝显示

图 5－3 是声波井周成像裂缝显示图。它是井壁按正北方向切开，内壁展开的水平、斜交、垂直裂缝声学图像。

1）水平裂缝

图面出现水平黑线。根据黑线的深度确定裂缝的深度，由黑线宽度估计裂缝宽度：

$$裂缝宽度 = 黑线宽度 \times 深度比例$$

2）垂直裂缝

图面出现两条平行井轴的黑线。根据黑线宽度估计裂缝宽度，根据黑线长度计算裂缝长度：

$$裂缝宽度 = 黑线宽度 \times \frac{井壁周长}{图面横向宽度}$$

$$裂缝长度 = 黑线长度 \times 深度比例$$

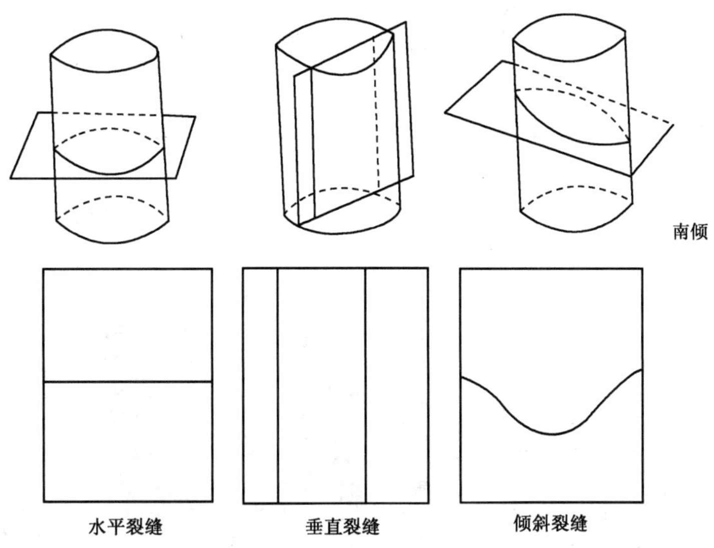

图 5－3　声波井周成像裂缝显示图

3）斜交裂缝

图面出现正弦波黑线。根据正弦波的最高点与最低点的垂直距离确定斜交裂缝的倾角 θ：

$$\tan\theta = \frac{\text{正弦波最高点与最低点的垂直距离}}{\text{井径}}$$

根据最低点的横坐标确定斜交裂缝的倾斜方位。

3. 套管井图像解释

1）检查射孔部位及质量

射孔井壁图像中出现的黑点为射孔孔眼，形状不规则。如果孔眼图像不清楚，则表示没有射透套管；如果孔眼图像显示为长条形阴影，则表示射孔后套管破裂。

2）确定套管破损的部位及破损情况

图像中黑色部位为套管破损部位。如果黑色部位为水平，而且上下套管错开，则表示套管断裂。

（三）声波井周成像测井资料的应用

声波井周成像测井可以在淡水钻井液、盐水钻井液及油基钻井液中获得井壁图像，解决以下地质、工程问题。

1. 判断井剖面地层岩性和地层产状

图 5－4 是赵 61 井声波井周成像图。第一道为由井周声波成像资料处理的地层产状，第二道为井方位，第三道为深度，第四道为自然伽马、薄层电阻率曲线，第五道为幅度图像，第六道为钻井取心岩心描述及幅度卷筒图像。从该图可知，地层倾角为低角度，约 2°～3°；由上至下，地层由北东向逐步变化为南西向。井轨迹为井斜 4°左右，北西向。钻井取心岩性显示，该井段主要岩性为砂岩、粉砂岩、钙质砂岩、泥岩等。通过对比可知，颜色最浅的是钙质砂岩，如 1859.8～1860.4m；颜色最深的是泥岩，如 1847.6～1849.0m，1853.4～

1854.0m；在1844.8～1847.6m有一层渗透性砂岩，厚2.8m，颜色较深，自然伽马值低，薄层电阻率值低于钙质砂岩，黑色薄线条为泥质条带。一些过渡岩性，如泥质砂岩、粉砂岩，在图像中难于区分。

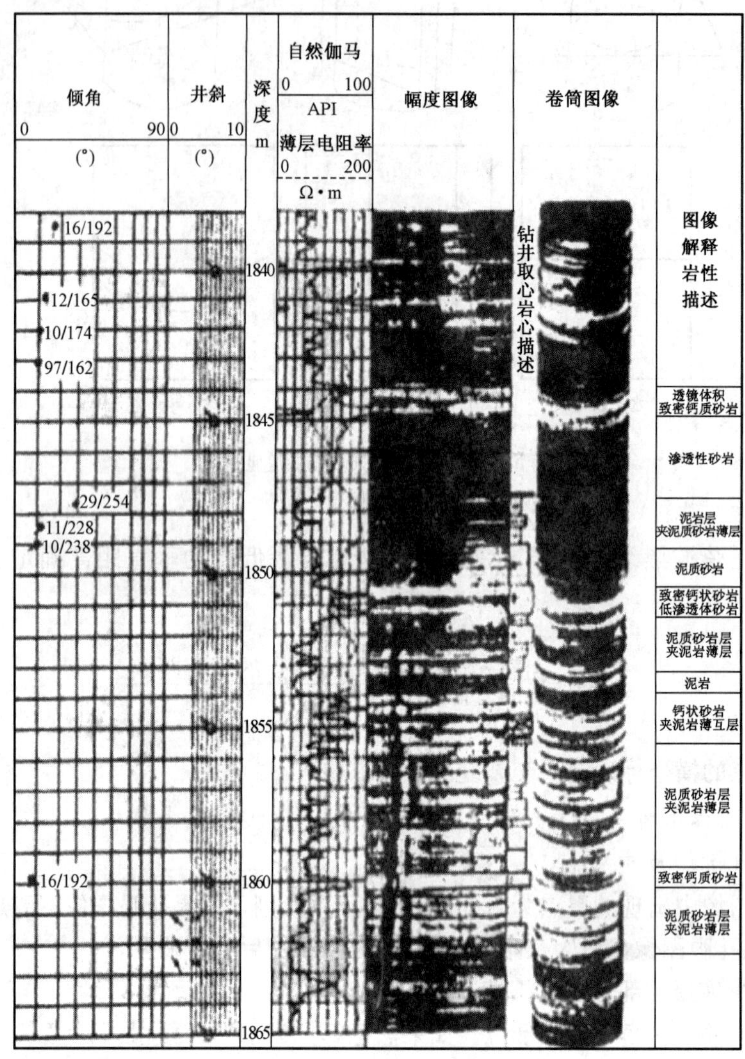

图5－4　赵61井声波井周成像图

2. 识别天然裂缝

天然裂缝在声波井周成像图上有以下特征：

(1)与井轴垂直的天然裂缝显示水平阴影，与井壁斜交的天然裂缝为正弦波形状的阴影，与井眼相交的垂直裂缝显示两条垂直阴影。

(2)天然裂缝通常为不规则、不连续图像。斜交裂缝在图像上往往为正弦波的一部分。主要裂缝的走向往往与主要断层的走向一致。

(3)对于开度较大或充填不完全的开裂缝，不仅回波幅度图像上有阴影，在回波时间图像上也有阴影显示。

(4)微细裂缝、闭合裂缝往往仅在回波幅度图像上有显示，但在回波时间图像上显示不明显。

图 5－5 为某井测井成果图。在常规测井曲线上，声波时差在 55μs/ft 左右，变化非常小，基本接近骨架值，中子孔隙度 0～3%，密度 2.55g/cm³，从孔隙度测井系列上不能看出裂缝发育，而电阻率测井资料和自然伽马测井资料也不能判断出 2739～2749m 有裂缝发育。但在 CBIL 成果图的回波幅度图像上可以明显地看出，在 2740～2750m 井段出现与井筒近平行的不规则、断续的两组低回波幅度暗带，是高角度裂缝的特征。

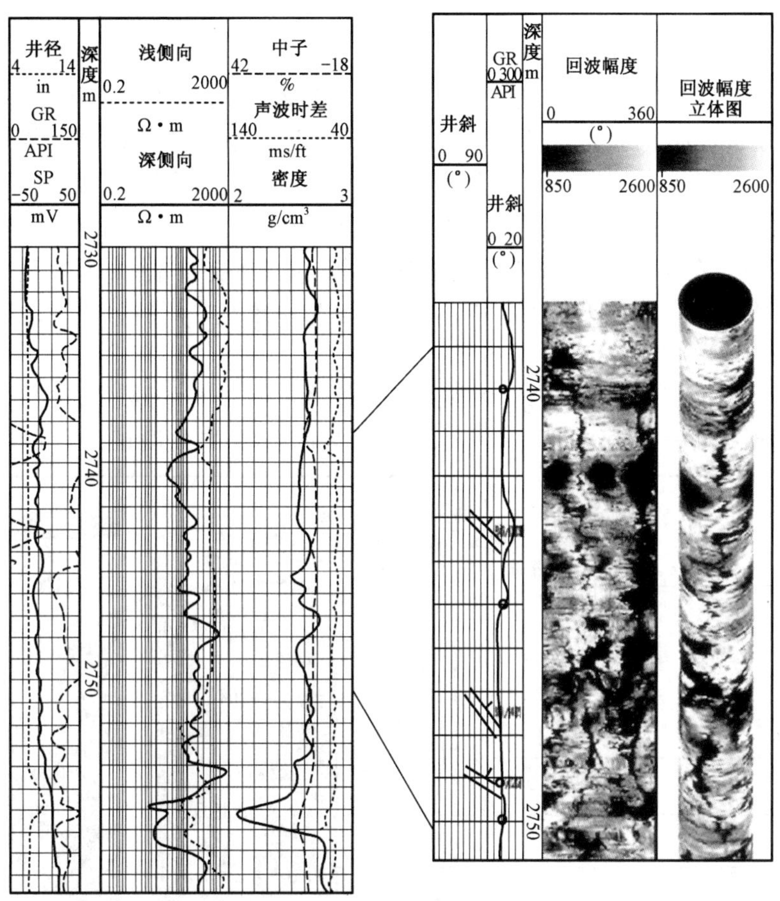

图 5－5　某井测井成果图

3. 识别诱导裂缝

诱导裂缝有三种，即钻井过程中由于钻具震动形成的震动裂缝、重钻井液与地应力不平衡造成的压裂缝和应力释放缝。

1）震动裂缝

这种裂缝很微细，径向延伸很浅，在图像上显示为微细的排列一致的阴影。

2）压裂缝

这种裂缝径向延伸不深，但张开度和纵向延伸可能较大，其特征为：(1) 它们总是以 180°或近似 180°之差对称地出现在井壁上；(2) 以一条高角度张性缝为主，在两侧有羽毛状的微细裂缝或三条相互平行的时断时续的阴影，在走向方向张开度最小，图像显示最弱；(3) 由于压裂缝与地应力密切相关，故压裂缝的方位总是与最大主应力的方位一致；(4) 在碳酸盐岩地层，双侧向测井曲线上有时出现“双轨”现象，即深侧向电阻率值大于浅侧向电阻率值，表现为大段平直的正差异。

在图 5－5 上，除 2758.0～2758.5m 的两条天然裂缝外，还有五条压裂缝。它们的最大特点是以一组裂缝为主，还有其他几组不太明显的裂缝。在 2752～2758.8m 可见明显的两组裂缝，倾角变小。由正弦波形状分析，裂缝倾角 80°～89°，走向 134°～314°。在正弦波的最高点和最低点有井壁岩石掉块现象，正弦波的腰部裂缝张开度最小，代表裂缝走向。

3）应力释放缝

在裂缝发育段，古构造应力多被释放，保存的应力都很小；现代构造应力在充满流体的裂缝段也剧烈衰减，因此在裂缝段构造应力是很小的，其应力的平衡性也必然很弱。但在致密层段，古构造应力未得到释放，加上现代构造应力在致密岩石中不易衰减，因而存在巨大的地应力，这种地层一旦被钻开，地应力就有了释放的条件。随着应力的释放，将有可能产生一组与之相关的高角度裂缝，且走向与最大水平主应力一致，唯一的差别是应力释放缝只有一组，而压裂缝则有三组。图 5－6 为侯 101 井应力释放缝，由应力型崩落井眼求得最小应力方位为 44°～224°，最大水平主应力方位为 134°～314°，这与倾角测井资料分析的地应力方位基本一致。

声波井周图像的解释应结合岩性和其他测井资料进行综合。天然裂缝、诱导裂缝、人工裂缝有时同时出现在同一井段。图 5－7 中水平黑线为泥质层，高角度正弦波形为诱导裂缝，羽

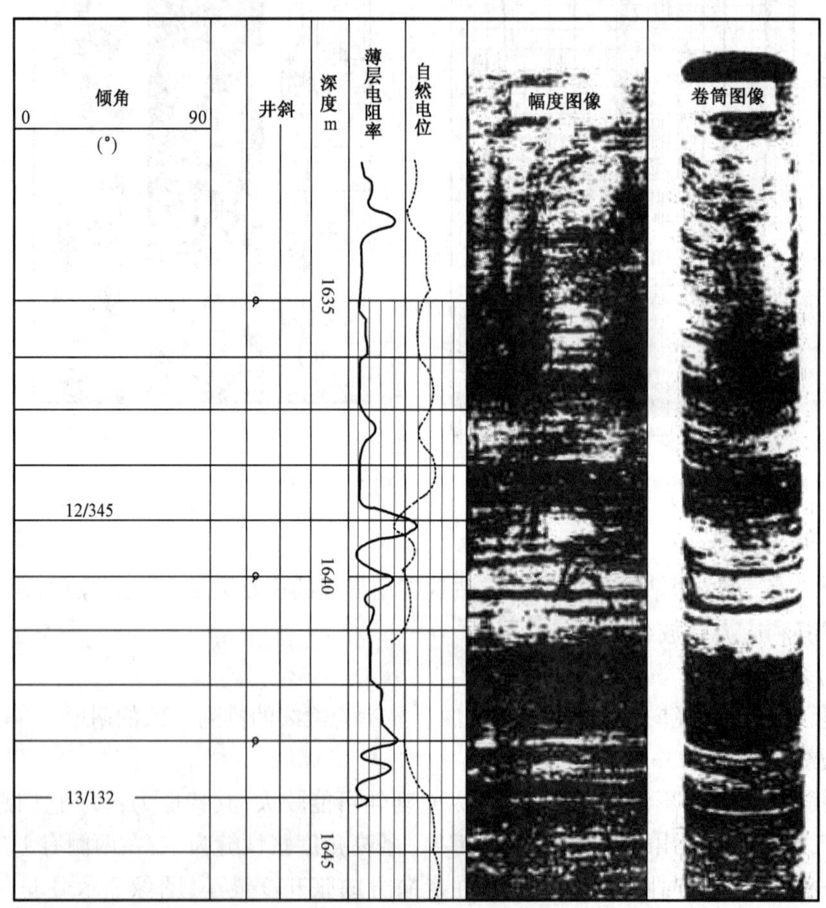

图 5－6　侯 101 井应力释放缝

毛状为人工裂缝。在图 5-8 上标出了天然裂缝、诱导裂缝、人工裂缝、崩落。在观察岩心时应注意裂缝中的充填物，如果裂缝中没有充填物，则一般为钻井过程中形成的裂缝；诱导裂缝和应力释放缝一般径向延伸不大，但纵向延伸有时则很大，而且随着钻井液柱压力的减小可能重新闭合。

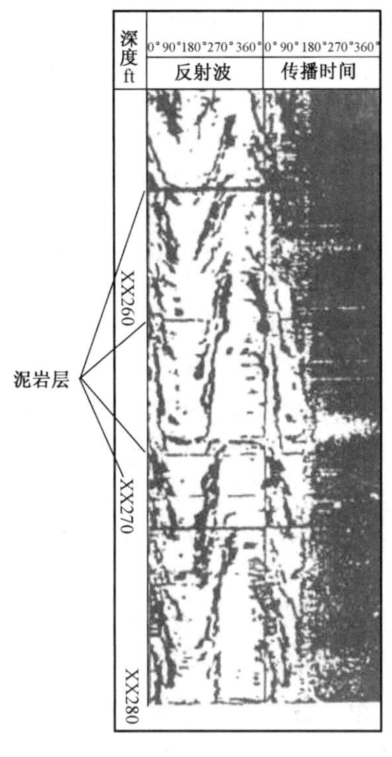

图 5-7　碳酸盐岩地层中穿过泥岩层的诱导裂缝和人工缝

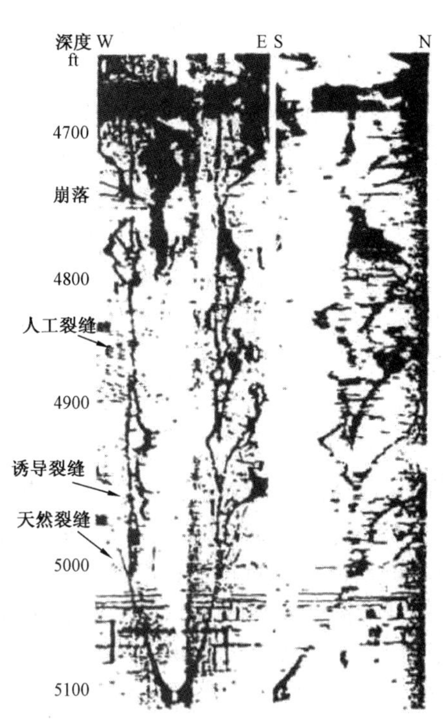

图 5-8　具有诱导裂缝、崩落、人工裂缝和天然裂缝的测井实例

4. 在套管井中的应用

图 5-9 是任水 1-12 井声波井周成像测井图像。该井套管尺寸为 12¾in。图中给出了平均井径曲线和幅度图像，井径范围 180~340mm。图中显示出井径超出 340mm 的井段，在图像上阴影部分为套管破裂部位。图 5-10 为该井的声波卷筒图像，图像变形表明套管发生扭曲。

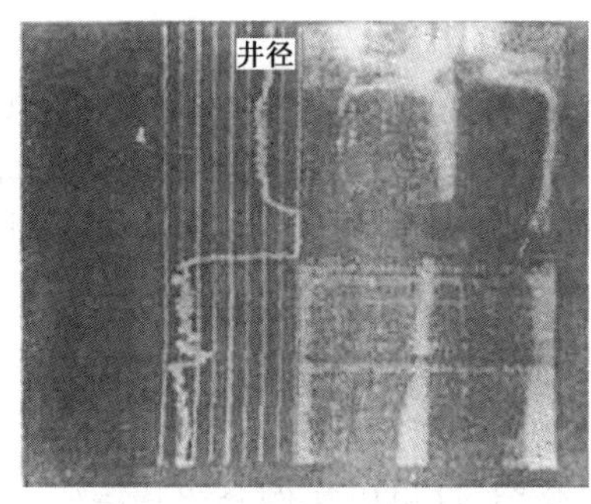

图 5-9　任水 1-12 井声波井周成像测井图像

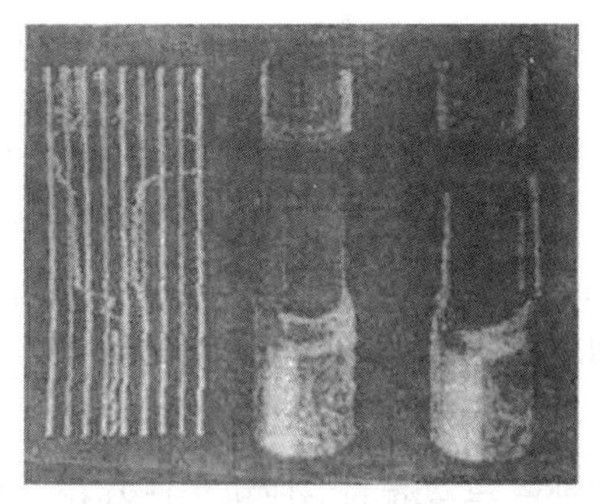

图 5-10　任水 1-12 井声波卷筒图像

二、微电阻率扫描测井

微电阻率扫描测井主要反映井壁附近地层电阻率的变化，使用图像将沉积环境和地层内部结构、地层内裂缝、溶蚀孔洞显示出来。

（一）微电阻率扫描测井的基本原理

微电阻率扫描测井主要反映井壁附近的地层电阻率的变化。当井壁地层的岩性、结构发生变化或地层存在裂缝、溶洞时，将发生电阻率的变化。井下仪器推靠极板上纽扣电极探测到这种变化，经过处理把井壁上各点电阻率的微细差异转换成亮度不同的图像，直观反映井壁附近地层各种特征变化。图像颜色越浅，反映电阻率越高；图像颜色越深，则反映电阻率越低。

可采用静态法和动态法将井壁上各点电阻率的变化标定成亮度不同的图像。静态法是在整个处理层段作一次频率统计，按各色度或灰度占相等频数的原则对图像进行色度标定的方法。这种标定方法得到的图像叫静态图像，它既能保持井段内电阻率的整体变化特征，也能在一定程度上反映电阻率的微细变化，显示地层电阻率的宏观变化情况，易于进行地层对比。动态法是当地层电阻率变化范围很大时，为了使微小的电阻率差异能在图像中清楚地显示出来而采用的色度标定方法，即在一小段深度内，根据用户的要求，对滑动窗长（通常小于 3ft）作一次静态色度标定，相邻窗长之间有一部分重叠。这种标定方法得到的图像叫动态图像，它虽然失去了处理层段内电阻率的整体变化特征，但它更详细地突出了电阻率的局部变化特征。

阿特拉斯公司的 STAR－Ⅱ、斯伦贝谢公司的 FMI 及哈里伯顿公司的 EMI 皆为同一种类型的微电阻率扫描成像测井仪。

STAR－Ⅱ型井下仪器上有六个极板，共有 144 个纽扣电极。每个极板上装有 24 个纽扣电极组成两排，每排 12 个电极。贴井壁测量时，对于 200mm 的井眼，其井壁覆盖面积达 59%。仪器的分辨率是由纽扣电极有效直径（指金属纽扣电极的中心到两纽扣电极之间绝缘环中点的两倍）决定，其纵向分辨率约为 0.5cm。仪器的探测深度决定于钻井液电阻率、地层电阻率及侵入带电阻率，在无限厚的地层中探测深度约 13cm。测量电阻率的动态范围为 0.1～1000Ω·m。

在图像上，电阻率高的显示为"亮"色，电阻率低的显示为"暗"色。根据图像的颜色和形状进行解释，对于地层和裂缝的解释方法与声波井周成像的解释方法相同。

（二）微电阻率扫描测井资料的应用

1. 识别天然裂缝

天然裂缝的识别主要根据裂缝的产状进行。水平裂缝呈水平电导率异常；垂直裂缝呈两条垂直的电导率异常；斜交裂缝的电导率异常为正弦波形，依据正弦波的高点和低点的深度和在展开图上的方位可确定裂缝的倾角和方位。天然裂缝一般局部充填，并常与溶蚀孔洞串在一起，电导率异常的宽窄变化较大。当裂缝内充填方解石时，裂缝壁可能出现深色阴影。对于张开裂缝，则出现深色条纹，有溶洞相连时则出现不规则阴影，见图 5－11。

2. 识别诱导裂缝

三种诱导裂缝的形成机理已在声波井周成像测井中介绍，这里以实例介绍其特征。

1）压裂缝

图 5－12 为重钻井液与地应力不平衡形成的诱导裂缝。裂缝以 180°或近于 180°之差对

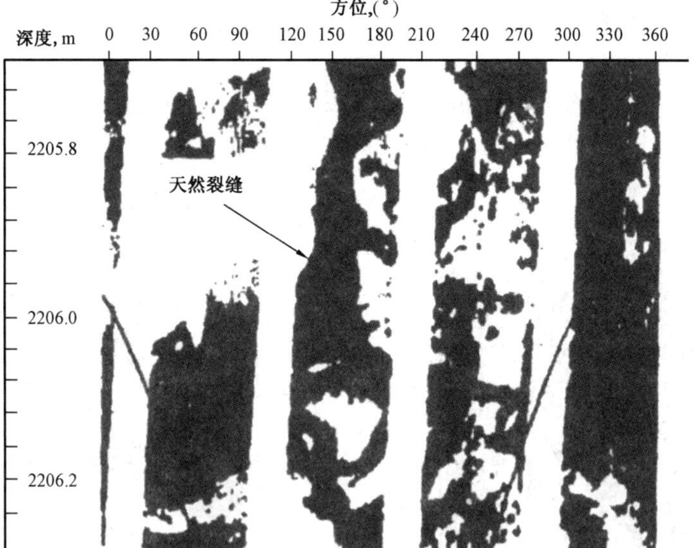

图 5－11　裂缝显示图

称地出现,以一条高角度张性缝为主,在两侧有羽毛状的较细的剪切缝。

2)应力释放缝

图 5－13 为地应力释放裂缝图,在图像上呈高角度羽毛状,缝面规则。这种裂缝既可在井壁出现,也可在岩心中出现。观察岩心时可发现,在裂缝中没有钻井液渗入,而天然裂缝则有钻井液渗入。

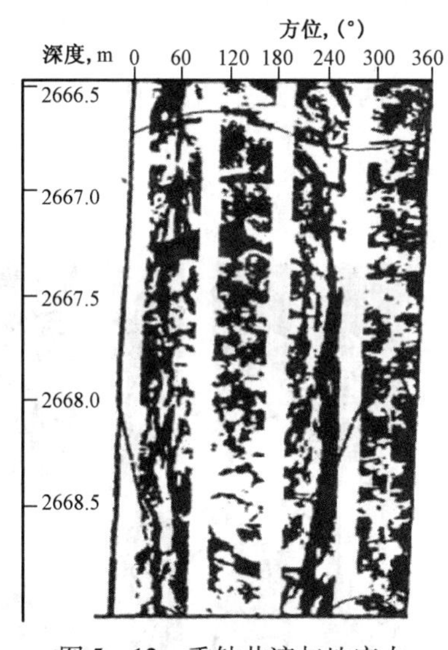

图 5－12　重钻井液与地应力不平衡形成的诱导裂缝

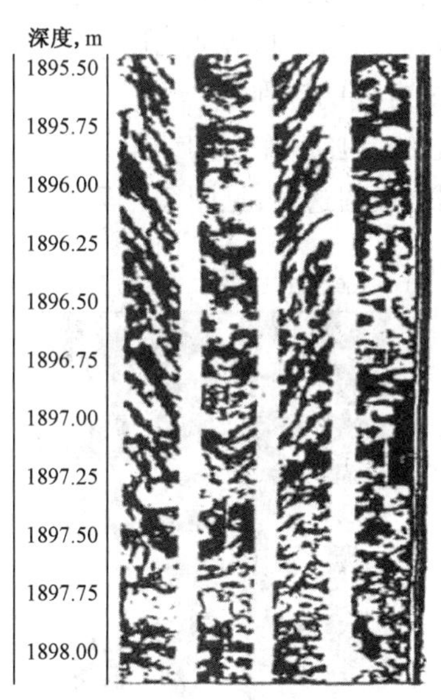

图 5－13　地应力释放裂缝图

3)振动裂缝

图 5－14 为钻具振动形成的诱导裂缝。裂缝很细小,成组出现,形态相似,犹如羽毛状。

3. 识别其他地质现象

1)断层面的鉴别

在断层面处,地层发生错动,相同厚度的地层不连续。根据地层错动勾画出的线条有的是直线,有的是曲线,见图 5-15。

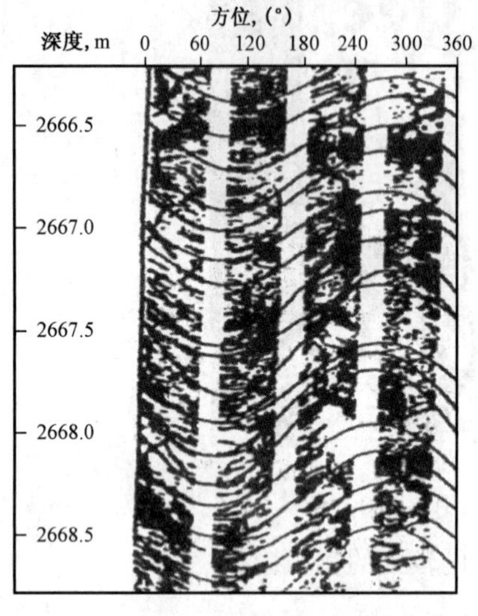

图 5-14 钻具振动形成的诱导裂缝

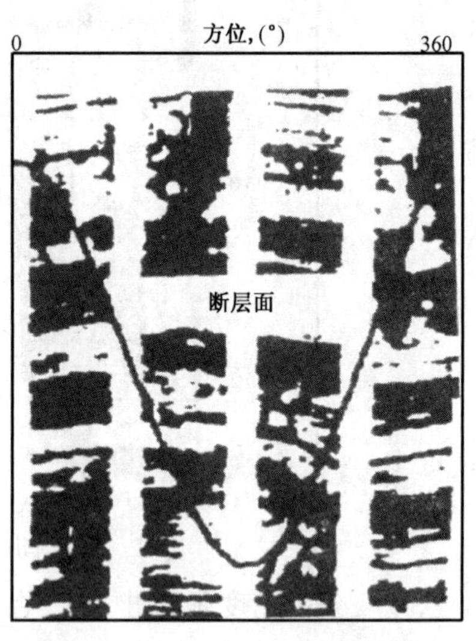

图 5-15 断层面识别图

2)地层界面与裂缝的鉴别

地层界面常常是一组相互平行或接近平行的电导率异常,而且异常的宽度窄而均匀。裂缝总是与构造运动和溶蚀相连,因而电导率异常的图形一般既不平行又不规则,见图 5-16。

3)缝合线的鉴别

缝合线是压溶作用的结果,因而一般平行于层界面,且两侧有近垂直的细微的高电导异常,一般不具渗透性,见图 5-17。

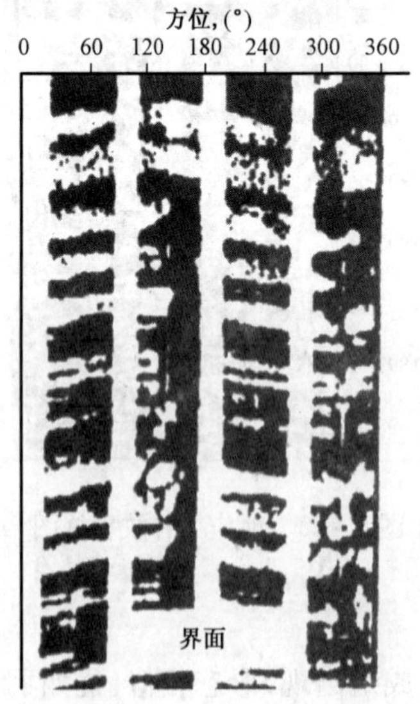

图 5-16 地层界面识别图

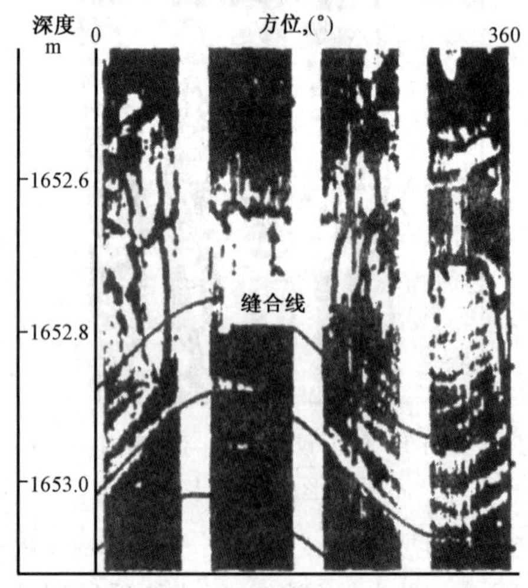

图 5-17 缝合线识别图

4)泥质条带的鉴别

泥质条带为高电导异常,一般平行于层面而且比较规则,仅当因构造运动而发生变形时才出现剧烈弯曲,但宽窄变化不会很大。

三、井壁成像测井资料解释方法

井壁成像测井资料包含丰富的地质、地球物理信息。这些信息主要通过图像上的颜色、形态来反映,因此,目前采用的解释方法是以地质取心资料为基础,建立起标准地质模式,结合区域地质资料刻度成像测井资料,建立起标准图像模式,最后进行综合地质解释。

(一)成像测井标准图像模式

图5-18列出了成像测井标准图像模式及地质意义分类。根据有地质意义的模式和无地质意义的模式,共划分10大类17个次级类型。

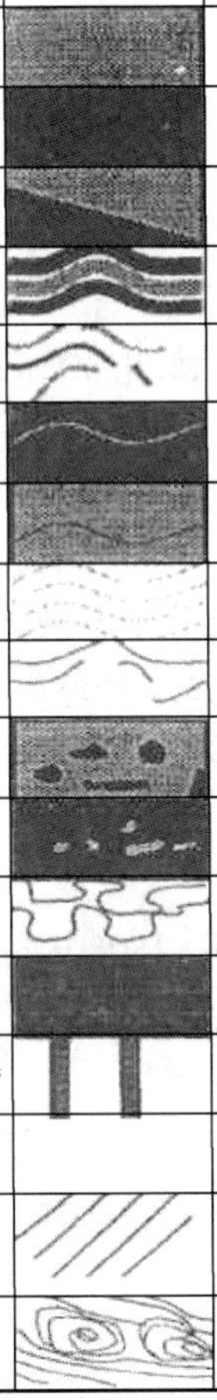

成像测井模式		成像图像特征	地质成因解释
段状模式	亮段		致密砂岩、钙质砂岩、致密火成岩、致密碳酸岩盐等高阻高密度地层段
	暗段		泥岩、多孔缝碳酸盐岩、多孔缝火成岩等相对疏松的低阻低密度段
	亮暗段截切		相对低阻低密度段与高阻高密度段截切,可能有断层等突变接触
条带状模式	连续的明暗条带		砂泥岩互层、条带状碳酸盐岩、泥质条带灰岩
	不连续的明暗条带		砂岩成分非均质变化
线状模式	单一亮线		充填高阻高密度物质的裂缝、缝合线、断层面不整合面、冲刷面等
	单一暗线		高导裂缝,由相对低阻低密度物质构成的线状地质现象
	组合线状		岩层面、层理、火成岩流线构造等
	断续线状		断续状层理及其他非连续成因事件
斑状模式	暗斑		孔洞、低阻物质充填的孔洞、低阻砾石、结核、黄铁矿等斑块,岩石透镜体、断层角砾等
	亮斑		高阻物质充填的孔洞,高阻砾石、化石、结核等
杂乱模式	杂乱		变形、扰动、滑塌等地质现象
递变模式	色级逐渐递变		递变层理及密度递变层
对称沟槽模式	竖形对称条带		椭圆井眼崩落(CBLL多见)
空白模式	无图像		测井仪器失控,工作不正常或遇卡
规则条纹模式	斜列等距		钻具刮削痕
不规则条纹模式	不规则		测井仪器扰动异常图像

图5-18 成像测井标准图像模式及地质意义分类

1. 有地质意义的模式

1)段状模式

段状模式是指图像上基本无变化的色级单一的均质块段,可分为以下两种。

(1)亮段:地层电阻率和声阻抗高或较高,指示岩性致密的地质体,如致密厚层碳酸盐岩地层、致密钙质砂岩地层、硬石膏。

(2)暗段:地层电阻率和声阻抗低或较低,指示岩石疏松或有微细裂缝,非均质性弱。如孔隙性砂岩、孔隙性碳酸盐岩、泥岩、多孔火成岩。

2)条带状模式

条带状模式是指图像上为明暗相间或不规则的条状结构,可分为以下两种。

(1)连续的明暗条带:图像显示明暗相间条带,宽度不一,形态规则,指示薄层和薄互层,其层面产状与构造产状基本一致,可以确定地层产状。

(2)不连续的明暗条带:图像显示明暗相间条带但横向不连续,指示薄互层及因孔隙或裂缝分布不均匀而造成的非均质变化。

3)线状模式

线状模式是指在单一色级背景成像图中,出现增强或减弱色级的线性展布,可分为以下四种。

(1)单一亮线:在背景为相对暗色调的成像图中出现的亮色线状层,指示高阻和高密度物质充填的单一裂缝、断层面。

(2)单一暗线:在背景为相对亮色调中出现暗色线条状,指示低阻和低密度物质充填的单一裂缝、缝合线、泥质条带、断层面等,形态多样,包括水平形态、正弦波形、立线形、不规则弯曲形态等。

(3)组合线状:成组密集的具有不同形态的线状层,指示层理、熔岩流等地质现象。

(4)断续线状:成组出现的不连续变化的线状层,指示断续状层面、层理等。

4)斑状模式

斑状模式是指在均匀色纹背景成像图中出现斑状或色级突变的色块,包括以下两种。

(1)暗斑:成像图中的暗色斑状块,指示未充填的孔洞及低阻低密度的泥砾、化石、结核、透镜体等。由于声成像只能探测井壁表面的信息,除了反映地质信息外,还反映一些非地质信息,如井壁粗糙不平、岩屑剥落都会在声成像图上显示暗色斑状。

(2)亮斑:背景为相对暗色调的图像中出现的亮色斑状,指示高阻高声阻抗的砾石、化石、透镜体及充填高阻高密度物质的孔洞等。

5)对称沟槽模式

这种模式在成像图中沿井轴方向排列两个相距180°方向的暗色不规则竖条形态,指示椭圆形井眼。这是井眼由于地应力形成的椭圆形崩落。

6)杂乱模式

这种模式的图像上色级及形态变化杂乱、模糊,可能指示沉积构造的变形、扰动、滑塌及其他导致图像变差的因素,如碳酸盐岩或火成岩中的各种裂缝、孔洞非常发育,泥质灰质分布不均匀,井眼不规则,以及测井资料质量变差等。

7)递变模式

这种模式的图像中色纹均匀递变的块状层是由于地层电导率及密度上下均匀递变引起的,指示沉积构造中的递变层理及递变层段。

2. 无地质意义的模式

1)空白模式

这种模式的成像图上没有任何信息,或虽有信息但图像模糊不清。这种现象是仪器遇卡造成的信号丢失或仪器工作不正常无信号所致。

2) 规则条纹模式

这种模式正常成像图的背景上出现规则倾斜的条纹变化，这是因钻具刮擦等引起的。把图像卷成井筒状，观测到的条纹无法构成过井眼的倾斜面。

3) 不规则条纹模式

这种模式正常成像图的背景上出现不规则的花纹变化，是测量仪器振动（有规律或无规律）引起的声成像图像条纹。

（二）图像解释模式实例

1. 诱导裂缝

图 5－19 为钻具振动形成的诱导裂缝解释实例。

这种裂缝是钻井过程中由于钻具的震动所形成的，它们十分微小且径向延伸很短，一般呈羽毛状或雁行状排列。

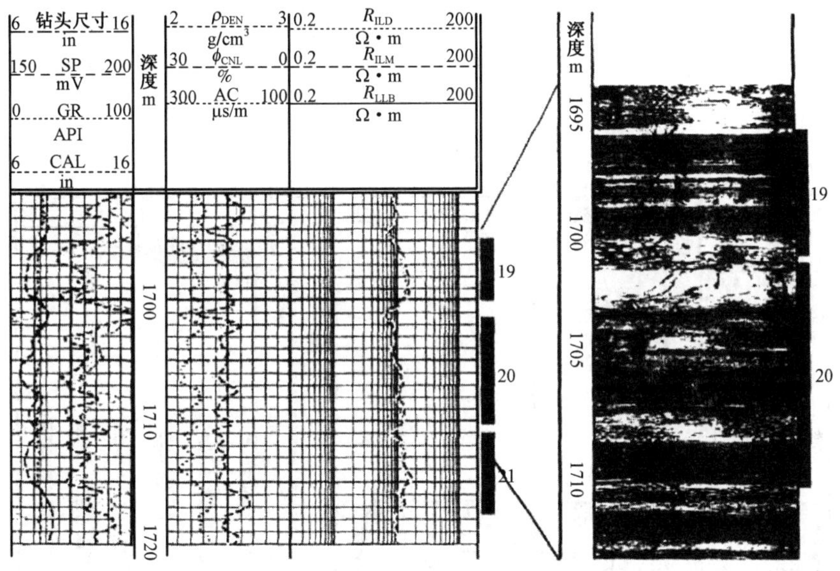

图 5－19　钻具振动形成的诱导裂缝解释实例

2. 压裂缝

图 5－20 为重钻井液与地应力不平衡造成的压裂缝解释实例。

重钻井液与地应力的不平衡造成的压裂缝虽然径向延伸不远，但张开度和纵向延伸可能都较大，在图像上表现为相差 180°方位的两条暗色竖线。

3. 低角度缝

图 5－21 为碳酸盐岩地层半充填与未充填的低角度缝解释实例。

张开缝是在图像上呈暗色的线状形态，被方解石、石英等高阻矿物充填的裂缝，图像为亮色；若基岩也是高阻或高阻抗层，则基岩和充填缝均为亮色，难以识别；若是半充填缝，则图像应显示断续的暗色线状，是被钻井液充填的张开缝与泥质充填缝，主要根据钻井液及泥质导电特性的不同及在成像图上颜色亮暗程度的差别来区别。

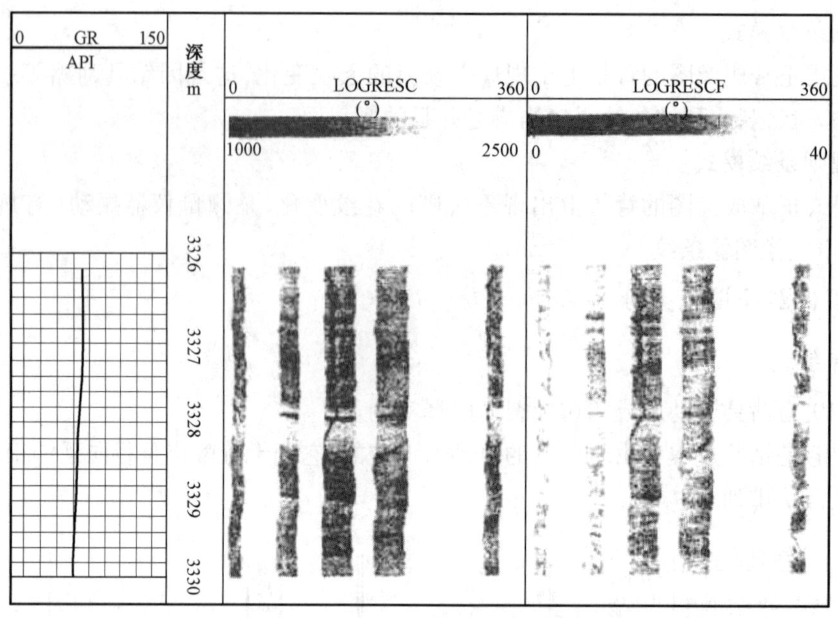

图 5-20　重钻井液与地应力的不平衡造成的压裂缝解释实例(勒 7 井)

钻井液密度为 1.35g/cm³

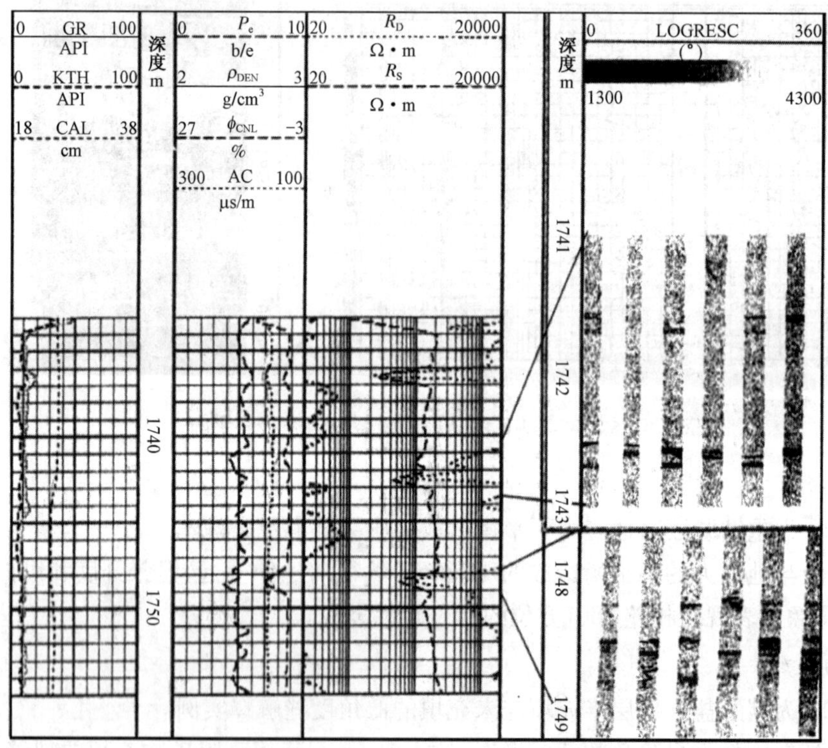

图 5-21　碳酸盐岩地层半充填与未充填的低角度缝解释实例(南 1 井)

4. 垂直缝和不规则缝

图 5-22 为碳酸盐岩地层半充填的垂直缝和不规则缝,在亮色背景图像中出现浅暗色立线和不规则线为垂直缝,局部暗色斑点指示孔洞的存在,反映溶蚀作用的结果。

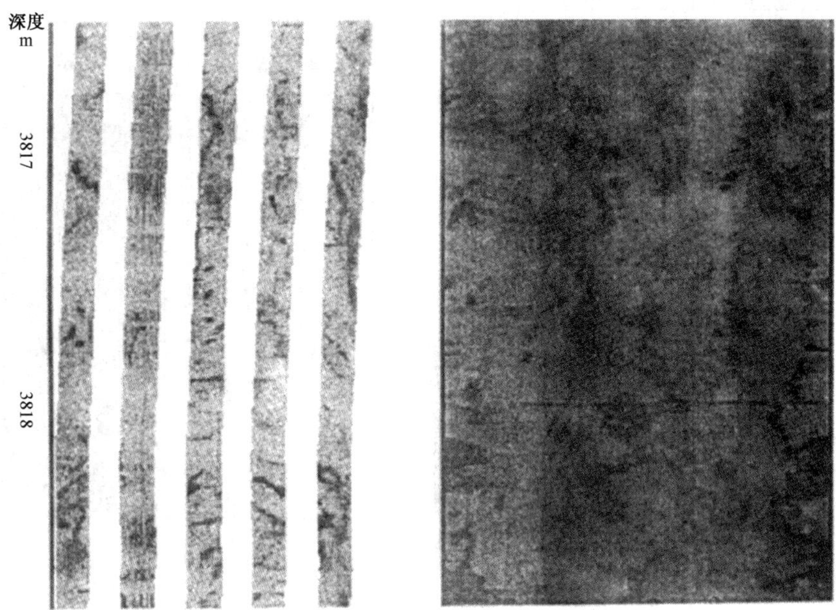

图 5-22　碳酸盐岩地层半充填的垂直缝和不规则缝(堂古 5 井)

5. 斜交缝和高角度缝

图 5-23 为砂泥岩地层张开的斜交缝,岩性为致密含砾粗砂岩、粗砂岩,图像中有一条斜交缝,裂缝面不规则。

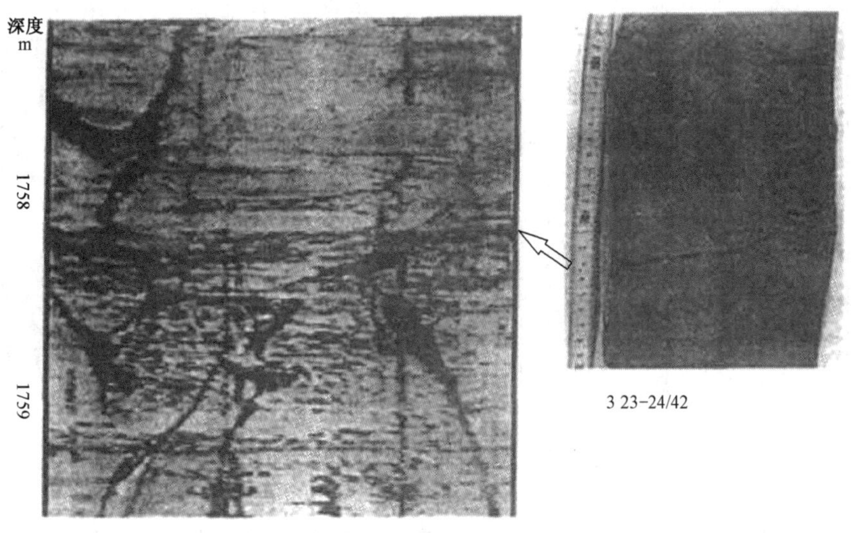

图 5-23　砂泥岩地层张开的斜交缝(侯 101 井)

6. 孔洞

图 5-24 为溶蚀缝洞带未充填的孔洞,岩性为白云岩,有效孔隙度约 3.6%;在亮色图像背景中显示的暗色斑点状,呈星点状分布,局部密集,反映溶蚀孔洞;不规则裂缝与溶蚀孔洞相连通。

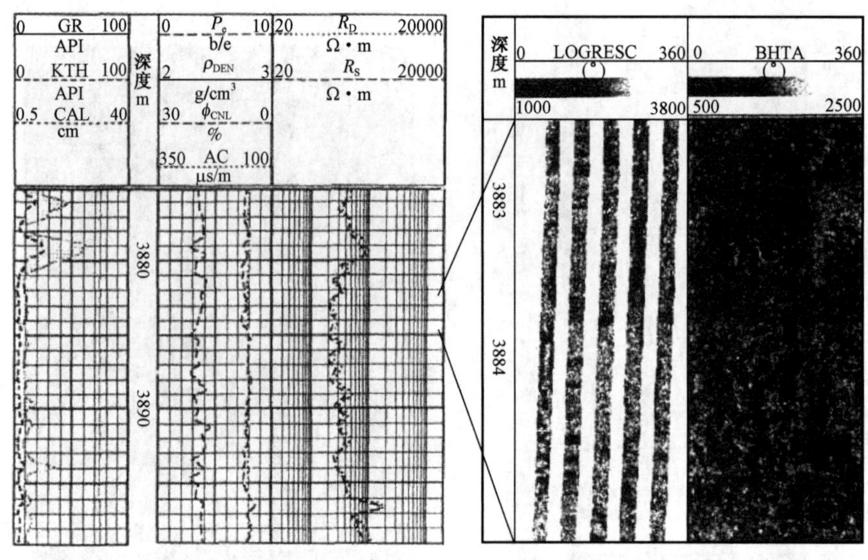

图 5-24　溶蚀缝洞带未充填的孔洞(堂古 5 井)

7. 透镜体钙质砂岩

图 5-25 为透镜体钙质砂岩,在成像图上显示亮色条带,电阻率极高,图像的宽度不一。

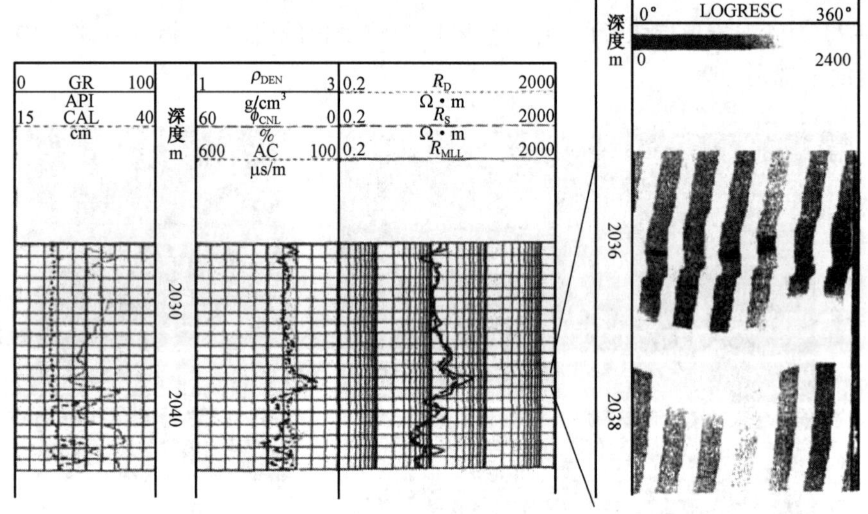

图 5-25　透镜体钙质砂岩(赵 60 井)

8. 细—中砾岩

图 5-26 为细—中砾岩,图像中显示亮色斑点。斑点有大有小,反映砾石的大小不等;分布不匀,砾石有向上逐渐减少的趋势。

9. 无烟煤层

图 5-27 为无烟煤层。

煤层的电性特征是高电阻率、高中子孔隙度、高声波时差、低密度、低自然伽马、低光电俘获截面,在电成像图像中呈强亮色显示,而在声成像图像中呈比泥岩略暗的显示。煤层中不规则线条反映高角度裂缝的存在。

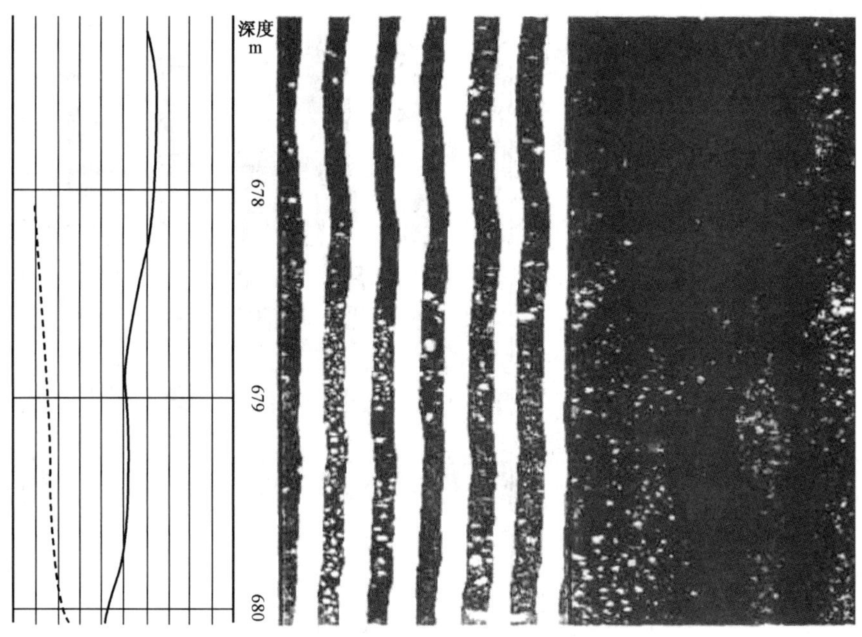

图 5－26　细—中砾岩(赵 60 井)

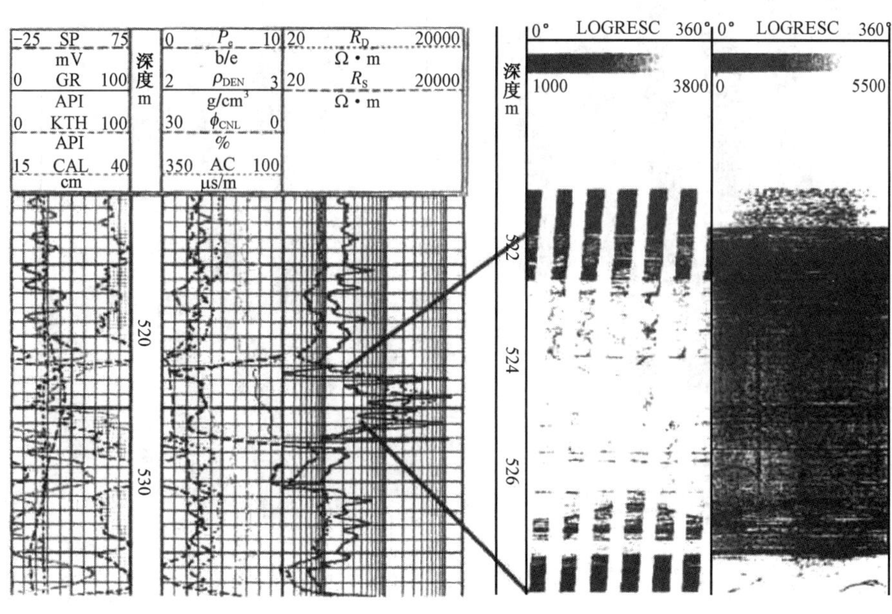

图 5－27　无烟煤层(晋试 1 井)

10. 韵律层理

图 5－28 为韵律层理,显示在沉积剖面上具不同成分结构、不同颜色的薄层规则地叠覆,呈明暗相间的条带组合。

11. 槽状交错层理

图 5－29 为槽状交错层理。

层系界面呈弧形的较高能量环境下形成的水流层理在岩心上往往表现为几组弧形纹层相切,图形为由不同角度的正弦波曲线显示的层系界面。

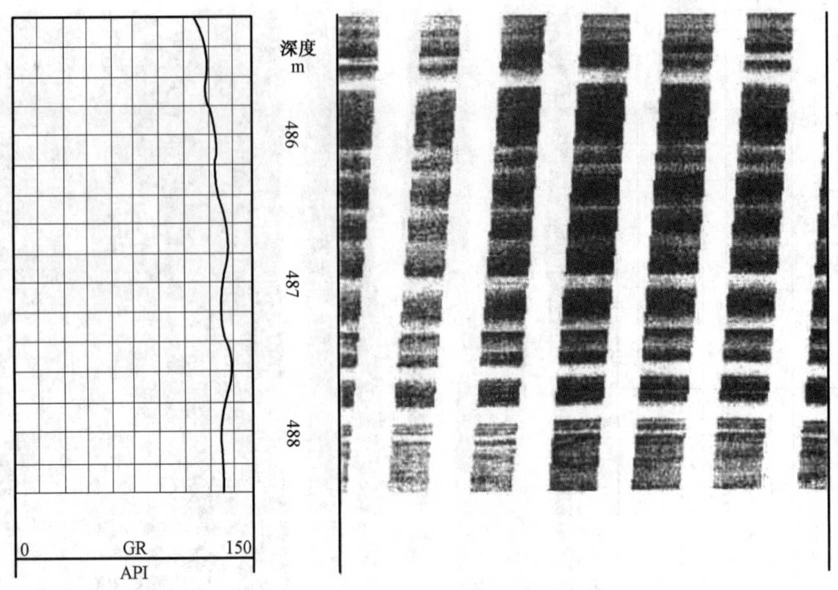

图 5-28　韵律层理(晋试 1 井)

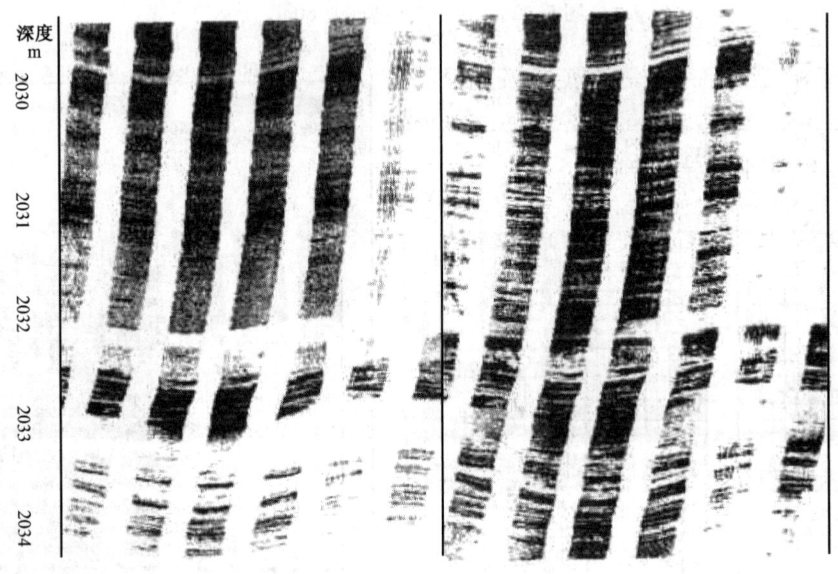

图 5-29　槽状交错层理(赵 60 井)

四、井壁成像裂缝定性识别及裂缝参数定量计算

(一)定性识别裂缝

1. 裂缝真伪性识别

钻井诱导裂缝与天然裂缝可以从三方面特征来区分。一是裂缝的分布和排列。钻井诱导裂缝只与应力作用有关,排列整齐,规律性强;而天然裂缝常为多期构造运动形成,分布极不规则。二是裂缝的形态。诱导裂缝形状规则,缝宽均匀;而天然裂缝因地下水的长期溶蚀和沉淀作用,缝面形状和宽度变化都较大。三是裂缝的径向延伸。诱导裂缝的径向延伸不大;而大多数天然裂缝的径向延伸较大,常伴有电阻率下降。

天然裂缝在图像上一般显示为低阻暗色条纹特征，而显示低阻暗色条纹特征的还有层理面、岩性界面、断层面、不整合面、钻井诱导裂缝、井壁划痕等。它们与天然裂缝在成像图上有相似的响应，但因各自的地质意义不同，其图像特性仍有区别。一般裂缝规律性较差，层界面或层理面不交叉，具有上下连续完整的特点。断层面上下盘岩层有错动，泥质条带一般平行于层面，界面清晰。井壁划痕则是以平行于井轴方向的直线暗色条纹显示，且纵向延伸较长，暗色条纹两侧模糊。图5－30是裂缝识别图版。

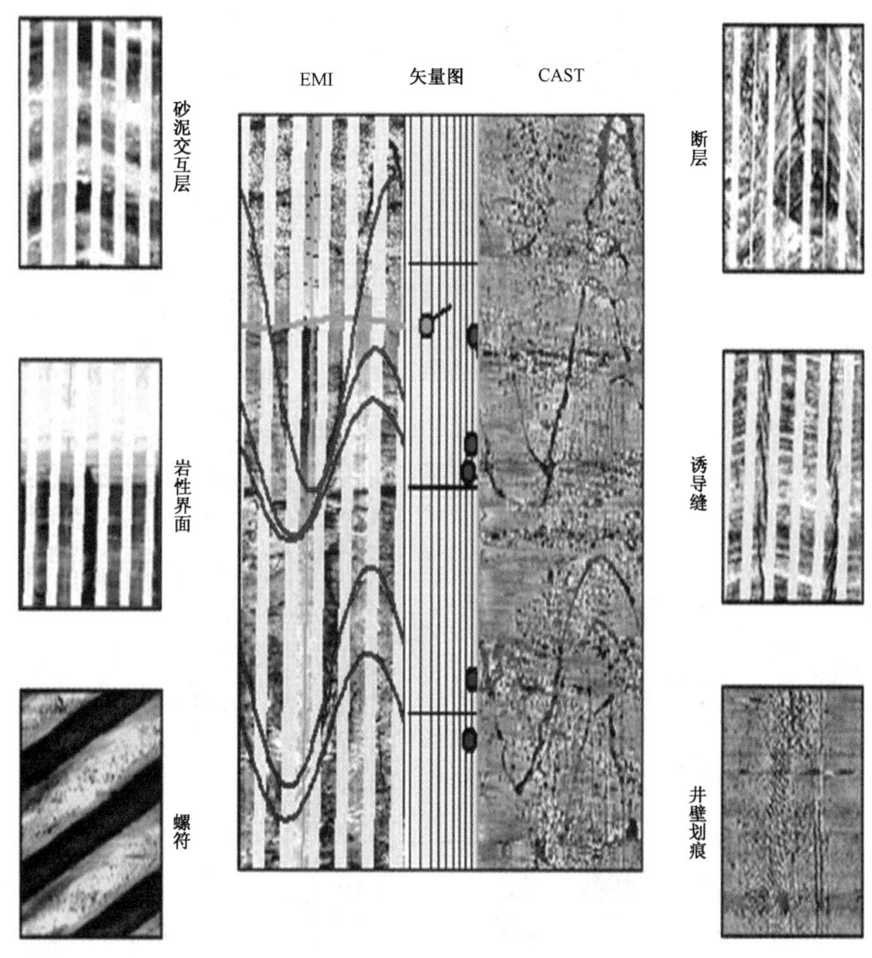

图5－30　裂缝识别图版

2. 裂缝有效性判别

裂缝的有效性是复杂岩性能否成为储集层的重要标志之一。若裂缝是开启的且延伸较远，称为有效裂缝。有效裂缝在成像图上显示为低阻、低反射幅度暗色条纹，同时偶极子横波测井的快慢横波存在差异。若裂缝在井壁附近开启且延伸较近，称为无效裂缝。无效裂缝在成像图上仍显示为低阻、低反射幅度暗色条纹，但偶极子横波测井的快慢横波不存在差异。图5－31是无效裂缝识别成果图，图5－32是有效裂缝识别成果图。

(二)裂缝参数定量计算

裂缝参数是划分与评价储集层的重要参数，主要包括裂缝宽度、裂缝长度、裂缝密度和裂缝孔隙度。裂缝密度是指单位井段内裂缝条数（条/m）。裂缝孔隙度（ϕ_f）是指裂缝面积占井

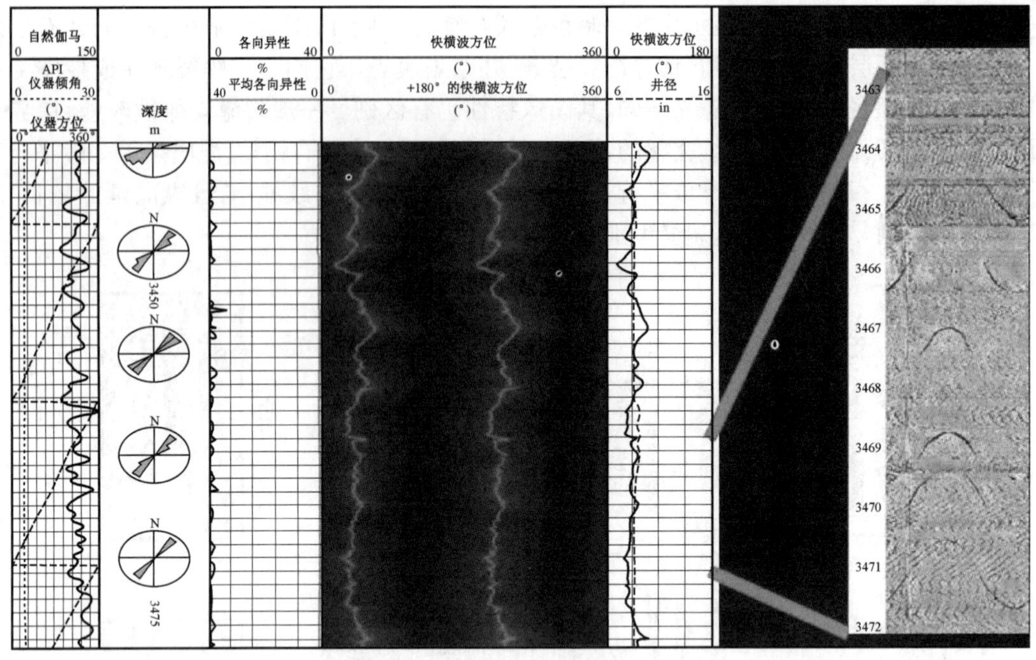

图 5-31 无效裂缝识别成果图

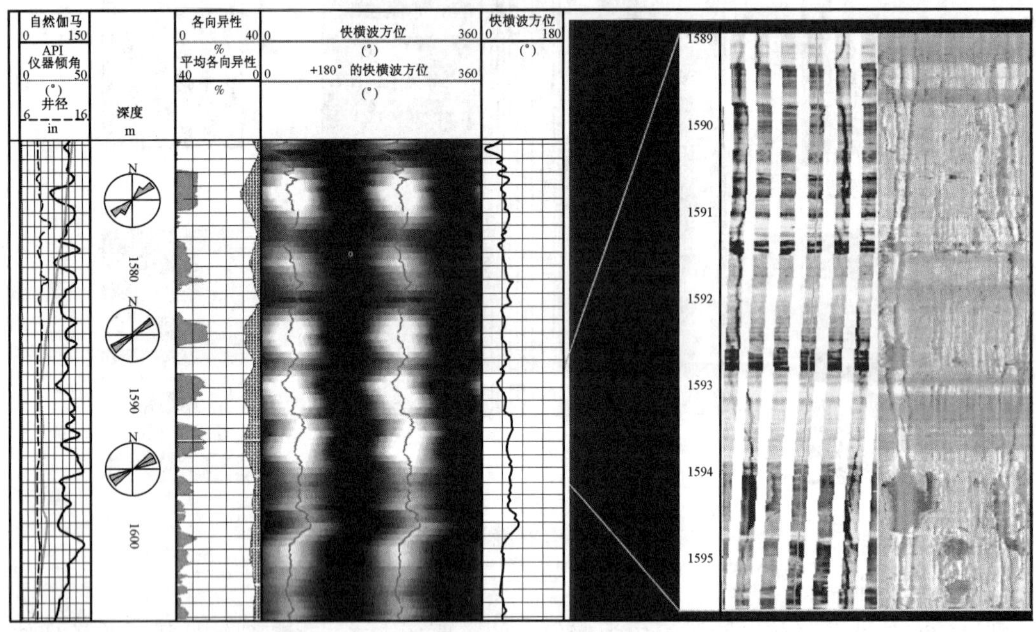

图 5-32 有效裂缝识别成果图

壁面积的百分数。

斯伦贝谢公司 GeoFrame 软件计算裂缝参数的公式如下：

$$W = a \cdot A \cdot R_{xo}^{b} \cdot R_{m}^{1-b} \tag{5-2}$$

$$\phi_f = \sum \frac{W_i \cdot l_i}{L \pi D} \tag{5-3}$$

上两式中　W——裂缝宽度，mm；

l——裂缝长度，mm；

R_{xo}——冲洗带电阻率，由浅侧向或微球聚焦测井得到；

R_m——钻井液电阻率；

A——由裂缝造成的电阻率异常面积；

D——井径；

L——井段长度；

a，b——系数。

为了应用上述公式计算裂缝参数，需要经岩心刻度以确定公式中的系数。首先对岩心进行光学扫描成像和裂缝拾取，然后计算出裂缝的长度、宽度、密度、倾角、倾向。在与岩心相对应的井段，采用相关对比和滤波技术对电成像数据进行浅侧向刻度，对刻度后的图像进行裂缝拾取。应用岩心拾取的裂缝宽度和图像上拾取的裂缝电阻率异常面积进行回归分析，求出上述公式中的系数。图5－33是某井裂缝处理综合图。从左至右，第一道为常规测井曲线（电阻率、井径、自然伽马）；第二道为深度；第三道为裂缝定量计算参数；最右边为裂缝走向和FMI特征图。

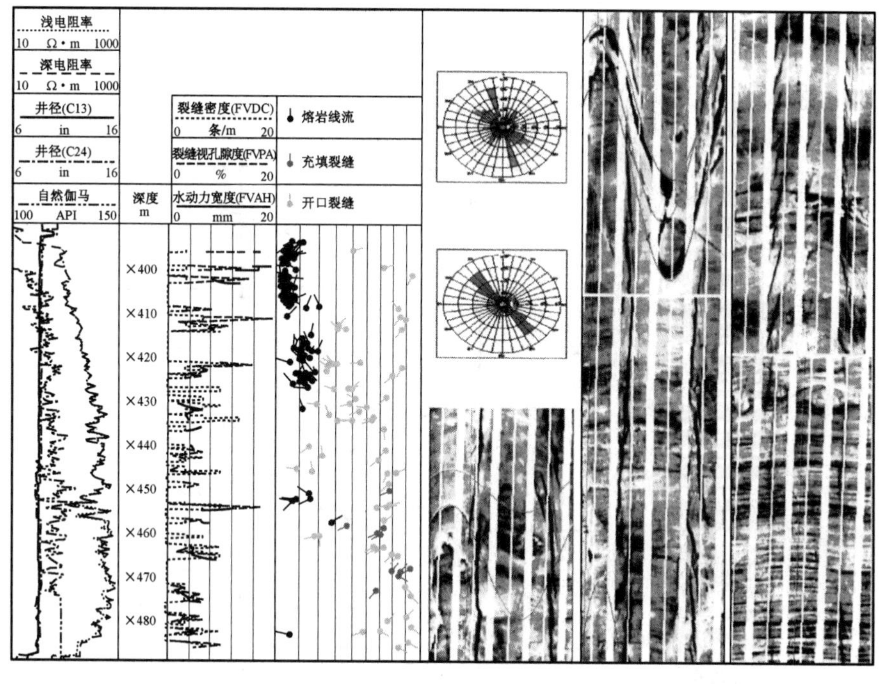

图5－33　某井裂缝处理综合图

第二节　其他声电成像测井

一、方位电阻率成像测井

（一）基本原理

方位电阻率成像测井（ARI）是侧向测井系列的重要发展。在双侧向测井仪的屏蔽电极

A_2 中部装有 12 个不同方位的小电极，这些电极与双侧向测井仪组合，便构成方位电阻率成像测井仪。它能测量井周围 12 个方位上地层电阻率及井周围地层电阻率的平均值（LLHR），同时保留了深浅侧向的测量（LLD，LLS）。LLHR 的纵向分辨率为 8in，其值接近深侧向测井读值。方位电阻率成像测井的纵向分辨率接近于微球形聚焦测井，为 6～8in，可分辨 8in 厚的地层；其探测深度接近于深侧向测井，约为 30in。方位电阻率成像测井可以获得井周围电阻率变化的图像，为研究井周围地层的非均质性提供了重要资料。

（二）资料应用

1. 薄层分析

图 5－34 是薄互层井段方位电阻率。在 4042～4060 井段，LLD 和 LLS 曲线近似于平直，无法显示薄互层；而 LLHR 曲线和方位电阻率图像可以清楚地显示出厚度小于 1ft 的薄互层，同时 12 条方位电阻率曲线基本重合，说明井周围介质是均匀的。在 4030～4042ft 井段，12 条方位电阻率曲线散开，表明地层的非均质性。ARI 图像还显示出某些地层是倾斜的。

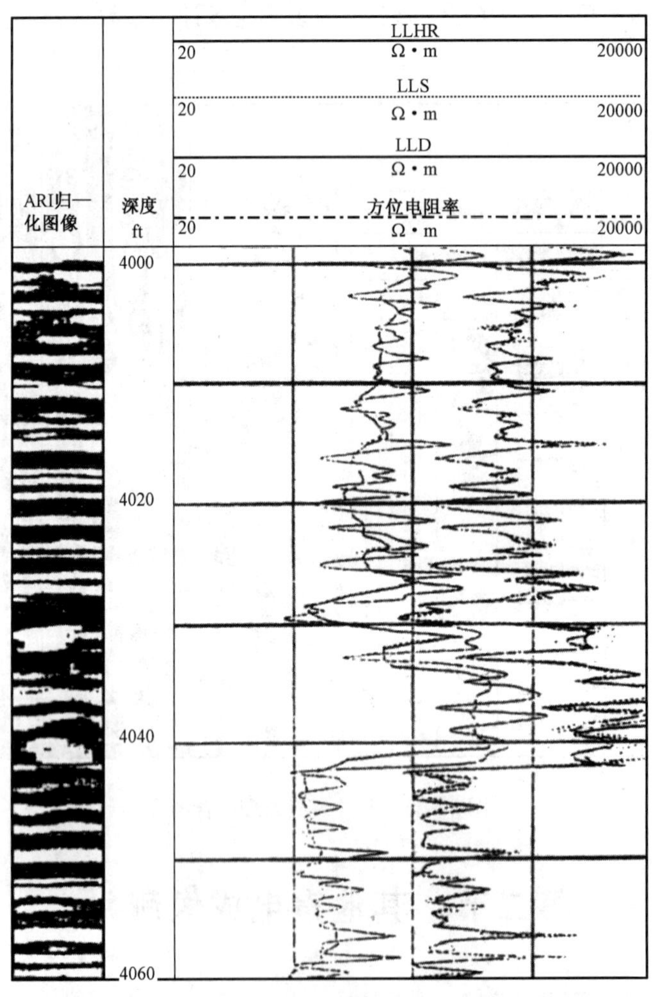

图 5－34 薄互层井段方位电阻率

2. 评价裂缝地层

图 5－35 是裂缝地层测井实例，左边是静态 ARI 图像，右边是动态归一化的 ARI 图像。A，B，C，D 是低角度裂缝，图像有清楚的显示。在 X－Y 井段，图像中清楚地显示出垂直裂缝，同时，LLS 值明显低于 LLD 值，也表明垂直裂缝的存在。另外，可对方位电阻率成像资料进行定量解释，如用电阻率面积描述裂缝状况。

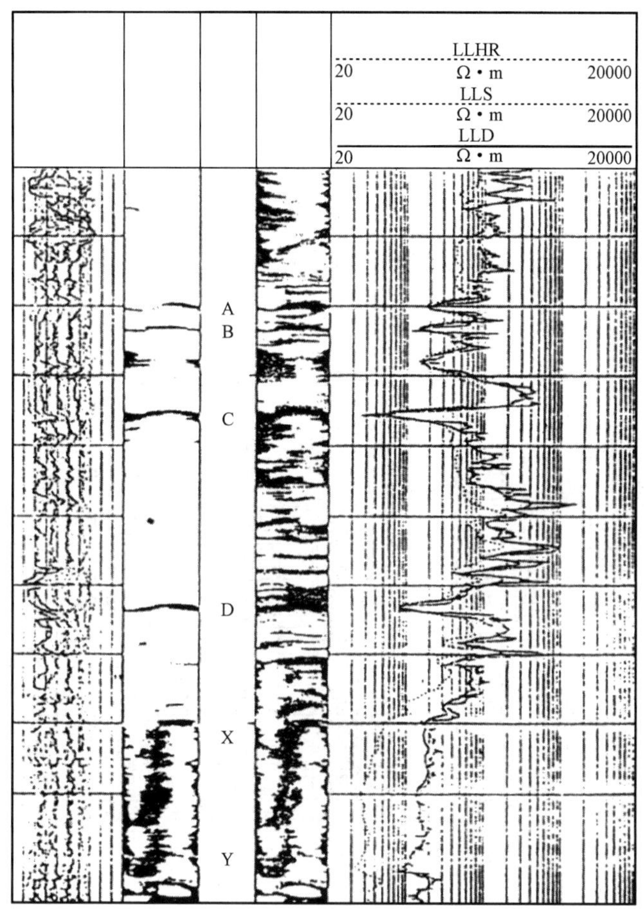

图 5－35　裂缝地层测井实例

3. 计算地层倾角

用方位电阻率成像计算的地层倾角精度虽然不如地层倾角测井，但能较好地估算构造倾角，还可探测到某些未预计到的构造特征（不整合、断层等）。此外，在水平井中，方位电阻率成像测井能得出较好的 R_t，以便计算含油饱和度。

二、阵列感应测井

（一）基本原理

阵列感应测井采用一个发射线圈和多个接收线圈对，构成一系列多线圈距的三线圈系。斯伦贝谢公司的阵列感应测井仪（AIT）有一个发射线圈和八组接收线圈对，相当于具有八种线圈距的三线圈系。每个接收线圈对包括一个主接收线圈和一个辅助接收线圈，辅助接收线圈的作用是补偿直耦信号。测量时采用四种工作频率，仪器测量实分量和虚分量共 28 个原始信号，对原始信号进行井眼校正后，再经“软件聚焦”处理可以得到三种纵向分辨率（1ft，2ft，4ft）和五种径向探测深度（10in，20in，30in，60in，90in）共 15 条电阻率曲线。阿特拉斯公司新一代高分辨率阵列感应测井仪由七个接收线圈对组成，采用八种工作频率，共测量 112 个原始实分量和虚分量信号，经过“软件聚焦”和环境校正后，可获得三种纵向分辨率、六种径向探测深度的电阻率曲线，同时提供冲洗带电阻率、原状地层电阻率及钻井液侵入深度，并将井周围电阻率的径向变化以图像的方式显示出来，使测井资料更直观。

（二）资料应用

1. 划分薄层

阵列感应测井能提供 1ft 纵向分辨率的曲线，可用来划分薄地层。图 5－36 中第二道是 4ft 纵向分辨率的曲线，而第三道是 1ft 纵向分辨率的曲线。在 1ft 纵向分辨率曲线上，1552～1554ft 井段显示为高阻峰值，用地层测试器取样，证实为薄气层。在 1550～1552ft 井段有一低阻显示，为一致密泥岩层，该层将水层和气层隔开。

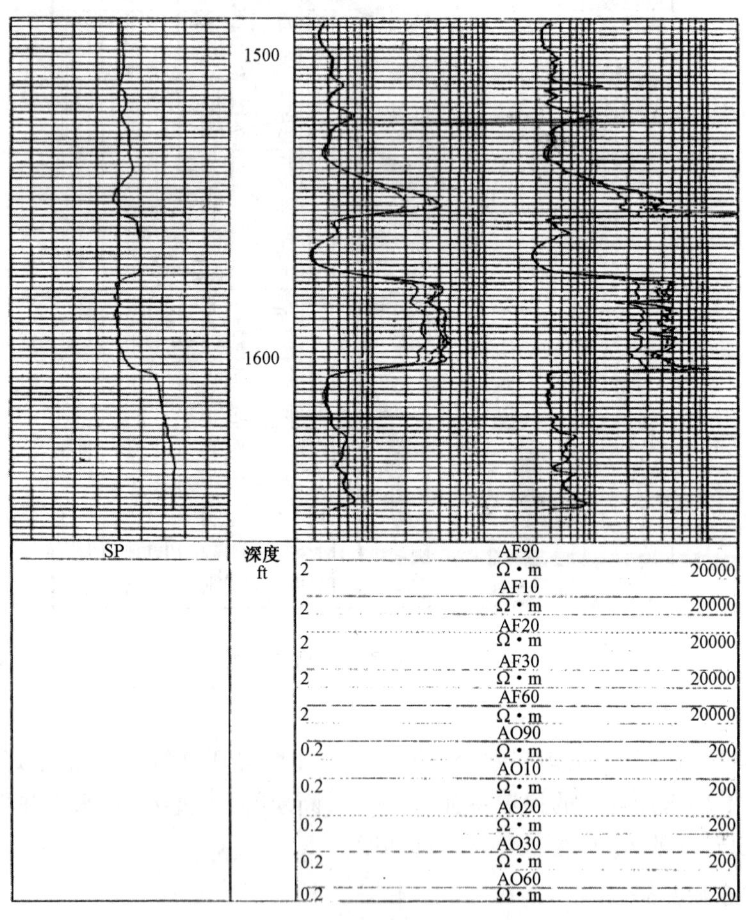

图 5－36　阵列感应测井划分薄含气层

2. 评价储集层侵入特性

钻井液的侵入使地层径向电阻率发生变化，从而使不同径向探测深度电阻率曲线产生差异。对于渗透性非常差的储集层，因钻井液侵入量少，不同径向探测深度电阻率曲线基本重合，表现为侵入特性不明显或侵入较浅。对于渗透性好的储集层，钻井液的侵入使地层径向电阻率明显变化，从而使不同径向探测深度电阻率曲线分开。曲线分开程度与储集层物性关系密切，一般渗透性越好，差异越明显，侵入也越深。图5-37中的838.5~859.8m井段为一岩性渐变的厚层，上部岩性纯、物性好，下部岩性、物性逐渐变差，阵列感应测井曲线反映上部侵入深，向下侵入深度变浅，直至没有侵入。

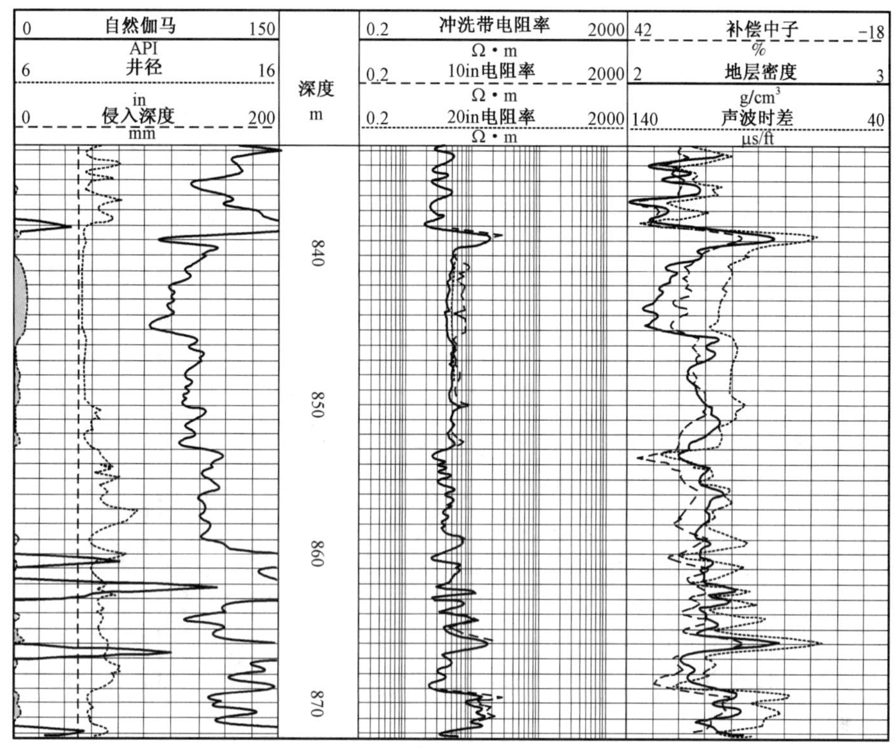

图5-37 杜56井阵列感应测井反演成果图

3. 确定原状地层电阻率和冲洗带电阻率

由于阵列感应测井能提供三种纵向分辨率、六种径向探测深度的18条合成曲线，因此可以采用四参数模型进行径向反演，求准原状地层电阻率和冲洗带电阻率及侵入深度等参数，与孔隙度测井结合可准确估算含油饱和度。此外，原状地层电阻率和冲洗带电阻率确定后，利用增阻和减阻侵入现象可以定性识别油气水层。

4. 阵列感应二维成像显示

利用几种不同径向探测深度的电阻率曲线，可以估算出不同径向深度处的电阻率值，并可绘制成具有一定径向半径的电阻率图像。图5-38中第四道为阵列感应的地层电阻率二维图像，颜色变深表明电阻率增加，图中显示为减阻侵入；第三道为阵列感应测井曲线。径向电阻率剖面与孔隙度测井曲线以及 R_{mf}，R_w 的估计值结合，采用常规解释方法，可以生成一幅含油饱和度图，如图5-39所示。图中第五道是含油饱和度图像，其颜色变深，表示含油气饱和度增加。

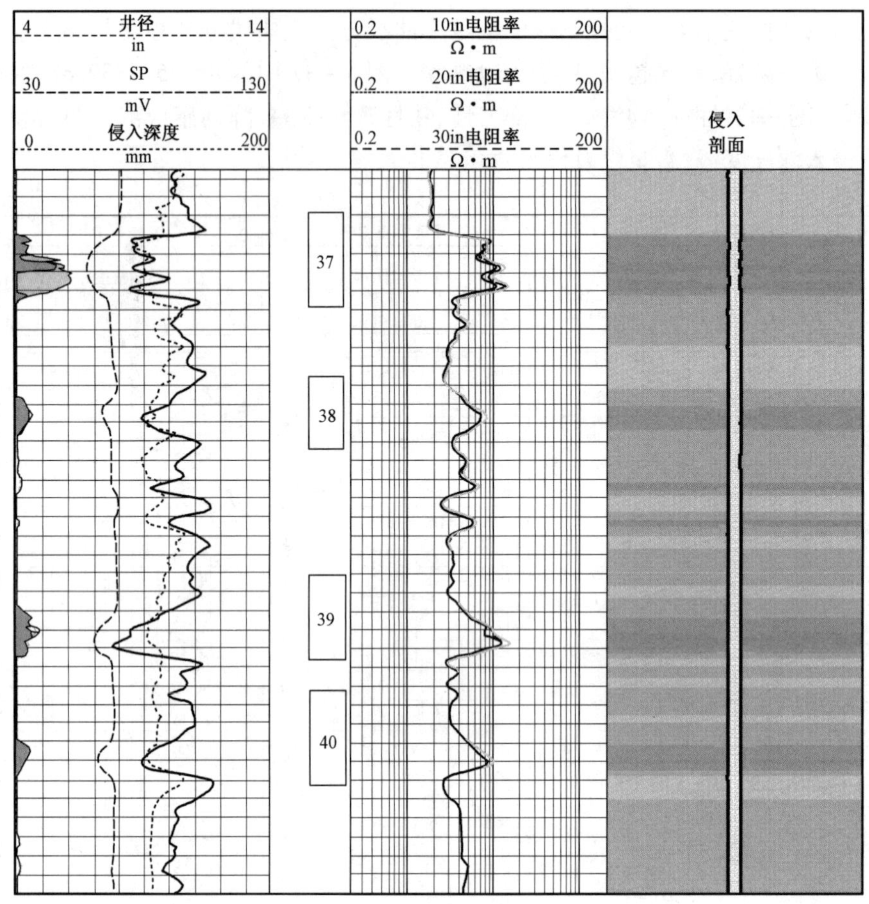

图 5－38 阵列感应测井的电阻率图像

三、多极子阵列声波测井

(一)基本原理

在软地层中,横波速度小于井内流体声速,单极子声源不能产生临界折射的滑行横波,井内接收探头接收不到横波信息,这是单极子声源的局限性。偶极子声源可看作两个相距很近、强度相同、相位相反的点声源的组合。四极子声源也类似。当偶极子声源在井内振动时,在井壁附近产生挠曲波。挠曲波是一种频散界面波,其传播速度随声波频率而变化,在低频时接近横波速度,在高频时低于横波速度。偶极子横波测井实际上是通过对挠曲波的测量来计算地层横波速度的。

阿特拉斯公司的新一代交叉式多极子阵列声波测井仪器(XMACⅡ)是单极子声波阵列和偶极子声波阵列的组合。XMAC 仪器有两个相距 30in 的单极子源,放在仪器的底部;偶极子源放在两个单极子源的中间,两个偶极子源可以 90°定向摆放。仪器测量方式有单极子模式和偶极子交叉模式,其中偶极子交叉模式测量记录所有的波形,即 12 个单极子全波波形和 32 个偶极子横波波形。对这些原始阵列波形可以进行纵横波及斯通利波速度、幅度衰减处理以及各向异性分析处理等。

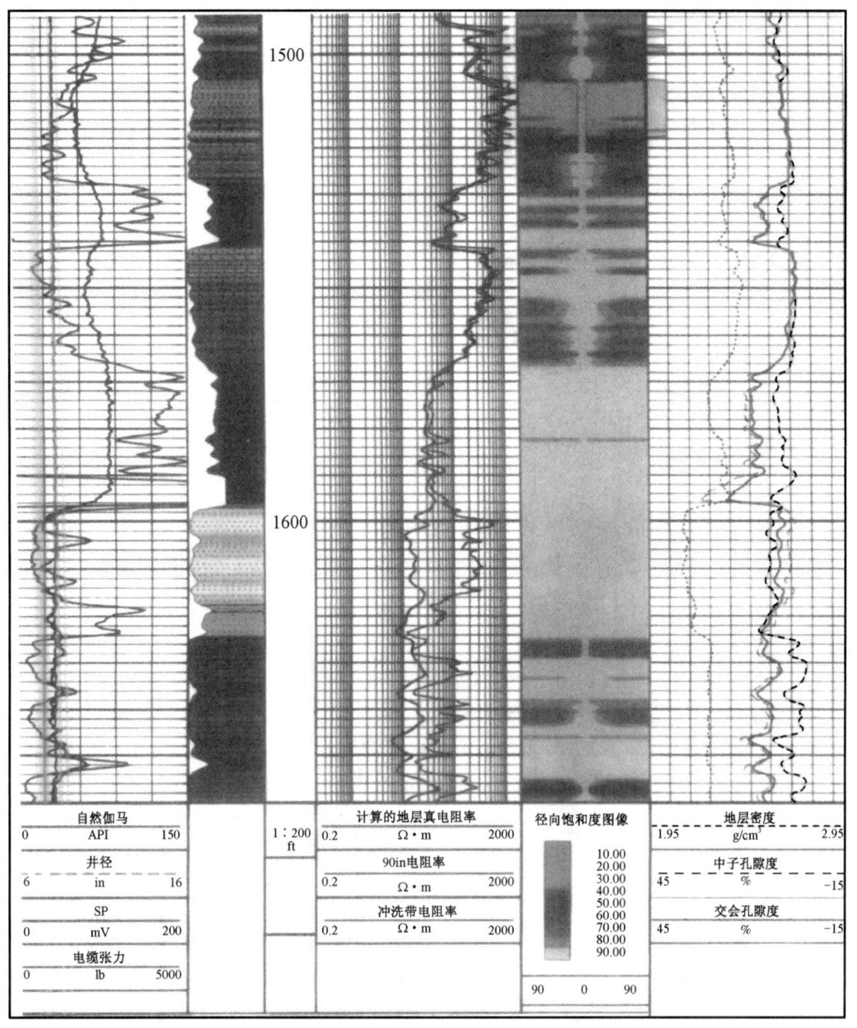

图 5-39 AIT 测井的含油饱和度图像

(二)资料应用

1. 确定岩性和识别气层

不同岩性地层,其纵横波时差比($\Delta t_S/\Delta t_P$)有很大差别,如白云岩的纵横波时差比为 1.8,石灰岩的纵横波时差比为 1.9,砂岩的纵横波时差比为 1.58~1.78,且随着泥质含量的增加,纵横波时差比增大。因此,采用交会图技术可以确定地层的岩性。

对于气层,纵波时差增大,而横波时差变化很小,从而使纵横波时差比($\Delta t_S/\Delta t_P$)减小。因此,在消除岩性对纵横波时差比的影响后,可以利用纵横波时差比识别气层。图 5-40 是气层识别图版,横波时差为横坐标,纵横波时差比为纵坐标,斜线下方的点为气层,斜线上方的点为水层或干层。

2. 斯通利波反射波划分裂缝带

当井眼中的斯通利波遇到与井眼相交的开口裂缝时,由于裂缝引起的声阻抗差异很大,使斯通利波的部分能量反射回来。通过对测得的斯通利波波形进行处理,求出反射系数,然后可以用反射系数确定裂缝的张开度。反射系数越大,说明裂缝的渗透性越好。

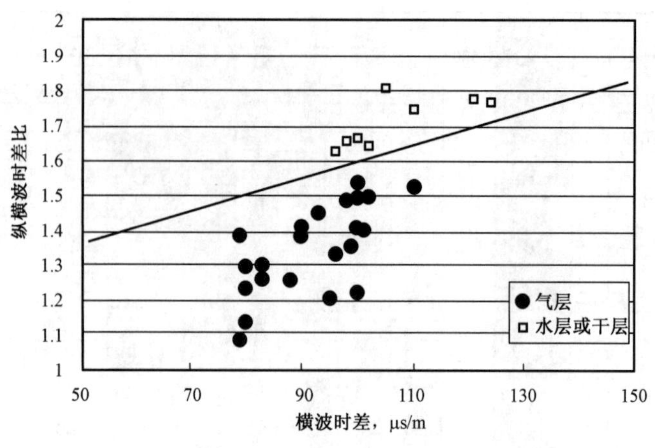

图 5－40　气层识别图版

图 5－41 是利用斯通利波反射波评价硬地层裂缝的实例。图中变密度给出了第一个接收器接收的斯通利波波形和计算的反射系数，在 605ft，781ft，784ft，807ft，81lft 和 840ft 处出现的人字形图像是裂缝的反射显示，并且这些裂缝是张开裂缝，这已被井下电视图像所证实。

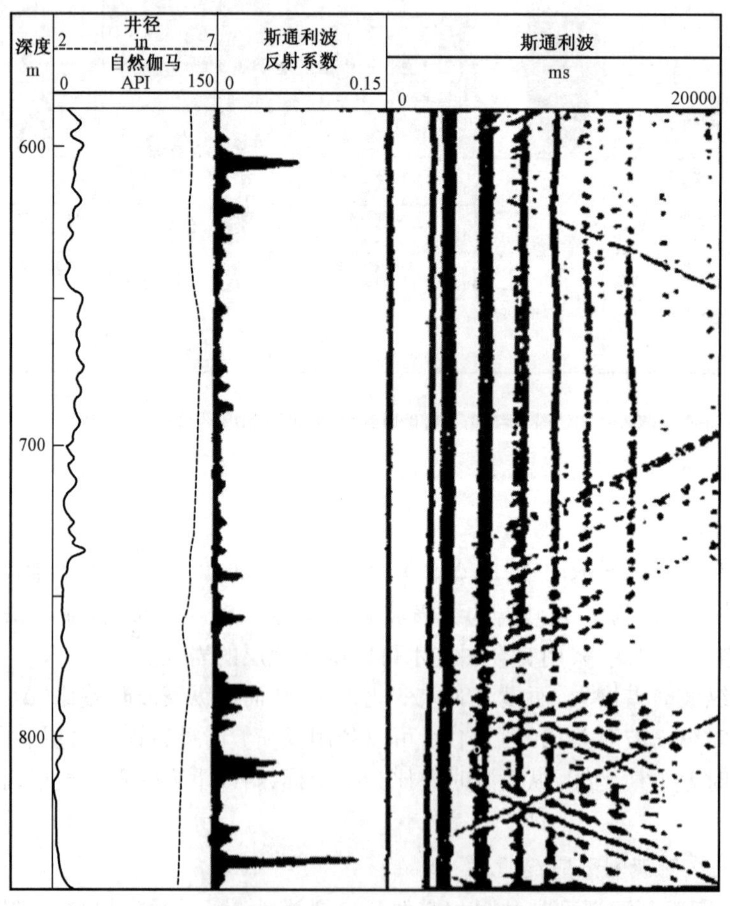

图 5－41　利用斯通利波反射波评价地层裂缝的实例

3. 岩石机械特性分析

利用岩石的纵横波时差和体积密度可以计算地层条件下的岩石机械特性参数,如泊松比、杨氏模量、切变模量、体积模量、拉梅系数、岩石强度、地应力等,进而可以进行出砂分析、预测水力压裂效果和评价井眼稳定性等。

4. 地层各向异性分析

XMACⅡ仪器的发射器和接收器是有方向性的,通过对两个互相垂直的四组波形的分析处理,可得到地层各向异性的大小和方向。各向异性的方向即为裂缝的走向,各向异性的大小代表裂缝的发育程度。无效裂缝(充填缝和诱导缝)在各向异性图上没有显示,有效裂缝在各向异性图上有明显显示。

图5－42是三深2井裂缝储集层各向异性成果与声波成像测井图。从声成像图可观察到一些高角度裂缝,但从XMACⅡ的各向异性成果图分析,未见任何显示,因此认为是无效裂缝,试油结果为干层。图5－43给出了某井段的各向异性成果与声波成像测井图。从XMACⅡ的各向异性成果图可以看出,声成像显示的高角度裂缝是有效的。

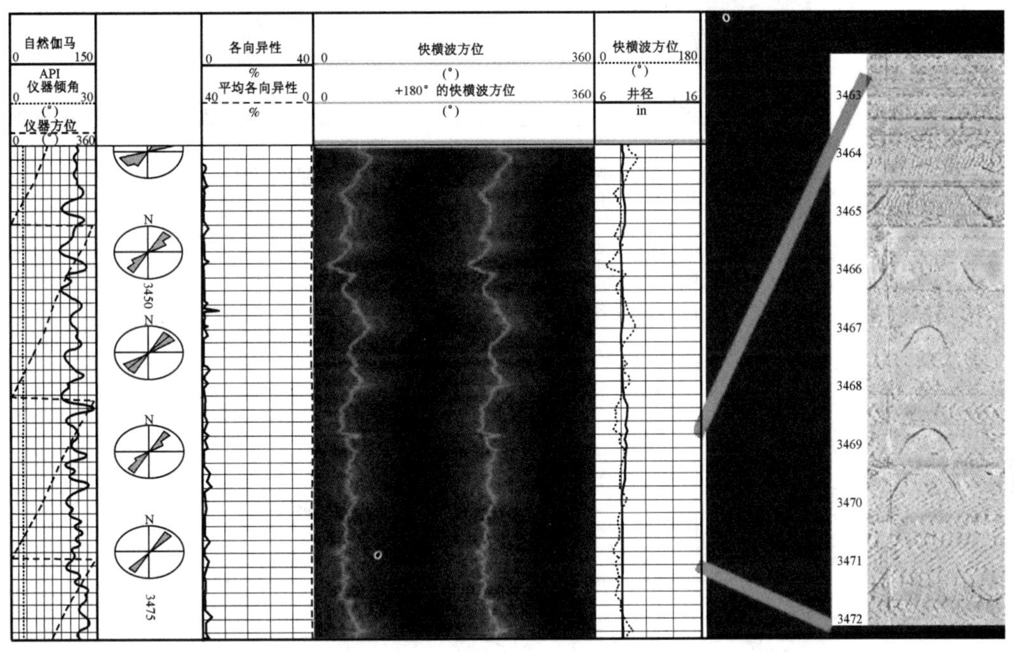

图5－42　三深2井裂缝储集层各向异性成果与声波成像测井图

5. 指示渗透率

斯通利波的传播受多种因素的影响,其中包括地层的渗透性和开口裂缝。斯通利波可以认为是由井眼诱导产生的一种压力脉冲,它将使流体向地层运动,这与地层的有效渗透率有关。流体向地层的运动将使斯通利波的能量减小,也使斯通利波的传播速度降低。关于斯通利波幅度和速度与渗透率之间的定量关系仍在进一步研究之中,但利用斯通利波能量定性指示渗透性地层已得到实际应用。

在碳酸盐岩地层,由于非连通孔洞、孔隙充填物的影响,孔隙度并不是渗透率很好的指示器。图5－44的上面部分表明,储集层斯通利波的能量衰减很大,指示储集层渗透性很好;而下面部分表明,储集层斯通利波的能量衰减很小,指示储集层渗透性很差。其中,自然伽马、电阻率、斯通利波能量、能量差值曲线刻度向右增大。

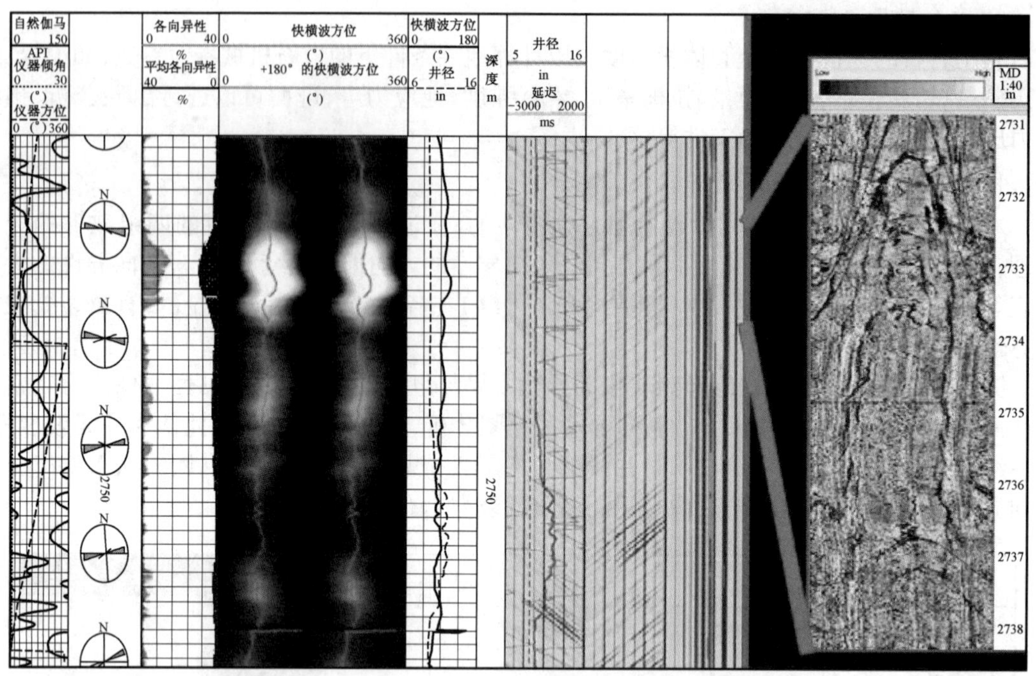

图 5-43　某井段的各向异性成果与声波成像测井图

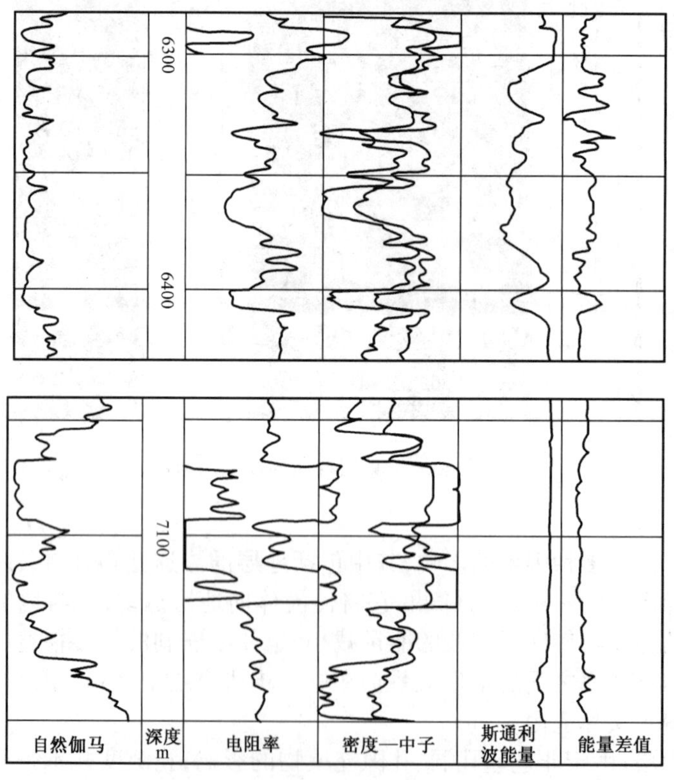

图 5-44　高渗透性和低渗透性地层中斯通利波的能量

第三节　核磁共振测井

核磁共振（NMR）测井是20世纪50年代诞生、90年代得到迅猛发展的一种新的测井方法。它利用磁场对地层介质原子核产生极化，再用激发脉冲式高频电磁波使核产生共振吸收，然后测量地层介质释放的共振吸收能量，从而认识地层性质。

与中子测井一样，核磁共振测井也可以测量地层的含氢指数，但是，两者在储集层的响应特性方面具有很大的差别。首先，核磁共振对核素有选择性。核磁共振测井主要观测地层中的氢核；而中子测井还受到地层中氯离子和一些稀有金属对它吸收和强散射的影响。其次，核磁共振测井能够识别氢核所处的环境及赋存状态，可以将粘土结构水、毛细管束缚水和自由水等不同环境的氢核分开，并且油、气、水中的氢核磁共振特性存在差异，因此核磁共振测井可以识别流体类型；而中子测井测量的是地层中所有氢核的含氢指数，无法区分自由流体和束缚流体。再次，核磁共振测井可以选择核磁共振测量区域，基本不受井眼流体的影响。最后，核磁共振测井不受挖掘效应的影响，测量结果受岩性影响小。目前，核磁共振测井可以计算储集层的孔隙度、渗透率，确定储集层孔径分布，区分束缚流体和可动流体，评价储集层各种流体含量及流体粘度参数等。

一、基本原理

核磁共振是磁场中原子核对电磁波的一种响应。由于原子核带有电荷，所有含奇数核子（质子和中子）以及含偶数核子但原子序数为奇数的原子核在自旋时将产生磁场，该磁场的强度和方向可用核磁矩矢量来表示：

$$\boldsymbol{\mu} = \gamma p \tag{5-4}$$

式中　$\boldsymbol{\mu}$——磁矩；

p——自旋角动量；

γ——旋磁比。

当没有外加磁场时，单个核磁矩随机取向，因此，包含大量磁性核的系统在宏观上没有磁性。当核磁矩处于外加静磁场中时，它将受到一个力矩的作用，从而会像倾倒的陀螺绕重力场进动一样，绕外加磁场的方向进动。进动频率 ω_0 称为 Lamor 频率，是磁场强度 B_0 与核旋磁比 γ 的乘积，即：

$$\omega_0 = \gamma B_0 \tag{5-5}$$

不同的核具有不同的 γ 值，因此，在相同的外加磁场中，不同原子核的进动频率是不同的。

对于被磁化的自旋系统，再施加一个与静磁场垂直、以进动频率 ω_0 振荡的交变磁场 B_1。若此交变场的能量等于质子两个能级的能量差，则会发生共振吸收现象，处于低能态的核磁矩吸收交变电磁场提供的能量，跃迁到高能级，磁化强度相对于外磁场发生偏转，这种现象称为核磁共振。

交变电磁场可连续施加，也可以以短脉冲的形式施加。现代核磁共振测井仪器多采用脉冲方式。脉冲电磁波称为射频脉冲。

加上 B_1 后，与 B_0 平行的磁化矢量 $\boldsymbol{M}$ 将被“扳倒”。磁化矢量被扳倒的角度 θ 与加给自旋的能量成正比，取决于射频场的强度和施加时间的长短。90°脉冲是指把磁化矢量旋转90°的脉冲,从纵轴(B_0)方向旋转到水平面,并与 B_0 及 B_1 都垂直;180°脉冲则引起磁化矢量的反转,见图 5-45。

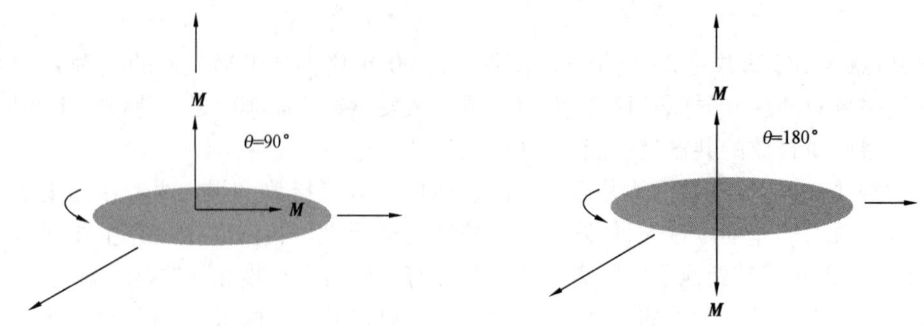

图 5-45 磁化矢量被射频场扳倒示意图

在射频脉冲施加前,自旋系统处于平衡状态,磁化矢量与静磁场方向相同;射频脉冲作用期间,磁化矢量偏离静磁场方向;射频脉冲作用完后,磁化矢量又将通过自由进动朝 B_0 方向恢复,使核自旋从非平衡态分布恢复到平衡态分布,恢复到平衡态的过程叫弛豫。非平衡态磁化矢量的水平分量 M_{xy} 衰减至零的过程称为横向弛豫过程。弛豫速率用 $1/T_2$ 表示。T_2 称为横向弛豫时间常数,简称横向弛豫时间。磁化矢量的纵向分量 M_z 恢复到初始磁化强度 $\boldsymbol{M}_0$ 的过程,称为纵向弛豫过程,弛豫速率用 $1/T_1$ 表示。T_1 称为纵向弛豫时间常数,简称纵向弛豫时间。弛豫过程如图 5-46 所示。

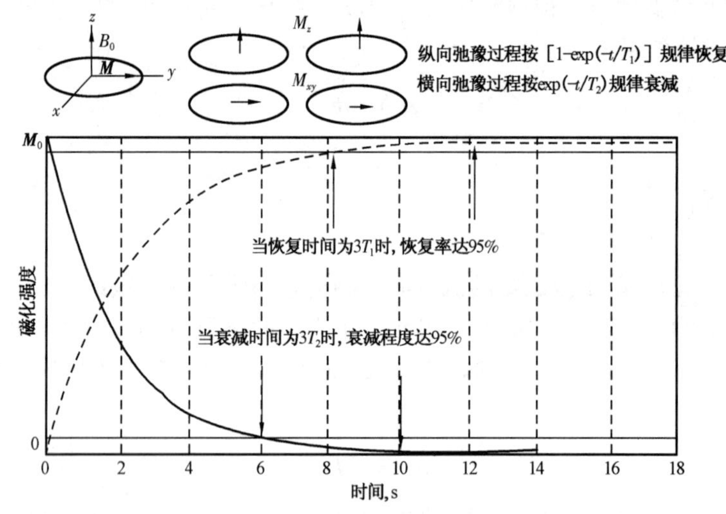

图 5-46 弛豫过程

在岩石孔隙空间中,影响弛豫过程的机制有三种:表面弛豫、体弛豫和扩散弛豫。表面弛豫是岩石孔隙中流体分子与颗粒表面不断碰撞而造成能量衰减的过程,如图 5-47 所示。体弛豫是指当流体在不受限空间(如在较大的孔隙空间)中其内部发生的自由衰减过程,它反映了流体本身的核磁共振性质。扩散弛豫是在梯度磁场中由于分子运动产生相移而导致 T_2 弛豫速率大大提高的过程。T_1 弛豫不受扩散弛豫的影响。

在地层中,这三种弛豫机制同时存在,其影响具有可加性。然而,在不同条件下,这三种机制所起的作用不同。当外场不很强且回波间隔足够短时,T_2 的扩散弛豫影响可忽略不计。在

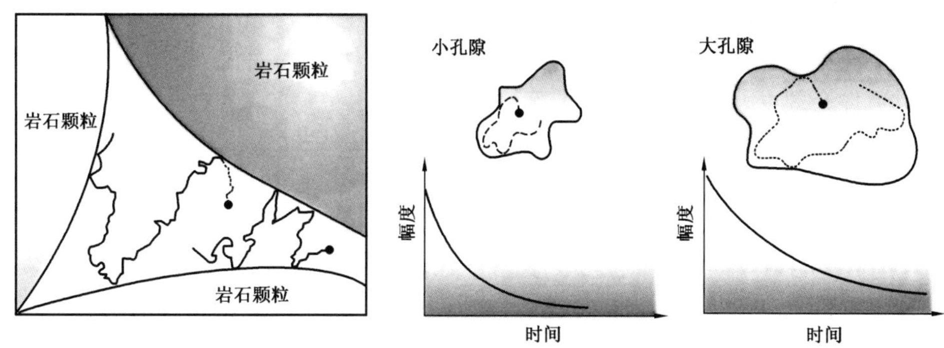

图 5－47　表面弛豫

单相流体地层中，表面弛豫占主要地位；而在水润湿的油气层中，体弛豫与表面弛豫一样起到重要作用，如图 5－48 所示。表面弛豫受地层孔隙大小的影响，如小孔隙使弛豫时间缩短，大孔隙产生较长的弛豫时间。因此，当以表面弛豫机制为主时，据弛豫时间的分布能够确定孔隙大小的分布，并由此确定其他一些相关的岩石物理参数，如渗透率、自由流体孔隙度、束缚水孔隙度等。体弛豫受到孔隙流体性质（如流体类型、粘度等）的影响，因而在油气层中，弛豫时间的分布可以反映出孔隙流体的性质与含量。因此，由核磁共振测井可以区分油气水，估算油气饱和度，定量评价油气层。

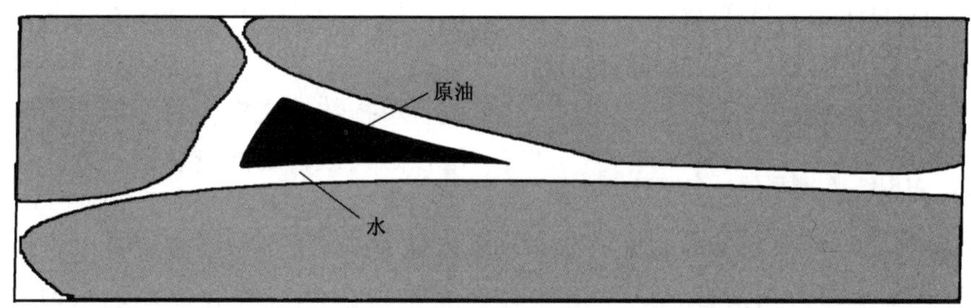

图 5－48　较大孔隙空间中非润湿相的原油以体弛豫为主

核磁共振测井对处于束缚状态的氢核不敏感，它主要反映岩石孔隙中含氢流体的情况。T_2 受流体粘度、矿化度、温度的影响，此外还与测量的磁场条件有关。由于孔隙介质对流体的影响，核磁共振测井响应还与骨架的孔隙结构有关。核磁共振测井可用于确定地层孔隙度。将核磁共振测井与其他孔隙度测井相结合，可求出粘土束缚水孔隙度及毛细管束缚水孔隙度。核磁共振测井能直接给出流体的含量和孔隙分布情况，因此可以更准确地估算渗透率。此外，利用测量的 T_2 还可估计原油的粘度，而利用扩散系数 D 可指示含气层段。核磁共振测井还可检测储集层裂缝，预测油气层产能等。

二、储集层参数解释模型

核磁共振信号强弱取决于核的数量、核角动量、磁矩以及其所处的环境。由于地层所含的元素中氢核的磁旋比最大，且有较高的丰度，故地层的核磁共振主要取决于氢核。因此，核磁共振测井测量的主要是地层孔隙流体中氢核对仪器的贡献，受岩性影响小，在解释孔隙度、渗透率等储集层参数时，具有其他测井方法无法比拟的优势。随着核磁共振测井仪器的发展，核磁共振测井已成为测井地层评价的有力工具。

(一)孔隙度解释模型

核磁共振测井与其他测井方法在孔隙度解释中的不同之处,就是核磁共振测井能解释束缚水和可动流体孔隙度,其解释模型如图5-49所示。

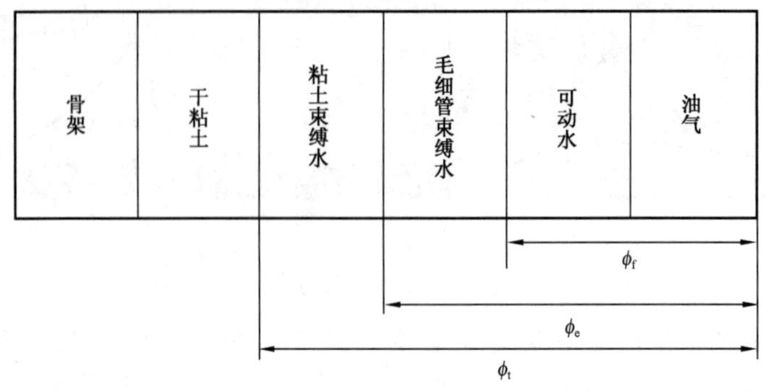

图5-49 核磁共振测井孔隙度解释模型

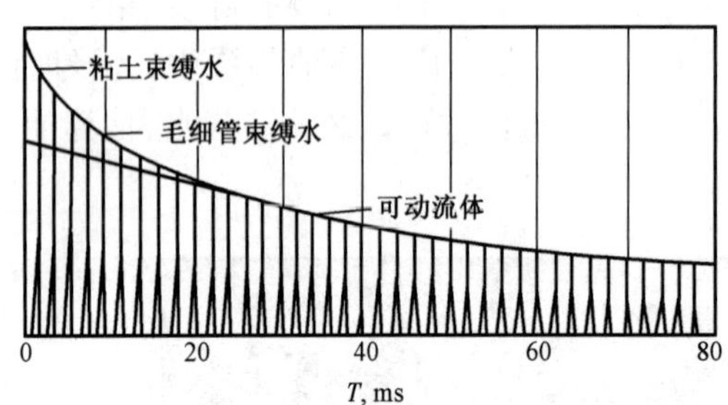

图5-50 MRIL-C测得的一个理想回波串

核磁共振测井的原始数据是幅度随时间衰减的回波信号,如图5-50所示。它是求取各种参数以及进行各种应用的基础。早期的数据处理确定核磁共振孔隙度 ϕ_e、自由流体孔隙度 ϕ_f 和束缚流体孔隙度 ϕ_b 的方法是:(1)对回波串的包络线作两指数、三指数或者单指数扩展拟合后外推至零时间得到地层核磁共振自旋回波总信号 A_{ONMR},经刻度后成为核磁共振孔隙度 ϕ_e。对于MRIL-C型和CMR型仪器,由于仪器性能所限不能反映粘土束缚水的信号(弛豫速率太快),所以测到的 ϕ_e 为毛细管束缚水和自由流体所占的孔隙度。新型核磁共振测井仪器如CMR-PLUS和MRIL-Prime型仪器的最小回波间隔分别达到0.2ms和0.6ms,实现了对粘土水信号的观测,因此可获得地层的总孔隙度 ϕ_t 和粘土束缚水孔隙度。(2)对大于一定门槛时间(通常6~30ms范围)的所有回波包络线作单指数拟合后外推至零时间,得到自由流体指数——可动流体孔隙度 ϕ_f。

早期的这种数据处理方法简单,适用于孔径单一或孔径分布集中于2~3个孔径点的地层。对于孔径分布范围较宽的地层,存在着由拟合方法不合适带来的孔隙度误差。

现在所用的数据处理方法是从原始回波串中提取 T_2 分布谱。方法如下所述。

对于岩石这样复杂的多孔系统,由于组成的孔隙大小的不同,存在着多个弛豫组分 T_{2i},每个回波都是多种弛豫组分的总体效应,即:

$$A(t) = \sum_{i=1}^{n} P_i \cdot e^{-t/T_{2i}} \tag{5-6}$$

式中 T_{2i}——在 T_2 最小值 $T_{2\min}$ 和 T_2 最大值 $T_{2\max}$ 之间按对数均匀分布的第 i 个 T_2 值;

n——布点个数;

P_i——横向弛豫时间 T_{2i} 的弛豫组分所占的比例。

如果是连续分布,式(5-6)可表示为:

$$A(t) = \int_{T_{2\min}}^{T_{2\max}} S(T_2)\mathrm{e}^{-t/T_2}\mathrm{d}T_2 \tag{5-7}$$

式中 $S(T_2)$——未知的 T_2 分布函数，通过反演得到。

按式(5-6)进行的拟合称为回波串的多指数拟合，由多指数拟合可得到 T_2 谱，因此这一过程也叫解 T_2 谱或 T_2 谱反演。上述处理过程如图5-51所示。

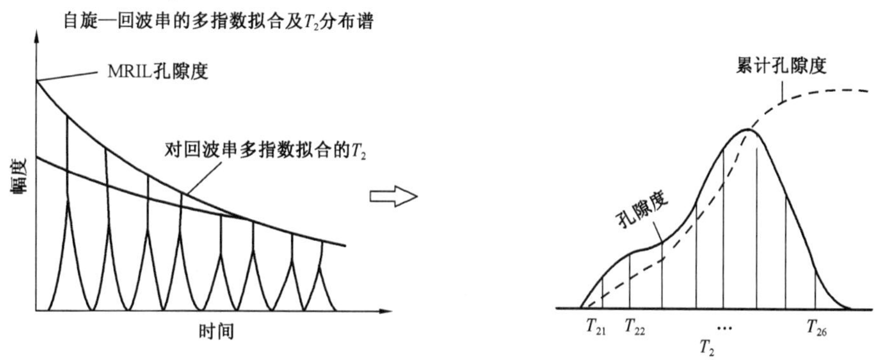

图5-51 自旋—回波串的多指数拟合及 T_2 分布谱

按照需要，T_2 谱可以用波形、变密度和区间孔隙度分布三种方式显示。在图5-52中，第

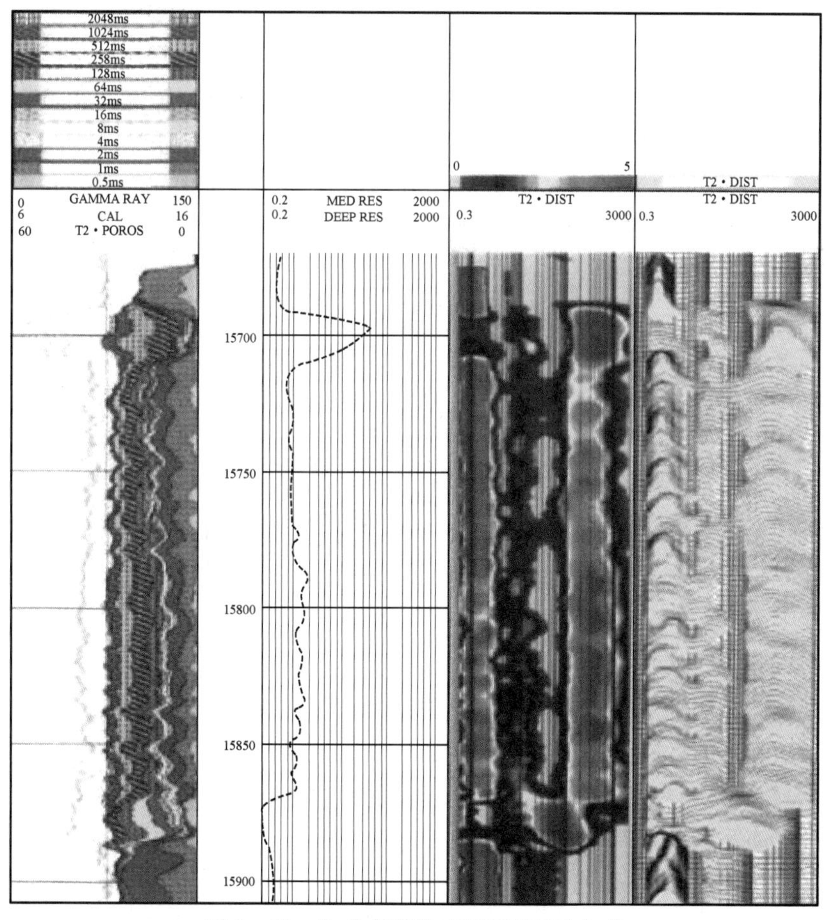

图5-52 T_2 分布谱的三种不同显示方式

五道为波形方式显示，T_2 的范围从 0.3ms 至 3000ms，这种方式可以直接看出各个深度点 T_2 分布幅度的相对变化；第四道为变密度方式，T_2 分布上各个点的幅度用不同的颜色表示，这种方式有利于追踪 T_2 分布峰值随深度的变化趋势；第一道为区间孔隙度累加的方式，从右到左，T_2 值从小到大，按 0.5ms，1.0ms，2.0ms，4.0ms，8.0ms，16.0ms，32.0ms，64.0ms，128.0ms，256.0ms，512.0ms，1024.0ms，2048.0ms 等排序，把各区间的孔隙度用不同符导或颜色逐项累加显示，可以直观地看出各个区间的孔隙度随深度的变化。如果把不同采集参数，如不同的等待时间或回波间隔，得到的 T_2 分布用区间孔隙度累加方式显示在同一图上进行对比，还可以方便地观察各个区间的孔隙度大小随采集参数的变化，从而帮助识别油气。

利用 T_2 分布谱可以定性地认识储集层的好坏。大的峰面积向右移表示岩石分选性好，连通孔隙发育，可动流体多，储集层好。

孔隙度可以由 T_2 分布谱来评价。对于饱和水的岩石，短 T_2 部分对应着岩石的小孔隙或微孔隙，而长 T_2 部分是岩石较大孔隙的反映。这是因为小孔隙或微孔隙中自由流动的液体甚少，绝大部分是束缚水或滞水，孔隙壁对流体强烈的相互作用使其中流体的 T_2 大为降低，而大孔隙中流体却保持了与自由状态流体相近的性质，对应着长的 T_2 值。当空气取代孔隙中的水时，T_2 分布曲线的变化情况与毛细管压力曲线的改变方式极其相似。随着大孔隙中的水被排出，T_2 分布中的长 T_2 组分首先消失。

由此，全部 T_2 分布的积分面积可以视为核磁共振孔隙度 ϕ_{NMR}：

$$\phi_{NMR} = \int_{T_{2min}}^{T_{2max}} S(T_2)\,dT_2 \tag{5-8}$$

通过选择一个合适的截止值 $T_{2cutoff}$，可以区分反映小孔隙或微孔隙水的快弛豫组分与反映可动孔隙中油水的慢弛豫组分，使得大于 $T_{2cutoff}$ 的组分下面包围的面积与可产出的油水相当。对于砂岩，这一截止值大约为 33ms。当岩性变化或表面弛豫改变时，这一截止值要相应地改变。因此自由流体指数可以表示为：

$$FFI = \phi_f = \int_{T_{2cutoff}}^{T_{2max}} S(T_2)\,dT_2 \tag{5-9}$$

束缚水孔隙度 ϕ_b 可以通过上面求得的 ϕ_{NMR} 和 FFI 相减来求得，或者直接对 T_2 分布中小于 $T_{2cutoff}$ 的组分进行积分得到：

$$\phi_b = \int_{T_{2min}}^{T_{2cutoff}} S(T_2)\,dT_2 \tag{5-10}$$

如果能找到粘土束缚水和毛细管束缚水的 T_2 截止值，就能确定粘土束缚水和毛细管束缚水孔隙度。因此，核磁共振测井可以求出可动流体孔隙度 ϕ_f、粘土束缚水孔隙度和毛细管束缚水孔隙度。

（二）渗透率解释模型

利用常规测井方法确定的地层渗透率误差较大，而用核磁共振测井求得的地层渗透率与用常规测井方法确定的地层渗透率相比误差小一个数量级，提高了用测井资料解释渗透率的精度。目前，由核磁共振参数或由核磁共振参数与其他参数结合，建立的求取渗透率的关系式多达几十种。下面给出两个典型的关系式。

（1）SDR 渗透率模型：

$$K = C \cdot (\phi_{NMR})^{a_1} (T_{2g})^{a_2} \tag{5-11}$$

式中　T_{2g}——T_2 分布的几何平均值。

对于砂岩地层,通常取 $a_1=4, a_2=2$。

(2)Coates 渗透率模型:

$$K = C \cdot (\phi_{NMR})^{b_1}\left(\frac{FFI}{BVI}\right)^{b_2} \tag{5-12}$$

式中　BVI——束缚水孔隙度 ϕ_b。

对于砂岩地层,通常取 $b_1=4, b_2=2$。

式(5-11)与式(5-12)中的系数 C 受岩石表面弛豫能力等因素的影响,因此,不同地区或不同层段的系数 C 不同,需做岩心实验分析以确定 C。式(5-11)和式(5-12)的区别在于式(5-11)对烃影响敏感,对含烃地层不适用,而式(5-12)受烃影响小。

(三)饱和度解释模型

自旋回波串的初始幅度以及 T_2 分布的面积与孔隙中流体的量成正比。当然,它们还受到其他因素的影响。在弛豫分布中,T_2 的幅度与该组分的体积有关。

对于饱和水的岩石,利用上面求得的各种孔隙度,可以进一步求得束缚水饱和度和自由水饱和度:

$$S_{wirr} = \frac{\int_{T_{2min}}^{T_{2cutoff}} S(T_2)\,dT_2}{\int_{T_{2min}}^{T_{2max}} S(T_2)\,dT_2} \tag{5-13}$$

$$S_{wf} = \frac{\int_{T_{2cutoff}}^{T_{2max}} S(T_2)\,dT_2}{\int_{T_{2min}}^{T_{2max}} S(T_2)\,dT_2} \tag{5-14}$$

核磁共振测井与其他孔隙度测井结合,可以得到粘土束缚水饱和度 S_{wb} 及毛细管束缚水饱和度 S_{cap}。

当油和水两相流体共存于孔隙中时,T_2 会表现出与单相流体不同的特征。若孔隙壁是水润湿的,油的弛豫与其自由体积的弛豫值相同,而水则表现出表面弛豫值。一般情况下,自由体积水与轻质油的 T_2 值相当,所以当地层中含有水和非润湿相的轻质油时,测量的 T_2 分布将表现出双峰模式,低 T_2 峰对应着水,高 T_2 峰对应着轻质油。在较理想情况下,通过选择一个合适的门槛值 T_{2o},可以将油水信号区分开。T_{2o} 可以通过实验室 NMR 岩心分析来确定,不同地区有不同的门槛值。油水峰下包围的面积分别为含油体积 V_o 和含水的体积 V_w,总面积反映孔隙中总流体的量。含水饱和度和含油饱和度表达式为:

$$S_w = \frac{\int_{T_{2min}}^{T_{2o}} S(T_2)\,dT_2}{\int_{T_{2min}}^{T_{2max}} S(T_2)\,dT_2} \tag{5-15}$$

$$S_o = 1 - S_w = \frac{\int_{T_{2o}}^{T_{2max}} S(T_2)\,dT_2}{\int_{T_{2min}}^{T_{2max}} S(T_2)\,dT_2} \tag{5-16}$$

实际上，油峰对应的长 T_2 组分不一定完全是由非润湿性的油造成的，也可能含有部分水的贡献，所以根据上述公式求出的含油饱和度和含水饱和度有时并不完全符合实际。这时要通过实验室 NMR 分析，确定出油峰下面含水的可能比例及水峰下面油的贡献，建立起含油体积与其他量之间的相关公式，在此基础上评价含油饱和度。

在油润湿的岩石中，当岩石孔隙中部分含水时，轻质油的 T_2 将表现出表面弛豫值，而水则表现出固有弛豫值。

当油的粘度较高时，由于重油的 T_1 和 T_2 都较小，所以在水润湿的岩石中，油水峰的距离将变小，给区分油水信号及估计含水饱和度和残余油饱和度带来困难。为了解决这一问题，提出了一种解决的办法(Horkowetz,1995)，即在钻开目的层以前往井眼钻井液中掺杂含有 Mn^{2+} 的顺磁离子溶液。由于 Mn^{2+} 具有扩散作用，故它进入到冲洗带钻井液滤液中。由于顺磁离子的存在，水的弛豫时间会大大缩短，而顺磁离子不能扩散到油中，所以它仍然保持其固有的弛豫值，油水信号会产生分离。由于信号只是位置的改变，所以 T_2 分布的面积仍然是孔隙中总的流体饱和度的反映，这时可用与式(5－15)、式(5－16)相同的公式求得冲洗带的含水饱和度和残余油饱和度。但是，这时的 T_2 分布已不再反映岩石的孔隙尺寸和分布。

需要指出的是，当岩石中含有较大的晶洞孔隙，而连通孔隙与晶洞孔隙尺寸差别较大时，孔隙系统变得较为复杂，T_2 分布也可能呈双峰或多峰分布。要区分是由于不同性质的流体还是由于不同的孔隙系统引起这种变化，需要借助于实验室的岩心分析加以鉴别。

(四)流体类型的识别

常规测井判别油气层的主要手段是电阻率测井，通过油气层与水层的电阻率差异来识别。对于低阻油层、水淹层等储集层，用电阻率测井识别有困难，而核磁共振测井从另一个角度，根据油气与水的纵向弛豫时间的差别、气与油水扩散系数的差别来识别油、气、水层。

表5－2给出了盐水、轻质油和天然气的 NMR 特性数据。从表中可以看出，盐水和油具有相近的扩散系数 D 和 T_2，但 T_1 差别大，由此可将水和油气区分开；石油和天然气虽然 T_1 接近，但 T_2 却有明显差别。由于油、气、水的纵向弛豫时间、横向弛豫时间及扩散系数有部分重叠，有时不能有效地区分孔隙中流体性质。此时，可以通过测前设计，采用合适的观测模式(即以获取特定应用信息为目标的极化和采集方式)，然后经过资料的处理和解释，实现孔隙流体性质的识别和定量评价。差谱法和移谱法就是据此识别孔隙流体类型的。

表5－2　盐水、轻质油和天然气的 NMR 特性数据

	T_1,ms	T_2,ms	含氢指数 HI	D,$10^{-5}cm^2/s$
盐水	1～500	0.67～200	1	7.7
轻质油	5000	460	1	7.9
天然气	4400	40	0.38	100

应用差谱法时，需采用两种等待时间测井，分别为长等待时间 T_L 和短等待时间 T_S。由于水的 T_1 很短，因此无论是短等待时间还是长等待时间，其 T_2 分布谱的幅度都是相同的，而油和气由于 T_1 的建立需要较长的时间，因此在短等待时间条件下得到的 T_2 分布谱的幅度将小于长等待时间条件下得到的 T_2 分布谱的幅度；又因为油和气的 T_2 值有较大的不同，故可以从 T_2 的分布谱上区分出来。为此，将长等待时间测得的 T_2 谱与短等待时间测得的 T_2 谱相减，水的信号可以相互抵消，油和气的信号会余留在差谱之中，由此将油层和气层识别出来，如图5－53所示。

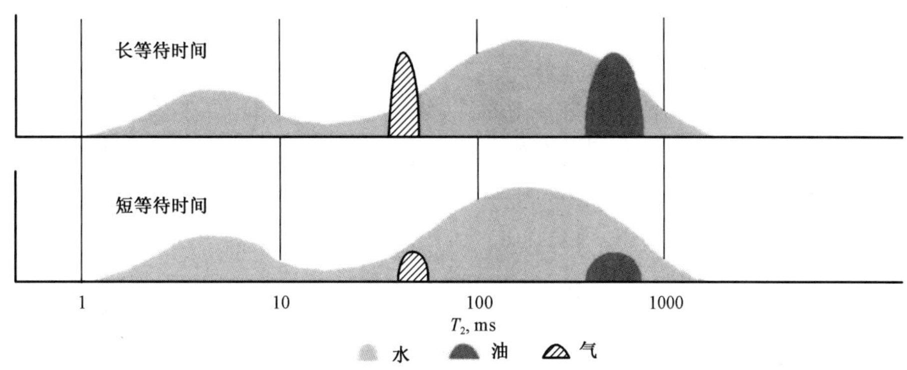

图 5-53 差谱法识别油气原理示意图

移谱法是根据油、气、水的扩散系数 D 的差异发展起来的双回波间隔法。例如，水的扩散系数比较大，而高粘度原油的扩散系数比水小。观测的横向弛豫时间 T_2 是流体的扩散系数 D、回波间隔 T_E 以及磁场梯度 G 的函数。对于固定的 G，增大 T_E，高粘度油与自由水的 T_2 将发生不同程度的变化，即自由水的 T_2 将比高粘度油以更快的速度减小。通过合理地选择 T_E，可以在 T_2 分布上把自由水与高粘度油分开。比较长、短 T_E 的 T_2 分布，找出油、气、水的特征信号，从而识别流体，如图 5-54 所示。

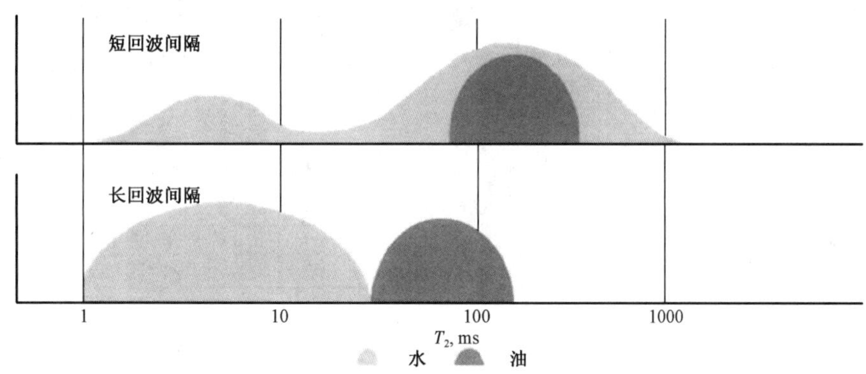

图 5-54 移谱法识别高粘度油原理示意图

三、核磁共振测井资料的地质应用

(一)储集层物性评价

1. 确定储集层孔隙度

图 5-55 是某井岩心分析孔隙度与核磁共振测井孔隙度交会图。由图可以看出，核磁共振测井可以较准确地计算储集层的孔隙度。如果核磁共振测井仪器测量的最小回波间隔不是很小，则探测不到弛豫较快的短弛豫组分。此时，可以用岩心分析孔隙度刻度核磁共振测井孔隙度，即建立岩心分析孔隙度和核磁共振测井孔隙度的相关关

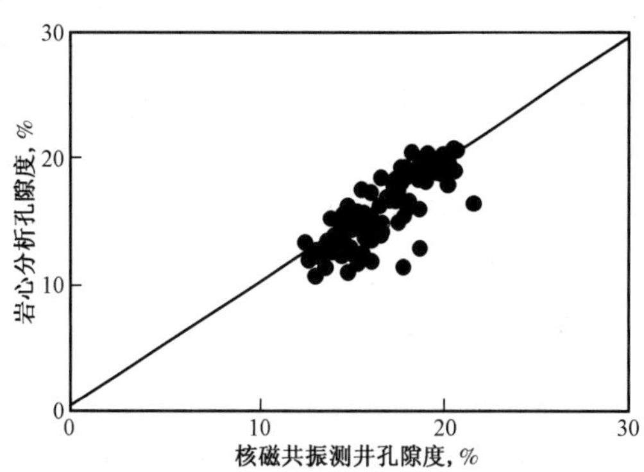

图 5-55 某井岩心分析孔隙度与核磁共振测井孔隙度交会图

系，利用该关系提高孔隙度的计算精度。

2. 确定束缚水饱和度和可动流体饱和度以及渗透率

图5－56是塔里木盆地塔中40井测井综合解释成果图。利用实验室获得的该地层的T_2截止值，对该井核磁共振测井资料进行处理，得到可动流体孔隙度、束缚水孔隙度、可动流体饱和度和渗透率等参数。根据计算出的上述各参数及常规测井资料处理结果，综合判断4333.0～4342.6m为油层，4342.6～4344.0m为干层，4344m以下为水层。

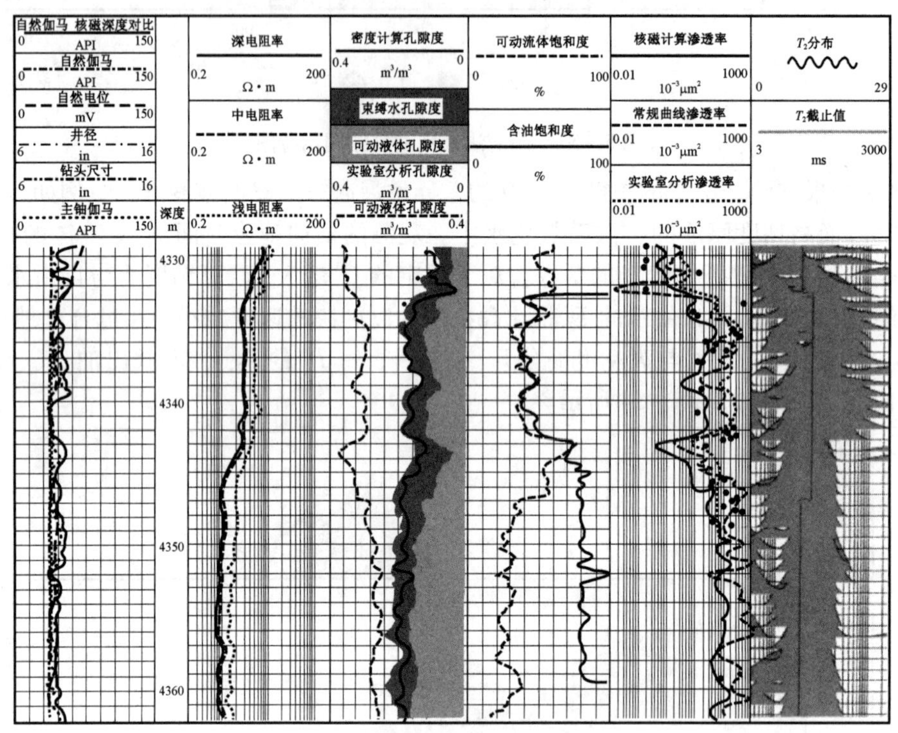

图5－56　塔里木盆地塔中40井测井综合解释成果图

3. 评价储集层孔隙结构

图5－57(a)和图5－57(b)分别是7井和8井核磁共振(CMR)测井资料精细处理成果图。图5－57(a)表明，7井×649.0～×665.5m井段地层电阻率约为10Ω·m；核磁孔隙度在12%～16%之间，其中可动流体孔隙度在9%左右；孔径分布表明(右边第二道)，储集层孔隙以中孔和大孔为主。而图5－57(b)表明，8井×656.0～×662.0m和×667.0～×676.0m井段，地层电阻率同样在10Ω·m左右；核磁孔隙度平均为12%，略低于7井，而可动流体孔隙度平均仅3%；孔径分布表明(右边第二道)，储集层孔隙以粘土孔、微孔和小孔为主。

(二)储集层流体性质评价

1. 低阻油层评价

辽河油区海南构造带东营组及沙河街组主要目的层岩性粒度较细，油气层受岩性以及盐水钻井液侵入等因素的影响，电阻率普遍较低，与水层相当，电阻率增大系数在1.1～1.5之间，油气水层电性差异不明显，呈现高矿化度低阻油气储集层特点，常规测井很难解释油气水层。图

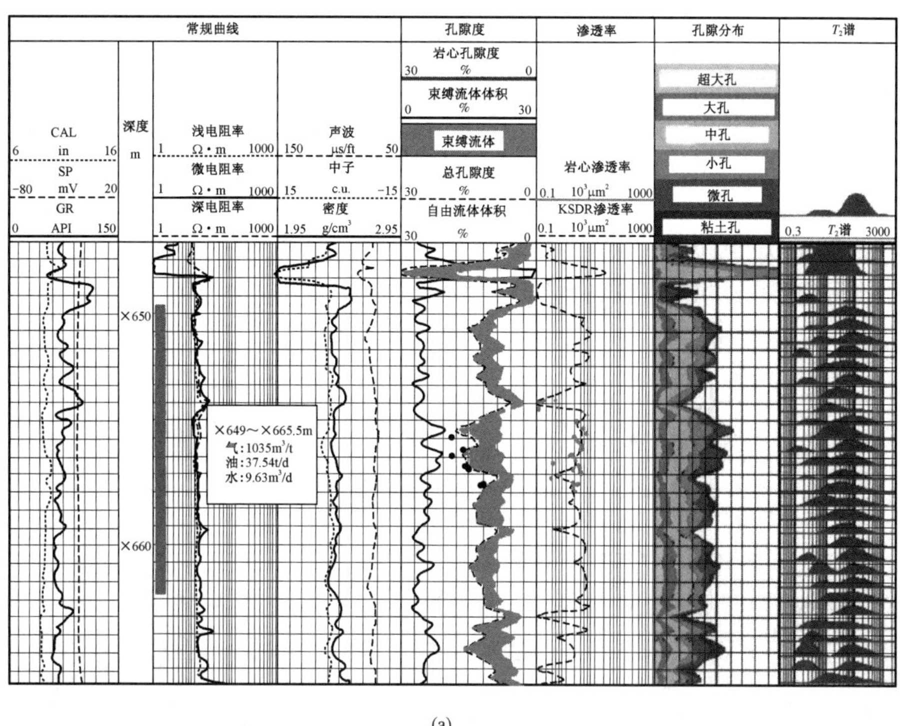

(a)

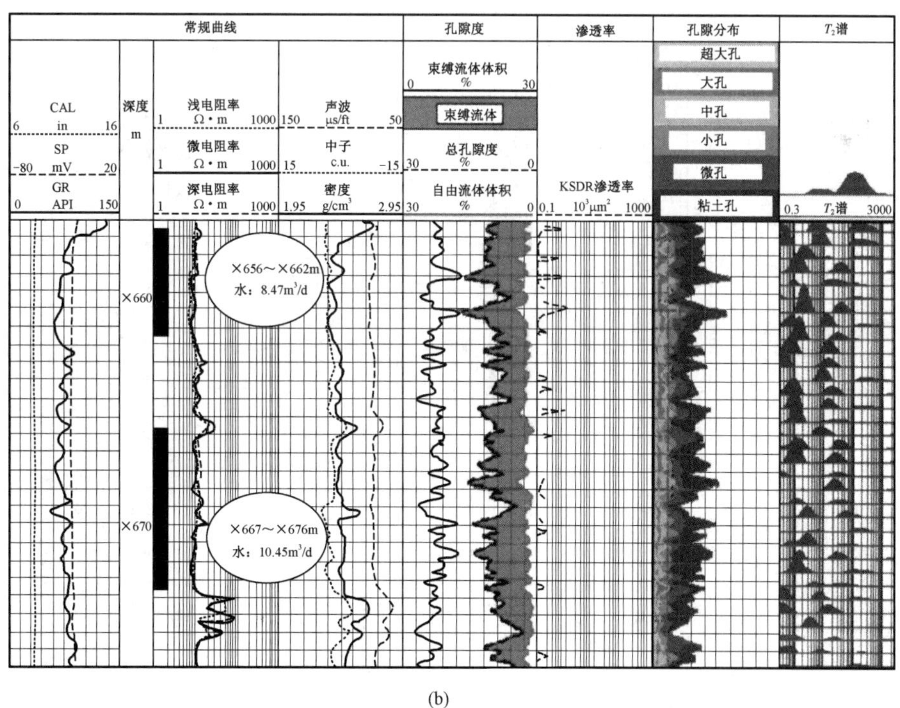

(b)

图 5－57　7 井和 8 井核磁共振测井资料精细处理成果图

(a)7 井核磁共振测井(CMR)资料精细处理成果图；(b)8 井核磁共振测井(CMR)资料精细处理成果图

5－58 是辽河油区海南构造带上某探井测井解释成果图。7 层(2119.7～2125.6m)的电阻率为 5Ω·m 左右，上部 2m 储集层物性稍差；中下部 4m 储集层 T_2 谱分布主要位于中偏后位置，显示地层以含油为主。该层核磁有效孔隙度为 20.7%，束缚水孔隙度为 10.0%，渗透率为 $80.8\times10^{-3}\mu m^2$，底部达 $200\times10^{-3}\mu m^2$ 以上；储集层含水饱和度为 52.9%，与束缚水饱和度 48.6% 接近；该层的油气生产指数也明显高于水生产指数，综合解释为油层。8 层(2144～2149m)核磁共振测井 T_2 谱与上面的 7 层相比前移明显，谱峰的双峰特征不明显，核磁解释储集层束缚水含量较高，达 50% 左右，该层综合解释为低产油层。9 层(2149.5～2154.9m)的上部(2149.5～2152m)的 T_2 谱分布靠后，为明显的含油指示；而其下部的 T_2 谱峰前移，但谱峰较陡，基本上位于 T_2 截止值右侧，指示地层可动水含量较高，储集层含水饱和度解释由上至下逐渐增大，而束缚水饱和

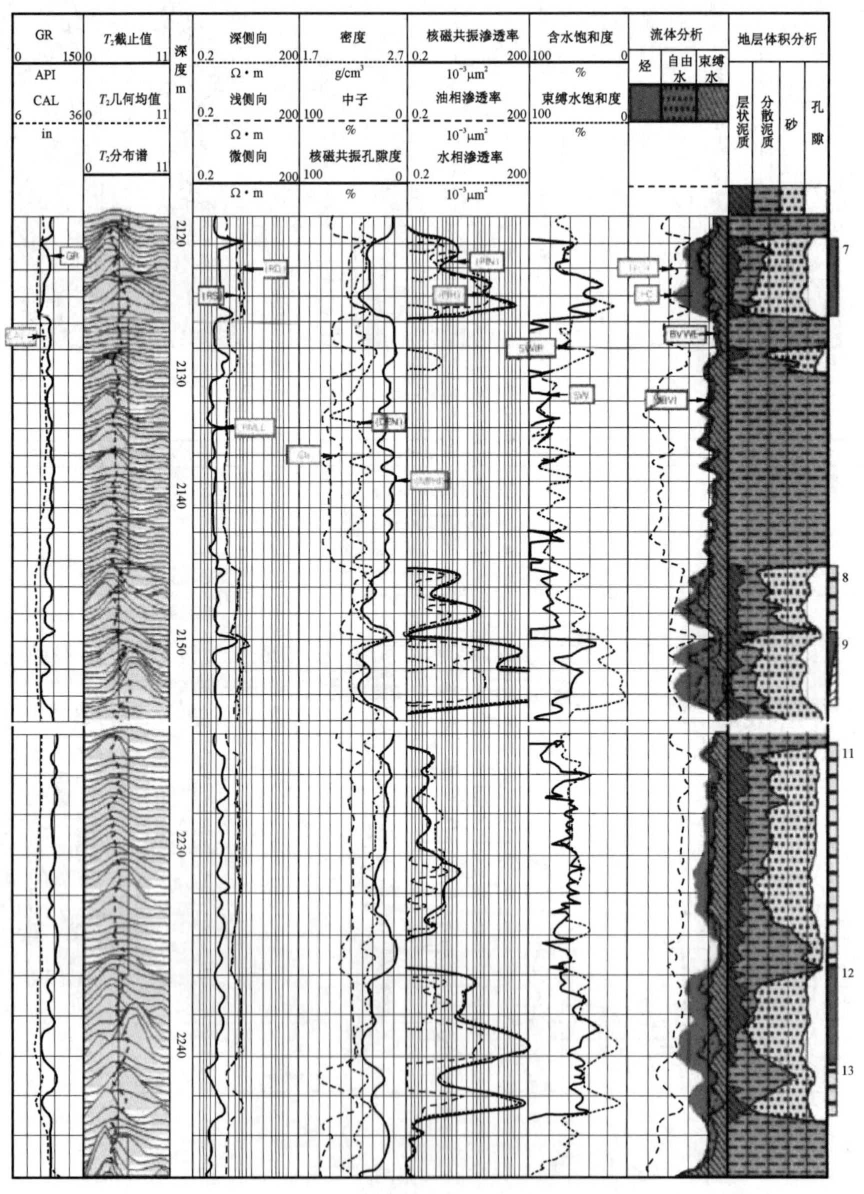

图 5－58　辽河油区海南构造带某探井测井解释成果图

度逐渐减少，二者相差增大，表明储集层可动水含量逐渐增加，因此该层综合解释为油水同层。11，13 层与 8 层特征相近，解释为低产油层；而 12 层与 7 层特征相近，解释为油层。

2. 水淹层评价

在油田开发中，由于水驱控制程度高，经过长期注水容易形成高水淹。厚油层内部含水饱和度存在较大差异。图 5－59 是北 1－330－检 49 井核磁共振测井成果图，目的层核磁共振测井资料解释孔隙度为 30%，渗透率达 $100 \times 10^{-3} \mu m^2$，属于高孔高渗透性储集层。在该层顶部，对应电阻率较高的地方，长回波间隔的 T_2 谱呈明显的双峰分布，短回波间隔的 T_2 谱呈连续的双峰分布，显示储集层中仍然含有油；而该层底部长回波间隔的 T_2 谱呈单峰，处理成果显示该层底部比顶部水淹严重。

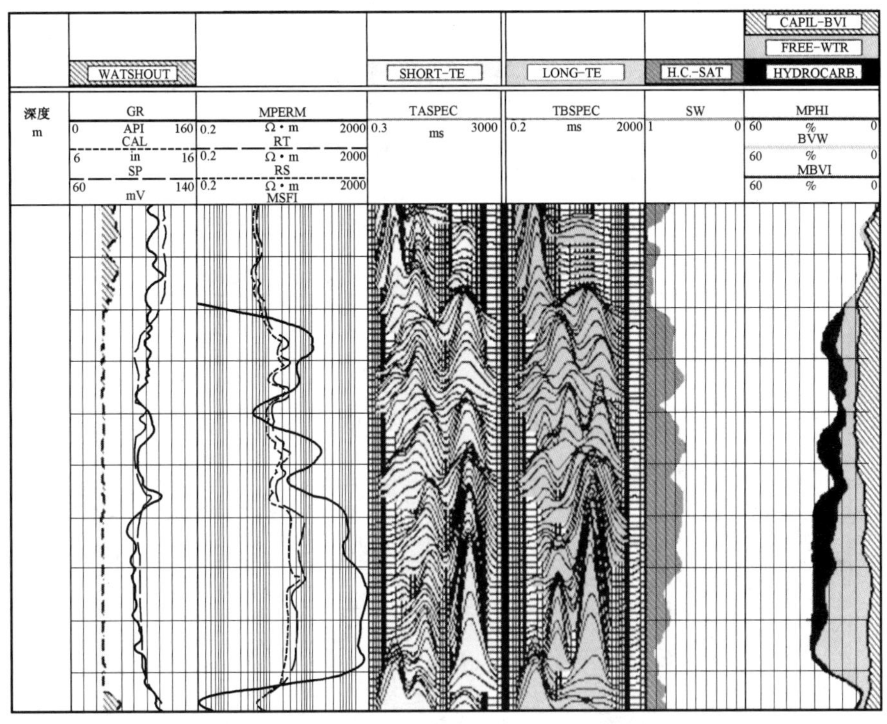

图 5－59　北 1－330－检 49 井核磁共振测井成果图

图 5－60 是北 1－330－检 49 井岩心分析的目前含水饱和度与核磁共振测井计算的含水饱和度的对比图。从图上可见，该层上部和下部的电阻率均为 30Ω·m，由电阻率计算的含水饱和度（MSWE）没有反映出底部水淹的状况；而由核磁共振测井资料计算的含水饱和度（SW）很好地反映了底部水淹的状况，且与岩心分析饱和度（SW_CO）对应较好。

油层注水后，地层水矿化度非常复杂，核磁共振测井可提供不依赖地层水矿化度的冲洗带的含水饱和度，使对水淹状况的判断更为准确。

图 5－61 是静安堡某井的 MRIL 综合解释成果图。该井的双等待时间测井解释显示，74 层 T_2 谱的可动流体信号比较靠前，差谱无显示，判断为水层。54～66 层均有不同程度的差谱信号，但谱峰高度及面积存在差异，反映各层含油饱和度和水淹程度的不同。其中，55，61，64，65 等层 T_2 谱的可动流体峰比较靠后，差谱指示这几层含烃体积较大，含油饱和度较高，可动水含量较低，这几层 MRIL 综合解释为弱水淹层；其他各层差谱显示微弱，说明可动水含量相

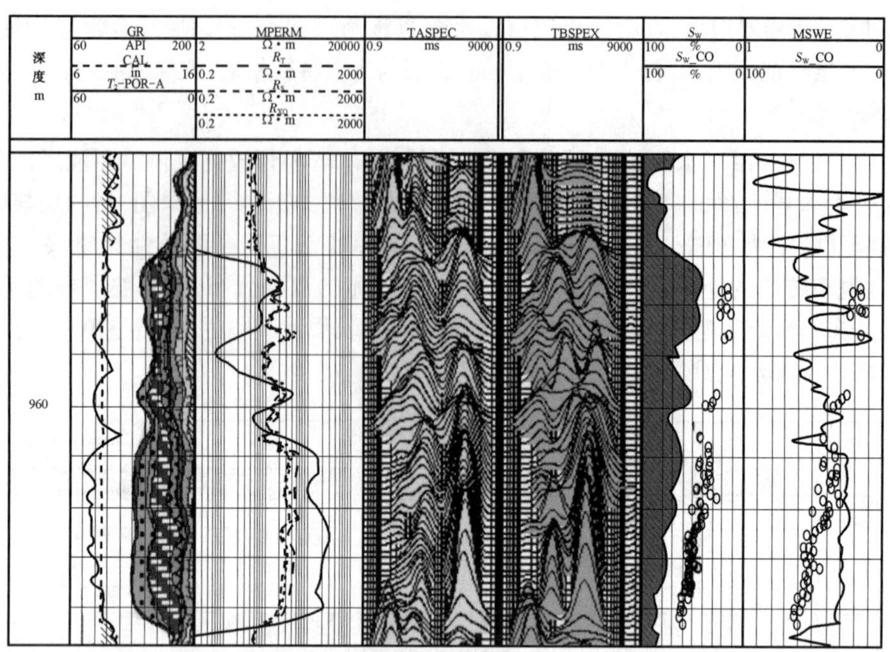

图 5-60　北 1-330-检 49 井岩心分析的目前含水饱和度与核磁共振测井计算的含水饱和度的对比图

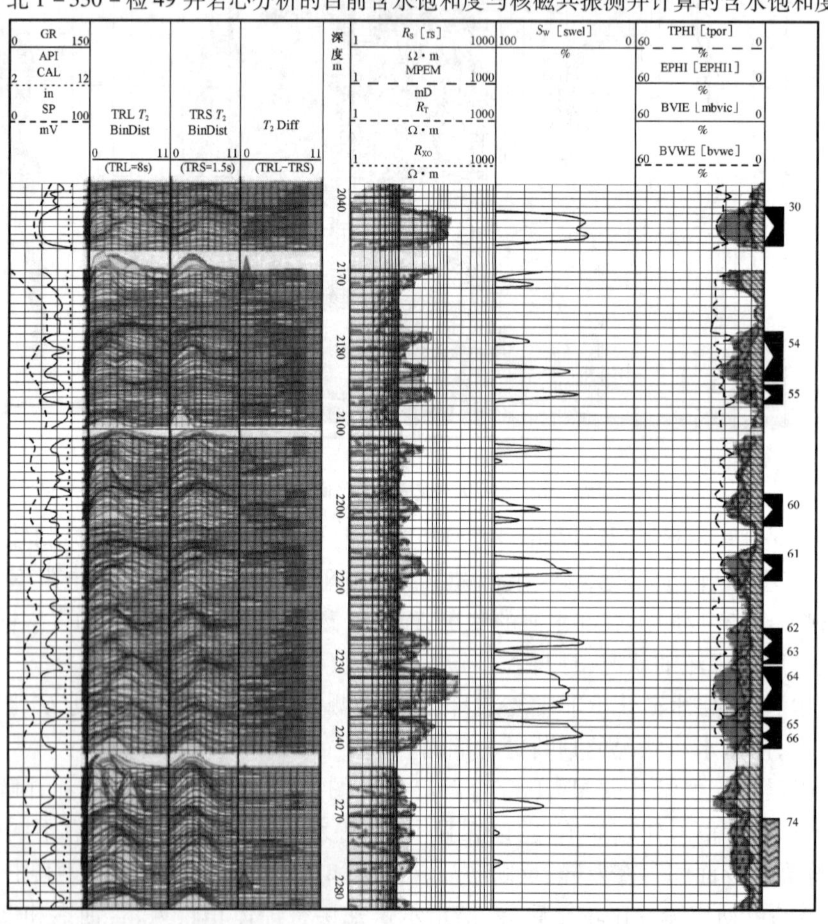

图 5-61　静安堡某井 MRIL 综合解释成果图

对较高,油层水淹程度较高,综合解释为强水淹层或中水淹层。地层测试测压结果表明,上述MRIL解释是合理的。

3. 气层识别

图5－62是应用差谱法识别天然气层的实例。图中第一道为自然伽马曲线,第二道为深感应电阻率曲线,第三道为中子孔隙度和体积密度曲线,第四道是长等待时间(6s)的 T_2 分布谱,第五道是短等待时间(3s)的 T_2 分布谱,第六道是差谱。中子—密度曲线"交叉"显示的气层段在 T_2 差谱中只在32～64ms时窗附近存在 T_2 谱,根据表5－2的数据可判断该层为气层。图5－63是用差谱法区分油层的实例。在 T_2 差谱中,差谱信号集中在512ms时窗内。

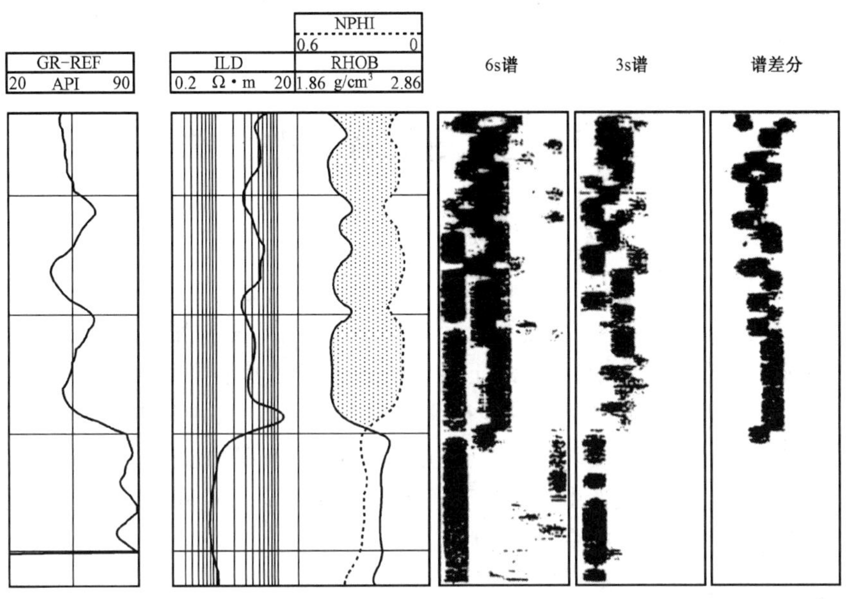

图5－62　应用差谱法识别天然气层的实例

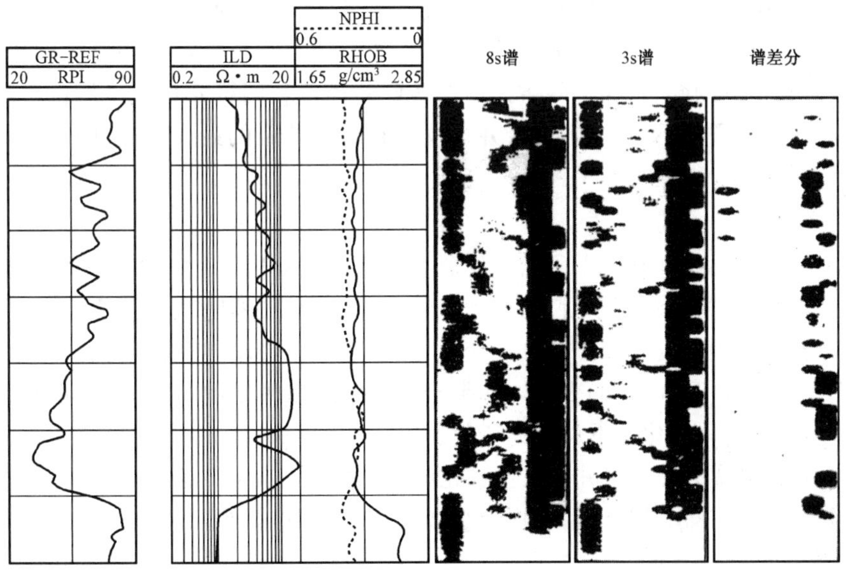

图5－63　用差谱法区分油层的实例

第六章　工程测井与地层测试

工程测井是指通过检测套管、水泥环和地层，实现固井质量、射孔状况、井眼状况、储集层作业状况、增产措施状况等的分析与评价的一系列测井方法。它利用电、声、热、磁、机械接触以及放射性示踪等各种方法与手段解决油水井的工程问题，为开发方案的正确实施及实施效果监测提供准确而又有价值的资料。地层测试是在钻井过程中或完钻后，利用电缆地层测试仪器对地层进行压力降落和恢复测试，它可测量地层压力，采集地层流体，估算有效渗透率，预测产能，判断油气、油水、气水界面。

第一节　常用工程测井方法

一、井径测井

井径测井，顾名思义，是测量井筒直径大小的一种测井方法。在裸眼井中井径测井是测量裸眼井的直径，在套管井中井径测井是测量套管的内径。无论是裸眼井还是套管井，它们的测量原理都基本相同。在裸眼井中，由于地下各地层的机械强度不同以及各地层受到的钻井液冲洗、浸泡和钻头碰撞的差别，实际的井径往往与钻头直径不同，并且不同机械强度的地层有不同的井径。在套管井中，由于套管长期与地层水接触，具有腐蚀性的地层水将对套管管壁造成损害，套管壁厚发生变化，或者由于来自套管各方的地层应力不同，使套管发生形变。套管的这些变化都会引起套管内径的变化。

（一）普通井径仪

普通井径仪用于裸眼井中，在裸眼井中使用的井径仪有两臂井径仪和四臂井径仪两种。两臂井径仪可以附带在其他带极板的贴井壁仪器上，如微电极、密度仪等。四臂井径仪一般是单独下井测量，但也可以组合在其他测井仪器上，如四臂井径仪就可以组合在地层倾角仪上，在测量地层倾角信息的同时，测量两条井径。两臂井径仪和四臂井径仪虽然都是测量井的直径，但它们反映的特征却不大一样，两臂井径仪得到的是井眼的最大直径，四臂井径仪常给出井眼的最大直径和最小直径。

1. 测井原理

井径仪的基本结构如图 6 - 1 所示。仪器主要由井径臂和一个电位器组成，井径臂末端靠弹簧作用力紧贴在井壁上。测量时，井径臂紧贴到井壁上，仪器随电缆上提测量，当井径发生变化时，井径臂也会相应发生伸张和收拢变化，这个变化又带动电位器上的滑线电阻移动，即把井径的变化转化为仪器电阻的变化。如果给电位器通以恒定的电流，则可把井径的变化通过电位器上电阻的变化转化为电位差的变化加以记录。

图 6 - 2 井径测量原理。当井径发生变化时，井径臂的伸缩带动连杆上下运动，这一运动改变触点 M，N 在电位器上的位置，从而改变了 M，N 之间电阻值 ΔR 的大小，ΔR 与井径的变化成正比：

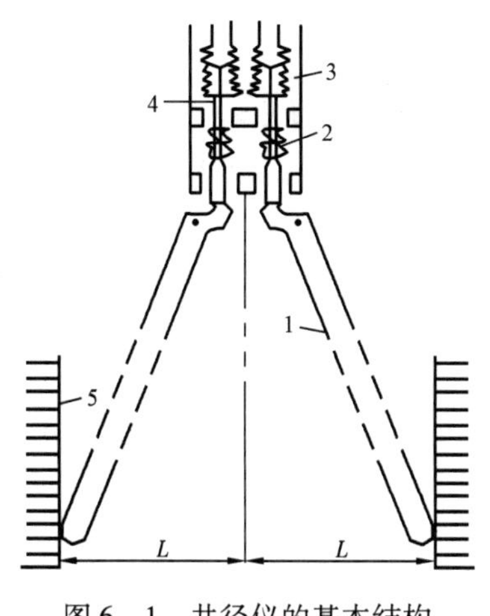

图 6-1　井径仪的基本结构

1—井径臂;2—弹簧;3—滑线电阻;4—连杆;5—井壁

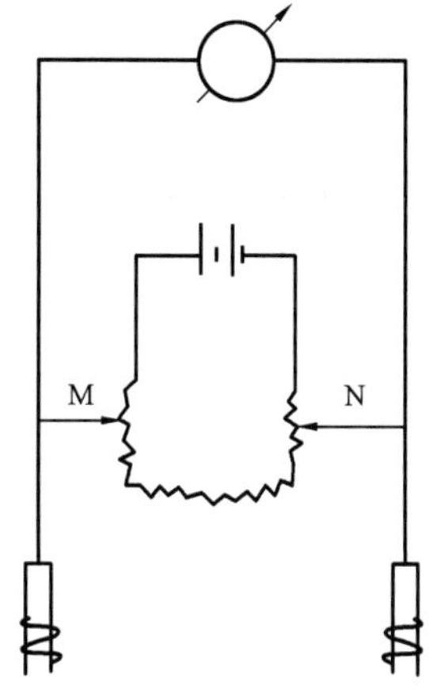

图 6-2　井径测量原理

$$\Delta R = \beta \Delta d \tag{6-1}$$

式中　β——比例系数。

当给电位器通以恒定的电流 I,则井径的变化就相应使 M,N 之间的电位差发生变化:

$$\Delta U_{MN} = I\Delta R = I\beta\Delta d = I\beta(d - d_0) \tag{6-2}$$

整理得:

$$d = d_0 + \frac{1}{\beta}\frac{\Delta U_{MN}}{I} = d_0 + C\frac{\Delta U_{MN}}{I} \tag{6-3}$$

式中　d——井径;

d_0——当 $\Delta U_{MN}=0$ 时的井径值;

C——仪器常数;

I—电流。

参数 C 和 d_0 均为常数,其数值可以通过仪器校验得到。按式(6-3)对仪器进行刻度后,测量时便可记录出一条随井深变化的井径曲线。

2. 井径资料的应用

1)划分岩性

岩石在结构和成分上的差异造成钻井过程中钻头和钻井液对其作用效果不同,因而在井径曲线上会出现相应的不同特征。常见几种岩石的特征如下:

(1)砂岩。由于大多数砂岩的渗透性较好,一般都有钻井液侵入,在井壁上形成泥饼,使得井径 d 小于钻头直径 d_0,即 $d<d_0$。

(2)石灰岩、白云岩。致密灰岩和致密白云岩的渗透性很差,且较坚硬,所以井径近似等于钻头直径,即 $d\approx d_0$;含泥质的石灰岩或白云岩,其井径 d 略大于钻头直径 d_0;孔隙性灰岩或白云岩的井径 d 略小于钻头直径 d_0;裂缝性灰岩的井径不规则,井径曲线上呈锯齿状。

(3)砾岩。致密坚硬的砾岩渗透性差,井径 d 近似等于钻头直径 d_0;渗透性砾岩的井径与砂岩的井径相似,即 $d\approx d_0$。

(4)泥岩。泥岩颗粒细,结构较疏松,在钻井过程中受钻头的碰撞和钻井液的冲洗浸泡易发生垮塌,因此泥岩的井径一般都大于钻头直径,即 $d>d_0$。

(5)盐岩。盐岩受钻井液的溶解作用会发生严重的井径扩大,即 $d>d_0$。

(6)石膏。石膏为块状结构,一般情况下井径近似等于钻头直径,但若遇石膏被溶解,也会出现井径扩大现象,即硬石膏 $d\approx d_0$;石膏若发生溶解,则 $d>d_0$。

井径曲线一般只能用来定性识别岩性,它是划分井孔地层剖面、识别岩性的一种辅助手段,常用于配合其他曲线进行解释。

2)估算固井水泥用量

套管外径与井径之间环形空间的体积就是固井水泥用量,工程上一般采用体积法计算:

$$V=\frac{\pi}{4}h(\bar{d}^2-d'^2) \tag{6-4}$$

式中 h——固井段长度;

d'——套管外径;

$\bar{d}$——平均井径值。

井径曲线在固井工程上可以提供固井井段的平均井径,通常采用算术平均法求取平均井径值。先在每隔50m或25m或更短一些的井段上求这井段的井径平均值,然后再将各段井径的平均值相加除以段数,即得平均井径值$\bar{d}$:

$$\bar{d}=\frac{d_1+d_2+\cdots+d_n}{n} \tag{6-5}$$

(二)多臂井径仪

多臂井径仪用于套管井中,用来测量套管内径的变化。多臂井径仪的臂数一般在30~64之间,通常根据套管内径的大小来选择不同臂数的多臂井径仪。多臂井径仪的臂宽约2.16mm,测量时要求各臂端部间的间隙约为0.5in。显然,套管内径越大,就应选择更多臂数的仪器。多臂井径仪可同时输出最大套管内径和最小套管内径两条曲线,也可输出相对180°的两个臂的井径值,根据这些值来了解套管的腐蚀及变形情况。若最大套管内径、最小套管内径近似相等,则表明套管没有腐蚀变形;若最大套管内径、最小套管内径有明显差别,则表明套管发生腐蚀变形。

不同公司的多臂井径仪有不同的规格,分别适用于不同直径的套管井中测量。吉尔哈特公司生产的30臂井径仪适用于2~4in的套管,40臂井径仪适用于4~7in的套管,60臂井径仪适用于7~8⅝in,8⅝~9⅝in,9⅝~10¾in的套管。其他公司生产的40臂井径仪适用于4½~6in的套管,64臂井径仪适用于6⅝~13⅜in的套管。

现场除使用以上臂数的井径仪外,在套管井中还经常使用微井径仪、$X-Y$井径仪、8臂井径仪、过油管井径仪和磁井径仪,其中最有实用价值的是8臂井径仪。

利用8臂井径仪可得夹角互成45°的4条套管内径曲线,根据8臂井径仪测量的4条套管内径曲线可以判断套管的近似形状。若两条垂直方向的井径一长一短,另外两条井径介于长短之间且变化较均匀,则可判断为近似椭圆;若相邻两条直径较长,另外两条较短,则可判断为挤扁;若4条直径长短交错,则可判断为不规则的凸凹变形;若4条井径都小于套管的原始内径值,则可判断为缩径;若4条井径都大于套管的原始内径,则可判断为扩径;若4条井径与原始套管内径相差很大，则可能为套管错断，错断大多数出现在射孔井段的接箍处。图 6－3 是常见的几种近似椭圆状的套管变形。

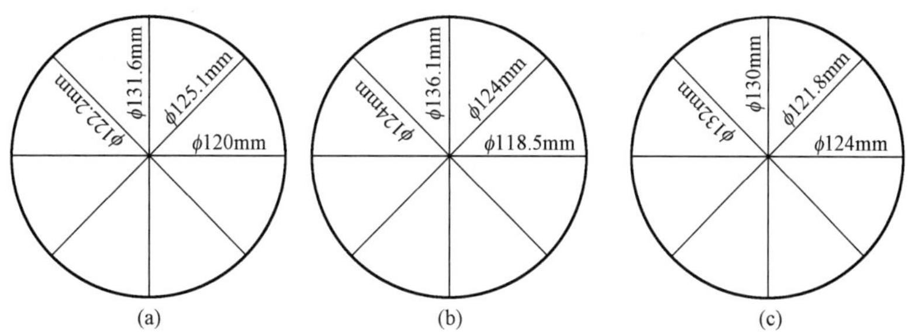

图 6－3　常见的几种井径的近似椭圆状的套管变形

(a)南 7－3－27 井 921.7m 变形点；(b)北 3－5－30 井 1043.4m 变形点；(c)啦 5－242 井 1027.4～1030.4m 变形点

二、井斜测井

为了了解井身是否偏斜和偏斜程度，及时纠斜，指导打好直井或者打好定向斜井，以及地质绘图和测井解释上的需要，都必须进行井斜测量。在钻井工程上，对于垂直井要求其偏斜度不超过 3°，对于定向斜井要求偏斜度始终保持一致。导致钻井偏斜的原因是多方面的，如钻井液性能，钻井工艺技术，地层的软硬程度、倾斜程度、裂缝发育程度以及破碎带等对钻井都有不同程度的影响。

井斜测量得到两个参数，即倾角 δ 和方位角 ϕ，用以表示井轴的空间位置。所谓倾角，就是井轴和铅垂线之间的夹角；方位角就是磁北方向和井轴的水平投影线之间按顺时针方向的夹角，如图 6－4 所示。

为了测量方位角和倾角，井斜仪上装有一个带有环形电位器的罗盘、一个弧形电位器的测量装置，如图 6－5 所示。

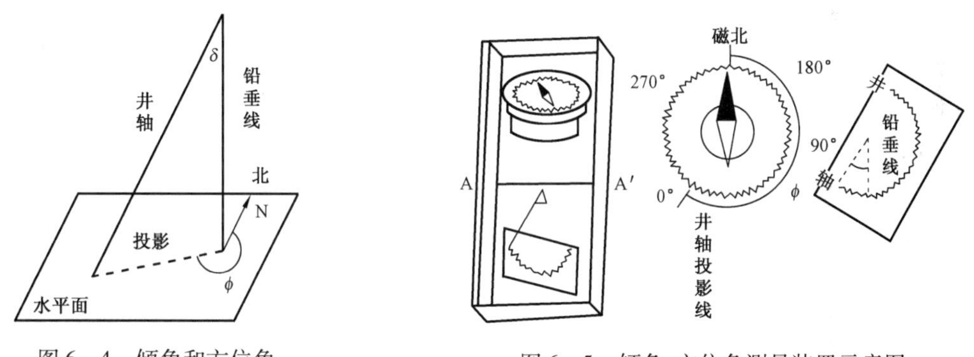

图 6－4　倾角和方位角

δ—倾角；ϕ—方位角

图 6－5　倾角、方位角测量装置示意图

井斜角就是井轴或仪器轴与铅垂线之间的夹角。德莱赛公司的地层倾角测井仪用弧形电位器及重锤产生的重(铅)垂线来确定井斜角。罗盘支承在框架上，绕水平轴 AA′转动而保持水平。由于重锤的作用，框架面始终保持在与井轴的倾斜面(井轴与铅垂线构成的面)相垂直的位置上，以保持方位角环形电位器的缺口(电位器起止端)在井轴的倾斜面上，即井轴的水平投影线永远在电位器的起始端。

当井轴不偏斜时，磁北针与方位角环形电位器缺口在一个方向上，方位为零；当井轴偏斜时，磁北针离开缺口方向，偏离的角度即为方位角。这个角的大小由这个角内电位器的电位差所反映：方位角大，则电位差大；反之，则小。仪器经过校验，便可知单位电位差代表的方位角的度数，测量磁北针与井轴投影线间的电位差，就可以测得井轴偏斜的方位角。

测量倾角的电位器在测量过程中位于井轴倾斜面内。当井轴倾斜时，带有重锤的指针发生偏转，偏转的角度就是要测量的井轴的倾角。倾角的大小由对应的一段电位器上的电位差反映出来。与测量方位角一样，仪器经过校验，测量电位差的大小就可以测量出井径倾角。

井斜测量是点测进行的，一般是25m或50m测一点，代表测点以上一段的井斜情况。为了严防井斜，打好定向井，可以根据具体情况加密测点。井斜测量结果以表格形式给出，如表6－1所示。

表6－1　井斜测量结果

××井			
测点	井深，m	倾角	方位角
1	800	2°	150°
2	825	1°	100°
3	850	1°	100°

上述这种仪器只能测量井的倾角 δ 和倾斜方位角 ϕ，属钻后测量。在海洋钻井或定向斜井中，要求钻头保持一个方向钻进，在钻井过程中就需要随时了解钻头的行进方向及其他地质参数，这时必须采用随钻测井技术或单多点照相测斜仪。

单多点照相测斜仪的直径在 $1\frac{3}{4}$ ～ $3\frac{1}{2}$in之间，整个仪器置于非磁化的钻铤中，随钻杆一起下入井底，也可以在裸眼井中单独测量。测量时根据需要可每10m，20m或30m测一个点，自动照相记录，把井的倾角和倾斜方位角记录在胶片上，具有操作简便、结构坚固、测量精度高的特点。

三、随钻测井技术

随钻测井简写为LWD，它是Logging While Drilling的缩写。随钻测井技术主要包括随钻电阻率测井、随钻声波测井、随钻核测井等。随着陆上常规储集层的油气被逐步开发，石油钻井活动将更多向海上钻井、水平钻井及复杂地层钻井方向转移。为了提供这类新环境的地层评价数据，LWD将因其能提高钻井效率、降低钻井成本、提供高质量数据等相对于电缆测井的优势而受到更多重视，得以更迅速的发展。

（一）随钻测井数据传输技术

目前使用的随钻测井数据传输方式有钻井液脉冲遥测和电磁波遥测；另外一种有发展前途的传输方式是声波遥测，正处于研制和开发阶段。

钻井液脉冲遥测是普遍使用的一种数据传输方式，大多数随钻测量都采用钻井液脉冲遥测方式传输数据。钻井液脉冲遥测技术的数据传输率较低，为4～10bit/s，而电缆的传输率为550～660bit/s。预计通过提高信噪比和优化调制解调，新一代的钻井液脉冲遥测系统的传输率有望提高到50bit/s。

电磁波数据传输是将低频的EM信号从地下传到地面。这种方法是双向传输的，可以在井中上下传输，不需要钻井液循环，其数据传输能力与钻井液脉冲遥测相近。EM传输的最大优点是不需要机械接收装置，缺点是低的电磁波频率接近于大地固有频率，从而使信号的探测和接收变得较困难，目前只能在6000in深的井眼中传输数据。

通过钻杆来传输声波或地震信号是另一种传输方法。声波遥测能显著提高数据传输率，使随钻数据传输率提高一个数量级，达到100bit/s，声波遥测和电磁波遥测一样，不需要钻井液循环。但是，井眼产生的低强度信号和由钻井设备产生的声波噪声使正确分辨和接收随钻数据信号非常困难。

（二）随钻测井技术的用途

随钻测井技术是在MWD（Measure While Drilling）的基础上，增加若干用于地层评价的参数传感器，如双侧向电阻率、自然伽马、方位中子和密度、声波、补偿中子和补偿密度等。随钻测井技术的不断发展与完善，使它成为电缆测井的一个重要补充手段，并因其“随钻”功能，使得LWD具备以下技术优势：

（1）利用伽马射线确定页岩层来选择套管下入深度。

（2）选定储集层顶部开始取心作业。

（3）钻进过程中与邻井对比。

（4）识别易发生复杂情况的地层。

（5）如果井眼在电缆测井作业前报废，至少还有一些地层数据可以利用。

（6）对电缆测井不适合的大斜度井能够进行测井作业。

（7）在水平井和大斜度井钻井过程中，作为“地质导向”，引导钻进沿着特定的地层界面进行。

（8）在钻进时利用伽马射线和电阻率测井可以评价地层压力。

（9）在地层尚未有钻井液侵入污染前能获得真实的地层特性和最新资料，以正确评价地层。

四、井温测井

温度是一个很重要的物理参数，自然界中任何物理、化学过程都紧密地与温度发生联系。对于人们的直观感觉，温度表征物体的冷热程度；对于热力过程，温度则反映系统热平衡的一个状态参数。从微观上看，温度是物体内部分子无规则运动剧烈程度的标志：温度越高，平均分子热运动越剧烈。因此，温度与分子热运动的内能紧密地联系着。

温度的标准按照1968年国际实用温标（1975年修订版）中规定，热力学温度是基本温度，用符号 T 表示，单位为开尔文（K）；同时也可以使用摄氏温度，单位为度（℃），两者的关系为：

$$K = ℃ + 273.16 \qquad (6-6)$$

井温测井是一种应用比较早的测井方法，应用于油田的勘探开发和水文工程方面。在井温测井的初期应用中，只是根据井温曲线的形态特点作些定性解释，因而从井温资料上获取的信息少。近年来，随着电子技术的发展，井温仪也得到相应发展，仪器的精度和灵敏度大大提高。通过重视和发展井温测井理论的研究，井温测井逐步由过去的定性解释向着定量分析的方向发展。目前比较常用的井温仪有普通井温仪和微差井温仪，其测井资料可以用于确定地层温度和地温梯度，了解井内流体流动状态，划分注入剖面，确定产层的位置和固井水泥上返高度，检查窜槽，评价酸化压裂效果等方面。

（一）井下地层热力学特性

地层温度主要来自地球内部的热能。地球可视为一个向外的散热体，是一个稳定温度场。在常温层以下，地层的温度是随深度增加而增加的，一个地层温度的高低主要取决于地层的埋藏深度。地温与深度之间有以下关系：

$$T = T_0 + GH \tag{6-7}$$

式中 T_0——地面活动层下边界处的温度；

G——平均地温梯度；

H——距活动层下边界处的距离；

T——在深度 H 处的地层温度。

地层温度同样可以用下式表达：

$$T = T_0 + \int_{H_0}^{H} G_Z \mathrm{d}Z \tag{6-8}$$

式中 G_Z——Z 点的地温梯度；

H_0——活动层下边界的深度。

活动层是指其温度随太阳照射的变化而周期变化，或者说随季节而变的这一段地层，厚度约 40m。在活动层以下，地层温度受气候变化影响很微小，实际上几乎不随季节而变。

(二) 井中热传递

油气生产井和注入井中流体的温度往往与它们周围介质的温度不相同。当两物质之间存在温度差时，热量总是自发地由高温热源向低温热源传递。井筒内地质情况比较复杂，生产和注入情况差别很大，因而热量传递就更为复杂。

热量传递存在三种方式，即传导、对流和辐射。一般来说，井筒内热量传递的这三种方式均存在。在井筒内地层与水泥环之间、水泥环与套管之间以及套管与井筒流体之间是直接接触的，在这些部分之间热量是靠内部的分子、原子以及自由电子等微观粒子的热运动来传递的，属热传导方式。在套管和油管环形空间内的动液面以上的气体部分，热传递方式就犹如太阳能传递到地球一样，属热辐射方式。当井筒内有流体流动且井筒内流体各部分之间有温度差时，属对流方式传递热量。对流方式传递热量是靠液体微团的相对运动，而不是靠物质内部的分子运动把高温物质热量传递给低温物质，显然，这种相对运动只有在流体各部分之间才有可能发生，所以对流方式只存在于流体中。

(三) 井温测井基本原理

1. 仪器结构

井温仪多采用电阻式井温仪，其作用原理主要是利用导体的电阻随温度而变的特性。井温仪的结构如图 6-6 所示。

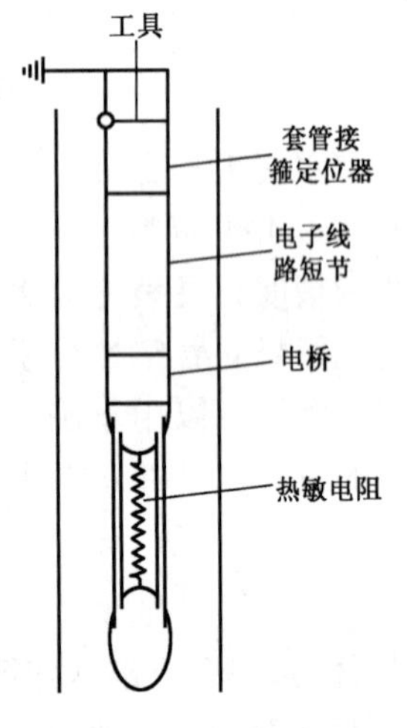

图 6-6　井温仪的结构

井温仪的温度传感利用桥式电子线路。在桥式电路中，利用不同金属材料制成的电阻元件的温度系数差异，将井下流体温度的差异转化为金属电阻阻值的变化，间接求出温度的变化。井温仪中的感温元件可以使用铂、钨或镍等材料，但通常使用金属铂，主要是由于铂有较好的温度系数。金属材料感温元件的阻值一般随温度增加而呈指数规律变化：

$$R_T = R' \mathrm{e}^{K(T)} \tag{6-9}$$

把式(6-9)展开，略去三次以上的高次项，得：

$$R_T = R'(1 + AT + BT^2) \tag{6-10}$$

式中　R_T——温度为 T℃时的阻值；

R'——温度为0℃时的阻值。

若采用铂作为感温的热敏电阻，则式(6－10)中 $A=\alpha(1+\delta/100℃)$，$B=-\alpha\delta/10000℃$(式中，$\delta=1.496334℃$，α 为电阻材料的温度系数)，并且在0～630℃范围内很好地满足式(6－10)的关系。

2. 测量原理

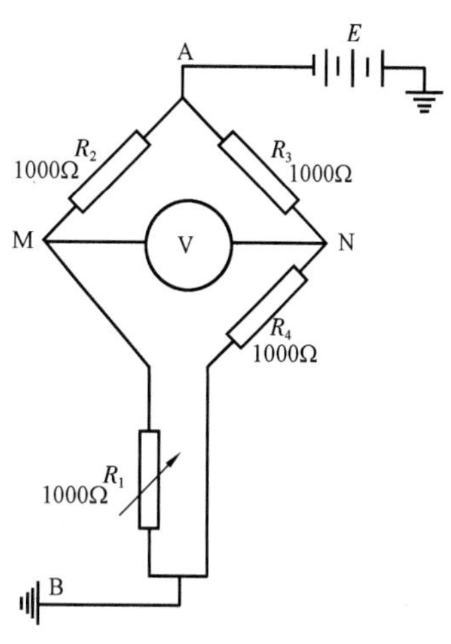

图6－7　井温仪的测量原理

井温仪的测量原理如图6－7所示。它的基本电路为一桥式电子线路，其中 R_2，R_3，R_4 为固定阻值电阻，用康铜材料做成；R_1 为热灵敏电阻，用金属铂做成。通常，铂的温度系数 α 在20℃为3.89/1000℃，康铜的温度系数 α 在20℃为5/10.6℃，二者相差大约800倍，因此可以认为，在井筒环境情况下，用康铜材料所做的固定臂电阻的阻值几乎不随温度而变，用铂所做的灵敏臂电阻值对温度变化很敏感。在温度 T_0 时，热敏电阻的阻值为 R_0，且电桥平衡时，$R_1=R_2=R_3=R_4=R_0$；在温度变化到 T 时，$R_1=R_0+\Delta R$，由式(6－10)略去二次项，得：

$$R_0=R'[1+\alpha(1+\delta/100℃)T_0]\approx R'(1+\alpha T_0) \tag{6-11}$$

$$R_1=R'[1+\alpha(1+\delta/100℃)T]\approx R'(1+\alpha T) \tag{6-12}$$

两式相减，得：

$$\Delta R=R_1-R_0=\alpha R'(T-T_0) \tag{6-13}$$

在桥式电路中，M，N两端点的电位差为：

$$\Delta V_{MN}=\frac{I(R_1R_3-R_2R_4)}{R_1+R_2+R_3+R_4} \tag{6-14}$$

将 $R_2=R_3=R_4=R_0$ 和 $R_1=R_0+\Delta R$ 代入式(6－14)，又由于 $\Delta R\ll R_0$，故得：

$$\Delta V_{MN}=\frac{IR_0\Delta R}{4R_0+\Delta R}\approx\frac{I\Delta R}{4}$$

将式(6－13)代入上式，并整理得：

$$T=T_0+\frac{4}{\alpha R'}\frac{\Delta V_{MN}}{I} \tag{6-15}$$

式(6－15)为井温测井的理论关系式。若令 $C=4/\alpha R'$，则式(6－15)又可写为：

$$T=T_0+C\frac{\Delta V_{MN}}{I} \tag{6-16}$$

式中　C——仪器常数；

T_0——电桥处于平衡时的温度。

图6－7为单灵敏臂的情况，温度与电位差之间的关系为式(6－15)或式(6－16)，这种井温仪适合于测量井内各个深度的流体温度值。对于梯度微差井温仪，桥式电路中有两个灵敏臂，如图6－8所示。不难推导，这种井温仪的理论关系为：

$$T = T_0 + \frac{2}{\alpha R'}\frac{\Delta V_{MN}}{I} = T_0 + C'\frac{\Delta V_{MN}}{I} \tag{6-17}$$

3. 井温仪参数的标定方法

井温测井对仪器参数的标定、测井速度和测井条件都有极高要求，以获得更好的井温测井资料。在井温测井之前和仪器维修之后，都必须对这些参数进行重新标定。

电阻式温度仪的仪器常数 C 和平衡点温度 T_0 一般采用点测实验法进行标定，其方法是首先依次把仪器浸入已知温度为 $T_1, T_2, \cdots, T_n$ 的溶液中，对仪器供以恒稳电流 I，测出相应的电位差 $\Delta V_1, \Delta V_2, \cdots, \Delta V_n$，次数应大于5；然后，以 T 为横坐标，以 ΔV 为纵坐标，在坐标图上分别点出各测量点的位置，这些点构成一回归直线，如图6－9所示。该直线与横轴的交点即为 T_0，该直线的斜率即为仪器常数 C，并且实验 C 值与理论计算 C 值应该比较接近。

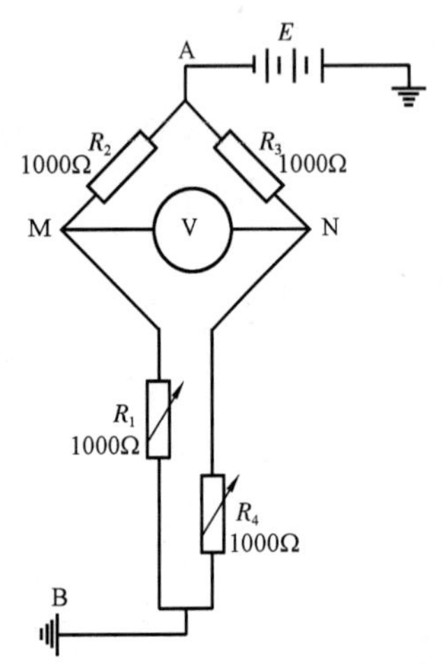

图6－8　梯度微差井温仪线路图

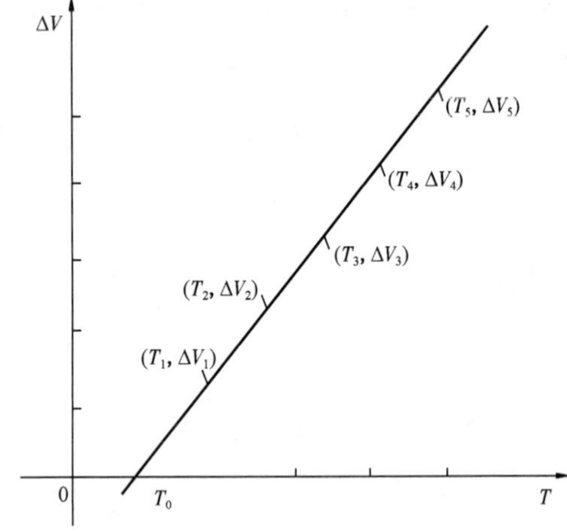

图6－9　井温仪参数标定示意图

井温测井既可以在稳定生产或注入的流动井中进行，也可以在关井后的静止条件下进行测量。为了确保资料准确可靠，对于流动井，要求测前48h内生产或注入条件要保持稳定；对于静态井，要求井内不允许有注入或泄漏，就是1m^{3}左右的回流也会造成测井信息失真。

井温测井是所有应测项目中最先进行的项目。为了避免由于仪器运动和下放的电缆破坏原始温度状态，要求在仪器下放过程中测井。如果需要多次重复测量，须将仪器提升到地面数小时，使被搅动的流体温度场恢复平静后方可再次进行测量。

(四)井温资料的应用

1. 井温曲线的类型

根据测井时井所处的状态，可把井温测井分为两种基本类型。第一种类型叫流动型，主要的特征是测井时有地层流体从井口流出地面，或者有流体从井口注入井筒内，即井口有流体的流出或流入。第二种类型为关井型，这种类型的主要特征是测井时井是处于关闭状态，无任何流体从井口的流入或流出。但是，在关井中虽无任何流体从井口流动，但井下可能有流体流动，如井下地层之间发生窜槽或漏失，一个地层的流体经过一段井筒（或井壁内）流向另一个地层中等情况。

在评价一条井温曲线时，常将所测的井温曲线与同一井中相应深度处的地层温度作对比。一口井的地层温度随井深变化的曲线近于一条直线，此直线显示出地层温度随井深增加而增加，它的斜率就是在这口井中地层的地温梯度值。习惯上，人们把地层温度线称为地温梯度线。在进行资料手工对比时，常常要作出这条线，并在这条线上标出其斜率值，即地温梯度值。

2. 井温曲线的定性应用

1）确定原始地层温度

原始地层温度是一个很重要的温度参数，在确定地温梯度值和作地温梯度线时都少不了这个参数。原始地层温度一般根据注入或采出前井筒与地层之间达到热平衡时所测的温度测井资料来确定，但如果没有基准温度，也可以利用不同时间测量的井底温度恢复资料求取原始地层温度。

根据均匀无限圆柱体的热扩散方程，如果地层的温度扩散系数和井内温度梯度都可以当作常数处理，由确定的初值和边值定解问题，可解得由温度恢复资料计算原始地层温度的公式：

$$T = T_h + C\lg\frac{t + \Delta t}{\Delta t} \tag{6-18}$$

式中 T_h——井底 h 深度处的地层温度；

t——稳定生产或注入时间，h；

Δt——关井时间，h；

T——在 Δt 时刻的地层温度；

C——与地层性质有关的常数。

根据不同时间测得的井温资料选择若干个 Δt 及相应的井底温度，作出半对数交会图（图 6－10），这些点的回归直线与温度轴的交点即为所求的原始地层温度。

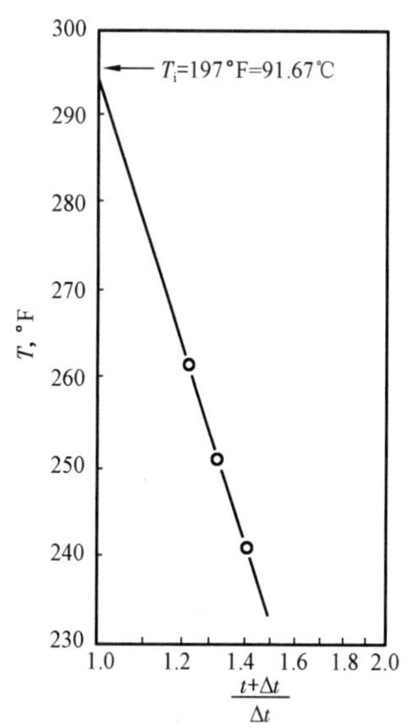

图 6－10 利用温度恢复曲线确定地层温度示意图

2）确定地温梯度

在井关闭时间较长且井筒内无流体流动的情况下，当井内流体与地层温度达到平衡时，井温几乎接近于地层温度，这时可用井温测井资料来进行地温梯度值估算：

$$G = \frac{T_2 - T_1}{H_2 - H_1} \times 100 \tag{6-19}$$

式中 G——地温梯度值，℃/100m；

H_1, H_2——两个不同的深度值；

T_1——对应 H_1 深度处的地层温度；

T_2——对应 H_2 深度处的地层温度。

地温梯度值随井和地区不同有很大变化，实际的地温梯度值在全井段并非固定不变，一般要随深度和岩性而变化，

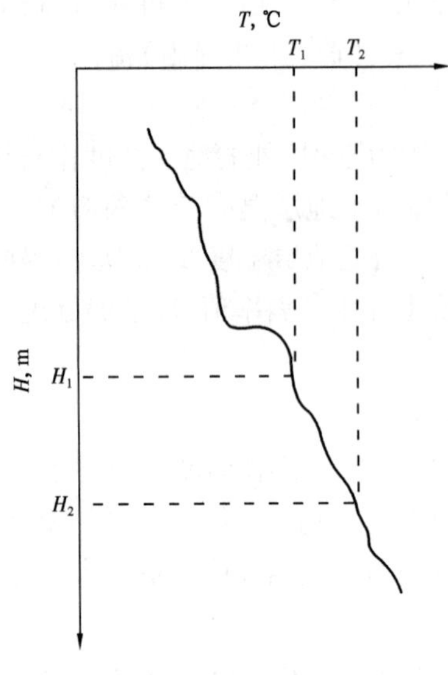

图 6－11　估算地温梯度示意图

只有在温度变化相对较稳定的井段才能用此法对地温梯度值进行近似估算，如图 6－11 所示。

除了用关井热平衡后的井温资料确定地温梯度值外，也可以用不同时间所测得的温度恢复资料确定的原始地层温度沿垂向上的变化率来获得地温梯度值。

3）井温曲线在流动井中的应用

a. 注入井

在注入井中，井温曲线是深度、注入流体的温度、注入量、注入时间、地层及流体的热学性质与井中地温剖面的函数。图 6－12 是一口注入量和注入时间相同、注入流体温度不同的井温曲线。该井是以 400bbl/d 和 20d 为一个周期的注水井，注入水的地面温度分别为 40℉，60℉，80℉与 100℉。从图上可以发现，当注入水的温度较高时，在很深的深度内注入水的温度比地温高。随深度增加，注入水从井筒获得来自地层的热量温

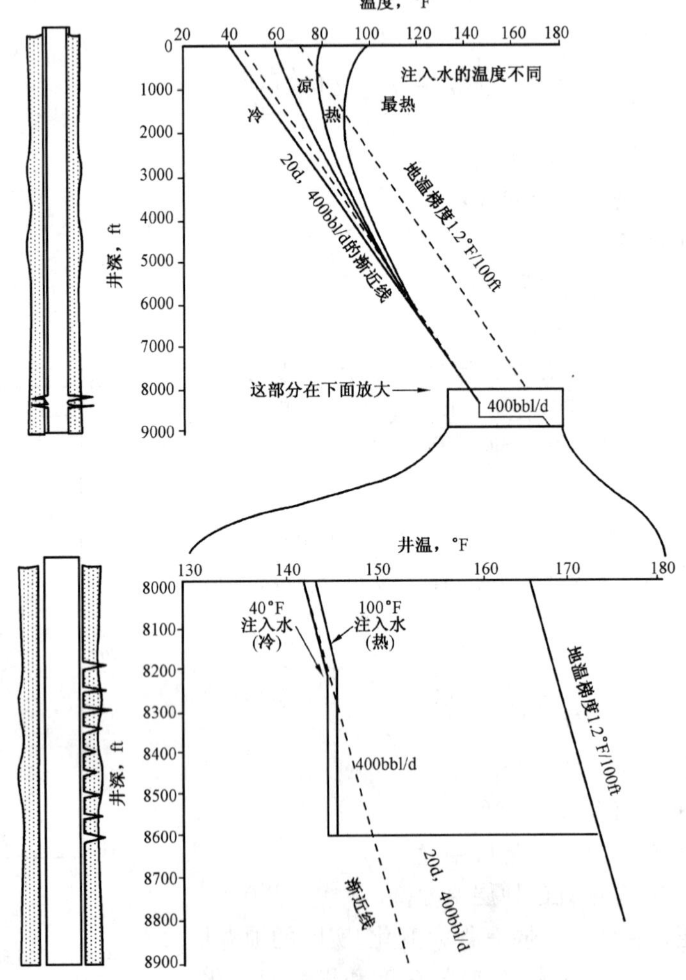

图 6－12　一口注入量和注入时间相同、注入流体温度不同的井温曲线

度增加,但增加程度比较缓慢,自上而下使得注入水的温度先是高于地温逐渐到等于地温到最后低于地温的变化,并与地温梯度线平行。井温曲线上与地温梯度线平行的那部分线称为渐近线。对较低温度的注入水也有类似情况,主要区别在于自浅部一开始井温就比地温低。

注入水通过吸水层段后,若地层均匀,则由于地层吸入同一温度的水而井温曲线变得平直无变化。在注入层段下部井温曲线很快趋于地温梯度线。

b. 生产井

在生产井中,由于产出流体从地层中携带了热量,再加上流动过程中摩擦作用产生的热量,使井温比地温高。在产层上部,井温曲线总是在地温梯度线上方并且逐渐趋于与地温梯度线平行(图 6-13、图 6-14)。

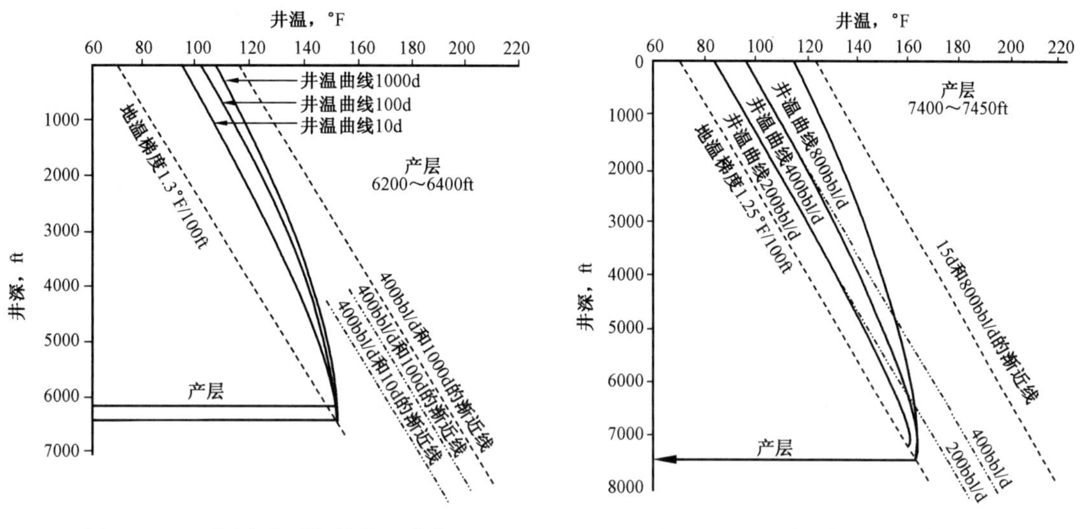

图 6-13　不同生产时间的井温曲线　　图 6-14　不同生产流量的井温曲线

对产气井,当自由气从储集层的高压状态进入井筒后,由于压力降低,气体分子扩散,体积膨胀而吸收出气口附近的热量,造成在出气口附近形成局部的低温异常。然而,随气体向上流动,通过热交换,气体温度照样会超过地温并趋于与地温梯度线平行,如图 6-15 所示。但是,

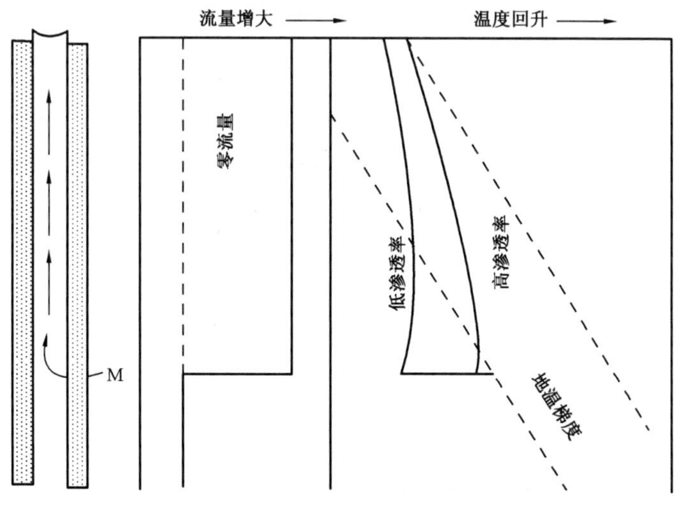

图 6-15　气井的井温曲线

出气口的负异常并不是绝对的，当气体在地层中的压力特别高时，气体从地层流入井筒的过程中会因摩擦产生的热量将比它体积膨胀吸收的热量还多，这时井温曲线上就不会出现负异常现象。

4）井温曲线在关井中的应用

在一口注水井注水一段时期后关井，并在某一周期内多次进行温度测井，观察井温剖面恢复到原来地温值的过程。由于吸水层冷却带半径大而且强，未吸水层降温带半径小而且弱，吸水层位恢复到地温的速率比未吸水层段要慢得多，从而在不同时间的井温恢复曲线上显示出负异常，如图6－16所示。

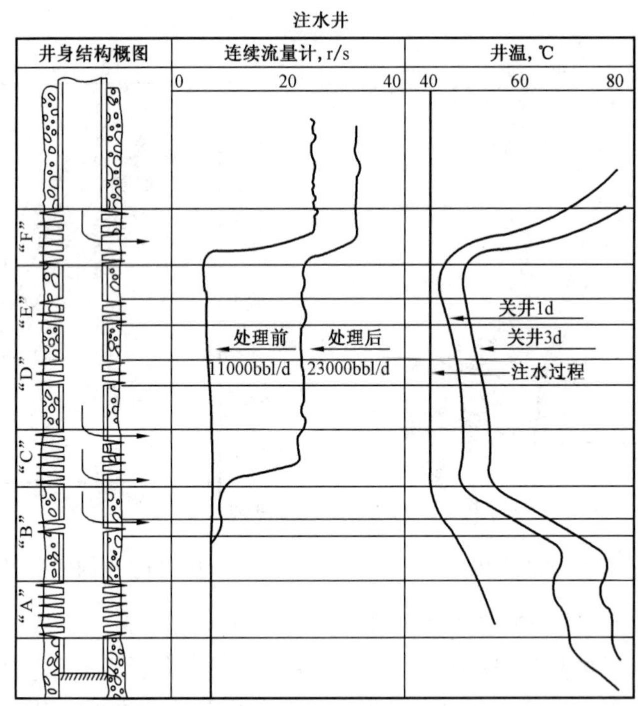

图6－16　用静态（关井）井温测井确定注入层段

5）确定漏失层位

图6－17是在地面关井条件下的井下流动井温测井曲线。这口井的射孔层段在8500～8700ft之间，水从6500ft的套管漏洞处流进套管，经井筒向下流入射孔层段。从这一段曲线看，其特征类似于注入井的曲线特征。对于向上漏失的情况，可以通过向下漏失的曲线反射得到其曲线特征，这种情况的渐近线位于地温梯度线上方，补救方法是在6500ft处挤水泥封堵。

6）确定窜槽层位

由于固井作业质量原因或其他井下作业问题，可能会导致管外水泥环窜槽，造成层间流动。窜流的流体与原来的地层温度不同，在井温曲线上能记录到这种异常。图6－18中，一口油井的原油自地层M处向上窜流在M′处进入套管，井温曲线特征在M处就高于地温，井温曲线指示真正的产层深度。图6－19表示一口裸眼油井有气窜的情况，气向下窜流到裸眼井段的顶部。气窜的井温曲线特征是井温曲线的斜率在气顶发生变化而且在尾管底部温度有明显下降，补救措施是对尾管进行二次固井。

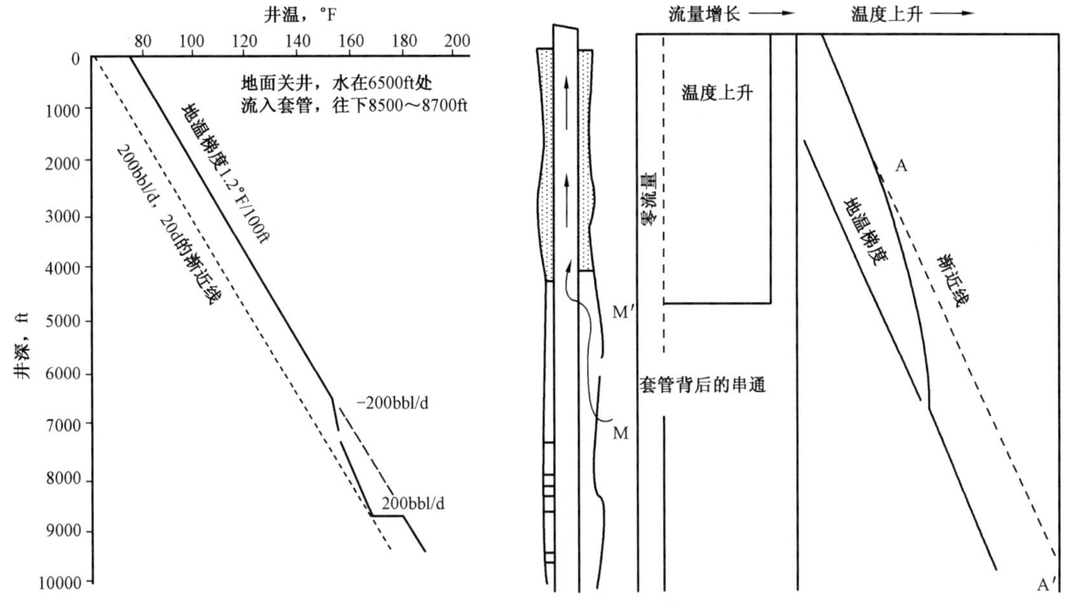

图6－17　地面关井条件下的井下流动井温测井曲线

图6－18　原油在套管背后流动

7）确定固井水泥上返高度

井温测井也可以确定水泥返高面。水泥固化是一种放热过程，会引起井眼温度的上升，这从温度测井曲线上可以反映出来。图6－20中有固井24h后测得的温度测井曲线。图中A处温度上升，确定为水泥的返高面，A的上部没有水泥，温度较低，下部温度升高是水泥放热引起的；B处温度升高是由于在固井的最后几包水泥中添加促凝剂增大了生成的热量引起的；D处的温度升高是因为水泥塞堵塞，导致井筒内大量储存水泥引起的。

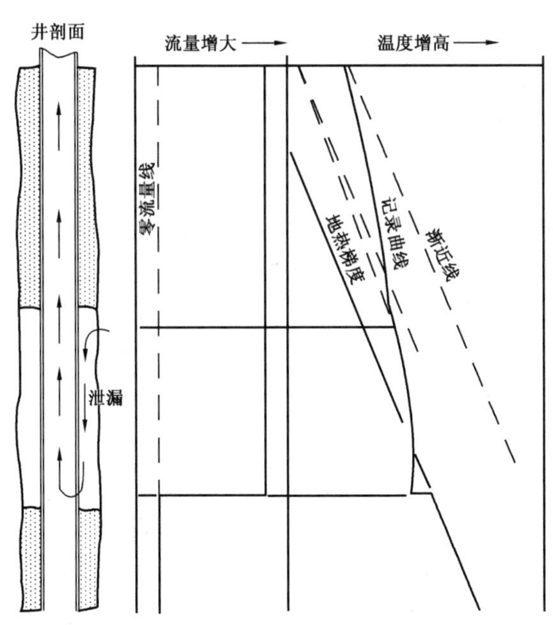

图6－19　产液井中套管壁外有向下的流动

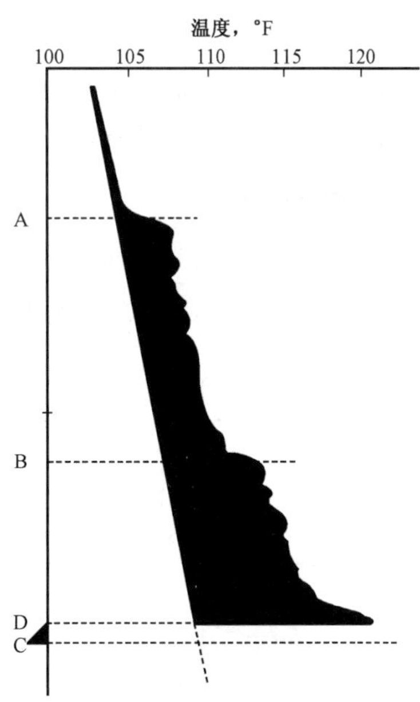

图6－20　温度测井确定水泥返高位置

8)评价酸化压裂效果

在对地层进行酸化作业时,挤入地层的酸液与地层孔道中的堵塞物产生化学反应,并释放热能。因此,酸化作业的井温曲线在酸化效果好的地方将有明显显示。曲线上出现正异常显示的地方表示酸化液被挤入地层,异常幅度越大,说明挤入的酸化液越多。

在压裂作业时,压裂液在高压的作用下会经射孔孔道进入地层,对地层流体流通通道进行改造。如果压裂液的温度与地温差别较大,则在压裂作业后进行井温测量,根据曲线的异常变化便可确定被压裂开的层位。

图 6-21 是压裂作业后紧接着关井的温度恢复曲线。根据曲线上的负异常,说明 B,D 层被压裂;根据不同时间的温度曲线对比,D 层比 B 层的温度恢复慢,说明 D 层进入了更多的压裂液。

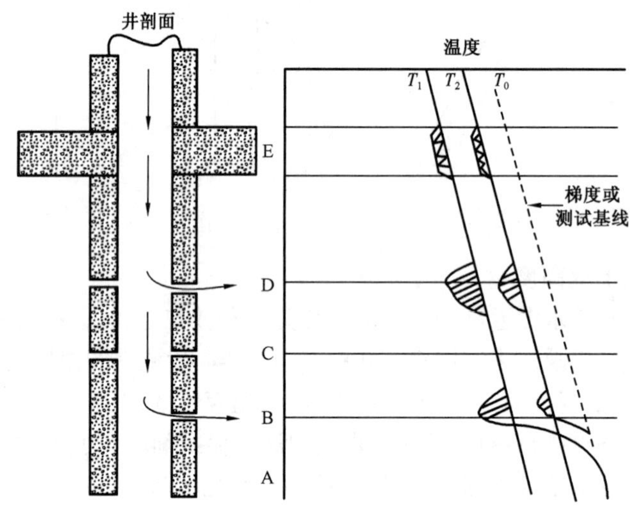

图 6-21　压裂作业后紧接着关井的温度恢复曲线

此外,钻井过程中,若流体从某高压层中涌出会造成较低压地层的崩塌,从而发生井喷。温度测井可用于确定流体从哪个层位流出和地下井喷发生的位置。

五、磁法测井

这里主要介绍套管接箍测井和套管磁测井。套管接箍测井用于测量套管接箍的位置,确定射孔位置,校准其他测井深度等。套管磁测井用于测量套管的壁厚变化,进而分析套管的内外壁腐蚀等情况。

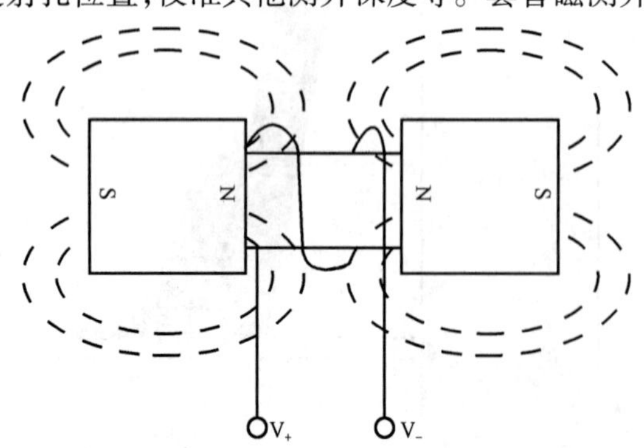

图 6-22　仪器结构示意图

(一)套管接箍测井

1. 仪器结构

套管接箍测井又称磁性定位器测井。磁性定位器的核心部分是一个线圈和两块永久磁铁。磁性定位器的两块磁铁放置于线圈两侧,均以 N 极靠近线圈。线圈与磁铁的配合是产生套管接箍信号的元件,缺一不可。磁铁和线圈放置在用铜或其他非铁磁材料做成的仪器外壳内,如图 6-22 所示。

2. 工作原理

从电磁感应定律可知，当通过线圈的磁通量发生变化时，在线圈上会产生感应电动势。由电磁感应定律可知，电动势的大小由下式决定：

$$\varepsilon = -K\frac{\mathrm{d}\Phi}{\mathrm{d}t} \tag{6-20}$$

式中 ε——线圈两端产生的感应电势；

K——比例系数；

Φ——磁通量；

t——时间。

磁性定位器在井下自下而上沿套管滑动时，由于在接箍处引起仪器内线圈磁通量的改变，其线圈便产生一个感应电动势。这个信号经电缆传输到地面仪器加以记录。通过信号与电缆的对比，便可知接箍的深度。

现在来分析为什么会在接箍处产生感应信号。井下几千米套管是由一根根连接起来的，在这些套管的连接处，由于套管本身结构和施工过程的差异，使两根套管间产生一个宽约1cm环缝，如图6-23所示。在磁性定位器经过接箍处的缝隙时，由于缝隙处的磁阻增大，对仪器中的磁力线分布产生影响，使通过线圈的磁通量发生变化，产生感应信号。

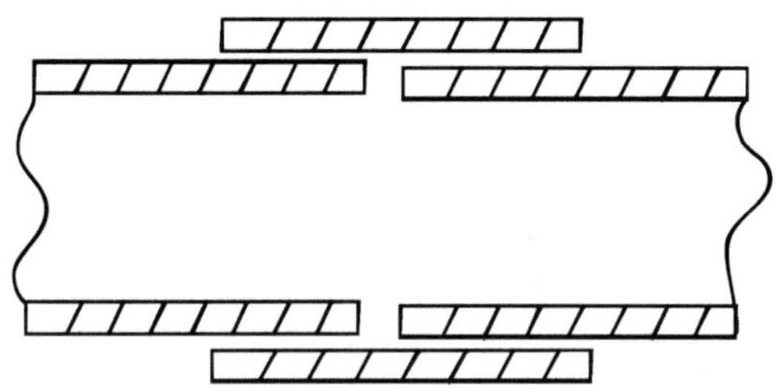

图6-23　套管接箍结构示意图

下面就对只有一块磁铁和线圈组成的信号源进行分析，来说明信号的产生过程。在图6-24中，当线圈磁铁按箭头所示方向移动时，产生对应a情况的正弦波信号；当线圈磁铁按箭头所示方向移动时，产生对应b情况的另一正弦波信号。由图中看出，对应a情况的正弦波信号的后半周与对应b情况的正弦波信号的前半周正好重叠，由于两个半周正弦波方向相同，重叠的结果不但不会抵消，反而加强了，最后产生了如图6-24中c所示的幅度很大的信号。当两块磁铁与线圈组成一个整体时，就得到两个叠加在一起的信号。这个信号中间有一个很大的峰，称为主峰；两边各有一个与主峰方向相反的峰，称为副峰。经过仪器实验分析，信号主峰所指示的位置正是线圈中点经过套管接箍环形缝隙时的位置。

在实测中，主副峰的高度受到测速大小影响。测速不同，信号的形状和幅度也不同，图6-25是不同测速下的信号波形。

（二）套管磁测井

在油田开发过程中，由于井下作业和地下水的腐蚀等原因，套管内外壁都会出现不同程度的损坏，壁厚变薄。特别是在老油田，这一问题更为严重。因此，必须随时掌握套管壁厚变化的准确资料。这对油井大修、采取预防措施、检查防腐效果都是非常有意义的。套管磁测井仪器就是一种套管腐蚀检测仪，能同时测得井径和壁厚两条曲线，用于检查套管壁厚变化。

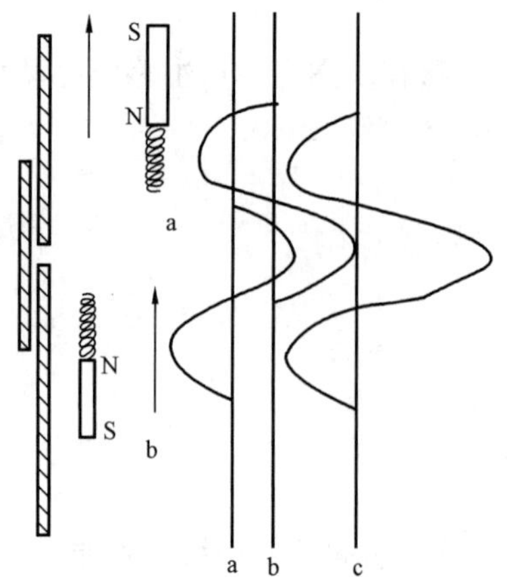

图 6－24　接箍信号形成过程示意图

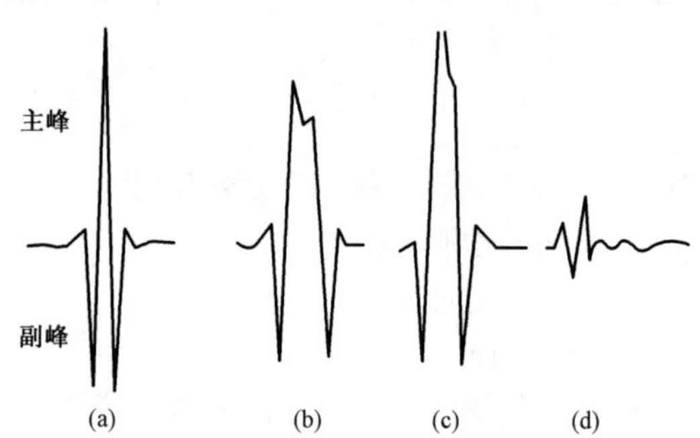

图 6－25　不同测速下的信号波形

(a)速度正常；(b)，(c)速度过快；(d)速度过慢

根据腐蚀原理，常见的腐蚀分为电化学腐蚀、化学腐蚀、电化学和环境影响腐蚀、电化学和机械共同作用产生的腐蚀。金属与周围介质直接发生化学反应而引起的损失称为化学腐蚀，这种腐蚀主要包括金属在干燥气体中的腐蚀和金属在非电解质溶液中的腐蚀。电化学腐蚀是指套管金属与外部电解质发生作用而引起的腐蚀，特点是腐蚀过程中有电流产生。电化学与机械共同作用产生的腐蚀主要包括应力腐蚀破裂、腐蚀疲劳、冲击腐蚀、磨损腐蚀和气穴腐蚀等。电化学和环境因素共同作用产生的腐蚀主要包括大气腐蚀、水和蒸汽腐蚀、土壤腐蚀、杂散电流腐蚀和细菌腐蚀等。

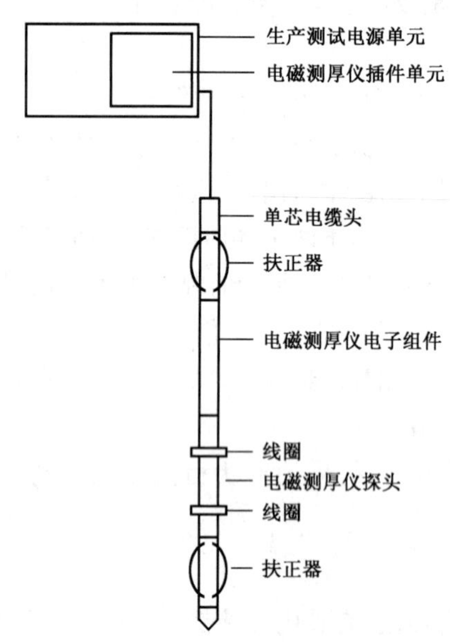

图 6－26　电磁测厚仪

1. 测量原理

套管磁测井所用的仪器为电磁测厚仪，如图 6－26 所示，其探头由两个线圈构成，一个为激发线圈，另一个为接收线圈。交变电流经过激发线圈产生一个磁场，通过套管与接收线圈耦合，在接收线圈中感应信号相位滞后于激发器电流相位，相位差值的大小与套管的平均壁厚成一定的比例。对于直径不变的套管来说，管壁越厚，相位移越大，所以这种仪器称为电磁测厚仪。

在一个发射线圈中通以低频交流电(例如频率为 16Hz)时，在线圈的周围就会产生交变电磁场，称一次磁场。当线圈外有导体存在时，导体中会出现涡流。这一涡流同样会在接收线圈中产生感应电动势，称二次感应。该感应电动势的大小及相位的变化与线圈外导体的性质和数量有关系。求解麦克斯韦方程的定解问题可得，接收线圈与发射线圈相位差 $\Delta\Phi$ 为：

$$\Delta\Phi = D\sqrt{\frac{\omega\mu}{2\rho}} = D\sqrt{\frac{2\pi f\mu_0\mu_r}{2\rho}} = 2\pi D\sqrt{\frac{f\mu_r}{\rho\times10^7}} \qquad (6-21)$$

式中 D——套管厚度,mm;

ρ——套管电阻率,$\Omega \cdot m$;

μ——套管磁导率;

μ_0——真空中的磁导率,$4\pi \times 10^{-7}$H/m;

μ_r——套管的相对磁导率;

f——发射线圈供电电流频率,Hz;

$\Delta\Phi$——相位差,弧度。

式(6-21)说明,由于套管的存在,涡流产生的二次场与发射线圈建立的一次场之间存在相位差。此相位差的大小与套管壁厚成正比,与套管的性质、交流电的频率有关。对于套管磁测井来说,μ,ρ 和 f 都可认为是常数,因此,可根据记录到的相位差大小来分析套管壁厚的变化,如图6-27所示。

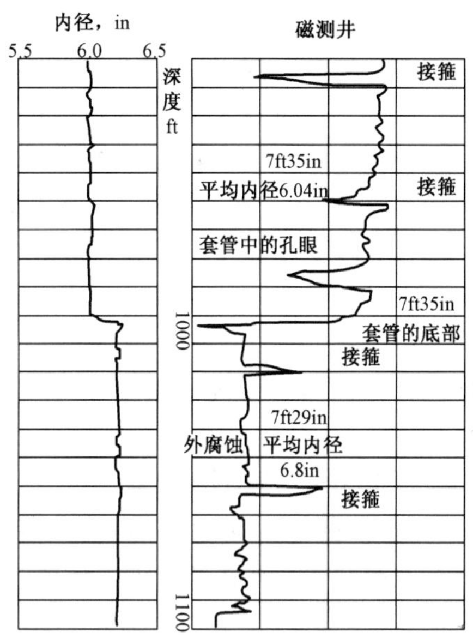

图6-27 套管磁测井图

当单根套管材料均匀(μ,ρ 不变)及电源激发频率 f 不变时,$\Delta\Phi$ 是 D 的单值增函数。由于测量的相位差曲线直接反映了套管壁厚的变化,对同一规格套管,其壁厚的变化可认为是重量的变化,所以又称其为重量测井。

如果发射线圈发射电流频率是高频信号(大于20kHz),电磁波在套管内的传播即为谐振腔的一部分。高频信号在套管内壁产生涡流,涡流的产生使高频交变磁通的能量发生损耗,因此谐振腔回路输出的信号幅度将发生变化。由于高频信号的趋肤效应,输出信号的幅度是线圈与套管内表面距离(井径)的函数,因此利用高频工作区可以得到井径信息。

2. 应用

通过多种井径曲线的综合运用,可以确定套管形变、剩余壁厚、弯曲、断裂、孔眼、内壁腐蚀及射孔深度。图6-28是不同井径仪器系列的测井曲线,曲线显示接箍在929.05m处,变形点在937.5m处。

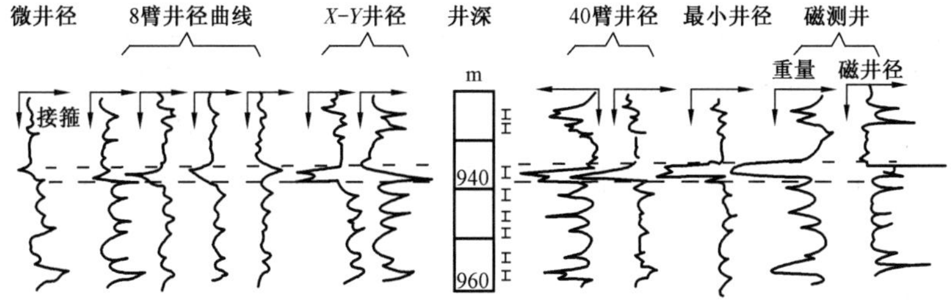

图6-28 不同井径仪器系列的测井曲线

六、方位测井

方位测井的目的是准确、快速了解钻井井眼的轨迹。目前,方位测井的方法主要采用陀螺仪。

(一)动调式陀螺测斜仪简介

动调式陀螺测斜仪属新一代陀螺测斜仪,是目前最先进的陀螺测斜仪中的一种。它有别于以往的陀螺测斜仪,在结构上摆脱了框架结构,达到惯性级水平;在测量方式上为实时测量,省去了漂移检查和修正,从使用方便性上无需进行地面初始对准和框架修正,免去了寻找地面参照物的烦琐过程;在测量精度上远高于常规陀螺测斜仪。它的出现为石油钻井测量提供了一个强有力的手段,在有磁性和无磁性的条件下均能提供精确的测量结果,广泛应用于钻杆、套管、油管以及裸眼井中的轨迹测量和定向测量。

动调式陀螺测斜仪主要有三种测量技术方案:陀螺罗盘(GC)、姿态参考系统(ARS)和惯性导航系统(INS)。由于采用了新的惯性器件和测量原理,与常规陀螺测斜仪相比,动调式陀螺测斜仪有以下特点:(1)将地球自转作为北向参考,可以消除人为对准误差;(2)采用惯性级传感器保证测量精度;(3)采用对转机构,消除敏感元件的偏置误差和一般的漂移误差;(4)由于全部测量数据可以长期保存,便于后置处理;(5)实时输出测量结果,省去了漂移检查和修正时间,以及不必要的附加测量点;(6)上提下放的速度没有严格的限制;(7)可靠性有了很大提高。

(二)BOSS 陀螺测斜仪简介

BOSS 陀螺是一种快速、准确的井眼轨迹测量仪,可按用户的要求以任意的测量间距对已完成的裸眼井或套管井进行轨迹测量,为开窗侧钻及需绕障作业的井提供高精度的已完成轨迹走向,这样就可大大降低作业的盲动性,为作业的成功提供可靠的保障。

由于 BOSS 陀螺测量过程中的随机性,可在测量过程中的任何时候按用户的要求对不同井段进行加密测量;同时,陀螺的工作原理保证了其测量过程中不受干扰性(磁性干扰)和测量数据的精确性。由于 BOSS 陀螺测斜仪测量快速、精确且费用低廉,已得到了广泛应用。

BOSS 陀螺测斜仪安装迅速,测斜快,因为该装置在每一位置,只需停留 3 ~ 4s,因此 BOSS 陀螺测斜仪的工作效率要比一般的陀螺测斜仪快一倍。

此外,在套管井中,通常使用连续测斜仪来对套管井段进行跟踪与检测、斜井施工、井喷井漏位置确定、加密井准确的靶位确定等。

七、示踪测井

放射性同位素示踪测井是利用某些放射性同位素作为示踪剂,人为向井内目的层段注入被同位素活化了的溶液或固体物质,并把这些物质压入套管外。这些示踪物质可能进入地层,也可能会滤积在射孔孔道附近的地层表面上。通过测量注入示踪剂前后的伽马射线强度来研究和分析油气井所处的技术状态,进而解决有关工程问题。这种方法测量系统很简单,就是一种自然伽马测井。放射性同位素示踪测井的效果,在很大程度上取决于示踪剂的正确配备和使用。

(一)油井注水施工工艺

1. 注水管柱种类及结构

注水通常采用笼统注水和分层注水两种方式,不同的注水方式应配以不同的注水管柱。

1）笼统注水

笼统注水是指注水井各层在同一井口注水压力下，不细分层段。注水时，油管可下到油层顶部，也可下到油层底部，这要根据注水井主力注水层的位置而定。一般情况下，主力注水层位于射孔井段顶部，则油管下到射孔井段底部；反之，则下到射孔井段顶部。笼统注水时，渗透率大的层注水量大，渗透率小的层注水量小甚至不进水。因此，长期对多个油层进行笼统注水，就会加剧层间矛盾，影响注水效果，因此多数油田都采用配注（即分层注水）方式注水。

2）分层注水

分层注水就是把油层性质和特征相近的油层合为一个注水层段，用封隔器把所需分开的层段隔开。在同一层段，因各层注水量不同而需要控制时，在各层位装上配水器，用不同直径的水嘴来控制各层的注入量。分层配水管柱主要由油管、封隔器及各种类型的配水器组成，如图 6－29 所示。此外，根据需要还可以由阀门、撞击筒、球座、筛管及丝堵等其他辅助装置组成。分层配注时，油管通常要下到油层底部。

2. 施工方法

注水施工分正注和反注两种，正注是将水从油管中注入的方式，反注是将水从油套环形空间注入的方式。注入过程中示踪剂随注入水进入井内，滤积在注水层的表面。通过测示踪剂的放射性强度确定注入剖面，因此示踪剂测井可分为正施工和反施工两种。

1）正施工

正施工主要用于分层注水井的施工。测井时，仪器下放到目的层以下，上提测出基线，测量完成后仪器继续上提至适当深度，打开释放器，释放示踪剂。示踪剂随注入水在油管中向下运行至各配水器，通过水嘴进入油套环形空间，然后滤积在注水层的表面上。待注水量达到设计要求后，下放仪器串到油层底部，上提测井，即可得到放射性同位素的放射性强度，如图 6－30 所示。

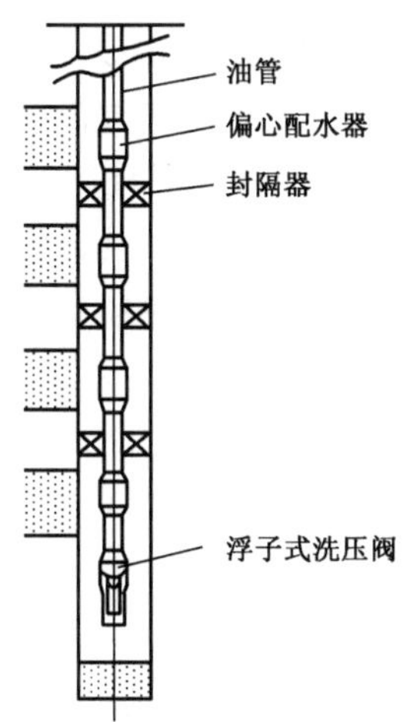

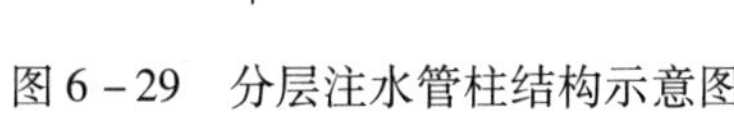
图 6－29　分层注水管柱结构示意图

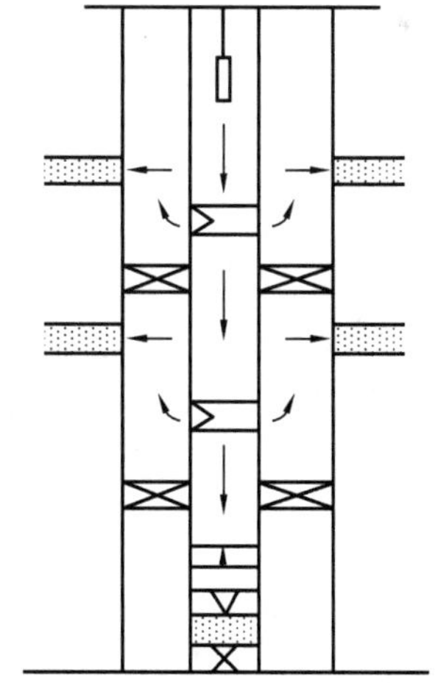

图 6－30　分层注水井正施工测井示意图

对于油管下至油层顶部的笼统注水井，也可采用正施工方法测井，如图 6－31 所示。

2）反施工

反施工时，油管要下至油层底部，然后封堵油管底部，在油套环形空间注水。施工时，首先在油管中测基线，然后把示踪剂从水表接口释放，开注水阀门，示踪剂随注入水进入油套环形空间，最后滤积在注水层表面上，再注入一段时间后，下放仪器在油管中进行测井，如图 6－32 所示。

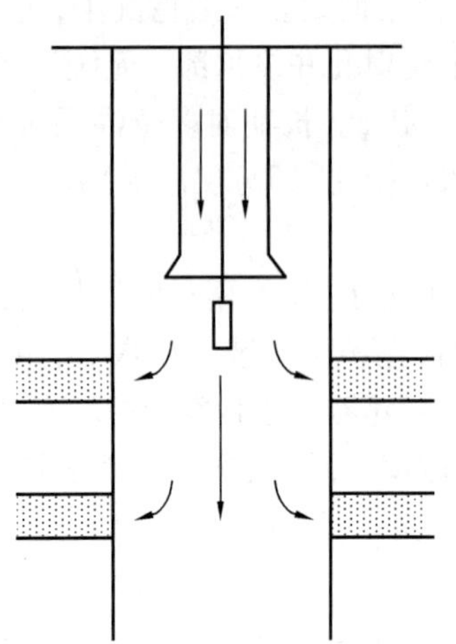

图 6－31 笼统注水正施工测井示意图

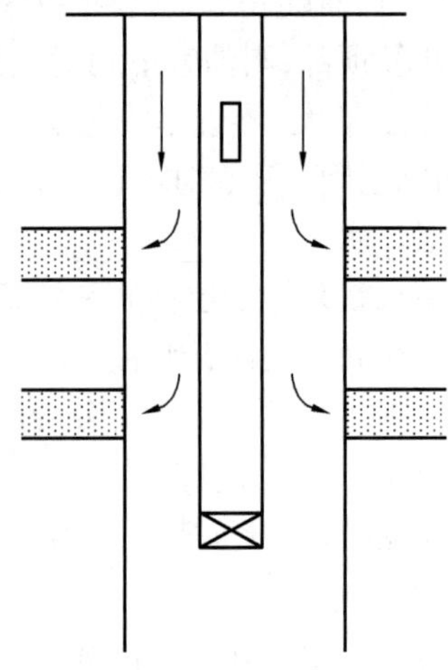

图 6－32 反施工法测井示意图

（二）同位素及载体的选择

在选择放射性同位素种类时，半衰期是一个重要的参数。考虑到存放、运输等问题，半衰期一般不宜太短，但也不宜太长。若半衰期过长，相应的污水处理比较困难。一般来说，放射性同位素半衰期最长不宜超过 30d，为其使用周期的 1/4～1/3 倍为宜，相应伽马射线的能量为 0.5MeV。我国油田目前常用的放射性同位素为 ^{131}Ba，相应的化合物为 $Ba(NO_3)_2$，其半衰期为 11.6d，伽马射线的能量分布在 0.0802～0.64MeV 之间。

1. 放射性同位素载体的选择

选择放射性同位素载体的原则是：(1)载体要有较强的吸附性或结合能力，保证高压注入水冲洗不产生脱附现象；(2)颗粒直径必须大于地层的孔隙直径，保证注水过程中同位素载体不被挤入地层；(3)密度合适，下沉速度远小于注入水在井筒内的流速，保证示踪剂能在注入水中均匀分布；(4)单位重量的载体运载的同位素要尽可能多，同时载体应具备稳定的物理和化学性质，以使射孔孔眼处滤积的载体不影响地层的吸水能力；(5)载体要具有足够的表面活性，不沾污井筒及有关装置和仪器。

目前，油田上常用的同位素载体包括活性炭固相载体和 GTP 微球两种。采用活性炭固相载体时，若注入水的含盐量大于 20g/L，则放射性同位素的强度会大幅度降低。因此，目前通常采用 GTP 微球载体。

2. GTP 微球载体的性质

GTP 微球是一种以无机二元氧化物溶胶制成的球状物。在制备 GTP 微球时，加进短半衰期的放射性同位素 ^{131}Ba，即可制得放射性同位素 ^{131}Ba－GTP 微球示踪剂，GTP 微球被称为人工载体。^{131}Ba－GTP 微球示踪剂与固相载体活性炭示踪剂的区别是：^{131}Ba－GTP 微球示踪剂的 ^{131}Ba 离子是被凝胶碳化层包裹起来的，只有微球被溶解或被压碎时，才能发生脱附现象，而活性炭示踪剂只是将放射性同位素粒子吸附在表面，相比起来，后者容易发生脱附现象。

GTP 微球载体是黑色或黑褐色刚性球体，常用的粒径范围是 100～1200μm，耐压 35～40MPa，工作温度为 －20～70℃，颗粒密度为 1.06g/cm³，放射性活度为（1.85～3.7）×10^7Bq/L，在1.05m/s的流速冲刷下技术性能不发生变化，在井下15～20d后自行溶解，27～30d后可完全溶解。

在注水井中，微球载体在注入水的携带下，除受到注入水冲击外，还受重力影响产生沉降，沉降速度用斯托克斯公式表示为：

$$v = \frac{D^2(\rho_s - \rho_w)}{18\mu} \tag{6-22}$$

式中 v——微球的沉降速度，m/s；

D——微球直径，μm；

ρ_s——微球密度，g/cm³；

ρ_w——注入水的密度，g/cm³；

μ——注入水的粘度，mPa·s。

式（6－22）说明，GTP微球在水中的沉降速度与微球直径及其与水的密度差成正比。直径是根据岩性选择的。直径选定后，沉降速度主要取决于两者的密度差。密度差小，两者混合均匀，在井内产生的沾污也会随之降低。在油套环形空间向上运动分配到注水层时，如果微球的密度大于水的密度，则产生自由沉降，上行困难，造成下部的^{131}Ba－GTP微球载体的浓度大，上部浓度小，有可能使下部注水能力差的地层滤积过多的^{131}Ba－GTP微球载体，而上部注水能力强的地层反而未达到应有的滤积程度甚至很少，因而无法确定注水层的注水状况。另外，若沉降速度过快，会造成下部示踪剂的堆积，示踪剂滤积在井壁上的量减少，因而会影响测井的质量。

通常情况下，示踪剂的颗粒密度为1.01～1.04g/cm³。直径为100～300μm的^{131}Ba－GTP微球下沉速度为1.03cm/s。除了直径为100～300μm的微球外，还有400～700μm，600～900μm，1000～1500μm的微球。根据注水层孔径大小，选择不同直径的微球。对于中低渗透层，粒径一般采用100～300μm；对于中高渗透层，粒径一般选用400～700μm；对于长期注水的地层，孔径更大，可选用更大直径的微球。

由于地质条件、注入条件不同，每口注水井中所用的^{131}Ba－GTP微球的剂量也不同，所用的剂量不仅与地区构造、孔隙度、渗透率和孔隙结构等地质条件有关，也与注水压力、注水量等条件有关。

（三）示踪测井的施工步骤

同位素示踪测井一般按以下三步进行：（1）未注入示踪剂前测一条伽马强度曲线；（2）注入示踪剂，然后洗井，去掉井壁上残存的放射性物质；（3）再测一条伽马强度曲线，把前后两次测井的曲线放在一起进行对比解释。

（四）示踪测井的应用

1. 寻找窜槽层位

油气井投产以后，由于固井质量或其他井下作业的原因，使固井水泥环破裂，造成层间窜通，即所谓窜槽。出现这种情况会严重影响油气的开采和注水效果，应采取措施及时封堵管外层间的窜槽，放射性示踪测井提供了一种找窜的有效方法。通过向井筒注入示踪液，从射孔孔道挤入地层，将注入前后测的两条伽马曲线进行对比，便能找出窜槽层位。

如图6－33所示，要检查已射孔的B层是否与A层（已射孔）和C层（未射孔）有窜槽，在井筒中用封隔器把B层段与A,C层段隔开,以一定压力向B层注入放射性活化液。通常,在油层注入活化油液,在水层注入活化水液。图6-34是注入活化液前后的放射性曲线。对比这两条曲线,可以发现在注入了活化剂的B层,重叠曲线有明显的幅度差,说明大量活化液进入了B层。被封隔了的A层重叠曲线也有较大异常,说明B层与A层之间井段有窜槽,A层的异常幅度是活化液由B层经套管外的水泥环窜槽处窜流向A层所致。C层重叠曲线无幅差,说明B,C层不连通。

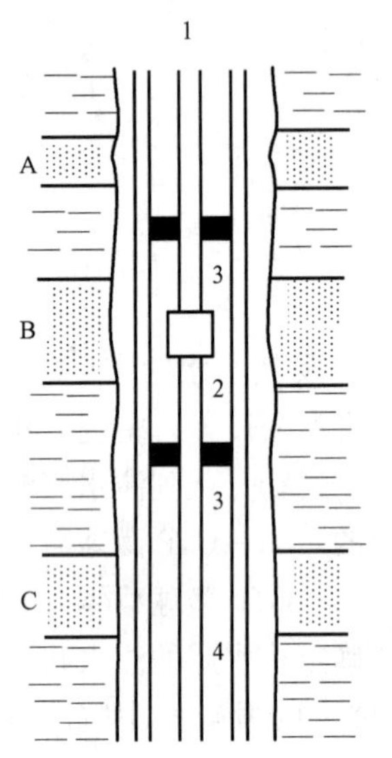

图6-33 注入放射性活化液找窜管柱图

1—油管;2—配水器;3—封隔器;4—堵塞器

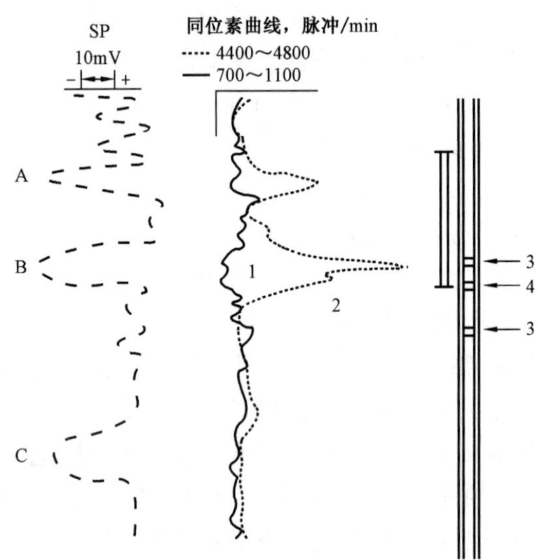

图6-34 注入活化液前后的放射性曲线

1—参考曲线;2—放射性同位素测井曲线;3—封隔器;4—配水器

2. 检查修井堵漏质量

若出现窜槽、油井中部分层段出水、射孔误操作等情况,都需要二次注水泥封堵。封堵的方法是先测一条伽马曲线,然后向要封堵的层段挤入放射性同位素水泥,再测一条伽马曲线。比较挤水泥前后各测的伽马曲线,若在挤水泥处曲线出现幅度明显增大,则表明水泥已挤向地层,封堵效果好。

图6-35为检查水泥封堵效果的实例。图中A,B,C,D四层被同时射开后油水同出。现在要把出水的地层封堵掉,以利于油的开采。将煤油与水泥混合再掺入少许放射性同位素制成的活化煤油水泥挤入这四个地层,经一段时间后,挤入水层的水泥中的煤油被地层水置换而凝固把地层堵住,而在油层中的煤油水泥都不能凝固,经抽吸被导出地层。比较挤入水泥前后测的两条伽马曲线发现,A,B两层曲线有较大的异常幅度,说明A,B两层挤入水泥较多且为水层被封住;C,D两层曲线幅度大体相同,说明这两层为油层且水泥几乎全部被抽吸掉。

3. 检查酸化压裂效果

为了提高油田产能和原油采收率,常对低孔低渗地层进行酸化压裂处理,目的在于增大产层的孔隙度和渗透率,提高产能。压裂时,将吸附放射性同位素的活化砂压入地层缝隙中,把压裂前后测的伽马曲线进行重叠对比便可知压裂效果。图6-36是检查压裂效果的实例。第一次压裂后,通过两条伽马曲线(曲线1和2)对比发现,只有上边三个地层被压开;经第二次压裂作业后的两条伽马曲线(曲线1和3)对比发现,下面两个地层也被压开了。

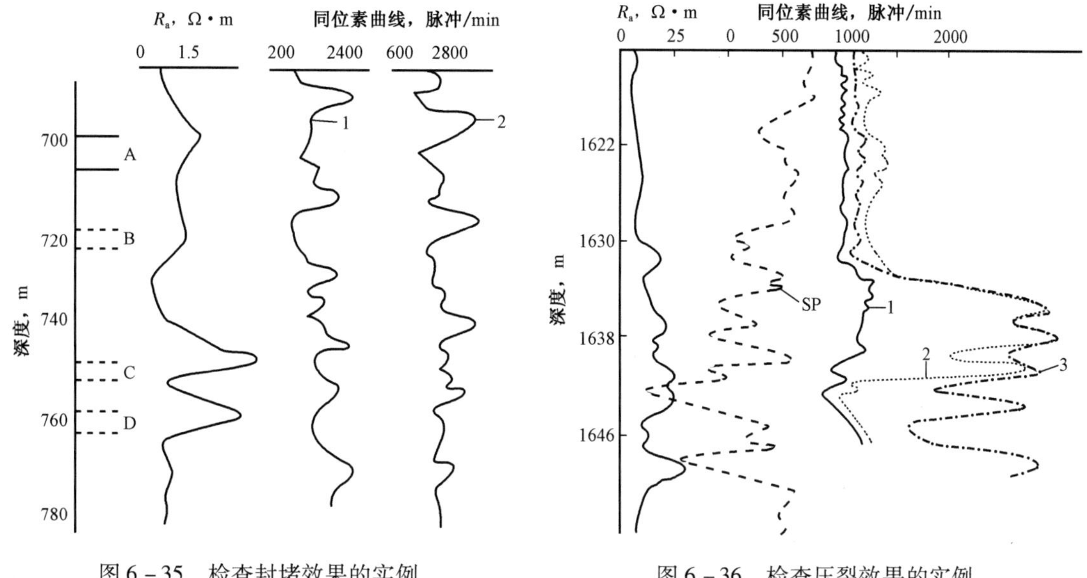

图 6－35　检查封堵效果的实例　　　　图 6－36　检查压裂效果的实例

在对地层进行酸化前，把酸配制成活化酸，酸化前测一条伽马曲线，酸化后地层吐酸前再测一条伽马曲线。在重叠曲线上对应酸化层段若有明显幅度差，表明酸化成功。

八、活化测井

（一）活化测井原理

岩石中的某些稳定核素在中子射线的照射下能够转变成放射性核素。稳定的核素通常称为母核，与中子发生核反应后生成的放射性核素称为子核。中子活化所产生的放射性核素在核衰变的过程中具有自己固有的半衰期，同时伴有各自特征能量的 α，β 和 γ 射线。根据这些射线（尤其是 γ 射线）的强度、能谱和时间的分布特征，可以反推出母核在地层中的浓度，从而判断地层岩性、孔隙流体的性质和某些特殊矿物的含量。

在沉积岩中，储集层的岩石骨架主要由以 SiO_2，$CaCO_3$，$MgCO_3$ 等化学成分为主的矿物组成，泥岩中含有较多的 Al_2O_3，孔隙中充满油气和地层水，地层水中溶解 NaCl 及其他可溶性物质，原油中还可以存在硫化物、碘和钒等元素。

为了解决特定的地质问题，首先要选择与该地质问题有关的一种核素作为指示剂。指示剂核素应具备以下条件：

（1）在不同的岩石骨架、泥质、原油和地层水中，该种核素的浓度有显著区别；

（2）该种核素在天然同位素混合物中占有足够大的比例，也就是该核素的丰度要足够大；

（3）被中子活化的截面要大，且活化的阈值与其他核素明显不同；

（4）活化核要能够释放出能量较大且易识别的伽马射线；

（5）活化核具有独特的半衰期。

根据这些条件，活化测井时通常选择 ^{16}O，^{28}Si，^{27}Al 和 ^{37}Cl 等原子核作为指示核素来解决工程问题以及区分岩性。

当 $1cm^3$ 的介质在从 0 到 t_0 的时间间隔里被中子射线照射时，从 t 到 $t+dt$ 的时间间隔里新活化的原子核数为：

$$dN = nvN\sigma_A dt \tag{6-23}$$

式中　n——热中子密度；

v——中子的速度；

N——单位体积介质的母核数；

σ_A——母核的活化截面。

这部分活化核形成后又立即开始核衰变，到 t_0 时剩下的核数为：

$$dN_0 = (nv\sigma_A dt) \cdot e^{-\lambda(t-t_0)} \tag{6-24}$$

根据式(6－24)，在中子射线的照射下产生的活化核将按指数规律衰减。因此，在进行活化测井时，当选择好指示元素后，确定中子射线的照射时间和测量时间是很重要的。若指示元素的活化核半衰期较短，应选用较短的照射时间可排除长半衰期活化核的干扰；当指示元素的活化核半衰期较长时，则测量等待时间可长一些，这样就能避免短半衰期活化核的干扰。

(二)氧活化测井

在利用涡轮流量计测井时，因注入流体粘度高，导致测量误差增大，甚至因涡轮不转动而无法测量。传统的同位素示踪法也因为聚合物粘度大，导致同位素“抱团”、“聚堆”等，得不到理想的测井效果。为了在上述条件下计算流量，确定吸液量及解决相应的工程开发问题，国内的很多油田引入了氧活化测井仪。近年来，氧活化测井作为一种重要的测井方法在注水井以及生产井中得到了广泛推广和应用，本节将对其单独进行阐述。

1. 氧活化水流测井测量原理

水中的稳定核素^{16}O与14MeV中子发生(n,p)反应，转变为放射性核素^{16}N，反应式为：

$${}_{8}^{16}O + {}_{0}^{1}n \rightarrow {}_{7}^{16}N + {}_{1}^{1}H \tag{6-25}$$

^{16}N是放射性元素，可通过β^-衰变又转变为^{16}O，并释放出伽马射线。^{16}N的半衰期为7.13s，平均寿命$\tau = 10.289s$，而$\lambda = 0.0972s^{-1}$，释放出的伽马射线能量为7.13MeV和6.13MeV。^{16}N的β^-衰变反应式为：

$${}_{7}^{16}N \rightarrow {}_{8}^{16}O + e + \bar{v} + \gamma \tag{6-26}$$

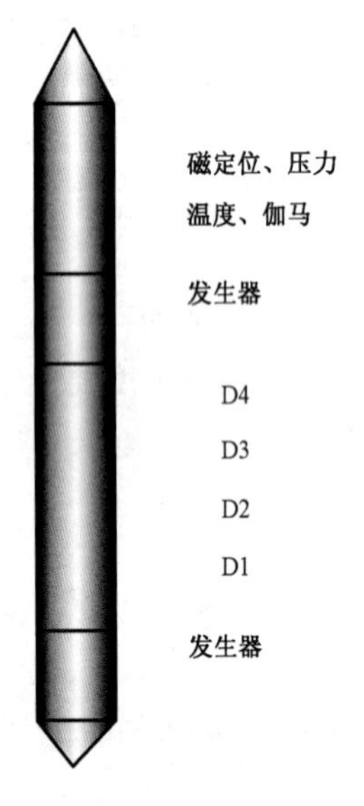

图6－37　DSC测井仪器结构

脉冲中子测井仪的发生器发射的中子照射井眼以及套管或套管外地层中流动的水流，使水流中的氧原子被活化。通过测量时间谱，计算被活化的水流从中子源流到探测器的时间，从而得到水流速度，进而获得流量，进行定性定量解释。

2. 氧活化测井仪器

DSC单芯多功能水流测井仪具有脉冲中子氧活化测井、中子寿命测井、自然伽马测井、磁性定位测井、温度测井以及压力测井等功能。DSC测井仪器结构见图6－37，井下仪器主要有三部分。

(1)遥测短节，包括GR、CCL、井温、压力、编码/译码电路、稳压电路、高压电源、低压电源等；

(2)探测器阵列短节，包括4个伽马探测器(D1,D2,D3,D4)、离子源控制电路、采集电路、高压电源、低压电源等；

(3)中子发生器短节，包括高压密封部分(含中子管以及高压倍加器)、高压控制电路等。

图6－38显示了在两种水流方向下进行氧活化测井的情况。由图可以知道,仪器一次下井可测上水流和下水流,可在油管和套管中测量,仪器在油管中还可同时测油管水流和油套环形空间的双向水流。

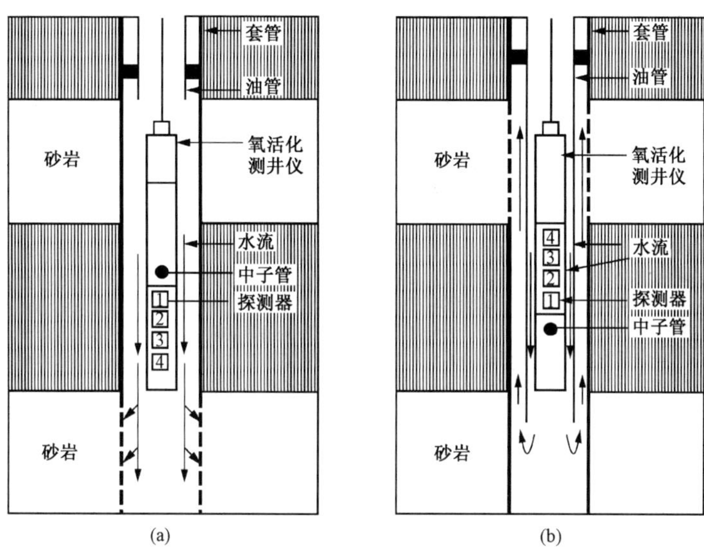

图6－38　在两种水流方向下进行氧活化测井的情况

(a)下水流测量模式;(b)上水流测量模式

3. 氧活化水流测井测量模式

1)连续测量模式

用碳氧比或俘获伽马模式都能连续测量不同类别的伽马时间谱和能量谱,用本底时间谱和能量谱可以作水流分析。有水从中子源到探测器方向流动时,本底计数率会增高。本底计数率的高低反映水流速度、流量及水流与探测系统的相对位置。在连续测量模式下,中子源连续发射脉冲,对氧元素进行活化,根据测量的计数率和特征指数衰减率来确定流速:

$$\mathrm{CR} = \frac{A}{v}\exp\frac{-\lambda B}{v} \tag{6-27}$$

式中　CR——测得的探测器计数率;

v——流体相对于测量仪器的速度;

λ——衰变常数;

A,B——刻度系数。

应用最小二乘优选法对流体的计数率结果进行分析,得到流体特性:

$$C_{1\mathrm{tub}} = \frac{A_1}{v}\exp\frac{-\lambda B_1}{v} \tag{6-28}$$

$$C_{2\mathrm{tub}} = \frac{A_2}{v}\exp\frac{-\lambda B_2}{v} \tag{6-29}$$

$$C_{1\mathrm{ann}} = \frac{D_1}{v}\exp\frac{-\lambda E_1}{v} \tag{6-30}$$

$$C_{2ann} = \frac{D_2}{v}\exp\frac{-\lambda E_2}{v} \tag{6-31}$$

根据以上各式,环状流的最终绝对线性速度可表示为:

$$v = \frac{\lambda(E_2 - E_1)}{\ln\frac{C_{1ann}}{C_{2ann}} - \ln\frac{D_1}{D_2}} \tag{6-32}$$

油管流的计数率的最终绝对线性速度可表示为:

$$v = \frac{\lambda(B_2 - B_1)}{\ln\frac{C_{1tub}}{C_{2tub}} - \ln\frac{A_1}{A_2}} \tag{6-33}$$

式中 C_1, C_2——远、近探测器的计数率;

tub,ann——油管流和环状流;

$A_1, A_2, B_1, B_2, D_1, D_2, E_1, E_2$——模拟井试验刻度系数。

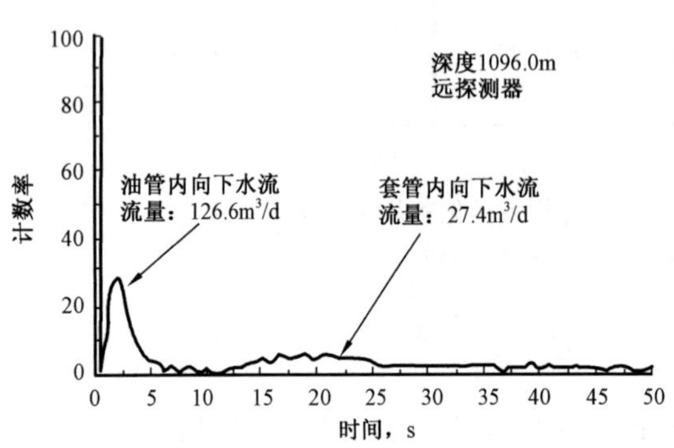

图 6-39 氧活化伽马射线时间谱

2)脉冲测量模式

这种模式单用于水流测量,先用延续时间足够长的中子流对仪器周围的水柱进行辐照,使大约 30cm 长的水柱中的氧活化,当活化水流接近和经过水流方向上源距为 L 的伽马探测器时,测得活化伽马射线时间谱,如图 6-39 所示。脉冲活化伽马时间 1~20s,后续测量时间 20~60s。若水不流动,源距小的探测器测到的活化计数率应随时间指数衰减,而源距超出探测器范围的测不到活化计数;当水流动时,活化水的活度分布在发生变化,而且能依次由近及远向各个探测器移动,活化计数率时间谱必然有所反映。用下式可计算活化水从中子源流到探测器的时间 t_m:

$$t_m = \frac{1}{2}t_0 + \frac{\int_0^\infty f(t)t\mathrm{d}t}{\int_0^\infty f(t)\mathrm{d}t} \tag{6-34}$$

式中 t_0——中子脉冲时间宽度;

$f(t)$——中子脉冲停止后探测器计数率随时间变化的函数,近似于高斯分布。

用式(6-34)右边第二项,可求出活化水流计数率时间谱峰位对应的时间 t_m。若源距为 L,则水流速度为:

$$v = \frac{L}{t_m} \tag{6-35}$$

通常水流截面已知,则可由流速和水流截面算出流量。

4. 资料处理

1)油管内流量的计算

计算油管内的流量主要用于确定总注入量和各水嘴的注入量。这两个参量主要用于计算各层绝对吸入量和相对吸入量。计算总注入量和各水嘴的注入量的公式是相同的,计算公式为:

$$q_{\mathrm{w}} = S_{\mathrm{e1}} \frac{L}{t_{\mathrm{m}}}$$

式中 L——中子源到探测器的距离;

t_{m}——氧活化后探测器探到伽马射线的平均时间;

S_{e1}——由油管内径截面积减去仪器截面积后的有效截面积。

2)油套环形空间内流量的计算

计算油套环形空间内的流量用于确定两个封隔器之间各小层的绝对吸入量和相对吸入量。油套环形空间内流量 q_{w} 计算公式为:

$$q_{\mathrm{w}} = S_{\mathrm{e2}} \frac{L}{t_{\mathrm{m}}}$$

式中 S_{e2}——由套管内径计算的截面积减去由油管外径计算的截面积后所得的有效截面积。

3)分层解释

要确定某一目的层的注入量,必须在该射孔目的层的上方和下方根据测量时间谱分别计算氧活化后探测器探测到的伽马射线的平均时间(渡越时间),然后采用流量计算公式分别计算流量。它们的差值的绝对值就等于该层的绝对吸入量,绝对吸入量与总注入量之比再乘以100就等于该层的相对吸入量,绝对吸入量与该目的层厚度之比即为吸水强度。

5. 测井应用

1)调剖井中的应用

如图6-40所示,A井是一口调剖试验井,该口试验井在完成第一次氧活化测井后,开始注入调剖剂(复合离子聚合物调剂),两个月后注入聚合物,隔较长时间后进行第二次氧活化测井。对比两次氧活化测井的结果,发现原来吸液量大的高渗透层(1026.0~1030.0m,1040.8~1044.0m)吸液量明显减少,中部地层(1034.5~1040.5m)的吸液量显著增加。

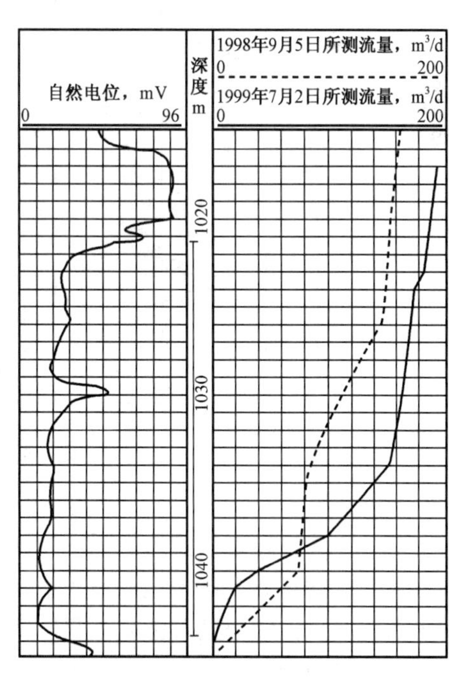

图6-40 A井氧活化测井流量变化图

2)套管变形

图6-41是某井四次氧活化测井解释成果图,该图显示的射孔井段为1079.0~1087.3m。2000年3月首次测量时发现,在1080.6m处,射孔井段内流量异常,重复测量总流量不变。为进一步证实,在此处上下加点测量(间隔0.5m),发现自1078.5m开始流量变大,直到1083.0m恢复正常,判定自1078.5~1083.0m套管发生挤压变

形。同年9月第二次测量验证,情况相同。第三次及第四次测量与前两次对比,虽然注入压力、各目的层的吸液情况有所变化,但该处的流量仍有异常,证明了氧活化测井能够可靠监测套管变形。

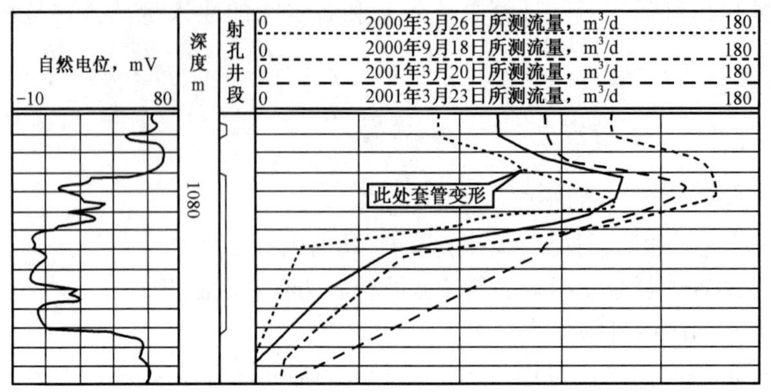

图6-41　某井四次氧活化测井解释成果图

3)管外窜漏

图6-42是某井氧活化测井解释成果图,射孔井段为1047.0~1065.8m。该图显示,在1065.5~1068.0m之间的流量突然增强,1068.0m以下井段流量时大时小,直到约1110.0m处流量为零,说明该处套管有泄漏。泄漏原因是流体窜流到管外,其通道是不规则的环形空间,致使流量不稳。

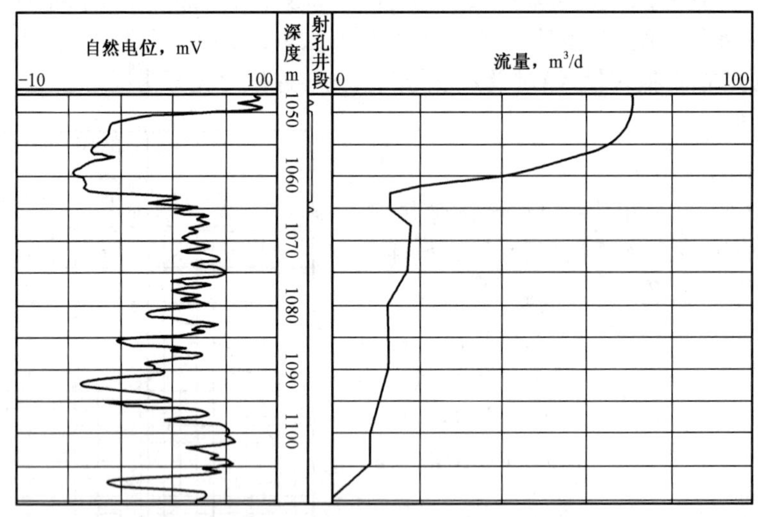

图6-42　某井氧活化测井解释成果图

4)管线漏

图6-43为发现管线漏的氧活化测井解释成果图,在PL1层与PL5层之间是固井良好且渗透性较差的泥粉岩。该井注入量一直较稳定,但采出量偏低,配水注入量为$37m^3/d$,而从图中的氧活化测试曲线得到总注入量只有$21.2m^3/d$,两者相比低了42.7%,说明该井管线漏。

5)管柱数据监测

图6-44是氧活化测井伽马时间谱峰位变化指示喇叭口位置示意图。工程数据提供的喇

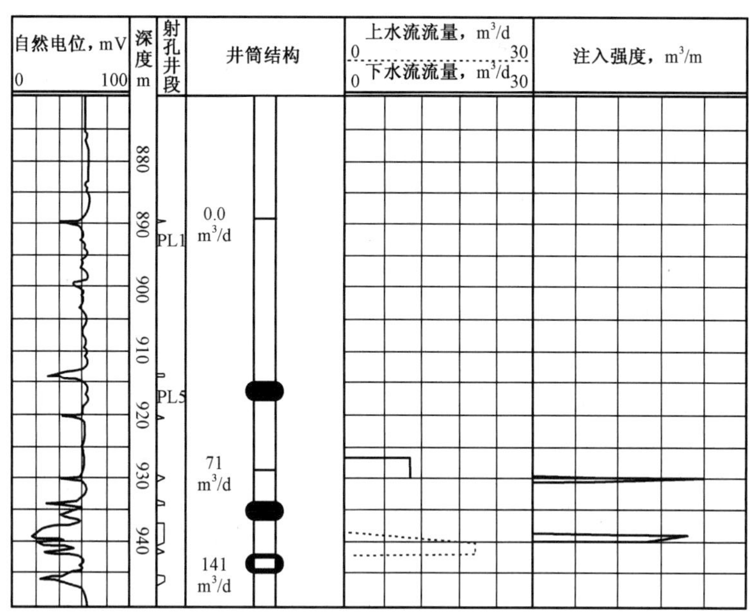

图 6－43　发现管线漏的氧活化测井解释成果图

叭口位置在 998.8m，但实际测量至 974.0m 时，活化水流的计数率时间谱峰位发生了变化，由 972.0m 处油管中的流量变为 974.0m 套管中的流量，说明喇叭口的位置应在 972.5～973.5m 之间。

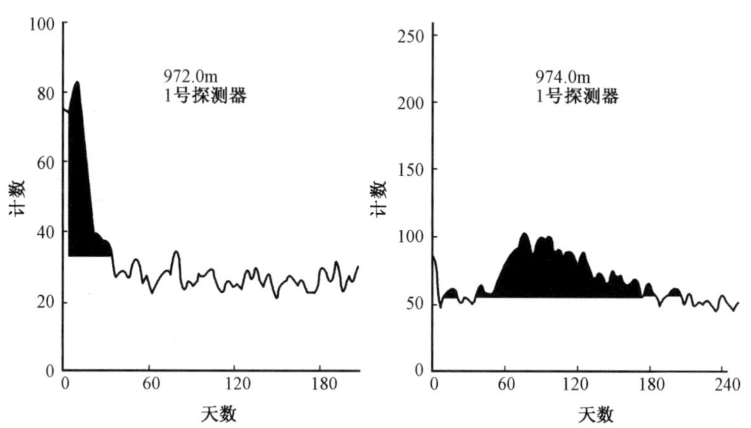

图 6－44　氧活化伽马时间谱峰位变化指示喇叭口位置示意图

（三）硅、铝、钙活化测井的应用

硅活化测井选择用 $^{28}_{14}Si$ 作为指示核素，可以用来鉴别岩性。由于砂岩的骨架主要由 SiO_2 组成，碳酸盐岩基本不含 Si，所以硅测井可以有效区分砂岩和碳酸盐岩，而且还可以把页岩中的砂岩和粉砂岩夹层划分出来。

铝活化测井可以测定地层中铝的含量。通过对地层铝含量的测定，可以实现对地层泥质含量的确定。

钙活化测井利用的是 ^{48}Ca 被热中子活化后产生具有放射性的 ^{49}Ca。将钙活化测井与硅活化测井资料综合应用，可实现对井剖面砂岩剖面和碳酸盐岩剖面的划分。

第二节　电缆地层测试器

电缆地层测试是在完钻后未下入套管之前利用电缆地层测试器对地层进行压力降落和恢复测试，主要用于多层油藏地层参数确定和产能预测。斯伦贝谢推出的重复式地层测试器称为 RFT（Repeat Formation Tester），阿特拉斯公司生产的地层测试器称为 FMT（Formation Multi Tester）。RFT 和 FMT 均在下套管前的裸眼井中进行测试，以压力扩散方程的特定解为基础。电缆地层测试器属于微型试井方法。下面主要以 RFT 为基础，介绍电缆地层测试器的原理、测试过程及资料处理方法。利用 RFT 资料可以确定油层渗透率的纵向分布、压力纵向剖面、油水界面及地层的连通性。同时，RFT 也可对地层流体进行取样测试。

一、测量原理

重复式地层测试器可在一次下井过程中进行次数不限的压力测量。测井时，通过电缆将仪器放到井内所需的深度上，然后测量油藏压力和油藏流体的流动能力，根据需要，还可以取出两个流体样品。

图 6－45 为 RFT 井下仪器结构原理及测量曲线示意图。图中有 4 个电磁阀，其中 1 号为预测试阀，2 号为压力平衡阀，3 号为上取样罐阀，4 号为下取样罐阀。预测试阀用来控制两个预测试室流体的流入和流出；上下取样罐阀分别用来控制上下取样罐流体的流入和流出；压力平衡阀用来在测压过程中排泄预测试室中的流体。

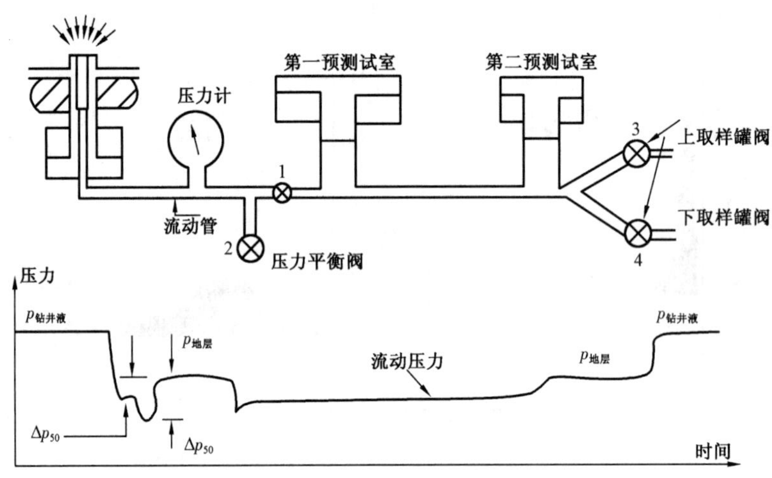

图 6－45　RFT 井下仪器结构及测量曲线示意图

图 6－46 为 RFT 密封极板上的过滤取样器原理图。图 6－46(a) 为测试开始时的情况，图 6－46(b) 为进行取样测试时的情况。本系统可以将取样管伸入到有孔洞的地层中去，并能有效地避免测试过程中流动导管的堵塞。密封极板每次收拢时都自动清洗过滤器。

仪器下井时，后腿极板收拢，用 SP 或 GR 曲线作为深度控制，将下井仪下至预定深度，然后地面电动泵工作，仪器的后腿极板靠液压打开贴靠到井壁上，同时仪器上带封隔器的密封极板也紧贴到对面井壁，由一小圆形封隔器对井壁进行封隔，如图 6－46 所示，将位于封隔器中心外径为 1in，内径为 0.5in 的金属管穿过泥饼垂直伸入到地层中去。当封隔器内的活塞往复

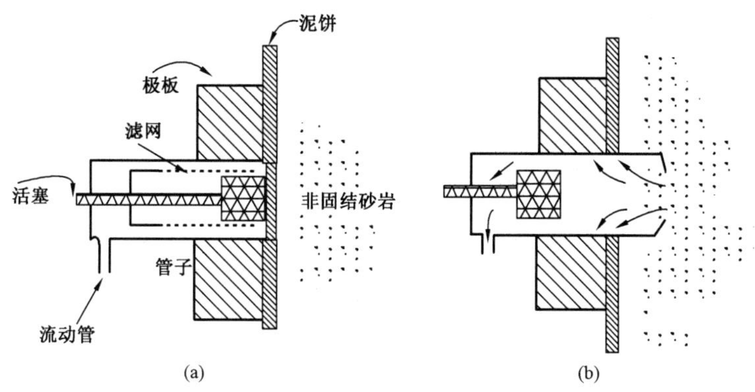

图 6-46　RFT 密封极板上的过滤取样器原理图

运动时，压力平衡阀和上下取样罐关闭，预测试阀打开，地层流体便经滤网、流体导管、预测试阀流入预测试室。

RFT 仪器有两个预测试室，每个预测试室的体积均为 $10cm^3$。地层流体先以 $37cm^3/min$ 的速率充填第一预测试室，第一预测试室充填结束时，启动第二预测试室。第二预测试室启动以后，地层流体再以 $75\sim90cm^3/min$ 的速率充填第二预测试室。两个预测试室流体速率的大小受过滤取样器的活塞回收速度的控制。很明显，第二预测试室充填时活塞回收速度是第一预测室充填的 2~2.5 倍。

在预测试过程中，从地层经过滤取样器、流动导管进入预测试室的流体大部分是取样器周围井壁附近的地层流体，这部分流体基本上是钻井液滤液，所以预测试结束以后，进入预测试室的流体不保存，随仪器回收、压力平衡阀打开而被泵排除，随即预测试井内钻井液柱压力，并可以把仪器移动到需要的地方再进行地层压力预测试。因此，这种仪器一次下井可进行无数次地层压力预测试。另外，在仪器下部还有两个取样筒，一个容积为 $3780cm^3$，另一个容积为 $10409cm^3$。在需要取样处，预测试结束后再进行取样，故这种仪器一次下井只能取得两个地层流体样品。

RFT 记录的是过滤取样器入口处的压力—时间关系曲线。这种仪器能同时记录模拟和数字两种压力曲线，如图 6-47 所示。曲线图的纵坐标表示时间，横坐标表示压力。以模拟量记录的压力—时间曲线显示在图的左边一记录道上，而以数字量记录的压力—时间曲线显示在图的右边四条记录道上，这四条记录道的横坐标相应为四个不同的数量级压力单位，它们分别为 10000psi，1000psi，100psi 和 10psi，所记录的压力为各道压力之和，如图中 A 点的压力读数为 3000 + 800 + 30 + 4 = 3834psi。

近年来，在斯伦贝谢的 CSU 系统上进行的压力记录又分为三个大的记录道：左边的模拟记录为一个大的记录道，右边的四道数字记录为一个大的记录道，中间数据记录为一个大的记录道。数据记录直接用数字将每隔 2s 所测试到的压力数值打印在图的相应位置上。为了便于读数和应用，模拟记录道的压力坐标分为 10 格，数字道中各记录道的压力坐标分为 5 格。时间坐标每隔 6s 出现一次细水平线，每隔 30s 出现一次粗水平线。

FMT 与 RFT 的设计相类似，但只有一个预测试室，如图 6-48 所示。图中液压和控制电路位于仪器上部，探头位于仪器中部，取样筒安装在仪器下部。取样筒的体积有 $3875cm^3$，$4000cm^3$，$10000cm^3$ 和 $20000cm^3$，可根据不同的地层情况进行选择。

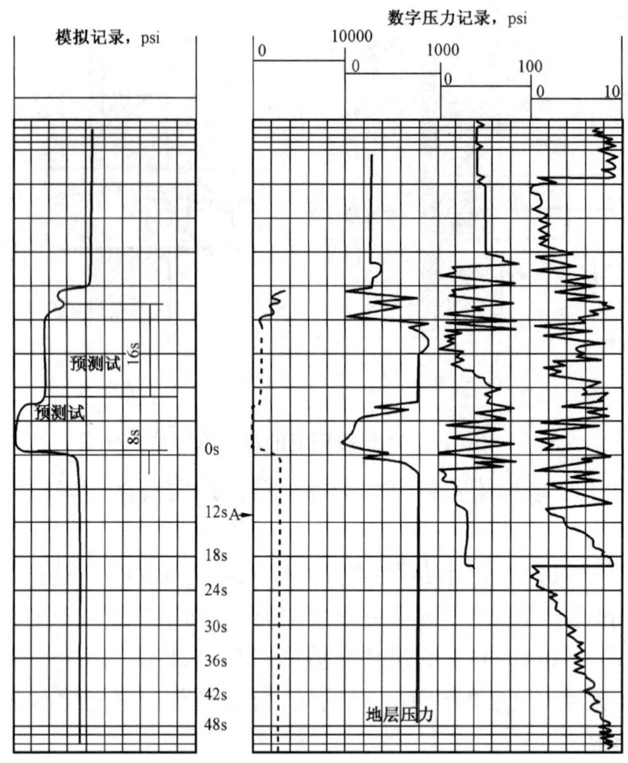

图 6－47　预测试压力—时间关系图

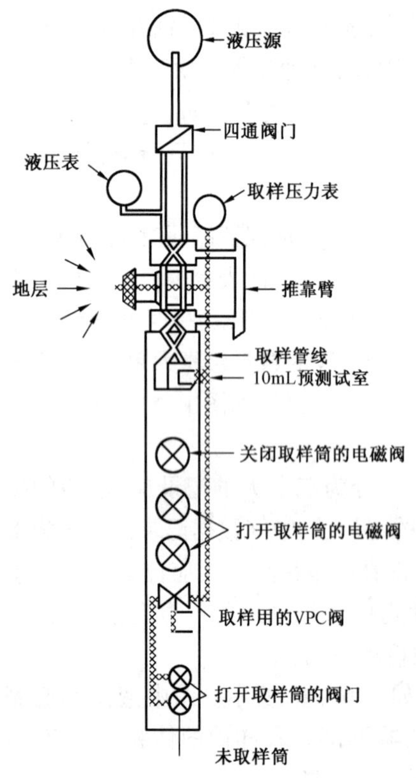

图 6－48　FMT 井下仪器结构示意图

二、压力预测试资料的定性分析

重复式地层测试器记录的是过滤取样器入口处的压力。图 6－49 为重复式地层测试器预测试过程中的时间—压力关系模拟曲线。a 段表示仪器下到目的层，打开平衡阀后记录的静液压曲线（测试点的钻井液柱静水压力）。b 段表示推靠臂推向井壁，封隔器压向井壁及泥饼、探管进入地层表面时的压力记录曲线，这时压力有一些增加。c 段表示探管中的小活塞抽吸，测试空间经过滤器与地层相连通时的压力记录曲线，此时流压下降，探头继续压迫井壁。d 段表示为探管中的小活塞完成抽吸并停止运动时的压力记录曲线，此时压力稍微回升，这是封隔器向井壁继续施压造成的。e 段表示第一个预测试室大活塞工作时的压力记录曲线，开始时间为 t_0，结束时间为 t_1，流量为 q_1，此时压力下降一小段，随后基本保持稳定。当第一预测试室活塞到达终点时，压力有一个小尖峰，随后开始下降。f 段表示第二个预测试室工作时的压力记录，开始时间为 t_1，结束时间为 t_2，流量为 q_2。由于第二预测试室的抽液速度为第一预测试室的抽液速度的两倍以上，因此压力下降更大。

当第二个预测试室活塞到达终点时，压力开始恢复。经过一段时间后，压力恢复到原始地层压力。g 段表示地层压力。显然，Δp_1 为地层压力与第一次预测试阶段的稳定压力之差，Δp_2 为地层压力与第二预测试阶段的稳定压力之差。图 6－49 的曲线特征为理想情况下的预测试曲线，在实际测试过程中会出现一些与理想曲线形状不一致的曲线特征。下面就对压力曲线上出现的不同特征进行一些定性分析。

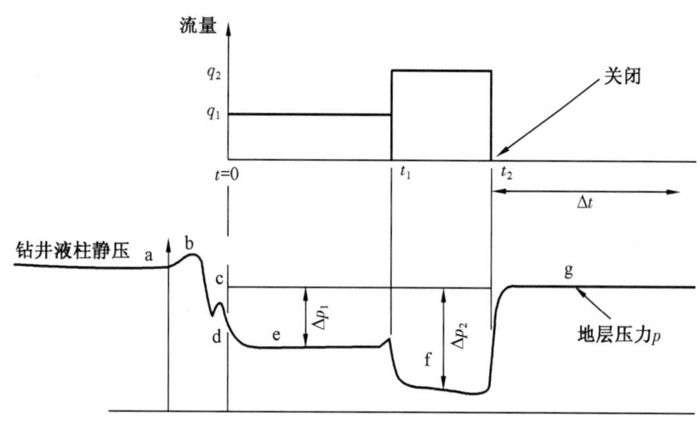

图 6－49　重复式地层测试器预测试过程中的时间—压力关系模拟曲线

在井壁不规则、封隔器极板曲率与井眼曲率不吻合、地层裂缝发育或仪器密封部件损坏等情况下，可能出现预测试时未能达到有效封隔的情况。在压力曲线上，这种情况可表现为流动压力很快恢复到钻井液柱静水压力，其压力曲线特征如图 6－50 所示。图中，SGP 表示模拟压力记录，MSPE 表示测试器液压系统的马达速度。

在预测地层为干层或渗透性极差的地层情况下，压力曲线上两个 Δp 之间的模拟记录没有出现差别，即 $\Delta p_1 = \Delta p_2 \approx 0$，两次预测试的流动压力几乎都为零。此时，$p_{地} \approx 0$，$p_{流} \approx p_{地} \approx 0$，压力曲线特征如图 6－51 所示。

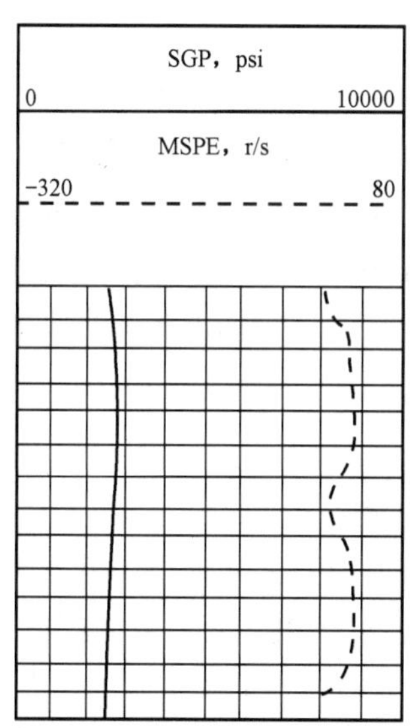

图 6－50　密封极板未有效封隔的压力曲线特征

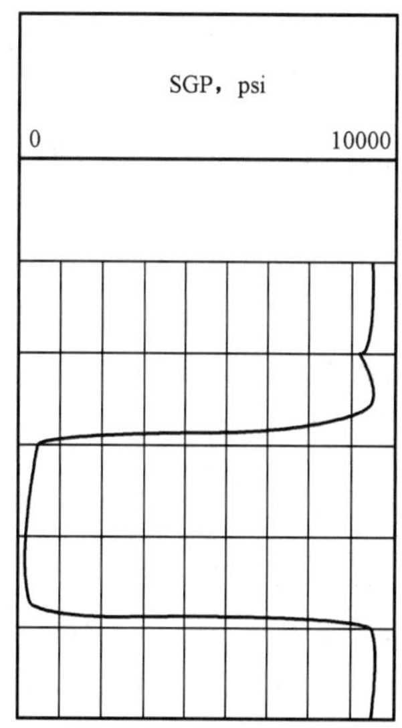

图 6－51　干层或渗透性极差地层的压力曲线特征

在预测试地层为渗透性差或较差的地层情况下，如在以基孔为主的碳酸盐岩地层中，因地层裂缝不太发育，渗透性差，两个预测试流动压力仍很低，但能分辨出 Δp_1 和 Δp_2 的变化，其压力曲线特征如图 6－52 所示。

在预测地层为渗透性较好的地层情况下，由于地层渗透率较好，地层孔隙流体易流入两个预测试室。在这类地层的压力曲线上几乎观察不到 Δp_1 和 Δp_2 的变化，此时，$\Delta p_1 = \Delta p_2 \approx 0$。压力曲线特征如图 6－53 所示。

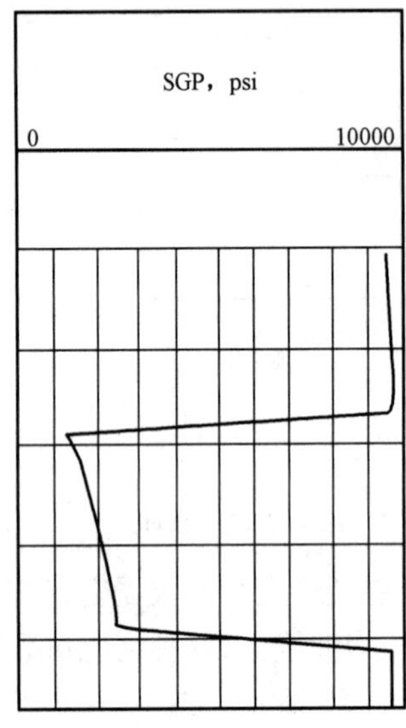

图 6－52　地层渗透性差或较差的压力曲线特征

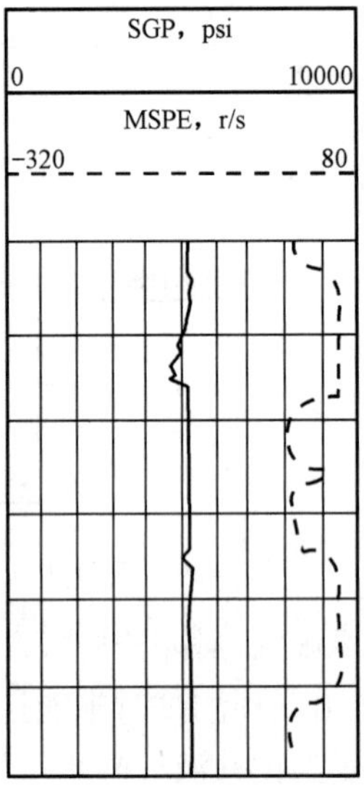

图 6－53　地层渗透性较好的压力曲线特征

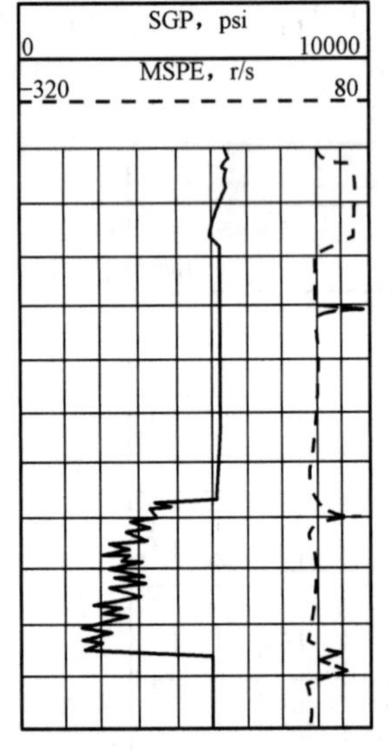

图 6－54　取样管堵塞的压力曲线特征

在预测试或取样过程中取样管堵塞的情况下，预测试的流动压力不稳定或无规律，压力曲线特征如图 6－54 所示。当出现这种情况时，应及时回收仪器，用取样管中的活塞自动清洗取样管和过滤器。

由于封隔器极板被推压到井壁上后井壁岩石受极板的推压力而破碎变形，或者由于压差使得封隔器内外原来未连通的裂缝连通而使井内钻井液流入，或者由于在预测试过程中封隔器极板破裂，或者由于密封件失灵等原因，造成预测试过程中封隔失效。在压力曲线上，封隔失效表现为如图 6－55 所示的压力曲线特征。

三、确定储集层渗透率

（一）预测试压力资料确定渗透率

当地层测试器的取样管伸入地层，从地层中抽取流体造成压力降低时，由于取样管的内径很小，预测试过程中采集的流体量很少，这些流体大多数来自取样管周围一个很小的范围内。因此，可以把地层测试器取样管的金属管口视为点源，把取样管周围的地层视为均匀无限介质。这样预测试中造成的压力降是从点源出发的，以半球形向外传播的，等压面是以点源为中心的球面。地层流体垂直于等压面流入地层测试器，如图 6－56 所示。

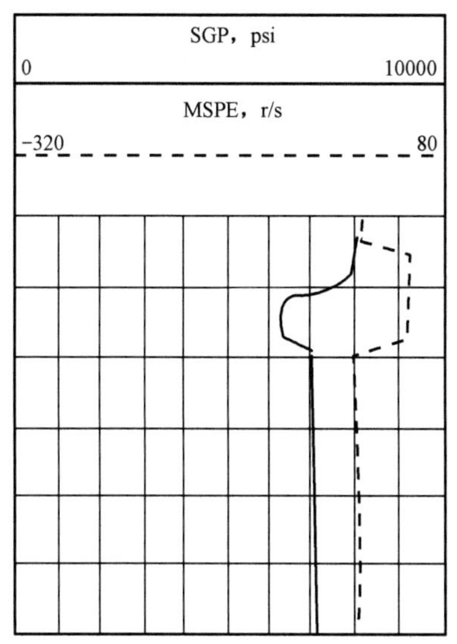

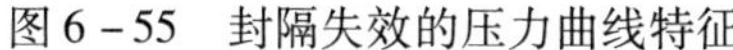

图 6-55　封隔失效的压力曲线特征

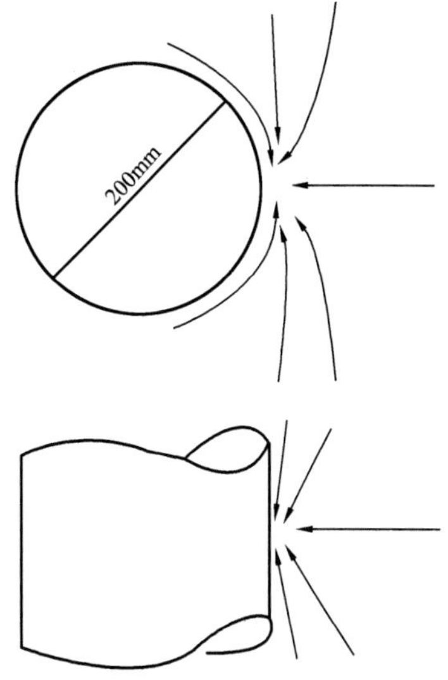

图 6-56　球形流动图形

在球形流动的情形下,流动压力与地层渗透率间具有如下关系:

$$\Delta p = p_s - p_f = \frac{\mu q}{2\pi K_d r_w}\left(1 - \frac{r_w}{r_b}\right) \tag{6-36}$$

式中　p_s——地层压力,bar;

p_f——预测试室流动压力,bar;

r_w——点源半径,即取样管金属口的有效半径,cm;

r_b——压力扰动的外半径,cm;

K_d——地层渗透率,μm^2;

q——预测试室的平均流量,cm^3/s;

μ——流体粘度,cP。

若地层流体为单相流动,可直接测定流体粘度;若地层流体为多相流体,确定混合液的粘度较困难,一般采用平均值法确定:

$$\mu = (V_o\mu_o + V_g\mu_g + V_w\mu_w)/(V_o + V_g + V_w) \tag{6-37}$$

由于 $r_b \gg r_w$,有 $r_w/r_b \to 0$,则:

$$K_d = \frac{q\mu}{\Delta p}\frac{1}{2\pi r_w} \tag{6-38}$$

这就是球形流动计算地层渗透率的公式。由于地层流体实际的流动并非球形流动,还会受到井眼的影响,因而在计算地层渗透率时引入了流动形状校正系数 C,再考虑探管的有效半径 $r_p = 2r_w/\pi$,则有:

$$K_d = C\frac{1}{2\pi r_p}\frac{\mu q}{\Delta p} \tag{6-39}$$

全球形流时,$C=0.5$(均质无限大地层);当为半球形流时,$C=1.0$(相当于井壁为平面)。

实际情况为准球形和柱形流、半球形流、柱形流和径向流的叠加，C 值在 0.5 ~ 1.0 之间。用 RFT 压降分析时，$C = 0.668$；用 FMT 压降分析时，$C = 0.75$。在式(6 - 39)中，令 $F = \frac{C}{2\pi r_p}$，则：

$$K_d = F\frac{q\mu}{\Delta p} \tag{6 - 40}$$

常数 F 是与流动方式、井眼大小及探管半径相关的量，数值大小与采用的单位有关。F 值是采用三维稳定流动计算机模拟给出的数值。对于斯伦贝谢公司生产的 RFT 仪器，当井径为 8in，$r_w = 0.55$cm，压力单位为 psi，渗透率单位为 $10^{-3}\mu m^2$ 时，有 $F = 5660$，则：

$$K_d = 5660\frac{q\mu}{\Delta p} \tag{6 - 41}$$

若采用半径比 0.55cm 大的探管或快速抽吸探管，则 $F = 2395$；若采用比常用封隔器更大的封隔器时，则 $F = 1107$。通常情况下，F 值取 5660。

采用阿特拉斯公司的 FMT 仪器资料进行压降分析时，K_d 的计算公式为：

$$K_d = 1842\frac{Cq\mu}{d\Delta p} \tag{6 - 42}$$

式中　d——探管的直径，in。

在利用式(6 - 39)计算地层渗透率时，应分别对每一预测试室进行计算，然后取两个渗透率的平均值作为地层的渗透率。设第一预测试室的渗透率为 K_{d1}，第二预测试室的渗透率为 K_{d2}，则有：

$$K = (K_{d1} + K_{d2})/2 \tag{6 - 43}$$

预测试压力降来自取样管附近 1 ~ 2in 的范围，探测深度很浅。在探测范围以内，侵入作用和由于地层中粘土膨胀造成的压力变化对渗透率都有较大影响，因此，这个渗透率值只能反映地层渗透率的数量级。一般情况下，最好采用压力恢复资料来求取地层渗透率值。

(二)压力恢复资料确定渗透率

当流入预测室的地层流体停止流动后，在取样器附近，原来被抽取地层流体的孔隙空间由于较远处流体的补充而使其压力得到恢复。当地层流体补充到一定程度后，取样器入口处的压力将恢复到地层压力。压力恢复的快慢程度与取样器周围地层的渗透率大小有关，地层渗透率越大，压力恢复就越快。据此，可用压力恢复资料来确定地层的渗透率，但确定渗透率的计算过程比用压力降确定渗透率的计算过程更复杂些。由于压力恢复的探测深度有几英尺深，因而所求的值比较接近于真实值。

确定渗透率使用的后半部分压力恢复曲线主要反映侵入带以外几英尺所发生的流体流动。在这一区域内，流体的流动状态较为复杂，但归纳起来可分为两类，即径向流动和球形流动。因此，用压力恢复资料确定渗透率时就必须考虑压力恢复流体的流动类型。一般情况下，流体在取样器附近刚开始的流动状态基本上是球形的，而对离取样器有一定距离的流体，在流动时会受到上下非渗透性地层的阻挡，使流体的流动变为径向流动。

1. 球形压力恢复

这种情况相当于在流体流动的传播路径上压力扰动的传播是球形的，在流体的流动区域内地层介质是均匀的，流体在向取样器附近的流动是球面向心的。如果地层均匀且有一定厚度，在压力恢复初期，球形传播将是压力恢复的主要形式。

根据有关理论推导，得出球形流动状态下的渗透率 K_s 为：

$$K_s = 1856\mu\left(\frac{q_1}{m_s}\right)^{\frac{2}{3}}(C_t\phi)^{\frac{1}{3}} \tag{6-44}$$

式中 ϕ——地层孔隙度；

C_t——地层流体总压缩系数，psi^{-1}；

q_1——第一预测试室的平均流量，cm^3/s；

m_s——预测室关闭后探头处压力 p_s 与球形时间函数 $f_s(\Delta t)$ 关系的斜率；

μ——流体粘度，cP；

K_s——球形恢复渗透率，$10^{-3}\mu m^2$。

对于单预测试室仪器（如 FMT），计算 $f_s(\Delta t)$ 关系式为：

$$f_s(\Delta t) = \frac{1}{\sqrt{\Delta t}} - \frac{1}{\sqrt{t_1 + \Delta t}} \tag{6-45}$$

式中 t_1——与 q_1 有关的取样时间，s；

Δt——预测室关闭后的延迟时间，s。

对于两个预测试室仪器（如 RFT），计算 $f_s(\Delta t)$ 关系式为：

$$f_s(\Delta t) = \frac{1}{\sqrt{t_2 + \Delta t}} - \frac{1}{\sqrt{t_1 + t_2 + \Delta t}} + \frac{q_2}{q_1}\left(\frac{1}{\sqrt{\Delta t}} - \frac{1}{\sqrt{t_2 + \Delta t}}\right) \tag{6-46}$$

式中 q_2——第二预测试室的平均流量，cm^3/s；

t_2——与 q_2 有关的取样时间，s。

K_s 与水平渗透率 K_h 和垂直渗透率 K_v 的关系为：

$$K_s = K_h^{\frac{2}{3}}K_v^{\frac{1}{3}} \tag{6-47}$$

定义各向异性系数为：

$$A = \frac{K_v}{K_h} \tag{6-48}$$

通常情况下 K_h 比 K_v 大，即 $A<1$。将式（6-48）代入式（6-47），得：

$$K_s = K_h A^{\frac{1}{3}} \tag{6-49}$$

通常用柱形压力恢复资料确定的渗透率接近水平渗透率 K_h，因此，在地层各向异性未知的情况下，可用柱形压力恢复渗透率代替 K_h，再结合 K_s 估计 K_v，确定各向异性系数，评价地层的各向异性。

2. 柱形压力恢复

当压力扰动传播到上下部非渗透界面时，球形流动模型就会转变为平面径向柱形流动模型。在相对薄的地层，这种现象相当明显。根据有关理论推导，得出柱形流动状态下的渗透率 K_c 为：

$$K_c = 2687 \frac{q_1\mu}{m_c h} \tag{6-50}$$

式中 h——地层厚度,cm;

μ——流体粘度,cP;

q_1——第一预测试室的平均流量,cm^3/s;

m_c——预测试室关闭后探头处压力 p_c 与球形时间函数 $f_c(\Delta t)$ 关系的斜率;

K_c——柱形恢复渗透率,$10^{-3}\mu m^2$。

对于单预测试室仪器(如 FMT),计算 $f_c(\Delta t)$ 关系式为:

$$f_c(\Delta t) = \lg \frac{t_1 + \Delta t}{\Delta t} \tag{6-51}$$

对于两个预测试室仪器(如 RFT),计算 $f_c(\Delta t)$ 关系式为:

$$f_c(\Delta t) = \lg \frac{t_1 + t_2 + \Delta t}{t_2 + \Delta t} + \frac{q_2}{q_1} \lg \frac{t_2 + \Delta t}{\Delta t} \tag{6-52}$$

一般认为,由柱形压力恢复资料确定的渗透率 K_c 接近地层的水平径向渗透率 K_h,不受地层表皮效应的影响(由于预测试的压降发生在探头附近极小范围内,因此,受靠近井壁部分的影响较大,孔隙结构往往受到钻井液内微小颗粒的侵入影响,使流体通过时阻力增大,导致过低的渗透率估计)。但利用式(6-50)计算的 K_c 值没有考虑地层非均质的影响,并且忽略了地层测试器流动系统内流体的压缩率。实际上,压力恢复的探测深度只是探头以外几英尺深的地层,压力传播不仅受地层非均质的影响,而且还受侵入带内含水饱和度、相对渗透率、毛细管压力以及钻井液侵入可能产生的超压作用影响。因此,在计算和使用 K_c 值时,应考虑这些因素影响。

四、压力测量资料的应用

地层测试器的最大特点之一是一次下井可在多处测量油藏压力。压力测量是确定同一井中或不同井中各层段之间相互区别和联系的最好方法。如果把测量的压力对不同测量点进行高程差校正以后,在地层中无流体流动的情况下,在所对比的两井之间各层位的压力相同的话,则表明这些层在水力学上一定是连通的;反之,则表明在井之间存在尖灭、断层或其他类型的渗透性屏障地层。如果要使整个油田各油层得到合理开发,最大限度地提高采收率,应十分重视这些信息。

(一)预测地层压力

根据预测试资料,可了解每个地层的压力大小。对于孔隙性渗透性地层,在压力恢复曲线上,压力恢复大约 50s 以后所对应的值接近于地层压力。为了在投产前了解地层的压力信息,制定正确的开发方案,一般在钻井后都应该进行压力测量。

(二)确定油气、油水接触面

压力测量资料可用来确定油气、油水或气水接触面。在均匀介质中,根据压力测量资料可以确定地层的压力梯度,再根据压力梯度可以确定充满地层孔隙中的流体密度,则在不同压力梯度或流体密度曲线的连接(拐点)处就是所要求的油气、油水或气水接触面。

根据地层静止时的水力学关系,有:

$$\rho_f g = \frac{dp}{dD} \tag{6-53}$$

式中 ρ_f——流体密度；

g——重力加速度；

dp/dD——压力梯度。

若地层水为淡水，即 $\rho_f = \rho_w = 1g/cm^3$，则可计算出淡水的静水柱压力梯度为 0.4336psi/ft，因而有：

$$\frac{\rho_f g}{\rho_w g} = \frac{dp/dD}{0.4336}$$

$$\rho_f = \frac{dp/dD}{0.4336} = 2.3dp/dD \tag{6-54}$$

在式(6－54)中，dp/dD 的单位是 psi/ft。若采用 mbar/m 为单位，则式(6－54)可写成：

$$\rho_f = \frac{dp/dD}{98.1} \tag{6-55}$$

若采用 MPa/m 为单位，则式(6－54)可写成：

$$\rho_f = 101.97dp/dD \tag{6-56}$$

若采用 psi/m 为单位，则式(6－54)可写成：

$$\rho_f = 0.7032dp/dD \tag{6-57}$$

图 6－57 为确定油气界面实例。油气层在深度—压力关系图上特征明显。油层段上部显示为气层，下部显示为油层，试油结果也证实了上部是气层，下部为油层。气层和油层压力直线段交点为油气界面(海拔在－1933m)。

图 6－58 为确定油水界面实例。将油层段不同深度的压力数值点在深度—压力关系曲线图上，油层与水层压力直线段具有不同的斜率值。由于原油密度小于水密度，故油层压力直线段斜率小于水层压力直线段斜率，即油层压力直线段比水层压力直线段陡。取样和试油结果均证实上部是油层，下部为水层。两条直线段交点为油水界面，海拔为－1968m，与试油解释的油水界面深度一致。

五、流体取样分析

除了压力分析之外，对地层测试器所取得的流体样品进行分析，可以确定流体的性质参数，预测产能和地层产液性质。

(一)确定地层流体性质参数

流体取到地面后，首先准确计量油、水和气的体积，然后采用分析仪器测定地层流体的粘度和油的密度。当所取样品超过 $1000cm^3$ 时，便能够进行准确的定量分析。

根据取样筒中回收的天然气的体积 V_g 和原油的体积 V_o 可以计算出气油比：

$$GOR = \frac{V_g}{V_o} \tag{6-58}$$

式中 V_g——回收的天然气体积，cm^3；

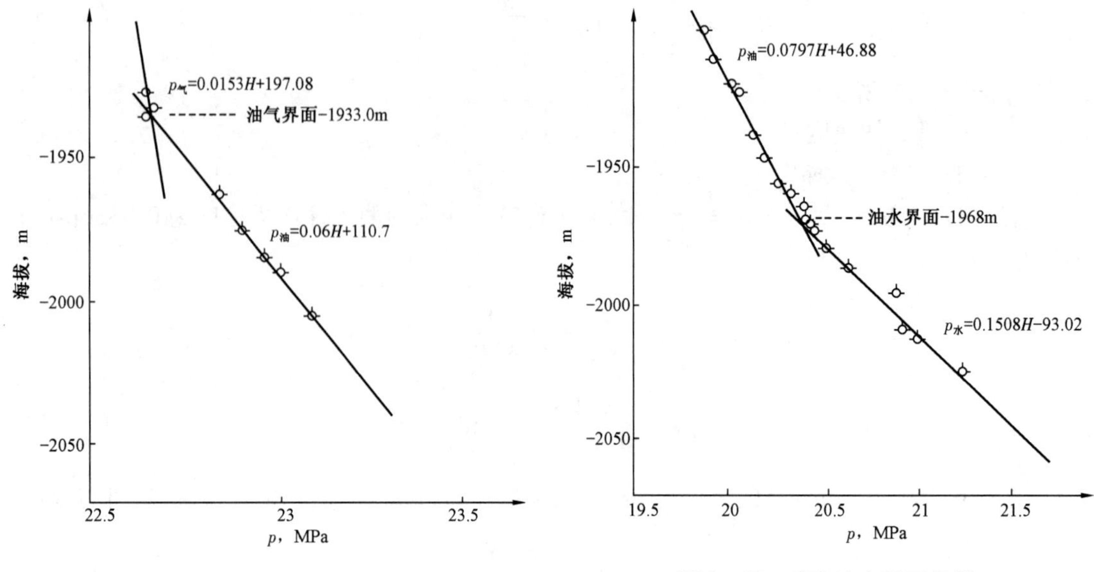

图 6-57　确定油气界面实例

图 6-58　确定油水界面实例

V_o——回收的原油体积，cm³；

GOR——气油比，cm³/cm³。

若采用不同单位，则：

$$\mathrm{GOR} = 159000 \times \frac{V_g}{V_o} \tag{6-59}$$

式中　V_g——回收的天然气体积，ft³；

V_o——回收的原油体积，cm³；

GOR——气油比，ft³/bbl。

若取样时地层中无游离气，则此时的 GOR 值表示溶解气油比 R_s。

同理，可计算出气水比：

$$\mathrm{GWR} = \frac{V_g}{V_w} \tag{6-60}$$

式中　V_g——回收的天然气体积，cm³；

V_w——回收的水体积，cm³；

GWR——气水比，cm³/cm³。

地层测试器回收的水一般是钻井液滤液和地层水的混合物。若回收的数量很小，则几乎是钻井液滤液；若回收水的数量较大，则需要准确确定其中地层水的体积 V_{wf}。方法是对回收的混合水测量电阻率 R_z 或分析确定总矿化度后换算出 R_z，根据测井资料或邻井测试资料确定地层水电阻率 R_w、钻井液滤液电阻率 R_{mf}。一般已知，假定混合水的电阻由地层水和钻井液滤液两部分电阻并联构成，则有：

$$\frac{1}{R_z} = \frac{W}{R_w} + \frac{1-W}{R_{mf}} \tag{6-61}$$

其中，$W=\frac{V_{wf}}{V_w}$表示地层水占混合水的相对体积。由式(6－61)可得：

$$W=\frac{\frac{R_{mf}}{R_z}-1}{\frac{R_{mf}}{R_w}-1} \tag{6-62}$$

由此可得回收的地层水体积为：

$$V_{wf}=W\cdot V_w \tag{6-63}$$

计算过程中需要注意，R_z，R_w，R_{mf}应该换算到同一温度下。由于流体的体积是温度、压力的函数，所以地面条件下计量的体积并不代表地层条件下的体积。特别是回收的气体在地层条件下可能是自由气，也可能是油中和水中的溶解气，必须考虑泡点压力和气体溶解性的影响。因此，要确定地层条件下的流体性质参数，需对地面条件下流体样品分析结果进行换算。

（二）判断地层流体性质

根据地层测试器取样得到的流体类型和体积，可以判断地层的生产特性，判断方法分为以下几种情况：

第一种情况，回收的流体只有油和气，显然地层是油气层。若地层压力低于油的泡点压力，则地层内有自由气；若地层压力大于泡点压力，回收的气是溶解气，则地层内只含油。

第二种情况，回收的流体是油和水，此时需要区分水中钻井液滤液和地层水各自的含量。若全是钻井液滤液，则地层产纯油；若有地层水，且其含量超过回收流体体积的15%时，则地层产油和水，可按下式估算产水率：

$$F_w=\frac{V_{wf}}{V_{wf}+V_o} \tag{6-64}$$

这种判断对于中高渗透性地层来说一般是准确的，但对低渗透地层，可能钻井液侵入特别深，回收的可能全是钻井液滤液，地层也可能产水，此时产水率无法估算。

第三种情况，回收到的流体是气和水。若气量很少而地层水体积很大，地层将产水，这时的气只是水中的溶解气；若回收的气的体积较大而只有少量的钻井液滤液，则地层可能只产气，但可能需要采取增产措施提高产气量；当回收到的气体体积较大且地层水的体积超过回收流体体积的15%时，地层可能产气和水。

第四种情况，回收到的流体既有油，又有水和气，地层产出的流体将主要取决于回收到的流体的数量。当用2.75gal的取样筒回收油的体积小于1000cm^{3}时，产液类型取决于回收气量和关闭压力。

六、组件式地层动态测试器

组件式地层动态测试器MDT是斯伦贝谢公司1990年推出的一种新型地层测试器，是MAXIS－500系统中一支重要的下井仪器。MDT(Modular Formation Dynamics Tester)全称为组件式动态测试器。

根据具体情况，MDT可组合成不同方式进行测试。例如，可以只装一个取样桶，在距井底46cm的地方进行测试并取得流体样品，也可以多装几个取样筒进行多次取样，即一次下井可取多个样品。

用于特殊用途的组合方式有各向异性渗透率和压力梯度测定的多探头组合和 PVT 高压物性分析的多取样筒组合(该组合一次下井可采集不同地层的流体样品,最大取样体积可达 6gal)。用 MDT 测试结果可以直接得出渗透率剖面,且一次下井可取得多个样品,这是 RFT 和 FMT 测试仪不具备的。例如,MDT 一次下井可以在同一位置取六个样品或在六个位置各取一个样品。

MDT 的模块化设计可以使仪器有五种不同的组合,既减少测井费用,同时又使得井下仪器安装、调试、修理更为方便,而且取样筒可以安装在井下仪器的任何部位。例如,在井下仪器同一侧安装两个探头,可以得到储集层的垂直渗透率,同时根据两个深度的距离计算压力梯度。又如,在同一部位安装两个探头,可以得到所测储集层的水平渗透率。若同时安装三个探头,则可测量储集层的非均匀性,相应的压力记录图上记录三条压力曲线,它们分别对应三个探头位置的压力变化。除了这些选择,MDT 可以组装有四到十个探头的井下仪器,从而可以得出比 RFT 更详细的储集层性质参数。

第七章　生产动态测井

生产动态测井是了解产出剖面和吸入剖面的基本手段，可分为产出剖面测井和注入剖面测井两大类。产出剖面测井是指在油气生产井中给出各分层产出油、气、水数量的测井方法，而注入剖面测井是指在注水开发油田测量注水井进入不同地层的水量的测井方法。生产动态测井的主要任务是确定油气井的生产剖面，确定注水井、注汽井、注聚合物井的注入剖面。

在生产动态测井中，流量测井是最重要的一类方法，仪器种类也较多。本章前五节介绍了各种流量计，然后介绍了持水率计、密度计，最后介绍了产出剖面综合解释和吸水剖面解释。

第一节　涡轮流量计及其工作原理

一、涡轮流量计的分类

生产测井中根据测量方式和测量范围，涡轮流量计有封隔（集流）式流量计、连续流量计、全井眼流量计和伞式膨胀流量计四种类型。其中，连续流量计和全井眼流量计属散流式流量计，封隔（集流）式流量计和伞式膨胀流量计为集流式流量计。

封隔（集流）式流量计如图 7－1 所示。它有一个借助于井内流体的填充而产生膨胀的封隔器皮囊，仪器需停留在没有射孔的套管部位，皮囊胀开封隔流体通道，迫使井筒流体全部穿过仪器流动。这种流量计干扰井下流体的正常流动，不能用于高流量井，不能在射孔段上进行测量，此外操作也不方便。

全井眼流量计如图 7－2 所示。这种流量计的叶片可自动地合拢和张开。下井时，叶片合拢，使仪器呈现出较小的外径便于经油管下入井内；在套管中测量时，叶片又自动打开。全井眼流量计改善了测量性能，可以在比较大的流量范围内使用；其不足之处与连续流量计类似，在多相流动和低压低动量的井中，测量误差较大。

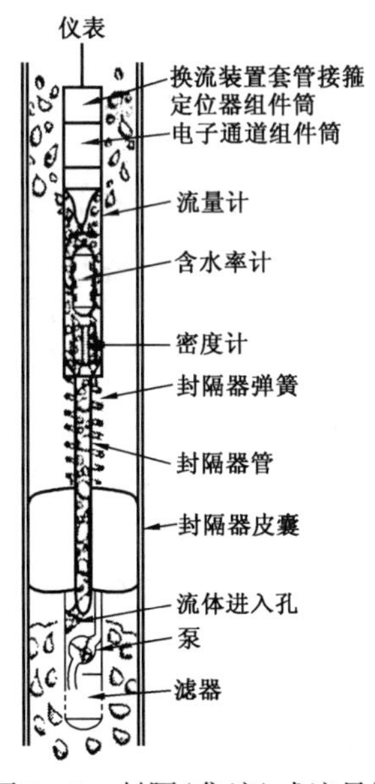

图 7－1　封隔（集流）式流量计

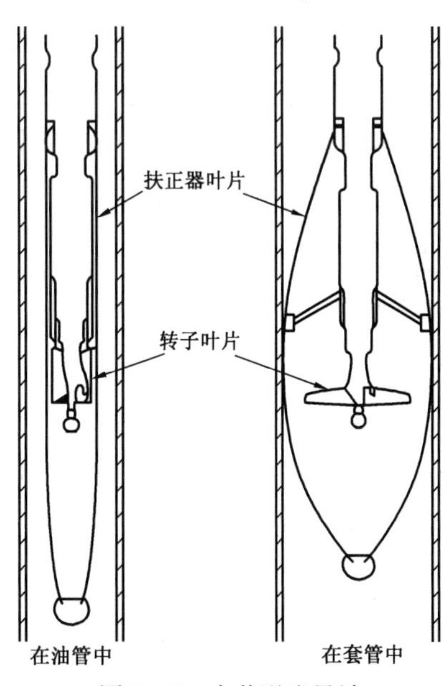

图 7－2　全井眼流量计

连续流量计可从油管（自喷井）或油套环形空间（抽油井）下入目的层段进行测量，如图7－3所示。连续流量计扶正下井，仪器位于井中以恒定的速度上提和下放测量。显然，连续流量计主要反映井筒中心部分流体的流动特征，低压、低动量的气体可能会绕过涡轮流动而不使涡轮转动。

伞式膨胀（集流）流量计如图7－4所示。这种流量计是在金属伞外面加了一个膨胀密封圈，具有全井眼流量计测量系统的优点，克服了封隔（集流）式流量计的密封问题。

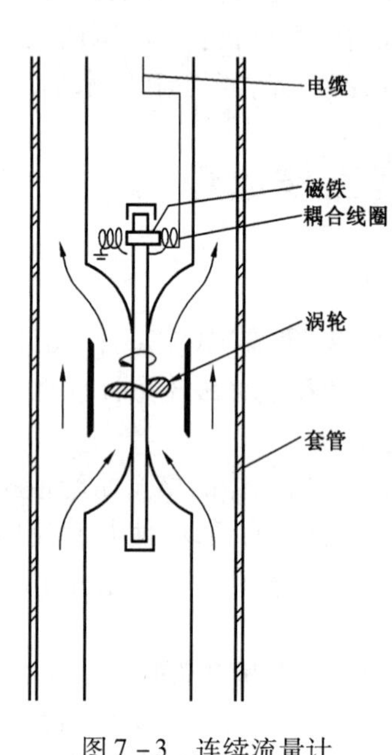

图7－3　连续流量计

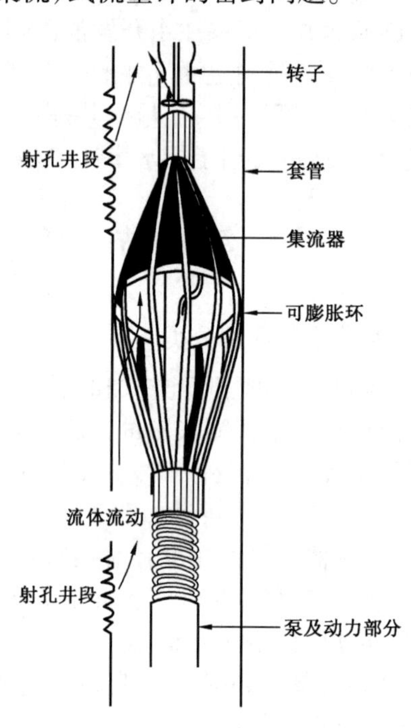

图7－4　伞式膨胀（集流）流量计

二、涡轮的工作原理

涡轮流量计的传感器由装在低阻枢轴扶持的轴上的叶片组成。轴上装有磁键或不透光键，使转速能被检流线圈或光电管检测出来。当流量超过某一数值后，涡轮的转速同流速成线性关系，通过记录涡轮的转速，便可推算流体的流量。

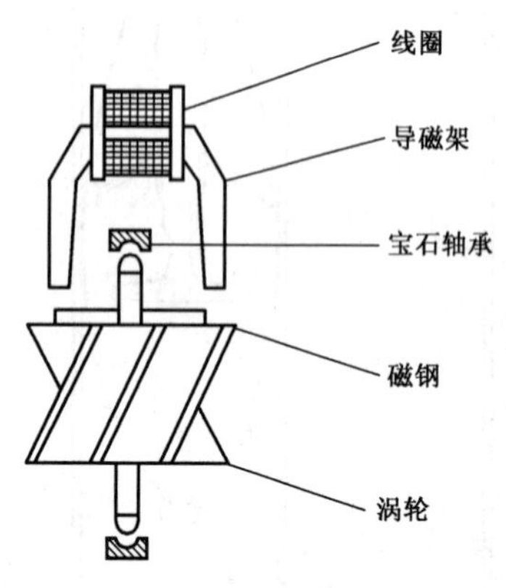

图7－5　涡轮结构示意图

不同类型的涡轮流量计，涡轮变送器的结构可能不同。通常，全井眼流量计的涡轮由四个可折叠的叶片构成。吉尔哈特公司的高灵敏度流量计为两只S形的叶片，高度约4in。用得较多的连续流量计的涡轮结构如图7－5所示，叶片数目在4至8个之间，叶片角30°或45°。

虽然流量计涡轮的结构各不相同，但其记录原理都是一样的，都是把流体经过管子截面的直线运动变成涡轮的旋转运动。当流体流过涡轮叶片时，流体能量作用在涡轮的叶片上，驱使涡轮转动。

涡轮流量计是应用流体动量矩原理实现流量测量的。根据动量矩定理，当涡轮旋转时，它的运动方程为：

$$J\frac{\mathrm{d}\omega}{\mathrm{d}t} = T - \sum T_i \tag{7-1}$$

式中 J——涡轮的转动惯量；

$\frac{\mathrm{d}\omega}{\mathrm{d}t}$——涡轮旋转角加速度；

T——推动涡轮旋转的力矩，即驱动力矩；

$\sum T_i$——阻碍涡轮旋转的各种阻力矩。

当涡轮启动后，若管内流体的流量不随时间变化，即作定量流动，则涡轮便以稳定的角速度旋转，此时，有：

$$\frac{\mathrm{d}\omega}{\mathrm{d}t} = 0 \tag{7-2}$$

则式(7－2)可变为：

$$T = \sum T_i \tag{7-3}$$

因此，稳定流动时，驱动力矩与各种阻力矩相平衡。

根据理论推导，当涡轮流量计仪器在井中处于静止状态时，涡轮流量计转速与流体流速之间有如下关系：

$$N = K(v - v_{t1}) \tag{7-4}$$

式中 N——涡轮的转速，r/s；

K——仪器常数，与涡轮的材料和结构有关，并受流体性质的影响；

v——流体与仪器运动的相对速度；

v_{t1}——涡轮转动的启动速度，与流体性质及涡轮的摩擦有关。

式(7－4)称为涡轮流量计的理论方程。当仪器在井内以恒速 v_t 测量时，流体与仪器运动的相对速度 v 是 v_t 和井内流体速度 v_f 的代数和，即 $v = v_t + v_f$。由于 v 可以为正值也可以为负值，因此在仪器设计时就要求涡轮既能正转测量，又能反转测量，并要求仪器能自动识别和记录涡轮的正反转。

涡轮的转动极大地受到流速、流体粘度和流体密度的影响。当流速一定时，流体的粘度增大，涡轮转速变小，并且流体密度增大，涡轮转速增大。通常，当流速高时，式(7－4)中的 K 值基本上为常数，涡轮转速与流体流速之间有良好的线性关系。随着流体流速的下降，K 值发生改变，涡轮转速与流速之间线性关系变差。

涡轮转动除受上述诸多因素影响外，还受到本身机械摩擦和流体流动阻力的影响。图 7－6 是涡轮转速、流体速度及运动阻力之间的关系示意图。由图 7－6 可知，低流速时，机械摩阻和粘性摩阻共同影响响应；当流速增大到一定程度时，机械摩阻几乎不影响响应曲线，而粘性摩阻起主导作用。

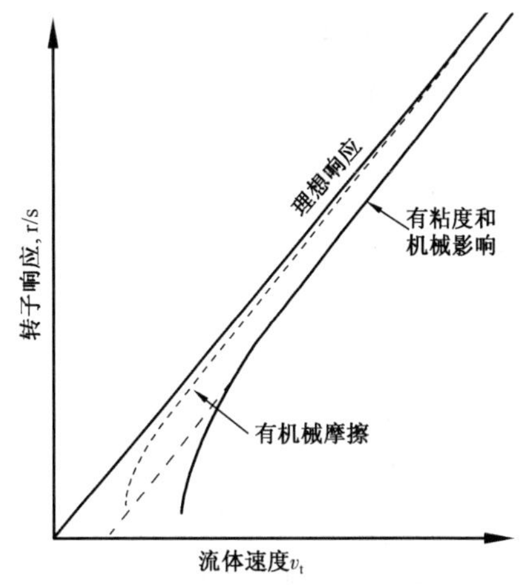

图 7－6　涡轮转速、流体速度及运动阻力之间的关系示意图

第二节　连续流量计测井

连续流量计仪器不带机械导流装置，测量时基本不影响井筒流体原来的流动状态，在井内既可连续测量，又可进行点测，如图 7－3 所示。

一、仪器操作过程

连续流量计测量时，仪器从油管或油管与套管之间的环空通道下入测量井段，采用扶正器使仪器居中，以恒定的速度上提或下放电缆测量，也可使仪器静止于井中进行点测，同时记录随井深变化的涡轮的转速和电缆速度。实际测井时，连续流量计往往和温度计、压力计等组合下井。

连续流量计的突出优点是可以测量井筒连续变化的流动剖面，并且测量工艺简便，在中、高流量的单相流动中应用效果较好，在两相或三相流动的条件下应用情况受限，这时必须结合流体密度和持水率测井才能得到满意的结果。

连续流量计涡轮的转动具有如下特点：

第一，当仪器在井内运动时，反映的是仪器和流体相对运动与涡轮转速之间的关系；当仪器静止于井内时，直接反映井筒流体流速与涡轮转速之间的关系。

第二，涡轮的转动严重受到流体粘度和密度、涡轮材料和结构的影响。

第三，流量计反映的流体流速是井筒中心的最大流速 v_f，在计算流量时采用平均速度$\bar{v}$。平均速度$\bar{v}$与 v_f 之间的关系为：

$$\bar{v} = C_v v_f \tag{7-5}$$

式中　C_v——速度校正系数。

对处于紊流状态的单相流动，常取 $C_v = 0.81 \sim 0.85$；对于层流的单相流动，$C_v = 0.5$。一般情况下，全井眼流量计的 C_v 取 0.83，高灵敏度连续流量计的 C_v 取 0.82。在多相流动的情况下，轻相往往趋向于沿着管中央以较快的速度流动，重相往往靠近管壁以较慢的速度甚至反向流动，全井眼流量计因其涡轮有较大的伸展面，速度校正系数 C_v 仍取 0.83；而高灵敏连续流量计的 C_v 只能通过实验或查图版确定。

二、井下刻度

所谓井下刻度，就是建立仪器转速与流体速度之间的精确关系，也就是利用实测资料建立关系式，即式(7－4)，确定 K 和 v_{t1} 值。根据前面分析和实验室分析可知，涡轮转速与流体流速之间存在线性关系，刻度的目的就是首先要建立这个关系，为流量计分析生产剖面流动状态提供定量分析的基础。

井下刻度方法有多种，每种方法各有其长处。这里重点介绍比较实用的 4 种方法，即同向运动和逆向运动法、零流量法、上下混合测量最小二乘法和两次测量法。

(一)同向运动和逆向运动法

这一方法适用于各层粘度相同的单相注入井或生产井。这种方法的第一步是确定一个或一组测量点，每个测量点即为一特定深度。这组测量点通常定在射孔段的上面或下面，每个测点所测得的流量代表该测点深度上的流量。第二步是仪器以不同的稳定电缆速度通过该测量层段进行测量，对应每一种电缆速度，都记录对应各测点涡轮的转速值。测速的选择应有合适的间隔,使记录的涡轮转速曲线在测井图上保持一定间距。并且仪器还要停在各测点处测量,记录在电缆静止时的涡轮转速。

如前所述,流量计可在井中静止测量,也可在井中上提和下放测量。对于生产井,当仪器静止于井中某点时,测量结果反映的是该点的真实流速;当流量计仪器在井中运动时,测量结果反映的是仪器与流体的相对流速。对注入井也有类似特征。对于生产井的情况,若仪器在井内是运动的,当电缆下放时(仪器运动方向与流体流速方向相反),下放速度增加,涡轮转速增加;当电缆上提时(仪器运动方向与流体流速方向相同),电缆上提速度增加,涡轮转速先是下降,直至到零,最后涡轮转速负向增加(涡轮反向旋转)。根据一口井仪器的同向运动和反向运动资料,就能刻度出仪器的"响应曲线"。

表7-1是某井一个测点的测井数据资料,根据表7-1中的测井数据资料作出的回归统计拟合图形如图7-7所示。图中左边部分是上提仪器时的测井数据得到的一条上测曲线。很明显,随着电缆上提速度的加快,涡轮转动先是正向的,然后下降到零,再逐步过渡到反向转动,并且在长度为 $2v_{t1}$ 的区间内涡轮转速保持为零。图的右边部分是下放仪器时测井数据得到的另一条下测曲线,并且上提仪器时涡轮正转的数据恰好落在下测曲线向左延伸的线上。上提和下放曲线在横轴上交点之间的距离为 $2v_{t1}$,在横轴上过 v_{t1} 点作下测曲线的平行线即为仪器的刻度响应曲线。在下放曲线上,过下放曲线与纵轴的交点作横轴的平行线,这条平行线与刻度响应曲线交点处所对应的仪器速度就是所测井筒中心流体的最大速度 v_f。从图7-7上很容易读得,在下测曲线上,下测曲线在纵轴上交点的涡轮转速为4.1r/s,对应的 v_f = 23m/min。

表7-1 某井一个测点的测井数据资料

	下放			上提			
仪器速度,m/min	45	30	12	9	36	48	57
涡轮转速,r/s	16	12	7.5	2	-2	-5	-7.5

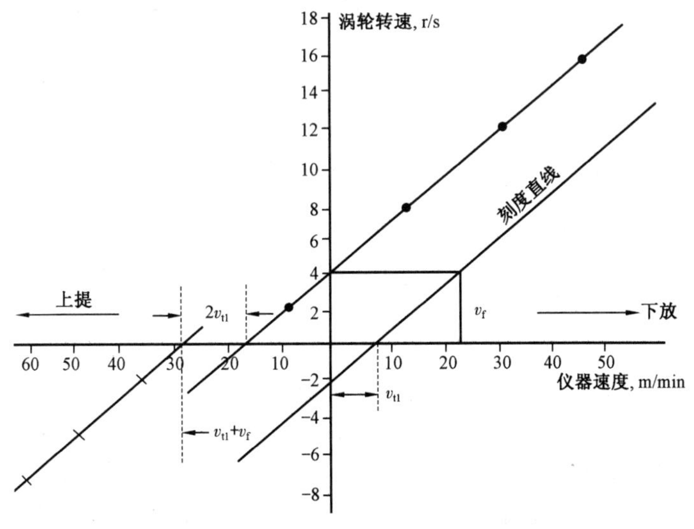

图7-7 连续流量计同向运动和逆向运动法的现场刻度

除了用上述方法求 v_f 外，还可以用下测曲线在转速为0处的电缆下放速度值来求 v_f。在下测曲线上，当转速刚好为0时，说明流体流速 v_f 与仪器下放速度之差则刚好为仪器涡轮转动的启动速度 v_{t1}，故此时仪器下放速度与启动速度 v_{t1} 之和即为流体的最大速度 v_f。在7－7图上，当上提和下放曲线在转速值刚好为0时所对应区间中点的电缆运动速度即为流体的最大速度 v_f。

当求出最大流速 v_f 后，平均速度由式(7－5)给出。在本例中，$\bar{v}=0.83\times23=19.1$(m/min)。

(二)零流量法

零流量法是指用关井资料确定仪器启动速度 v_{t1} 的方法。这种方法也是在特定的测量点上进行测量。在流量计仪器下井后，油井重新投入生产，进行逆向运动测量，得到一组测量点的资料。在逆向运动测量结束后，油井短时间关井。在确保井筒流量为零的条件下，对各测点以不同的电缆速度进行多次测量，得到一组关井测井数据。根据逆向运动和关井测井资料利用最小二乘法回归拟合原理得到一条下测曲线和一条关井曲线，如图7－8所示。在一般情况下，关井曲线(直线)与逆向运动下测曲线(直线)的斜率是不相同的，作仪器的刻度响应关系曲线时，认为用关井曲线确定的仪器启动速度带来的误差是很微小的，启动速度是关井曲线与横轴交点所对应的仪器运动速度，过此点作下测曲线(直线)的平行线即为仪器的刻度响应曲线。

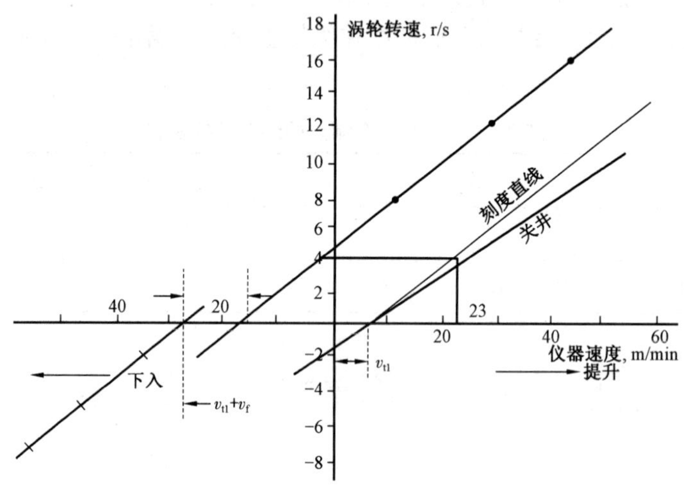

图7－8　零流量法现场刻度

(三)上下混合测量最小二乘法

在所选定的测点上，仪器以至少三种不同的向上和向下的绝对速度通过该点，记录在不同的仪器速度下涡轮的转速，利用最小二乘法原理，在每个测点同一方向至少有三次测量结果的基础上，根据统计拟合的方法得出它们之间的响应关系。

当反转点子小于三个或无反转点子时，不能得到良好的反转拟合线，此时可将上下测的点子混合起来进行最小二乘法分析求取视流速 v_a 的值。图7－9是哈里伯顿公司高灵敏度流量计在一口注水井中测井资料的刻度图。无论对于注入井还是生产井，哈里伯顿公司在作刻度图都将横轴表示涡轮转速，纵轴表示电缆速度，且规定上提为正，下放为负。利用最小二乘法可得：

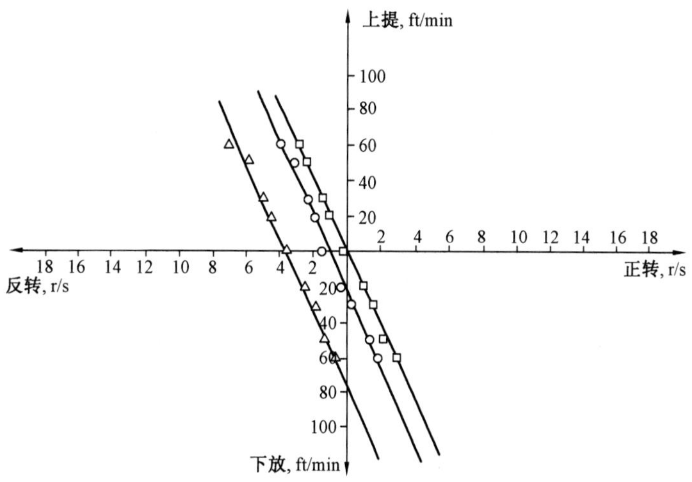

图 7－9　哈里伯顿公司高灵敏度连续流量计在一口注水井中测井资料的刻度图

$$v'_a = \frac{\sum y \sum x^2 - \sum x \sum xy}{n \sum x^2 - (\sum x)^2} \tag{7-6}$$

$$K_1 = \frac{n \sum xy - \sum y \sum x}{n \sum x^2 - (\sum x)^2} \tag{7-7}$$

式中　x——涡轮转速，r/s；

y——测速 v_1；

n——上下测总次数；

v'_a——未经偏差校正的 v_a 值，即刻度曲线在 v_1 轴上的截距。

对于单相流动，涡轮转速与测速的线性相关系数较高。哈里伯顿公司用实验方法给出了单相流动中高灵敏度流量计启动速度计算公式：

$$v_t = 10^{(|K_1|-15.5)/14.5}$$

$$v_a = v'_a + v_t \tag{7-8}$$

由于 v'_a 表示刻度线在纵轴上的截距，因此当正反转数据良好时，混合刻度线将落在正反转刻度的中间（图 7－10），即 $v_a \approx v'_a$，$v_t \approx 0$；当只存在正转点子时，$v'_a \approx \frac{b_d}{K}$，$v_t = v_{t1}$；当只存在反转点子时，$v'_a \approx \frac{b_u}{K'}$。此时，

$$v_a = \frac{b_d}{K} + v_{t1} \tag{7-9}$$

或

$$v_a = -\frac{b_u}{K'} - v_{t1} \tag{7-10}$$

其中，

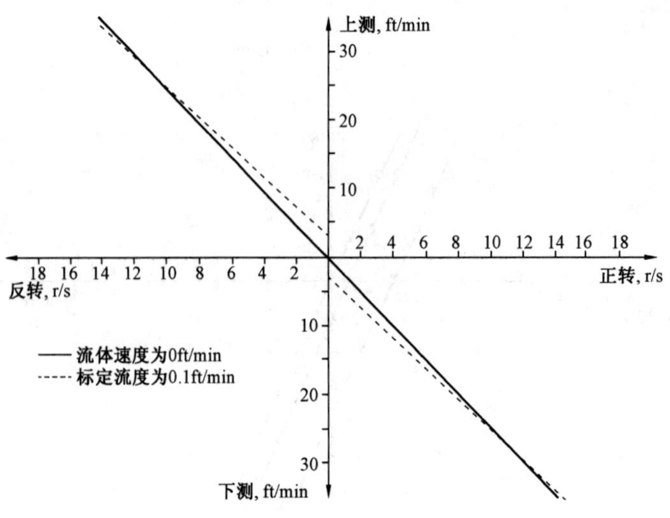

图 7 - 10　高灵敏度连续流量计偏差速度校正图

$$K = \frac{n\sum v_{1i}N_i - \sum v_{1i}\sum N_i}{n\sum v_{1i}^2 - (\sum v_{1i})^2}$$

$$b_d = \frac{\sum v_{1i}(\sum v_{1i}N_i) - (\sum N_i)\sum v_{1i}^2}{(\sum v_{1i})^2 - n\sum v_{1i}^2}$$

式中　n——下测(d)次数或上测(u)次数；

N——涡轮转速，r/s；

K'，b——只存在反转点子时，未经偏差校正的值。

对于多相流动，由于点子的线性相关性差，通常认为 $v_a \approx v'_a$。

(四)两次测量法

斯伦贝谢公司研究了一种用连续流量计两次测量法确定解释层视流体速度的方法。该方法使用上测、下测两条涡轮转速曲线，其中应保证与流动方向相同的测速大于流速(反转)，使这条曲线在零流层重合，重合后曲线的幅度差与流速成正比。这一技术的特点是不受粘度变化的影响，可以校正粘度变化对涡轮转速的贡献。当粘度发生变化时，两条曲线的读数均发生偏移(图 7 - 11)，但偏移量和偏移方向相同。因此，两条曲线之间的幅度差不受粘度的影响，而只体现速度的大小。如果把中心线定义为两条曲线间的中线，则中心线向右偏移表示粘度减小，中心线向左偏移表示粘度增大。

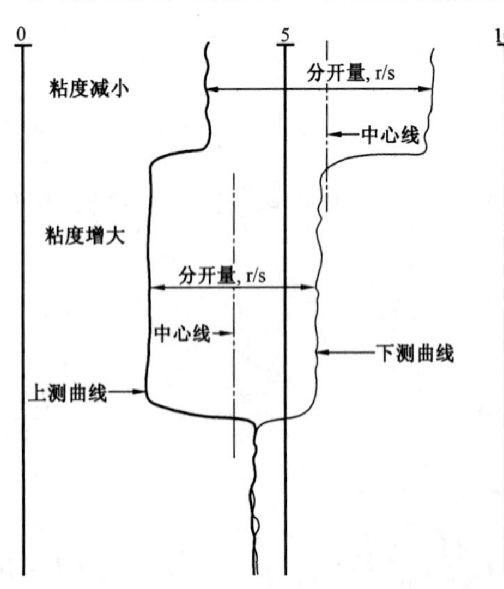

图 7 - 11　两次测量解释方法

用两次测量方法确定视流速的公式为：

$$v_a = \frac{\Delta N}{K_u + K_d} \tag{7-11}$$

式中 K_u,K_d——上测、下测线的斜率,(r/s)/(m/min);

ΔN——下测、上测涡轮转速线平移后的幅度差,r/s。

第三节　集流式流量计测井

连续流量计适用于中高产井,对低产井应采用集流式流量计。这是由于流量低时,流体除了冲击叶片之外,另一部分没有对响应作出贡献。集流式流量计包括封隔(集流)式流量计和伞式膨胀(集流)流量计。

封隔(集流)式流量计测量时,用泵往封隔皮囊中泵入经过滤器过滤了的井筒流体,使封隔器皮囊膨胀后将套管套面封堵,迫使皮囊以下井筒流体全部进入集流通道。

伞式膨胀(集流)流量计使用带有装在金属罩中可膨胀环的橡胶集流装置。仪器下井时金属罩关闭,对集流器起保护作用;金属罩打开时,使仪器居中并使集流器张开。同时,仪器自带的液体由泵压入可膨胀环,使仪器与套管间密封,保证仪器以下井筒流体全部进入集流通道。

国内目前采用的集流式流量计通常在封隔器上开2~4个直径为0.55cm的圆孔,以便提高流量测量范围及降低集流前后的压差,常把这种仪器称为半集流仪器。由于集流式流量计的特点,只能定点测量。

集流式流量计适用于中低产自喷井和抽油机井。抽油机井中,仪器外径为1in,通过油管和套管间的环形空间下入井底。一般情况下,油管外径为2.5in,套管内径为5in,环空的最大直径为2.5in。在自喷井中使用的仪器外径为1.8~1.9in,仪器从油管下入井底,定点的位置在射孔层段上下。

一、测量过程

封隔(集流)式流量计下入油管的目的层段时,通过地面控制,流量计停在预定深度上,打开马达,使集流器张开,将套管封闭。封闭后从地面监测屏看到的计数率明显比集流前高很多,以此可以判断集流器(或集流伞)是否打开或打开程度。集流器打开后,井筒流体集流通过涡轮,然后又回到井筒中。涡轮转速在地面以r/s(转/秒)为单位记录,每次记录时仪器都准确地定位在测量深度上。在单相流中,每次测量典型的记录时间约为1min。在多相流动中,为了取得可靠的涡轮转速平均值,一般需要几分钟。通常,流量计与其他生产测井仪器组成一个仪器串(含水率计、密度计、温度计、压力计、连续流量计、磁定位、自然伽马)进行测量。如果仪器串中的其他仪器需要连续测量,这时集流式流量计应关闭。

伞式膨胀(集流)流量计用金属旋翼代替封隔皮囊。下井时旋翼折叠,仪器能通过油管下入井内;测量时旋翼张开,封隔流道,使井筒流体集流后作用于涡轮并测量涡轮转速。这种流量计承受压差大,不受套管射孔孔眼和套管腐蚀变形影响,因此这种流量计广泛用于高、中、低流量井中测量,并且测点不受套管形状的限制。

集流式流量计在一个点所作的测量是其下面各层对总产量的总贡献。对整个测量点进行处理,可以得到各射孔层的产出量。

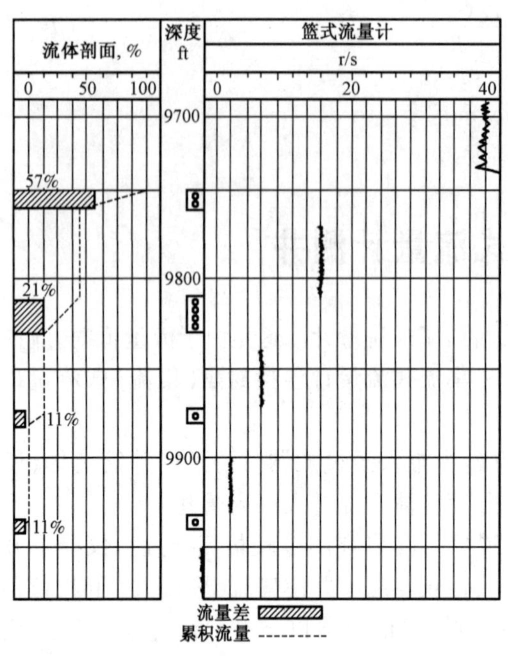

图 7－12　Atlas 公司研制的集流式流量计（篮式流量计）在自喷井的测井结果

图 7－12 是 Atlas 公司研制的集流式流量计（篮式流量计）在自喷井的测量结果。该井的四个射孔井段在图中以圆圈表示，测点位置选在两个射孔层间，转速曲线在测井图的右边。对于每个射孔层，上边的转速值高于下边的转速值，说明每个射孔层对总产量有贡献。利用刻度曲线，每次记录的转速可转换成体积流量（见图中的虚线），表示各测量层流量占总流量的百分数。图中阴影方块显示出相应的射孔层段对产量的贡献百分数。

二、集流式流量计的刻度图版

将集流式流量计测得的转速值（或频率、计数率值）转换成体积流量是由刻度图版完成的。把流量计和其他仪器下入地面模拟井中，改变油气水的流量即可得到集流式流量计的刻度图版。由于不同流量计的结构不同，因此刻度图版也不同，但在形状上相似。

图 7－13 是斯伦贝谢公司生产的集流式流量计在低产油水两相流动中的刻度图版。直线响应为导流式流量计，下部曲线为非导流型。该图版是在内径为 6in 套管内制作的。由图可见，在 0～650bbl/d 的流量范围内，非导流型涡轮呈非线性响应。在同一流量下，含水率越高，转速值越大，这是油水混合粘度及密度影响的结果。

在图版使用时，根据流体粘度由涡轮转速值在纵坐标上找到该点，由该点作水平线与相应规格的仪器和流体粘度曲线相交，交点对应的横坐标值就是该转速对应的流量值。如果解释图版上没有合适的粘度曲线，则可在两条线之间采用内插和外推法进行处理。

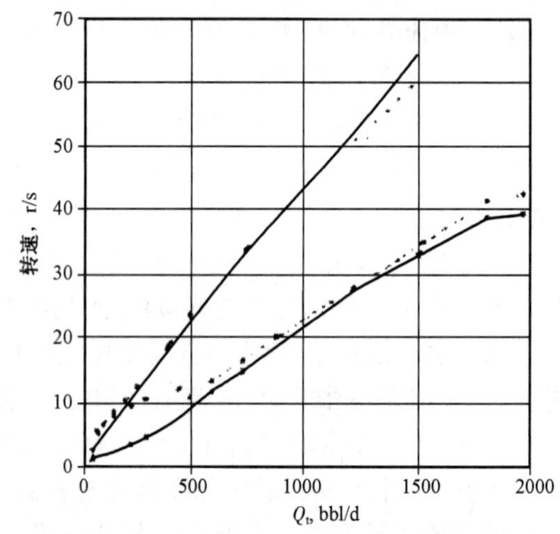

图 7－13　斯伦贝谢公司生产的集流式流量计在低产油水两相流动中的刻度图版

三、资料的应用特点

集流式流量计归纳起来具有以下特点：

第一，测量结果受流体密度和粘度变化的影响较小。通常，粘度对测量影响造成的流量误差是非常小的。当流体粘度从 1cP 变化到 60cP 时，所测流量的误差不大于 15%。

第二，解释结果受流体中轻重相之间速度差异的影响小。原因是封隔器流量计的导流孔道横截面积很小，井筒流体经封隔器流量计的导流装置到达涡轮时，流速已相当高。这样，轻重相流体通过导流道时彼此之间的滑脱速度就变得无足轻重了，此时的流动情况与单相流体的情况相似，也给多相流动测试分析带来极大方便。

封隔器流量计也存在局限性，主要表现在以下方面：一是只能点测，操作不便，工艺复杂；二是因人为封隔井筒流道，这将在一定程度上干扰井内的流体流动形态，同时可能因封隔井筒失灵会造成测井解释结果的严重失真。

涡轮流量计是获取井下流体流动剖面的重要有效手段。根据井的类型和流动条件，可选择适用的仪器进行测量。一般情况下，对注入井采用连续型流量计；自喷井可选连续型流量计也可选集流式流量计；对于抽油井，则需要有特殊的测井设备和测井工艺，采用小直径仪器测量；对于一些重要井，应同时选用连续流量计和封隔式流量计测量以提高解释精度。

第四节　示踪流量计

放射性示踪流量计常简称为示踪流量计，也称为核子流量计，用于测量生产井或注入井的流体速度。示踪流量计广泛用于高、中、低流量的生产井或注入井中，一般在中低流量的注水井中使用，特别是在井筒流量不能使涡轮有效转动的低流量井中效果更佳。在生产井中使用时，流型变化会使分辨率显著下降。尽管这种仪器可以用于测量生产井的流体速度，但由于在测量时要向井筒流体中注入一定量的放射性示踪物质，因而它更多地局限于注入井。

一、示踪流量计的工作原理

放射性示踪剂使用的是锡—铟（$^{113}Sn-^{113}In^{m}$）同位素发生器产生的铟（$^{113}In^{m}$）同位素，半衰期为99.8min，γ辐射强度为0.393MeV（65%）。由于其半衰期短，因此可以大大减小对原油和仪器的污染。示踪流量计测井时，铟同位素示踪剂溶液由喷射器喷出。喷射器有一个体积为20cm^{3}的容器，每次喷射0.5cm^3，一次下井可喷射40次。采用的仪器是斯伦贝谢公司生产的TET型示踪流量计（图7－14），该仪器有三个探头，其中探头3（GR_3）根据流动方向确定，在产出井中流体向上流时，GR_3在喷射孔下面；在注水井中流体向下流时，GR_3在喷射孔之上，它记录的是流体中的自然伽马强度。仪器外径为1.6875in，两个探测器的间距为99in（2.5m）。通过监测峰值间的时间确定流体的流量。

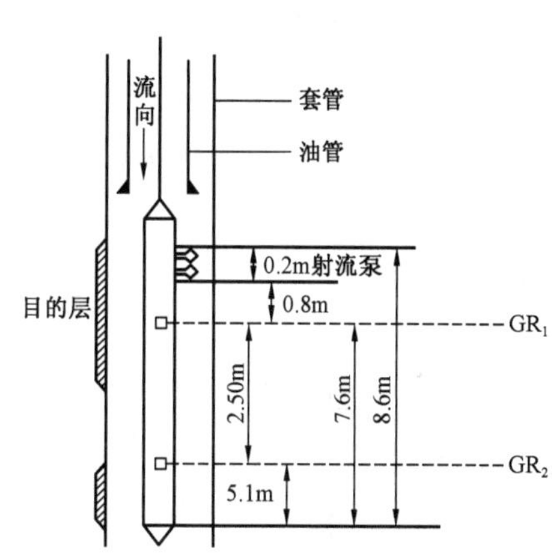

图7－14　TET型示踪流量计测量原理图

示踪流量计除了可以确定井筒内流体的流量之外，也可以用于工程测井中。在压裂过程中，若在支撑剂中添加放射性物质，施工结束后下入伽马射线检测器，可以得到压裂裂缝位置的标记。在固井作业中，在水泥中加入放射性物质，作业后，用探测器测量，可以得到水泥的位置的标记。在井中注入示踪剂，按照时间推移测井可以检查窜槽等。

二、示踪流量计测量方法

放射性示踪流量计是利用标记法测量流体的流速，根据井的流动类型和流量大小采用不同装配结构和测量方式的示踪流量计。放射性示踪流量计由示踪剂喷射器和1～3个伽马探测器组成。示踪剂喷射器的作用是向井内发出放射性示踪剂，使示踪剂在井筒中随流体一起流动。伽马探测器用于记录示踪剂到达探测器位置处的时间。早期使用的示踪流量计为一个喷射器和一个距喷射器一定距离的伽马射线探测器组成，探测器用来探测示踪剂的最初运行时间，用计数器测量从发射到最初探测到示踪剂的时间间隔。由于单探测器仪器不能很好控制示踪剂喷射时间与探测器的探测精度以及放射性本底的影响，极大影响到流体速度的测量精确度。常用的示踪流量计带有两个伽马探测器，这两个探测器记录示踪剂到达这两个探测器位置处的时差 Δt。带有三个探测器的示踪流量计，其中一个探测器在示踪剂喷射器的前方，根据流动方向确定该探测器的位置，用于记录作为基线的自然伽马本底值；另两个探测器记录时差 Δt。图 7 - 15 是放射性示踪流量计有两个伽马探测器的情况。为了保障测量精度，要求仪器居中。

放射性示踪流量计笼统测量井筒的注入剖面和产出剖面。在注入井内测量时，伽马探测器应在喷射器的下部，自下而上从井底到井口测量；相反，在生产井中测量时，伽马探测器是在喷射器的上部，自上而下从井口到井底的测量。为了保证测量效果，防止环境污染，保证生产安全，应尽量选用半衰期短的、扩散速度远小于井内流体流速的同位素作示踪剂。根据井流量大小和仪器组装特性，示踪流量计可进行点测和连续测量。

三、示踪流量计流量计算方法

示踪流量计视井内流体流速的不同有点测和连续测量两种方式。当井内流速较快时通常用点测方式，当井内流速很低时用连续测量方式。示踪流量计在井内测井时，探测器周围流体的流动状态会发生改变。图 7 - 16 是示踪流量计测井时流体流动的速度分布图。

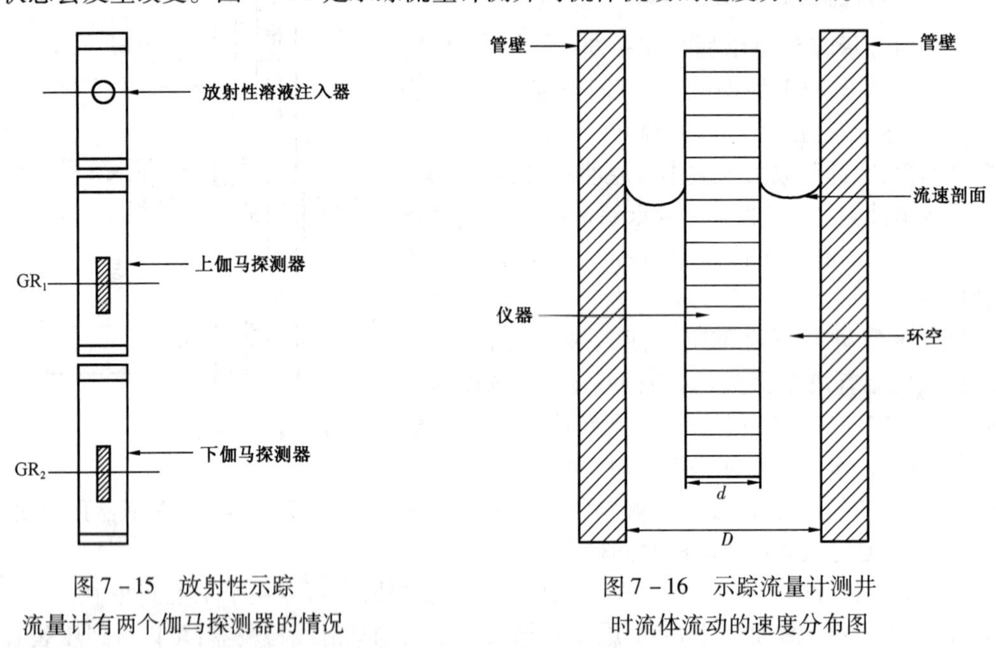

图 7 - 15　放射性示踪流量计有两个伽马探测器的情况

图 7 - 16　示踪流量计测井时流体流动的速度分布图

对于点测方式，通过记录示踪剂到达两个探测器所用的时间 Δt，在已知两个探测器间距 L 的情况下，测点处流体流速为：

$$v = L/\Delta t \tag{7-12}$$

对于连续测量方式，仪器以一定速度 v_t 一边运动一边测量，并依次在各选定的深度点喷射示踪剂，连续记录每个探测器接收的伽马射线强度随井深变化的情况。若仪器速度 v_t 和两个探测器间距 L 已知，只要从记录的曲线上读出每次喷射示踪剂后两个探测器记录到的异常信号的深度间隔 ΔH（米），则 ΔH 中点处的流速为：

$$v = v_t \Delta H/(L + \Delta H) \qquad (上行测量) \tag{7-13}$$

或者

$$v = v_t \Delta H/(L - \Delta H) \qquad (下行测量) \tag{7-14}$$

图 7－17 为上(下)行测量追踪原理，虚线、实线分别为探头 GR_1，GR_2 测量的峰值，L 为两个探头间的距离。

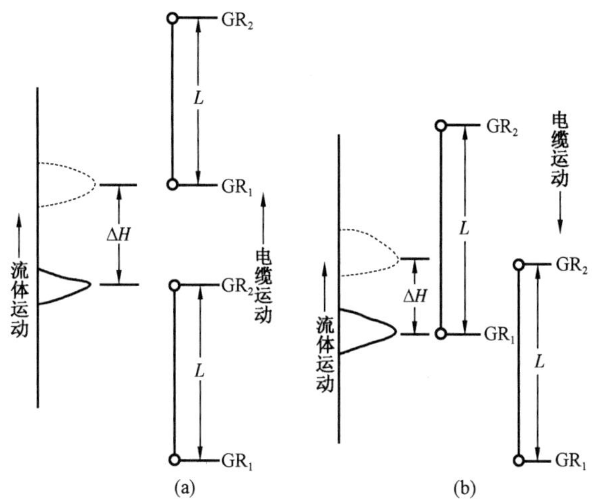

图 7－17　上(下)行测量追踪示意图

(a)上行测量；(b)下行测量

当示踪流量计仪器在井中居中测量时，因井筒流体在套管和仪器之间的环空流动，若已知套管内径 D 和仪器外径 d，则体积流量的计算公式为：

$$Q = \frac{\pi}{4}(D^2 - d^2) v C_v \tag{7-15}$$

式中　C_v——速度剖面校正系数，与 Re 有关。

在式(7－15)中，当 D，d 的单位为 m 时，则 Q 的单位为 m^3/s。显然，这个单位与生产中常用的 m^3/d 不匹配。为应用方便，以 m^3/d 为单位的 Q 可按下式计算：

$$Q = \frac{\pi}{4}(D^2 - d^2) v C_v \times 86400 = 6786 v C_v (D^2 - d^2) \tag{7-16}$$

第五节　电磁流量计

在导电溶液中可以使用电磁流量计开展井筒中流量测井。电磁流量计的测量原理如图 7－18 所示，它是利用电磁感应原理测出导管中的平均流速，并进一步求得液体的体积流量的测井仪器。在均匀磁场中安放一根非磁性材料制成的内径为 d 且在内壁衬有绝缘材料的测量导管，当导电液体在测量导管流动时，这根测量导管将作切割磁力线运动。假设所有液体质点以平均流速 v 运动，且流速在整个测量导管的截面上是均匀的，这样就可以把液体看成许多直径为 d 且连续运动着的薄圆盘结构。薄圆盘等效于长度为 d 的导电体，其切割磁力线的速度相当于 v。由电磁感应原理可知，在液体薄圆盘内将产生连续的感应电动势 E：

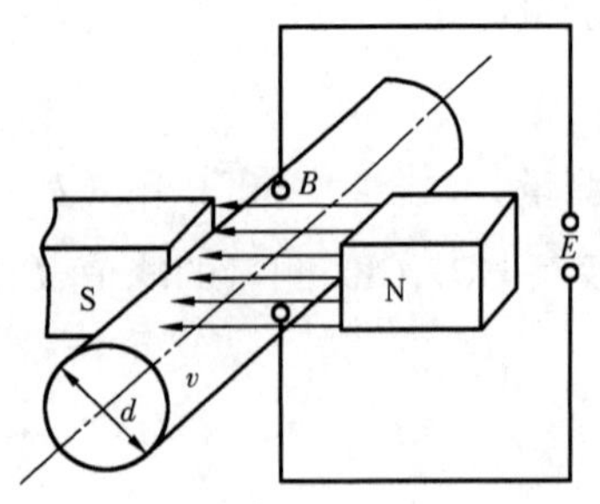

图 7－18　电磁流量计的测量原理图

$$E = Bdv \times 10^{-4} \qquad (7-17)$$

式中　E——感应电动势，V；

d——测量导管直径，cm；

B——磁感应强度，T；

v——被测液体的平均流速，cm/s。

感应电动势 E 可通过位于测量导管直径两端的一对电极输出。E 的方向垂直于液体流向和磁力线方向。

通过导管的流量 q 为：

$$q = vA = \frac{1}{4}\pi d^2 v \qquad (7-18)$$

由式(7－17)可知：

$$v = \frac{E}{Bd} \times 10^4 \qquad (7-19)$$

将式(7－19)代入式(7－18)，得：

$$q = \frac{1}{4}\pi d^2 E/(Bd) \times 10^4 = \frac{\pi dE}{4B} \times 10^4 \qquad (7-20)$$

当磁感应强度 B 保持常数时，被测流体的体积流量 q 与感应电动势 E 成正比，即：

$$q = KE \qquad (7-21)$$

$$K = \frac{\pi d}{4B} \times 10^4 \qquad (7-22)$$

式(7－22)是在均匀直流磁场条件下导出的。由于直流磁场使管道中的导电液体电解，电极极化，所以会影响测量的准确度。因此，通常采用交流磁场工作，交流磁场的磁感应强度 B 表示为：

$$B = B_m \sin\omega t \qquad (7-23)$$

式中　B_m——交流磁场感应强度的最大值；

t——时间；

ω——角速度。

将式(7－23)代入式(7－20)，得：

$$q = \frac{\pi d}{4}\frac{E}{B_m \sin\omega t} \times 10^4 \qquad (7-24)$$

式(7－24)表明，当 d 一定且磁感应强度 B 保持常数时，被测流体的体积流量 q 与两极间的电动势 E 成正比，由此可以得到被测流体的流量。

电磁流量计主要用于测量电导率大于 10^{-2}S/m 的单相流体，因此不适用于气体、蒸汽，可进行双向流动测量。它对仪表前后直管段的要求不高，不受流体的温度、压力、密度、粘度等参数的影响，但被测流体内不应有不均匀的气体和固体，不应有大量的磁性物质。

电磁流量计可以定点测量，也可连续测量，不受粘度和密度的影响，所以，可以在出砂井或注聚合物井中应用。而在这些井中涡轮流量计的涡轮转动会受到不同程度的影响。

第六节　流体持水率计

在生产井中，油、气、水三相混合流体的平均密度和持水率是研究油田开发动态、确定油井改造措施、检查油井改造效果的重要资料。根据这些资料可以计算井筒中油、气、水三相的比例关系，结合体积流量资料还可计算出各产层的分层产油量、分层产气量和分层产水量。下面介绍两种确定持水率的方法——电容法持水率计和放射性低能伽马持水率计。

一、电容法持水率计测井

电容法持水率计测井是测量生产井内流体持水率的一种重要方法，如图 7－19 所示。根据仪器结构的不同，电容法持水率计分为连续型和取样型两种。连续型用于连续测量或点测，取样型只用于点测。在斯仑贝谢公司的仪器中，电容法取样式持水率计组合在封隔器流量计中。

电容法持水率计测井是依据井筒中油、气、水之间介电特性存在显著差异这一特性，把流体介电特性的差异转换成电容量的大小，从而实现对流体成分的区分。不同物质有不同的介电常数，在井筒流体中，油气的相对介电常数 ε_{oi} 为 1～4，而水的相对介电常数 ε_w 为 80～60。因此，井筒混合流体的相对介电常数受油气和水比例变化的影响分布在 1～80 之间。

电容器的结构如图 7－20 所示。它基本上是一个柱状电容器，流过其间的井筒流体就相当于充填的电介质。当油气和水以不同比例混合充填时，电介质的介电常数也不同，从而柱状电容器就有不同的电容量。电容器中心电极的半径为 r，包裹电极的绝缘层半径为 R_1，绝缘材料的相对介电常数为 ε_{r1}；电容器外电极的半径为 R_2，高度为 H，内外电极之间油水混合物的相对介电常数为 ε_{r2}。假设电极均匀，带电量为 Q，则电荷密度为 $\tau = Q/H$，L 为电介质内任一点到轴线的距离，$\boldsymbol{D}$ 为电位移矢量，E 为电场强度，U 为电势差，C 为电容，则柱状电容器的电容量和电位移矢量分别为：

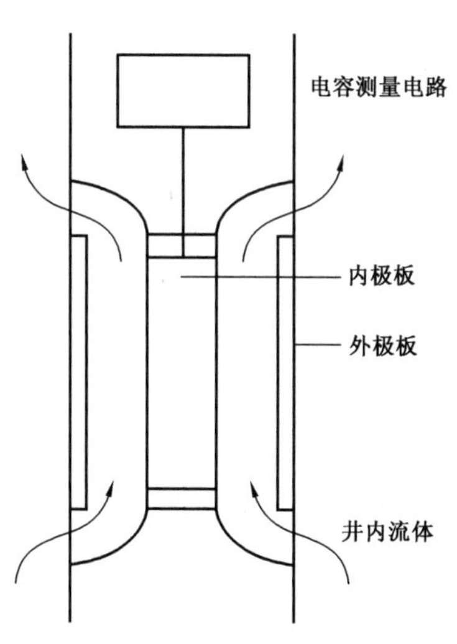

图 7－19　电容法持水率计示意图

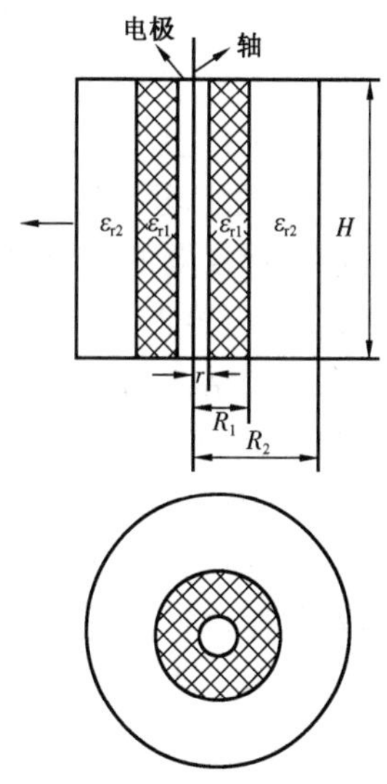

图 7－20　电容器结构示意图

$$C = \frac{Q}{U} \tag{7-25}$$

$$\boldsymbol{D} = \frac{\tau}{2\pi L} \tag{7-26}$$

若绝缘层中的电场强度为 E_1，取样室中的电场强度为 E_2，则根据电场强度的定义有：

$$E_1 = \frac{\boldsymbol{D}}{\varepsilon_0 \varepsilon_{r1}} = \frac{\tau}{2\pi L \varepsilon_0 \varepsilon_{r1}} \quad (r < L < R_1) \tag{7-27}$$

$$E_2 = \frac{\tau}{2\pi L \varepsilon_0 \varepsilon_{r2}} \quad (R_1 < L < R_2) \tag{7-28}$$

内外电极之间的电势差为：

$$u = \int_r^{R_1} E_1 \mathrm{d}L + \int_{R_1}^{R_2} E_2 \mathrm{d}L = \frac{Q}{2\pi \varepsilon_0 H}\left(\frac{1}{\varepsilon_{r1}} \ln \frac{R_1}{r} + \frac{1}{\varepsilon_{r2}} \ln \frac{R_2}{R_1}\right) \tag{7-29}$$

因此，总电容值为：

$$C = \frac{Q}{u} = \frac{2\pi \varepsilon_0 \varepsilon_{r1} \varepsilon_{r2} H}{\varepsilon_{r2} \ln \frac{R_1}{r} + \varepsilon_{r1} \ln \frac{R_2}{R_1}} \tag{7-30}$$

显然，对充满井筒流体的一定结构参数的电容器，根据式(7－30)就能计算出流体的相对介电常数。

井筒流体随流速和持水率的不同，油水之间的混合均匀程度也要表现出一定差异。混合液的等效相对介电常数 ε_{r2} 与持水率和水的相对介电常数 ε_w、油的相对介电常数 ε_{oi} 之间关系为：

$$\varepsilon_{r2}^{\alpha} = Y_w \varepsilon_w^{\alpha} + (1 - Y_w) \varepsilon_{oi}^{\alpha}$$

式中　α——油水混合的均匀系数。

当 $\alpha = 1$ 时，油水按重力分离为层状(电容并联)；当 $\alpha = -1$ 时，油水同轴层状分布(电容串联)；当 $\alpha = 0$ 时，油水均匀混合(乳状流)。

连续型持水率计仪器的有效测量范围是 $Y_w < 60\%$。当 $Y_w > 60\%$ 以后，混合液中的水有可能成为连续相，使得电容器中的电场发生畸变，造成对流体分辨能力的下降。

取样式持水率计结构如图 7－21 所示，其结构仍为一个柱状电容器。仪器中增加了一个上阀和一个下阀，用来控制取样器流体的流入流出。测量时，仪器停留在预定深度上，通过继电器带动上阀和下阀动作实现对流体取样后，保持流体静止一段时间，以便取样器内流体按密度分离，如图 7－22 所示。在记录了仪器的电容量后，继电器重新动作，上下阀打开让新的流体进入取样器对仪器进行清洗。此后，移动仪器到其他位置上继续测量。

令水柱高度为 H_w，油柱高度为 H_o，则水柱部分的电容 C_w 为：

$$C_w = \frac{2\pi \varepsilon_0 \varepsilon_{r1} H_w}{\ln \frac{R_1}{r}} \tag{7-31}$$

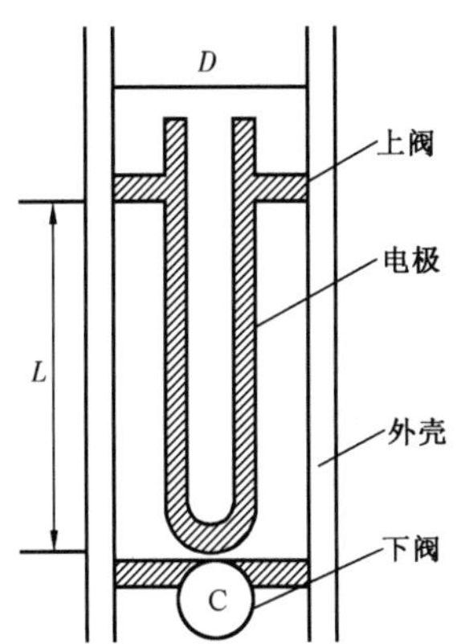
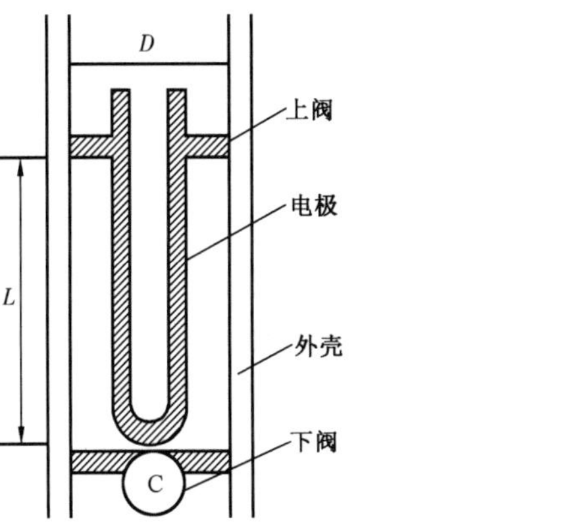

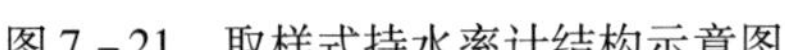

图 7－21　取样式持水率计结构示意图

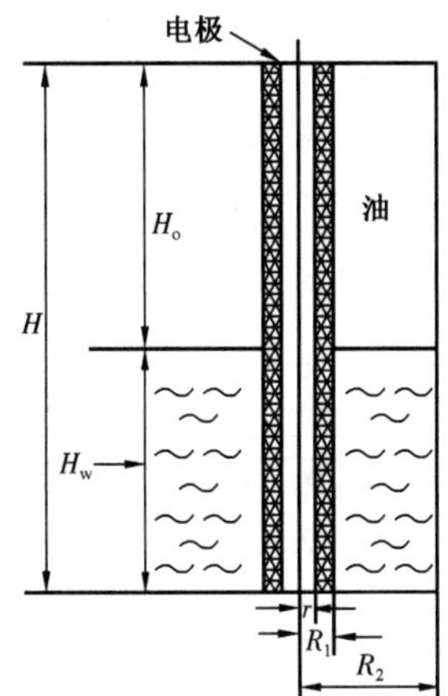

图 7－22　油水按密度分离示意图

油柱部分的电容 C_o 由绝缘层、油柱两部分电容串联而成：

$$C_o = \frac{2\pi\varepsilon_0\varepsilon_{r1}\varepsilon_{oi}H_o}{\varepsilon_{oi}\ln\dfrac{R_1}{r} + \varepsilon_{r1}\ln\dfrac{R_2}{R_1}} \tag{7-32}$$

由于 C_o，C_w 并联，因此，取样室中总的电容值为：

$$C = C_o + C_w \tag{7-33}$$

当取样器中的油和水完全分离时，若水柱高为 H_w，则油柱高为 $H_o = H - H_w$。通过理论计算，取样器的电容量为：

$$C = Y_w B_w + (1 - Y_w)B_o \tag{7-34}$$

其中，$B_w = 2\pi\varepsilon_0\varepsilon_{r1}H/\ln\dfrac{R_1}{r}$，$B_o = 2\pi\varepsilon_0\varepsilon_{r1}\varepsilon_{oi}H/\left(\varepsilon_{oi}\ln\dfrac{R_1}{r} + \varepsilon_{r1}\ln\dfrac{R_2}{R_1}\right)$。

式(7－34)中，B_w 是一个与水的介电常数、H、R_1 和 r 有关的常数，B_o 是一个与水的介电常数、油的介电常数、H、R_1、R_2 和 r 等有关的常数。B_w 和 B_o 对一定仪器可通过实验测定。根据式(7－34)，取样式持水率计测井仪器的电容量与持水率之间近似为线性关系。

取样式持水率计的有效分辨能力通常为 5%～95%。测量时，通过控制系统在地面可以自由同步开关顶盖和底盖。流体通过取样室的同时将顶盖和底盖关闭，流体样品即被密封在取样室中，仪器静止，待油、水在重力作用下完全分离时，进行测量即可。从取样到测量这段时间叫分离时间。前面已提到过，为了使油、水充分分离，应使分离时间足够长。含水率和流量不同，分离时间不同，通常在 15～30min 之间。

二、低能伽马持水率计测井

低能伽马持水率仪器由伽马源、采样道和计数器三部分组成。它是利用低能伽马光子穿过油、气、水混合物时油、水的质量吸收系数不同而进行持水率测量的，结构如图 7－23 所示。由物理学中可知，当伽马射线穿过物质时，将与物质发生光电效应、康普顿散射和电子对应效，伽马射线强度按下式的指数规律衰减：

$$J = J_0 e^{-\mu\rho_f L} \tag{7-35}$$

式中 J_0——伽马射线穿过流体前的强度；

J——伽马射线穿过 L 长度流体后的强度；

L——穿过流体的长度；

μ——流体的质量吸收系数；

ρ_f——流体的密度。

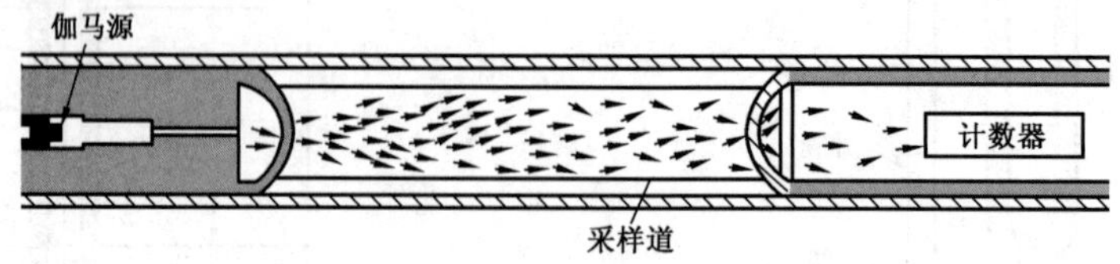

图 7－23 低能伽马持水率仪结构

对于不同的物质，其质量吸收系数 μ（单位为 cm^2/g）随伽马射线能量 E_r 变化的曲线有较大的差别。当 $E_r < 30keV$ 时，伽马射线与物质主要发生光电效应。此时，水、原油或甲烷发生光电效应的质量吸收系数有明显的差别，在测量过程中利用这一差别就能有效区分开碳和氧，因而也就能将水和油气区分开。

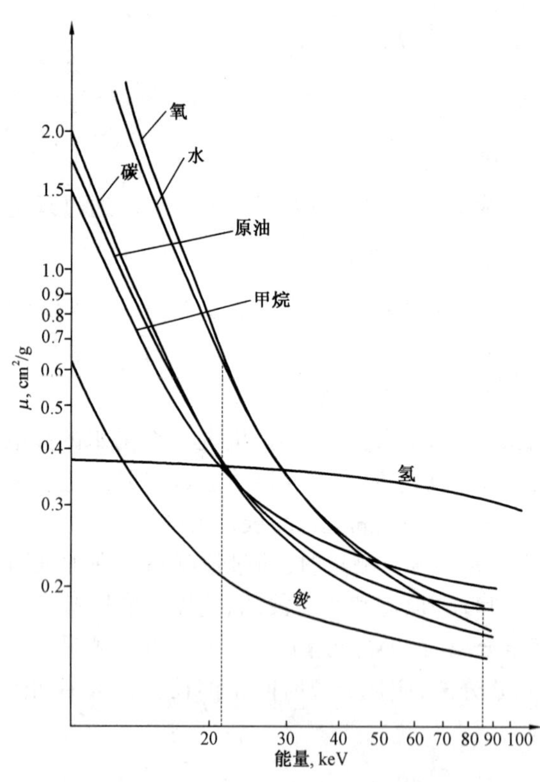

图 7－24 不同物质的质量吸收系数与伽马射线能量的关系图

质量吸收系数 μ 与伽马射线的能量和物质的种类有密切关系，质量吸收系数 μ 越大，到达探测器的射线强度就越低。图 7－24 给出了不同物质的质量吸收系数与伽马射线能量的关系图，从图上可以看出，水、原油或甲烷的质量吸收系数有明显的差别，低能伽马持水率计就是利用这一差异来测量油、水的持率。图上显示，当伽马射线的能量小于 30keV 时，伽马光子穿过物质时主要与物质发生光电效应而被吸收。光电吸收系数随吸收介质的原子序数 Z 的增大而急剧增大。油和气是碳氢化合物，水是氢氧化合物，它们的差别是碳和氧的差别，碳和氧的原子序数分别为 6 和 8。对碳和氧来说，一个光子与一个原子的绕核电子产生光电效应的概率之比约为 0.266，这就是说，伽马光子与一个氧原子的光电吸收系数要比一个碳原子大得多。当油、水混合时，混合流体的质量吸收系数 μ 是它所含物质各元素质量吸收系的综合反映。设混合流体由油、气和水三部分组成，其持水率为 Y_w，含油饱和度为 S_o，在已知油、气和水的质量吸收系数 μ_o，μ_g 和 μ_w 的情况下，混合流体的质量吸收系数 μ 为：

$$\mu = Y_w\mu_w + (1 - Y_w)S_o\mu_o + (1 - Y_w)(1 - S_o)\mu_g \tag{7-36}$$

如果μ_o和μ_g与μ_w相差很大，则Y_w有微小变化都会引起μ明显变化，所以要选择使油气和水差别大的伽马射线能量。从图7－24可以看出，只要伽马射线的能量小30keV就能满足这一要求。由式（7－35）和式（7－36）可得：

$$J = J_0 e^{-\mu\rho_f L} = J_0 e^{-[Y_w\mu_w+(1-Y_w)S_o\mu_o+(1-Y_w)(1-S_o)\mu_g]\rho_f L} \tag{7-37}$$

考虑到仪器中源释放的伽马射线能量为22keV，在此能量下$\mu_g=\mu_o$，所以有：

$$J = J_0 e^{-[Y_w\mu_w+(1-Y_w)\mu_o]\rho_f L} \tag{7-38}$$

对式（7－38）两边取对数，并整理得：

$$Y_w = \frac{\lg J_0 - \lg J - \mu_w\rho_f L}{(\mu_o - \mu_w)\rho_f L} \tag{7-39}$$

若已知J_0，μ_w，μ_o，L，ρ_f等参数，根据式（7－39）就可由测得的J计算出混合流体的持水率。

放射性低能伽马持水率计选用^{109}Cd作为源，半衰期为470d。这种放射性同位素源同时放出低能的22.2keV和高能的88keV两种伽马射线。在$E_r=22.2keV$时，水的质量吸收系数为0.563cm^2/g，油气的质量吸收系数为0.327cm^2/g，利用22.2keV的低能伽马射线进行持水率测量。

此外，在国内外油田还使用微波持水率计和电导持水率计。微波持水率计的基本结构也类似于一个电容器，只是在测量过程中使用高频（30～300MHz）电流，目的是为了消除地层水导电（矿化度）对测量结果的影响。电导持水率计是利用油、水电导率的差别测量井筒持水率的，仪器的基本结构是同轴放置的两个线圈（双线圈系），其工作频率大于100MHz。电导持水率计在俄罗斯应用较多。

第七节　流体密度计

在生产井中的流体主要是油、气和水，这三种流体在密度上有较大的差别。流体密度测量就是用密度计测量井内流体密度，通过密度测量达到区分产液剖面性质的目的。目前，在生产测井中常用的密度计有伽马密度计和压差密度计两种。伽马密度计原理与地层密度原理相同，而压差密度计是利用压力梯度来反映流体的密度。密度资料与持水率资料综合起来用于识别流体类型，求解分层产量和产层各相流体的比例等。

一、伽马密度计测井

伽马密度计的结构与低能伽马持水率计的结构完全相同，测量原理也大体相同，都是利用物质对伽马射线有吸收作用这一原理。两者的主要区别是，伽马持水率计利用低能伽马射线对碳元素和氧元素的质量吸收系数差别较大这一特性，而伽马密度计则是利用高能伽马射线对碳元素和氧元素的质量吸收系数差别较小这一特性。由图7－24可知，当伽马射线能量大于60keV时，原油、甲烷和水质量吸收系数几乎趋于同一数值，即μ_o，μ_g，μ_w相等，在数值上为0.152cm^2/g。设源强为J_0，源与探测器间的距离为L，流体的质量吸收系数为μ，流体的密度为ρ_f，则根据伽马射线与物质作用时对伽马射线产生吸收的原理，穿过L距离到达探测器的伽马射线强度J应满足式（7－35），即：

$$J = J_0 e^{-\mu\rho_f L}$$

当伽马射线能量大于60keV后，井筒混合液流体的μ近似为一常数。利用上式，通过测量J的大小就能计算出流体密值ρ_f：

$$\rho_f = \frac{\lg J_0 - \lg J}{\mu L} \tag{7-40}$$

在生产中，伽马密度计测井使用的一种源是镉（^{109}Cd）。镉衰变时除放出用于测量持水率的22.2keV的伽马射线外，还放出88keV能量的伽马射线。利用88keV能量的伽马射线进行流体密度测量，仪器经适当刻度后就可输出一条流体密度曲线。伽马密度计测井使用的另一种源是^{137}Cs，^{137}Cs的半衰期为33a，伽马射线强度稳定，所放出的伽马射线为一单色射线，能量为0.661MeV。因此，这种源具有半衰期长、能量适中和射线强度稳定不变的特点。

二、压差密度计测井

目前常用的压差密度计是斯伦贝谢公司的GMS－B型压差密度计。仪器的动态测量范围为0～1.6g/cm^3，重复误差为0.005g/cm^3，测量精度为±4%。压差密度计的结构如图7－25所示。

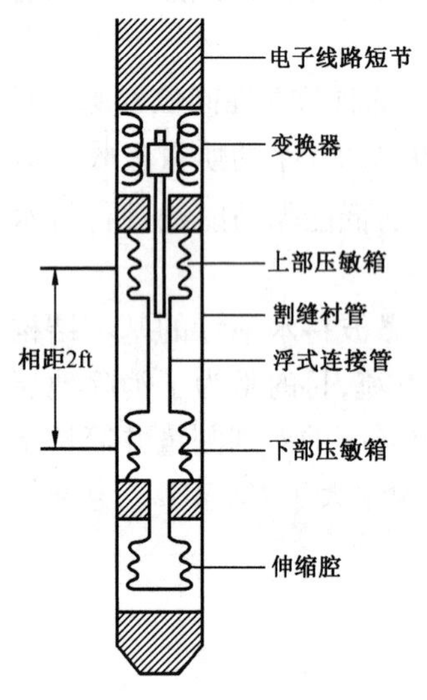

图7－25　压差密度计的结构

这种仪器的主要部分是上下压敏箱和伸缩腔，上下压敏箱和伸缩腔内充满密度为ρ_o的煤油。上部压敏箱和下部压敏箱是两个压敏元件，用来测量井筒内流体液柱上固定距离两点的压力差。两个压敏箱的距离为2ft。当仪器竖直在空气中时，调整记录仪指针到零位；当仪器置于纯的淡水中时，记录仪指针应调到读数为1.0g/cm^3。这一过程称为仪器刻度。当整个仪器放入密度为ρ_f的流体内测量时，流体便对压敏箱产生一个作用力，使浮动连管及与其相连的磁性插棒一起移动，从而使换能器的线圈内输出一个同井内流体密度ρ_f有关的信号。

在静液柱中，压差与流体密度ρ_f的关系式为：

$$\Delta p = \rho_f \cdot g \cdot \Delta h = \rho_f \cdot g \cdot L \cdot \cos\theta \tag{7-41}$$

式中　g——重力加速度；

L——上下压敏箱的距离；

Δh——上下压敏箱之间的垂直高度；

θ——井斜角。

在垂直井内，流动流体的压力梯度表达式为：

$$\frac{dp}{dz} = \rho_f g + \frac{f\rho_f}{2}\frac{v^2}{\Delta h} + \frac{\rho_f v dv}{dz} \tag{7-42}$$

式中　v——流体的平均速度；

f——摩阻系数。

如果用文字表述式(7－42)，其各项含义为：

$$总压力梯度 = 重力梯度 + 摩阻梯度 + 动力梯度$$

动力梯度项一般情况下很小，可以忽略不计。其原因是上下压敏箱之间的距离较小（2ft），以至于上下压敏箱之间速度变化很小。摩阻梯度项是指流体和管壁以及仪器外表之间摩擦引起的压力损耗，并包括了流体的粘滞影响。实验测试结果表明，该项在大多数情况下摩擦梯度也可以忽略。鉴于上述分析，当流速小于60m/min时，就可以认为压差密度计测量结果与静压力梯度有关，并且反映了流体密度的大小。为了便于资料的应用，实测时压力梯度用密度刻度，单位是g/cm^3。

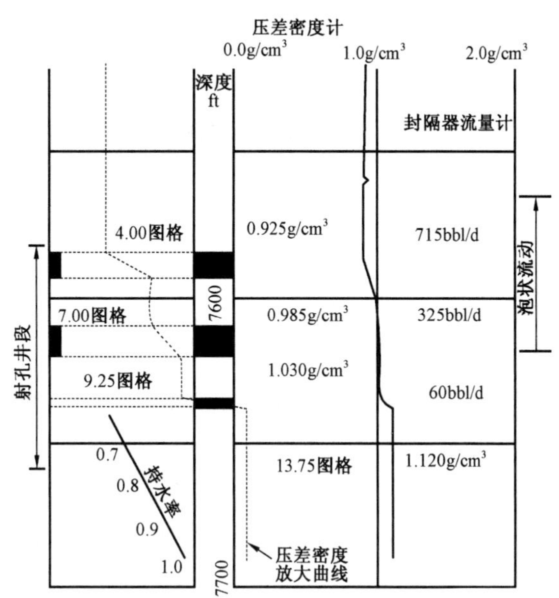

图7-26　产液井中的封隔器流量计与压差密度计测井曲线

压差密度计测井曲线通常以两种形式给出，如图7-26所示。右侧实线是以g/cm^3刻度的压差密度曲线，曲线幅度代表各井段内的流体密度；左侧虚线是没有刻度的放大流体密度线，每个测井图格表示$0.2g/cm^3$，其灵敏度是实线的5倍。根据曲线幅度就可以读出各井段的流体密度读数ρ_{Gr}。

需要指出的是，压差密度读数ρ_{Gr}不单是流体密度ρ_f的函数，同时还与流体速度、摩擦损耗等因素有关，其完整关系式为：

$$\rho_{Gr} = \rho_f(1.0 + K + F) \tag{7-43}$$

式中　K——速度项系数；

F——摩阻项系数；

ρ_{Gr}——视密度。

一般情况下，K很小，不会引起曲线的局部异常变化，可以忽略。但是，当仪器上部与下部的流速明显不同时，K就不能忽略了。一般在仪器从套管进入油管的地方在测量曲线上就会出现明显异常，如图7-26所示。其原因是仪器上部油管内的流速显著大于下部套管内的流速，所以造成上升尖峰。反之，则会造成一个下降异常。在流体从地层进入井筒的地方也会出现这种现象。至于F系数，它总是造成压差密度计读数增加，大小与流体流量有关。一般在流量小于$300m^3/d$时，F可以忽略。

在井斜很大的情况下，压差密度计测井读数必须用下面公式进行校正：

$$\rho_f = \frac{\rho_{Gr}}{\cos\theta} \tag{7-44}$$

在生产井油、水两相流动的情况下，压差密度计测井读数经校正后给出了井内混合液流体密度ρ_f。如果已知井筒流体中油的密度为ρ_{owf}，水的密度为ρ_{wwf}，则可根据压差密度测井计算的ρ_f确定井筒流体的持水率，即：

$$\rho_f = Y_w \rho_{wwf} + (1 - Y_w)\rho_{owf}$$

$$Y_w = \frac{\rho_f - \rho_{owf}}{\rho_{wwf} - \rho_{owf}} \quad (7-45)$$

第八节　产出剖面综合解释

生产测井作为测井学科的一个分支，是近年来为适应油田开发的需要而发展建立起来的。它涉及的范围很广，其解释方法也与探井中裸眼井常规测井资料的解释方法不同，所求参数也有很大差异。本节介绍地层流体在垂直井筒中的流动特征，主要内容包括井筒流体的流速、流量、持水率、密度等资料的测量，并介绍根据这些资料如何对产层状态作出正确的解释。

一、井筒流体在垂直管中的流动特征

生产测井所遇到的井内流动系统不外乎单相流动、两相流动和三相流动三种。单相流动系统是指井内只有一种流体在井内流动的系统，如注入井、纯油或纯气的生产井。两相流动系统是指井内有两种流体如油气、油水或气水在井内流动的系统。三相流动的系统是指油、气、水同时在井内流动的系统。需要注意的是，虽然在地面见不到井里出水，但由于完井等过程中还残存有部分水于井底，所以，在井底附近可能会是多相流动。

井筒流体的流动特性是按单相流动和多相流动来处理的。在多相流动中，由于油、气、水三相流动的特征比较复杂，通常只重点讨论单相流动和两相流动的情况。

（一）单相流动

在单相流动中，流体的流型按其流动状态分为层流和紊流两种。层流是指一种顺滑流动，这种流动可把流体看成是由无限多个以井轴为轴心的圆筒状“水膜”组成，并且每个“水膜”以某一均匀速度沿井轴方向流动。各“水膜”的速度决定于它的空间位置，从井轴到井壁其流动速度由 $v_{max} \to 0$，其空间分布为抛物面，如图 7－27（a）所示。紊流则是一个杂乱的、无规则的、高速涡流（局部回旋液流）群组成的流体流动系统，它的流速剖面是较平坦的剖面，如图 7－27（b）所示。应当指出，在紊流情况下，贴井壁的流体薄层也是静止的。

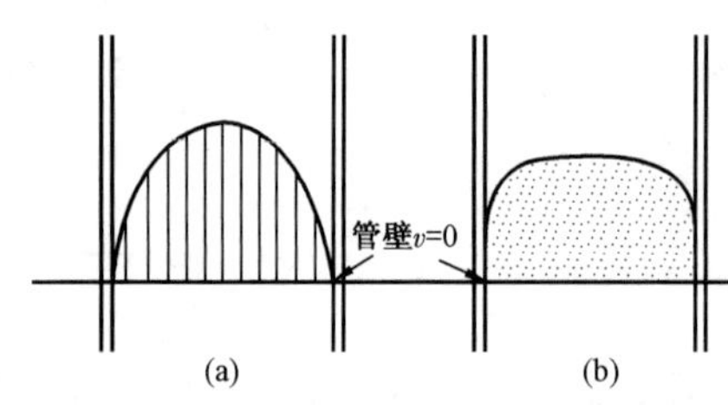

图 7－27　单相流动流型示意图

（a）层流；（b）紊流

单相流体流型的描述可使用雷诺数（Reynolds）来表征。雷诺数（Re）定义为：

$$Re = \frac{\rho \bar{v} d}{\mu} \quad (7-46)$$

式中　ρ——流体密度；

μ——流体粘度；

d——井筒内径；

$\bar{v}$——流体的平均速度。

当 $Re \leqslant 2000$ 时，不会发生紊流；当 $Re \geqslant 4000$ 时，流体完全处于紊流状态；当 $2000 < Re < 4000$ 时，流体的流型取决于流体受到的干扰程度，若流体受到严重干扰，则可能呈现紊流。由此可见，井内流体流动类型与流体的流动状态有密切关系。

（二）两相流动

生产测井中还可能遇到油、气、水在垂直管中同时向上的流动情况，由于油、气、水三相流动时的流型极为复杂，下面只考虑两相（油气、油水和气水）流体的流动情况。

在两相流动中，流体的基本流型分为泡状流动、段塞流动、沫状流动和雾状流动四种类型。流体形成的各种流型是可以互相转化的，这种转化取决于多种参数，其中最主要的是每相流体的体积流量和沿流程的压力梯度变化。下面就来说明各种流型的含义和形成条件，参见图7－28。

对于气液两相流动的流体，流型大致分为以下几种。

（1）泡状流动：在有溶解气的产油井中，随着原油在井中上升和液柱压力不断下降，当压力低于泡点压力时，气体从原油中析出并开始两相流动。由于油和气的密度差异大以及油的粘度的影响，形成的气泡较均匀地分散在油中，并以比油高的速度上升，如图7－28左侧所示。

（2）段塞流动：随着流体的上升，所受液柱压力逐渐下降，气泡膨胀。膨胀的大气泡上升速度更快，在上升过程中气泡碰撞合并成更大的气泡，或者合并成与套管内径大小相差不多的气块沿井筒上升，如图7－28左下方所示。

（3）沫状流动：随着流体沿井筒上升，压力进一步下降，因而流体中的流动气体比例增加，气泡连成一体所形成的气块在井筒中央以更快的速度上升。此时，尽管大部分原来连续流动的原油沿着井壁上升，但上升的气体中仍携带着一些油滴一起上升。这种油滴分布在气块中一起上升的流动叫沫状流动，如图7－28中上方所示。

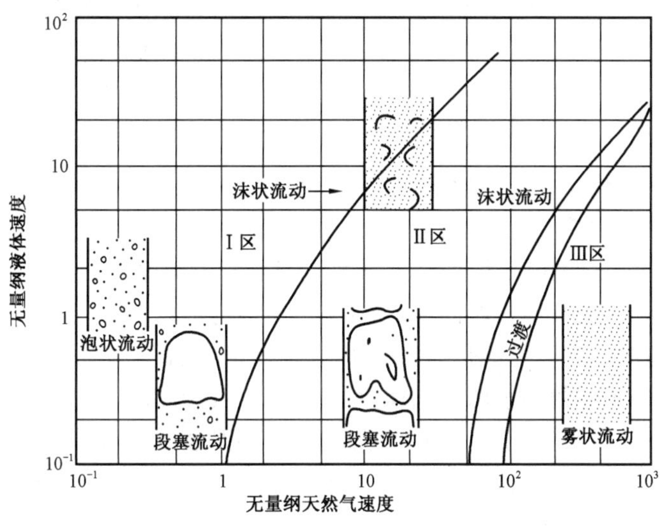

图7－28　各种流型流体结构说明

（4）雾状流动：当流体再上升，受到的压力更进一步下降时，气块更大，并且气体流速更高，因此气体流量明显增加。此时贴在井壁流动的原油变得更薄，大部分原油已变成细小油滴均匀分布在气体中沿井筒上升，这时两相流动的速度基本上相同。这种流型称为雾状流动，如图7－28右侧所示。

对于液液（油水）两相流动的流体，流型大致分为以下几种。

当流压高于泡点压力（饱和压力）时，井下呈油水两相流动，与气水或油气两相流动相比，油与水的流体性质更为接近，流型、流速分布也有所不同。根据Govier等人对油水两相流动流型的研究成果，将流型分为泡状流动、段塞流动、泡沫流动和雾状流动（乳状流动）。泡状流动中，水为连续相，油以泡状向上流动，油泡的大小与油的含量相关；在段塞流动中，水仍为连续相，油泡相连形成更大泡体向上运动；在泡沫流动中，油水呈互溶状，两相均为连续相，时而间断；在雾状流动（有的资料称作乳状流动）中，油为连续相，水呈泡滴状与油一起共同上升，此时滑脱速度近似为零。

二、流体的持水率与滑脱速度之间的关系

什么是滑脱速度？在两相流动的流体中，由于重相和轻相的密度及粘度不同，其流速是不同的，轻相流速大于重相流速。轻相流速与重相流速之差即为滑脱速度，滑脱速度有时又被称为滑动速度，其表达式为：

$$v_s = v_L - v_H \qquad (7-47)$$

式中 v_s——滑脱速度；

v_L——轻相的流速；

v_H——重相的流速。

在井筒混合液流体中，流体的滑脱速度 v_s 除了与流体密度有关外，还与持水率有关。图 7－29 是流体的滑脱速度与流体密度之差和持水率的关系图版。

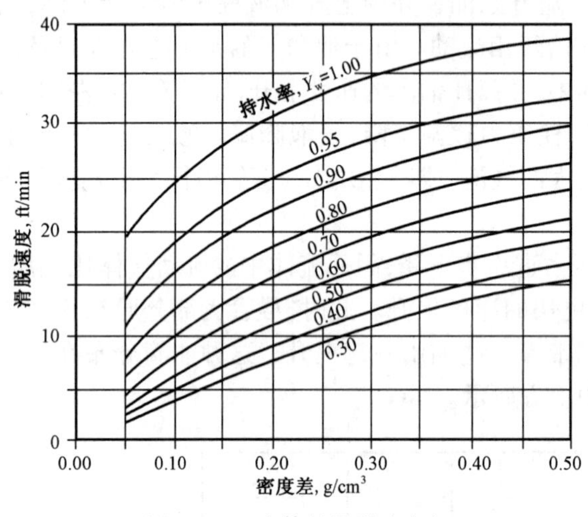

图 7－29 流体的滑脱速度与流体密度差和持水率的关系图版

三、流型判断

要判断流管的流动状态是油水两相流动还是油气水三相流动，主要是看流动压力是否大于泡点压力。在一口井中，通常可能是两相流动或者三相流动。对于地面产油气水的井，如果井下流动压力大于泡点压力，则井下为油水两相流动；反之，井下呈油气水三相流动。井中若目的层段压力变化较大，则可能在下部为油水两相流动，而在上部为油气水三相流动。若井口产气水，则井下就只可能是气水两相流动。若井口只产油水，则井下只可能为油水两相流动。若井口产油和气，则可能由于静水柱的存在，井下可能是油水两相流动，或者为油气水三相流动。若井口只产油，则井下通常为存在静水柱的油水两相流动；对于井口产气和水的气井，井下通常为气水两相流动，有的井会出现下部产水、上部产气的流动情况，可以从密度曲线中识别是否为这一流动现象；若气井的井口只产气，由于存在静水柱，井下一般为气水两相流动；若井口只产水，由于水的密度比油和气的密度大，所以井下只可能是单相水流动。

由上述分析可知，井下是单相流动、两相流动还是三相流动，要根据井口产出流体性质、泡点压力和密度等测井资料综合分析确定。

生产井中常见的流动是油水、气水及油气水三相流动。对于油水两相流动，用测井资料判断其流型的主要方法是用持水率资料：

$Y_w \geqslant 0.4$ 泡状流动

$Y_w = 0.25 \sim 0.4$ 段塞流动

$Y_w < 0.25$ 乳状流动（雾状流动）

泡状流动中油水存在滑脱速度，水为连续相；乳状流动中，油为连续相，水为分散相，滑脱速度为零，持水率与含水率相等。实际应用时，可把 $Y_w = 0.3$ 作为泡状与乳状流动的边界。段塞流动不太明显（图 7－30）。

对于气水两相流动，用测井资料判断流型的方法主要是利用持气率资料：

$Y_g < 0.25$　　泡状流动

$Y_g = 0.25 \sim 0.85$　　段塞流动

$Y_g > 0.85$　　沫状流动

对于气水两相流动，也可以用密度测井资料判断流型：

$\rho_m \geqslant 0.692 g/cm^3$　　泡状流动

$\rho_m = 0.692 \sim 0.507 g/cm^3$　　段塞流动

$\rho_m < 0.5074 g/cm^3$　　沫状流动

气液两相的各流型流动形态如图 7－31 所示。气的流量发生变化后，流型从泡状流动逐步过渡到雾状流动。实际应用中，可采用全流量层的气液流量判断气水井全流量层的流型，对 ROS 方程取 $\rho_w = 1 g/cm^3$，$\delta = 30 dyn/cm$，$D = 15 cm$，得：

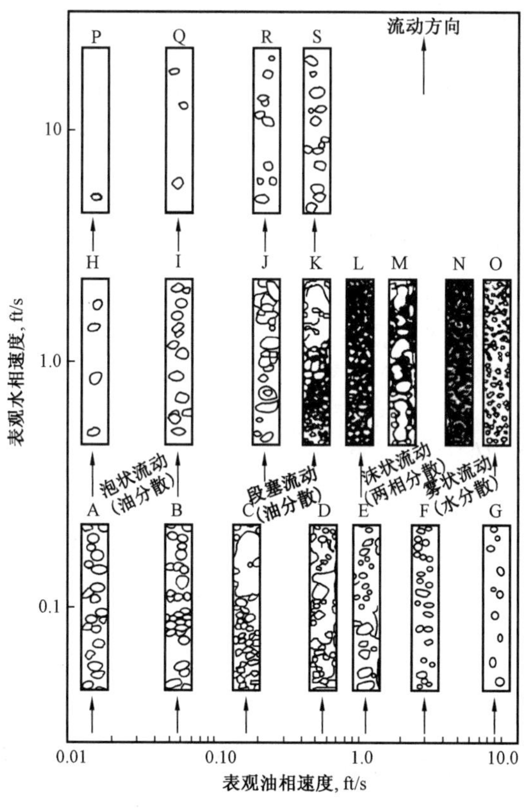

图 7－30　油水两相流动情况

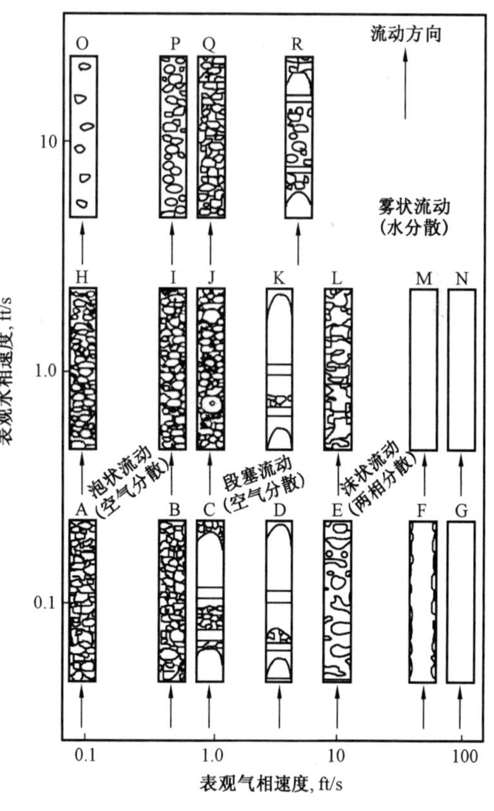

图 7－31　气液两相的各流型流动形态

$$Q_g \leqslant 202 + 0.175Q_w \qquad \text{泡状流动}$$

$$Q_g \leqslant 9938 + 5.7Q_w \qquad \text{段塞流动}$$

$$Q_g \geqslant 14708 + 23Q_w \qquad \text{雾状流动}$$

式中 Q_g,Q_w 的单位为 m^3/d。当计算结果介于段塞流和雾状流之间时,为过渡状流动。

对于油气水三相流动,惯用的方法是把油水看作液相,用类似于气水两相流动的方法判断。

四、产层产液量的计算

(一)气液两相流动

两相流动包括气水、油气两种,通常称为气液两相流动。对于油气水三相流动,也可忽略油水间的差异而将其作为气液两相流动。

气举井及绝大多数自喷井中的流动都可归为气液两相流动。液流中增加了气相之后,其流动型态(流型或流态)与单相垂直管流有很大差别,流动过程中的能量供给和消耗要复杂得多。油在上升过程中,从油中不断分离出的溶解气参与膨胀和举升液体。一些溶解气驱油藏的自喷井流压很低,主要靠气体膨胀维持自喷。气举井则主要是依靠从地面供给的高压气举升液体。

产出剖面解释中,可用油、气、水体积系数将井口参量转换为井下全流量层的流量和流速,判断全流量层的流型。一般各解释层的流型均不比全流量层的更为剧烈,即若全流量层的流型为泡状流动,那么其他各层也应为泡状流动;若为段塞流动,其他各层只能是段塞流动或泡状流动。此时,利用持气率资料和上面给出的密度边界可具体确定流型。按照从井口向井底换算的方法,其步骤为:

(1)计算井下流量:

$$Q_o = B_o Q'_o, Q_w = B_w Q'_w, Q_g = B_g Q'_g$$

$$Q'_g = Q'_o\left(R_p - R_s - \frac{R_{sw}Q'_w}{Q'_o}\right) \tag{7-48}$$

(2)计算各相表观速度:

$$v_{so} = \frac{Q_o}{A}, v_{sw} = \frac{Q_w}{A}$$

$$v_{sg} = \frac{Q_g}{A}, v_{sl} = v_{so} + v_{sw}$$

(3)利用 PVT 物性资料计算得出 δ,ρ_l,ρ_g 等参数。

(4)判断全流量层的流型。

在以上各式中,B_o,B_w,B_g 分别为油、水、气的体积系数;v_{so},v_{sg},v_{sw} 分别为油、气、水的表观速度;Q'_o,Q'_w 分别为油、水的地面产量;R_p,R_s,R_{sw} 分别为生产气油比、溶解气油比和溶解气水比;Q_o,Q_g,Q_w 分别为油、气、水的井下流量(全流量层)。

利用持气率也可判断流型的具体类型。从上述分析可知,从泡状流动向雾状流动过渡的过程,实际上是气量增大的过程,即为持气率 Y_g 不断增加的过程。已经证明:弹状流动的 Y_g <

0.1，泡状流动的 $Y_g<0.25\sim0.3$，段塞流动的 $Y_g\geqslant0.25\sim0.3$。

（二）油水两相流动

流压高于泡点压力（饱和压力）时，井下呈油水两相流动。与气水或油气两相流动相比，油与水的流体性质更为接近，流型、流速分布也有所不同。

1. 流型及边界划分

Govier 等人将油水两相流型分为泡状流动、段塞流动、泡沫流动和雾状流动（乳状流动）。在泡状流动中，水为连续相，油以泡状向上流动，泡的大小与油的含量相关。在段塞流动中，水仍为连续相，油泡相连形成更大泡体向上运动，油水呈互溶状，两相均为连续相，时而间断。雾状流动也叫乳状流动，油为连续相，水呈泡滴状和油共同上升，此时滑脱速度近似为零。若含水率升高，从泡状流动向段塞流动进行转变要求油的流量会更高。我国已开发油田生产井的特点是含水率高、产量低，因此，绝大多数井井下为泡状流动，油包水的雾状低含水流动很少见。通常情况下，从泡状流动过渡到段塞流动的近似关系为：

$$v_{sw} < 10^{1.354(\lg v_{so}+2)-2} \tag{7-49}$$

许多研究者在研究油水两相流动时，通常将其流型分为两类，一类是将段塞流动和泡状流动合并，统称为泡状流；另一类是乳状流动。前者水为连续相，后者油为连续相。研究表明，持水率在 0.25～0.3 之间时，将发生由泡状流动向乳状流动的转变，即：

$$\begin{cases} Y_w \leqslant 0.25 & \text{乳状流动} \\ Y_w = 0.25 \sim 0.3 & \text{段塞流动} \\ Y_w > 0.3 & \text{泡状流动} \end{cases} \tag{7-50}$$

Hasan 给出的泡状流到段塞流的转换边界是：

$$v_{so} > 0.43v_{sw} + 0.2v_t \tag{7-51}$$

$$v_t = 1.53\left[\frac{g\delta(\rho_w-\rho_o)}{\rho_w^2}\right]^{0.25}$$

生产测井解释时，除全流量层之外，其他各层的 v_{so}，v_{sw} 均为待求结果。因此通常用式（7－50）的持水率资料判断解释层的流型。式（7－50）是流型从油连续向水连续的过渡边界，严格来讲，应是从段塞流动向乳状流动的过渡。对于小油泡向大油泡段塞的过渡边界，Hasan 给出以下判别公式：

$$\begin{cases} Y_w \leqslant 0.7 \sim 0.75 & \text{段塞流动} \\ Y_w > 0.7 \sim 0.75 & \text{泡状流动} \end{cases} \tag{7-52}$$

泡状流动与段塞流动的流动规律相似，多数研究者将其归为同类处理，生产测井解释就采用这样的处理方法，即若 $Y_w>0.25\sim0.3$ 就认为是泡状流动。

2. 油水相速度确定

用于油水各相表观速度计算的模型主要分两种，一种是滑脱速度模型；另一种是漂流模型。

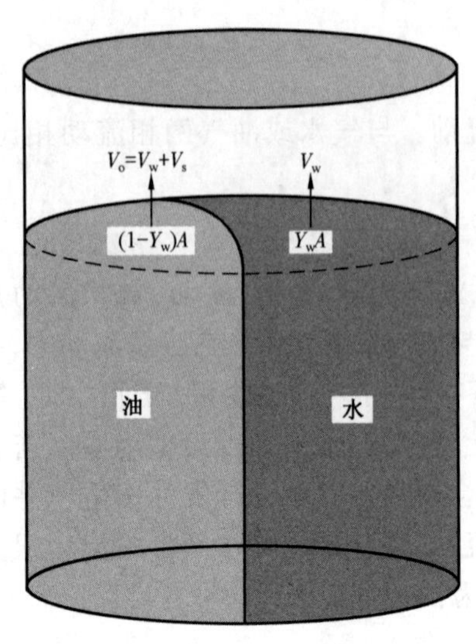

图 7－32　滑脱速度模型的流动示意图

1）滑脱速度模型

滑脱速度模型的流动示意图如图 7－32 所示。将油水看做是各自分开的流动，油水间的滑脱速度为 v_s。若水的流速是 v_w，则油的流速 v_o 为：

$$v_o = v_s + v_w \tag{7-53}$$

由于 $v_o=\frac{v_{so}}{1-Y_w}$，$v_w=\frac{v_{sw}}{Y_w}$，所以有：

$$\frac{v_{so}}{1-Y_w} = v_s + \frac{v_{sw}}{Y_w} \tag{7-54}$$

$$v_{so} + v_{sw} = v_m \tag{7-55}$$

将式(7－54)与式(7－55)联立，得：

$$v_{so} = (1-Y_w)v_m + Y_w(1-Y_w)v_s \tag{7-56}$$

$$v_{sw} = v_m - v_{so} \tag{7-57}$$

式中　v_m——油水两相的平均速度；

v_{so}——油的表观速度；

v_{sw}——水的表观速度。

式(7－56)即为确定油相表观速度的滑脱模型。v_{so}确定后，利用式(7－57)即可求出水的表观速度 v_{sw}，与气液两相流动滑脱模型类似。

对于乳状流动，v_s 近似为零，此时有：

$$v_w = v_o \tag{7-58}$$

$$v_{so} = (1-Y_w)v_m \tag{7-59}$$

$$v_{sw} = Y_w v_m \tag{7-60}$$

含水率为：

$$C_w = \frac{v_{sw}}{v_m} = \frac{Y_w v_m}{v_m} = Y_w \tag{7-61}$$

对于泡状流动，含水率为：

$$C_w = \frac{v_{sw}}{v_m} = \frac{v_m - v_{so}}{v_m} = \frac{Y_w v_m - Y_w(1-Y_w)v_s}{v_m} = Y_w - \frac{Y_w(1-Y_w)v_s}{v_m} \tag{7-62}$$

式(7－62)说明，C_w 总小于 Y_w。

2）漂流模型

在气液两相流动分析中，采用漂流模型计算气液各相表观速度。对于油水两相流动，也可采用漂流模型计算油和水的表观速度，其公式形式为：

$$v_{so} = Y_o(C'_o v_m + \frac{\mu}{Y_o}) \tag{7-63}$$

其中，$\mu = v_t Y_o (1 - Y_o)^n$。因此有：

$$v_{so} = Y_o [C'_o v_m + v_t (1 - Y_o)^n] \tag{7-64}$$

对于泡状流动和段塞流动，Hasan - Kabir，研究表明，当 $C'_o = 1.2$，$n = 2$ 时，可以得到较好的结果。因此，有：

$$v_{so} = Y_o \left\{ 1.2 v_m + Y_w^2 1.53 \left[\frac{g\delta(\rho_w - \rho_o)}{\rho_w^2} \right]^{0.25} \right\} \tag{7-65}$$

对于乳状流动或雾状流动，有：

$$v_{so} = v_m Y_o \tag{7-66}$$

利用式(7 - 65)也可以预测解释层的持水率：

$$Y_w = 1 - \frac{v_{so}}{1.2 v_m + 1.53 Y_w^2 \left[\frac{\delta g(\rho_w - \rho_o)}{\rho_w^2} \right]^{0.25}} \tag{7-67}$$

（三）油气水三相流动

在油井中，经常遇到油、气、水混合物的多相流动。然而，大多数研究者主要把注意力放在气液两相流动上，通常把油气水三相流动看作两相流动处理，把油水作为同一相处理，如：

$$\rho_l = \rho_o Y_o + \rho_w Y_w \tag{7-68}$$

$$\mu_l = \mu_o Y_o + \mu_w Y_w \tag{7-69}$$

$$\delta_l = \delta_o Y_o + \delta_w Y_w \tag{7-70}$$

式中 δ_l——油水混合表面张力系数；

δ_o——油的表面张力系数；

δ_w——水的表面张力系数；

μ_l——油水混合物的粘度；

μ_o——油的粘度；

μ_w——水的粘度。

与两相流动相比，三相流动的最大特点是在油水混合物中出现了气相。由于气相的出现，同时出现了三个滑脱速度（其中两个是独立的）；另一特点是，气相的出现使得油水的分布复杂，总趋势是降低了油水间的滑脱速度，流型变化较大。

井底条件下，气的密度为 0.01 ~ 0.2g/cm³；油的密度为 0.6 ~ 0.98g/cm³；水的密度为 1g/cm³ 左右。因此，无论油气水各相的含量如何，在它们的混合系统中气的流动速度最大，水的流动速度最小，油的流速介于二者之间。因此，油气水分布状况可简化成如图 7 - 33 所示的简化模型。由基本理论可得：

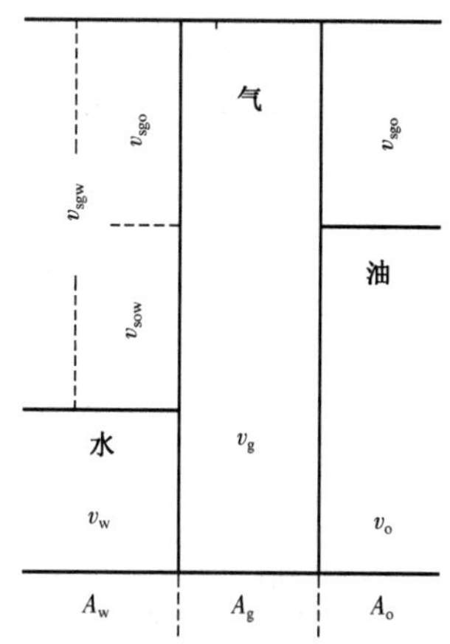

图 7 - 33　油气水速度分布简化模型

$$v_m = v_{sw} + v_{so} + v_{sg}$$

$$1 = Y_o + Y_w + Y_g$$

$$v_{sgw} = v_g - v_w = \frac{v_{sg}}{Y_g} - \frac{v_{sw}}{Y_w}$$

$$v_{sow} = v_o - v_w = \frac{v_{so}}{Y_o} - \frac{v_{sw}}{Y_w}$$

$$v_{sgo} = v_g - v_o = \frac{v_{sg}}{Y_g} - \frac{v_{so}}{Y_o}$$

将上述五个方程分别整理得：

$$v_{sw} = Y_w(v_m - Y_g v_{sgw} - Y_o v_{sow}) \tag{7-71}$$

$$v_{sg} = Y_g[v_m + (1 - Y_g)v_{sgw} - Y_o v_{sow}] \tag{7-72}$$

$$v_{so} = Y_o[v_m - Y_g v_{sgw} + (1 - Y_o)v_{sow}] \tag{7-73}$$

或

$$v_{so} = v_m - v_{sw} - v_{sg} \tag{7-74}$$

式中　$v_{sow}, v_{sgw}, v_{sgo}$——油水、气水、气油间的滑脱速度；

Y_g, Y_o, Y_w——气、油、水的持率；

v_{so}, v_{sw}, v_{sg}——油、水、气的表观速度。

显然，当 Y_g, Y_o, Y_w 中任意一项为零时，根据上述关系式可导出相应的两相流动的表达式。如 $Y_g = 0$，则为油水两相流动，此时有：

$$v_{sw} = Y_w v_m - Y_w Y_o v_{sow}$$

该式与油水两相流动中用滑脱速度模型计算水相表观速度的关系式相同。

利用这一模型计算 v_{so}, v_{sw} 和 v_{sg} 时，主要问题是确定 v_{sow}, v_{sgw} 值，目前还没有有效的方法。初步研究发现，泡状流动中油水间的滑脱速度在 1 ~ 6cm/s 之间，段塞流动在 1cm/s 左右。对于气水间的滑脱速度，在泡状流动和段塞流动中，可采用类似于气液两相流动中给出的方法计算：

$$v_{sgw} = 1.53(1 - Y_g)^n \left[\frac{g\delta(\rho_w - \rho_g)}{\rho_w^2}\right]^{0.25}, n = 0.5 \sim 2$$

或

$$v_{sgw} = 30(0.95 - Y_g^2)^{0.5} + 0.75$$

在上式中，v_{sgw} 的单位为 cm/s。

持水率与含水率之间具有如下关系：

$$C_w = Y_w\left[1 - \frac{Y_g v_{sgw} + Y_o v_{sow}}{v_m}\right] \tag{7-75}$$

$$C_g = Y_g\left[1 + \frac{(1 - Y_g)v_{sgw} - Y_o v_{sow}}{v_m}\right] \tag{7-76}$$

$$C_o = 1 - C_g - C_w \tag{7-77}$$

这些关系说明，流速越高，C_w 越趋近 Y_w，即：

$$C_w \approx Y_w, C_o \approx Y_o, C_g \approx Y_g$$

同时也说明，持水率总大于含水率，而持气率总小于含气率。

五、解释层总流量计算

解释层各相总流量的计算方法取决于采用流量计的类型。若为集流式流量计，则可直接用查图版的方式计算出总流量。如图7-34所示，图中纵坐标为由曲线所得的涡轮转速，横坐标为流量，图版中的参数为仪器型号和流体粘度。因涡轮的结构不同，不同仪器响应曲线的斜率不同。

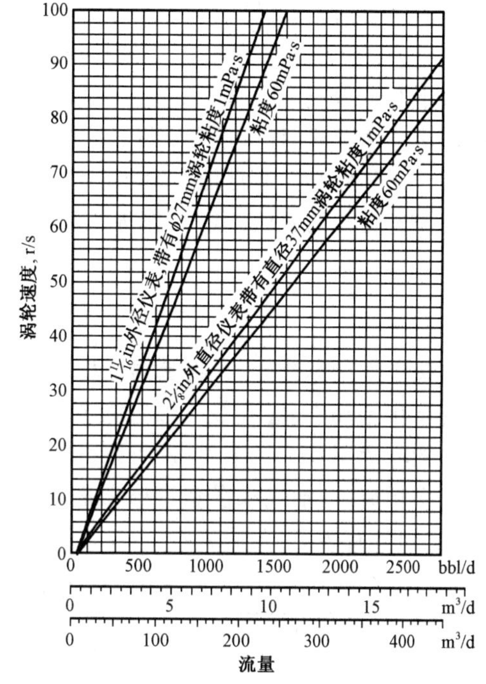

图7-34 集流式流量计响应曲线

若为示踪流量计或连续流量计，首先要计算视流体速度，然后计算速度剖面校正系数，最后计算流量：

$$Q = \frac{1}{4}\pi(D - d)^2 C_v v_a = P_c C_v v_a \tag{7-78}$$

式中 Q——某解释层的总流量；

D——套管内径；

d——仪器外径；

C_v——速度剖面校正系数；

v_a——视流体速度；

P_c——管子常数。

P_c 可表示为：

$$P_c = \frac{1}{4}\pi(D - d)^2 \tag{7-79}$$

对于示踪流量计，v_a 可表示为：

$$v_a = \frac{\Delta H}{\Delta t} \tag{7-80}$$

式中 ΔH——示踪峰间的距离；

Δt——峰值间的时间差。

对于连续流量计，可分别对正转和反转数据分开拟合回归求取流体速度 v_a：

$$v_a = \left|\frac{b_d}{K_d}\right| + \left|\frac{b_d}{K_d} - \frac{b_u}{K_u}\right|\frac{1}{1 + K_c} \tag{7-81}$$

$$K = \frac{n \sum v_{1i} N_i - \sum v_{1i} \sum N_i}{n \sum v_{1i}^2 - (\sum v_{1i})^2} \qquad (7-82)$$

$$b = \frac{\sum v_{1i} (\sum v_{1i} N_i) - \sum N_i \sum v_{1i}^2}{(\sum v_{1i})^2 - n \sum v_{1i}^2} \qquad (7-83)$$

式中　K_u,K_d——上测、下测拟合线的斜率,由式(7-82)分别拟合得到;

K_c——上测与下测启动速度之比,$K_c = v'_t / v_t$;

b_u,b_d——上测、下测拟合线的截距,由式(7-83)拟合得到;

n——正转或反转资料点的个数;

v_{1i},N_i——第 i 次测量的电缆速度和涡轮转速。

对于 CSU 型连续流量计,作交会图时,通常把 x 轴作为电缆速度,将 y 轴作为涡轮转速。求取视流体速度时,直接把在 x 轴(电缆速度轴)上的截距作为视流体速度。对于 DDL 型连续流量计,作交会图时,通常把涡轮转速作为横坐标,电缆速度作为纵坐标,计算时可直接把交会线与电缆速度轴的交点(截距)作为视流体速度(两相流动):

$$v_a = \frac{\sum v_{1i} \sum N_i^2 - \sum v_{1i} \sum N_i}{n \sum N_i^2 - (\sum N_i)^2} \qquad (7-84)$$

在确定视流体速度后,将其乘以校正系数 C_v 可得到平均流速。

在单相流动中,层流 $C_v = 0.5$,紊流 C_v 值分布在 0.78~0.82 之间。对于集流式流量计,由于涡轮的叶片覆盖了整个通道,所以可以认为 $C_v = 1.0$。

在多相流中,油气水在套管横截面上的分布不均,因此速度分布带有较大的随机性。C_v 与 Y_w 之间具有表 7-2 的关系。

表 7-2　不同流型的持水率值和 C_v 值

流　型	持水率 Y_w	C_v
泡状流动	0.75	0.1~1.39
泡塞过渡流动	0.65~0.75	1~1.39
段塞流动	0.15~0.65	1~1.5
雾状流动	0.15	1~1.1

由表中可知,对于不同的流型,C_v 值不同。C_v 值 >1,说明中心流速小于平均流速,用单相流动理论无法解释,这一现象主要发生在泡状流动向段塞流动转变的区域,由液塞下落造成。

六、产层各相产量计算

在计算出油气水的表观速度计算后,可得到该解释层油气水各相的流量,即:

$$Q_o = P_c v_{so}, Q_g = P_c v_{sg}, Q_w = P_c v_{sw}$$

若有 n 个解释层(从上至下),则相邻两个解释层各相的产量表示为:

$$P_{oi} = Q_{oi} - Q_{o(i+1)}, P_{gi} = Q_{gi} - Q_{g(i+1)}, P_{wi} = Q_{wi} - Q_{w(i+1)} (i = 1, \cdots, n) \qquad (7-85)$$

式中　Q_{oi},Q_{gi},Q_{wi}——各解释层油、气、水的流量;

P_{oi},P_{gi},P_{wi}——第 i 个解释层与第 $i+1$ 个解释层之间油、气、水的产量。

各产层各相的产率表示为:

$$C_{\mathrm{po}i}=\frac{P_{\mathrm{o}i}}{P_{\mathrm{o}i}+P_{\mathrm{g}i}+P_{\mathrm{w}i}} \tag{7-86}$$

$$C_{\mathrm{pg}i}=\frac{P_{\mathrm{g}i}}{P_{\mathrm{o}i}+P_{\mathrm{g}i}+P_{\mathrm{w}i}} \tag{7-87}$$

$$C_{\mathrm{pw}i}=\frac{P_{\mathrm{w}i}}{P_{\mathrm{o}i}+P_{\mathrm{g}i}+P_{\mathrm{w}i}} \tag{7-88}$$

式中　$C_{\mathrm{po}i}$,$C_{\mathrm{pg}i}$,$C_{\mathrm{pw}i}$——第 i 个解释层与第 $i+1$ 个解释层之间油、气、水的含量。

$C_{\mathrm{po}i}$,$C_{\mathrm{pg}i}$,$C_{\mathrm{pw}i}$与 C_{o},C_{g},C_{w} 的主要差别为,前者是产层中的油气水含量,反应了地层中的油气水含量分布;而后者为各解释层中的油气水含量,反映套管中各相的分布情况。

若为两相流动,只计算三相中的两相即可,计算结束后,利用 $Q_{\mathrm{o}i}$,$Q_{\mathrm{g}i}$,$Q_{\mathrm{w}i}$以及 $P_{\mathrm{o}i}$,$P_{\mathrm{g}i}$,$P_{\mathrm{w}i}$可绘制出三相流成果图。

第九节　吸水剖面解释

多年的实践证明,示踪测井是确定注水剖面的有效方法。示踪注水剖面测井是在注水井正常注水的情况下将放射性同位素示踪剂注入井内,随着注入水的流入,示踪剂滤积在注水层的岩石表面上,用自然伽马测井仪测量示踪曲线,曲线上放射性的幅度的差异显示了注入量的大小,通过对比注入示踪剂前后测得的自然伽马曲线,即可得出各注水层的注水量。

20 世纪 50 年代,玉门油田开始用锌(^{65}Zn)放射性同位素进行示踪测井;到了 60 年代,大庆油田先后用^{65}Zn,^{110}Ag 等八种放射性同位素示踪剂(即放射性同位素吸附在活性炭载体上)测注水剖面;70 年代到 80 年代,示踪注水剖面测井得到了迅速发展,胜利油田率先使用半衰期为 8.05d 的放射性同位素^{131}I 替代了半衰期为 245d 的^{65}Zn;90 年代后,吉林油田选用半衰期为 99.8min 的放射性同位素铟(^{113}In)作为示踪剂。这项技术的使用极大地减少了放射性污染,特别是在浅井中测注水剖面成为可能。

对于长期注水开发的油田,一般采用油井采出的污水回注到注水井中。这种矿化度较高的污水容易冲洗掉吸附在活性炭表面的^{131}I 离子,使^{131}I 离子被注入水带到地层深处,产生"失踪"现象,此时测得的示踪测井曲线异常幅度明显减少甚至消失。大庆油田研制的^{131}Ba－GTP 微球示踪剂(粒径为 100～300μm),解决了放射性同位素易从载体上"脱附"的问题。此后,又研制了粒径为 100～2500μm 的^{131}Ba－GTP 微球示踪剂,用于解决不同孔隙和裂缝的注水问题。注水测井资料主要用于解决以下地质问题:

(1)各注水层的自然注水情况和配注后分层段及分小层的注水情况,揭示各吸水层之间的矛盾。

(2)同一注水层不同部位的注水情况。

(3)注水资料还能有条件地反映油水井套管外固井水泥环窜槽的情况。

对产出剖面和注水剖面进行综合分析,可为油田开发提供重要依据。

(1)在层位连通较好的情况下,注水井的注水剖面可以反映产出剖面。有什么样的注入剖面,就应有相应的产出剖面。对于注水效果不好的层位,需要加强注水或采取改造措施(如压裂、酸化),改善注水剖面,达到改善产出剖面及增加油井产量的目的。

(2)对于渗透性好的注水层位,单层突进快,油层过快水淹,就要控制注水,进行分层配注或封堵，使注入水在各个层位及层内的各个部分均匀推进，扩大油层水驱的波及体积，提高生产井相应层位的原油产量，降低产出量，达到控水稳油、提高采收率的目的。

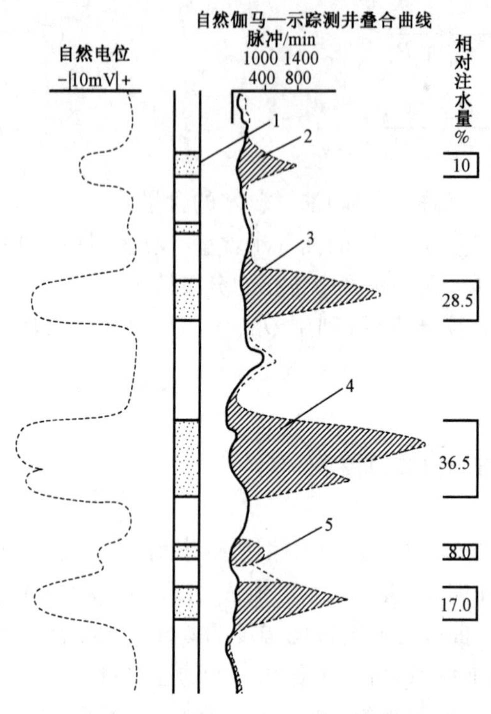

图 7－35　示踪注水剖面解释成果图

1—注水层；2—放射性同位素示踪曲线；3—自然伽马基线；4—该面积正比于注水量；5—分层界线

示踪测井在作业前后各测一条伽马曲线，把这两条曲线经深度校正后进行重叠对比，泥岩段或不吸水井段两曲线应该重合，而滤积了活化载体的井段两曲线有明显的幅度异常，如图 7－35 所示。根据两条曲线包围的放射性强度异常面积或幅度的大小，可以计算各分层的相对吸水量。

分层相对吸水量一般用以下两种方法计算。

第一种方法是面积法，也是较为普遍使用的方法：

$$q_i = \frac{S_i}{S_1 + S_2 + \cdots + S_n} \times 100\% = \frac{S_i}{\sum_{j=1}^{n} S_j} \times 100\% \qquad (7-89)$$

式中　q_i——第 i 小层的相对吸水量；

S_i——第 i 小层对应的伽马曲线的异常面积。

第二种方法是最大值法：

$$q_{\mathrm{i}} = \frac{\alpha_i J_i H_i}{\sum_{j=1}^{n} \alpha_j J_j H_j} \times 100\% \qquad (7-90)$$

式中　q_i——第 i 小层的相对吸水量；

J_i——第 i 小层地层中点处伽马曲线的最大相对异常幅度；

H_i——第 i 小层的厚度；

α_i——校正系数。

第八章　地层倾角测井与录井技术

本章内容主要包括地层倾角测井和录井资料采集技术两部分。本章第一节主要介绍地层倾角测井的基本原理、地层倾角测井基本图件、地层倾角测井的应用。本章第二节主要介绍常规录井技术、综合录井技术、气测井、录井新技术、油气水层解释评价技术。

第一节　地层倾角测井

地层倾角测井是在井内测量地层面倾角和倾斜方位角的一种方法。它可以用来进行地层对比,研究地质构造,鉴别断层、不整合等构造变化,研究沉积结构和沉积相。目前我国普遍使用的地层倾角测井仪有阿特拉斯公司的 HEXDIP1020、斯伦贝谢公司的高分辨率地层倾角仪 HDT、哈里伯顿公司的六臂倾角测井仪 SED。无论哪一种地层倾角测井仪总是由两个主要部分组成:一是极板系统,二是测斜系统。图 8 - 1 是德莱赛公司的地层倾角测井仪。多年来,地层倾角测井在各大油田的应用中对油气勘探和开发发挥了重要作用。

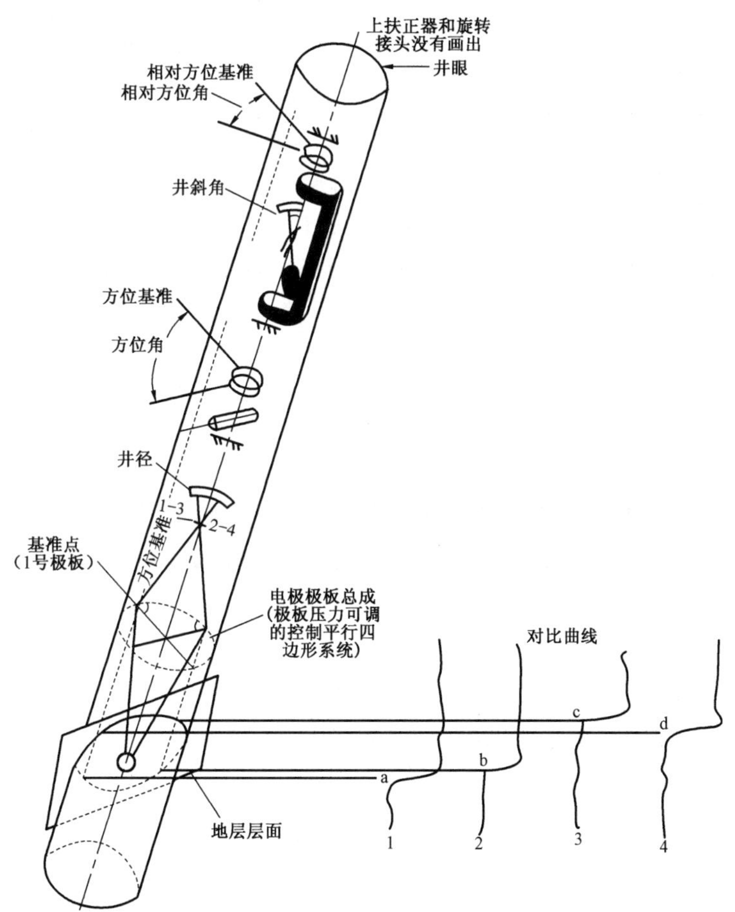

图 8 - 1　德莱赛公司的地层倾角测井仪

一、地层倾角测井的基本原理

(一)用大地坐标系中单位法向矢量表示地层倾角和倾斜方位

要想知道地层的倾斜角度,只要知道这个层面上的单位法向矢量 $\boldsymbol{n}$,就可知道它的三个分量,所以主要问题是如何确定地层层面上的法向矢量 $\boldsymbol{n}$。它可以由层面上三个或四个点构成矢量的矢积得到。

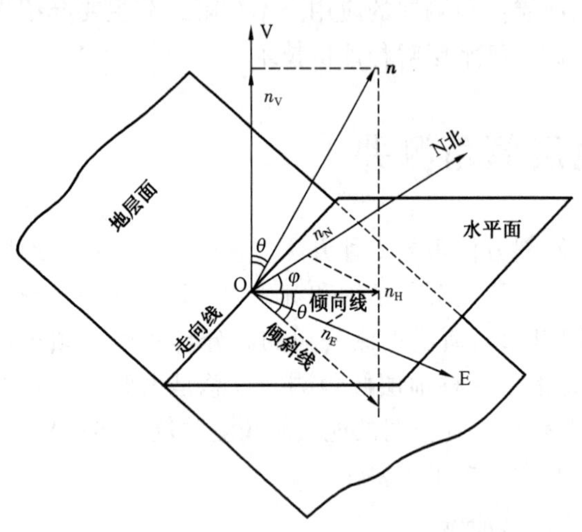

图 8 – 2　地层面的倾角和倾斜方向在大地坐标系中的表示

如图 8 – 2 所示,设空间有一北东倾向的地层面,大地坐标系 OENV 为右手坐标系,其原点 O 是该地层面与井轴的交点,地层面在 O 点的单位法向矢量 $\boldsymbol{n}$ 在各轴上的投影分别是 n_E, n_N, n_V,即 $\boldsymbol{n} = n_E \boldsymbol{i} + n_N \boldsymbol{j} + n_V \boldsymbol{k}$。坐标轴OE和ON所在平面为水平面,它与地层面交线的方向为地层面的走向,图 8 – 2 中地层的走向为南东向。地层面在 O 点的倾向是它在该点由高到低变化最大的方向,用地层面在该点的倾斜线在水平面上的投影与正北方向的夹角(顺时针)表示,图 8 – 2 中地层的倾向为东北向。因为倾斜线在水平面上的投影与单位法向矢量在水平面上的投影方向一致,故地层面在 O 点的单位法向矢量$\boldsymbol{n}$在水平面上的投影 n_H 与正北方向的夹角 φ(顺时针)即为地层面的倾斜方位角或称倾向,其变化范围是 0°~360°。因为地层走向与倾向互成 90°,故地层倾角测井只确定地层面的倾向。由于地层面的单位法向矢量$\boldsymbol{n}$垂直于地层面,所以地层面在 O 点的倾角是它在该点与水平面的夹角,其变化范围是 0°~90°。铅垂轴OV垂直于水平面,因此$\boldsymbol{n}$与OV的夹角 θ 即地层倾角。由图上的关系可得地层倾角表达式为:

$$\theta = \arctan \frac{\sqrt{n_E^2 + n_N^2}}{n_V} \tag{8-1}$$

地层倾斜方位角 φ 的计算与单位法向矢量的水平投影所在的象限有关,具体分析如下:

当 $0 < \varphi < \frac{\pi}{2}$,即 $n_E > 0, n_N > 0$,地层向北东方向倾时,则:

$$\varphi = \arctan \frac{n_E}{n_N} \tag{8-2}$$

当 $\frac{\pi}{2} < \varphi < \pi$,即 $n_E > 0, n_N < 0$,地层向南东方向倾时,则:

$$\varphi = \arctan \frac{n_E}{n_N} + \pi \tag{8-3}$$

当 $\pi < \varphi < \frac{3}{2}\pi$,即 $n_E < 0, n_N < 0$,地层向南西方向倾时,则:

$$\varphi = \arctan \frac{n_E}{n_N} + \pi \tag{8-4}$$

当$\frac{3}{2}\pi < \varphi < 2\pi$,即 $n_E < 0, n_N > 0$ 向北西方向倾时,则:

$$\varphi = \arctan \frac{n_E}{n_N} + 2\pi \tag{8-5}$$

还有两个特例:当 $n_N = 0, n_E > 0$ 时,$\varphi = \frac{\pi}{2}$;当 $n_N = 0, n_E < 0$ 时,$\varphi = \frac{3}{2}\pi$。

由此可知,只要能确定地层面在大地坐标系中的单位法向矢量$\boldsymbol{n} = n_E\boldsymbol{i} + n_N\boldsymbol{j} + n_V\boldsymbol{k}$,就可以计算出地层面的倾角和倾向。

(二)用相关对比方法确定地层法向在仪器坐标系中坐标

由前面的论述所知,如果求出地层的法向矢量$\boldsymbol{n}$,则很容易计算出地层的倾向和倾角。为了确定地层的法向,只需在四条电导率曲线上给出四段相关的曲线,如图 8-3 所示。图上 O 点为一计算深度点,在 DIP_1上固定一段曲线 S(点 E,F 之间),数值为 $x_1, x_2, \cdots, x_N$,它们的算术平均值为$\bar{x}$。S 的长度称为窗长或相关对比长度。在 DIP_2 上取同样长度的一段曲线 S_τ(点 G_τ和 H_τ之间),它相对于 S 的位移为τ个采样间距。若 S_τ在 S 的上面,则τ为正;反之,则为负,其数值为 $y_{1+\tau}, y_{2+\tau}, \cdots, y_{N+\tau}$,它们的算术平均值为$\bar{y}_\tau$。这两段曲线是否属于同一段地层则要看这两段曲线相似性如何,也就是看它们的相关系数 $C(\tau)$与 1 的逼近程度。相关系数的计算公式为:

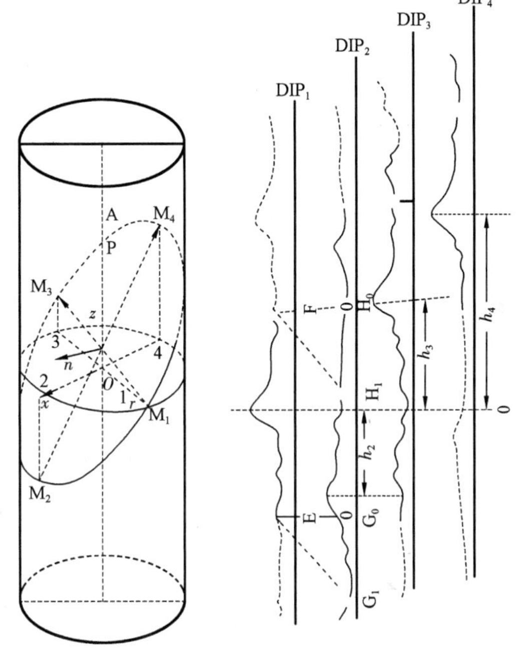

图 8-3 用相关对比方法确定地层法向在仪器坐标系中的坐标

$$C(\tau) = \frac{\sum_{i=1}^{N}(x_i - \bar{x})(y_{i+\tau} - \overline{y_\tau})}{\sqrt{\sum_{i=1}^{N}(x_i - \bar{x})^2}\sqrt{\sum_{i=1}^{N}(y_{i+\tau} - \overline{y_\tau})^2}} \tag{8-6}$$

因为根据不等式$(\sum_{i=1}^{N} x_i y_i)^2 \leqslant \sum_{i=1}^{N} x_i^2 \cdot \sum y_i^2$,不难证明 $C(\tau)$的值在 $-1 \sim 1$ 之间,而且当两段曲线满足 $y = kx + b(k > 0)$即两段曲线形状一样完全时,$C(\tau)$的值为 1。

让τ在一定范围内变化,从 $-m$ 到 m。当τ为 0 时,$C(\tau)$就是曲线 S_0(点 G_0,H_0 之间)和 S 的相关系数值,这样就可以得到一组相关系数值,如图 8-4 所示。假设在$\tau = \tau_0$ 处 $C(\tau)$有最大值,说明此时两段曲线相关最好,则 $h_2 = \tau_0 d$ 即为 2 号极板的高程差,d 为采样间距。用

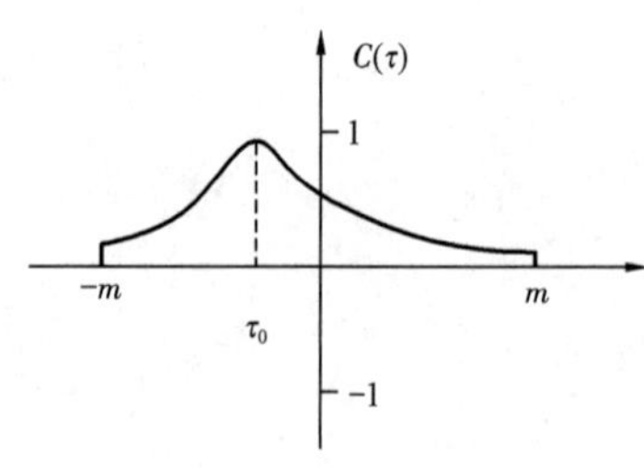

图 8-4　相关函数曲线

同样的办法可求出 3 号极板和 4 号极板的高程差 h_3 和 h_4。当 $h_1=0$ 时，S_τ上下移动的最大范围 $S_L=2m\cdot d$。

在图 8-3 中，将一段地层视为一个地层面 P，上述对比过程相对于在地层面 P 上确定了四个点 M_1，M_2，M_3，M_4。在仪器坐标系(O,x,y,z)中，它们的坐标分别为 $M_1(0,\frac{1}{2}d_1,0)$，$M_2(\frac{1}{2}d_2,0,h_2)$，$M_3(0,-\frac{1}{2}d_1,h_3)$，$M_4(-\frac{1}{2}d_2,0,h_4)$。$d_1$，$d_2$ 为井径。矢量$\boldsymbol{M}_{24}$，$\boldsymbol{M}_{13}$的坐标为：

$$\boldsymbol{M}_{24}=(-d_2,0,h_4-h_2) \tag{8-7}$$

$$\boldsymbol{M}_{13}=(0,-d_1,h_3) \tag{8-8}$$

地层的单位法向量$\boldsymbol{n}$为：

$$\boldsymbol{n}=\frac{\boldsymbol{M}_{24}\times\boldsymbol{M}_{13}}{|\boldsymbol{M}_{24}\times\boldsymbol{M}_{13}|}=\frac{\boldsymbol{K}}{K} \tag{8-9}$$

$$\boldsymbol{K}=\begin{vmatrix}\boldsymbol{i} & \boldsymbol{j} & \boldsymbol{k}\\ -d_2 & 0 & h_4-h_2\\ 0 & -d_1 & -h_3\end{vmatrix}=d_1(h_4-h_2)\,\boldsymbol{i}+d_2h_3\,\boldsymbol{j}+d_1d_2\,\boldsymbol{k}$$

$$K=\sqrt{(d_1d_2)^2+d_1^2(h_4-h_2)^2+d_2^2h_3^2}$$

$$\boldsymbol{n}=\left[\frac{d_1(h_4-h_2)}{K},\frac{d_2h_3}{K},\frac{d_1d_2}{K}\right]=(n_x,n_y,n_z) \tag{8-10}$$

(三)相关分析中的常用术语

(1)处理井段:进行相关对比的某段曲线所代表的地层段。

(2)对比长度(窗长):为了将两条曲线进行对比,需要先把曲线按顺序分成长度相等的若干小段,再逐段进行对比,如图 8-5 所示。其中,用来进行对比的曲线长度叫对比长度,有时也称为窗长。

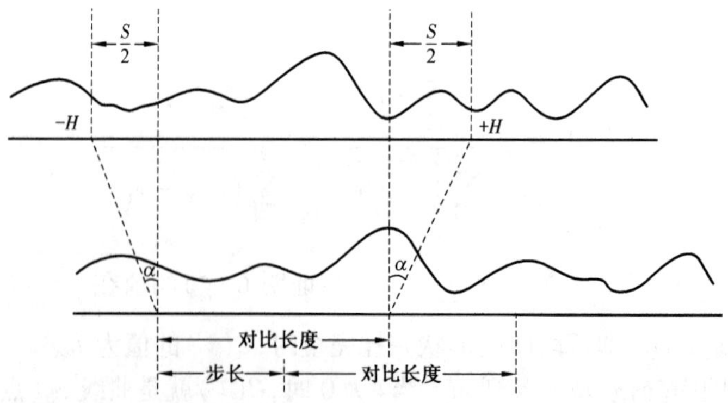

图 8-5　用相关对比方法确定地层法向在仪器坐标系中的坐标

（3）探索长度与探索角：两条曲线进行对比时，需要固定其中一条曲线，而在另一条曲线上某一相关范围进行搜索，找出最佳相似位置。其中，需要搜索的最大距离为探索长度。如果以探索长度的一半（$S/2$）作为直角三角形的对边，以井径 D 作为直角三角形的底边，则 $S/2$ 边所对应的角度（α）称为探索角，见图 8－5。

（4）步长：某一曲线段对比完后，按顺序取下一曲线段进行对比，两相邻曲线段中心点的距离称为步长，见图 8－5。

（四）相关对比的计算过程

1. 确定对比的处理井段

在进行曲线对比之前，先要确定进行相关对比的井段，因为在处理资料时通常只需要对有意义的井段进行计算。曲线是按测井方式记录在磁带上的，磁带头开始记录的是深度大的曲线，然后按顺序记录深度较小的曲线。因此，在进行对比时，也是从深度大的地方开始，按从下到上的顺序进行的。

2. 确定基本曲线

进行相关对比时，常以 1 号极板所记录的曲线作为基本曲线，其他三个极板所记录的曲线按顺时针方向排列为 2，3，4 号曲线，皆称为对比曲线。当 1 号曲线质量不好时，可用 3 号曲线代替 1 号曲线作为基本曲线进行对比。

3. 确定相关对比的参数

在进行相关对比时，需要用到三个重要参数——对比窗长、探索角及步长。这三个参数的选择要根据所解决问题的性质来确定。通常把要解决的问题分为两类：一类是解决构造问题，包括研究地层的构造形态、断层位置和产状、不整合等；另一类是研究地层沉积问题，包括分析沉积类型、地层层理、沉积时的水流方向、沉积物的加厚方向等。在解决构造问题时，原则上采用长对比的方法，即对比长度的数值较大。因为在研究构造问题时，涉及的地层几何形状比较大，只有在较长的对比范围内才能有效地看出它的变化特点；同时，由于地层形态是逐渐变化的，为了减小随机误差和地层不均匀性所造成的影响，选择步长时可以使第一次相关分析处理的对比区段与第二次相关分析处理的对比区段有一部分重叠。在研究沉积现象时，由于细小层理的变化往往在相当小的范围内就有很大的变化，所以要采用小的对比长度。选择步长时，一般使步长等于对比长度。

探索角的确定主要与研究对象的倾角有关。当研究的对象比较陡时，探索角要大一些；当所研究的对象比较缓时，探索角可选得小一些。表 8－1 给出了地层倾角资料处理参数的选择原则。

表 8－1　地层倾角资料处理参数的选择原则

要解决的地质问题	对比长度	探索角	步长
研究构造问题	大于岩层厚度，一般在 8 ~ 15in 内选择	大于最大的构造倾角，一般选择 10°×1 或 10°×2	小于对比长度，一般可使相邻两个对比小段重叠 50% ~70%
研究沉积问题	介于岩层的层系厚度与细层厚度之间，一般在 3 ~ 5in 内选择，有时小到 1in	大于最大的层理倾角，一般选择 35°×1 或 35°×2	等于对比长度，两个对比小段没有重叠

4. 计算相关函数及高程差

利用式(8-6)计算基准曲线与对比曲线的相关函数,在探索长度内逐采样点移动对比曲线,并计算该点对应的相关函数。选取相关函数最大值,从而获得基准曲线与对比曲线最相似时的两曲线之间所差的采样点数,乘以采样间隔,即可得到基准曲线与对比曲线之间的高程差。根据高程差可得到地层的单位法向量,由地层的单位法向量可计算地层倾角和倾斜方位。

二、地层倾角测井基本图件

(一)数据表

地层倾角测井除了可以直接显示各极板所测的电导率及井径、1号极板方位、井斜角、井斜方位等曲线外,还可以以其他形式将其处理成果显示出来。

地层倾角通常以数据列表的方式显示,如表8-2所示。表中显示出了地层深度(DEPT)、1号极板方位角(AZI1)、井斜角(DEVI)、井斜方位角(RB)、地层倾角(DIP)、地层倾斜方位角(DIPAZ)、置信度(GRADE)。

表8-2 地层倾角测井处理成果数据表

DEPT	AZI1	DEVI	RB	DIP	DIPAZ	GRADE
1120.0000	347.9170	1.8745	329.3655	7.2534	183.1217	1.0000
1120.5000	346.5667	1.8712	328.0518	8.3534	176.7822	1.0000
1121.0000	345.9198	1.8729	327.4060	9.2369	170.8969	1.0000
1121.5000	346.4641	1.8701	326.8456	10.3119	169.8715	1.0000
1122.0000	344.1151	1.8776	325.2650	8.4736	170.3840	1.0000
1122.5000	341.2971	1.8993	323.6565	8.3785	165.8600	1.0000
1123.0000	346.0120	1.8920	327.9004	5.8151	173.9832	1.0000
1123.5000	343.3654	1.9038	324.9373	7.7374	151.0484	1.0000
1124.0000	347.2684	1.8757	328.0258	6.8045	195.9066	1.0000
1124.5000	344.3488	1.9708	324.5731	6.0518	154.6416	1.0000
1125.0000	345.0284	1.9024	326.5366	8.6845	142.6032	1.0000

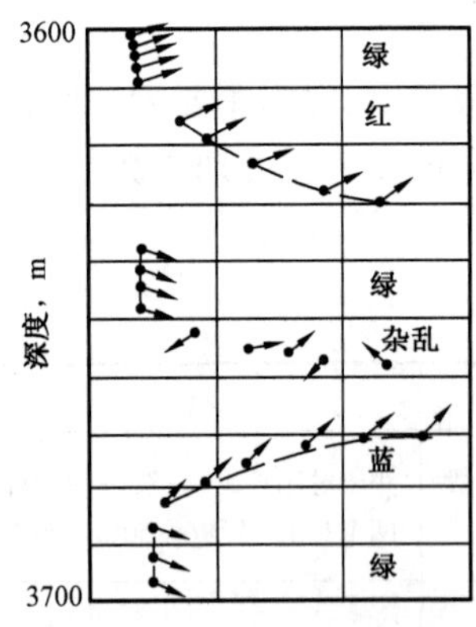

图8-6 矢量图颜色模式

(二)矢量图

地层倾角矢量图又称蝌蚪图或者箭头图,是地层倾角测井的最基本图件。它是用一系列随深度变化的矢量来表示各计算点的倾角和倾斜方位的图形。用长窗长对比的矢量图可大致分为三种模式,如图8-6所示。

(1)绿模式:矢量倾向大体一致,倾角不随深度变化。它一般反映构造倾斜和水平层理等。当构造倾角较大时,倾斜方位角比较一致;如果构造倾角较小,则倾斜方位角的一致性就会变差;当倾角接近0°时,倾斜方位角就可能会变得很杂乱。

(2)红模式:矢量倾向不变,方位不变,倾角随深度增加而增大。这种模式反映的是沙坝、河道、岩礁、断层以及不整合。与断层、不整合有关时,在深度上短距离内就会有较大的倾角变化。

(3)蓝模式:矢量倾向大体一致,而倾角随深度增加而减小,用蓝色表示。这种模式与断层、不整合和水流层理有关。

还有一种杂乱模式,其倾角和倾向杂乱变化。这种模式与不整合面、破碎带、断裂带等有关。

由于构造地质与沉积地质研究的差别,在勾画颜色模式时,还进一步分为细色模式和粗色模式。

(1)细色模式:按深度将倾向基本一致的矢量连成颜色模式(细线条),中间不允许跳过相反的矢量,此为细色模式。

(2)粗色模式:用粗线条来反映倾角变化的趋势,这种连续模式称为粗色模式。

由于相关对比的窗长有长短之分,长窗长相关对比计算的地层倾角与岩层界面的地层倾角有关,短窗长相关对比计算的地层倾角主要反映岩层内层理的倾角。由此可知,粗色模式主要研究构造地质问题,细色模式研究沉积地质问题。

(三)方位频率图和施密特图

方位频率图和施密特图是在所研究的井段中用统计的方法来确定地层的倾角和倾斜方位角。

图 8-7 为方位频率图。极坐标从 0°到 360°。频率从圆心的 0°到边缘的 60°,两圆间相差 10°。将所要研究的井段内计算的全部倾角的倾斜方位在某 10°范围内的频率标画在相应的圆线上。在圈定范围内,根据地层倾角图像的类型用不同的形式(如斜线、交叉线和垂直线)填绘。所选的研究井段要求为一连续沉积的井段,不应包含有断层、不整合等不连续的情况。

图 8-8 为施密特图。它是一种极坐标图。径向方向为地层倾角,其中最外面的倾角为 0°,每隔 10°画一个同心圆,圆心点为测得的最大倾角;圆周方向为方位角,规定上北下南左西右东共 360°,每隔 10°画一条径向线。把给定井段的地层倾角和倾斜方位角点在施密特图上,用点子最多的倾角和倾斜方位角来表示该层段的构造倾角和倾斜方位角。

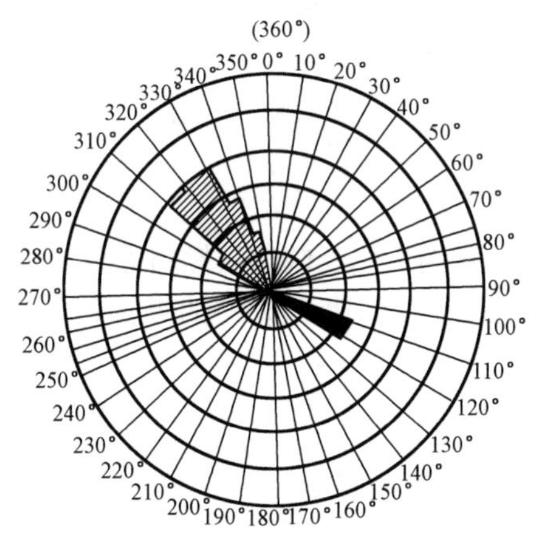

图 8-7 方位频率图

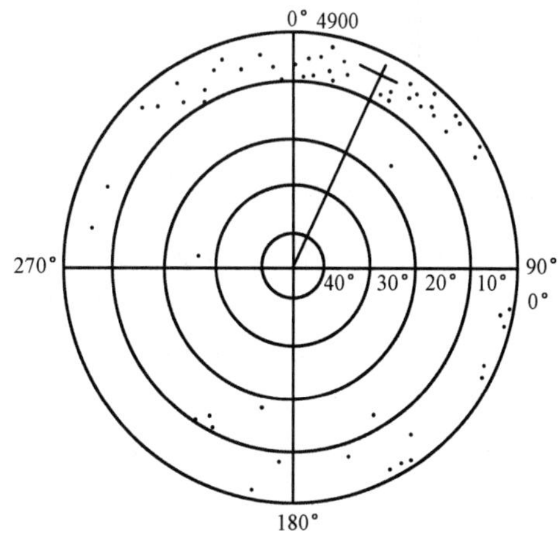

图 8-8 施密特图

改进的施密特图也是一种极坐标图。圆周从 0°到 360°分为 36 等份,用以表示方位。同心圆从外缘 0°到中心 90°表示地层倾角。根据井段内各点倾角和方位角的大小,把该倾角和方位角标在相应的极坐标图上，用等值线圈出每个小扇区点子数相同的区域。构造倾角的点子集中在极坐标的外圈区域，等值线图呈扁常形，倾角小且变化很小。沉积倾角大且变化较大，所以沉积倾角的点子所画出的等值线图通常呈三角形，底边接近极坐标的外圈，倾角指向极坐标中心。所以，可以用改进的施密特图区分构造倾角和沉积倾角，如图 8－9 所示。

（四）杆状图

杆状图又叫棍棒图，如图 8－10 所示。它是表示沿剖面线的地层视倾角随深度变化的图件。图头上标有剖面线的走向方向。地层倾角 θ 和视倾角 γ 的关系为：

$$\tan\gamma = \tan\theta\cos\beta \tag{8-11}$$

式中 β——井斜相对方位角；

γ——地层倾斜线与横剖面投影线之间的夹角。

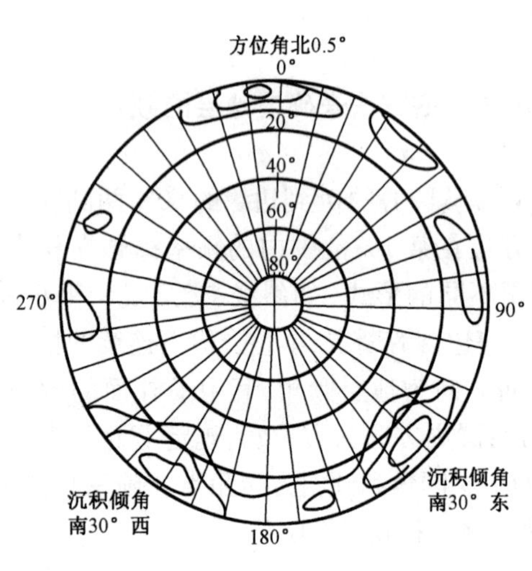

图 8－9 改进的施密特图

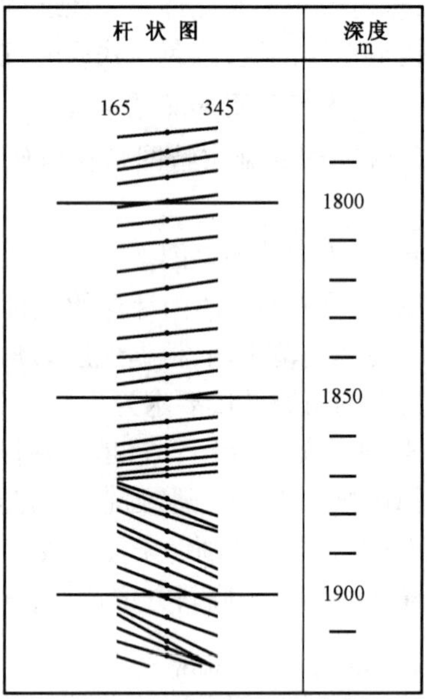

杆状图 | 深度 m
165 345
1800
1850
1900

图 8－10 杆状图

（五）线性极坐标图

图 8－11 为线性极坐标图。这是一种不考虑倾角变化而专门反映地层倾斜方位角随深度变化的图件。规定 0°方位（即正北方向）放在图的中央，左右两边为 180°的方位（即正南方向）。它们之间的两线条分别表示正东方向和正西方向。

利用线性极坐标图来反映构造倾斜方位角是比较明显和直观的，尤其是与正常矢量图配合能弥补矢量图上某些层位上倾斜方位角不十分明显的缺陷，从而迅速地确定地层的倾角和倾斜方位角。

（六）圆柱面展开图

图 8－12 为圆柱面展开图。图的中央是正北方向，边上是正南方向。它们中间分别为正东和正西方向（注意：与线性极坐标图方向相反）。圆柱面展开图相当于圆心柱面素描展开图，将剖面线连接起来成一圆柱形，就好像从井中取出的岩心一样，便于对层面倾角和各种层理的观察和研究。短窗长得出的圆柱面展开图对分析沉积环境非常有用，而长窗长处理的圆

柱面展开图则对断层、不整合等构造现象显示清楚。

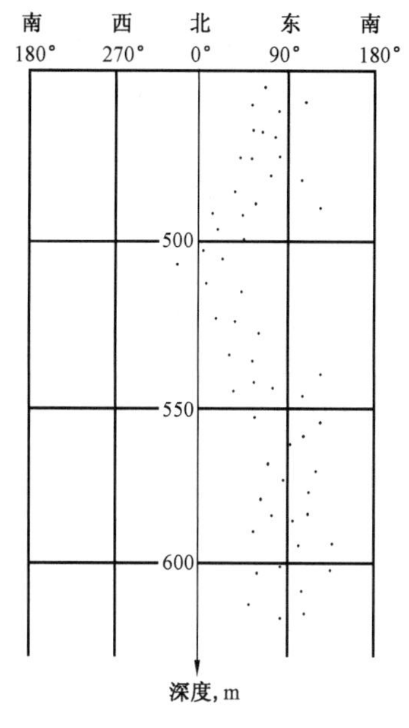

图 8－11　线性极坐标图

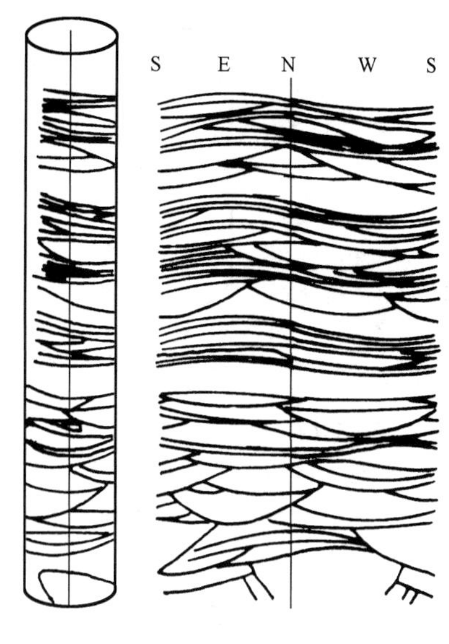

图 8－12　圆柱面展开图

三、地层倾角测井的应用

地层倾角测井获得的地质信息非常丰富，通过对这些信息进行处理，可以用来研究地质构造、沉积环境及裂缝等方面的问题，还可以确定地层真厚度。

（一）地层倾角测井资料在研究地质构造方面的应用

用地层倾角测井资料可研究的地质构造问题包括单斜构造、褶皱构造、断层构造、盐丘构造以及不整合。

1. 单斜构造在地层倾角图上的显示

单斜构造是指岩层层面是倾斜的，而且地层的倾角和倾斜方位在一定区域范围内基本上是一致的。单斜构造往往是其他地质构造的一部分，如褶曲构造的一翼。

单斜构造的地层倾角矢量图如图 8－13 所示。它最明显的特征是在泥岩井段中以绿色模式显示出来。而在砂岩层段测得的是层理的倾角，石灰岩井段内测得的是内裂缝的倾角，它们

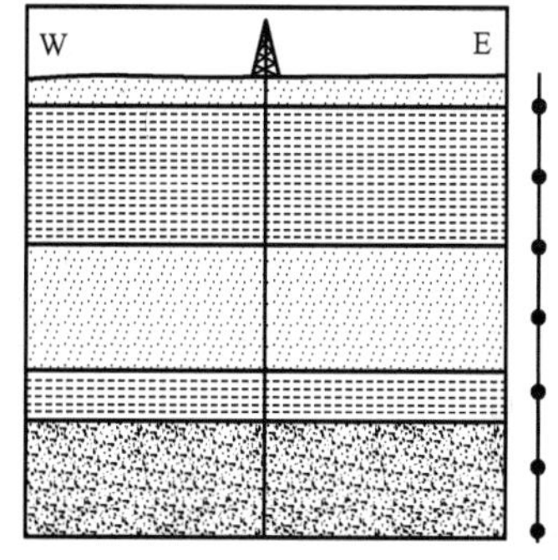

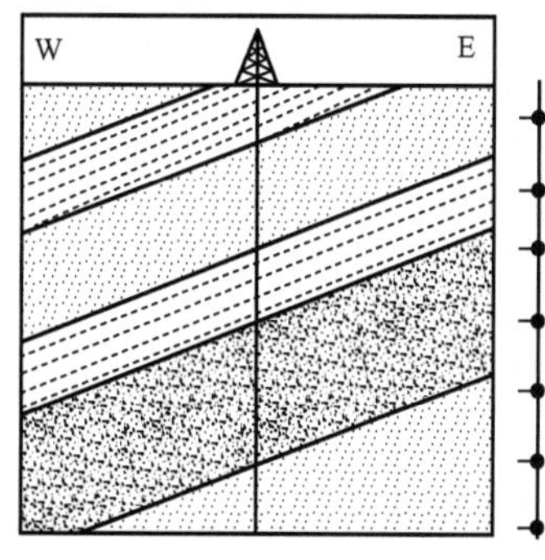

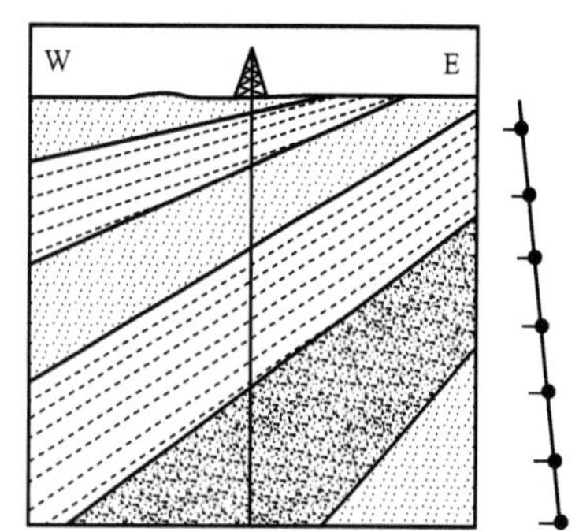

图 8－13　单斜构造的地层倾角图

都不反应单斜构造的地层倾角，只对构造倾角的识别起干扰作用。泥岩为低能量沉积环境，水流平稳，层理呈水平状，与原始泥岩层面是平行的，因此采用泥岩井段来确定构造倾角。如果泥岩水平层理不明显，呈块状结构，或泥岩中有方解石脉充填，矢量图就显示散乱，反映不出构造倾角。

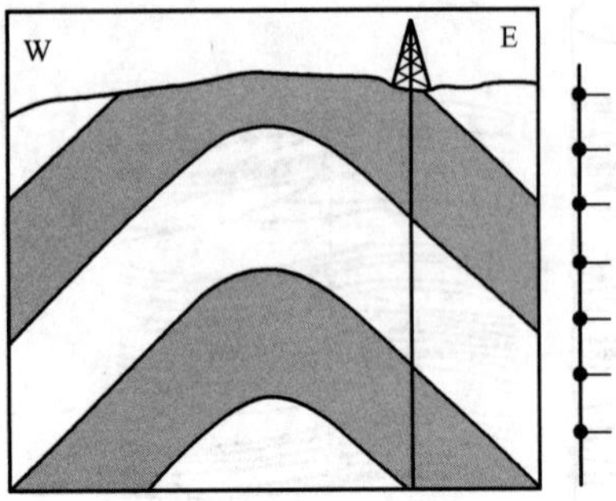

图 8－14　对称背斜（井没穿过轴面）及其地层倾角矢量图

2. 褶皱构造在地层倾角图上的显示

1）对称背斜

当井轴没有穿过轴面时，矢量图为绿色模式显示，与单斜构造显示相同，如图 8－14 所示。当在轴面两侧钻井时，两口井的矢量图在同一岩层出现与倾向相反的倾角。如果井钻在背斜的顶部，测得的地层倾角很小，倾斜方位角乱，如图 8－15 所示。只有井钻在两翼上，才会显示出倾角较大、方位角一致的绿色模式。

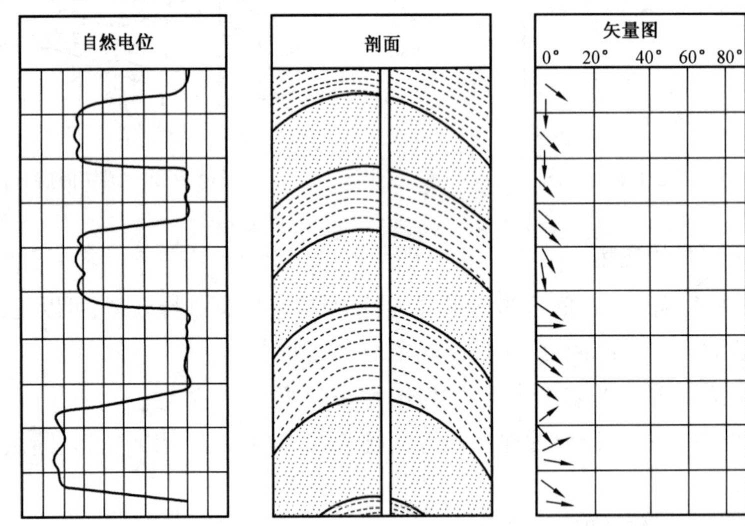

图 8－15　对称背斜（井钻在顶部）的地层倾角矢量图

2）不对称背斜

当不对称背斜的脊面与轴面重合时，井钻遇的不对称背斜顺序依次是缓翼—脊面—陡翼，如图 8－16 所示，其矢量图有下列特征。

（1）在缓翼地层中，构造倾角和倾斜方位角基本一致，矢量图呈绿色模式。

（2）由缓翼地层逐渐接近构造脊面，倾角随深度增加而减小，矢量图呈蓝色模式。在背斜脊面处倾角接近 0°。

（3）由背斜脊面向陡翼过渡时，倾角随深度的增加而增大，倾向与上翼地层相反，矢量图呈红色模式。

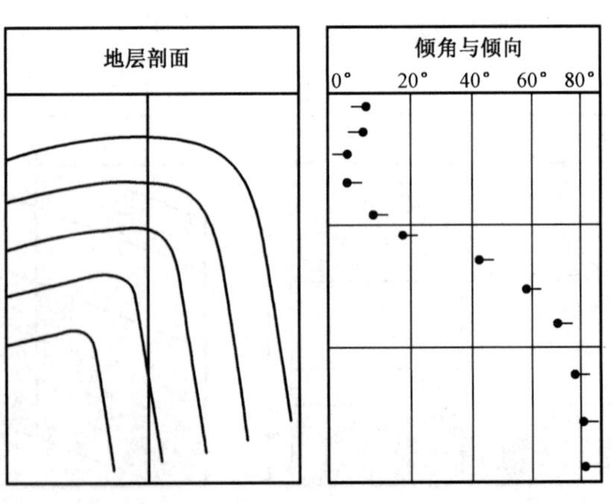

图 8－16　不对称背斜的地层倾角矢量图

（4）在陡翼地层中，倾角稳定，且比缓翼地层大，倾向与缓翼地层相反，矢量图呈绿色模式。

总之，这种情况的矢量图颜色模式可写为绿—蓝—红（反）—绿（反、大）。出现上述模式时，上下地层倾向可能相反。括号中的“反”是指褶皱构造两翼地层的倾向相反。

当不对称背斜存在脊面、轴面、转折面，且井钻遇的不对称背斜次序是缓（上）翼—脊面—轴面—转折面—陡（下）翼时，其颜色模式为绿—蓝—红（反）—蓝（反）—绿（反、大）。

3）倒转背斜

对于倒转背斜，它的特点是下翼倾角比上翼大，两翼倾向相同。当井穿过倒转背斜的轴面时，矢量图有两种特征显示：

第一种仍是绿—蓝—红—绿模式。它与不对称背斜不同之处是绿—蓝与红—绿模式的倾向基本上都是同方向的，红—绿模式的倾角比绿—蓝模式的倾角大得多。

第二种倒转背斜的地层倾角矢量图显示如图 8－17 所示。它有以下特征：

（1）在上翼地层中矢量图呈绿色模式，倾角和倾向基本不变。

（2）由上翼地层至脊面，矢量图呈蓝色模式，倾角随深度增加而减小。

（3）由背斜脊面到背斜轴面，矢量图呈红色模式，倾向相反。至倒转背斜转折面，倾角随深度继续增大，一直增到 90°直立时为止。有的倒转背斜在此部位由于褶皱厉害造成断裂，矢量图不以红色模式而以杂乱模式显示。

（4）由转折面进入下翼地层，倾角由最大值随深度增加而减小，倾向与上翼地层相同。

（5）在下翼地层中，矢量图呈绿色模式。但倾角比上翼地层大，倾斜方位与上翼地层基本一致。

4）平卧褶曲

图 8－18 为平卧褶曲的地层倾角矢量图。如为平卧背斜，以褶曲顶部开始则最右边地层为最老地层，向左地层逐次较新；如为平卧向斜，以褶曲顶部开始最右边地层为最新地层，向左地层逐次较老。

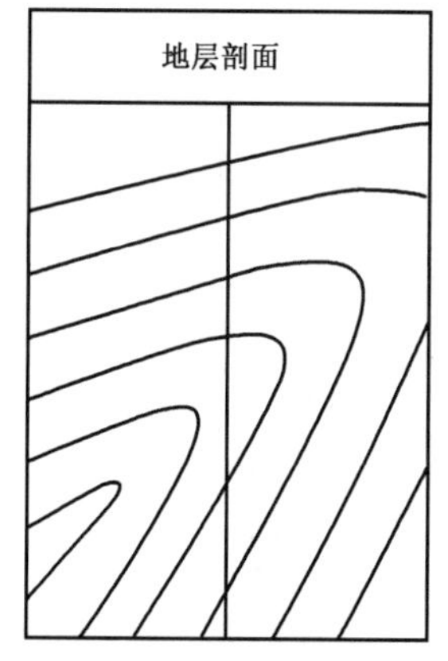

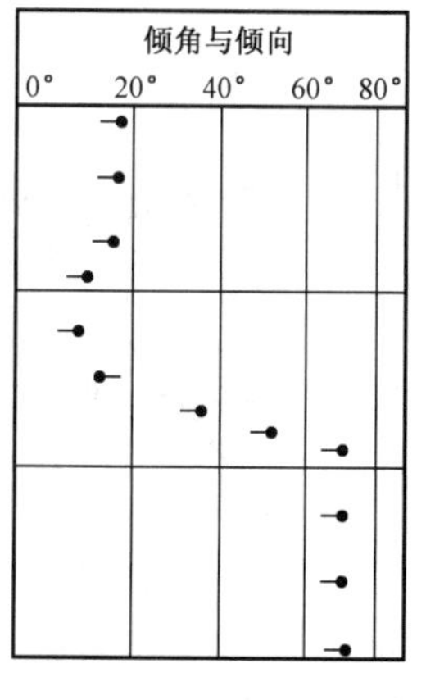

图 8－17　第二种倒转背斜的地层倾角矢量图

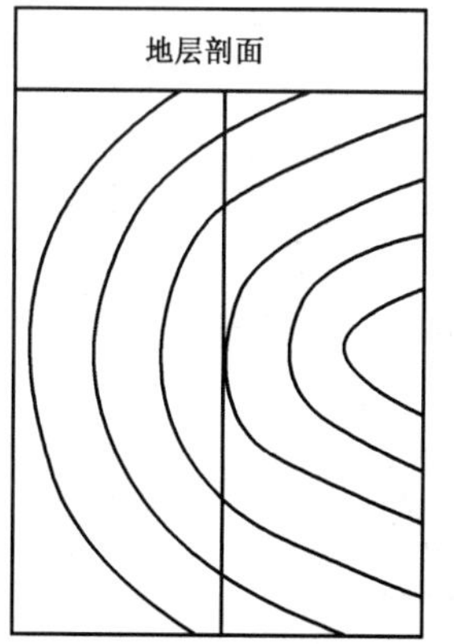

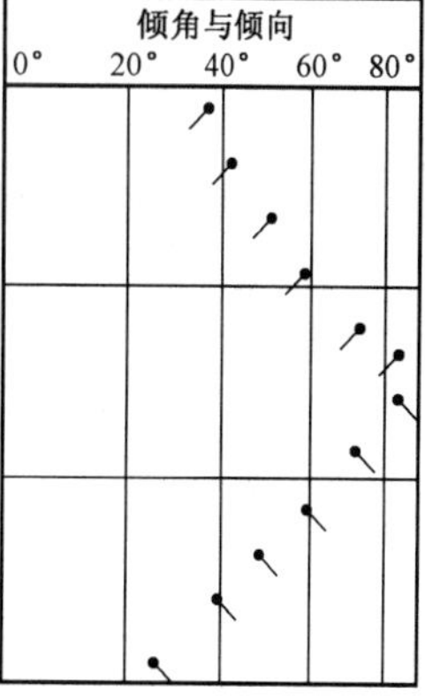

图 8－18　平卧褶曲的地层倾角矢量图

平卧向斜在矢量图上显示为红—蓝（反）模式，或绿—红—蓝（反）—绿（反）模式，倾角最大处的深度为轴面深度，图中两翼倾向之差小于 180°。

5）对称向斜

当井没有穿过对称向斜的轴面时，矢量图显示为绿色模式，与单斜构造相同，如图8－19所示。

6）不对称向斜

当井钻遇不对称向斜的次序是陡翼—轴面—缓翼时，其矢量图显示基本与不对称背斜相同，为绿—蓝—红（反）—绿（反、小）模式，不同之处是下翼倾角比上翼倾角要小，如图8－20所示。

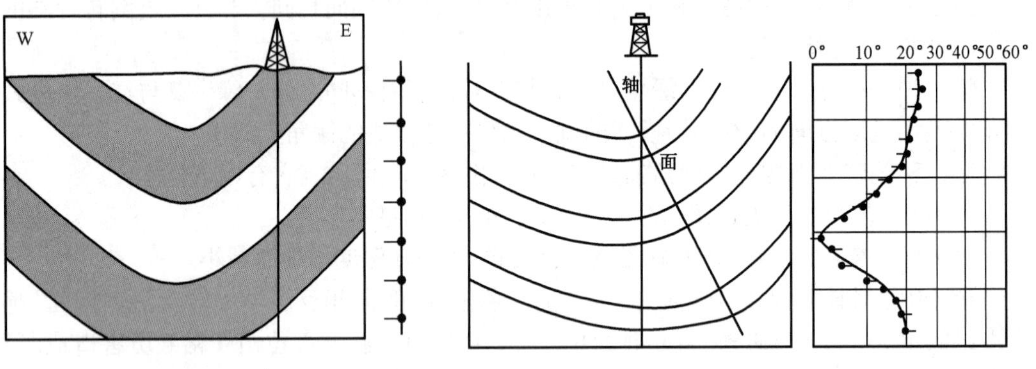

图8－19　对称向斜及其地层倾角矢量图

图8－20　不对称向斜及其地层倾角矢量图

3. 断层构造在地层倾角图上的显示

当岩层处于拉伸或挤压状态时，可能发生断裂，形成断层。断层是地壳中最常见的构造形态之一，可以使已形成的油气藏遭到破坏，也可以形成断层封闭类型的油气藏。因此，研究其特征和分布规律，在油气田的勘探与开发中具有十分重要的意义。

1）没有发生变形的断层

对于没有发生变形的正断层，如图8－21（a）所示，由于断层没有变形，矢量图显示与单斜构造一致，为绿色模式，这种断层不能用地层倾角测井资料来识别。但由于断层面发生相对运动，有时在断面处可能会出现地层倾角突然增大的情况。

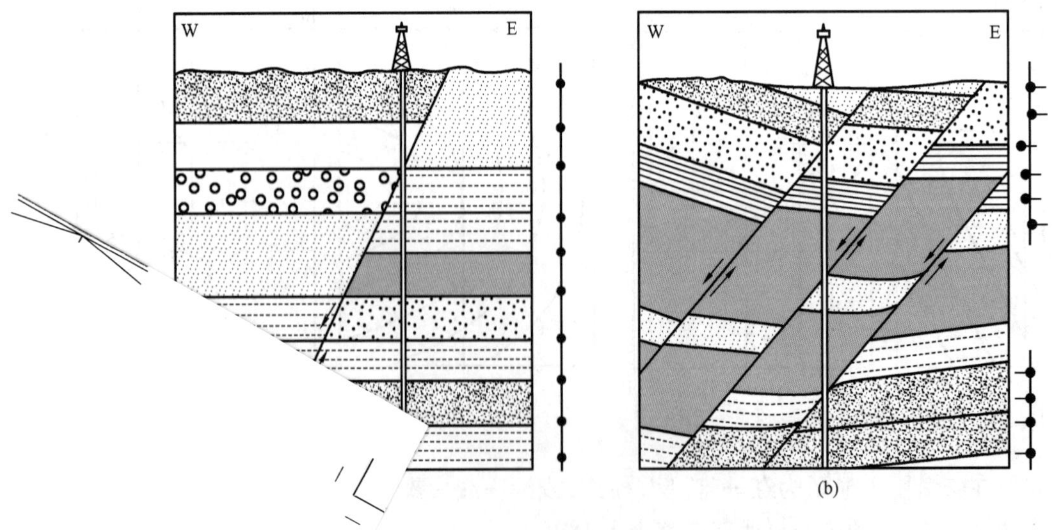

图8－21　没有发生变形的断层及其地层倾角矢量图

对于没有发生变形的逆断层，如图 8－21（b）所示，在井眼中部分地层重复出现。由于层面没有变形，在矢量图中断层无显示。

2）有断裂破碎带的断层

当地层很硬时，岩层沿断层面形成破碎带。由于破碎带地层中地层倾角没有一定方向，因此断层面通常在地层倾角矢量图上显示为绿—乱—绿模式，如图 8－22 所示。

3）旋转断层

旋转断层及其地层倾角矢量图如图 8－23 所示，地层在构造力的作用下产生了旋转，上下盘的倾角和倾向不再相同，在矢量图上显示为绿—红—绿模式。

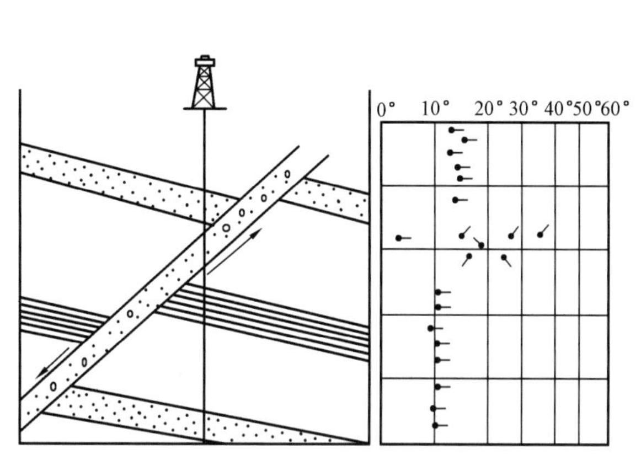

图 8－22　有断裂破碎带的断层及其地层倾角矢量图

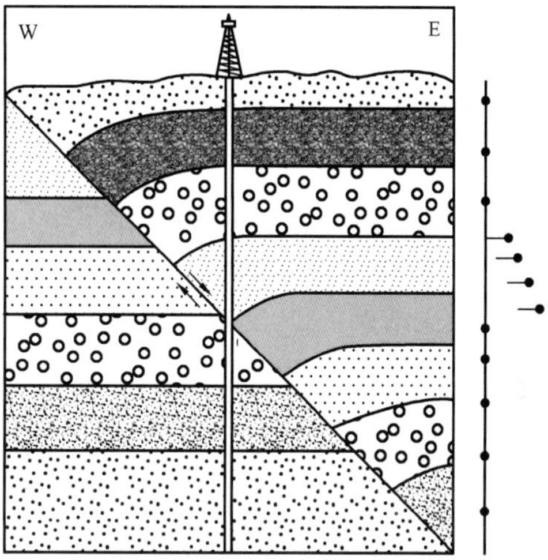

图 8－23　旋转断层及其地层倾角矢量图

4）有拖曳现象的断层

塑性岩层上下盘沿断层面发生相对运动时，由于摩擦作用，地层层面在断层处发生形变，断层就能在矢量图上显示出来，因此就有可能从矢量图上加以辨认。

a. 正断层

当有拖曳现象的断层为正断层，并且断层面与地层面向同一方向倾斜时，由于上盘断层面向下滑，下盘沿断层面向上推，使上下盘在拖曳区倾角变大，矢量图有以下特征：

（1）在下盘岩层中，地层面未受拖曳影响，矢量图呈绿色模式。此时的倾角与方位角为上盘岩层的倾角与方位角。

（2）进入上盘拖曳区，倾角增大，至断层面倾角最大，矢量图为红色模式显示。此时最大倾角的深度为断点深度，其倾角及方位角为断层面的倾角和方位角。

（3）进入下盘拖曳区，倾角减小，矢量图为蓝色模式显示。

（4）进入下盘未受影响的岩层，倾角稳定，矢量图为绿色模式显示。

整个矢量图为绿—红—蓝—绿模式，方位始终一致。

当有拖曳现象的断层为正断层，但断层面与地层面倾向相反时，如图 8－24 所示，由于上盘下滑，在有拖曳现区出现小向斜；下盘上推，在拖曳区出现小背斜。矢量图有以下特征：

（1）上盘向斜拖曳区，矢量图显示颜色模式与不对称向斜颜色模式基本相同，即绿—蓝—

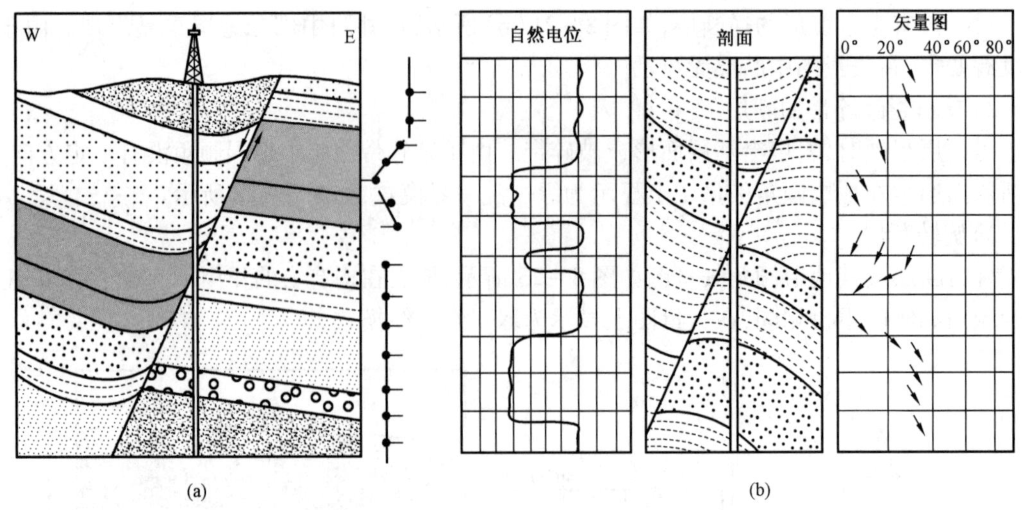

图 8-24　有拖曳现象的正断层及其地层倾角矢量图

红(反)—绿(反、小),如图 8-24(a)所示。不过它不会出现绿(反、小)模式,在断点处,而以红(反)模式结束。红(反)模式最大倾角处的深度为断点深度,其倾角和方位角接近断层面的倾角和方位角。

(2)下盘背斜拖曳区,矢量图显示颜色模式与不对称背斜颜色模式基本相同,即绿(反、小)—蓝(反)红—绿。不过,它不出现绿(反、小)模式,而出现蓝(反)—红—绿模式。

整个矢量图显示为绿—蓝—红(反)—蓝(反)—红—绿模式,是由小向斜和小背斜的颜色模式组合而成的,如图 8-24(b)所示。

b. 逆断层

对于有拖曳现象的逆断层,当断层面与地层面倾向相同时,上盘在拖曳区出现小背斜,下盘在拖曳区出现小向斜,整个矢量图的颜色模式是绿—蓝—红(反)—蓝(反)—红—绿模式。

当井钻在上盘背斜拖曳区和下盘向斜拖曳区的转向面内时,如图 8-25(a)所示,矢量图特征为:

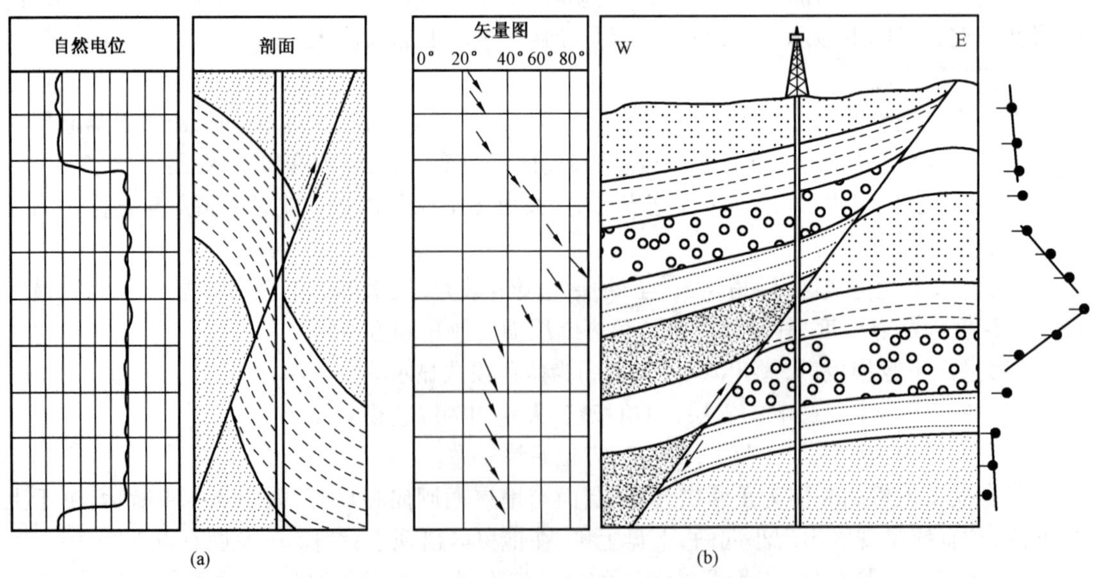

图 8-25　有拖曳现象的逆断层及其地层倾角矢量图

(1)上盘拖曳区。由拖曳面转向点至断层面，倾角从零度增大，呈红色模式，倾角最大点的深度为断点深度，但不能根据它来确定倾角和方位角。

(2)下盘拖曳区。由断层面至拖曳面转折点，倾角由大变小呈蓝色模式，在转向点处倾角为0°。整个矢量图的模式为红(反)—蓝(反)。

当断面与层面倾向相反时，由于上盘断层面上推，下盘沿断层面下滑，使上下盘在拖曳区倾角变大，地层面倾向也没有转至和断层面倾向平行，故矢量图显示为绿—红—蓝—绿模式，如图8－25(b)所示。倾角最大值处的深度为断点深度。

c. 逆掩断层

图8－26为带有拖曳现象的逆掩断层及其地层倾角矢量图，断层面与地层面倾向相反。由于拖曳现象，上下盘在拖曳区倾角变大，地层面没有出现转向，整个矢量图显示为绿—红—蓝—绿模式，倾角最大值处深度为断点深度。

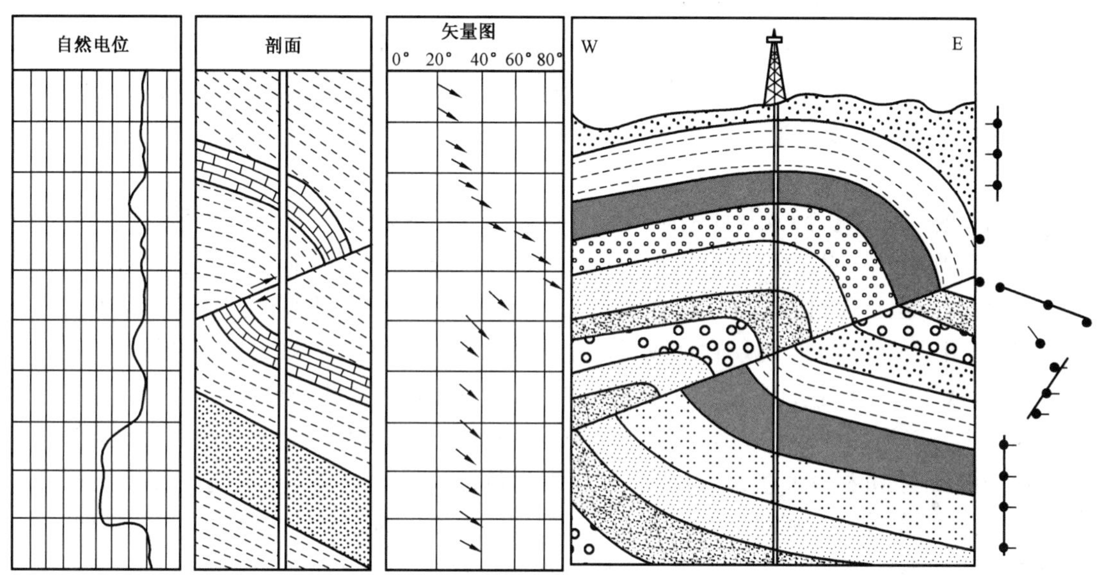

图8－26　带有拖曳现象的逆掩断层及其地层倾角矢量图

5)滚动断层

当滚动断层的断层面与地层面倾向相反时，上盘滚动区地层的倾角增大。下盘由于沉积物向断层面空隙陷落不多，不会形成滚动小背斜，只是在下盘滚动区地层倾角减小，如图8－27所示，矢量图特征如下：

(1)上盘，矢量图以绿色模式显示。

(2)上盘滚动区，矢量图以红色模式显示。

(3)下盘滚动区，矢量图以红色模式显示，与上盘滚动区是断开的。

(4)下盘，矢量图以绿色模式显示。

整个矢量图模式为绿—红—(断开)—红—绿，倾斜方位是一致的。如果不存在下盘滚动区，则矢量图模式为绿—红—(断开)—绿。

当断层面与地层面倾向相同时，在上盘滚动区出现滚动小背斜，下盘滚动区地层倾角增大。整个矢量图模式为绿—蓝—红(反)—蓝—绿。如果下盘不存在滚动区，则矢量图模式为绿—蓝—红(反)—(断开)—绿。

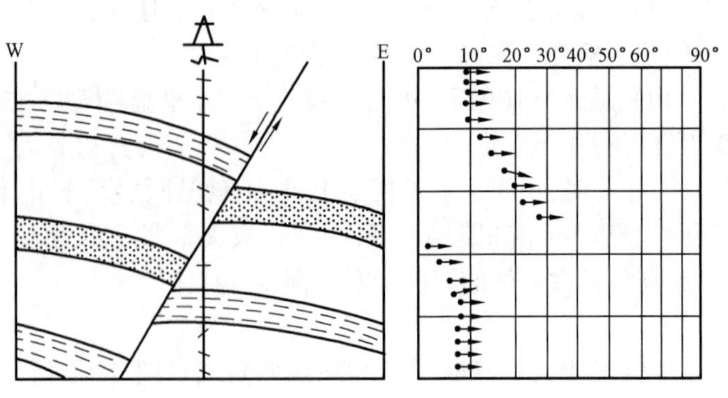

图 8－27　滚动断层及其地层倾角矢量图

4. 不整合面在地层倾角图上的显示

根据不整合面上下地层产状和所反映的构造运动特征，不整合分为平行不整合和角度不整合两种主要类型。平行不整合表现为上下两套地层产状彼此平行，但两套地层之间缺失了一些时代的地层。角度不整合主要表现为不整合面上下两套地层之间既缺失部分地层，产状也不相同。

平行不整合（假整合）及其地层倾角矢量图如图 8－28 所示。由于平行不整合面上下地层的倾角和倾向没有明显变化，所以在倾角矢量图上通常难以识别出平行不整合面。但有时也有例外，当不整合面附近存在底砾岩或古土壤层时，界面处会出现特殊的倾角矢量模式——杂乱模式；当不整合面上下地层存在成层性差异时，通常成层性相对好的地层倾角矢量模式比较规则，而成层性相对差的地层倾角矢量模式比较杂乱。通过倾角矢量模式的差异，有时在倾角矢量图上相对容易识别整合面。大角度的侵蚀不整合面在倾角矢量图上通常表现为倾角大小和倾向的突变，沉积物发生沉积间断，在倾角矢量图上通常表现为红—蓝—红模式相间排列；而缓慢沉积造成的沉积间断在倾角矢量图上则通常表现为蓝—红—蓝模式相间排列。

对于角度不整合，在倾角图上表现为地层倾角和倾斜方位角皆发生突然改变。一般情况下，不整合上部地层倾角较小，下部地层倾角较大，如图 8－29 所示。

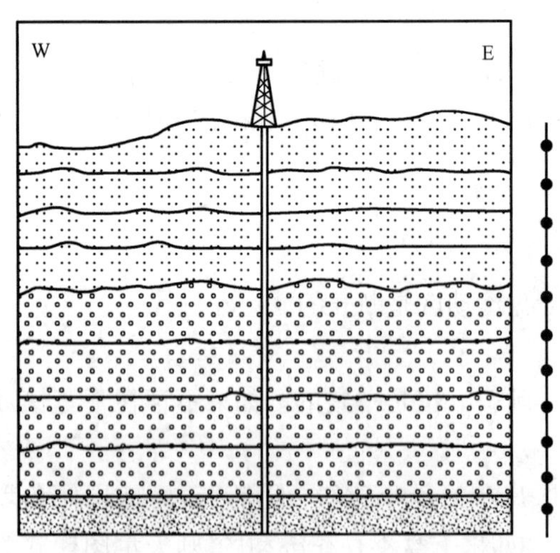

图 8－28　平行不整合及其地层倾角矢量图

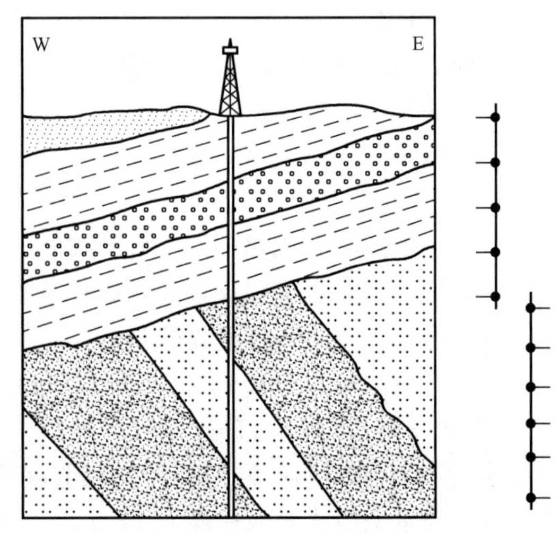

图 8－29　角度不整合及其地层倾角矢量图

5. 盐丘构造在地层倾角图上的显示

图8－30为盐丘构造及其地层倾角矢量图，盐丘的侵入使地层发生显著的弯曲。当井钻在盐丘一侧时，地层倾角测井矢量图显示为：

(1)越靠近盐丘体，倾角越大；远离盐丘体，倾角变小。

(2)一般有恒定的倾斜方位，且指向远离盐丘方向。

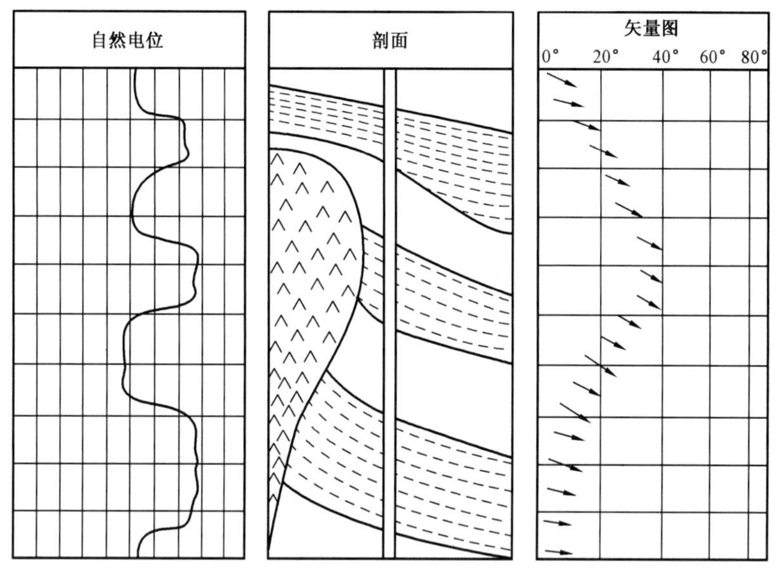

图8－30 盐丘构造及其地层倾角矢量图

(二)地层倾角测井资料在沉积学方面的应用

目前，地层倾角测井主要用于研究岩层的层理构造，研究各种沉积相带内由于岩性变化而形成的地层圈闭。通过对层理构造的研究，可以了解沉积搬运方向，估计沉积环境；通过对地层圈闭的研究，可以预测储集层的延伸和加厚方向，为寻找有经济价值的地层圈闭油气藏提供可靠的资料。

1. 层理构造在地层倾角测井图上的显示

层理构造是沉积学的主要构造。它是沉积物沉积时水动力条件的直接反映，是沉积环境的重要标志之一。岩性单元内部和岩性单元之间的层理几何形态和空间关系，是组成盆地充填物的成因地层层序中沉积成因单元的基本特征。沉积岩的层理构造按其形态特征主要归纳为水平层理、斜层理、交错层理等，而利用地层倾角矢量模式则能够有效地识别各种层理构造。

1)水平层理

水平层理一般倾角接近0°，倾向不定。倾角稍大时，可以看到绿色模式显示。若存在粘土矿物，SP或GR显示出旋回重复。图8－31为岩性递变水平层理的地层倾角矢量模式。

2)斜层理

斜层理的地层倾角矢量模式如图8－32所示。图中砂岩有两组蓝色模式，说明整个层系组由两个平行层系组成；倾角逐渐减小，说明层系内各组层是弧形的，因此，此层系为弧形斜层理。箭头所指方向为沉积时的水流方向。如果构造倾角大，要消除构造倾角的影响。

3)交错层理

交错层理由若干各层系组成。其特征是层系界面彼此交错切割，各层系中细层倾向多不

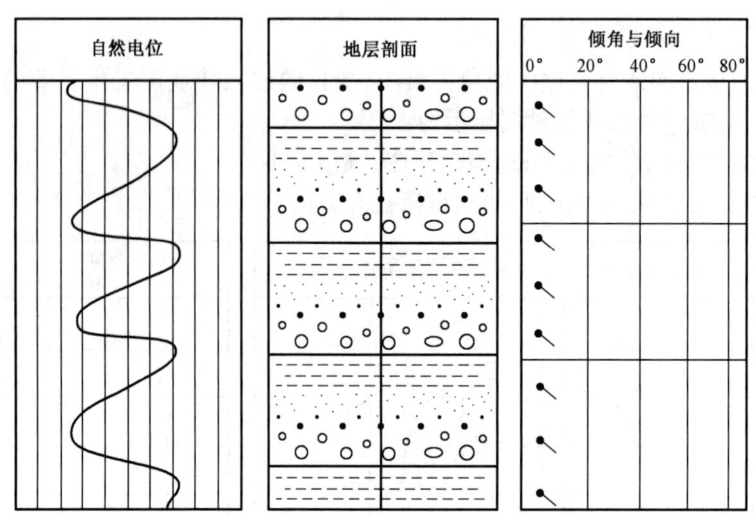

图 8-31　岩性递变水平层理的地层倾角矢量模式

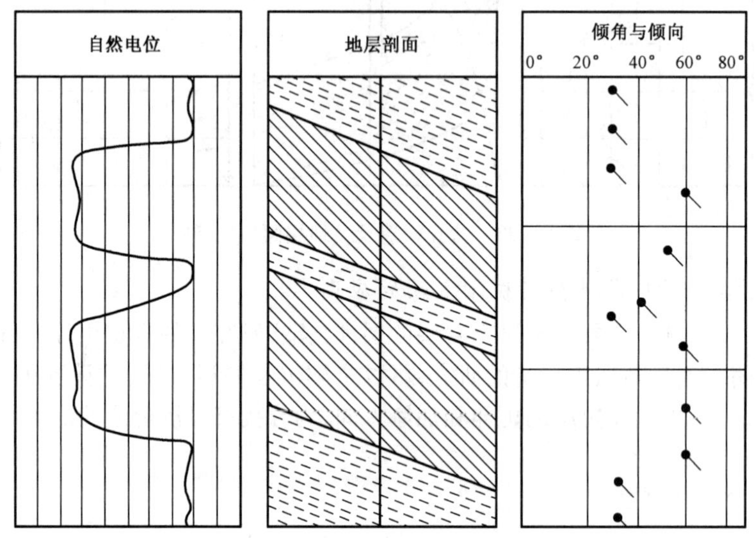

图 8-32　斜层理的地层倾角矢量模式

一致。因此,倾角矢量模式比较复杂,随各层系的角度、倾向、组合方式变化而变化。

楔状交错层理在倾角上显示为一组倾向交替变化的绿色模式或蓝色模式。图 8-33 为厚层砂岩楔状交错层理的地层倾角模式。从倾角图上可看出,该套风成砂岩有六组绿色模式;层系间倾角和倾斜方位角各不相同,说明是楔状交错层理;每个层系内的倾角和倾斜方位角是相同的,说明层系内各细层是单向直线型斜层理。

层状交错层理在倾角图上显示为一组倾角不同的绿色模式或蓝色模式,中间还测量出层系面的倾角和倾向。图 8-34 中的厚层砂岩层理构造为层状交错层理。从倾角图上可以看出,厚层砂岩有五组绿色模式,说明整个层系由五个层系组成;层系间的倾角不同但倾斜方位角是相同的,说明是层状交错层理。每个层系内的倾角和倾斜方位角是相同的,说明层系内地层是单向直线型斜层理。

板状交错层理一般显示为多组蓝色模式,每组蓝色模式是同一层系各小层的倾角矢量。

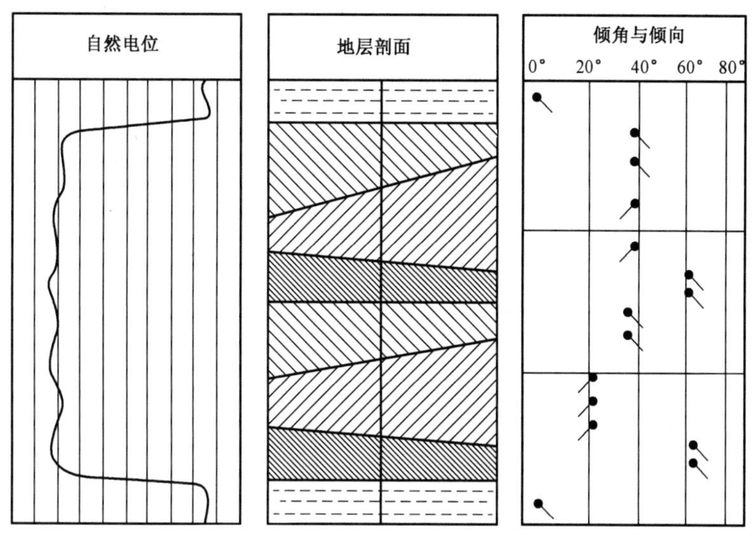

图 8－33　厚层砂岩楔状交错层理的地层倾角模式

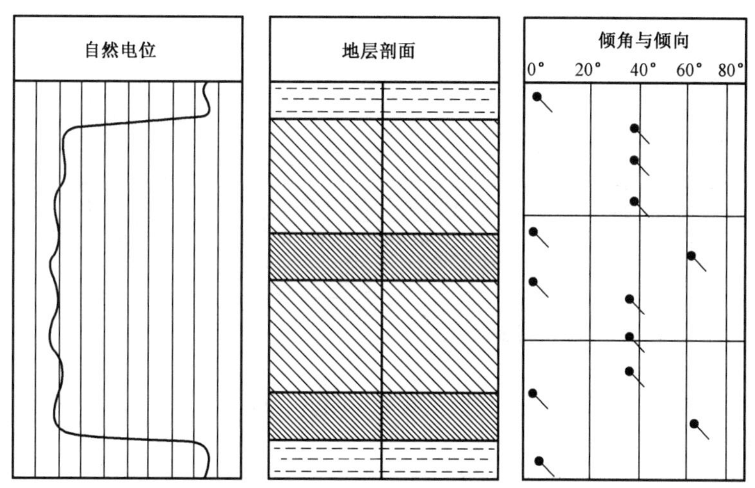

图 8－34　层状交错层理的地层倾角模式

2. 圈闭在地层倾角测井图上的显示

1）滨海相沙坝型地层圈闭

在滨海地区，海浪底流携带泥沙流回海洋与冲向海岸的海浪相遇，流速抵消，沙粒堆积下来形成沙坝。沙坝形成以后，如果发生海侵，且沙坝处的海水又足够深，就会在沙坝上部会沉积泥岩或砂质泥岩，把沙坝封闭起来形成圈闭。滨海相沙坝的上部泥岩随堆积加厚压力越来越大，横向上压实不均匀产生差异压实现象，使泥岩盖层越接近砂体倾角越大。在倾角图上，滨海相沙坝以红色模式显示，如图 8－35 所示，泥岩倾斜方位的相反方向指示为沙坝沉积加厚的方向。

2）河流相河道充填型圈闭

河道充填型圈闭是在河水流入海洋或者海水倒流入河道时使沙子沉积在河道中，之后又在沉积的沙子上覆盖泥岩盖层进而形成的。在地层倾角矢量图上，河道充填沉积和沙坝沉积的特点是不同的。河道充填沉积的加厚层理主要是从充填于河道的砂体反映出来,而不是砂体上部的泥岩。河道充填砂体加厚层理从上到下越接近河道底部,倾角越大,在底部出现最大倾角,而矢量指向方向为砂体加厚方向。图 8 - 36 是河道充填的矢量图。图 8 - 37 为河道充填砂体沉积模型和方位频率图。从图中可以看出,河道水流方向为正南方向,即流动层理是正南方向。图中井位所在的河道砂加厚方向是正东方向,即加厚层理是正东方向。对流动层理的矢量和加厚层理的矢量作方位频率图,两者方位频率图的图像为互成 90°的双峰。

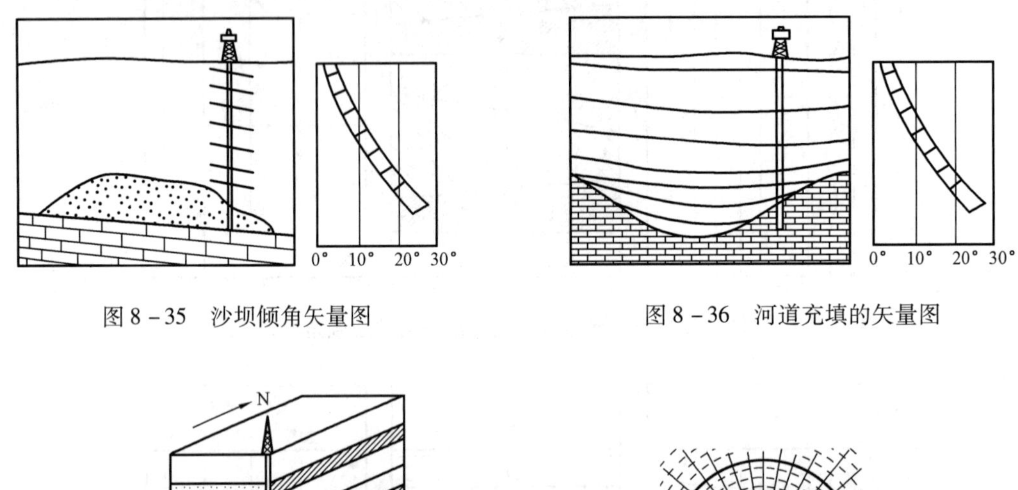

图 8 - 35 沙坝倾角矢量图

图 8 - 36 河道充填的矢量图

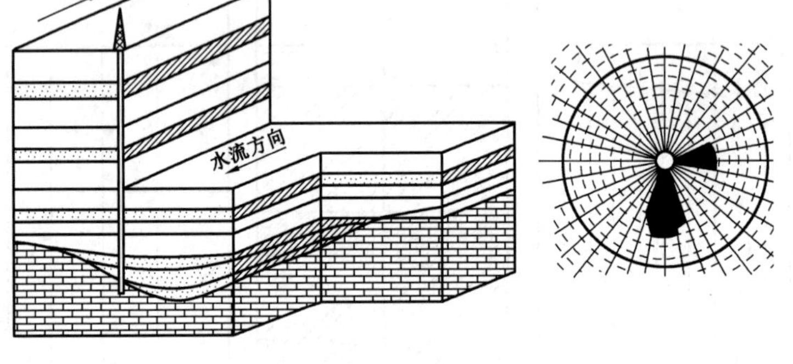

图 8 - 37 河道充填砂体沉积模型和方位频率

3)浅海相岩礁圈闭

碳酸盐岩礁体是由浅海区生物死亡后软体部分分解,坚硬的石灰质硬壳被遗留下来经过造岩作用而形成的,如图 8 - 38 所示。前礁是靠深海沉积的泥岩,具有拖曳现象;后礁是远离深海沉积的泥灰岩,无拖曳现象。礁体上面沉积的泥岩随深度的增加倾角增大;在碳酸盐岩礁体内测出的地层倾角矢量是散乱的,它们是礁体内溶洞、裂缝、节理等的显示。由图可观察到,沉积于礁体上面的泥岩与沙坝上覆泥岩同样的显示,即上覆泥岩的倾角随深度增加而增大。根据这一特征可以确定岩礁的加厚方向及礁体的走向,即与泥岩倾斜方向相反的方向为岩礁的加厚方向。与该方向垂直的方向是礁体的走向。

(三)地层倾角测井资料在研究裂缝方面的应用

裂缝是指岩石受外力作用、失去内聚力而发生各种破裂或断裂所形成的片状空间。它切割岩石组构,是油气运移的通道和储集的场所。在低孔低渗地层(如碳酸盐岩地层)中,识别裂缝是寻找油气储集层的关键,而利用地层倾角测井资料识别裂缝的最有效的方法。它可以给出裂缝井段、裂缝相对密度、裂缝的走向等参数。图 8 - 39 为倾角矢量图分析裂缝产状实例。

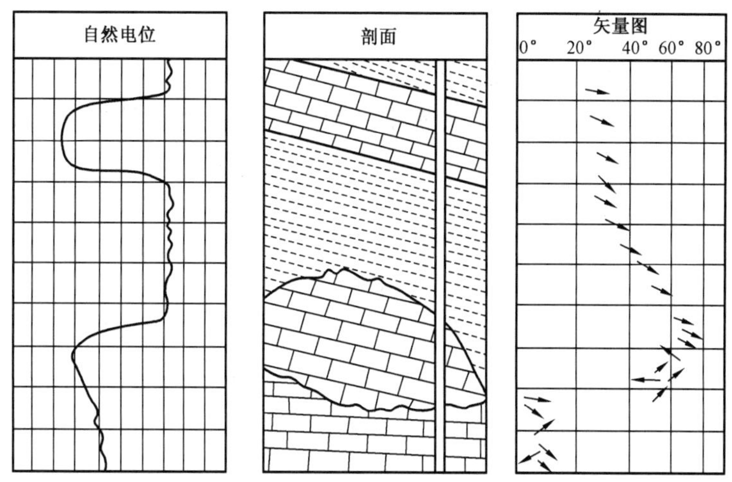

图 8－38　碳酸盐岩礁的地层倾角矢量模式

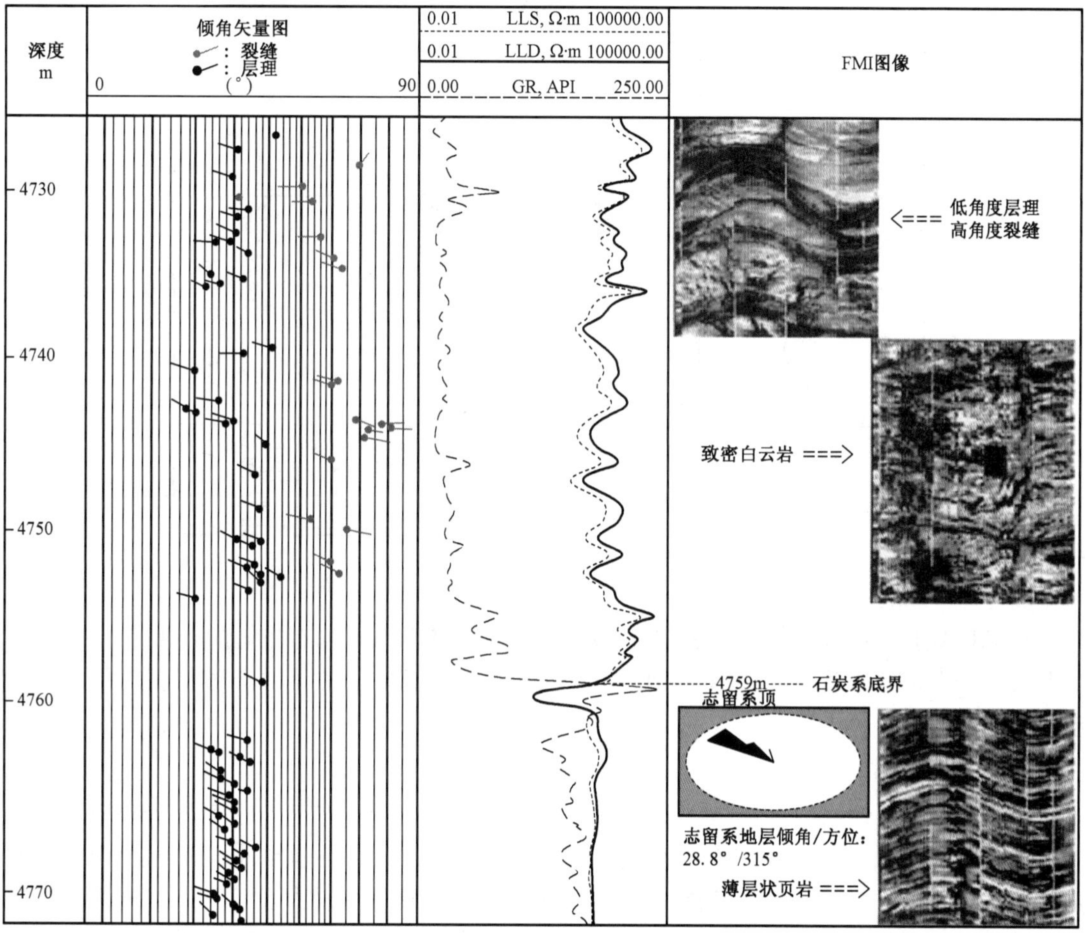

图 8－39　倾角矢量图分析裂缝产状实例

地层倾角测井探测裂缝主要是通过在同一平面上装置的四个互成 90°的贴井壁的极板，分别记录高分辨率的微电阻率曲线，较为精确地探测井壁四个方位上裂缝的位置和产状。地层倾角测井资料识别裂缝的方法包括以下几种。

1. 裂缝识别测井(FIL)

裂缝在地层倾角测井曲线上常常显示为高阻背景上的低电阻率异常。为了突出裂缝的显示,应对地层倾角测井曲线首先适当调整横向比例尺,使非裂缝层段曲线达到饱和状态,而裂缝则以明显的低电阻率异常显示出来。然后按顺序组合相邻两极板的四级重叠曲线(1-2,2-3,3-4,4-1),当任一极板通过充满导电钻井液的裂缝时,其电阻率降低,重叠曲线呈现幅度差。高角度裂缝常以一组或两组明显的幅度差出现,裂缝的走向可以通过1号极板的方位求得,如图8-40所示。FIL1-3极板电导率异常明显,2-4极板无异常,为典型的高角度裂缝。裂缝走向为北20°西。4602~4605m和4607.5~4636m射孔、测试仅产微气。

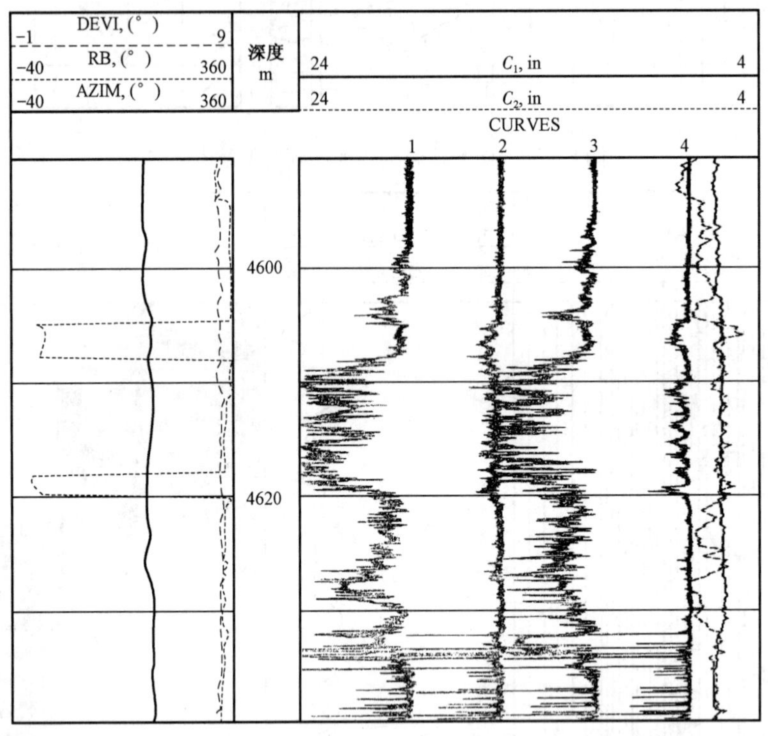

图8-40 裂缝识别测井(FIL)判别裂缝产状

在FIL图上识别裂缝的要点是:水平裂缝在四条重叠曲线上均有较短的异常,1号极板方位曲线反映出正常旋转;垂直裂缝在两条重叠曲线上有较长井段的异常,1号极板方位不旋转或旋转速度变慢。

2. 电导率异常检测(DCA)

该方法是利用地层倾角测井的原始记录进行处理后的显示。在垂向移动的允许范围内所确定的井段上,求出各极板与相邻极板的电导率读数之间的最小正差异,把这个最小正差异叠加在该极板的方位曲线上,作为判别裂缝的标志。根据地层倾角测井程序(GEODIP程序)的处理结果来判别由裂缝识别曲线所获得的地质信息,排除了由地层的层理等所引起的假电导率异常。通常,高角度裂缝在对称(相差180°)的极板上出现连续的电导率异常;水平裂缝在四个(六臂倾角测井为六个)极板上同时出现电导率异常;斜交裂缝则在四个(六臂倾角为六个)极板上不规则地出现电导率异常。在图8-41中,从最右边四条曲线可以大致看出裂缝发育层段及裂缝地产状。

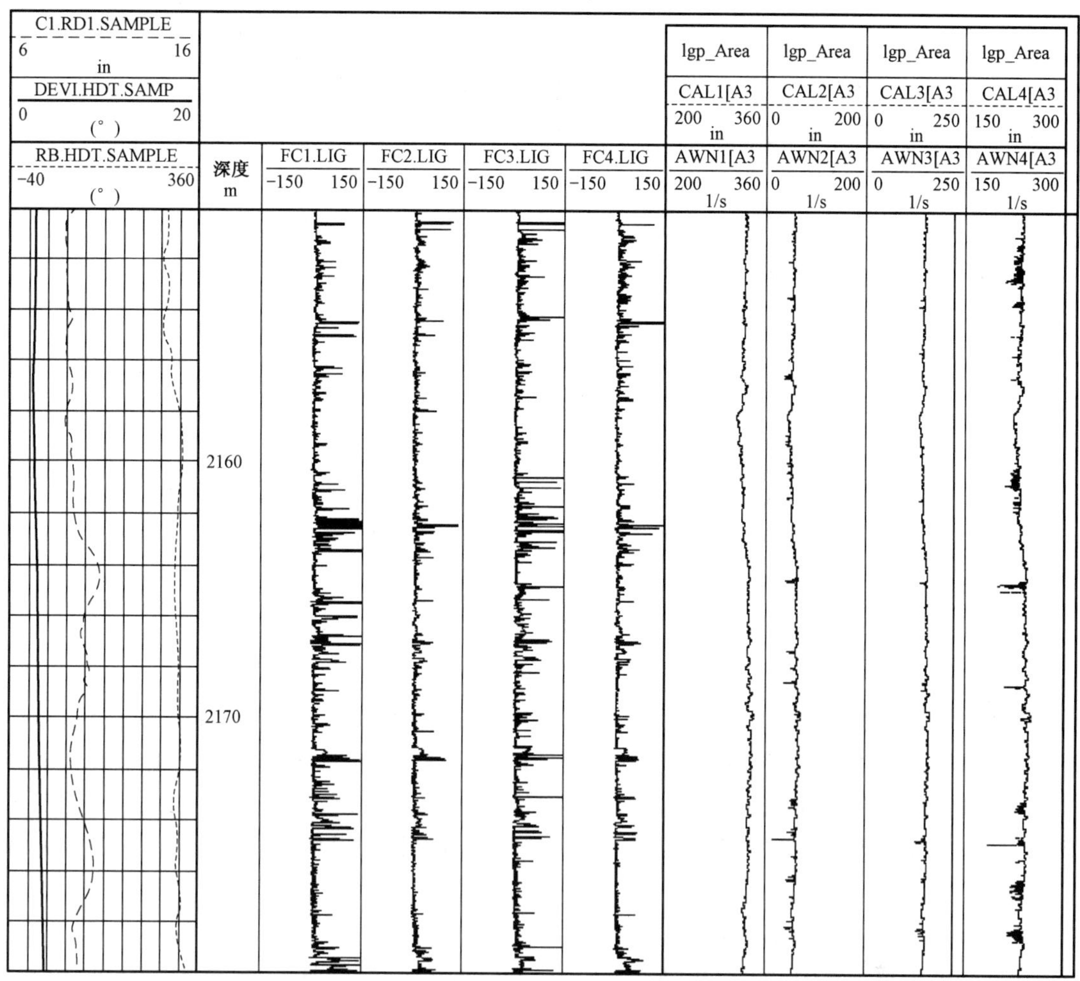

图 8－41　地层倾角测井电导率异常检测(DCA)处理成果图

3. 微电阻率曲线重叠法

将根据地层倾角测井记录再现的四条电阻率曲线直接重叠组合，当出现低阻与高阻曲线明显分离并有一定垂向延续长度的异常时，即可以作为裂缝的标志，图 8－42 为克拉玛依 430 井(2385～2388m)测井图，其裂缝方位可由相应的低阻极板的方位推算求得。

4. SHDT 测井资料并列电极对比探测垂直裂缝

当裂缝被钻井液充填时，裂缝在电阻曲线上显示为高电导率。如果裂缝系统是铅垂方向或接近铅垂方向，则高电导显示有可能在并排电极的其中一个电极曲线上出现。对于水平裂缝，电导尖峰将在两条曲线上同时出现。但用这种方法时要小心，因为并排两个电极的距离为 3cm。如果在很长的一个井段上某一电极曲线一直为低电阻率值，则可能是由两种原因引起的：一种是确实存在垂直裂缝；另一种情况是仪器工作不正常。

5. 双井径曲线重叠法

双井径曲线重叠法是指地层倾角测井仪两对极板所测井径曲线的重叠。它是识别裂缝的一种重要方法，通常具有良好的使用效果。

当钻遇高角度裂缝，特别是垂直裂缝时，通常会在与形成区域性裂缝的最小应力方向平行

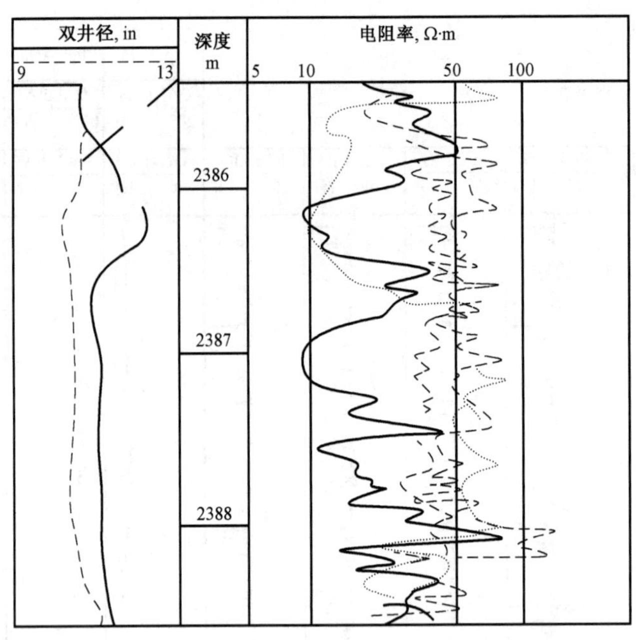

图 8－42　克拉玛依 430 井测井图

的方向上产生定向扩径。此时,井眼呈椭圆形,双井径曲线重叠显示出明显的差异,地层倾角测井仪贴井壁的滑板常常嵌于井壁垮塌形成的键槽中移动,致使仪器的转动速度变慢甚至停止。因此,根据地层倾角测井曲线上显示的定向扩径、椭圆形井眼及相对方位曲线平直无明显变化等特征可划分出高角度裂缝层段。根据扩径方位或椭圆形井眼的长轴方向,可以确定高角度裂缝的方向。

6. 多井裂缝方位频率图分析

单井裂缝方位频率图可以分析裂缝的发育方向、组系。多井裂缝方位频率图可以分析某个地区(构造)不同部位的裂缝的发育方向、裂缝分布规律。

(四)地层倾角测井资料确定地层真厚度

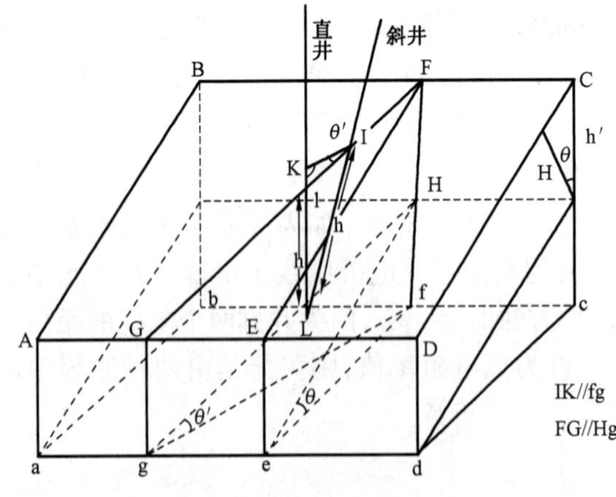

图 8－43　确定地层真厚度的示意图

根据微电阻率测井曲线可以将岩层的视厚度确定出来。用微电阻率测井资料结合地层常规测井资料则能计算出地层的真厚度。

图 8－43 给出了确定地层真厚度的示意图。图中,ABCD 为岩层面,岩层倾角为 θ,倾斜方位角为 φ,岩层真厚度为 H,$\overline{EF}$为倾斜线,$\overline{ef}$为倾向线(abcd 平面)。已知井斜角为 δ、井斜方位角为 ψ,测量的地层倾角为 θ,地层倾斜方位角为 φ,视厚度为 h,求地层真厚度 H。斜井的视厚度 $h=\overline{IL}$,通过$\overline{IL}$作一钻垂面 FGgf,$\overline{fg}$或$\overline{IK}$为斜井的倾向线,斜井的井斜角为 δ,井斜方位角为 ψ,岩

层在斜井上的视厚度为 h(即测量厚度),在斜井钻垂面 FGgf 上地层的视倾角 θ' 为:

$$\tan\theta' = \tan\theta\cos(\psi - \varphi) \quad (8-12)$$

相当于垂直井测量的视厚度 h' 为:

$$h' = h\cos\delta - h\sin\delta\tan\theta' \quad (8-13)$$

则地层真厚度 H 为:

$$H = h\cos\delta - h\sin\delta\tan\theta\cos(\psi - \varphi) \quad (8-14)$$

第二节　录井技术

录井资料采集工作的主要任务是根据井的设计要求,取全、取准反映地下情况的各项资料,以判断井下地质及含油气情况。常规录井资料采集的方法主要有钻时录井、岩心录井、岩屑录井、钻井液录井、荧光录井、气测录井等。近几年,随着录井技术装备的不断研制与开发应用,使得录井信息采集技术正由定性向定量、由单一向综合方向发展。

一口井录井工作的质量不仅直接影响到能否迅速搞清本井地下地层、构造及含油气情况,而且关系到对整个构造的地质情况认识、含油气远景评价和油田开发方案设计等重要问题。因此,钻井地质录井工作在整个油气田勘探与开发过程中是十分重要的。

一、常规录井技术

(一)岩心录井

在钻井过程中用一种取心工具,将井下岩石取上来,这样取出来的岩石就叫岩心。岩心是最直观、最可靠地反映地下地质特征的第一性资料。通过岩心的分析,可以考察古生物特征,确定地层时代,进行地层对比;研究储集层岩性、物性、电性、含油性的关系,掌握生油特征及其他地球化学指标;观察岩心岩性、沉积构造,判断沉积环境;了解构造和断裂情况,如地层倾角、地层接触关系、断层位置;检查开发效果,了解开发过程中所必需的资料数据。

(二)岩屑录井

地下的岩石被钻头钻碎后,随钻井液被带到地面上,这些岩石碎块就叫岩屑,又常称为"砂样"。在钻井过程中,地质人员按照一定的取样间距和迟到时间,连续收集与观察岩屑并恢复地下地质剖面的过程,称为岩屑录井。通过岩屑录井,可以掌握井下地层层序、岩性,初步了解地层含油气水情况。由于岩屑录井具有成本低、简便易行、了解地下情况及时和资料系统性强等优点,因此在油气田勘探、开发过程中,被广泛采用。

(三)井壁取心录井

用井壁取心器按指定的位置在井壁上取出地层岩心的方法叫井壁取心。井壁取心的目的是为了证实地层的岩性、含油性和电性的关系,满足地质方面的特殊要求。

(四)钻井液录井

普通钻井液是由粘土、水和一些无机或有机化学处理剂搅拌而成的悬浮液和胶体溶液的混合物,其中粘土呈分散相,水是分散介质,组成固液分散体系。钻井液除了用来带动涡轮、冷却钻头钻具外,更重要的是携带岩屑,保护井壁,防止地层垮塌,平衡地层压力,防止井喷、井漏。根据地质条件合理使用钻井液,是防止钻井事故发生、降低钻井成本和保护油层的重要措施。钻井液在钻遇油、气、水层和特殊岩性地层时，其性能将发生各种不同的变化。根据钻井液性能的变化及槽面显示来推断井下是否钻遇油、气、水层和特殊岩性的录井方法，称为钻井液录井。

（五）钻时录井

钻时是指每钻进一定厚度的岩层所需要的时间，单位为 min/m。钻时是钻速的倒数。在新探区，从井口开始每米记录一次钻时，到达目的层则可适当加密到 0.5～0.25m 记录一次。钻进速度的快慢，一方面取决于地下岩石的可钻性；另一方面又取决于钻井措施，如钻压、转速、排量的配合、钻井液性能、钻头类型及使用情况等。因此，钻时的大小既可以帮助判断井下地层岩性的变化和缝洞发育情况，又能帮助工程人员掌握钻头使用情况，提高钻头利用率，并改进钻进措施，提高钻速，降低成本。钻时录井的特点是简便、及时。钻时资料对于现场地质和工程技术人员都是很重要的。

（六）荧光录井

该方法是应用石油的物理性质发展起来的一种录井方法。从目前使用的仪器来看，荧光录井不仅能定性解释，还能进行定量解释。目前，荧光录井已发展到利用荧光光谱可区别不同性质原油，为进一步准确划分油气层提供重要依据。荧光录井的最大优点在于对于油质轻、岩性疏松、易塌落、肉眼不易发现或难辨别的油气显示提供了最好的手段。其主要的工作方法为岩屑干照、岩屑低照、系统对比、毛细分析等等。应用荧光录井可以鉴别沥青性质，并根据沥青性质初步判断原油性质；可以系统鉴别含油层的沥青性质，帮助了解油层纵向的变化，综合其他录井资料对判断油、水层有一定作用；结合沥青含量和性质在区域上的关系，有助于研究油气生成及油气运移方向，帮助及时发现凝析油和气藏。

二、综合录井技术

综合录井技术是指在石油钻井勘探作业中，利用循环井液作为信息的载体，使用各种检测仪表或其他方法，从不同的方面反映井下地质、油气、压力、物性等随深度变化参数的一种综合录井作业。综合录井技术不仅包括传统的各种录井内容，还包括钻井参数录井、钻井液参数录井及地层压力的预测。宏观地讲，综合录井技术的基本原理就是通过对各种不同参数的检测、记录、整理、分析、计算，达到对地层进行含油气的初步评价、孔隙压力的预测以及钻井监控的目的。

综合录井技术通过岩心、岩屑、气体测定、荧光分析、钻速及钻井液性能等参数的录取，对地下地层含油气状况进行初步评价；通过页岩密度、d_c 指数、“Sigma - log”的测定对地下欠压实地层异常孔隙压力作出预测；通过钻速、立管压力、套管压力、钻井液池液面、钻井液密度、钻井液电阻率、H_2S 等参数的检测，对钻井实行安全监控。

（一）综合录井仪的组成

1. 钻井参数部分

该部分装置主要由 5 种仪器组成，它们是：(1) Z 装置；(2) 泵冲数和转盘转速测量仪；(3) 泵压、套压和转盘扭矩测量仪；(4) 钻井液池体积测量仪；(5) 钻井液流量测量仪。

2. 钻井液参数部分

该部分装置主要由 3 种仪器组成，分别为：(1) 钻井液密度测量仪；(2) 钻井液温度测量仪；(3) 钻井液电阻率测量仪。

3. 地质气测参数部分

该部分装置主要由 9 种仪器组成，分别为：(1)天然气总含量监测仪；(2)气相色谱仪(热解气相色谱仪)；(3)热真空蒸馏脱气器；(4)硫化氢含量监视仪；(5)二氧化碳测量仪；(6)碳酸盐含量测量仪；(7)泥岩密度测量仪；(8)荧光灯；(9)双目立体显微镜。

(二)综合录井仪录取的资料

综合录井仪可录取和收集 6 类资料、31 条曲线、3 种样品及有关资料 59 项。这 6 类资料包括：(1)岩屑录井类；(2)气测录井类；(3)钻井液录井类；(4)岩心录井类；(5)钻井工程录井类；(6)地层压力录井类。这 31 条曲线包括：(1)钻时，min/m；(2)甲烷含量，%；(3)乙烷含量，%；(4)丙烷含量，%；(5)异丁烷含量，%；(6)正丁烷含量，%；(7)气体全量，%；(8)二氧化碳含量，%；(9)硫化氢含量，mg/L；(10)1 号罐内钻井液量，m^3；(11)2 号罐内钻井液量，m^3；(12)3 号罐内钻井液量，m^3；(13)4 号罐内钻井液量，m^3；(14)钻井液总量，m^3；(15)进口钻井液电阻率，Ω·m；(16)出口钻井液电阻率，Ω·m；(17)进口钻井液温度，℃；(18)出口钻井液温度，℃；(19)进口钻井液密度，g/cm^3；(20)出口钻井液密度，g/cm^3；(21)出口钻井液流量(配有传感器材)，L/s；(22)大钩负荷，t；(23)钻压，t；(24)转盘转速，r/min；(25)转盘转矩，kN·m；(26)1 号泵冲速，冲/min；(27)2 号(或 3 号)泵冲速，冲/min；(28)立管压力，MPa；(29)套管压力(关闭封井器时)，MPa；(30)色谱流出曲线(气体组分)，%；(31)岩屑内碳酸盐岩含量，%。

三、气测井

气测录井(简称为气测井)是直接测定钻井液中可燃气体含量的一种录井方法。气测录井是在钻进过程中进行的，利用气测资料能及时发现油气显示，并能预报井喷，因而在探井中广泛采用。

(一)色谱气测井工作原理

目前气测井普遍使用的是国产 SQC－701 系列全自动色谱气测仪。这种仪器利用气相色谱分析方法，对进入钻井液的天然气，经过脱气器，由真空泵将气样送入三个道进行测量和分析，并由仪器记录下来，其流程见图 8－44。各道工作原理分述如下。

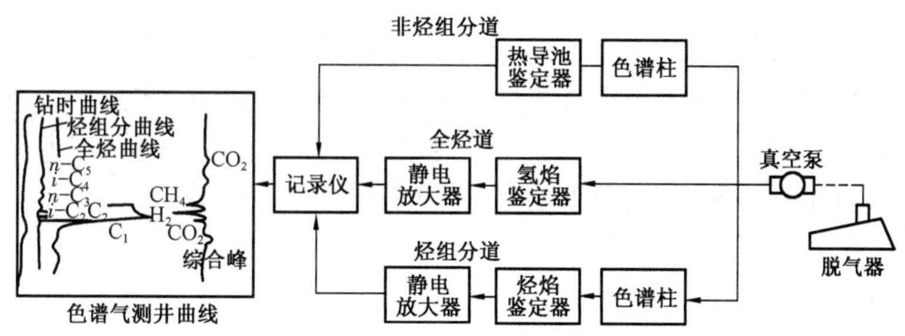

图 8－44 天然气组分分析流程图

1. 全烃测量道

气样进入气体分析器后，首先进入全烃道的氢焰离子化鉴定器。在氢火焰的作用下，气样中的烃类组分的碳元素离子化，碳失去电子而带正电呈离子状态。在外电场作用下，碳离子向鉴定器中的带负高压的收集极运动，而电子则向带正高压的喷嘴一方移动，于是形成了微弱的电流。这个电流的大小与气样中的碳的含量成正比。将这个电流经过静电放大器放大后送至记录仪以电位差的形式记录下来，经刻度得到全烃含量随井深的变化曲线。烃含量越高，则曲线幅度越高。

当总烃含量信号小于某个值（通常是 3mV）时，烃组分和非烃组分两个测量道呈自锁状态，只连续记录总烃曲线。当总烃信号达到或越过这个值时，由程序控制器自动开启两组分道进样开始工作。

2. 烃类组分道

当总烃含量足够高时，由程序控制器开启组分道。气样首先进入色谱柱，利用天然气中各组分的吸附特性，将气样中的 C_1，C_2，C_3，C_4，…，C_n 等组分分离后，按顺序把单个组分送入氢焰鉴定器后，进行离子化鉴定，其过程与全烃测量道相同，但鉴定器输出的电流大小表示各种单项烃类组分含量。经过放大由记录仪记录出曲线峰值分别代表 C_1，C_2，等组分的含量，称烃组分色谱曲线（图 8－45）。

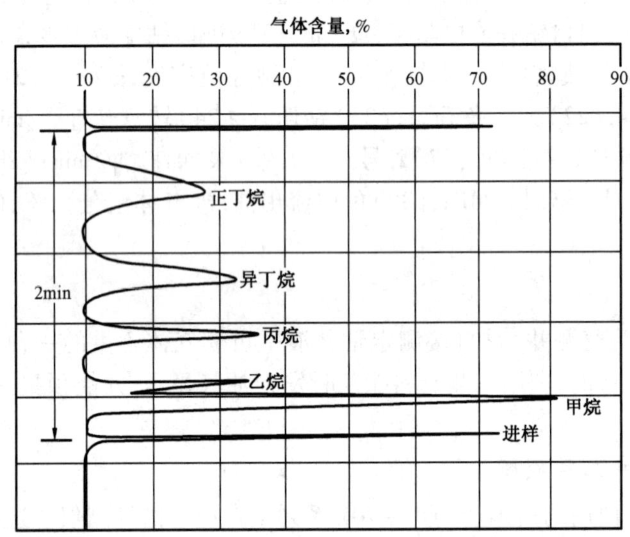

图 8－45　典型烃组分色谱图

3. 非烃类组分道

每分析完一个样品需 2min。当本道开启工作时，气样首先进入硅胶柱，将非烃类组分分离。然后按 CO_2，H_2，CH_4 顺序单个送入热导池鉴定器。该鉴定器中有一平衡电桥，其测量臂由热敏元件组成。当导热系数不同的气体组分通过鉴定器时，由于热敏元件承受温度不同，电阻值改变，从而破坏电桥平衡，有电位差输出，电位差的大小与组分含量成正比。将此信号送入记录仪记录下来，即非烃类组分曲线。

（二）气测井资料解释方法

1. 对数比值图版解释法

该方法是利用色谱分析的烃类组分比值 C_1/C_2，C_1/C_3，C_1/C_4，C_1/C_5 的大小，采用对数比值图版来判断油气层的性质。

制作适合一个地区的标准图版，是气测比值图版解释的基础。根据已知性质的储集层流体样品的资料，以 C_1/C_2，C_1/C_3，C_1/C_4，C_1/C_5 为横轴制作一个图版，并在图版上划分不同区域（图 8－46）。标准图版一般分为三个区：上部、下部为无产能区，中部为油区或气区，各区界限为：

油区：$C_1/C_2 = 2 \sim 10$

$C_1/C_3 = 2 \sim 14$

$C_1/C_4 = 2 \sim 21$

气区：$C_1/C_2 = 10 \sim 35$

$C_1/C_3 = 14 \sim 82$

$C_1/C_4 = 21 \sim 200$

无产能区：$C_1/C_2 < 2$ 或 $C_1/C_2 > 35$

$C_1/C_3 < 2$ 或 $C_1/C_3 > 82$

$C_1/C_4 < 2$ 或 $C_1/C_4 > 200$

若只有 C_1，则是气；若 C_1 很高，则为盐水层；若在油区内 C_1/C_2 较低或在气区内 C_1/C_2 较高，则为无产能。若曲线斜率为正值，则有产能；若曲线斜率为负值，则无产能。

将气测取得的色谱组分比值数据交会在图版上，并画出曲线。根据曲线落在的区域，即可判断储集层的流体性质。

2. 三角形比值图版解释法

三角形组分图版是依据油气层试油结果及相应天然气组分含量分析资料，选用 $C_2/\Sigma C$，$C_3/\Sigma C$，$C_4/\Sigma C$（C_2，C_3，C_4，ΣC 分别代表乙烷、丙烷、丁烷和全烃）三个参数，按三角形坐标绘制的，并根据试油结果划分出油、气、水区间（图8－47）。进行解释时，根据测量结果计算烃类气体各组分含量之和（ΣC），求出各烃类气体占全烃的百分数。将各比值在对应的轴上标出，然后通过轴上的点作一条平行的直线，可得到相应的三角形。根据图中的三角形的大小、形状和区间范围，可确定流体性质。图 8－47 中三角形图版中的虚线椭圆区域界限是根据大量试油结果圈定油气层的分布范围，它是有产能的划分界限，根据它可以对储集层的产能进行评价。

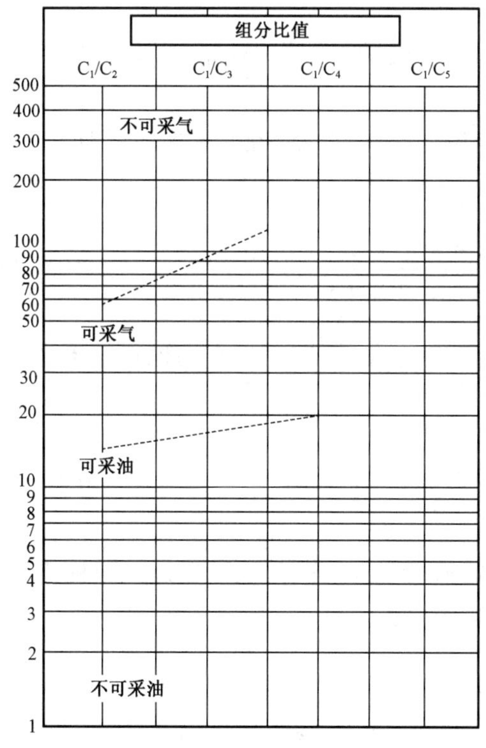

图 8－46　气体对数比值图版

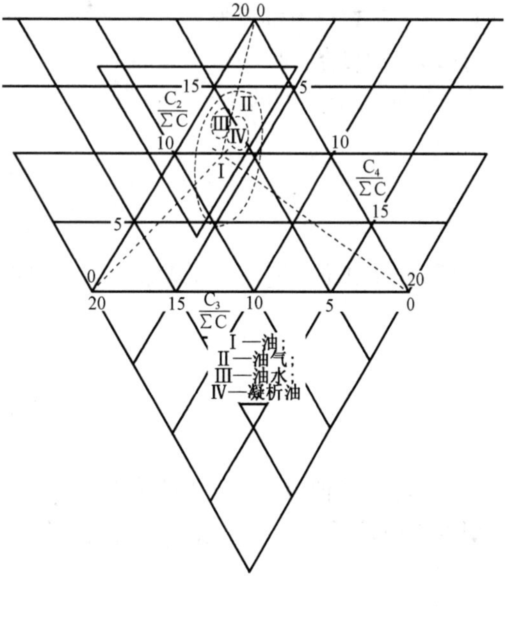

图 8－47　色谱气测三角形组分解释图版

通过外三角形原点与内三角形相应的顶点各连一条直线,三条直线交点即表示该值在图中的位置。若该点落在Ⅰ区内,为油层。

根据内三角形的大小和正倒判断油、气、水层,再根据内、外三角形的相对顶角连线的交点是否落在工业生产价值区判断其工业生产价值。内三角形的大小用内三角形与外三角形边长之比值来确定。比值大于75%的,为大三角形;比值在25% ~75%的,为中三角形;比值小于25%的,为小三角形。若内三角形顶角与外三角形顶角方向一致,为正三角形;反之,为倒三角形。解释原则为:

(1)正三角形(顶点向上),为气层。

(2)倒三角形(顶点向下),为油层。

(3)大三角形,为干气层或低油气比油层。

(4)小三角形,为湿气层或高油气比油层。

(5)若交点在椭圆形圈内,则有产能;否则,无产能。

3. 烃类比值统计图版解释法

烃类比值统计图版解释法与前面不同,它处理的数据来自联机录井数据库,一次可处理多个井段的色谱资料,它使用 C_3/C_1,C_2/C_1 对有意义的储集层的性质和油气演变情况进行分析。

1)图版制作

统计图版的横轴为 $1000\times(C_3/C_1)$、纵轴为 $1000\times(C_2/C_1)$,图上用长线标出了储集层油气组成的划分区域。横轴的下面为各划分区域对应的油气组分,分别为干气区、凝析油区、油气水混合物区、油区、气区、氧化油或沥青区。划分区域是根据大量已证实的油气资料而定的。

2)解释方法

若某井段的大多数点落在某一区域,则说明该井段的油气主要成分为对应的成分。

4. 3h 轻质烷烃比值法

这种方法引用了色谱组分含量计算烃的湿度值 W_h、烃的平衡值(对称值)B_h 和烃的特性值 C_h 三个参数评价油气层。

(1)烃湿度值(W_h):烃湿度值(W_h)是重烃与全烃之比,它的大小是烃密度的近似值,是指示油气基本特征类型的指标。计算公式如下:

$$W_h = \frac{C_2 + C_3 + iC_4 + nC_4 + C_5}{C_1 + C_2 + C_3 + iC_4 + nC_4 + C_5} \tag{8-15}$$

(2)烃平衡值(B_h):烃平衡值(B_h)反映气体组分的平衡特征,可以帮助识别煤层。计算公式为:

$$B_h = \frac{C_1 + C_2}{C_3 + C_4 + C_5} \tag{8-16}$$

(3)烃特征值(C_h):烃特征值(C_h)是对以上两种比值的补充,解决使用以上两种比值时出现的模糊显示。三种比值参数要组合使用。计算公式为:

$$C_h = \frac{C_4 + C_5}{C_3} \tag{8-17}$$

式中,$C_1 \sim C_5$ 系各烷烃所测含量,C_4 与 C_5 包括所有的同分异构体。具体评价标准见表8-3。

表 8－3　烃比值法评价气体类型

气体类型	W_h	B_h	C_h
非可采干气	<0.5	>100	
可采天然气	0.5～17.5	$W_h > B_h > 100$	
可采湿气		$W_h > B_h$	<0.5
可采轻质油			>0.5
可采石油	17.5～40		
非可采稠油或残余油	>40	$W_h \gg B_h$	

（三）气测井资料应用

1. 定性判断油、气、水层

首先在全烃曲线上将剖面中有可靠的含油气异常段选出后，利用组分分析确定油、气、水层。一般含油层气体的重烃含量比气层高，而且包含了丙烷以上成分的烃类气体。油层的总烃含量高，重烃含量较高，非烃类组分很少，甲烷含量小于 90%，所以油层在气测线上的反映是全烃和重烃曲线同时升高，两条曲线幅度差较小。气层的重烃含量不仅低，而且重烃成分中只有乙烷、丙烷等成分，没有大分子的烃类气体，所以含气层井段总烃含量高，甲烷含量极高（达到 97% 以上），重烃含量低，差别十分明鲜，非烃类组分很少。而气层在气测曲线上的反映是全烃曲线幅度很高，重烃曲线幅度很低，两条曲线间的幅度差很大（图 8－48）。虽然烃类气体难溶于水，但某一些水层中仍含有少量溶解气，因而在气测曲线上也会出现一定显示，但都明显低于油气层（图 8－49）。水层和油气层的突出差别是非烃组分含量高。对于纯水层气测无显示。

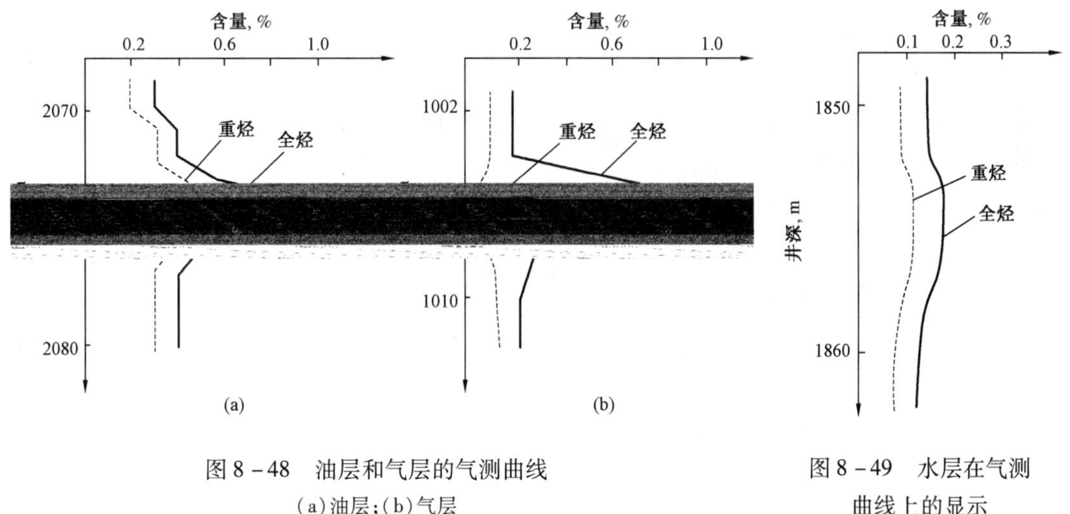

图 8－48　油层和气层的气测曲线
（a）油层；（b）气层

图 8－49　水层在气测曲线上的显示

2. 区分轻质油层和重质油层

由于烃类气体在石油中的溶解度随相对分子质量的增大而增大，所以在不同性质的油层中重烃的含量也不一样。轻质油的重烃含量要比重质油的重烃含量高，因此含轻质油的油层重烃的异常是明显的，而含重质油的油层重烃的异常显示远不如轻质油的油层明显（图8－50）。

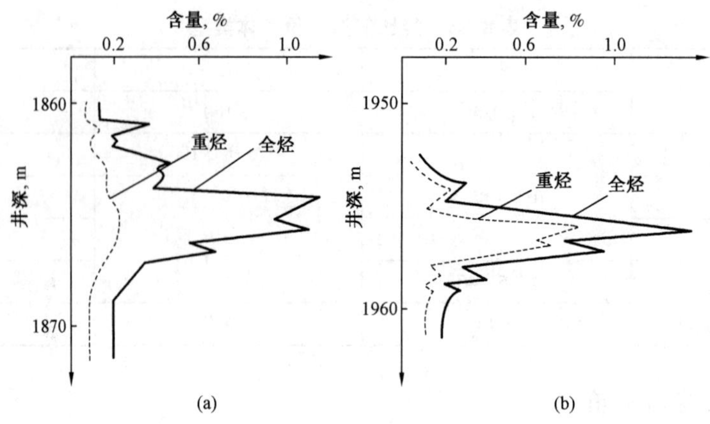

图 8－50　不同性质的油层在气测曲线上的显示

(a)重质油;(b)轻质油

3. 钻井液全脱气估算显示层生产能力

在气测显示层取钻井液样进行全脱气分析,计算钻井液中天然气浓度,估算生产能力。计算公式为:

$$G = \frac{a}{b} \cdot \chi \tag{8-18}$$

式中 G——钻井液中天然气浓度,%;

b——全脱气所用钻井液量,mL;

a——脱气量,mL;

χ——色谱仪上分析出的天然气浓度,%。

$$C = \frac{4G \cdot Q \cdot t}{\pi d^2 \cdot h} \tag{8-19}$$

式中 C——显示层天然气浓度(单位体积岩石中含气量),m^3/m^3;

Q——钻井液排量,m^3/min;

t——钻穿显示层所用时间,min;

d——钻头直径,m;

h——显示层厚度,m。

$$P = A \cdot C \cdot K \cdot \phi \cdot \pi d^2/4h \tag{8-20}$$

式中 P——显示层生产能力,m^3;

A——根据已知产层求得产能系数;

K——渗透率,$10^{-3}\mu m^2$;

ϕ——孔隙度,小数。

四、录井新技术

(一)地球化学热解色谱分析技术

地球化学录井又称为热解色谱录井。地球化学录井是近几年来迅速发展起来的录井技术,将室内岩石热解色谱分析方法应用于钻井现场,根据岩心、岩屑样品分析结果,对生、储油岩层进行快速、定量的评价。

1. 地球化学录井仪测量原理

地球化学录井仪的分析原理是:在特殊裂解炉中对岩石样品进行程序升温,使样品中的烃类和干酪根在不同温度下挥发和裂解,通过载气(氢气)的吹洗使其与样品分离,并由载气携带直接送入氢焰离子化检测器。

岩石热解分析程序是:先将岩样放在温度90℃的气流(氢气或氦气)中恒温3min,吹出的C_1至C_7气态烃经氢火焰离子化检测器测定出天然气峰(S_0);再将岩样顶进热解炉在300℃温度中恒温3min,岩样中的C_7~C_{32}烃热蒸发成气态,测定出油峰(S_1峰);以300℃/min(或25℃/min)程序升温至600℃后再恒温1min,超过C_{32}的重烃热蒸发成气态,干酪根和石油中的胶质、沥青质热裂解生成烃类,测定出热解烃峰(S_2峰)。将各组分含量大小转换为相应电信号,经计算机处理,记录各组分含量和岩石中裂解烃峰顶温度,评价生、储油岩层。

对于储油岩,由于岩样中原油性质的差异,各峰的大小、比例也不同。一般储气岩只有S_0峰,凝析油只有S_0或S_1峰,轻质油S_1峰大而S_2峰小,中质油S_1和S_2峰面积相似,重质油S_2峰大而S_1峰小。原油热解各峰面积的相对百分率见表8-4。

表8-4 原油热解各峰的面积相对百分率

原油	凝析油	中质油	稠油	轻质油	重质油
S_0,%	15	2	0	6	0
S_1,%	85	52	<10	72	21
S_2,%		46	>90	22	79

2. 岩石热解分析参数含义

1)储油岩分析参数

含气量S'_0:在90℃下检测的单位质量储集层岩石中天然气的烃含量,mg/g。

含轻质油量S'_1:在300℃下检测的单位质量储集层岩石中原油的烃含量,mg/g。

含重质油及胶质和沥青质的热解烃量S'_2:在300~600℃下检测的单位质量储集层岩石中原油的烃含量,mg/g。

含S'_{1-1}量:在200℃下检测的单位质量储集层岩石中的烃含量,mg/g。

含S'_{1-2}量:在200~350℃下检测的单位质量储集层岩石中的烃含量,mg/g。

含S'_{2-2}量:在350~450℃下检测的单位质量储集层岩石中的烃含量,mg/g。

含S'_{2-3}量:在450~600℃下检测的单位质量储集层岩石中的烃含量,mg/g。

残余有机碳量RC':单位质量岩石热解后,残余油中的碳占岩石质量的百分数,%。

重质油峰顶温度T'_{max}:S'_2峰的最高点相对应的温度,℃。

2)生油岩分析参数

含气态烃峰S_0:在90℃下检测的单位质量岩石中的吸附烃量,mg/g。

含游离烃峰S_1:在300℃下检测的单位质量岩石中的吸附烃含量,mg/g。

热解烃峰S_2:在300~600℃下检测的单位质量岩石中的有机质热解烃量,mg/g。

二氧化碳峰S_3:在300~390℃下检测的单位质量岩石中的二氧化碳量,mg/g。

残余有机碳量RC:单位质量岩石热解后,残余有机质中的碳占岩石质量的百分数,%。

热解烃峰顶温度T_{max}:热解烃峰S_2的最高点相对应的温度,℃。

总有机碳量TOC:单位质量岩石中有机碳占岩石质量的百分数,%。

3. 计算参数

根据峰面积与热解产生的烃类含量成正比的原理，用标准样品的 S_2 峰面积和含烃量计算所分析样品的 S_0，S_1，S_2 含量：

$$S_0 = \frac{P_0 \times Q_{标} \times W_{标}}{P_{标} \times W_{标}} \tag{8-21}$$

$$S_1 = \frac{P_1 \times Q_{标} \times W_{标}}{P_{标} \times W_{标}} \tag{8-22}$$

$$S_2 = \frac{P_2 \times Q_{标} \times W_{标}}{P_{标} \times W_{标}} \tag{8-23}$$

式中 P_0——S_0 峰的峰面积；

P_2——S_2 峰的峰面积；

$Q_{标}$——标准样品的 S_2 含量，mg 烃/g 岩石；

P_1——S_1 峰的峰面积；

$P_{标}$——标准样品的 S_2 峰的面积；

$W_{标}$——标准样品的质量，mg。

1）储油岩评价参数的计算

（1）含油气总量计算公式：

$$\mathrm{ST} = S'_0 + S'_1 + S'_2 + \frac{10\mathrm{RC}'}{0.9} \tag{8-24}$$

$$\mathrm{ST} = S'_0 + S'_{1-1} + S'_{2-2} + S'_{2-3} + \frac{10\mathrm{RC}'}{0.9} \tag{8-25}$$

式中 ST——含油气总量，mg/g。

（2）气产率指数计算公式：

$$\mathrm{GPI} = \frac{S'_0}{S'_0 + S'_1 + S'_2} \tag{8-26}$$

式中 GPI——气产率指数。

（3）油产率指数计算公式：

$$\mathrm{OPI} = \frac{S'_1}{S'_0 + S'_1 + S'_2} \tag{8-27}$$

式中 OPI——油产率指数。

（4）总产率指数计算公式：

$$\mathrm{TPI} = \frac{S'_0 + S'_1}{S'_0 + S'_1 + S'_2} \tag{8-28}$$

式中 TPI——总产率指数。

（5）原油轻重组分指数计算公式：

$$PS = \frac{S'_1}{S'_2} \tag{8-29}$$

式中 PS——原油轻重组分指数。

（6）原油重质油指数计算公式：

$$IS = \frac{10RC'/0.9}{ST} \times 100 \tag{8-30}$$

式中 IS——原油重质油指数，%。

（7）凝析油指数计算公式：

$$P_1 = \frac{S'_{1-1}}{S'_0 + S'_{1-1} + S'_{2-1} + S'_{2-2}} \tag{8-31}$$

式中 P_1——凝析油指数。

（8）轻质原油指数计算公式：

$$P_2 = \frac{S'_{1-1} + S'_{2-1}}{S'_0 + S'_{1-1} + S'_{2-1} + S'_{2-2}} \tag{8-32}$$

式中 P_2——轻质原油指数。

（9）中质原油指数计算公式：

$$P_3 = \frac{S'_{2-1} + S'_{2-2}}{S'_0 + S'_{1-1} + S'_{2-1} + S'_{2-2}} \tag{8-33}$$

式中 P_3——中质原油指数。

（10）重质原油指数计算公式：

$$P_4 = \frac{S'_{2-2} + S'_{2-3}}{S'_0 + S'_{1-1} + S'_{2-1} + S'_{2-2} + S'_{2-3}} \tag{8-34}$$

式中 P_4——重质原油指数。

2）生油岩评价参数的计算

（1）产烃潜量计算公式：

$$PG = S_0 + S_1 + S_2 \tag{8-35}$$

式中 PG——产烃潜量，mg/g。

（2）有效碳计算公式：

$$PC = 0.083 \times (S_0 + S_1 + S_2) \tag{8-36}$$

式中 PC——有效碳，%。

（3）产率指数计算公式：

$$PI = \frac{S_0 + S_1}{S_0 + S_1 + S_2} \tag{8-37}$$

式中 PI——产率指数。

（4）总有机碳计算公式：

$$TOC = PC + RC \tag{8-38}$$

式中　TOC——总有机碳,%。

(5)降解潜率计算公式:

$$D = \frac{PC}{TOC} \times 100 \tag{8-39}$$

式中　D——降解潜率,%。

(6)氢指数计算公式:

$$HI = \frac{S_2}{TOC} \times 100 \tag{8-40}$$

式中　HI——氢指数,mg/g。

(7)氧指数计算公式:

$$OI = \frac{S_3}{TOC} \times 100 \tag{8-41}$$

式中　OI——氧指数,mg/g。

(8)烃指数计算公式:

$$HCL = \frac{S_0 + S_1}{TOC} \times 100 \tag{8-42}$$

式中　HCL——烃指数,mg/g。

(9)类型指数计算公式:

$$TI = \frac{S_2}{S_3} \tag{8-43}$$

式中　TI——类型指数。

4. 资料应用

利用生油岩地球化学录井资料可划分和评价生油岩,并能划分有机质类型、有机质丰度和有机质成熟度;还可判别储集层流体类型。判断储集层流体类型的方法如下所述。

1)比值法判别储集层流体类型

比值法判别储集层流体类型使用 $K'(S_0 + S_1 + S_2)/\phi_e$($K'$为恢复系数)参数,其判别标准见表8-5。

表8-5　储集层流体类型判别标准

储集层	油层	含水油层	油水同层	含油水层	干层	水层
$\frac{K'(S_0 + S_1 + S_2)}{\phi_e}$	>1.8	1.3~1.8	0.6~1.3	0.3~0.6	±0.3	<0.2

2)岩心或壁心测定数据判别储集层流体类型

直接利用岩心或壁心测定数据可以判别储集层流体类型,其方法和标准见表8-6。

表 8-6　应用岩心或壁心分析数据判别储集层流体性质

储集层	油层	含水油层	油水同层	含油水层	干层	水层
$\frac{S_0+S_1+S_2}{\phi_e}$	>1.2	0.9～1.2	0.4～0.9	0.2～0.4	±0.2	<0.1

3)用含油饱和度数据判别储集层性质

储集层的含油饱和度为单位重量岩石中油的体积与岩石孔隙体积的比值。

$$S_o = \frac{V_o}{\phi \cdot V_{岩石}} \times 100\% \qquad (8-44)$$

将地球化学分析参数代入,得:

$$S_o = \frac{\rho_{岩石} \cdot K' \cdot p_g}{1000 \times \phi \cdot \rho_o} \times 100\% \qquad (8-45)$$

式中 S_o——储集层含油饱和度,%;

K'——烃类恢复系数;

P_g——岩石热解含油气总量;

$\rho_{岩石}$——岩石密度,g/cm^3;

ρ_o——原油密度,g/cm^3;

ϕ——储集层有效孔隙度,小数。

当应用 DH-920 与 ZT-960 有机碳分析仪分析储集层增加一项 S'_4 参数时,单位储油岩中所含油气总量为 $ST = S'_0 + S'_1 + S'_2 + S'_4$。含油饱和度计算公式为:

$$S_o = \frac{\rho_{岩石} \cdot K' \cdot ST}{1000 \times \phi \cdot \rho_o} \times 100\% \qquad (8-46)$$

应用含油饱和度判别储集层性质见表 8-7。此方法只适用于中质原油的储集层。对轻质原油、重质原油或特重原油的储集层判别,应根据各地区的具体情况确定。

表 8-7　应用含油饱和度判别储集层性质表

储集层性质 / 含油饱和度,% / 岩性	油层	油水同层	含油水层	水层或干层
疏松砂岩	>53	27～53	12～27	<10
致密砂岩	>48	23～48	12～23	<10

4)用地球化学录井数据划分原油性质

将相对密度(在温度 20℃和压力 0.1MPa 条件下原油密度与 4℃纯水密度的比值)小于 0.84 的原油定为轻质原油,0.84～0.9 的原油定为中质原油,0.9～0.94 的原油定为重质原油,大于 1.0 为超重原油或稠油;凝析油是指从凝析气田的天然气中凝析出来的液相组分,相对密度一般在 0.7～0.86 之间。若无油品分析资料,可利用地球化学参数划分原油性质,如表 8-8 所示。

表 8-8　地球化学参数划分原油性质表

原油性质＼烃产率	GPI	OPI	TPI	HPI	T_{max},℃	P_1	P_2	P_3	P_4
天然气	>0.8	0.01~0.2	0.98~1.0	<0.02	—	>0.9	—	—	—
凝析油	0.15~0.4	0.6~0.85	0.95~1.0	<0.05	400	>0.9	—	—	—
轻质油	0.05~0.2	0.7~0.8	0.8~0.9	0.1~0.2	360~410	—	>0.9	—	
中质油	0.03~0.1	0.55~0.7	0.6~0.8	0.2~0.4	390~440	—	—	0.5~0.8	—
重质油	0.01~0.05	0.4~0.55	0.45~0.6	0.4~0.55	420~450	—	—	0.5~0.7	—
稠油	0.00~0.03	0.35~0.45	<0.5	>0.5	>440	—	—	—	>0.7

（二）气相色谱分析技术

气相色谱分析能够将石油分离成其组成的各单个组分，并能检测各组分相对百分含量，所以应用该项技术可从微观角度分析各类产液性质储集层的烃类分布特征，总结出储集层产液性质的气相色谱识别方法。研究表明，不同产液性质的储集层其气相色谱的谱图形态具明显的分类特征。

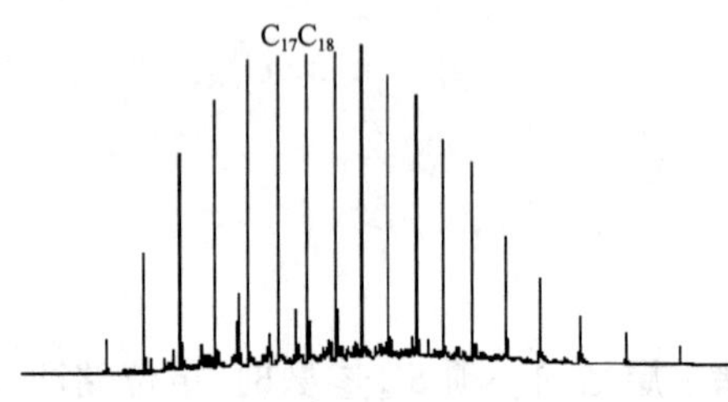

图 8-51　油层气相色谱的谱图形态特征

1. 油层气相色谱谱图形态特征

主峰碳明显，碳数范围一般在 C_{12} ~ C_{30}左右，正构烷烃分布呈规则尖梳状结构，谱图基线下未分辨化合物含量低（图 8-51）。

2. 水层气相色谱谱图形态特征

主峰碳不明显，碳数范围为 C_{14} ~ C_{27}，正构烷烃分布呈平梳状或马鞍状，基线下未分辨化合物含量高（图 8-52）。

图 8-52　水层气相色谱的谱图形态特征

3. 油水层气相色谱谱图形态特征

主峰碳明显，碳数范围为 C_{13} ~ C_{29}，正构烷烃分布呈较规则尖梳状结构，基线下未分辨化合物含量较高，基线多呈穹窿状（图 8-53）。

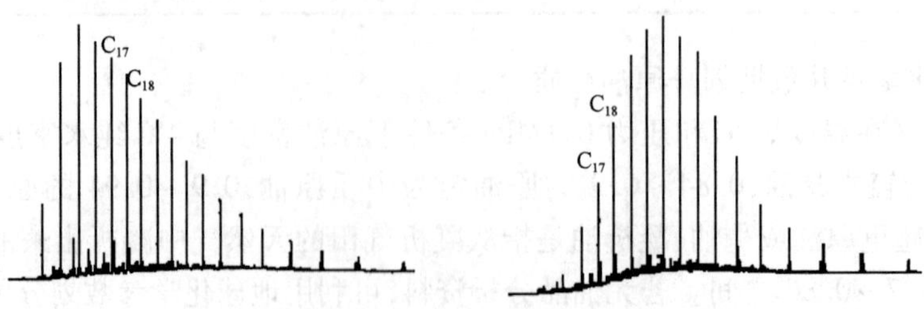

图 8-53　油水层气相色谱的谱图形态特征

（三）荧光显微图像分析技术

1. 荧光显微图像技术的基本原理

荧光是物质受激辐射产生的一种发光现象。当物质分子受到特殊光源照射，吸收光量子，基态电子受激跃迁，如果通过发射相应的光量子释放能量返回基态，就发出荧光（图 8－54）。石油中能够发射荧光的生色基团主要是共轭π键体系（苯系物含有共轭π键体系）和 C ═O 官能团，它能够被激发而产生荧光。在荧光显微镜下观察这些发光物质的颜色、强度、产状与岩石结构、构造之间的关系，并利用图像技术直接捕捉观察点，进行对比研究，可以更好地解决石油地质中的实际问题。

2. 仪器设备

该项技术的研究主要使用 Leica 偏光荧光显微镜、计算机、荧光图像分析软件、高分辨率真彩色图像采集卡（图 8－55）。

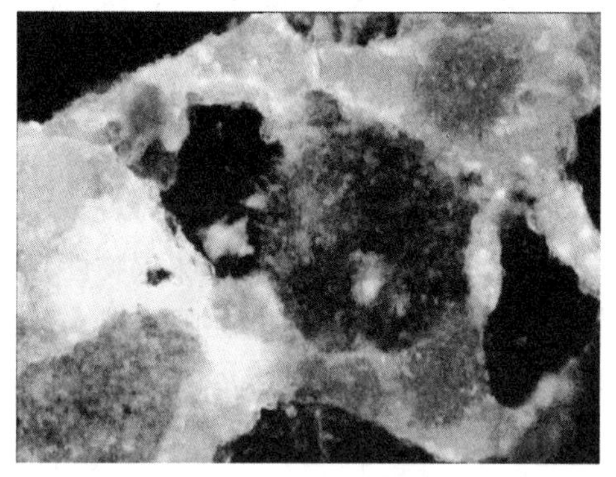

图 8－54　荧光显微图像

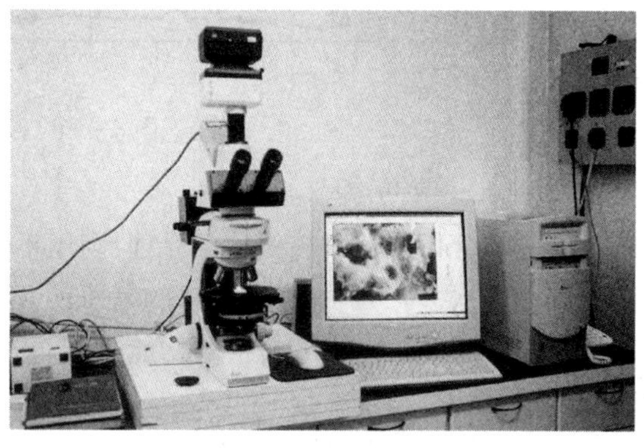

图 8－55　Leica 偏光荧光显微镜

3. 应用

应用该技术可以识别油水层和判断油层水淹程度。

1）饱含油

以黄色、棕黄色、黄绿色为主，光强较暗，光谱较为连续。黄绿色为轻质油，棕黄色为重质油。

2）弱水洗

局部多呈亮黄色。由于油水乳化作用，或者由于水的稀释作用，使水洗油的色调变为黄色。孔隙见水处为淡黄绿色或灰绿色，光谱特征不连续，向纯黄色和绿色两个方向分化，视场亮度增强。

3）中水洗

多呈亮黄绿色，发光面积变小，草绿色、灰绿色面积增大且连续。

4）强水洗

以黄绿色—灰绿色为主，视场亮度弱。

（四）液相色谱分析资料评价储集层产液性质方法

芳香烃的液相色谱分析方法是通过对部分已试油储集层的岩心样品进行分析，初步建立了应用芳香烃化合物指标进行储集层流体性质识别的方法。

从液相色谱谱图可以看出，DAD（高效液相色谱仪配有二极管阵列检测器）可以对萘、菲系列化合物进行选择性检测。将经标定的紫外光谱图与标准图进行对照，确定标记性化合物(甲基萘、二甲基萘)(图8－56)。

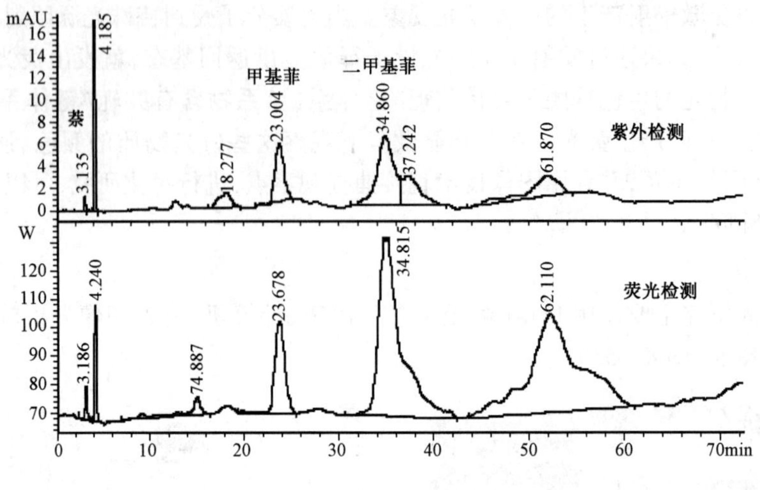

图8－56　液相色谱分析图

(五)孔—渗分析仪技术

孔—渗分析仪基于核磁共振原理，利用不同物质的弛豫时间不同来进行储集层物性分析。岩石作为含水多孔介质，含有大量的氢原子。分析氢原子的弛豫时间表明，孔隙度越大，弛豫时间越短。因此孔—渗分析仪的功能是测量岩石(岩心和岩屑)的孔隙度、渗透率、束缚水饱和度。

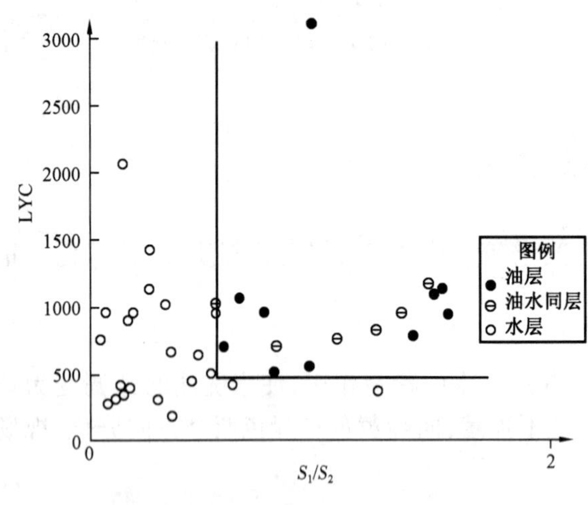

图8－57　LYC与S_1/S_2交会油水层识别图

(六)LYC－A型荧光定量分析技术

为克服传统荧光录井的技术缺陷，适应勘探需要，更快速准确地发现与评价油气层，研制了LYC－A型录井岩样荧光测定仪，并定量地确定了LYC值与原油浓度的关系，准确地识别岩屑录井中的真假油气显示。应用LYC与地球化学热解分析S_1/S_2建立的交会图，可以很好地区分油层(图8－57)。从图中可以看出，油水层区分比较明显。其理论依据是：在S_1/S_2较低时，属残余油特征；LYC值大而S_1/S_2低，表明是一种含残余油的水层；LYC值较低时，反映储集层含油丰度低，尽管S_1/S_2较大，产油量也很少。

(七)岩心扫描分析技术

通过岩心扫描，可对整口井的岩心进行图片保存，建立图片相册，并可实现岩心图像采集、编辑、测量；实现岩心图像的自动裁剪、自动拼接、任意放大缩小显示图像和三维岩心旋转显示；可实现0.2mm以上地质特征的长、宽及倾角的测量；可完成岩心图像裂缝分析和砾岩图像粒度分析。

（八）CO_2 识别检测技术

以往 CO_2 识别主要是利用热导原理，这种方法检测不连续、灵敏度低，已不能满足目前勘探的需要。CO_2 层录井识别与解释方法的研究工作是利用红外线方法对井筒中 CO_2 气进行检测和解释。它是一种全新的技术，建立了 CO_2 红外线分析仪显示的最大值、基值、比值等参数与试油结果的对比关系，并结合不同钻井液条件下粘度变化对 CO_2 脱气效率影响的对比实验研究、CO_2 区域分布规律的研究、储集层物性与 CO_2 产量的关系等方面进行综合分析，建立了 CO_2 层的解释标准。

红外线 CO_2 层检测仪是目前较有效的 CO_2 层检测手段。根据 CO_2 异常幅度、最大值、厚度等参数，评价 CO_2 层（图 8－58）。

（九）混油钻井液条件下油气层识别技术

在钻井过程中，为了处理钻井工程事故，保护井壁，在钻井液中加入一定量的原油、成品油或有机添加剂，造成了钻井液中不同程度的混入有机物质，从而给地质录井带来许多困难。因此，在钻井液混油条件下如何进行地质录井，并及时发现油气显示，进而准确评价油气层，是油气勘探工作急需解决的难题。下面介绍几种区别成品油和原油的方法。

1. 定量荧光识别法

1）谱峰形态识别法

根据含油砂岩、油基钻井液、成品油、钻井液有机添加剂的荧光强度和波长范围不同，就可以区分含油砂岩与油基钻井液、成品油，见图 8－59。

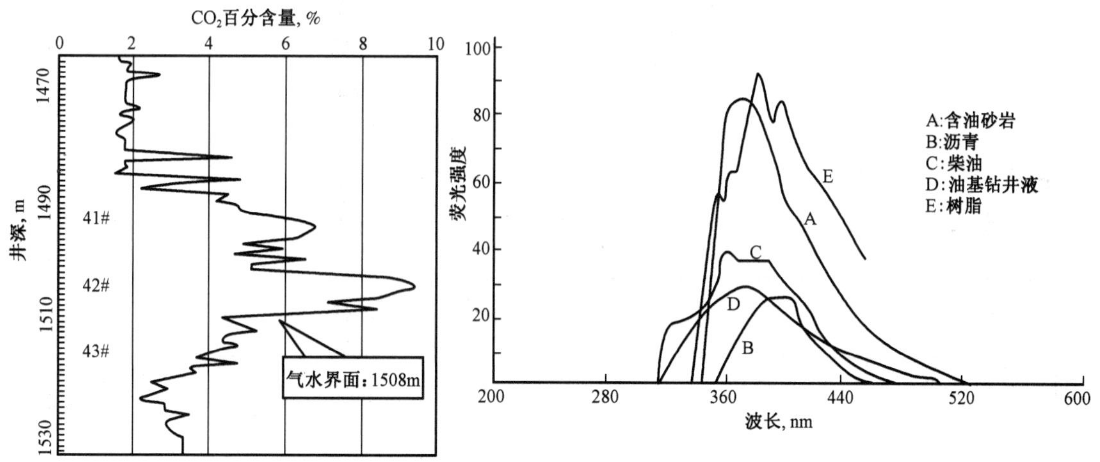

图 8－58 红外线 CO_2 层曲线图

图 8－59 不同有机质的荧光强度和荧光波长关系图

2）荧光强度与浓度关系图版识别法

利用原油和油基钻井液荧光强度与浓度关系不同，可以识别原油和油基钻井液，见图8－60。

2. 岩石热解识别法

本方法主要采用 ROCK－EVAL 热解仪对样品进行热解和氧化分析，得到样品的热解图和

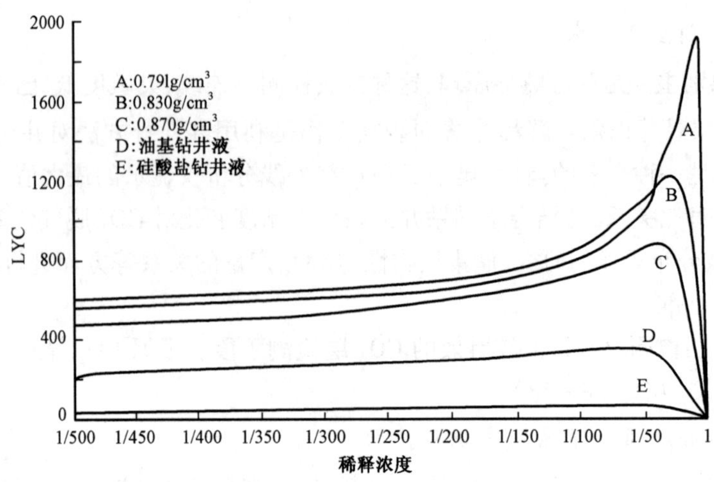

图 8-60　荧光强度与浓度标准图版

氧化图。据分析样品的热解图和氧化图形态不同，可确定其是否为油气显示或由何种物质污染所致。

灰棕色含油砂岩的热解与氧化特征见图 8-61，黑褐色含油粉砂岩的热解与氧化特征见图 8-62。图中下横坐标代表热解时间，上横坐标为温度，纵坐标为 S_0，S_1，S_2 所对应的含烃量；直线段代表炉体温度变化，曲线分别为 S_0，S_1，S_2 峰含烃量变化曲线。

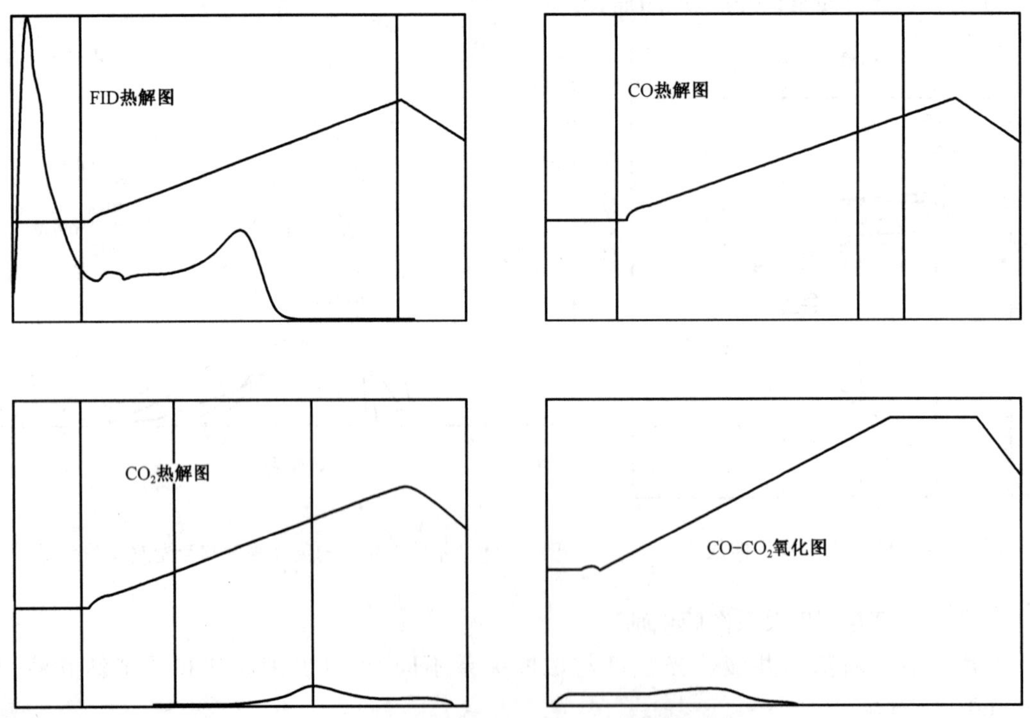

图 8-61　灰棕色含油砂岩热解与氧化特征

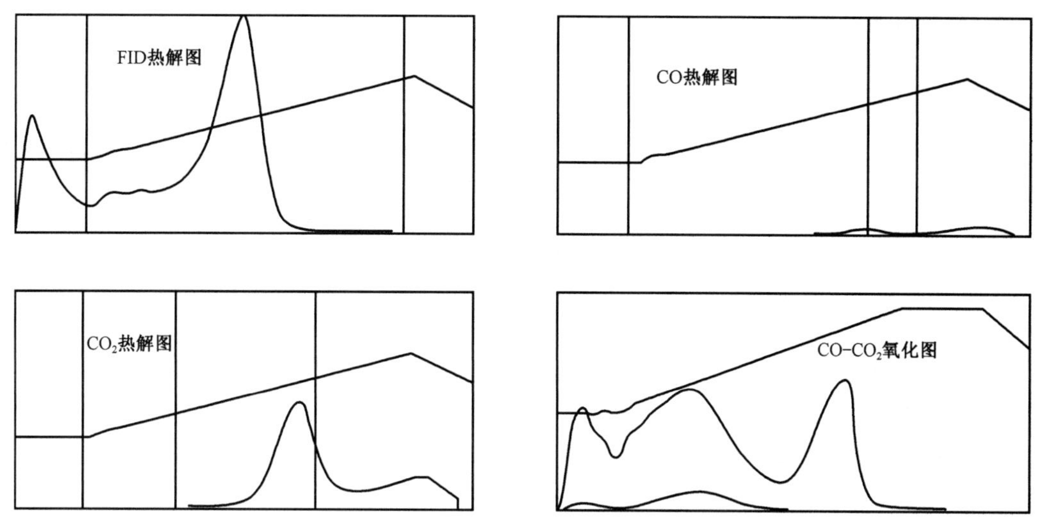

图 8－62　黑褐色含油粉砂岩热解与氧化特征图

3. 热解—气相色谱指纹图识别法

图 8－63 给出了聚合物和含油砂岩的热解—气相色谱指纹图，利用聚合物和含油砂岩的热解—气相色谱指纹图的不同，可以识别聚合物和含油砂岩。

4. 色谱分析指纹图识别法

图 8－64 给出了 CMC（羧甲基纤维素）聚合物和含油砂岩的色谱分析指纹图，利用聚合物和含油砂岩的色谱分析指纹图的不同，可以识别聚合物和含油砂岩。

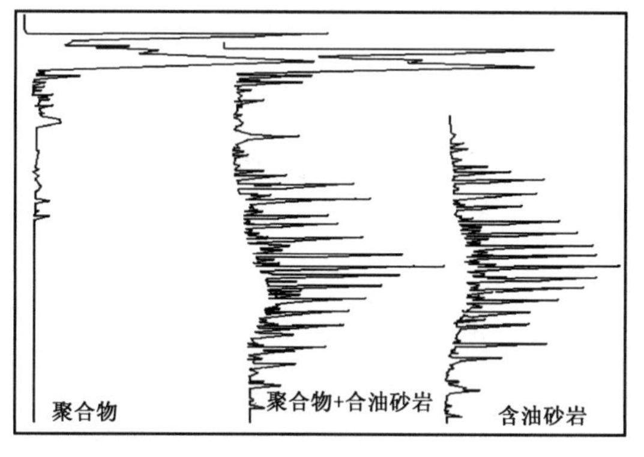

图 8－63　聚合物和含油砂岩的热解—气相色谱指纹图

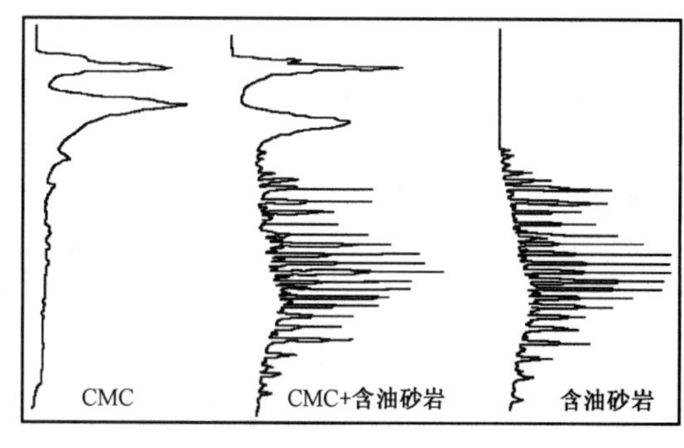

图 8－64　CMC 聚合物和含油砂岩的色谱分析指纹图

利用上述方法可以建立各种类型钻井液、钻井液添加剂、含油砂岩和成品油的热解—气相色谱指纹图库。把被测样品的谱图与指纹图库中的指纹图进行对比，就可快速判断出是何种有机物质污染或是否油气显示。

在以上三种识别真假油气显示的方法中，荧光定量方法可以很好地区分由于基值漂移造成的假显示，因此比较适合一些特殊钻井液，如油基钻井液，硅酸盐钻井液。色谱分析对区分特殊添加剂有较好的效果，热解分析对区分混油具有比较好的效果。

五、油气水层解释评价技术

针对低孔、低渗、低矿化度、油层低阻、水层高阻、高含泥(泥质含量10% ~30%)等复杂储集层特点和轻质油、中质油、稠油、油水同层、气水同层、水层等复杂油水关系和流体性质的陆相盆地地质特点,充分应用录井新技术以及与测井资料相结合,建立了适用于陆相盆地地质特点的油气水层综合识别评价方法,形成了一整套解释评价技术。

(一)储集层定量识别与评价参数的求取

储集层定量评价参数是进行油气水层定量解释、产能评价、地质综合研究和储量计算的基础。目前的录井资料可以比较准确地获得地球化学热解总值ST、轻重指数比 S_1/S_2、重质油指数HPI、孔隙度 ϕ_e、渗透率 K、含水饱和度 S_w、束缚水饱和度 S_{wi}、可动水饱和度 S_{wm}、含油饱和度 S_o、可动油饱和度 S_{om}、原油粘度 μ、原油密度 ρ_o 等定量参数。

(二)储集层流体性质识别方法

1. 轻质油层识别评价技术

轻质油层依靠岩屑录井、荧光录井、钻井液录井、气测录井、罐装气录井是能够及时发现和评价的。

1)轻质油识别

轻质油气显示在钻井液槽面可闻到芳香油气味或硫化氢气味,槽面有少量油花和气泡,在欠平衡钻井时可能发生油气侵、气涌或井喷。岩屑表面呈浅黄色、黄白色、浅灰黄色,有的可闻到芳香油气味。荧光检查呈各种黄色、蓝色或乳白色,有时湿照有荧光显示,干照无显示。气测异常全烃明显大于重烃,组分含量 $C_1 > C_2 > C_3 > iC_4 < nC_4 > iC_5 > nC_5$,循环气测有异常。罐装气烃组分含量以甲烷为主,$C_1 \sim C_4$ 轻烃含量占绝对优势,$C_5 \sim C_7$ 烃的含量甚微。地球化学参数 $S_0 > 0.1\text{mg/g}$,$S_1 > 10\text{mg/g}$,$S_2 > 51\text{mg/g}$,OPI > 0.5。

2)气测评价

a. 组分分析评价

当 $C_1 > C_2 > C_3 > iC_4 < nC_4 > iC_5 > nC_5$,且满足下式时,储集层显示为轻质油层:

$$\frac{C_1}{C_2 + C_3 + iC_4 + nC_4 + iC_5 + nC_5} = 5 \qquad (8-47)$$

b. 烃气湿度比值法评价

烃气湿度比值法是通过测定大量的烃比值和其他参数,只需做少量简单的计算可得到地层流体类型的一种气测解释方法。本方法引用了烃湿度值(W_h)、烃平衡值(B_h)、烃特征值(C_h)三个参数。它们的计算式分别为:

$$烃湿度值\ W_h = \frac{C_2 + C_3 + C_4 + C_5}{C_1 + C_2 + C_3 + C_4 + C_5} \times 100\% \qquad (8-48)$$

$$烃平衡值\ B_h = \frac{C_1 + C_2}{C_3 + C_4 + C_5} \times 100\% \qquad (8-49)$$

$$烃特征值\ C_h = \frac{C_4 + C_5}{C_3 + C_4 + C_5} \times 100\% \qquad (8-50)$$

若 $17.5 < W_h$(烃湿度值)< 40,则为有开采价值的油层;若 $0.5 < W_h < 17.5$,且 B_h(烃平衡

值）$< W_h$，则为有开采价值的凝析气或为低密度、高气油比的轻质油气层；若 $0.5 < W_h < 17.5$，$B_h < W_h$，C_h（烃特征值）>0.5，则为可采的低密度或高气油比的轻质油气层。

2. 重质油层识别评价技术

利用岩屑录井、荧光录井、钻井液录井、气测录井，即可识别和评价重质油层。

重质油层显示岩屑常为“黑砂子”。岩屑表面为灰褐色、黑褐色、棕褐色等深色，滴水试验呈珠状。钻井液槽面可闻到臭油味或硫化氢味，且有较多油花。荧光检查色暗呈黑色或褐色，稀释后溶液呈茶色，荧光呈暗黄色。气测异常不明显，全烃略大于重烃，组分含量 $C_1 > C_2 > C_3 > C_4 > C_5$。地球化学参数 $S_1 > 10mg/g$，$S_2 > 5mg/g$，$OPI > 0.5$。

利用气测的烃气湿度比值可以对重质油进行评价。若 $W_h > 40$，则为重质油或残余油。若 $0.5 < W_h < 40$，且 $B_h < W_h$，则为有开采价值的中、重质油层。同时，W_h 与 B_h 两者相差越大（即 W_h 值越大，而 B_h 值越小），油的密度越大。若 $17.5 < W_h < 40$。且 $B_h < W_h$，则为无开采价值的残余油。

3. 残余碳分析资料应用

为了定量评价储集层含油情况，需要计算油层的含油饱和度，多年来主要依靠密闭取心求取该项参数，受这一条件的限制，含油饱和度资料获取比较困难。应用残余碳分析资料可以较好地解决这一难题。

1）残余碳换算成烃类的方法

TOC－Ⅰ型残余碳分析仪分析的 S_4 为单位质量岩石热解后残余有机碳的含量，单位为mg/g。而 ROCK－EVAL 热解仪分析的 RC 为单位质量岩石热解后残余有机碳占岩石质量的百分数，单位为%。所以 $S_4 = 10RC$。据分析，残余烃中残余碳的含量占 90%，因此，应用 TOC－Ⅰ型残余碳分析仪分析的残余烃为 $S_4/0.9$，应用 ROCK－EVAL 热解仪分析残余烃为 $10RC/0.9$。

2）烃类损失补偿

储集层在钻开后，由于地层的压力发生了变化，储集层中所含的原油体积膨胀，油气从储集层的裂缝、孔隙中逸出，造成储集层含油气量减少，因此含油储集层岩样热解分析后获得的烃含量不能反映地下原始状态。由于膨胀因素造成的烃类损失约为 11%，故要恢复其原始状态，首先要附加一个原油体积系数 B_o，B_o 取 1.1。

钻井液在井筒里的循环及温度的升高，使含油储集层中的油气不断被冲刷带走。随钻井深度的增加，岩石受钻井液冲刷时间加长；随钻井液温度增高，岩石所损失的油气不断增多。损失最大的是代表天然气峰的 S_0 值，几乎为零；其次是代表轻质油的 S_1 峰。烃类损失多少与原油性质有关，原油密度越小，轻烃 S_1 值损失就越大，代表重烃、胶质、沥青质的 S_2 值损失较小。同一密度原油其轻重组分的比值应是一定的，在钻井过程中 S_0，S_1 值损失较大，S_2 值损失较小，所以，可以用 S_2 值对 S_0，S_1 值进行校正。

选密度为 $0.79 \sim 0.87g/cm^3$ 原油进行热解分析，然后计算 $(S_0 + S_1)/S_2$ 的值，不同的原油性质其比值不同，根据该比值对岩心、岩屑及井壁取心样品进行校正。当原油密度 $\leqslant 0.82g/cm^3$ 时，轻烃的 S_0，S_1 值校正系数为 3.09；当 $0.82g/cm^3 <$ 原油密度 $\leqslant 0.85g/cm^3$ 时，S_0，S_1 值校正系数为 1.68；当 $0.85g/cm^3 <$ 原油密度 $\leqslant 0.87g/cm^3$ 时，S_0，S_1 值校正系数为 1.15。样品经过以上校正后，对不同类型样品的烃类损失进行了补偿，校正后的热解参数基本上反映储集层的原始含油情况。

3）建立含油饱和度的计算公式

应用岩石热解分析的含油气总量 ST（mg 烃/g 岩石）结合原油密度（g/cm^3）、岩石密度（g/cm^3）、孔隙度（%）参数计算储集层的含油饱和度：

$$S_o = \frac{\rho_{岩} \cdot K \cdot ST}{1000 \times \phi\rho_o} \times 100\% \qquad (8-51)$$

应用热解参数计算储集层含油饱和度的方法首先在密闭取心井中应用，然后将经过标定该方法用于未取心井中。应用热解法计算的含油饱和度，与常规方法计算的含油饱和度相比，具有较高的精度。

（三）气层和气水层识别评价技术

应用气测录井资料建立的解释方法可以比较准确地识别气层，确定储集层的含气饱和度。

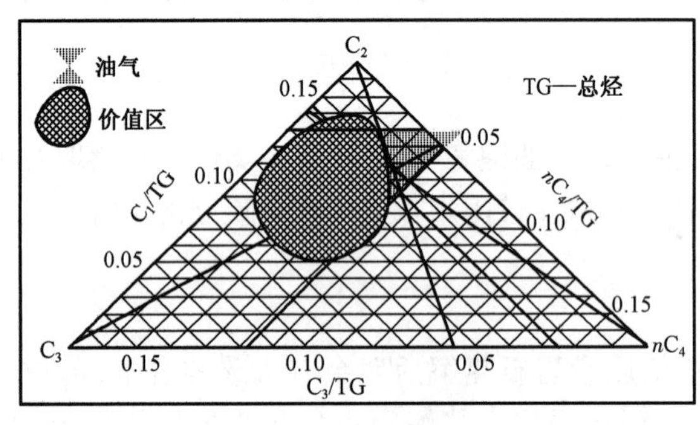

图 8－65 识别油气层的烃组分三角图版

1. 烃组分三角图版解释法

图 8－65 中的价值区是用已知资料确定的，未知井落在价值区内，根据三角形的形状判断油气性质，倒三角形为油层，正三角形为气层。

2. 烃比值图版法

利用 C_2/C_1 与 C_3/C_1 的双对数坐标图版，可区分干气或湿气、油气、油等，见图8－66。

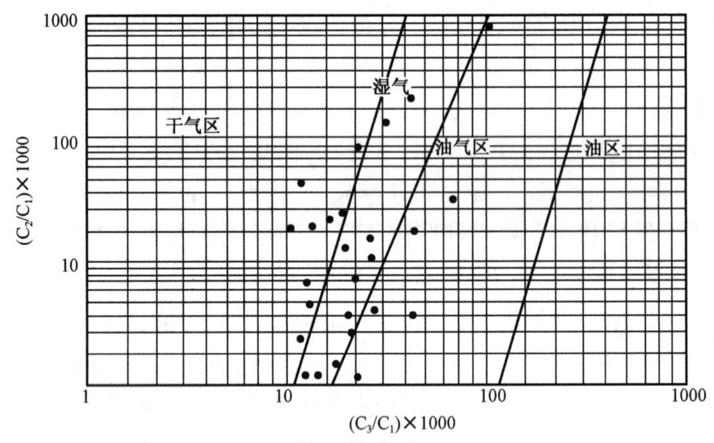

图 8－66 烃比值图版

3. 地层含气量解释图版

利用地层含气量图版，可以确定在已知钻井液含气量和地面含气量的情况下地层的含气量，见图 8－67。

4. 气测参数综合解释法

通过建立气测全烃相对含量（气测全烃减基线值）与有效孔隙度或气测显示厚度/储集层厚度与含水饱和度等参数图版，可以判断气层、气水层。该方法主要适用于开发井的气层及探边井的气层、气水层解释。

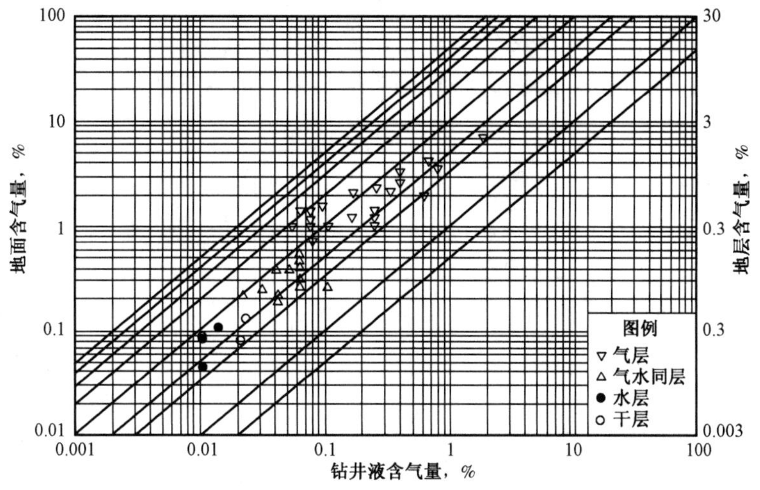

图 8－67　地层含气量解释图版

（四）油水层定量识别方法

1. 油层产层下限识别方法

通过统计取心井目的油层的试油、压裂资料，建立产能指数 Q 与有效孔隙度关系图版，可确定研究区油层产层下限值，见图 8－68。从图中可以看出，该区油层压裂后是否有流体产出，主要看储集层必须满足产能指数 $Q \leqslant 0.35$，$\phi_e \geqslant 6\%$，也就是说，该区油层的产层下限值是 $Q = 0.35$，$\phi_e = 6\%$，即 $Q \leqslant 0.35$，$\phi_e \geqslant 6\%$ 为产层，而 $Q > 0.35$，$\phi_e < 6\%$ 为非产层。

2. 油层、油水同层、水层的定量解释

（1）对厚的（厚度大于 1.5m）和纯砂岩（泥质含量小于 10%）的储集层，可以应用感应电导率（ILD）与 S_1/S_2 交会图解释厚纯砂岩油水层（图 8－69）。

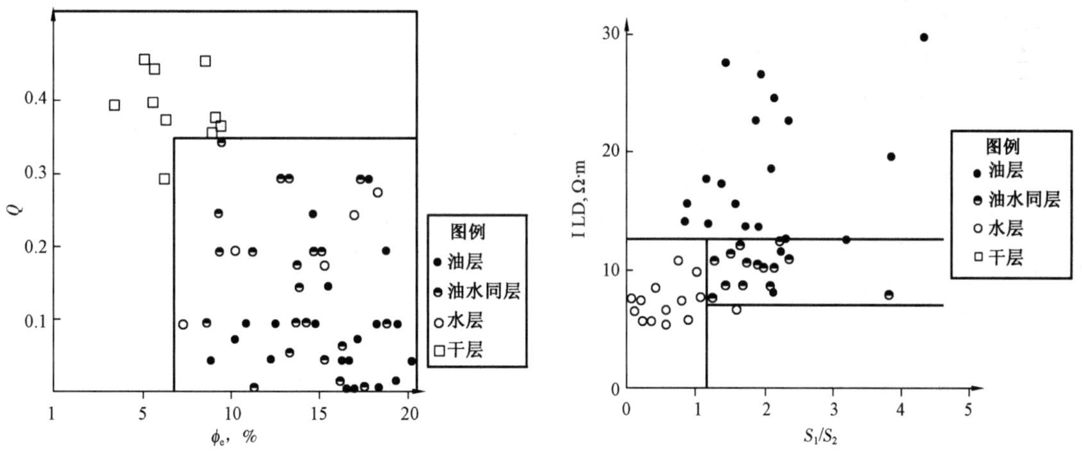

图 8－68　油层产层下限值确定图版　　　　图 8－69　厚纯砂岩油水层解释图版

（2）对高含泥薄互层储集层（泥质含量不小于 10%），可以应用泥质含量（V_{sh}）与 ST 交会图版确定高含泥储集层的油水层，见图 8－70。从图中可以看出，当 ST < 3.5 时，$V_{sh} \geqslant 15\%$ 为纯水层，$V_{sh} < 15\%$ 为油水同层；而当 ST ≥ 3.5 时，$V_{sh} \geqslant 15\%$ 为纯油层，$V_{sh} < 15\%$ 为油水同层。

(3)利用含水饱和度 S_w 和束缚水饱和度 S_{wi} 交会图版，可以确定油水层，见图 8－71。从图中可以看出，储集层点落在 45°线附近为纯油层，储集层点越靠近右下方含水越多。利用该图版可以解释油层、油水同层、水层，并估计储集层是以产油为主还是以产水为主。

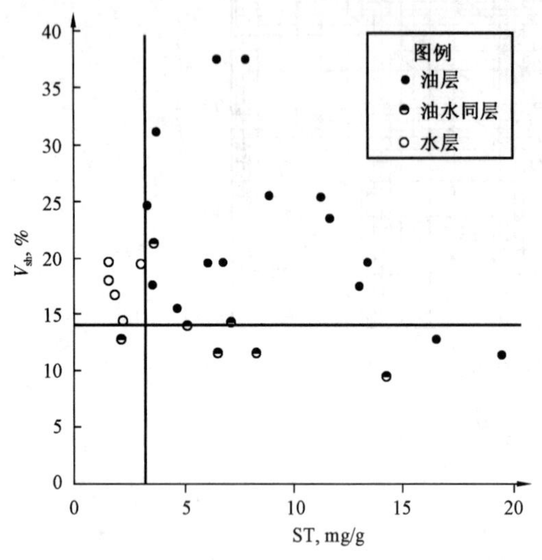

图 8－70　泥质含量与含油气总量交会图版

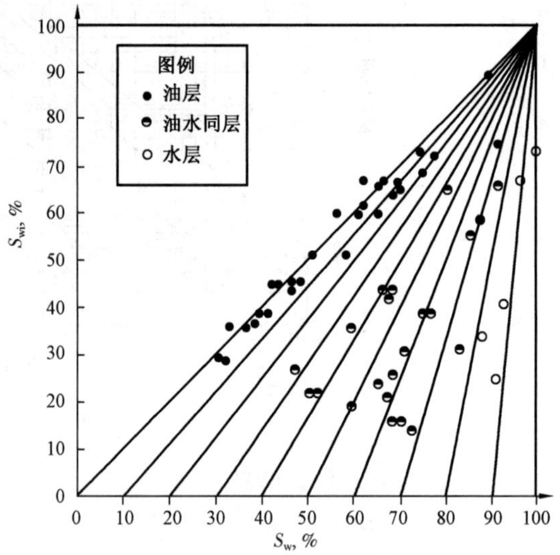

图 8－71　S_w 和 S_{wi} 交会图版

(五)油层静态产能评价方法

产能评价的实质就是在试油前对储集层的产量进行评估。在试油前对储集层的产能进行准确的评价，对制定合理的试油方案、优化试油工作制度、缩短试油周期具有十分重要的意义。根据油井动态产能评价方法和单井地质储量评价方法，结合录井、测井资料的特点，确定了油层静态产能评价方法，并建立了相应的产能评价图版，给出了油层与差油层的区分标准，并建立了试油压裂选层设计标准。

1. S_o 与 $\phi_e \times H_0$ 产能评价图版

以储集层孔隙度、渗透率、含油气饱和度、有效厚度等为主要静态评价参数，建立了油层静态产能预测方法，对储集层进行产能进行分级，为科学合理地确定试油方案、实施增产措施及采油配产提供了依据。确定储集层能否有流体产出的参数主要有产层厚度 H_0、孔隙度 ϕ_e、产能指数 Q、电阻率 R_t。应用电阻率与孔隙度交会图及产能指数 Q 与孔隙度交会图可把产层下限值确定出来。统计研究区目的层的试油、压裂资料，应用含油饱和度 S_o 与 $\phi_e \times H_0$（H_0 为产层厚度）建立产能评价图版(图 8－72)。

2. R_t/Q 与 $\phi_e \times H_0$ 产能评价图版

统计研究区的试油、压裂资料，建立 R_t/Q 与 $\phi_e \times H_0$ 产能评价图版(图 8－73)。

(六)水淹层识别评价方法

1. 地球化学录井技术评价水淹层

(1)在用热解分析参数计算剩余油饱和度的基础上，通过剩余油饱和度与原始含油饱和度的对比分析，判断油层的水淹程度、剩余油的分布、采出程度等。因此，可以应用原始含油饱和度(S_o)与剩余油饱和度(S_{or})图版评价水淹层(图 8－74)。

(2)水驱油首先驱出密度低、粘度小的原油组分，故随着采出程度的增加，采出原油的密度和粘度具有逐步升高的趋势。地球化学录井的 P_1,P_2,P_3,P_4 能够反映原油性质的变化，可以应用这些参数判断油层的水淹程度。因此，可以利用 P－K 分析孔隙度（ϕ_e）与热解分析总烃（ST）图版评价水淹层（图 8－75）。

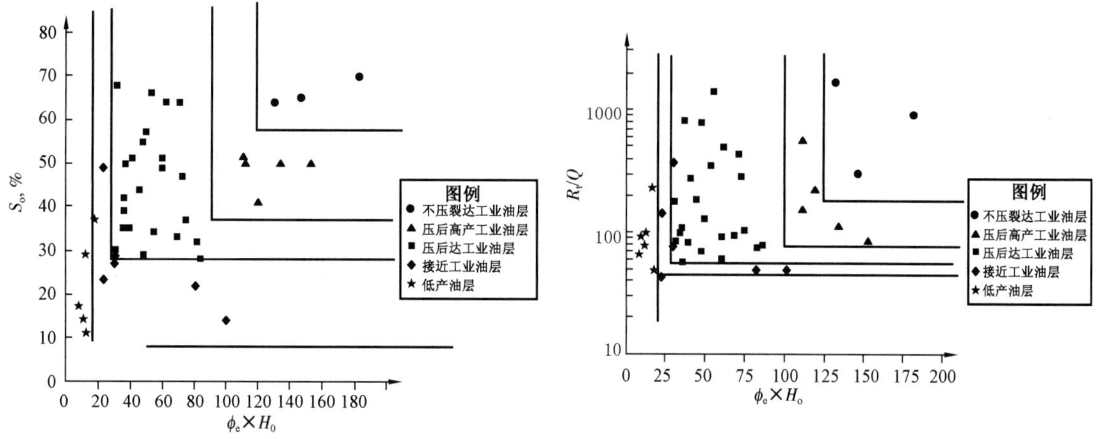

图 8－72　S_o 与 $\phi_e \times H_0$ 产能评价图版

图 8－73　R_t/Q 与 $\phi_e \times H_0$ 产能评价图版

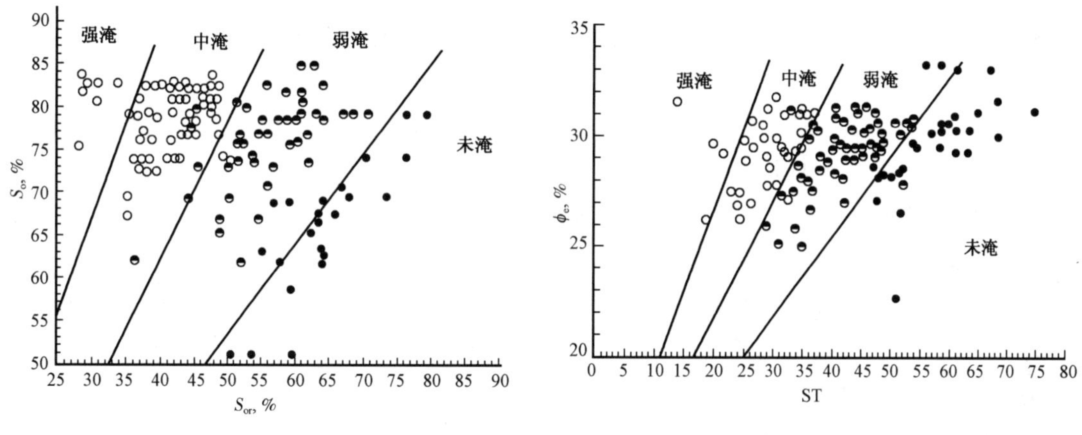

图 8－74　原始含油饱和度与剩余油饱和度交会图版

图 8－75　P－K 分析孔隙度（ϕ_e）与热解分析总烃（ST）交会图版

油层水洗程度判别方法中的热解参数是通过密闭取心井的岩心样品分析获得的，也可通过常规取心或井壁取心的样品分析获得。常规分析方法是先测定岩心中水的含量，然后再计算油的含量，所以要采用密闭取心；而地球化学分析直接测定油的含量，没有水的响应值，故用地球化学参数评价油层的水淹程度只要测准油的含量即可。因此，应用地球化学参数评价油层水洗程度经济合理，方法简单，可操作性强，具有较广阔的应用前景。

2. 荧光图像技术评价水淹层

荧光图像特征是集荧光颜色、发光强度、发光面积、油水分布特征及比率为一体的综合概念。荧光颜色、发光强度、油水分布是评价油层水洗程度、水淹状况的定性指标；而油水发光面积（面孔率）、油水分布比率（油水面积相对于面孔率的比值）是衡量油层水淹状况的半定量指标。所以，在研究油层的水洗程度时，必须对这些指标进行综合分析，两者是油水层分析的重要客观依据。

第九章　测井资料综合解释与数据处理

测井资料综合解释是指按照预定的地质任务，选择几种测井方法组成综合测井系列，并根据测井资料综合解释原理和方法，对有关的测井、地质、钻井和开发资料进行综合分析，对测井资料作出综合性的地质解释，解决地层划分、油气储集层和有用矿藏的评价及其勘探开发中的其他地质问题。它是通过建立模型方式把测井信息与地质信息联系起来，从而达到用测井信息求取地质信息的目的。这里所说的测井信息指各种测井方法测得的反映岩层物理性质的参数，如电阻率、地层体积密度等；而地质信息指能反映地层性质的地质参数，如孔隙度、泥质含量等；测井解释模型指人们在理论分析、实验研究、资料统计的基础上，把测井信息与地质信息的客观关系抽象成易于理解的形象，如各种经验公式、图版、简化地层模型等。

测井资料的数据处理就是应用电子计算机对测井资料进行自动整理和自动解释，并将解释成果自动显示出来。随着计算机技术及测井技术的发展，测井资料的数据处理在油田勘探开发中的作用越来越大。

第一节　纯岩石地层评价方法

纯岩石是指不含泥质的岩石，然而，在测井解释中，常把泥质含量少的岩石当作纯岩石，可用纯岩石的解释方法来评价泥质很少的地层。

一、测井系列的选择

测井系列是指在给定的地区地质条件下，为了完成预定的地质勘探开发或工程任务而选用的一套经济实用的综合测井方法。选用合理有效而完善的测井系列是保证应用测井资料有效地解决地质、工程问题的前提。因此，正确选择测井系列是一项极为重要的基础工作，而且往往以能否比较深刻地揭示地层特性、准确地求解地质参数、划分油气水层、有效地解决地质和工程问题的能力作为衡量一个地区最佳测井系列的标志。

（一）测井方法的探测范围

每一种测井方法都有一定的探测范围，该范围的物质成分及其物理化学性质影响测井的测量结果。规定在某一范围内的物质对某种测井的贡献占整个贡献的50%或90%时，此范围为该种方法的探测范围。理论分析和实验研究可以确定每种方法的探测范围。实际上，测井仪器有贴井壁测量和不贴井壁测量两种，它们的探测范围也各不相同。

(1)对于不贴井壁测量的测井仪器，一般假设仪器位于井轴处，其探测范围是一个中心在井轴上的球体，球体的半径表示探测范围的大小，如图9－1(a)所示。电阻率测井、感应测井、侧向测井、自然电位测井、自然伽马测井、中子伽马测井均属于这一类。

(2)对于贴井壁测量的测井仪器，其探测范围则用离井壁的径向距离来表示，如图9－1(b)所示。微电极测井、微侧向测井、邻近侧向测井、补偿密度测井、井壁声波测井、井壁中子测井和岩性密度测井等均属于这一类，不贴井壁的声波时差测井也属于这一类。

各种测井方法的探测范围主要受它本身的原理和仪器结构、井眼和地层条件等因素的影响，一般只要求有一个“范围”的概念而不需要确切知道它的大小，因此，通常说的探测范围是

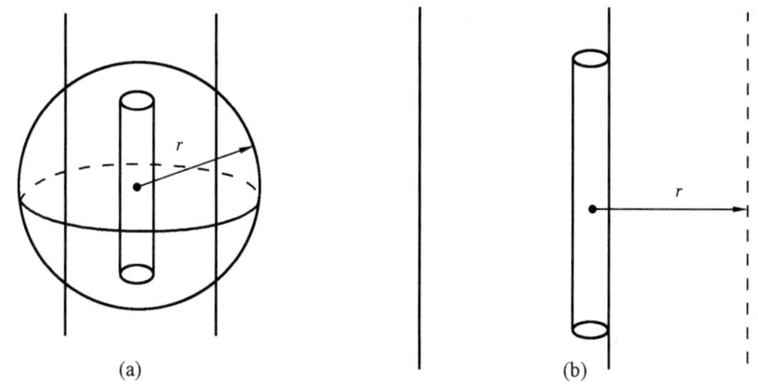

图 9－1　测井探测范围示意图

一个粗略的数量概念。测井方法的探测范围可以用测井仪器的探测深度来表示。这里着重介绍一下各种测井方法的探测深度。它是正确解释和应用测井资料的重要基础，也是选择测井系列的重要依据。

岩性—孔隙度测井的探测范围均比较小，多限于冲洗带以内，并与地层的岩性、孔隙度及孔隙流体性质有关。一般来说，岩性—孔隙度测井中的探测深度是按井眼周围的地层对仪器测量值所做贡献的百分数来估算的。

自然伽马测井的探测深度与地层和井内钻井液对自然伽马射线的吸收作用有关，其平均探测深度约为 15cm，即所测量的 90% 的自然伽马射线来自靠近井壁约 15cm 范围内的地层（只在储集层冲洗带范围内）。在通常的测井条件下，自然伽马测井的地层分辨力约为 1m。

补偿密度测井的探测深度取决于地层的密度。对于中等密度的地层，密度测井的探测深度约为 10cm，即所测量的 90% 响应值是由靠近井壁约 10cm 范围内的地层密度造成的。在通常的时间常数（2s）和测速（600m/h）条件下，补偿密度测井的地层分辨力约为 1m。补偿密度测井受扩径和井眼不规则的影响较大。

岩性—密度测井的探测深度非常浅，约为 5cm。它是鉴别岩性能力很强的测井方法，但当井内充满重晶石钻井液时，由于重晶石的光电吸收截面指数 $P_e = 267\text{b/e}$，比常见矿物和流体的 P_e 值高达数十到上百倍，致使这种方法失去鉴别岩性的能力。

中子测井的探测深度与地层孔隙度及源距有关。对于裸眼井孔隙度为 22% 的地层，按造成 90% 的测井响应来估算，补偿中子测井的探测深度从井壁算起约为 25cm，井壁中子测井的探测深度约为 18cm。在通常的时间常数（2s）和测速（600m/h）条件下，中子测井的地层分辨力约为 1m；中子寿命测井的探测深度约为 35～50cm（从井轴算起），地层分辨力约为 1m。

补偿声波测井的探测深度很浅，对均匀地层来说，约为 1～3cm。

由上可知，岩性—孔隙度测井方法的探测深度均较浅，主要探测井壁附近冲洗带地层的岩性及孔隙度。

对于电阻率测井方法，一般可按径向积分几何因子 $G_r = 0.5$ 来近似估计其探测直径，以其一半作为探测半径。

对于目前广泛应用的双感应和双侧向测井来说，可根据 $G_r = 0.5$ 来估计它们的探测半径。引进的双感应测井的深感应（ILD）探测半径约 1.7m，中感应（ILM）探测半径约为 0.8m，两者的地层分辨力均约为 1.3m。国产 6ILD－1 和 6ILD－0.8 型感应测井仪的探测半径分别为 1.62m 和 1.29m。常与双感应测井组合的八侧向测井（LL8）的探测半径约为 30～40cm，球形聚焦测井(SFL)的探测半径约为30cm。双侧向测井中,深侧向测井(LLD)的探测半径约为115cm,浅侧向测井(LLS)的探测半径约为30~35cm,两者的地层分辨力均约为60cm。

用类似的方法估算冲洗带电阻率(R_{xo})测井的探测深度分别为:微电极测井(ML)约为2.5~5cm,微球形聚焦测井(MSFL)约为5cm,微侧向测井(MLL)约为10cm,邻近侧向测井(PL)约为15~20cm,它们的地层分辨力约为15cm。

由上可知,从探测深度来看,电阻率测井大致可分为深、中、浅、微四类。

(1)深探测电阻率测井:包括6FF40感应、双感应中的深感应(ILD)、国产的六线圈系6ILD-1和6ILD-0.8,深三侧向(LL3D)、深七侧向(LL7D)、双侧向中的深侧向(LLD),以及长电位电极系(64in=1.62m)、梯度电极系(18ft8in=5.67m)等。这些深探测电阻率测井的探测深度均在1m以上,可探测未受钻井液侵入的原状地层的真电阻率。

(2)中探测电阻率测井:包括中感应(ILM)、浅三侧向(LL3S)、浅七侧向(LL7S)、浅侧向(LLS)以及短电位电极系(16in=0.4m)等。它们的探测深度约为0.3~1.0m,可探测钻井液侵入带电阻率。

(3)浅探测电阻率测井:包括八侧向(LL8)、球形聚焦(SFL)。它们的探测深度较浅,约为0.45~0.9m,可探测冲洗带到过渡带的电阻率。

(4)冲洗带电阻率测井:包括微电极(ML)、微侧向(MLL)、邻近侧向(PL)、微球形聚焦(MSFL)等。它们的探测深度很浅,约为2.5~10cm,主要用于探测冲洗带电阻率。它们的电极距都很小,探测深度很浅,故又称它们为微电阻率测井。

(二)测井系列选择方法

对油气勘探开发来说,一个地区所选用的测井系列是否合理有效,主要取决于它们能否有效地鉴别岩性,划分渗透性地层,较为精确地计算储集层主要地质参数,可靠地对储集层进行油气评价,以及解决其他地质问题。此外,所选用的测井系列应尽可能地克服或降低井眼、钻井液侵入、围岩等环境因素的影响,以获得较为真实地反映岩层及孔隙流体性质的、质量较好的测井资料,并在保证能有效地完成预期的油气勘探开发任务的前提下,应力求测井系列简化与经济有效,提高投入产出比,但切忌牺牲解决地质问题的能力,片面追求经济效益而使测井系列过分简化。

电阻率测井和岩性—孔隙度测井是目前的主体测井系列,它们是划分储集层和油气评价的基础,其主要任务在于求准储集层的两个基本参数——孔隙度和电阻率,进而确定地层的含油气饱和度,估计储集层的油气含量。下面着重讨论如何根据一个地区的地质与地球物理特征,选择合理有效的孔隙度和电阻率测井系列。

1. 岩性与渗透性地层指示测井方法

在鉴别岩性和划分渗透层时,主要应用自然伽马、声波、中子、密度和岩性—密度测井,并结合其他测井方法综合解释。微电极测井和自然电位测井在淡水钻井液砂泥岩剖面可有效地鉴别岩性和划分渗透层,而自然伽马和中子伽马测井在碳酸盐岩剖面或盐水钻井液砂泥岩剖面可有效地鉴别岩性和划分渗透层。一般来说,除地层含有特殊放射性矿物外,无论在淡水或盐水钻井液井中,自然伽马曲线在鉴别岩性和反映地层泥质含量方面皆优于SP曲线,而电阻率测井和井径曲线一般只作参考。自然伽马能谱测井能区分高放射性矿物,确定粘土性质,更有效地计算泥质或粘土含量,指示沉积环境,研究生油岩,是一种适用范围更广泛、效果更好的岩性测井方法。

碳酸盐岩和其他复杂岩性剖面的储集层类型较多,既有孔隙型,又有裂缝型、孔洞型及它们的过渡型，且组成岩石的骨架矿物成分至少都在两种以上。因此，与砂泥岩剖面相比，其孔隙结构和钻井液侵入特点更为复杂，所以对碳酸盐岩和其他复杂岩性剖面应选用更加完备的测井系列。其中，三孔隙度测井是必不可少的，同时要有自然伽马测井和井径曲线；针对碳酸盐岩等地层的高电阻率特点，一般采用双侧向—冲洗带电阻率测井系列；为了探测裂缝，还应测量全波列声波测井、地层倾角测井及裂缝识别测井等。

2. 孔隙度测井方法

声波、中子和密度测井主要用于确定地层孔隙度，它们的测井值主要决定于孔隙度和岩性，与孔隙流体性质也有关。因此，对于单矿物、完全含水的纯地层，只用一种孔隙度测井方法如中子或密度测井便能求得孔隙度；如岩层无次生孔隙，用声波测井也能求准孔隙度。孔隙度测井的探测深度均较小，它们的探测范围多限于储集层的冲洗带范围。因此，冲洗带内的残余油，特别是天然气，对孔隙度测井值均有不同程度的影响，故应使用三种孔隙度测井组合确定油气层的孔隙度。

对碳酸盐岩、复杂岩性储集层以及含多种矿物的砂岩，由于含有性质明显不同的几种骨架矿物，故必须将两种或三种孔隙度测井组合才能求得较准确的孔隙度值和岩石矿物成分。

对于含有发育的裂缝等次生孔隙地层，一般认为密度和中子测井能反映次生孔隙，所计算的孔隙度是包括次生孔隙度在内的总孔隙度，但声波测并不反映次生孔隙，所计算的孔隙度是原生粒间孔隙度，因此，将三种孔隙度测井组合使用，可求出地层的次生孔隙度。

电阻率测井计算的孔隙度是地层含水孔隙度且受泥质的影响大，因此只适用于不含油气的纯水层。

目前，又发展了新一代岩性—孔隙度测井仪，它们是岩性—密度测井、双孔隙度补偿中子测井和长源距声波测井。岩性—密度测井具有最好的鉴别岩性能力，还能提供地层的体积密度值。双孔隙度补偿中子测井对含泥质地层能更清晰地指示天然气，对致密地层能更准确地确定孔隙度。长源距声波测井可以避免井壁附近泥岩蚀变和井眼扩大的影响，更准确地测量地层纵波时差，同时还可测量地层横波时差。

3. 电阻率测井方法

在钻井过程中，不可避免地要发生钻井液侵入渗透性储集层的情况，致使储集层在径向上分成几个不同的电阻率带，即冲洗带、过渡带和原状地层。为了反映储集层在径向上的电阻率变化，需要微、浅、中、深探测的电阻率测井方法，它们组成一个电阻率测井系列。

微球形聚焦（MSFL）和微侧向（MLL）测井是测量冲洗带电阻率较好的方法。八侧向（LL8）和球形聚焦（SFL）测井是常与双感应测井组合应用的浅探测电阻率测井。八侧向测井的探测半径比浅侧向测井（LLS）要浅，而球形聚焦测井的探测半径比八侧向测井还浅。

目前，用于测量地层电阻率的基本方法是感应测井（IL）和侧向测井（LL）。它们都采用探测深度适当的纵向电流聚焦系统，所测的视电阻率受井眼和围岩的影响较小，因而利用这些测井值可以求得准确的地层真电阻率 R_t 值。

当钻井液侵入不太深时，深感应（ILD）或深侧向（LLD）测得的视电阻率值与 R_t 十分接近，因此，在一般解释中常直接将它们作为 R_t 来使用。

当钻井液侵入较深时，侵入带对感应或侧向测井值的影响比较明显，而且对两者的影响也是不同的。侵入带与原状地层对感应测井的涡流来说是并联的，而对侧向测井电流则是串联的。因此，感应测井值主要受两个带中电阻率较低部分的影响；而侧向测井值则主要受两个带中电阻率较高部分的影响。显然，在钻井液高侵（$R_{xo} > R_t$）时，感应测井值主要反映地层的电阻率，故采用感应测井确定 R_t 较好；在钻井液低侵（$R_{xo} < R_t$）时，则侧向测井值主要受高电阻地层的影响，故选用侧向测井确定 R_t 较好。

一般来说，当 $R_{mf} > 3R_w$ 时，应优先采用感应测井；反之，则应优先选用侧向测井。在普通淡水钻井液条件下，感应测井对高侵且 R_t 为中到低值的地层具有很好的应用价值。因而，在淡水钻井液砂泥岩剖面中，一般采用双感应—八侧向或双感应—球形聚焦测井组合；而侧向测井则是目前在盐水钻井液（矿化度大于 10000mg/L 且 $R_{mf} < 2.5R_w$）井、高阻薄层地区和碳酸盐岩地区广泛使用的电阻率测井方法。

综上所述，对一个地区来说，应根据本区的地质—地球物理特征、所要完成的地质任务、井内流体性质、各种测井方法的特点以及经济效益等来综合考虑，选择出适合本区的合理完善、经济有效的测井系列。表 9－1 给出推荐的裸眼井测井系列。用这些测井系列所测的曲线能在不同井内流体的条件下较好地鉴别岩性，划分储集层，计算各种地质参数及油气评价。需要强调指出的是，在选择测井系列时，既要避免“曲线越多越好”与不从实用性和有效性出发而过分地追求其先进性的片面倾向；又要防止牺牲解决地质问题的能力而单纯追求经济效益，致使测井系列过分简化的倾向。

表 9－1　推荐的裸眼井测井系列

井内流体	研究参数	推荐的测井项目
淡水钻井液	岩性	自然电位、自然伽马、伽马能谱、岩性—密度测井
	$S_w - R_w$	感应测井或侧向测井或电位—梯度电极系测井
	$S_{xo} - R_{mf}$	微球形聚焦测井或微侧向测井或微电极测井
	$\phi - V_{cl}$	密度测井、中子测井和（或）声波测井
	$k - p$	地层测试器
	几何参数	地层倾角测井、四臂井径测井、井斜测量
盐水钻井液	岩性	自然伽马、伽马能谱、岩性—密度测井
	$S_w - R_w$	双侧向测井
	$S_{xo} - R_{mf}$	微球形聚焦测井或微侧向测井
	$\phi - V_{cl}$	密度测井、中子测井和（或）声波测井
	$k - p$	地层测试器
	几何参数	地层倾角测井、四臂井径测井、井斜测井
油基钻井液	岩性	自然伽马、伽马能谱、岩性—密度测井
	$S_w - R_w$	感应测井
	$\phi - V_{cl}$	密度测井、中子测井和（或）声波测井
	$k - p$	地层测试器
	几何参数	四臂井径测井、井斜测量
空井	岩性	自然伽马、伽马能谱、岩性—密度测井
	$S_w - R_w$	感应测井
	$\phi - V_{cl}$	密度测井、中子测井
	几何参数	四臂井径测井、井斜测井

二、储集层划分方法

划分储集层是基于储集层的岩性、测井响应等特征，用水平的分层线标志出储集层的顶底界面和厚度，以便逐层计算储集层参数，逐层评价。下面先介绍砂泥岩剖面和碳酸盐岩剖面储集层的特征，再介绍划分储集层的要求和一般方法。

（一）砂泥岩剖面储集层特征

1. 岩性特征

砂泥岩剖面储集层的基本岩性是砂岩，孔隙度相对较高，孔隙分布较均匀；储集层的上下都有厚度较大的泥岩隔层。

2. 测井特征

淡水钻井液砂岩储集层的典型特征是：SP 有明显的负异常，微电极曲线上有明显的正幅度差，GR 为低值。对于盐水钻井液砂泥岩剖面，由于 SP 曲线平直不能很好划分储集层，而改用 GR 曲线，同时结合孔隙度测井显示特征，此时，储集层显示为低 GR 值和相对高的孔隙度。

（二）碳酸盐岩剖面储集层特征

1. 岩性特征

碳酸盐岩储集层的基本岩性为裂缝和孔隙较发育的比较纯的碳酸盐岩，其孔隙度一般较低，而围岩一般为致密碳酸盐岩。

2. 测井特征

碳酸盐岩储集层的测井特征是：GR 为低值（岩性较纯），Δt，ρ_b，Φ_N 有孔隙度升高的显示，R_a 为低阻显示（裂缝和孔隙发育）。

3. 钻井和录井显示

碳酸盐岩储集层有时在测井特征上不明显，这时就应更加重视第一性资料，特别要注意钻井和录井中的油气显示及放空、漏失等地层渗透性显示现象。

（三）划分储集层的要求

划分储集层的目的是为了寻找和评价可能含油气的一切地层，因而划分储集层的基本要求为：

（1）估计为油层、气层、油水同层和含油水层的储集层都必须分层解释。

（2）电性可疑层（测井资料怀疑有油气的地层）或录井显示在微含油级别以上的储集层必须分层。

（3）选定的标准水层（厚度较大、岩性纯、不含油）必须分层，以用于确定地层水电阻率。

（4）当有连续多个水层时，应选择靠近油层的水层分层。

（5）地质录井和气测有大段油气显示而电性显示不好的一些储集层应在该组储集层的顶部选层解释。

（四）划分储集层的方法

从上述要求看，所谓划分储集层，其实主要是划分那些可能有油气的储集层，并且适当划分邻近的水层。因此，分层时不但要注意地层的孔隙性、渗透性，而且要注意地层的含油性。为了按上述要求划分储集层，可按以下步骤进行：

（1）将本井的第一性资料标注在综合测井图上。

(2)与邻井对比，找出本井钻井的目的层位，把测井资料分为若干解释井段，每段的地层水有基本相同的含盐量。

(3)在解释井段内，以 SP 或 GR 为主，找出储集层位置；以电阻率资料为主，并结合录井显示和邻井对比，找出最明显的水层和最可能的油气层，然后把其他储集层与之逐一比较，按分层要求找出其他可能含油气地层。

(4)按照划分储集层的要求，用水平的分层线逐一标出所要划分的储集层界面。这时，应注意的是：① 画分层线时，要兼顾所有曲线的合理性；② 油层、气层和油水同层中有 0.5m 以上的非渗透夹层时，应把夹层上下分为两个层解释；③ 岩性渐变层的顶界（顶部渐变层）或底界（底部渐变层），应分至岩性渐变结束，纯泥岩或非储集层开始为止；④ 在一个厚度较大的储集层中，如有两种或两种以上的解释结论，应按解释结论分层解释。

三、纯岩石测井响应方程

测井得到的是岩石物理参数，而测井解释的根本任务是把测井信息转化为地质信息。为此，需建立测井解释模型，导出测井响应值与地质参数之间的关系，然后对测井资料进行加工处理和分析解释。模型是研究、解决问题的根本性方法。

（一）岩石体积物理模型

在测井过程中，许多测井方法测量的结果都可以看成仪器探测范围内各种物理量的平均值。如岩石体积密度 ρ_b 可以看成密度测井探测范围内岩石密度（单位体积岩石的质量）的平均值，岩石中子孔隙度 Φ_N 可以看成中子测井探测范围内岩石含氢指数（单位体积岩石的氢核数）的平均值。还有像岩石的天然放射性、热中子俘获截面、声波时差等都可作同样的解释。这些测井方法的特点是，它们测量的物理参数可以看做是单位体积岩石相应物理量的平均值。这就促使人们在寻找测井参数和地质参数关系时，抛开对测井方法微观物理过程的研究，而着重从宏观上研究岩石各部分（孔隙流体、泥质和岩石颗粒等）对测量结果的贡献，因而发展出岩石体积物理模型的研究方法。

岩石体积物理模型，就是根据测井方法的探测特性和组成岩石的各种物质在物理性质上的差异，把岩石体积分成几部分，然后分别研究每一部分对岩石宏观物理量的贡献，并把岩石的宏观物理量看成是各部分贡献的总和。

从岩性上看，具有储集性质的岩石主要有砂岩和碳酸盐岩。从测井解释上看，由于岩石中所含的泥质成分和其他矿物成分在物理性质上有较大的差别，所以把具有储集性质的岩石分为纯岩石（包括纯砂岩和纯碳酸盐岩）和泥质岩石（包括泥质砂岩和泥质碳酸盐岩）。根据岩石各种组成成分物理性质和岩石体积物理模型概念，可以把储集层分为两种体积物理模型：(1)纯岩石体积物理模型，由岩石骨架和孔隙流体组成；(2)泥质岩石体积物理模型，由岩石骨架、孔隙流体和泥质组成。

在测井解释中，常把除岩石中泥质成分以外的其他矿物成分统称为岩石骨架。它是指由矿物组成的没有孔隙的岩石，其物理参数称为岩石骨架的物理参数，如骨架声波时差 Δt_{ma}、体积密度 ρ_{ma}、含氢指数 Φ_{Nma} 等。这些参数基本上只取决于岩石的矿物成分，而在测井解释中常看作常数，可以通过实验测量或岩心分析与测井资料统计分析确定（有些可以从理论上计算）。孔隙流体参数一般是指岩石孔隙中所含流体（水或钻井液滤液）的物理参数，在测井解释中视为常数。各种岩石骨架参数和孔隙流体参数见表 9－2。

表 9－2　各种岩石骨架参数和孔隙流体参数

岩石骨架	Δt_{ma}		ρ_{ma}	Φ_{Nma}	
	μs/m	μs/ft	g/cm³	井壁中子	补偿中子
砂岩($\phi>10\%$)	182	55.5	2.65	-0.035	-0.05
砂岩($\phi<10\%$)	168	51.2	2.68	-0.035	-0.05
石灰岩	156	47.5	2.71	0.00	0.00
白云岩($\phi=5.5\%\sim30\%$)	143	43.5	2.87	0.035	0.085
白云岩($\phi=1.5\%\sim5.5\%$或$\phi>30\%$)	143	43.5	2.87	0.02	0.065
白云岩($\phi=0\sim1.5\%$)	143	43.5	2.87	0.005	0.04
硬石膏	164	50.0	2.98	-0.005	-0.02
石膏	171	52.0	2.35	0.49	—
岩盐	220	67.0	2.03	0.04	-0.01
孔隙流体	Δt_f		ρ_f	Φ_{Nf}	
	μs/m	μs/ft	g/cm³	井壁中子	补偿中子
淡水钻井液	620	189.0	1.00	1.00	1.00
盐水钻井液	608	185.0	1.10	1.00	1.00

1. 含水纯岩石体积物理模型

在含水纯岩石地层中，沿井轴方向在仪器探测范围内截取一块边长为 L、体积为 V 的立方体岩样。从岩石体积物理模型的观点来看，含水纯岩石就是由骨架和水两部分组成的。由于岩石骨架和孔隙水的物理性质差异很大，因此，可以沿井轴方向把物理性质均匀的骨架部分和水部分集中在一起，形成物理性质均匀的、体积为 V'_{ma} 的骨架部分，以及体积为 V_ϕ 的水部分，由此得含水纯岩石体积物理模型，见图 9－2。根据物质平衡方程，得：

$$\begin{cases} V = V'_{ma} + V_\phi \\ L = L_{ma} + L_\phi \end{cases} \tag{9-1}$$

式中　L——岩样沿井轴方向的长度；

L_{ma}——骨架部分沿井轴方向的长度；

L_ϕ——水部分沿井轴方向的长度；

V'_{ma}——骨架的等效体积；

V_ϕ——水的等效体积。

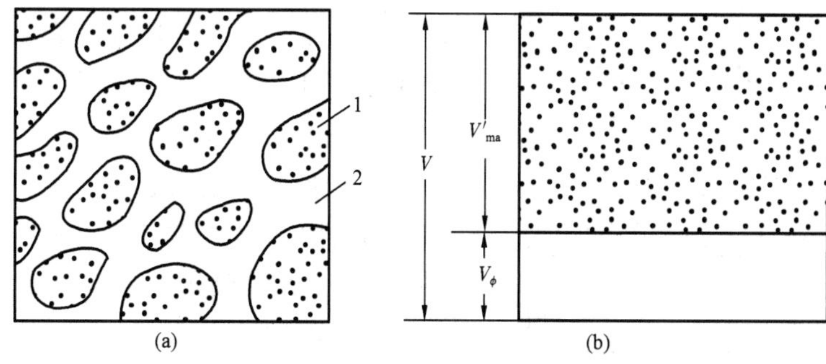

图 9－2　含水纯岩石体积物理模型

(a)岩石结构；(b)等效体积

1—岩石颗粒；2—孔隙空间

2. 含油气纯岩石体积物理模型

含油气纯岩石与含水纯岩石之间的不同之处，在于含水纯岩石中的一部分孔隙水被油气取代，因此，按照体积物理模型的概念可知，含油气纯岩石体积物理模型由骨架、水和油气三部分组成，见图9－3。根据物质平衡方程，得：

$$\begin{cases} V = V'_{ma} + V_{\phi} \\ V_{\phi} = V_{h} + V_{w} \end{cases} \tag{9-2}$$

$$\begin{cases} L = L_{ma} + L_{\phi} \\ L_{\phi} = L_{h} + L_{w} \end{cases} \tag{9-3}$$

式中 V_w——含水体积；

V_h——含油气体积。

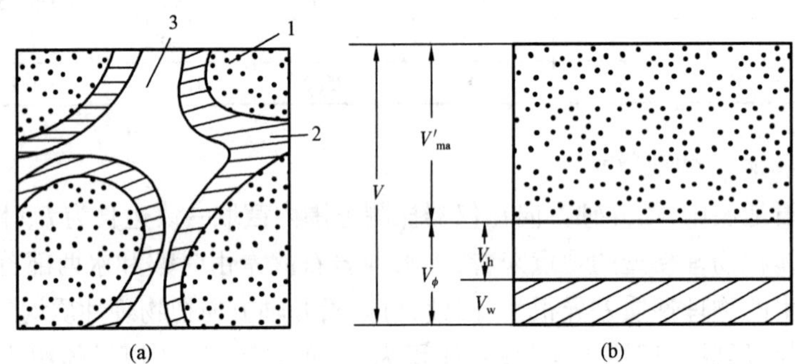

图9－3 含油气纯岩石体积物理模型

(a)岩石结构；(b)等效体积

1—岩石颗粒；2—水；3—油气

(二)密度测井

密度测井测量的主要是康普顿散射伽马射线强度，这种伽马射线强度与岩石的电子密度成正比，而岩石的电子密度又与岩石的体积密度 ρ_b 成正比，因而密度测井可直接记录地层的体积密度 ρ_b。由于密度测井的探测深度较浅，因此，在其探测范围内的渗透性地层孔隙中，所含的液体主要为钻井液滤液(如果是油气层，还应有残余油气)。密度测井的岩石宏观物理量为岩石的质量。根据岩石体积物理模型概念，可分别建立含水纯岩石和含油气纯岩石的体积密度与孔隙度之间的关系。

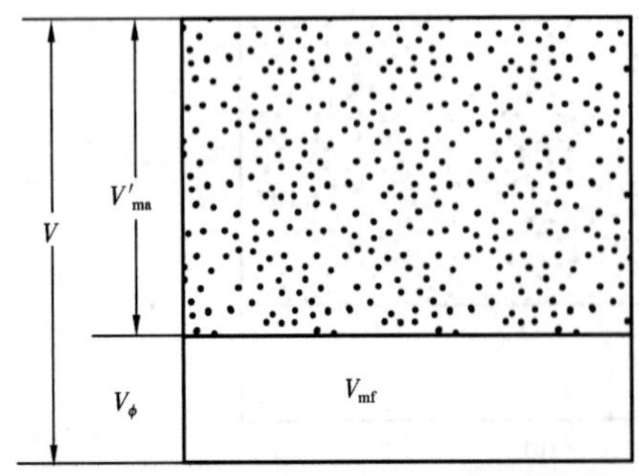

图9－4 密度测井完全含水纯岩石体积物理模型

1. 完全含水纯岩石

对于含水纯岩石地层，根据岩石体积物理模型概念可知，岩石的总质量 G 为岩石骨架部分的质量 G_{ma} 和孔隙中的流体部分的质量 G_{mf} 之和，其体积物理模型见图9－4。

$$G = G_{ma} + G_{mf} \tag{9-4}$$

将 $G = V\rho_b$，$G_{ma} = \rho_{ma}V'_{ma}$，$G_{mf} = V_{\phi}\rho_{mf}$ 代入式(9－

4)，有：

$$\rho_b V = \rho_{ma} V'_{ma} + \rho_{mf} V_\phi \tag{9-5}$$

$$\rho_b V = \rho_{ma}(V - V_\phi) + \rho_{mf} V_\phi \tag{9-6}$$

两端同除以 V，得到岩石体积密度公式：

$$\rho_b = (1-\phi)\rho_{ma} + \phi\rho_{mf} \tag{9-7}$$

密度测井确定孔隙度的公式为：

$$\phi = \frac{\rho_b - \rho_{ma}}{\rho_{mf} - \rho_{ma}} \tag{9-8}$$

式中 ρ_{ma}——岩石骨架密度，g/cm^3；

ρ_{mf}——钻井液滤液密度，g/cm^3；

ρ_b——密度测井测量的岩石体积密度，g/cm^3。

2. 含油气纯岩石

据岩石体积物理模型的概念，含油气纯岩石的质量为岩石骨架质量、钻井液滤液和残余油气质量之和，其体积物理模型见图9－5。

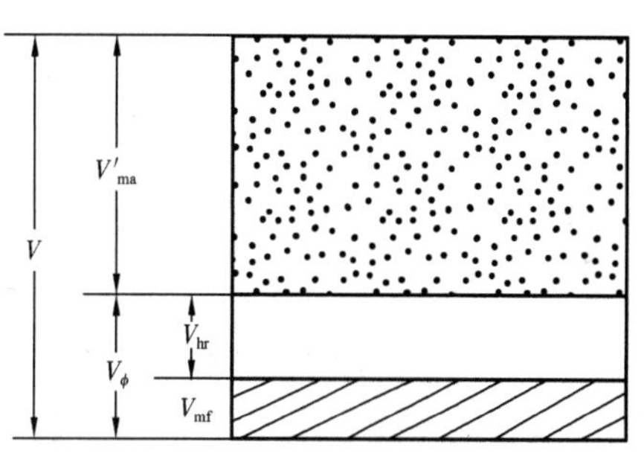

图9－5 密度测井含油气纯岩石体积物理模型

$$G = G_{ma} + G_{hr} + G_{mf} \tag{9-9}$$

$$V\rho_b = V'_{ma}\rho_{ma} + V_{hr}\rho_{hr} + V_{mf}\rho_{mf} \tag{9-10}$$

式中 ρ_{hr}——残余油气密度，g/cm^3。

$$\begin{aligned}\rho_b &= \frac{V - V_\phi}{V}\cdot\rho_{ma} + \frac{V_{hr}}{V}\cdot\rho_{hr} + \frac{V_{mf}}{V}\cdot\rho_{mf} \\ &= \frac{V - V_\phi}{V}\cdot\rho_{ma} + \frac{V_{hr}}{V_\phi}\cdot\frac{V_\phi}{V}\cdot\rho_{hr} + \frac{V_{mf}}{V_\phi}\cdot\frac{V_\phi}{V}\cdot\rho_{mf} \\ &= (1-\phi)\rho_{ma} + \phi(1-S_{xo})\rho_{hr} + \phi S_{xo}\rho_{mf}\end{aligned} \tag{9-11}$$

$$\phi = \frac{\phi_D}{1 + S_{hr}(\phi_{Dhr} - 1)} \tag{9-12}$$

其中，岩石视密度孔隙度 $\phi_D = \frac{\rho_b - \rho_{ma}}{\rho_{mf} - \rho_{ma}}$，油气视密度孔隙度 $\phi_{Dhr} = \frac{\rho_{hr} - \rho_{ma}}{\rho_{mf} - \rho_{ma}}$。

（三）中子测井

中子孔隙度测井是通过测量地层的含氢量来反映充满液体的孔隙度的一种测井方法。它直接测量地层中的热中子密度（补偿中子测井）或超热中子密度（井壁中子测井）。中子测井仪器的中子源连续向地层中发射高能快中子，它们和地层物质作用后很快减速成热中子或超热中子，地层对高能快中子的减速能力主要取决于地层含氢量，所以，中子测井读数主要取决于地层的含氢量，即主要反映纯地层中充满液体的孔隙度。中子测井的岩石宏观物理量为岩石的含氢量(氢原子核数)。根据岩石体积物理模型的概念可知,纯岩石的总含氢量等于岩石骨架的含氢量和岩石孔隙内流体的含氢量之和。由于中子测井的探测深度较浅,因此,在中子测井仪探测范围内的渗透性地层孔隙中,所含的液体主要为钻井液滤液(如果为油气层,还应有残余油气)。根据岩石体积物理模型概念,可分别建立含水纯岩石和含油气纯岩石的含氢指数与孔隙度之间的关系。

1. 完全含水纯岩石

根据岩石体积物理模型概念可知,含水纯岩石的总含氢量 H 为岩石骨架的含氢量 H_{ma} 和孔隙中钻井液滤液的含氢量 H_{mf} 之和,其体积物理模型见图 9-4。

$$H = H_{ma} + H_{mf} \tag{9-13}$$

将 $H = V\Phi_N$,$H_{ma} = V_{ma}\Phi_{Nma} = (V - V_\phi)\Phi_{Nma}$,$H_{mf} = V_\phi\Phi_{Nmf}$ 代入式(9-13),然后,两边同除以 V,得到中子测井响应方程:

$$\Phi_N = (1 - \phi)\Phi_{Nma} + \phi\Phi_{Nmf} \tag{9-14}$$

则中子测井计算孔隙度的公式为:

$$\phi = \frac{\Phi_N - \Phi_{Nma}}{\Phi_{Nmf} - \Phi_{Nma}} \tag{9-15}$$

式中 Φ_N——中子测井读数(含氢指数),%;

Φ_{Nma}——岩石骨架的含氢指数,%;

Φ_{Nmf}——钻井液滤液的含氢指数,%。

2. 含油气纯岩石

根据岩石体积物理模型的概念,含油气纯岩石的总含氢量 H 等于岩石骨架含氢量 H_{ma}、钻井液滤液含氢量 H_{mf} 和残余油气含氢量 H_{hr} 之和,其体积物理模型见图 9-5。

$$H = H_{ma} + H_{hr} + H_{mf} \tag{9-16}$$

$$V\Phi_N = V_{ma}\Phi_{Nma} + V_{hr}\Phi_{Nhr} + V_{mf}\Phi_{Nmf} \tag{9-17}$$

式中 Φ_{Nhr}——残余油气含氢指数。

将式(9-17)整理,得:

$$\Phi_N = (1 - \phi)\Phi_{Nma} + \phi S_{xo}\Phi_{Nmf} + \phi(1 - S_{xo})\Phi_{Nhr} \tag{9-18}$$

$$\phi = \frac{\phi_N}{1 + S_{hr}(\phi_{Nhr} - 1)} \tag{9-19}$$

其中,岩石视中子孔隙度 $\phi_N = \dfrac{\Phi_N - \Phi_{Nma}}{\Phi_{Nmf} - \Phi_{Nma}}$,残余油气视中子孔隙度 $\phi_{Nhr} = \dfrac{\Phi_{Nhr} - \Phi_{Nma}}{\Phi_{Nmf} - \Phi_{Nma}}$。

(四)声波速度测井

声波速度测井测量的是滑行波沿井壁地层传播速度的平均值,通常用声速的倒数来表示。它表示声波在地层中传播 1m 或 1ft 所用的时间,故也常称为声波时差。声波速度测井的岩石宏观物理量是声波在岩石中传播的时间。假定声波在岩石中是直线传播的,根据岩石体积物理模型的概念可知,声波在纯岩石中总的传播时间等于声波在骨架和孔隙流体中的传播时间之和。由于声波速度测井的探测深度较浅,因此,在声波速度测井仪探测范围内的渗透性地层孔隙中,所含的液体主要为钻井液滤液(如果为油气层,还应有残余油气)。根据岩石体积物理模型的概念,可分别建立含水纯岩石和含油气纯岩石的声波时差与孔隙度之间的关系。

1. 完全含水纯岩石

当声波经过压实和胶结良好的纯砂岩时,由于孔隙直径很小(大都是0.0002～0.5mm的毛细管孔隙),矿物颗粒之间接触良好,可以忽略声波传播过程中在矿物颗粒与孔隙水交接面上的传播效应,则可以认为滑行波在岩石中沿井轴方向是直线传播的。完全含水纯岩石的体积物理模型如图9-4所示。设L,L_{ma},L_{mf}分别表示岩石、岩石骨架和钻井液滤液在声波传播方向上的等效长度,V,V_{ma},V_{mf}分别表示岩石、岩石骨架和钻井液滤液的体积,Δt,Δt_{ma},Δt_{mf}分别表示岩石、岩石骨架和钻井液滤液的声波时差,则:

$$t = t_{ma} + t_{mf} \tag{9-20}$$

$$\begin{cases} t = L/v \\ t_{ma} = L_{ma}/v_{ma} \\ t_{mf} = L_{mf}/v_{mf} \end{cases} \tag{9-21}$$

式中　v,v_{ma},v_{mf}——声波在岩石、骨架以及钻井液滤液中的传播速度。

将式(9-21)和$L_\phi = L_{mf}$代入式(9-20),则有:

$$\frac{L}{v} = \frac{L_{ma}}{v_{ma}} + \frac{L_\phi}{v_{mf}} = \frac{L - L_\phi}{v_{ma}} + \frac{L_\phi}{v_{mf}} \tag{9-22}$$

将式(9-22)两边同乘以岩样的截面积S,上式各项分子变成相应的体积,方程两端同除以岩石体积,并考虑岩石孔隙度$\phi = \frac{V_\phi}{V}$,则有:

$$\frac{1}{v} = (1-\phi)\frac{1}{v_{ma}} + \phi\frac{1}{v_{mf}} \tag{9-23}$$

即:

$$\Delta t = (1-\phi)\Delta t_{ma} + \phi \cdot \Delta t_{mf} \tag{9-24}$$

式中　Δt——声波测井测量的岩石的声波时差,μs/m或μs/ft;

Δt_{ma}——岩石骨架的声波时差,μs/m或μs/ft;

Δt_{mf}——钻井液滤液的声波时差,μs/m或μs/ft;

ϕ——岩石的有效孔隙度,小数。

由式(9-24)可以计算出岩石的有效孔隙度ϕ,由此计算的孔隙度称为声波孔隙度:

$$\phi = \frac{\Delta t - \Delta t_{ma}}{\Delta t_{mf} - \Delta t_{ma}} \tag{9-25}$$

用体积物理模型方法得出的含水纯岩石声波时差与孔隙度关系式(9－25)常被称为时间平均公式或怀利公式,是 Wyllie(怀利)经过大量的实验测定后确定的。实验资料表明,当孔隙度在5%～25%之间且颗粒接近圆形时,怀利公式是正确的。

对于未胶结又不够压实的疏松砂岩或弱胶结砂岩,由于孔隙直径大(一般为0.5mm以上的超毛细管孔隙),矿物颗粒之间接触不好,矿物颗粒与孔隙流体交接面对声波传播影响较大,使孔隙度相同的疏松砂岩的声波时差比压实砂岩的声波时差大,所以对于疏松砂岩用式(9－25)计算的孔隙度要比实际孔隙度大,需要进行压实校正,校正公式为:

$$\phi = \frac{\Delta t - \Delta t_{ma}}{\Delta t_{mf} - \Delta t_{ma}} \times \frac{1}{C_p} \tag{9-26}$$

式中　C_p——压实校正系数,数值大于或等于1。

经过长期应用发现,由怀利公式求出的孔隙度与实验确定的孔隙度对应性很差。为了提高声波测井确定孔隙度精度,不少测井分析家试图寻找新的、更好的关系式。1980年,Raymer等人在测井分析家协会第21届年会上提出了一个非线性的经验公式:

$$v = v_{ma}(1-\phi)^2 + v_{mf}\phi \tag{9-27}$$

式中　v, v_{ma}, v_{mf}——地层、骨架和孔隙流体的声速,m/s。

经过现场验证,此公式求取的孔隙度比较精确。但它是否适用于碳酸盐岩地层,其物理意义还有待于进一步研究。

1986年,法国TOTAL石油公司的三位测井分析家经过对Raymer等人的工作深入研究,提出了声波地层因素公式:

$$\frac{\Delta t}{\Delta t_{ma}} = (1-\phi)^{-x} \tag{9-28}$$

$$\phi = 1 - \left(\frac{\Delta t_{ma}}{\Delta t}\right)^{\frac{1}{x}} \tag{9-29}$$

对于砂岩,$x=1.6$;对于石灰岩,$x=1.7$;对于白云岩,$x=2.0$。

实践证明,式(9－29)的应用效果比怀利公式要精确,且适应的孔隙度范围大($\phi \leqslant 50\%$),对砂岩、石灰岩、白云岩均适用,但式(9－29)没有考虑天然气的影响(对压实砂岩,可以不考虑油的影响)。

2. 含油气纯岩石

在声波速度测井探测范围内,含油气纯岩石孔隙中的流体是残余油气和钻井液滤液的混合流体。对于压实和胶结良好的含油气纯岩石,侵入带部分声波传播时间为岩石骨架、钻井液滤液和残余油气三部分传播时间之和,其体积物理模型见图9－5。下面根据体积物理模型推导声波测井公式。设L_{hr}表示残余油气在声波传播方向上的等效长度,V_{hr}表示残余油气的体积,Δt_{hr}和v_{hr}分别表示残余油气的声波时差和速度,则有:

$$\frac{L}{v} = \frac{L_{ma}}{v_{ma}} + \frac{L_{hr}}{v_{hr}} + \frac{L_{mf}}{v_{mf}} \tag{9-30}$$

式(9－30)两端同乘以截面积S,得:

$$\frac{V}{v}=\frac{V_{ma}}{v_{ma}}+\frac{V_{hr}}{v_{hr}}+\frac{V_{mf}}{v_{mf}} \tag{9-31}$$

$$\frac{1}{v}=\frac{V-V_{\phi}}{V}\cdot\frac{1}{v_{ma}}+\frac{V_{hr}}{V_{\phi}}\cdot\frac{V_{\phi}}{V}\cdot\frac{1}{v_{hr}}+\frac{V_{mf}}{V_{\phi}}\cdot\frac{V_{\phi}}{V}\cdot\frac{1}{v_{mf}} \tag{9-32}$$

$$\Delta t=(1-\phi)\Delta t_{ma}+\phi S_{hr}\Delta t_{hr}+\phi S_{xo}\Delta t_{mf} \tag{9-33}$$

$$\phi=\frac{\phi_{s}}{1+S_{hr}(\phi_{shr}-1)} \tag{9-34}$$

其中，岩石视声波孔隙度 $\phi_{s}=\frac{\Delta t-\Delta t_{ma}}{\Delta t_{mf}-\Delta t_{ma}}$，残余油气视声波孔隙度 $\phi_{shr}=\frac{\Delta t_{hr}-\Delta t_{ma}}{\Delta t_{mf}-\Delta t_{ma}}$。

对于未胶结又不够压实的疏松砂岩或弱胶结的含油气纯岩石，声波时差计算孔隙度的公式为：

$$\phi=\frac{\phi_{s}}{1+S_{hr}(\phi_{shr}-1)}\frac{1}{C_{p}} \tag{9-35}$$

（五）电阻率测井

1942年，阿尔奇通过研究含水纯岩石地层以及含油气纯岩石地层的电阻率与孔隙度、含水饱和度的关系，得到如下关系式：

$$\begin{cases}F=\dfrac{R_{o}}{R_{w}}=\dfrac{a}{\phi^{m}}\\[2ex] I=\dfrac{R_{t}}{R_{o}}=\dfrac{b}{S_{w}^{n}}\end{cases} \tag{9-36}$$

式中 R_{o}——饱和地层水的岩石电阻率，Ω·m；

R_{w}——地层水电阻率，Ω·m；

ϕ——岩石的有效孔隙度，小数；

a——与岩石性质有关的岩性系数，一般为0.6~1.5；

m——胶结指数，与孔隙结构有关，一般为1.5~3；

F——地层因素，它是100%含地层水岩石电阻率与地层水电阻率之比，其大小只与地层的岩石性质、孔隙度和孔隙结构有关；

b——与岩性有关的系数，一般取 $b=1$；

n——饱和度指数，一般取 $n=2$；

S_{w}——含水饱和度，小数；

I——地层电阻增大系数，它是含油气岩石的电阻率 R_{t} 与地层完全含水时的电阻率 R_{o} 之比，与 S_{w} 有关，也与岩性有关。

阿尔奇公式适用于纯地层或泥质含量较少的地层，对于泥质地层则需要改进。阿尔奇公式将孔隙度测井与电阻率测井联系起来，因此，它奠定了纯地层油气水定量解释的基础。下面先从含水纯岩石电阻率模型来推导 $F=R_{o}/R_{w}=a/\phi^{m}$，并分析其影响因素；接着，从含油气纯岩石电阻率模型来推导 $I=R_{t}/R_{o}=b/S_{w}^{n}$，并分析其影响因素。

1. 含水纯岩石电阻率模型

对于含水纯岩石，其导电特性主要是靠岩石孔隙流体中的离子导电，所以电流在岩层中的流动主要是沿着孔隙流体流动的，而岩石孔隙通道又是弯弯曲曲的，所以电流在岩石中也只能是曲折流动的。设想将图9-6(a)的岩石结构简化为9-6(b)的等效岩石结构，假设岩石的截面积为A，长度为L，集中在一起的孔隙等效面积为A_w，等效长度为L_w，岩石体积为V，电阻为r_o，等效岩石骨架的电阻为r_{ma}，孔隙流体等效电阻为r_w，则可把岩石电阻看成是r_{ma}和r_w并联的结果，见图9-6(c)，所以有：

$$\frac{1}{r_o}=\frac{1}{r_{ma}}+\frac{1}{r_w} \tag{9-37}$$

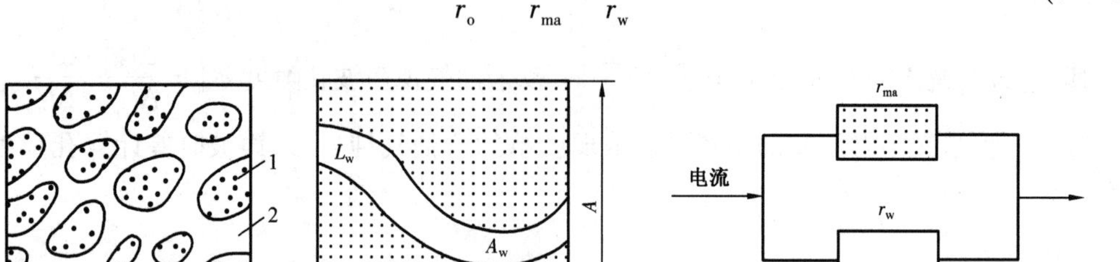

图9-6 含水纯岩石等效导电模型

(a)岩石结构；(b)岩石等效结构；(c)等效电路

1—岩石颗粒；2—水

对骨架不导电的纯岩石来说，其电阻趋于无限大，即$r_{ma}\to\infty$，则式(9-37)简化为：

$$\frac{1}{r_o}=\frac{1}{r_w} \tag{9-38}$$

将$r_o=R_o\dfrac{L}{A}$，$r_w=R_w\dfrac{L_w}{A_w}$代入式(9-38)，得：

$$\frac{A}{R_oL}=\frac{A_w}{R_wL_w} \tag{9-39}$$

将$V=LA$，$V_\phi=L_wA_w$代入式(9-39)，得：

$$\frac{R_o}{R_w}=\frac{1}{\phi}\left(\frac{L_w}{L}\right)^2 \tag{9-40}$$

将$F=R_o/R_w$代入式(9-40)，得：

$$F=\frac{1}{\phi}\left(\frac{L_w}{L}\right)^2 \tag{9-41}$$

式中 L_w/L——孔隙曲折度，表示孔隙孔道的弯曲程度。

式(9-41)表明，地层因素与孔隙度成反比，与孔隙曲折度的平方成正比，而孔隙曲折度主要取决于岩石的性质，如颗粒粗细、分选好坏、磨圆度、胶结程度等。所以，对于岩性和孔隙度一定的纯岩石，其地层因素F为常数。对比式(9-36)与式(9-41)，得：

$$F = \frac{R_o}{R_w} = \frac{a}{\phi^m} = \frac{L_w}{L} / \frac{A_w}{A} \tag{9-42}$$

两边取对数，再将 $\phi = \frac{V_\phi}{V} = \frac{L_w}{L} \cdot \frac{A_w}{A}$ 代入式(9－42)，解出 m 得：

$$m = \frac{\lg a + \lg(A_w/A) - \lg(L_w/L)}{\lg(A_w/A) + \lg(L_w/L)} \tag{9-43}$$

式中 A_w/A——截面孔隙度，即孔隙截面(即含水面积)A_w 与岩样截面 A 之比。

式(9－43)说明，在含水纯砂岩地层中，胶结指数 m 与 A_w/A，L_w/L 有关，而 A_w/A，L_w/L 取决于孔隙大小及形状，即岩性、岩石颗粒的粗细和分选好坏、胶结物的性质及含量等。因此，m 与岩性、岩石颗粒的粗细和分选好坏、胶结物的性质及含量等因素有关。

m 和 a 是测井解释中经常用到的一组基本参数，对测井结果有很重要影响，选择合适的 m 和 a 值是定量解释的关键之一。

2. 含油气纯岩石电阻率模型

含油气纯岩石并不像含水纯岩石那样全部孔隙体积都充满导电的地层水，而是含一部分地层水、一部分不导电的油气，如图 9－7(a)所示，因此，油气层导电的孔隙结构比水层要复杂得多，即导电路径更弯曲。图 9－7(b)和图 9－7(c)分别给出了含油气纯岩石的等效岩石结构和等效电路图。根据并联导电观点，得出含油气纯岩石电阻率公式：

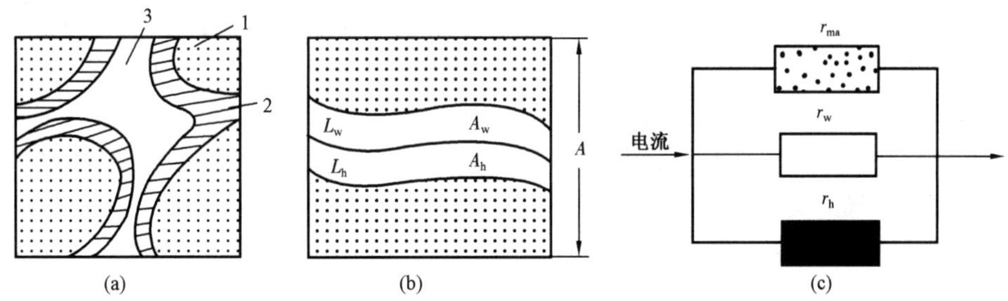

图 9－7 含油气纯岩石等效导电模型

(a)岩石结构；(b)岩石等效结构；(c)等效电路图

1—岩石颗粒；2—水；3—油气

$$\frac{1}{r_t} = \frac{1}{r_w} + \frac{1}{r_h} + \frac{1}{r_{ma}} \tag{9-44}$$

式中 r_h——岩石孔隙中油气的电阻，Ω；

r_t——含油气纯岩石的电阻，Ω。

将 $r_h \to \infty$，$r_{ma} \to \infty$ 代入式(9－44)，得：

$$\frac{1}{r_t} = \frac{1}{r_w}$$

$$\frac{1}{R_t \frac{L}{A}} = \frac{1}{R_w \frac{L'_w}{A'_w}}$$

式中 L'_w——含油气纯岩石等效导电路径长度，cm；

A'_w——含油气纯岩石地层水等效导电横截面积，cm^2。

$$\frac{R_t}{R_w}=\frac{1}{\frac{V_w}{V}}\cdot\frac{L_w'^2}{L^2}=\frac{1}{S_w\phi}\cdot\frac{L_w'^2}{L^2} \tag{9-45}$$

比较式(9-40)和式(9-45)，得：

$$I=\frac{R_t}{R_o}=\frac{1}{S_w}\left(\frac{L'_w}{L_w}\right)^2 \tag{9-46}$$

L'_w/L_w 反映了含油气纯岩石导电路径的复杂性，除与岩石孔隙结构有关外，还和油气水在孔隙中分布的状况有关。

比较式(9-36)和式(9-46)，并令 $b=1$，则：

$$\frac{1}{S_w^n}=\frac{1}{S_w}\left(\frac{L'_w}{L_w}\right)^2 \tag{9-47}$$

$$-n\lg S_w=-\lg S_w+2\lg\frac{L'_w}{L_w} \tag{9-48}$$

$$n=\frac{-2\lg(L'_w/L_w)+\lg S_w}{\lg S_w}=1-2\frac{\lg(L'_w/L_w)}{\lg S_w} \tag{9-49}$$

由式(9-49)可知，n 与 S_w 及 L'_w/L_w 有关。当 S_w 降低时，L'_w/L_w 增大，故 $\lg(L'_w/L_w)/\lg S_w$ 受含油气饱和度变化的影响较小。因此，对于同一岩样，含水饱和度变化，其 n 值基本不变，这与实验结果相符，故 n 主要与岩性、孔隙结构有关。

n 和 b 是测井解释中经常用到的另一组基本参数，对测井结果有很重要影响，选择合适的 n 和 b 值是定量解释的关键之一。

3. 冲洗带地层电阻率解释关系式

冲洗带地层的阿尔奇公式为：

$$F=\frac{(R_{xo})_o}{R_{mf}}=\frac{a}{\phi^m} \tag{9-50}$$

$$\frac{R_{xo}}{(R_{xo})_o}=\frac{b}{S_{xo}^n}=\frac{b}{(1-S_{hr})^n} \tag{9-51}$$

式中 $(R_{xo})_o$——冲洗带饱含钻井液滤液的地层电阻率，Ω·m；

R_{mf}——冲洗带钻井液滤液电阻率，Ω·m；

S_{xo}，S_{hr}——冲洗带含水饱和度和残余油气饱和度，小数。

四、岩性识别技术

确定地层岩性是测井评价储集层的一项重要工作。它不但可以为地质研究提供岩性信息，而且有助于正确选择解释方法和解释参数，如确定孔隙度。若没有岩性资料，骨架参数就无法确定。实际上，在一个地区，无论在纵向上还是在横向上，岩性总要发生某些变化。如果人们不了解岩性的变化，就很难对储集层作出正确的地质解释。因此，在储集层评价中，首先要对岩性作出判断。

以往在评价岩性时，主要凭人们的经验用定性的方法进行，现在已发展了多种确定岩性的方法，且能用计算机分析。

(一)岩石类型的测井响应特征

各种测井方法(声、电、核等测井)测量的岩层物理参数均与岩层的岩性有关。对于不同类型的沉积岩，其矿物成分、结构及物性等不同，相应的测井响应亦不同。这里重点讨论砾岩、砂岩、粉砂岩、粘土岩和碳酸盐岩的测井响应。

1. 砾岩的测井响应

砾岩是由含量大于30%、直径大于2mm的砾石组成的碎屑岩。砾岩的测井响应特征与砾岩的成分、结构、孔隙特征等因素有关。

砾岩在电学上以高电阻率为主要特征，且颗粒粒径越大，孔隙度越低，其电阻率越高。砾岩的分选性对孔渗性影响较大，通常分选性好的砾岩的孔隙度和渗透率较高，分选性差的砾岩的孔隙度和渗透率较低。对于高孔隙度的砾岩，声波时差测井和中子孔隙度测井均显示为高值，密度测井显示为低值。

砾岩的矿物成分较复杂，不同成分的砾岩的测井响应亦不同。含重矿物较多的砾岩具有较高的 P_e 值和较高的 U_{ma} 值，含较多放射性核素的砾岩具有较高的GR值。

2. 砂岩的测井响应

砂岩的颗粒多介于0.1～2mm之间。砂岩的测井响应特征与砂岩的成分、结构、孔隙度高低及含流体的性质和泥质含量等因素有关。

在电学特征上，砂岩的导电性主要取决于砂岩中连通导电流体的性质及含量。若有效孔隙度高且含油饱和度低，则砂岩电阻率低；若砂岩的孔隙度和渗透率较高，则自然电位曲线异常幅度值就大。因此，自然电位测井和电阻率测井可指示岩层孔渗性和导电流体性质。

砂岩的矿物成分是影响测井响应的因素之一。不同类型的砂岩，由于成分差异，可导致的测井响应亦有所不同。如石英砂岩类具有弱或极弱的放射性，长石砂岩类具有较强的放射性。砂岩的放射性强弱取决于岩石中放射性核素的种类和含量，当岩石含锆石、独居石时，岩石的放射性较强，即GR显示为高值。

孔隙度是影响砂岩电阻率的重要参数。低孔隙度(致密地层)砂岩的电阻率和密度测井值高，声波时差和中子孔隙度测井值低。

颗粒大小是影响砂岩测井响应的因素。一般来说，颗粒越细，泥质含量越高，则放射性越强，电阻率越低。

3. 粉砂岩的测井响应

粉砂岩的颗粒直径多介于0.01～0.1mm之间，通常表现为低的有效孔渗性，但较砂岩导电能力强，显示较低的电阻率和幅度较小的自然电位值。粉砂岩颗粒较细，泥质含量较高，则显示较强的放射性。

4. 粘土岩的测井响应

粘土岩主要是由粘土矿物组成，粘土矿物的类型及含量决定了粘土岩的测井响应。粘土矿物的种类很多，主要有高岭石、伊利石、蒙脱石、绿泥石等。在这四种粘土矿物中，蒙脱石的阳离子交换能力最大；伊利石钾的含量最高，蒙脱石次之；伊利石和蒙脱石钍的含量高，其次为高岭石。

粘土岩颗粒较细小，总孔隙度较高，有效孔隙度极低（接近零），孔隙为束缚水所占据，因此在测井响应上显示出低电阻率、强放射性。

5. 碳酸盐岩的测井响应

碳酸盐岩的主要岩石类型为石灰岩、白云岩以及它们之间的过渡岩性。碳酸盐岩比较致密，其原生孔隙很小，一般只有1%～2%，但其性脆，化学性质不稳定，容易形成各种各样的缝隙、溶洞、溶孔。一般认为，碳酸盐岩的总孔隙度（包括原生和次生）在5%以上的，就具有渗透性。从测井响应上看，碳酸盐岩的放射性强度从弱到中等，与碎屑岩相比，其电阻率较高，中子孔隙度很低，密度较高，在中子—密度的交会图上，相应点一般落在石灰岩与白云岩线之上或之间。

表9－3给出了几种主要岩石的测井响应特征。图9－8为主要沉积岩的测井响应

表9－3　几种主要岩石的测井响应特征

测井方法 / 曲线特征 / 岩性	声波时差 μs/m	体积密度 g/cm³	中子孔隙度，%	中子伽马	自然伽马 API	自然电位	微电极	电阻率	井径
泥岩	大于300	2.2～2.65	高值	低值	高值	基值	低，平直	低，平直	大于钻头直径
煤	350～450	1.3～2.65	大于40（SNP）	低值	低值	异常不明显或很大正异常（无烟煤）	—	高值，无烟煤最低	接近钻头直径
砂岩	250～380	2.1～2.5	中等	中等	低值	明显异常	中等，明显正差异	低到中等	略小于钻头直径
生物灰岩	200～300	比砂岩略高	较低	较高	比砂岩低	明显异常	较高，明显正差异	较高	略小于钻头直径
石灰岩	165～250	2.4～2.7	低值	高值	比砂岩低	大片异常	高值，锯齿状正负差异	高值	小于或等于钻头直径
白云岩	155～250	2.5～2.85	低值	高值	比砂岩低	大片异常	高值，锯齿状正负差异	高值	小于或等于钻头直径
硬石膏	约164	约3.0	约为0	高值	最低	基值	—	高值	接近钻头直径
石膏	约171	约2.3	约50	低值	最低	基值	—	高值	接近钻头直径
盐岩	约220	约2.1	接近于0	高值	最低（钾盐最高）	基值	极低	高值	大于钻头直径

（二）岩石类型的测井识别

当岩石由单一矿物组成时，可用上述测井响应特征来识别。然而自然界所见的岩石多由两种或两种以上矿物组成，简单地利用测井响应特征来识别难以如愿，但可以采用交会图技术来识别矿物，常用的交会图有中子—密度交会图、*M*－*N*交会图、*A*－*K*交会图。

1. 中子—密度交会图

当沉积岩由两种矿物组成时，可用两种孔隙度测井的交会图确定其岩性。在两种孔隙度测井交会图中，应用最多的确定岩性的交会图是中子—密度交会图。

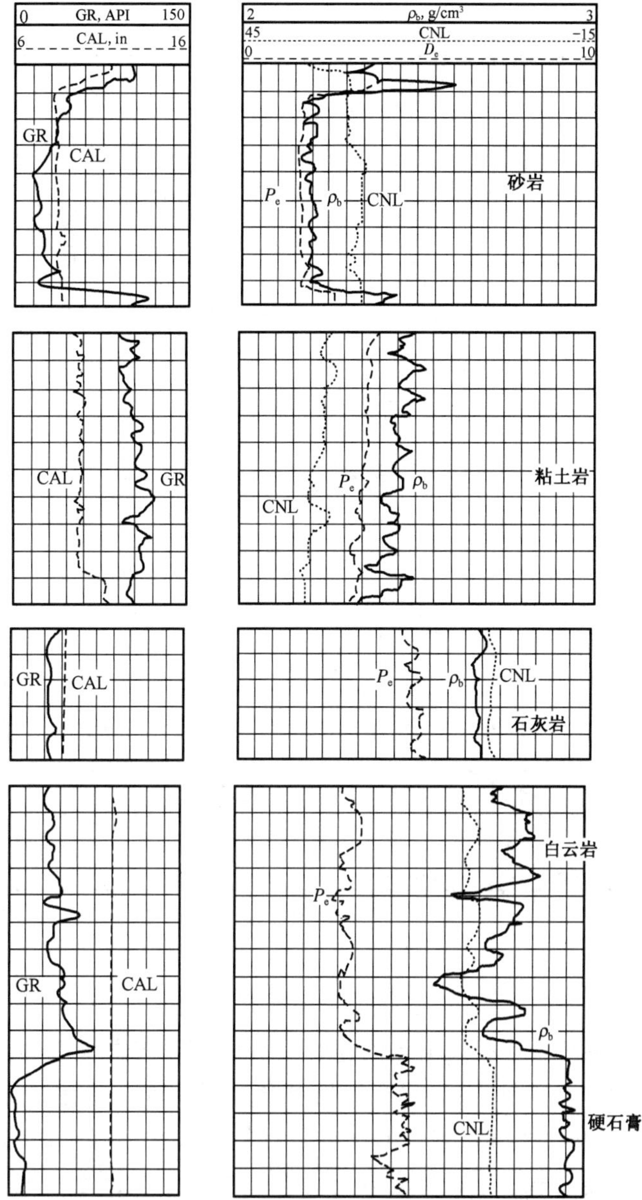

图9-8　主要沉积岩的测井响应

图9-9为补偿中子(CNL)与密度测井交会图解释图版,图上有四条岩性线,即砂岩(由石英组成)线、石灰岩(由方解石组成)线、白云岩(由白云石组成)线和硬石膏线。前三条线代表孔隙度(ϕ)从0到40%(白云线为35%)的含水单矿物纯岩石线,硬石膏线代表ρ_{ma} = 2.98g/cm^3,ϕ=0~3%的硬石膏。

应用时,把对应某一地层的密度、中子测井值分别点入图版,根据点的位置,即可确定岩性。如果含水纯岩石测井点落在某一岩性线上或附近,则可判断此点由该岩性线代表的矿物组成;如果测井点落在两条岩性线之间,则可确定此点由两种矿物组成,具体由哪两种矿物组成,还须根据经验或其他方法获知钻井剖面的岩性组合,才能确定岩石的矿物组成并给出岩石名称。如图9-9上的P点,假设该点由方解石和白云石两种矿物组成,则过

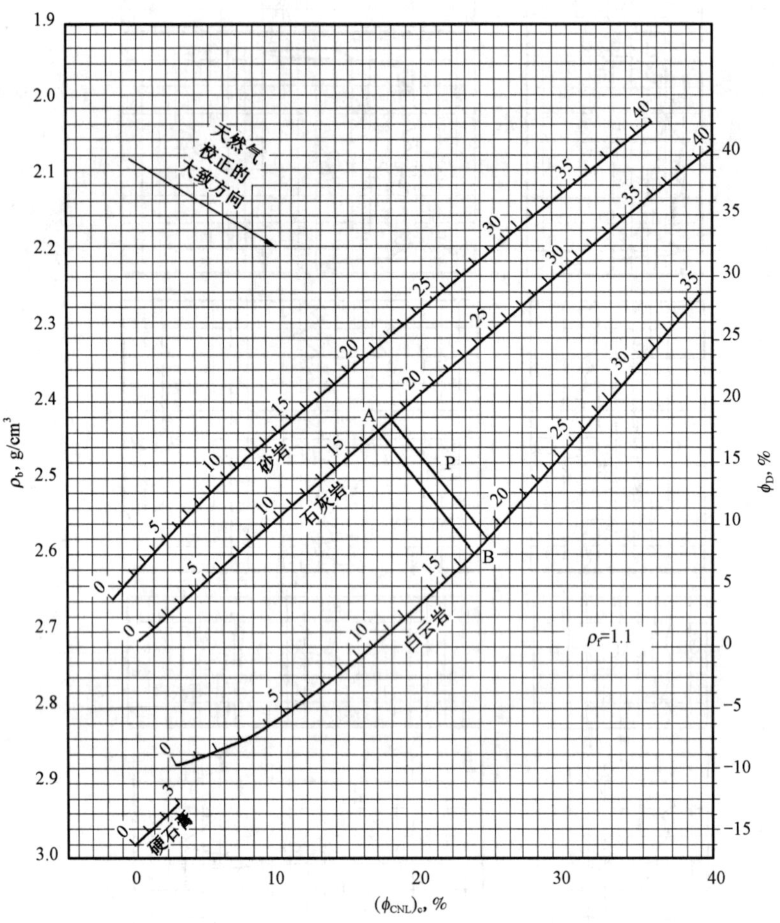

图 9－9　补偿中子—密度测井交会图解释图版(盐水钻井液)

P 点画一条直线(使之平行于等孔隙度点的连线),分别与石灰岩线和白云岩线交于 A,B 两点,该沉积岩中矿物的相对含量为:方解石的相对含量等于$\overline{PB}/\overline{AB}$,白云石的相对含量等于$\overline{PA}/\overline{AB}$。用中子—密度交会图确定岩性的优点是对各种岩性都有较好的辨别能力,尤其对石灰岩和白云岩分辨能力较强;缺点是不能确切地指出岩性组合,只能给出可能的岩性组合。

2. $M-N$ 交会图

在密度(ρ_b)—中子(Φ_N)和密度(ρ_b)—声波时差(Δt)交会图上,根据岩石的骨架参数和流体参数,在图中标出骨架点和流体点,两点的连线代表 ϕ 从 0 到 100% 的纯岩石,如图 9－10 所示。直线的斜率不随 ϕ 变化,而随骨架参数变化,因此,斜率的大小可作为该种岩石骨架岩性特征的反映。为此,将斜率定义为 M 和 N 参数:

$$M = \frac{\Delta t_f - \Delta t_{ma}}{\rho_{ma} - \rho_f} \times 0.01 = \frac{\Delta t_f - \Delta t}{\rho_b - \rho_f} \times 0.01 \tag{9-52}$$

$$N = \frac{\Phi_{Nf} - \Phi_{Nma}}{\rho_{ma} - \rho_f} = \frac{\Phi_{Nf} - \Phi_N}{\rho_b - \rho_f} \tag{9-53}$$

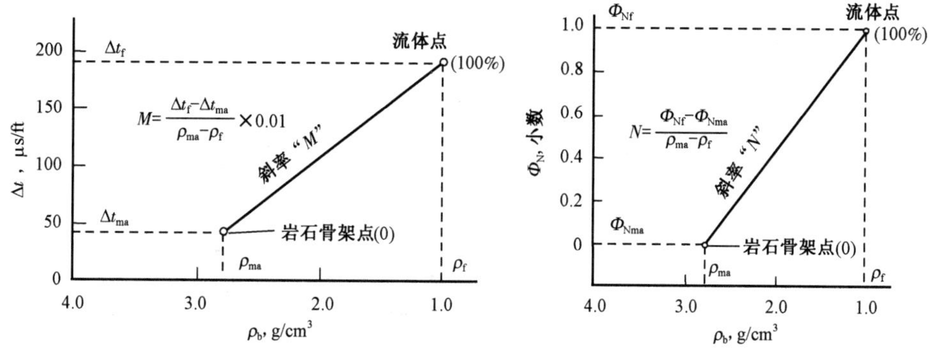

图 9－10　M 和 N 的定义

式(9－52)的系数0.01是人为加入的，目的是使 M,N 数值大小相当，便于作图。应注意，式(9－52)中声波时差的单位为 μs/ft。

根据式(9－52)、式(9－53)及骨架参数、流体参数，可计算出由各种矿物组成的岩石的 M,N 值，见表9－4(N 值是对井壁中子测井计算的)。据此可作出 $M-N$ 解释图版，如图9－11所示。

表9－4　各种岩石的 M 与 N 值

岩　石	盐水钻井液($\rho_f=1.1g/cm^3$)		淡水钻井液($\rho_f=1g/cm^3$)	
	M	N	M	N
砂岩($v_{ma}=18000ft/s$)	0.835	0.668	0.810	0.627
砂岩($v_{ma}=19500ft/s$)	0.862	0.655	0.835	0.627
石灰岩	0.854	0.621	0.827	0.585
白云岩($\phi=5.5\%\sim30\%$)	0.800	0.545	0.778	0.516
白云岩($\phi=1.5\%\sim5.5\%$)	0.800	0.554	0.778	0.524
白云岩($\phi=0\sim1.5\%$)	0.800	0.562	0.778	0.532
硬石膏($\rho_{ma}=2.98g/cm^3$)	0.718	0.535	0.702	0.507
石膏	1.064	0.408	1.015	0.378
岩盐	1.269	1.032	1.185	0.932

$M-N$ 交会图解释原理为：对于给定的测井点A，利用式(9－52)、式(9－53)算出该点的 M,N 值，然后在 $M-N$ 交会图上标出此点。如果此点靠近由某单一矿物组成的岩性点，则解释成该种岩性；如果落到某一条岩性线上，则解释成此两种矿物组成的过渡岩性；如果此点落在三个岩性点构成的三角形内，则解释成此三种矿物组成的过渡岩性，但是具有多解性，要根据地区的可能岩性组合来判断。如图9－11中的A点，可解释为石英、方解石、白云石的混合岩性，也可解释为石英、方解石、硬石膏的混合岩性，至于是哪种岩性组合，只有根据解释剖面的岩性组合特征来判断。$M-N$ 交会图判断岩性的优点是利用三种孔隙度测井信息能唯一判断两种矿物的岩性组合，缺点是只能给出三种矿物的可能岩性组合。

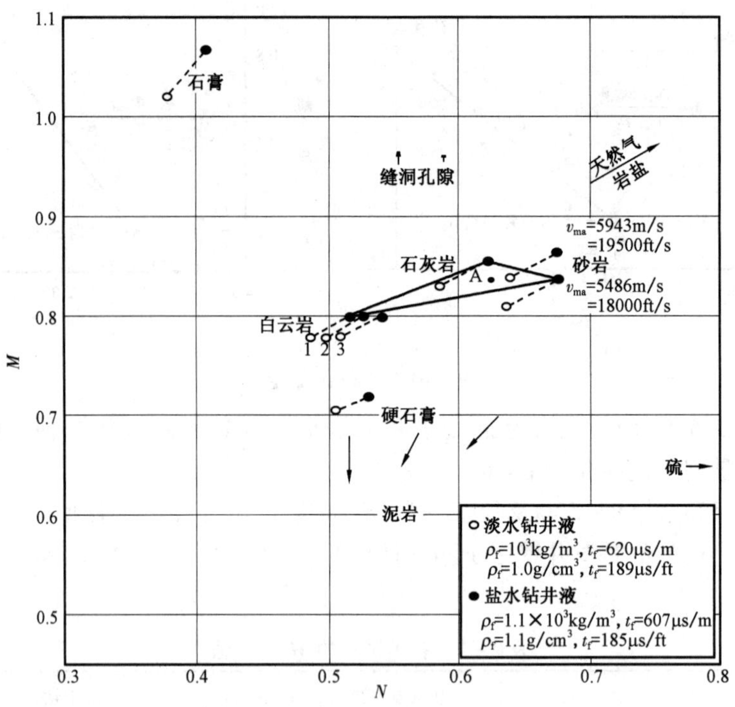

图 9-11 $M-N$ 交会图解释图版(补偿中子)

3. $A-K$ 交会图

类似于 M 和 N 的定义,将中子—密度交会图上骨架点与流体点连线的斜率定义为 A,而将中子—声波交会图上骨架点与流体点连线的斜率定义为 K,则有:

$$A = \frac{\rho_{ma} - \rho_f}{\Phi_{Nf} - \Phi_{Nma}} = \frac{\rho_b - \rho_f}{\Phi_{Nf} - \Phi_N} \quad (9-54)$$

$$K = \frac{\Delta t_f - \Delta t_{ma}}{\Phi_{Nf} - \Phi_{Nma}} \times 0.01 = \frac{\Delta t_f - \Delta t}{\Phi_{Nf} - \Phi_N} \times 0.01 \quad (9-55)$$

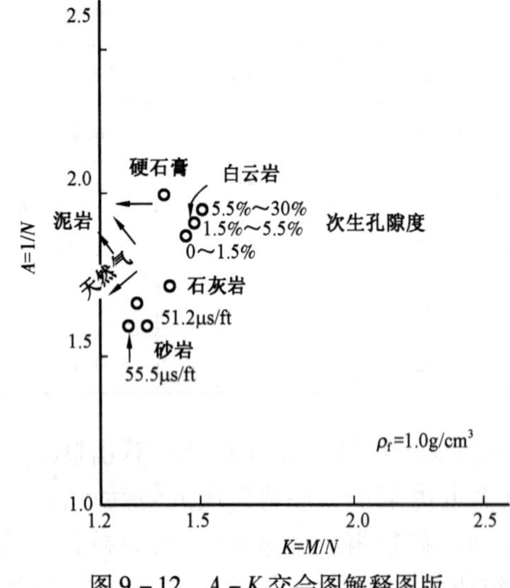

图 9-12 $A-K$ 交会图解释图版

由定义可知,$A=1/N$,$K=M/N$。由前面分析可知,M,N 参数只反映岩性的不同,与孔隙度无关,所以 A,K 也和 M,N 一样,与孔隙度无关,只反映岩性变化。同 $M-N$ 交会图一样,对于单矿物岩石,可绘制 $A-K$ 交会图,如图 9-12 所示。其岩性判别方法与 $M-N$ 交会图相同。

4. 多矿物定量识别技术

若沉积岩由 n 种矿物组成,为了求解每种矿物的百分含量,必须根据多矿物解释模型建立由 n 种矿物组成的岩石的 m 个测井响应方程($m \geq n$),然后联立求解,即可求出每种矿物的百分含量。当 $m>n$ 时,需采用最优化技术求取方程组的最优解。

假设某一地层是由石英、方解石和白云岩三种矿物组成的混合岩性，这三种矿物的体积含量分别是 V_1，V_2 和 V_3，按含水纯岩石体积物理模型，可以写出三种孔隙度测井的响应方程，再加上物质平衡方程，可建立有四个方程组成的方程组。求解该方程组，可获得地层的孔隙度和三种矿物成分的体积含量。这四个方程为：

$$\begin{cases}\Delta t = 620\phi + 182V_1 + 156V_2 + 143V_3 \\ \rho_b = 1.0\phi + 2.65V_1 + 2.71V_2 + 2.87V_3 \\ \phi_{SNP} = 1.0\phi - 0.035V_1 + 0.035V_3 \\ 1 = V_1 + V_2 + V_3\end{cases} \tag{9-56}$$

式中的系数是与孔隙度测井相对应的流体参数和骨架参数。只要方程的解不出现负值，就认为假定的岩性是对的；否则，另选矿物组合进行试算。

三种孔隙度测井组合，最多只能求解四个未知数。这四个未知数可以根据本地的岩性知识作出选择。

五、解释参数的选择

解释参数是指测井方程中反映岩石骨架、流体物理性质及岩石岩性、孔隙结构的参数。这些参数大部分不随深度逐点变化，而是逐井段变化，故在测井解释中通常进行分段选择。合理选择解释参数，对测井解释结果的质量和地质效果起着至关重要的作用。尽管有许多估算解释参数的计算公式和方法，但是由于解释参数的地区性和经验性较强，故必须结合本地区地质条件以及解释经验，才能合理估计出比较符合本地区本井段地质条件的解释参数值。下面主要介绍反映岩石中的流体物理性质以及岩性、孔隙结构等的解释参数估计和选择方法。

（一）确定钻井液电阻率和钻井液滤液电阻率

1. 钻井液电阻率

一般根据地面温度下钻井液电阻率测量值计算地层温度下钻井液电阻率值，其公式为：

$$R_{m2} = R_{m1}\frac{T_1 + 21.5}{T_2 + 21.5} \tag{9-57}$$

式中 T_1——地面温度，℃；

R_{m1}——地面温度下钻井液电阻率测量值，Ω · m；

T_1——地层温度，℃；

R_{m2}——地层温度下钻井液电阻率值，Ω · m。

基于对盐水溶液电阻率与其温度间关系图版的研究，D. W. Hilchie（1984）提出了新公式：

$$\begin{cases}R(T) = R(T_1)(T_1 + x)/(T + x) \\ x = 10^{-0.340396\lg R(T_1) + 0.641427}\end{cases} \tag{9-58}$$

式中 $R(T_1)$——温度 T_1 时水溶液的电阻率，Ω · m；

$R(T)$——温度 T 时水溶液的电阻率，Ω · m。

用式（9－58）计算的结果要比式（9－57）更加精确。

2. 钻井液滤液电阻率

钻井液滤液电阻率可根据在某一温度下测量的钻井液滤液电阻率值用式(9－57)或式(9－58)计算地层温度下的钻井液滤液电阻率 R_{mf},也可由钻井液电阻率来确定钻井液滤液电阻率。设地层温度下钻井液电阻率为 R_m,有:

$$R_{mf} = C \cdot R_m^{1.07} \tag{9-59}$$

$$C = 0.314(1.0 + 69.1e^{-3.07\rho_m})$$

式中 ρ_m——钻井液密度,g/cm³。

(二)确定地层水电阻率

地层水电阻率 R_w 是计算地层含水饱和度 S_w 或含油气饱和度 S_h 极为重要的参数。它取决于地层水含盐成分、矿化度和温度。随着地层水矿化度和温度的增加,R_w 降低。地层水矿化度 P_w(或称地层水含盐量)表示地层水中含盐浓度,常用 mg/L(毫克/升)作单位。下面介绍几种确定地层水电阻率的方法。

1. 水分析资料确定地层水电阻率

用本井或邻井相同层位的水分析资料确定 R_w 是目前最有效的方法。方法是:(1)根据水样分析得到的地层水各种成分的含盐量,计算出混合液的总含盐量;(2)由图9－13查出非NaCl成分转化成等效NaCl的系数,然后将每种离子等效系数与其含量乘积累加起来,可得到地层水等效NaCl的含盐量;(3)根据地温梯度和深度确定地层温度;(4)利用图9－14确定地层温度下的地层水电阻率。

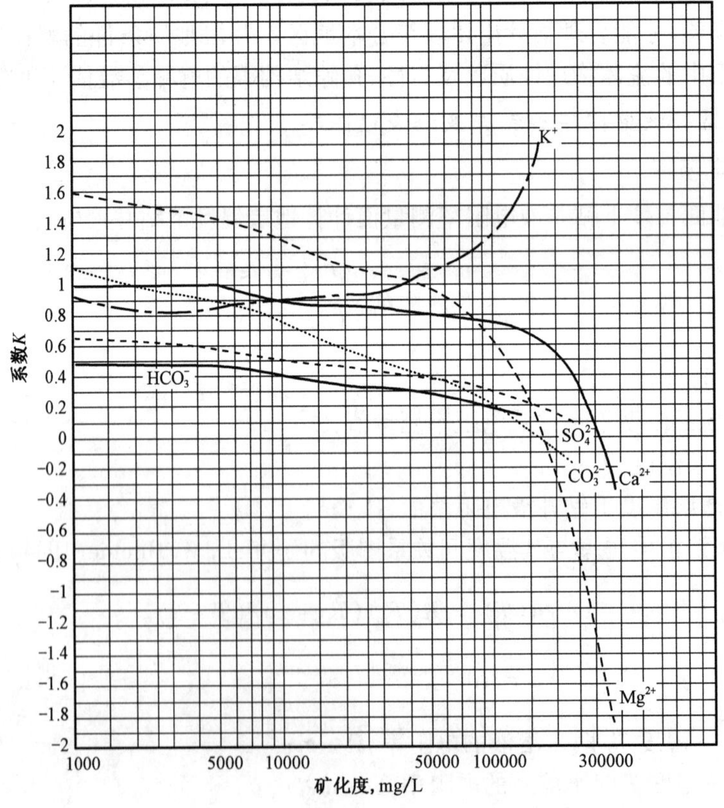

图9－13 各种离子等效系数图版

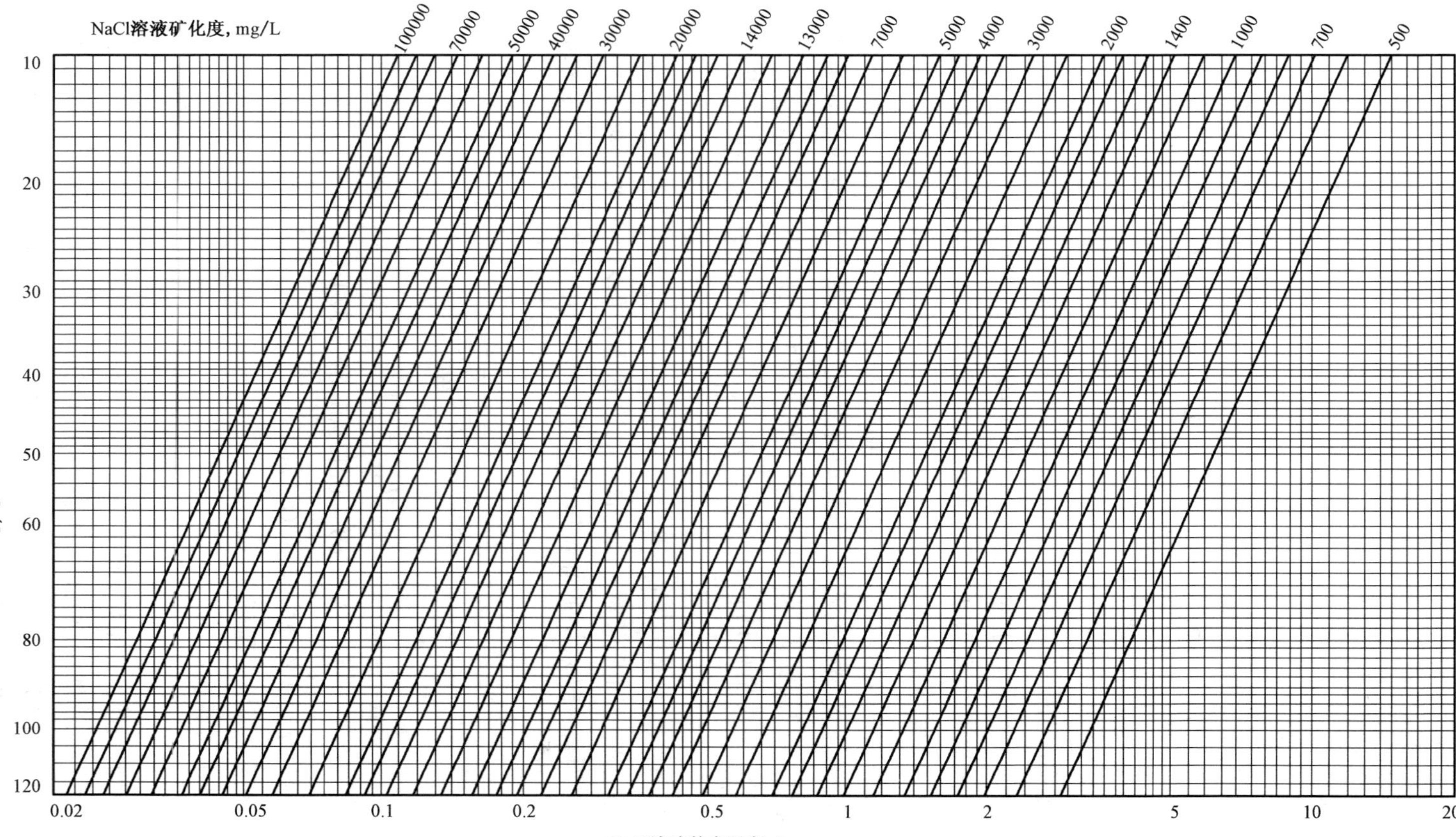

图9-14　NaCl溶液电阻率与其矿化度及温度的关系图版

一般按下式计算地层温度：

$$T = T_0 + G(D/100) \tag{9-60}$$

式中 T——地层温度，℃；

T_0——地面平均温度，℃；

G——地温梯度，℃/100m；

D——地层深度，m。

另外，还可由获得的地层水等效 NaCl 含盐量计算地层温度下地层水电阻率，其公式如下：

$$R_w = 82(10^{3.562-0.955\lg P_w} + 0.0123)/(1.8T + 39) \tag{9-61}$$

式中 P_w——地层水矿化度，mg/L；

T——温度，℃；

R_w——地层水电阻率，Ω·m。

例：某一地层的地层水分析结果是 Ca^{2+} = 460mg/L，SO_4^{2-} = 1400mg/L，$Na^+ + Cl^-$ = 19000mg/L，该地区地温梯度为 3.5℃/100m，地表温度为 T_0 = 15℃，该地层的深度为 D = 1800m，试确定地层水电阻率 R_w。

解：总矿化度为 460 + 1400 + 19000 = 20860mg/L。从图 9 - 13 横坐标 20860 处查得，Ca^{2+} 的等效系数为 0.81，SO_4^{2-} 的等效系数为 0.45，等效 NaCl 的矿化度为：460 × 0.81 + 1400 × 0.45 + 19000 = 20000mg/L，地层温度 T = 15 + 0.035 × 1800 = 78℃。在图 9 - 14 的纵坐标 78℃处，对应 20000mg/L 线交点，在横坐标的位置处可查得 R_w = 0.13Ω·m，或利用式（9 - 61）计算得 R_w = 0.136Ω·m。

2. 自然电位测井确定地层水电阻率

利用自然电位层厚校正图版对水层的自然电位值进行层厚校正，然后再对水层的自然电位值做泥质校正，从而得到纯水层的静自然电位值 SSP。利用 SSP 可确定地层水电阻率，其方法为：

$$\mathrm{SSP} = -K\lg\frac{R_{mfe}}{R_{we}} \tag{9-62}$$

$$R_{mfe}/R_{we} = 10^{-\mathrm{SSP}/K} \tag{9-63}$$

$$K = 60 + 0.133(1.8T + 32) \tag{9-64}$$

式中 R_{mfe}——钻井液滤液等效电阻率，Ω·m；

R_{we}——地层水等效电阻率，Ω·m；

K——自然电位系数；

T——温度，℃；

SSP——纯水层静自然电位，mV。

利用式（9 - 59）计算地层温度下的钻井液滤液电阻率 R_{mf}，再利用斯伦贝谢公司的 SP - 2 图版由 R_{mf} 计算 R_{mfe}。为了便于编程计算，使用 CurveExpert 软件对数字化后的 SP - 2 图版进行曲线拟合，给出的最佳拟合函数为：

$$\ln R_{mfe} = \frac{B_0(T) + B_1(T)\ln R_{mf}}{1 + B_2(T)\ln R_{mf} + B_3(T)\ln^2 R_{mf}} \tag{9-65}$$

$$B_i(T) = D_{i0} + D_{i1}T + D_{i2}T^2 + D_{i3}T^3 + D_{i4}T^4 \quad (9-66)$$

确定 R_{mfe}后，由 $R_{we} = R_{mfe}/10^{-SSP/K}$得出 R_{we}，最后，利用下列 R_{we}与 R_w 之间的最佳拟合函数，由 R_{we}值确定 R_w 值。

$$\ln R_w = \frac{A_0(T) + A_1(T)\ln R_{we}}{1 + A_2(T)\ln R_{we} + A_3(T)\ln^2 R_{we}} \quad (9-67)$$

$$A_i(T) = C_{i0} + C_{i1}T + C_{i2}T^2 + C_{i3}T^3 \quad (9-68)$$

式(9－66)、式(9－68)中的系数 D_{ij}，C_{il}($i=0,\cdots,3$；$j=0,\cdots,3$；$l=0,\cdots,4$)见表9－5、表9－6。

表9－5　R_{mf}转换 R_{mfe}公式的拟合系数

系数	B_0	B_1	B_2	B_3
D_0	0.066283	0.808818	0.145463	－0.02054
D_1	－0.00771	－0.00502	－0.00026	0.000142
D_2	0.0000165	0.000026	－0.00000352	0.00000115
D_3	－0.0000000155	－0.000000053	0.00000000712	0.0000000177
D_4	0	0.0000000000339	0	0

表9－6　R_{we}转换 R_w 公式的拟合系数

系数	A_0	A_1	A_2	A_3
C_0	0.03385	1.6734	－0.35106	0.002521
C_1	0.013431	0.002547	0.00157	0.0000766
C_2	－0.0000378	－0.0000000695	－0.00000451	－0.0000000236
C_3	0.000000106	0.0000000286	0.00000000016	－0.000000000097

3. 孔隙度和电阻率测井组合确定地层水电阻率

任一地层电阻率 R_t 与其地层因素 F 的比值定义为视地层水电阻率，用 R_{wa}表示，即 $R_{wa} = R_t/F$。地层孔隙度 ϕ 由前述方法确定，则根据 $F = a/\phi^m$ 可确定地层因素，再由测得的地层电阻率值可获得 R_{wa}曲线。在解释井段内，找出完全含水的、岩性均匀的、纯的、厚的标准水层，该层处的 R_{wa}值等于地层水电阻率值。

在测井解释中，选用地层水电阻率的原则是：(1)若本井或邻井有可靠的水分析资料，采用水分析资料计算 R_w；(2)若有分区分层测试所获得的准确的 R_w 资料，而本井测井资料又无异常显示，则采用分层测试的 R_w 值；(3)若无上述资料，选用多种方法计算 R_w，选择较合适的 R_w。

(三)确定胶结指数和饱和度指数

阿尔奇公式及其他含水饱和度方程中有一组重要的解释参数 a,b,m,n，它们对解释结果有极重要影响，因而合理选择这组参数是至关重要的。

1. 岩电实验数据确定胶结指数和饱和度指数

岩电实验是确定 a 与 m，b 与 n 参数最基本、最准确的方法。在本地区选择同类岩性的若干块标准岩样，在储集层压力和温度下，分别测量饱和盐水的岩样电阻率 R_0 以及不同含水饱和度 S_w 的岩样电阻率 R_t 和岩样的孔隙度 ϕ，对于纯砂岩阿尔奇公式和泥质砂岩电阻率方程采用不同方法确定 a,m,b,n 值。

对于纯砂岩，由阿尔奇公式可知：

$$\lg F = \lg\left(\frac{R_0}{R_w}\right) = \lg a - m\lg\phi \tag{9-69}$$

$$\lg I = \lg\left(\frac{R_t}{R_0}\right) = \lg b - n\lg S_w \tag{9-70}$$

在 $F-\phi$ 和 $I-S_w$ 双对数坐标上，$F-\phi$ 关系应为一条直线，其斜率为 m，截距为 a；同理，$I-S_w$ 关系也为一条直线，其斜率为 n，截距为 b。因此，基于岩电实验结果，制作 $F-\phi$ 和 $I-S_w$ 交会图，用乘幂拟合可确定 a,m,b,n 参数，如图 9－15 和图 9－16 所示。表 9－7 给出我国某些油田的 a,m,b,n 值。

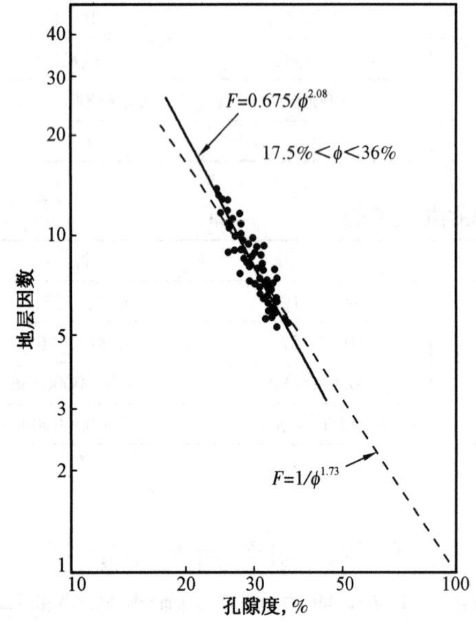

图 9－15 地层因素 F 与孔隙度 ϕ 的关系

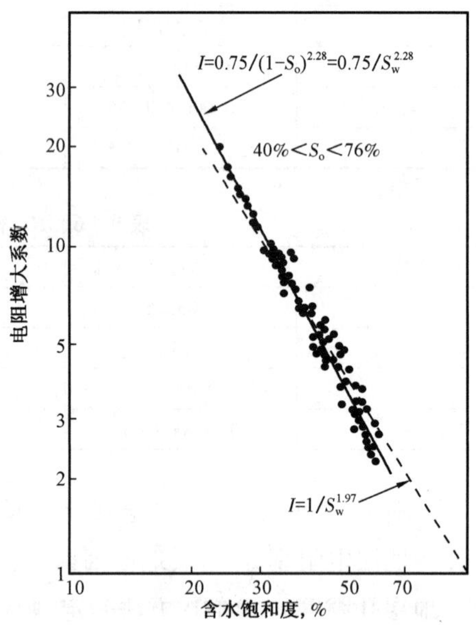

图 9－16 电阻增大系数 I 与含水饱和度 S_w 的关系

表 9－7 我国某些油田的 a,m,b,n 值

油田	岩性	a	m	b	n
大庆油田	中等胶结砂岩	0.50	2.15	0.94	1.8
胜利油田	固结砂岩（灰质胶结）	0.69	2.16	1.0	2.0
胜利胜坨油田	沙一段砂岩	0.6788	2.0728	0.5981	2.2564
	沙二段砂岩	0.6749	2.0791	0.7495	2.2843
胜利孤岛油田	馆陶组砂岩（弱胶结）	0.907	1.591	1.2130	1.4951
	馆陶组砂岩（中等胶结）	0.910	1.772	1.2130	1.4951
胜利滨南油田	沙四段砂岩	0.6670	2.1998	0.9750	2.4131
大港油田	新近系砂岩	0.93	1.84	0.85	1.266
辽河兴隆台油田	沙二段砂岩	0.455	2.15	0.922	1.28
江汉油田	潜三段砂岩	0.824	1.346	1.078	1.856

由于 m 值与岩石孔隙结构有关，即与岩石颗粒形状和比面、分选程度、胶结程度、压实程度以及各向异性有关，而 a 值与岩性有关，故当岩性、物性变化较大时，m 和 a 值可能发生较大变化。依据岩电实验数据，可研究 m 和 a 与物性参数之间的关系，从而更准确地确定 m 和 a 值。

根据墨西哥98口井的实验资料，分别对砂岩和碳酸盐岩研究了 m 与 ϕ，m 与 a 之间的定量关系。所用的资料包括范围很广的地质年代，岩性从疏松砂岩到胶结很好的砂岩，还包括泥质砂岩、碳酸盐岩和裂缝性碳酸盐岩。地层水含盐量为8500～300000mg/L，孔隙度从约4%到大于30%，渗透率从 $1\times10^{-3}\mu m^2$ 到 $1000\times10^{-3}\mu m^2$ 以上，a 值在0.3～1.0，砂岩 m 值为0.5～2.6；碳酸盐岩 m 值为1～2.6。研究得出的经验关系式为：

砂岩（ϕ 为20%～32%）：

$$m = 14.4 + 20.21\lg\phi \tag{9-71}$$

$$m = 1.8 - 1.29\lg a \tag{9-72}$$

碳酸盐岩（ϕ 为8%～18%）：

$$m = 7.3 + 6.13\lg\phi \tag{9-73}$$

$$m = 2.03 - 0.91\lg a \tag{9-74}$$

南阳油田也作了类似研究，得出砂岩的经验关系式为：

$$m = 1.7124 - 1.25\lg a \tag{9-75}$$

胜利油田在岩电实验测量基础上，得出经验关系式为：

$$\lg m = 0.34 - 0.12\phi - 0.023\lg K \tag{9-76}$$

根据式(9－76)可以分析不同岩性的 m 值变化趋势。当砂岩含灰质时，ϕ 和 K 降低，故灰质砂岩的 m 值一般高于不含灰质砂岩的 m 值。

2. 经验确定胶结指数和饱和度指数

在没有岩电实验数据条件下，可根据经验选择 a,m,b,n 参数。一般先选 $b=1,n=2$，然后根据本区岩性适当选择 a,m 值。例如，对未固结砂岩，可选 Humble 公式，即 $a=0.62,m=2.15$；对固结砂岩，可选 Tixier 公式，即 $a=0.81,m=2$；对碳酸盐岩，可选 $a=1,m=2$；对低孔隙度的碳酸盐岩，可选 Shell 公式，即 $m=1.87+0.019/\phi$，当 $\phi>10\%$ 时，取 $m=2.1$，若 $m>4$，则取 $m=4.0$；对裂缝发育的碳酸盐岩层，由于这种岩层具有双重孔隙结构的特点，可采用裂缝孔隙结构指数 m_f 和粒间孔隙结构指数 m_b 计算混合孔隙结构指数 m，即 $m=\lg\{(\gamma\phi)^{m_f}+[(1+\gamma)\phi]^{m_b}\}/\lg\phi$，其中，$\gamma$ 为裂缝孔隙度 ϕ_f 占总孔隙度 ϕ_t 的百分数。最后，以试油结果作为评价标准合理修正 a,m,b,n 值。

3. 水层测井资料确定胶结指数和饱和度指数

在研究区存在纯水层且有深探测电阻率测井和孔隙度测井资料条件下，可分以下两种情况计算 m 和 a 值。

若水层较多且水层的孔隙度有较大的变化范围，由阿尔奇公式可知，$\lg R_o=\lg(aR_w)-m\lg\phi$，则在 R_o 与 ϕ 双对数坐标图上，直线的斜率为 m，截距为 aR_w。若 R_w 已知，可求出 a。

若水层较少或水层的孔隙度变化范围较小，可根据 $m=\lg(aR_w/R_o)/\lg\phi$，并利用 R_o,ϕ,R_w

值和 $a=1$ 求出 m 值。对于一个地区的同一种岩性，ϕ 变化范围有限，令 $a=1$ 求出的 m 值与按岩电实验资料求出的 m 和 a 值接近。一般，取 $b=1, n=2$。

该方法在地层含泥质重、无纯水层、钻井液侵入太深或 R_w 变化很大等条件下计算的 m 和 a 值不准确。

(四)确定压实系数

对于高、中孔隙度的未胶结或弱胶结砂岩，由于矿物颗粒之间接触不好，矿物颗粒与孔隙水交接面对声波传播影响较大，使孔隙度相同的疏松砂岩的声波时差比压实砂岩的声波时差大，从而使按时间平均公式计算疏松砂岩的声波孔隙度要比实际孔隙度大，故需按式(9－26)对声波测井计算的孔隙度作压实校正。对于含水纯岩石，声波孔隙度的压实校正公式为：

$$\phi = \frac{\phi_s}{C_p} \tag{9-77}$$

式中 C_p——压实校正系数，其值大于等于1。

可用以下几种方法确定声波孔隙度压实校正系数：

(1)声波孔隙度与岩心分析孔隙度对比。对某一地区的某一含水层段，确定储集层的岩心孔隙度和声波孔隙度，然后，将其代入式(9－77)，即可确定该层段的 C_p。

(2)声波孔隙度与密度孔隙度对比。对含水纯岩石，用密度测井资料计算的孔隙度 ϕ_D 可认为是岩石的有效孔隙度 ϕ。利用计算的储集层密度孔隙度和声波孔隙度，由式(9－77)即可确定出该层段的 C_p。

(3)非压实泥岩与压实泥岩声波时差对比。岩石的压实程度常与附近泥岩的压实程度相一致。对于压实泥岩，其声波时差一般为300～330μs/m，国外常采用330μs/m作为压实泥岩的声波时差标志，则非压实泥岩声波时差 Δt_{sh} 与压实泥岩声波时差的比即为压实校正系数 $C_p=\Delta t_{sh}/330$。

利用上述方法确定出储集层的压实校正系数，可统计储集层压实校正系数与埋藏深度之间的关系。由于地层的地质年代及埋藏深度是影响地层压实程度的主要因素，故 C_p 值大小主要取决于地层的地质年代及埋藏深度。如果在同一沉积盆地内地层的地质年代比较稳定，则 C_p 值往往取决于地层的埋藏深度 D，两者之间存在着良好的统计关系。因此，可对一个油田的不同含油层段进行统计，找出每个层段的 C_p 与其平均埋藏深度的统计关系。例如，胜利油田正常层系的经验关系为：

$$C_p = 1.68 - 0.0002D \tag{9-78}$$

式中 D——地层深度，m。

六、纯岩石地层解释方法

纯岩石储集层解释步骤为：首先，确定储集层的孔隙度；然后，确定储集层的含油气饱和度；最后，定量评价储集层的油水性质及含量。

(一)确定纯岩石储集层孔隙度

对于含水纯岩石，利用三种孔隙度测井中的任意一种孔隙度测井，采用式(9－8)或式(9－15)或式(9－26)或式(9－29)可计算储集层的孔隙度。

对没有或略有侵入的含油纯岩石，由于油密度小于水密度，故岩石体积密度降低，从而造成式(9－8)计算的密度孔隙度(ϕ_D)偏高。然而，由于油和水的含氢指数近似相等，利用式

(9－15)计算的中子孔隙度(ϕ_N)与储集层的孔隙度(ϕ)几乎相当，因此，可令 $\phi=\phi_N$。也可利用式(9－29)的声波地层因素公式计算储集层的孔隙度。

对于没有或略有侵入的含气纯岩石，ϕ_D 比 ϕ 增大，ϕ_N 比 ϕ 减小，且增大与减小的幅度差呈明显的镜像反射图像，故可采用下式计算储集层的孔隙度：

$$\phi=\sqrt{\frac{\phi_D^2+\phi_N^2}{2}} \text{或} \phi=\sqrt{\frac{\phi_D^2+\phi_N^2}{2.2}} \quad (9-79)$$

对于有侵入的高孔隙度含气纯岩石，增大与减小的幅度差有镜像反射图像，但 ϕ_N变化比 ϕ_D 大得多，则 ϕ 需经过油气校正才能给出或用下式近似计算：

$$\phi=(0.777\phi_D+0.223\phi_N)(1-0.1S_{hr}) \quad \text{(补偿中子测井)} \quad (9-80)$$

$$\phi=(0.713\phi_D+0.287\phi_N)(1-0.1S_{hr}) \quad \text{(井壁中子测井)} \quad (9-81)$$

$$\phi=\frac{\phi_N+\phi_D}{4}+\sqrt{\frac{\phi_D^2+\phi_N^2}{8}} \quad (9-82)$$

对于有侵入的含气纯砂岩，孔隙度低到中等，ϕ_D 比 ϕ 稍大，但 ϕ_N 比 ϕ 减小较多，故储集层的孔隙度 $\phi=\phi_D$。

(二)确定纯岩石储集层含油气饱和度

含油气饱和度 S_o 是测井评价油水层的主要依据。对于纯岩石储集层，主要应用 Archie 公式确定含油气饱和度，即 $S_o=1-\sqrt[n]{abR_w/(R_t\phi^m)}$。为了确定 S_o，除了必须确定系数 a，b 和指数 m，n 外，还必须准确地确定出地层电阻率 R_t 和地层水电阻率 R_w 以及地层孔隙度 ϕ。前面已经介绍了 a，b，m，n，R_w 和 ϕ 的确定方法，下面着重介绍 R_t 的确定方法。

1. 确定地层真电阻率

地层电阻率 R_t 是综合判断地层含油气水性质的重要参数之一，准确地获得地层电阻率 R_t，对提高解释精度有重要的意义。到目前为止，测量地层电阻率的测井方法很多，如双侧向、双感应、球形聚焦、三侧向、七侧向、八侧向等。由于在测井中钻井液侵入及井眼变化、围岩性质等诸多因素的影响，它们测量结果都不是地层真电阻率 R_t，而是能很好反映地层电阻率变化的视电阻率。为了减小影响，可用深探测电阻率测井(如深感应和深侧向)测量值来近似地代替地层真电阻率。

(1)当钻井液侵入不深时，深感应和深侧向测井读数与 R_t 十分接近，所以，可用未经任何校正的深感应或深侧向测井的视电阻率直接代替 R_t。

(2)当钻井液侵入较深时，侵入带的影响不能忽略。由于侵入带对感应测井和侧向测井的影响方式不同，采用感应测井或侧向测井确定 R_t 的有利条件也不同。当冲洗带电阻率 $R_{xo}>R_t$($R_{mf}>2.5R_w$)时，用感应测井值较好；当 $R_{xo}<R_t$(低侵)时，用侧向测井值较好。因为感应测井在地层中引起的感应涡流是环绕井轴在地层中流动的，因而对总的探测结果而言，侵入带与原状地层相当于两个并联电阻，其中低电阻率带对感应测井读数影响大；而侧向测井与之相反，它的电流是从供电电极发出向地层径向流动的，侵入带和未侵入带相当于两个串联的电阻，其中高电阻率带对侧向测井读数影响大。如果侵入影响较大，可利用侵入影响校正图版对视电阻率值进行侵入影响校正，以得到地层真电阻率。

(3)由于感应测井和侧向测井都有一定的分层能力，因此，如果围岩影响较大，应利用厚层校正图版对视电阻率值进行层厚影响校正，以得到地层真电阻率。

2. 计算含水饱和度和含油气饱和度

例：已知一含油气纯砂岩地层 $R_t=40\Omega\cdot m$，$R_{xo}=36\Omega\cdot m$，$\rho_b=2.2g/cm^3$，$R_w=0.4\Omega\cdot m$，$R_{mf}=1.0\Omega\cdot m$，且知该地层完全含水时，$\rho_b=2.2375g/cm^3$，$\rho_{ma}=2.65g/cm^3$，$\rho_f=\rho_{mf}=1.0g/cm^3$，$a=b=1$，$m=n=2$，求 ϕ，S_w，S_{xo}，S_h，S_{hr}，ρ_{hr}（确定 ρ_{hr} 时使用冲洗带模型）。

解：

$$\phi=\frac{\rho_{ma}-\rho_b}{\rho_{ma}-\rho_f}=\frac{2.65-2.2375}{2.65-1.0}=0.25$$

根据阿尔奇公式 $\frac{R_t}{R_o}=\frac{b}{S_w^n}$，$\frac{R_o}{R_w}=\frac{a}{\phi^m}$，得：

$$S_w=\frac{1}{\phi}\sqrt{\frac{R_w}{R_t}}=0.4$$

$$S_h=1-S_w=0.6$$

根据冲洗带阿尔奇公式 $\frac{R_{xo}}{(R_{xo})_o}=\frac{b}{S_{xo}^n}$，$\frac{(R_{xo})_o}{R_{mf}}=\frac{a}{\phi^m}$，得：

$$S_{xo}=\frac{1}{\phi}\sqrt{\frac{R_{mf}}{R_{xo}}}=0.67$$

$$S_{hr}=1-S_{xo}=0.33$$

$$\rho_b=(1-\phi)\rho_{ma}+\phi S_{hr}\rho_{hr}+\phi(1-S_{hr})\rho_{mf}$$

$$\rho_{hr}=0.55g/cm^3$$

第二节　泥质砂岩地层评价方法

前述解释方法是针对纯地层的，没有考虑泥质的影响，对油气的影响也未作定量讨论。这对于泥质含量少、不含天然气及轻质油的地层是适用的，但对含泥质较多的地层或含有天然气及轻质油的地层，必须考虑泥质和油气影响，对上述方法进行修改，使之适用于泥质地层。已开发的比较完善的泥质砂岩解释软件均采用了考虑泥质和油气影响的解释方法，如斯伦贝谢公司的 SARABAND，CYBERLOOK，VOLAN 程序和德莱赛公司的 SAND2，CLASS，CLAYS 程序等等都是比较典型的泥质砂岩地层解释程序。

一、中子—密度频率交会图分析

由于中子和密度测井对泥质及油气的影响反应比较灵敏，而且不像声波测井那样受泥质分布形式及砂岩压实程度的影响，因此，中子—密度交会图是分析砂泥岩剖面的岩性、孔隙度变化和油气影响大小的有力工具，同时，也可利用该交会图选择解释参数和确定泥质砂岩储集层参数。

（一）中子—密度频率交会图特征

图 9－17 为某井典型的中子—密度频率交会图（相应的自然伽马 Z 值图未画出），图中的 ϕ_N 和 ϕ_D 均对砂岩刻度。从图上资料点的分布情况，可以把资料点大致分成三个区：A 区、B 区和 C 区。

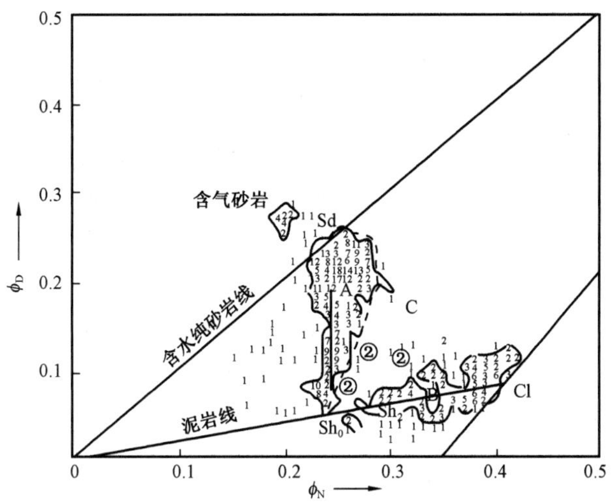

图 9－17　某井典型的中子—密度频率交会图

A 区：靠近图的中央，在 Sd－Sh_0 连线附近，其自然伽马值由上向下增大（从自然伽马 Z 值图上得出），反映了纯砂岩→泥质砂岩→泥岩的过渡过程。

B 区：靠近图的右下方，在 Sh_0－Cl 连线附近，其自然伽马值接近于砂泥岩中的最大值，说明本区全是泥岩，但自然伽马值还有向右方增加的趋势，说明泥岩中粘土含量在增加。

C 区：资料少而分散，可能是井眼扩大或极端不平造成，也可能是含有特殊岩性等造成的。

显然，砂泥岩剖面的解释主要是针对 A，B 区的资料点，而这两个区资料点的一些性质可用砂泥岩中子—密度交会图上的特征点和特征线来反映出来。

1. 中子—密度交会图特征点

砂泥岩中子—密度交会图有六个特征点，见图 9－18。

1）砂岩骨架点（Q 点）

砂岩骨架的主要矿物成分是石英和长石，而长石又主要是抗风化能力较强的正长石和微斜长石，此外还有少量的重矿物（密度大于 2.86g/cm^3）。由于石英的体积密度为 2.65g/cm^3，长石的体积密度为 2.57g/cm^3，两者差别甚小，而且砂岩骨架中还含有少量的重矿物，因此，砂岩的骨架密度可取为 2.65g/cm^3。同理，砂岩骨架的补偿中子孔隙度可取为 －0.05。由于 ϕ_N 和 ϕ_D 是对砂岩刻度的，因此，骨架点的 ϕ_N 和 ϕ_D 都等于零，即位于交会图的坐标原点。它反映了泥质砂岩的骨架性质。

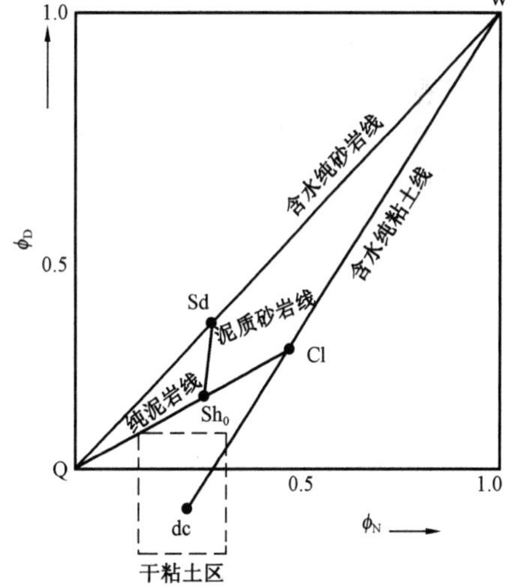

图 9－18　砂泥岩中子—密度交会图特征点和特征线

2）水点（W 点）

由于淡水的 $\Phi_N = \Phi_{Nf} = 1.0$，$\rho_b = \rho_f = 1.0$g/cm^3，因此，水点的 ϕ_N 和 ϕ_D 都等于 1.0。它反映了水的性质。

3）纯砂岩点（Sd 点）

该点不含泥质，且此点的 $\phi_N = \phi_D = \phi_{max}$，反映了在一定沉积环境下纯砂岩的最大孔隙度值。

4）泥岩点（Sh_0 点）

该点含泥质为100%，而泥质主要由粘土矿物、细粉砂以及包含在粘土颗粒中的水组成。细粉砂的矿物成分主要是石英，可包括长石、方解石和其他矿物。这里之所以把细粉砂物质看成是泥质的一部分，主要是由于细粉砂颗粒很细，对自然放射性、电阻率和自然电位的影响几乎与粘土相似。在砂泥岩井段中，该点的细粉砂含量最多。泥岩点的中子、密度孔隙度分别为 ϕ_{Nsh}，ϕ_{Dsh}。它反映了泥岩性质。

5）湿粘土点（Cl 点）

湿粘土（或称粘土）由粘土矿物以及包含在粘土颗粒中的水组成，具有特定的含水量，其中子、密度孔隙度分别为 ϕ_{Ncl}，ϕ_{Dcl}。它反映了粘土性质。

6）干粘土点（dc 点）

干粘土是由粘土矿物组成的，只含结晶水，不含束缚水。由于随着温度的变化，粘土矿物所含结晶水的个数也发生变化，从而导致粘土矿物的体积密度值和补偿中子孔隙度值发生变化。此外，由于粘土矿物的成分和数量是可变的，因此，只含结晶水而不含束缚水的"干粘土"的密度介于 2.5 ~ 3.1g/cm^3 之间，其中子孔隙度为 0.13 ~ 0.35。干粘土点的中子、密度孔隙度分别为 ϕ_{Ndc}，ϕ_{Ddc}。一般情况下，ϕ_{Ndc} = 0.13 ~ 0.35，ϕ_{Ddc} = −0.27 ~ 0.09，如图 9 − 18 所示。它反映了粘土矿物的性质。

2. 中子—密度交会图特征线

砂泥岩中子—密度交会图有四条特征线，见图 9 − 18。

1）含水纯砂岩线

含水纯砂岩线为 Q 与 W 连线，它代表孔隙度从 Q 点的 0 变化到 W 点的 100% 的完全含水纯砂岩。Sd 点在此线上。此线上任意资料点的泥质含量（岩石中泥质体积与岩石体积之比）和粘土含量（岩石中粘土体积与岩石体积之比）都为零。

2）含水纯粘土线

含水纯粘土线为 dc 与 W 连线，代表粘土的含水量由 dc 点的 0 变化到 W 点 100%。Cl 点在此线上。此线上任意资料点的细粉砂含量（岩石中细粉砂体积与岩石体积之比）为零。湿粘土点的含水量为：

$$W_{cl} = \frac{\overline{dcCl}}{\overline{dcW}} = \frac{\phi_{Ncl} - \phi_{Ndc}}{\phi_{Nf} - \phi_{Ndc}} \tag{9-83}$$

3）纯泥岩线

因为泥岩的骨架为细粉砂，而细粉砂的矿物成分主要是石英，也可含长石、方解石等其他矿物，细粉砂的中子、密度孔隙值与砂岩骨架点（Q）的中子、密度孔隙度值一致，即 $\phi_N = \phi_D = 0$，因此，Q 点也为细粉砂骨架点。Q 点与 Cl 点（或 Q 与 Sh_0）的连线代表纯泥岩线，简称泥岩线。为了说明泥质中的细粉砂含量，定义粉砂指数 SI，它代表泥质砂岩中的细粉砂体积与泥质体积之比。粉砂指数（SI）从 Q 点的 1 变到 Cl 点的 0。Sh_0 点在此线上。此线上任意资料点的有效孔隙度（ϕ）为零。泥岩点（Sh_0 点）的粉砂指数为：

$$SI_0 = \frac{\overline{Sh_0Cl}}{\overline{QCl}} = \frac{\phi_{Ncl} - \phi_{Nsh}}{\phi_{Ncl}} \tag{9-84}$$

4）泥质砂岩线

泥质砂岩线为 Sd 与 Sh_0 的连线，它反映了纯砂岩向纯泥岩的过渡趋势。

3. 确定中子—密度交会图特征线和特征点

在一个解释井段内，利用该井段的中子—密度频率交会图及自然伽马 Z 值图，经过分析，即可确定出该井段中子—密度交会图上的特征线和特征点。在四条特征线中，含水纯砂岩线是最容易确定的，它是中子—密度交会图的坐标原点（0,0）与（1,1）点的连线；泥岩线是从砂岩骨架点开始经过泥岩区（自然伽马 Z 值大于某一值）底边缘的一条直线，考虑资料点的统计特性，应使泥岩线底边的资料点占泥岩区总点数的5%；含水纯粘土线是从水点开始经过泥岩区（自然伽马 Z 值大于某一值）右边缘的一条直线，并使粘土线右边的资料点占泥岩区总点数的5%。泥质砂岩线是从纯砂岩点开始经过泥岩区（自然伽马 Z 值大于某一值）左边缘的一条直线，并使泥岩线左边的资料点占泥岩区总点数的5%。在六个特征点中，砂岩骨架点和水点是最容易确定的，它们分别是中子—密度交会图的坐标原点（0,0）与（1,1）点；干粘土点应根据本区岩心分析获得的粘土矿物的类型和含量来近似确定；纯砂岩点可取含水纯砂岩线上孔隙度最大的资料点；粘土点取含水纯粘土线和泥岩线的交点；泥岩点取泥质砂岩线和泥岩线的交点。按上述原则确定的某井段中子—密度交会图上的特征线和特征点见图9－19。

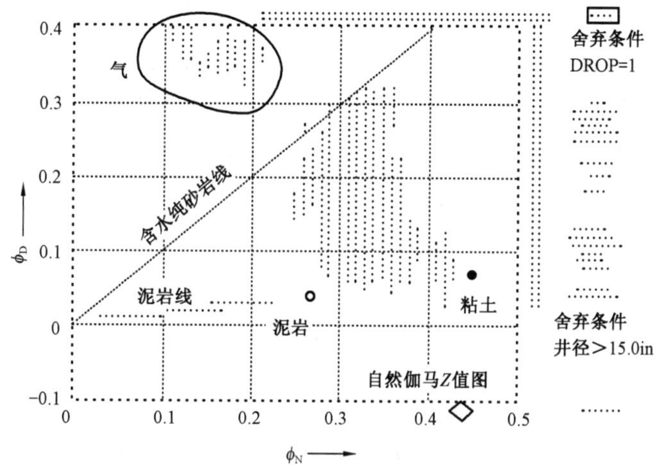

图9－19　某井段中子—密度交会图上的特征线和特征点

（二）中子—密度频率交会图确定泥质砂岩地层参数

根据中子—密度交会图的特征点和特征线，可确定每个泥质砂岩资料点的有效孔隙度（ϕ）、粘土含量（V_{cl}）、泥质含量（V_{sh}）、总孔隙度（ϕ_t）、干粘土含量（V_{dc}）、泥质分布形式及粉砂指数等。

1. 确定泥质砂岩的有效孔隙度和粘土含量

已知砂泥岩中子—密度交会图上的骨架点 Q、水点 W 及湿粘土点 Cl，则可得三条特征线，由这三条特征线组成一个三角形。前面已经说明，含水纯砂岩线（$\overline{QW}$线）上的有效孔隙度（ϕ）值在0～100%之间按线性变化，而粘土含量（V_{cl}）等于0；纯泥岩线（$\overline{QCl}$线）上的有效孔隙度（ϕ）为零。此外，粘土点的粘土含量（V_{cl}）为100%，则等有效孔隙度线为一组平行于泥岩线的直线，且在含水纯砂岩线上，从 Q 点的0线性变化到 W 点的100%；等粘土含量线为一组平行于含水纯砂岩线的直线，且从含水纯砂岩线的0按线性变化到粘土点的100%。这样，就作出了用于确定 ϕ，V_{cl}的图版，见图9－20。

利用图 9－20 可以确定任意一个泥质砂岩点的有效孔隙度 ϕ 和粘土含量 V_{cl}。如已知一个泥质砂岩点的 ϕ_N,ϕ_D 分别为 31.2% 和 24%，则可从图上找到 P 点，读出 $\phi=20\%$，$V_{cl}=20\%$。这种利用图版求 ϕ 和 V_{cl} 的方法适用于人工解释，而不适用于计算机计算分析。为了推出利用中子—密度交会图确定有效孔隙度 ϕ 和粘土含量 V_{cl} 计算公式，采用下述原理，见图 9－21。

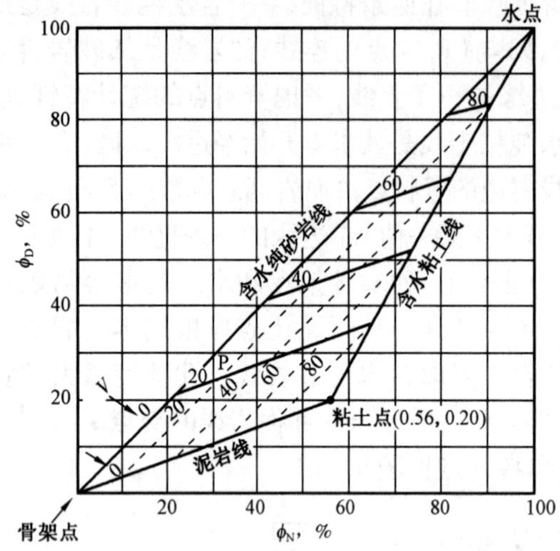

图 9－20　中子—密度交会图确定有效孔隙度和粘土含量

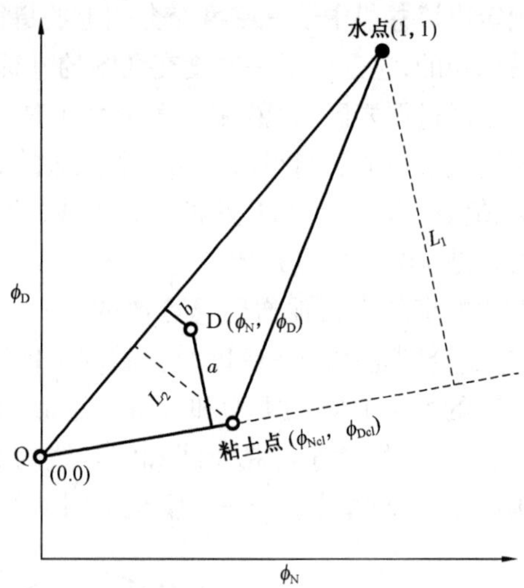

图 9－21　中子—密度交会图计算有效孔隙度和粘土含量示意图

已知一个泥质砂岩点 D(ϕ_N,ϕ_D)，设 a,L_1 分别代表 D 点和 W 点到纯泥岩线的距离；b,L_2 分别代表 D 点和 Cl 点到含水纯砂岩线的距离，则 D 点的中子—密度交会图孔隙度 $\phi=a/L_1$，粘土含量 $V_{cl}=b/L_2$。

泥岩线方程为：

$$\phi_D - \phi_N \frac{\phi_{Dcl}}{\phi_{Ncl}} = 0 \tag{9-85}$$

含水纯砂岩线方程为：

$$\phi_D - \phi_N = 0 \tag{9-86}$$

根据点到直线的距离公式，得：

$$a = \frac{|\phi_D \cdot \phi_{Ncl} - \phi_N \cdot \phi_{Dcl}|}{\sqrt{\phi_{Ncl}^2 + \phi_{Dcl}^2}} \tag{9-87}$$

$$b = \frac{|\phi_D - \phi_N|}{\sqrt{2}} \tag{9-88}$$

$$L_1 = \frac{|\phi_{Ncl} - \phi_{Dcl}|}{\sqrt{\phi_{Ncl}^2 + \phi_{Dcl}^2}} \tag{9-89}$$

$$L_2 = \frac{|\phi_{Ncl} - \phi_{Dcl}|}{\sqrt{2}} \tag{9-90}$$

由式(9－87)和式(9－89)可知：

$$\phi = \frac{a}{L_1} = \frac{|\phi_D \cdot \phi_{Ncl} - \phi_N \cdot \phi_{Dcl}|}{|\phi_{Ncl} - \phi_{Dcl}|} \tag{9-91}$$

由式(9－88)和式(9－90)可知：

$$V_{cl} = \frac{b}{L_2} = \frac{|\phi_D - \phi_N|}{|\phi_{Ncl} - \phi_{Dcl}|} \tag{9-92}$$

2. 确定泥质砂岩的有效孔隙度和泥质含量

已知中子—密度交会图上的骨架点 Q、水点 W 和泥岩点 Sh_0，则得到一个由含水砂岩线、泥岩线和 $\overline{WSh_0}$ 线组成的三角形。由前述分析可知，在含水纯砂岩线上，$V_{sh}=0$，$\phi=0\sim100\%$；而在泥岩线上，$\phi=0$，且在泥岩点(Sh_0)处，$V_{sh}=100\%$，因此，等有效孔隙度刻度线为一组平行于泥岩线的直线，且按线性变化；等泥质含量线为一组平行于含水纯砂岩线的直线且到 Sh_0 点为 $V_{sh}=100\%$，见图 9－22。

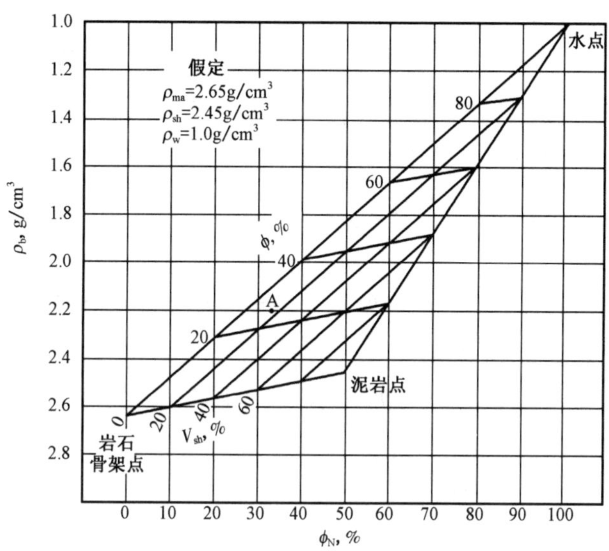

图 9－22 中子—密度交会图确定有效孔隙度和泥质含量

利用该图版(图 9－22)即可确定任意泥质砂岩点的有效孔隙度 ϕ 和泥质含量 V_{sh}，如图中 A 点的 $\phi_N=33\%$，$\phi_D=27.3\%$，则可查得 $\phi=25.5\%$，$V_{sh}=15\%$。同理，采用类似于式(9－91)和式(9－92)的推导方法，即可推导出计算 ϕ 和 V_{sh}的公式：

$$\phi = \frac{|\phi_{Dsh} \cdot \phi_N - \phi_{Nsh} \cdot \phi_D|}{|\phi_{Dsh} - \phi_{Nsh}|} \tag{9-93}$$

$$V_{sh} = \frac{|\phi_N - \phi_D|}{|\phi_{Nsh} - \phi_{Dsh}|} \tag{9-94}$$

由此可以看出，式(9－93)与式(9－91)或式(9－94)和式(9－92)之间的差别，仅在于将粘土点参数改成泥岩点的参数即可。

3. 确定泥质砂岩的总孔隙度和干粘土含量

已知中子—密度交会图上的干粘土点(dc)、骨架点(Q)和水点(W)，则得到一个由含水纯砂岩线、含水纯粘土线及 $\overline{Qdc}$ 线组成的三角形。前已说明，在含水纯砂岩线上，$\phi_t=0\sim100\%$，$V_{dc}=0$；而在 $\overline{Qdc}$ 线上，$\phi_t=0$，且在干粘土点处，$V_{dc}=100\%$，因此，等总孔隙度(ϕ_t)线为一组平行于 $\overline{Qdc}$ 线的直线，且按线性变化；等干粘土含量(V_{dc})线为一组平行于含水纯砂岩线且从含水纯砂岩线的 0 线性变化到干粘土点的 100%。这样就作出了确定 ϕ_t 和 V_{dc}的中子—密度交会图图版，见图9－23。此图版的使用方法同上。另外，采用类似于式(9－91)或式(9－92)的推导方法，可得出 ϕ_t 和 V_{dc}的计算公式：

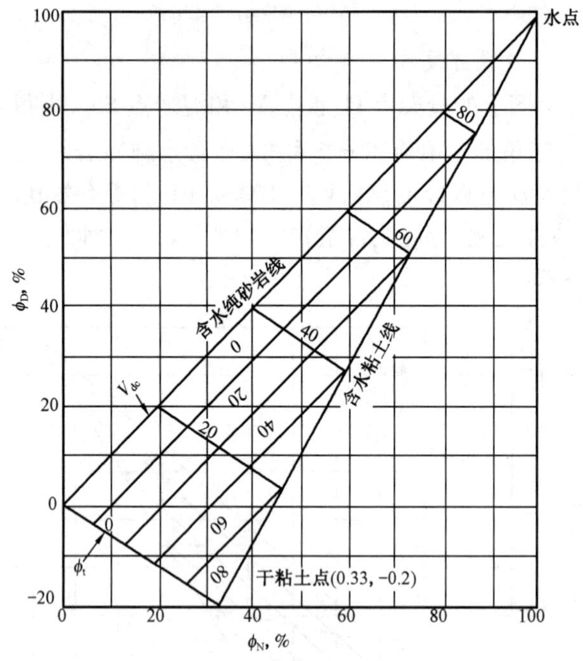

图9－23　中子—密度交会图确定总孔隙度和干粘土含量

$$\phi_t = \frac{|\phi_{Ddc} \cdot \phi_N - \phi_{Ndc} \cdot \phi_D|}{|\phi_{Ndc} - \phi_{Ddc}|} \tag{9-95}$$

$$V_{dc} = \frac{|\phi_N - \phi_D|}{|\phi_{Ndc} - \phi_{Ddc}|} \tag{9-96}$$

4. 确定泥质分布形式

泥质分布形式是指泥质成分在砂岩中存在的状态，一般分为三种：分散泥质、结构泥质和层状泥质，见图9－24。不同的分布形式对于孔隙度及渗透率的影响不同，在中子—密度交会图上的显示也不同，见图9－25。

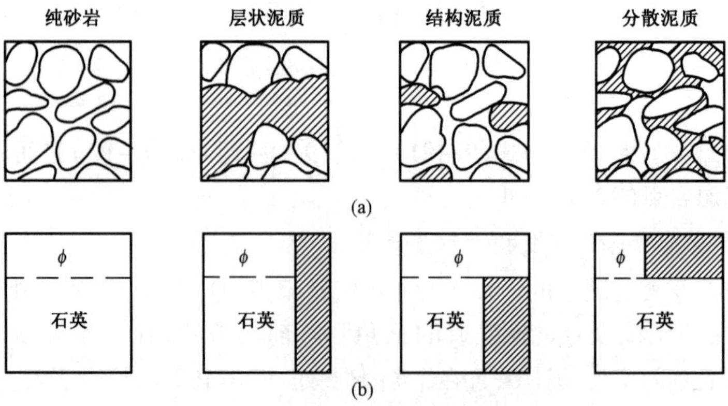

图9－24　泥质在砂岩中的分布形式

(a)结构示意图；(b)等效体积示意图

1）分散泥质

泥质分散在砂岩粒间孔隙的表面，其体积是粒间孔隙体积的一部分，如图 9－24 所示。设纯砂岩点的粒间孔隙度为 ϕ_{sd}，分散泥质含量为 V_{dis}，则只含分散泥质的泥质砂岩有效孔隙度 ϕ 为：

$$\phi = \phi_{sd} - V_{dis} \tag{9-97}$$

在中子—密度交会图上，分散泥质线为过纯砂岩点（Sd）平行于水点与泥岩点的连线的直线，如图 9－25 所示。

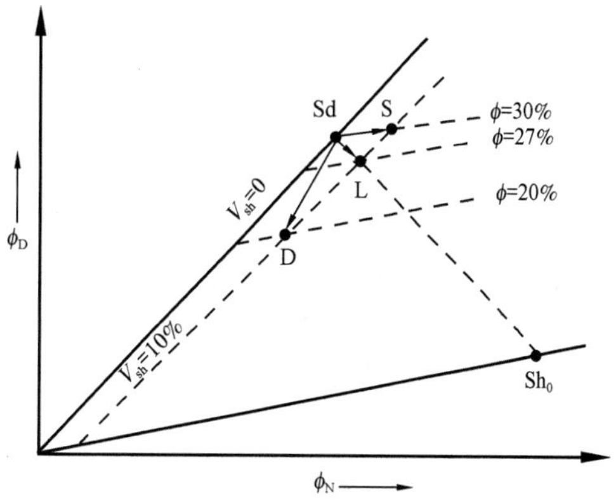

图 9－25　泥质分布形式在中子—密度交会图上的显示

2）层状泥质

泥质在砂岩中呈条带状，其体积取代了相应的纯砂岩颗粒及粒间孔隙，如图 9－24 所示。设层状泥质含量为 V_{lam}，则单位体积泥质砂岩中纯砂岩体积为 $1 - V_{lam}$。若只含层状泥质的泥质砂岩有效孔隙度用 ϕ 表示，则 $\frac{\phi}{1 - V_{lam}}$ 代表纯砂岩的孔隙度，即：

$$\frac{\phi}{1 - V_{lam}} = \phi_{sd}$$

$$\phi = \phi_{sd}(1 - V_{lam}) \tag{9-98}$$

在中子—密度交会图上，层状泥质线为 Sd 与 Sh_0 点的连线，即泥质砂岩线，如图 9－25 所示。

3）结构泥质

泥质颗粒取替了部分砂粒，但并不改变粒间孔隙的大小，如图 9－24 所示。设 ϕ 代表只含结构泥质的泥质砂岩孔隙度，则由定义得：

$$\phi = \phi_{sd} \tag{9-99}$$

在中子—密度交会图上，结构泥质线为过 Sd 点平行于泥岩线的直线，如图 9－25 所示。

由式（9－97）、式（9－98）、式（9－99）可以看出，泥质含量相同，但泥质分布形式不同，泥质砂岩的有效孔隙度（ϕ）也不同。假设在同一解释井段上有三种泥质砂岩：第一种是只含分散泥质，第二种是只含层状泥质，第三种是只含结构泥质，且每种泥质砂岩的泥质含量都为 10%，$\phi_{sd} = 0.3$，则每种泥质砂岩的有效孔隙度 ϕ 和在中子—密度交会图（图 9－25）上的位置为：

含 10% 分散泥质的泥质砂岩：$\phi = \phi_{sd} - V_{dis} = 0.9 - 0.1 = 0.8$，对应于图 9－25 上的 D 点。

含 10% 层状泥质的泥质砂岩：$\phi = \phi_{sd}(1 - V_{lam}) = 0.3 \times (1 - 0.1) = 0.27$，对应于图 9－25 上的 L 点。

含 10% 结构泥质的泥质砂岩：$\phi = \phi_{sd} = 0.3$，对应于图 9－25 上的 S 点。

在中子—密度交会图上画出三条泥质分布线，如图 9－25 所示。如果资料点落在某条泥质分布线上，则可解释该点只含有该泥质分布线所代表的泥质分布；如果资料点落在两条泥质分布线上，则可解释该点为含有这两种泥质分布的混合物；如果地层中同时存在三种泥质分布形式，则：

$$\phi = \phi_{sd}(1 - V_{lam}) - V_{dis} \tag{9-100}$$

$$V_{sh} = V_{dis} + V_{lam} + V_{str} \tag{9-101}$$

式中　V_{str}——结构泥质含量。

在上面两个方程中，有三个未知数，必须再找到一个方程才能求解。由图9-17可知，A区右边界的资料点构成了一条右边界线，称之为泥质砂岩的右边界线，并且假定在右边界上不含分散泥质，只含层状泥质和结构泥质。对泥质砂岩的右边界线进行拟合，得泥质砂岩的右边界线方程为：

$$V_{lam} = (V_{lam} + V_{str})^2[2 - (V_{lam} + V_{str})] \tag{9-102}$$

将式(9-100)、式(9-101)和式(9-102)联立，组成如下方程组：

$$\begin{cases} \phi = \phi_{sd}(1 - V_{lam}) - V_{dis} \\ V_{sh} = V_{dis} + V_{lam} + V_{str} \\ V_{lam} = (V_{lam} + V_{str})^2[2 - (V_{lam} + V_{str})] \end{cases} \tag{9-103}$$

式中的V_{sh}及ϕ由中子—密度交会图确定，是已知的，而ϕ_{sd}也为已知的，因此，由式(9-103)即可求出每个资料点的V_{dis}，V_{lam}和V_{str}。

5. 确定粉砂指数

已知泥质砂岩中子—密度交会图上的Q，Sd及Cl点，按前述方法作出其中子—密度交会图及等有效孔隙度和等粘土含量的刻度线，如图9-26所示。假定泥质砂岩的右边界线（即A区资料点的右边界线）不含分散泥质，只含层状泥质和结构泥质，再根据式(9-103)，可得出泥质砂岩右边界线所满足的方程组：

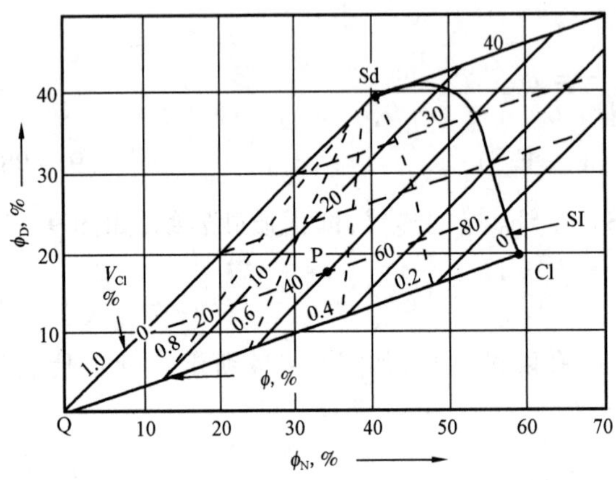

图9-26　中子—密度交会图确定粉砂指数图版

$$\begin{cases} \phi = \phi_{sd}(1 - V_{lam}) - V_{dis} \\ V_{dis} = 0 \\ V_{sh} = V_{dis} + V_{lam} + V_{str} \\ V_{lam} = (V_{lam} + V_{str})^2[2 - (V_{lam} + V_{str})] \end{cases} \tag{9-104}$$

整理得：

$$\phi = \phi_{sd}[1 - V_{sh}^2(2 - V_{sh})] \tag{9-105}$$

将$V_{sh} = \dfrac{V_{cl}}{1 - SI}$代入式(9-105)，得：

$$\phi = \phi_{sd}\left[1 - \frac{V_{cl}^2}{(1 - SI)^2}\left(2 - \frac{V_{cl}}{1 - SI}\right)\right] \tag{9-106}$$

当 SI = 0 时，$\phi = \phi_{sd}[1 - V_{cl}^2(2 - V_{cl})]$。该式代表端点为 Sd 和 Cl 点且 SI = 0 的粉砂指数曲线方程，按该方程可画出 SI = 0 的右边界线。

同样，当 SI = 0.1，0.2，0.3，…，0.9 时，代入式(9 - 106)，即可得到一族粉砂指数曲线；此外，假定含水纯砂岩线$\overline{QSd}$的粉砂指数为 1，由此便得到确定粉砂指数的中子—密度交会图图版(图 9 - 26)。

利用图 9 - 26 便可以确定出资料点的粉砂指数。当然，也可以通过求解式(9 - 106)的关于 SI 的三次方程，得出 SI 值。

二、泥质砂岩测井响应方程

泥质砂岩储集层评价的基本参数是泥质含量、孔隙度、含水饱和度、束缚水饱和度、渗透率等。在常规泥质砂岩测井解释中，确定泥质含量的测井方法主要是自然伽马测井、中子—密度测井、自然电位测井、自然伽马能谱测井等；确定孔隙度的测井方法主要是密度测井、中子测井和声波测井；确定含水饱和度的测井方法主要是电阻率测井，确定束缚水饱和度和渗透率主要采用经验公式。下面主要介绍确定泥质砂岩孔隙度及泥质含量的公式。

(一)泥质砂岩的岩石体积物理模型

众所周知，泥质砂岩由砂粒、泥质和孔隙三部分组成。其中，砂粒作为岩石的骨架，泥质作为胶结物，孔隙内通常含有油、气、水三部分流体。泥质砂岩的骨架、泥质及其孔隙流体的物理性质有很大差别。另外，假定在顺序沉积的砂泥岩中，泥质砂岩与对应的泥岩有基本相同的泥质性质，即所含细粉砂和湿粘土(含束缚水的粘土矿物)的性质和含量相同，这样，可以得出砂泥岩通用的解释模型，见图 9 - 27。

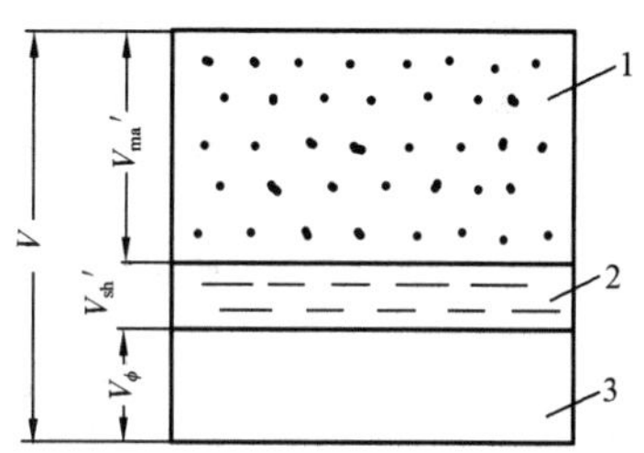

图 9 - 27　泥质砂岩体积物理模型

1—骨架；2—泥质；3—有效孔隙

由图 9 - 27 可知：

$$V = V'_{ma} + V'_{sh} + V_\phi \tag{9-107}$$

式中　V——岩石的体积，cm^3；

V'_{ma}——岩石中的骨架体积，cm^3；

V'_{sh}——岩石中的泥质体积，cm^3；

V_ϕ——岩石中的孔隙体积，cm^3。

将式(9 - 107)两边同除 V，并令 $V_{ma} = \frac{V'_{ma}}{V}$，$V_{sh} = \frac{V'_{sh}}{V}$，则：

$$V_{ma} + V_{sh} + \phi = 1 \tag{9-108}$$

式中　V_{ma}——骨架含量，即岩石中骨架体积与岩石体积之比，小数；

V_{sh}——泥质含量，小数。

式(9 - 107)或式(9 - 108)即为砂泥岩物质平衡方程。对于纯砂岩，$V_{sh} = 0$，再根据纯岩石的物质平衡方程 $V_{ma} + \phi = 1$，则式(9 - 108)成立；对于纯泥岩，$V_{ma} = 0$，$\phi = 0$，$V_{sh} = 1$，则式(9 - 108)成立。由此证明图 9 - 27 的模型即为砂泥岩通用体积物理模型。

（二）密度测井

这里仍采用岩石体积物理模型的方法来推导密度测井计算泥质砂岩的孔隙度关系式。对于密度测井，岩石的总质量等于岩石骨架的质量、泥质的质量和岩石孔隙内流体的质量之和。根据此等式关系即可推出密度测井计算泥质砂岩的孔隙度关系公式。由于密度测井的探测深度较浅（约为6in），因此，在其探测范围内的渗透性地层孔隙中所含的液体主要为钻井液滤液（如果是油气层，还应有残余油气）。

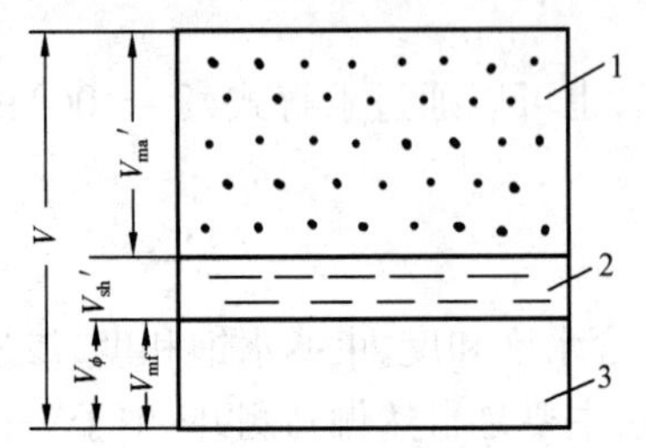

图9－28　含水泥质砂岩体积物理模型
1—骨架；2—泥质；3—钻井液滤液

1. 饱含水泥质砂岩

对于完全含水的泥质砂岩地层，其体积物理模型可用如图9－28所示的图形来表示。

设G,G_{ma},G_{sh},G_{mf}分别代表泥质砂岩的总质量、骨架质量、泥质质量和孔隙内钻井液滤液的质量，V,V_{ma}，V_{sh},V_{mf}分别代表泥质砂岩的总体积、骨架体积、泥质体积和孔隙内钻井液滤液的体积，而$\rho_b,\rho_{ma},\rho_{sh},\rho_{mf}$分别代表泥质砂岩的体积密度、骨架密度、泥质密度、钻井液滤液密度，则：

$$G = G_{ma} + G_{sh} + G_{mf} \tag{9-109}$$

$$\rho_b \cdot V = \rho_{ma} \cdot V'_{ma} + \rho_{sh} \cdot V'_{sh} + \rho_{mf} \cdot V_{mf}$$

$$V = V'_{ma} + V'_{sh} + V_{\phi}, V_{mf} = V_{\phi}, V_{sh} = \frac{V'_{sh}}{V}, \phi = \frac{V_{\phi}}{V}$$

$$\rho_b = \rho_{ma}\frac{V - V'_{sh} - V_{\phi}}{V} + \rho_{sh} \cdot V_{sh} + \rho_{mf} \cdot \phi$$

$$\rho_b = \rho_{ma}(1 - V_{sh} - \phi) + \rho_{sh} \cdot V_{sh} + \rho_{mf} \cdot \phi \tag{9-110}$$

整理后得：

$$\phi = \frac{\rho_{ma} - \rho_b}{\rho_{ma} - \rho_{mf}} - V_{sh}\frac{\rho_{ma} - \rho_{sh}}{\rho_{ma} - \rho_{mf}} \tag{9-111}$$

令$\phi_D = \frac{\rho_{ma} - \rho_b}{\rho_{ma} - \rho_{mf}}, \phi_{Dsh} = \frac{\rho_{ma} - \rho_{sh}}{\rho_{ma} - \rho_{mf}}$，则式（9－111）成为：

$$\phi = \phi_D - V_{sh} \cdot \phi_{Dsh} \tag{9-112}$$

式中　ϕ_D——泥质砂岩视密度孔隙度；

ϕ_{Dsh}——泥质视密度孔隙度。

式（9－110）为完全含水泥质砂岩的密度测井响应方程；式（9－112）为完全含水泥质砂岩的密度测井计算有效孔隙度公式。由式（9－112）可知，当$\rho_{sh} < \rho_{ma}$时（典型的泥岩层和泥岩夹层的密度为2.2～2.65g/cm^3），$\phi_{Dsh} > 0$，因此，泥质对密度测井的影响使ϕ_D偏大，其校正值为$V_{sh} \cdot \phi_{Dsh}$。

2. 含油气泥质砂岩

对于含油气泥质砂岩，其体积物理模型如图9－29所示。

设 G_{hr}，V_{hr}，ρ_h 分别代表泥质砂岩孔隙内的残余油气质量、体积及密度，则：

$$G = G_{ma} + G_{sh} + G_{mf} + G_{hr} \qquad (9-113)$$

$$\rho_b \cdot V = \rho_{ma} \cdot V'_{ma} + \rho_{sh} \cdot V'_{sh} + \rho_{mf} \cdot V_{mf} + \rho_h \cdot V_{hr}$$

$$V = V'_{ma} + V'_{sh} + V_{\phi}, V_{sh} = \frac{V'_{sh}}{V}, \phi = \frac{V_{\phi}}{V}$$

$$\rho_b = \rho_{ma}\frac{V'_{ma}}{V} + \rho_{sh}\frac{V'_{sh}}{V} + \rho_{mf}\frac{V_{\phi} \cdot V_{mf}}{V \cdot V_{\phi}} + \rho_h\frac{V_{\phi} \cdot V_{hr}}{V \cdot V_{\phi}}$$

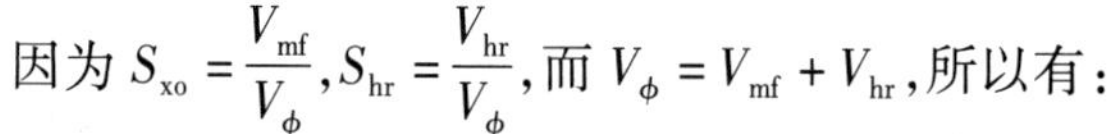

因为 $S_{xo} = \frac{V_{mf}}{V_{\phi}}$，$S_{hr} = \frac{V_{hr}}{V_{\phi}}$，而 $V_{\phi} = V_{mf} + V_{hr}$，所以有：

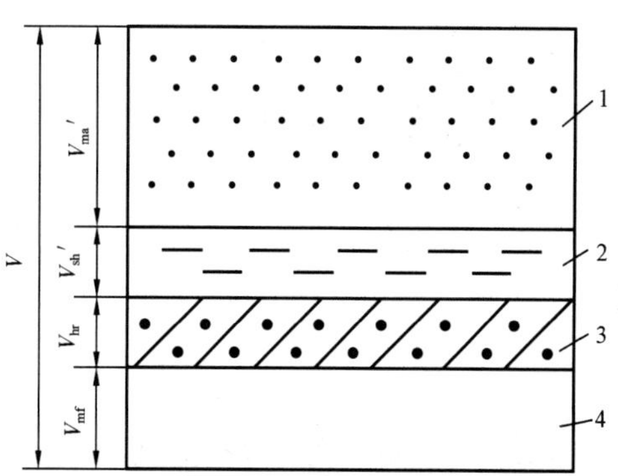

图 9－29　含油气泥质砂岩体积物理模型

1—骨架；2—泥质；3—残余油气；4—钻井液滤液

$$S_{xo} + S_{hr} = 1$$

$$\rho_b = \rho_{ma}(1 - V_{sh} - \phi) + \rho_{sh} \cdot V_{sh} + \rho_{mf} \cdot \phi \cdot S_{xo} + \rho_h \cdot \phi \cdot (1 - S_{xo}) \qquad (9-114)$$

整理得：

$$\phi = \frac{\rho_{ma} - \rho_b}{\rho_{ma} - \rho_{mf}} - V_{sh}\frac{\rho_{ma} - \rho_{sh}}{\rho_{ma} - \rho_{mf}} - \phi(1 - S_{xo}) \cdot \left(\frac{\rho_{ma} - \rho_h}{\rho_{ma} - \rho_{mf}} - 1\right) \qquad (9-115)$$

令 $\phi_{Dh} = \frac{\rho_{ma} - \rho_h}{\rho_{ma} - \rho_{mf}}$，则式(9－115)成为：

$$\phi = \phi_D - V_{sh}\phi_{Dsh} - \phi(1 - S_{xo})(\phi_{Dh} - 1) \qquad (9-116)$$

式中　ϕ_{Dh}——油气视密度孔隙度。

将式(9－116)整理得：

$$\phi = \frac{\phi_D - V_{sh} \cdot \phi_{Dsh}}{1 + S_{hr}(\phi_{Dh} - 1)} \qquad (9-117)$$

式(9－114)和式(9－117)分别为含油气泥质砂岩的密度测井响应方程及密度测井计算有效孔隙度公式。由于 $\rho_h < \rho_{mf}$，因此，$\phi_{Dh} > 1$。由式(9－117)可知，油气的影响使 ϕ_D 偏大，其校正值为 $\phi(1 - S_{xo})(\phi_{Dh} - 1)$。

式(9－110)、式(9－112)、式(9－114)和式(9－117)是用泥质性质建立的公式，如果用粘土性质建立公式，则只需把 $V_{sh} \cdot \phi_{Dsh}$ 用粘土参数表示出来即可。由于泥质是由细粉砂和湿粘土组成的，按照体积物理模型的概念，可推得：

$$\rho_{sh} = \mathrm{SI} \cdot \rho_{si} + (1 - \mathrm{SI})\rho_{cl} \qquad (9-118)$$

式中　ρ_{si}，ρ_{cl}——细粉砂和湿粘土的密度。

将式(9－118)代入泥质视密度孔隙度公式得：

$$\phi_{Dsh} = \frac{(\rho_{ma} - \rho_{cl}) - \mathrm{SI}(\rho_{si} - \rho_{cl})}{\rho_{ma} - \rho_{mf}}$$

由前面分析知：$\rho_{si} \approx \rho_{ma}$，则：

$$\phi_{Dsh} = (1 - SI)\phi_{Dcl}$$

将 $V_{sh}=\dfrac{V_{cl}}{1-SI}$代入上式,得:

$$V_{sh} \cdot \phi_{Dsh} = V_{cl} \cdot \phi_{Dcl} \tag{9-119}$$

或

$$V_{sh}(\rho_{ma} - \rho_{sh}) = V_{cl}(\rho_{ma} - \rho_{cl}) \tag{9-120}$$

式中 ϕ_{Dcl}——粘土视密度孔隙度。

由式(9-119)可以看出,用泥质性质建立的公式与用粘土性质建立的公式形式相同,只有泥质与粘土性质的区别。

把式(9-119)或式(9-120)代入式(9-110)、式(9-112)、式(9-114)和式(9-117),则得用粘土性质建立的泥质砂岩密度测井解释关系式:

饱含水泥质砂岩

$$\rho_b = \rho_{ma}(1 - V_{cl} - \phi) + \rho_{cl} \cdot V_{cl} + \rho_{mf} \cdot \phi \tag{9-121}$$

$$\phi = \phi_D - V_{cl} \cdot \phi_{Dcl} \tag{9-122}$$

含油气泥质砂岩

$$\rho_b = \rho_{ma}(1 - V_{cl} - \phi) + \rho_{cl} \cdot V_{cl} + \rho_{mf} \cdot \phi \cdot S_{xo} + \rho_h \cdot \phi(1 - S_{xo}) \tag{9-123}$$

$$\phi = \frac{\phi_D - V_{cl} \cdot \phi_{Dcl}}{1 + S_{hr}(\phi_{Dh} - 1)} \tag{9-124}$$

(三)中子测井

对于中子测井,岩石的宏观物理为岩石的含氢量(氢原子核数)。根据岩石体积物理模型的概念可知,泥质砂岩的岩石总含氢量等于岩石骨架的含氢量、泥质的含氢量和岩石孔隙内流体的含氢量之和。由于中子测井的探测深度较浅,因此,在中子测井仪探测范围内的渗透性地层孔隙中所含的液体主要为钻井液滤液(如果为油气层,还应有残余油气)。

1. 饱含水泥质砂岩

根据图9-28的体积物理模型可得:

$$V\Phi_N = V'_{ma}\Phi_{Nma} + V'_{sh}\Phi_{Nsh} + V_{mf}\Phi_{Nmf} \tag{9-125}$$

式中 $\Phi_N, \Phi_{Nma}, \Phi_{Nsh}, \Phi_{Nmf}$——岩石、骨架、泥质和孔隙内钻井液滤液的含氢指数。

$$\Phi_N = \frac{V'_{ma}}{V}\Phi_{Nma} + \frac{V'_{sh}}{V}\Phi_{Nsh} + \frac{V_{mf}}{V}\Phi_{Nmf}$$

$$V = V'_{ma} + V'_{sh} + V_\phi, V_{mf} = V_\phi, V_{sh} = \frac{V'_{sh}}{V}, \phi = \frac{V_\phi}{V}$$

$$\Phi_N = (1 - V_{sh} - \phi)\Phi_{Nma} + V_{sh} \cdot \Phi_{Nsh} + \phi \cdot \Phi_{Nmf} \tag{9-126}$$

整理,得:

$$\phi = \frac{\Phi_{N} - \Phi_{Nma}}{\Phi_{Nmf} - \Phi_{Nma}} - V_{sh}\frac{\Phi_{Nsh} - \Phi_{Nma}}{\Phi_{Nmf} - \Phi_{Nma}} \tag{9-127}$$

令 $\phi_{N} = \frac{\Phi_{N} - \Phi_{Nma}}{\Phi_{Nmf} - \Phi_{Nma}}$，$\phi_{Nsh} = \frac{\Phi_{Nsh} - \Phi_{Nma}}{\Phi_{Nmf} - \Phi_{Nma}}$，并将其代入式(9－127)，得：

$$\phi = \phi_{N} - V_{sh} \cdot \phi_{Nsh} \tag{9-128}$$

式中　ϕ_{N}——泥质砂岩的视中子孔隙度；

ϕ_{Nsh}——泥质的视中子孔隙度。

式(9－126)和式(9－128)分别为完全含水泥质砂岩的中子测井响应方程及计算有效孔隙度公式。由式(9－128)可知，泥质影响使视中子孔隙度 ϕ_{N} 偏大，其校正值为 $V_{sh}\phi_{Nsh}$。

2. 含油气泥质砂岩

设 ϕ_{Nh} 为泥质砂岩孔隙内残余油气的含氢指数，根据含油气泥质砂岩的体积物理模型(图9－29)，则有：

$$V\Phi_{N} = V'_{ma} \cdot \Phi_{Nma} + V'_{sh} \cdot \Phi_{Nsh} + V_{mf} \cdot \Phi_{Nmf} + V_{hr} \cdot \Phi_{Nh} \tag{9-129}$$

$$\begin{aligned}\Phi_{N} &= \frac{V'_{ma}}{V}\Phi_{Nma} + \frac{V'_{sh}}{V}\Phi_{Nsh} + \frac{V_{mf}}{V}\Phi_{Nmf} + \frac{V_{hr}}{V}\Phi_{Nh} \\ &= \frac{V - V'_{sh} - V_{\phi}}{V}\Phi_{Nma} + V_{sh} \cdot \Phi_{Nsh} + \frac{V_{\phi} \cdot V_{mf}}{V \cdot V_{\phi}}\Phi_{Nmf} + \frac{V_{\phi} \cdot V_{hr}}{V \cdot V_{\phi}}\Phi_{Nh} \\ &= (1 - V_{sh} - \phi) \cdot \Phi_{Nma} + V_{sh} \cdot \Phi_{Nsh} + \phi \cdot S_{xo} \cdot \Phi_{Nmf} + \phi \cdot S_{hr} \cdot \Phi_{Nh}\end{aligned}$$

$$\Phi_{N} = (1 - V_{sh} - \phi) \cdot \Phi_{Nma} + V_{sh} \cdot \Phi_{Nsh} + \phi \cdot S_{xo} \cdot \Phi_{Nmf} + \phi \cdot S_{hr} \cdot \Phi_{Nh} \tag{9-130}$$

整理，得：

$$\phi = \frac{\Phi_{N} - \Phi_{Nma}}{\Phi_{Nmf} - \Phi_{Nma}} - V_{sh}\frac{\Phi_{Nsh} - \Phi_{Nma}}{\Phi_{Nmf} - \Phi_{Nma}} + \phi \cdot (1 - S_{xo}) \cdot \frac{\Phi_{Nmf} - \Phi_{Nh}}{\Phi_{Nmf} - \Phi_{Nma}}$$

令 $\phi_{Nh} = \frac{\Phi_{Nh} - \Phi_{Nma}}{\Phi_{Nmf} - \Phi_{Nma}}$，并将其代入上式，得：

$$\phi = \phi_{N} - V_{sh}\phi_{Nsh} + \phi(1 - S_{xo})(1 - \phi_{Nh})$$

式中　ϕ_{Nh}——油气视中子孔隙度。

将上式进行整理，得：

$$\phi = \frac{\phi_{N} - V_{sh} \cdot \phi_{Nsh}}{1 + S_{hr} \cdot (\phi_{Nh} - 1)} \tag{9-131}$$

式(9－130)和式(9－131)分别为含油气泥质砂岩的中子测井响应方程和计算有效孔隙度公式。由于轻质油和天然气的含氢指数很低，则 $\phi_{Nh} < 1$，由式(9－131)可知，轻质油和天然气的影响使 ϕ_{N} 偏低，其校正值为 $\phi S_{hr}(\phi_{Nh} - 1)$。

实践证明，天然气和轻质油对中子测井的影响比按 $\phi_{Nh} = 0$ 计算的还要大得多。例如，设天然气的 $\rho_{h} = 0$，$\phi_{Nh} = 0$，则可认为 $\phi_{Nh} = 0$。对于含气纯砂岩，式(9－131)变为：

$$\phi_{N} = \phi - \phi \cdot S_{hr}$$

令含气孔隙度 $\phi_h=\phi\cdot S_{hr}$，则：

$$\phi_N=\phi-\phi_h$$

上式说明，含气纯砂岩的视中子孔隙度 ϕ_N 相当于把含气孔隙度 ϕ_h 从有效孔隙度 ϕ 中挖掘出去，即把 ϕ_h 作为岩石骨架得到的结果。但是，实际测井资料表明，实际测量的含气纯砂岩的视中子孔隙度 ϕ_N 比 $\phi-\phi_h$ 还要小。这说明天然气对快中子的减速能力比砂岩骨架还要低，以致把含气孔隙度作为岩石骨架还不足以消除天然气对中子测井的影响。这样，若把含气孔隙度作为岩石骨架，就等于降低了岩石骨架的减速能力，使中子扩散到较远的地方去，使探测器记数率增加，中子孔隙度读数随之降低，致使 $\phi_N<\phi-\phi_h$。这种现象称为中子测井的挖掘效应。依据天然气与岩石骨架对快中子减速能力的差别，可把中子测井的挖掘效应表示为 $\phi(1-S_{xo})(\phi_{Nh}-1)(2\phi S_{xo})$。考虑到挖掘效应影响，完整的泥质砂岩含油气地层的视中子孔隙度公式及孔隙度计算公式应为：

$$\phi_N=\phi+V_{sh}\cdot\phi_{Nsh}+\phi(1-S_{xo})(1+2\phi S_{xo})(\phi_{Nh}-1) \tag{9-132}$$

$$\phi=\frac{\phi_N-V_{sh}\cdot\phi_{Nsh}}{1+(1-S_{xo})(1+2\phi S_{xo})(\phi_{Nh}-1)} \tag{9-133}$$

类似于密度测井，可推导出用粘土性质建立的中子测井响应方程及计算孔隙度公式：

饱含水泥质砂岩

$$\Phi_N=(1-V_{cl}-\phi)\Phi_{Nma}+V_{cl}\cdot\Phi_{Ncl}+\phi\cdot\Phi_{Nmf} \tag{9-134}$$

$$\phi=\phi_N-V_{cl}\cdot\phi_{Ncl} \tag{9-135}$$

含油气泥质砂岩

$$\phi_N=\phi+V_{cl}\cdot\phi_{Ncl}+\phi(1-S_{xo})(1+2\phi S_{xo})(\phi_{Nh}-1) \tag{9-136}$$

$$\phi=\frac{\phi_N-V_{cl}\phi_{Ncl}}{1+(1-S_{xo})(1+2\phi S_{xo})(\phi_{Nh}-1)} \tag{9-137}$$

式中，$\phi_{Ncl}=\dfrac{\Phi_{Ncl}-\Phi_{Nma}}{\Phi_{Nmf}-\Phi_{Nma}}$为粘土的视中子孔隙度。

（四）声波测井

声波测井的岩石宏观物理量是声波在岩石中传播的时间。假定声波在岩石中是直线传播的，根据岩石体积物理模型的概念可知，声波在泥质砂岩中的总的传播时间等于声波在骨架、泥质和孔隙流体中的传播时间之和。由于声波测井的探测深度较浅，因此，在声波测井仪探测范围内的渗透性地层孔隙中所含的液体主要为钻井液滤液（如果为油气层，还应有残余油气）。此外，声波测井响应还受泥质分布形式及泥质砂岩压实程度的影响。

1. 饱含水泥质砂岩

在不考虑泥质分布形式影响且认为泥质砂岩压实情况下，其体积物理模型如图 9-28 所示。设 L 表示泥质砂岩总等效长度，L_{ma}，L_{sh}，L_{mf} 分别表示泥质砂岩的骨架部分、泥质部分、孔隙内钻井液滤液部分的等效长度，v，v_{ma}，v_{sh}，v_{mf} 分别表示泥质砂岩、骨架、泥质、孔隙内钻井液滤液的声波速度，Δt，Δt_{ma}，Δt_{sh}，Δt_{mf} 分别表示泥质砂岩、骨架、泥质、孔隙内钻井液滤液的时差，S 为泥质砂岩的横截面积，则：

$$\frac{L}{v}=\frac{L_{ma}}{v_{ma}}+\frac{L_{sh}}{v_{sh}}+\frac{L_{mf}}{v_{mf}} \tag{9-138}$$

$$\frac{V}{v}=\frac{V'_{ma}}{v_{ma}}+\frac{V'_{sh}}{v_{sh}}+\frac{V_{mf}}{v_{mf}}$$

$$V=V'_{ma}+V'_{sh}+V_{\phi},V_{mf}=V_{\phi},V_{sh}=\frac{V'_{sh}}{V},\phi=\frac{V_{\phi}}{V}$$

$$\Delta t=(1-V_{sh}-\phi)\cdot\Delta t_{ma}+V_{sh}\cdot\Delta t_{sh}+\phi\cdot\Delta t_{mf} \tag{9-139}$$

整理,得:

$$\phi=\frac{\Delta t-\Delta t_{ma}}{\Delta t_{mf}-\Delta t_{ma}}-\frac{\Delta t_{sh}-\Delta t_{ma}}{\Delta t_{mf}-\Delta t_{ma}}V_{sh} \tag{9-140}$$

令 $\phi_{s}=\frac{\Delta t-\Delta t_{ma}}{\Delta t_{mf}-\Delta t_{ma}},\phi_{ssh}=\frac{\Delta t_{sh}-\Delta t_{ma}}{\Delta t_{mf}-\Delta t_{ma}}$,并将它们代入式(9－140),得:

$$\phi=\phi_{s}-V_{sh}\cdot\phi_{ssh} \tag{9-141}$$

式中 ϕ_s——泥质砂岩的视声波孔隙度;

ϕ_{ssh}——泥质的视声波孔隙度。

由式(9－141)可知,泥质影响使 ϕ_s 偏大,其校正值为 $V_{sh}\phi_{ssh}$。

由于压实作用只影响粒间孔隙,则式(9－141)变为:

$$\phi=\frac{\phi_{s}-V_{sh}\cdot\phi_{ssh}}{C_{p}} \tag{9-142}$$

式中 C_p——压实校正系数。

2. 含油气泥质砂岩

在不考虑泥质分布形式影响且认为泥质砂岩压实情况下,其体积物理模型如图9－29所示。设 L_{hr},v_{hr},Δt_{hr}分别代表残余油气的等效长度、声波速度及声波时差,则:

$$\frac{L}{v}=\frac{L_{ma}}{v_{ma}}+\frac{L_{sh}}{v_{sh}}+\frac{L_{mf}}{v_{mf}}+\frac{L_{hr}}{v_{hr}} \tag{9-143}$$

$$\Delta t=\frac{V'_{ma}}{V}\Delta t_{ma}+\frac{V'_{sh}}{V}\Delta t_{sh}+\frac{V_{\phi}\cdot V_{mf}}{V\cdot V_{\phi}}\Delta t_{mf}+\frac{V_{\phi}\cdot V_{hr}}{V\cdot V_{\phi}}\Delta t_{hr}$$

$$\Delta t=(1-V_{sh}-\phi)\Delta t_{ma}+V_{sh}\cdot\Delta t_{sh}+\phi\cdot S_{xo}\cdot\Delta t_{mf}+\phi\cdot S_{hr}\cdot\Delta t_{hr} \tag{9-144}$$

整理,得:

$$\phi=\frac{\Delta t-\Delta t_{ma}}{\Delta t_{mf}-\Delta t_{ma}}-V_{sh}\frac{\Delta t_{sh}-\Delta t_{ma}}{\Delta t_{mf}-\Delta t_{ma}}-\phi\cdot S_{hr}\cdot\left(\frac{\Delta t_{hr}-\Delta t_{ma}}{\Delta t_{mf}-\Delta t_{ma}}-1\right)$$

令 $\phi_{shr}=\frac{\Delta t_{hr}-\Delta t_{ma}}{\Delta t_{mf}-\Delta t_{ma}}$ 为残余油气的视声波孔隙度,将其代入上式得:

$$\phi=\phi_{s}-V_{sh}\cdot\phi_{ssh}-\phi\cdot S_{hr}\cdot(\phi_{shr}-1)$$

$$\phi=\frac{\phi_{s}-V_{sh}\cdot\phi_{ssh}}{1+S_{hr}\cdot(\phi_{shr}-1)} \tag{9-145}$$

由于轻质油和天然气的时差 $\Delta t_{hr} > \Delta t_{mf}$，则 $\phi_{shr} > 1$。由式(9－145)可知，油气对声波测井的影响使 ϕ_s 增大，其校正值为 $\phi S_{hr}(\phi_{shr}-1)$。

考虑压实程度的影响，则式(9－145)变成：

$$\phi = \frac{\phi_s - V_{sh} \cdot \phi_{ssh}}{1 + S_{hr} \cdot (\phi_{shr} - 1)} \frac{1}{C_p} \qquad (9-146)$$

由于纯岩石声波地层因素公式没有考虑泥质的影响（对压实砂岩可以不考虑油的影响），故不能用于确定泥质砂岩地层的孔隙度，下面推导考虑泥质影响的声波地层因素计算孔隙度公式。

对于完全含水的泥质砂岩，其“时间平均公式”为：

$$\Delta t = (1 - V_{sh} - \phi)\Delta t_{ma} + V_{sh} \cdot \Delta t_{sh} + \phi \cdot \Delta t_f$$

$$\Delta t - V_{sh}(\Delta t_{sh} - \Delta t_{ma}) = (1 - \phi)\Delta t_{ma} + \phi \cdot \Delta t_f$$

令 $\Delta t_{csh} = \Delta t - V_{sh}(\Delta t_{sh} - \Delta t_{ma})$，则 Δt_{csh} 代表经泥质校正后含水纯砂岩的声波时差值。因此，对于完全含水泥质砂岩，利用声波地层因素求孔隙度的公式为：

$$\phi = 1 - \left[\frac{\Delta t_{ma}}{\Delta t - V_{sh}(\Delta t_{sh} - \Delta t_{ma})}\right]^{\frac{1}{X}} \qquad (9-147)$$

式(9－147)中的 Δt 代表完全含水泥质砂岩的声波时差值。

（五）自然伽马测井

当泥质砂岩地层不含放射性矿物时，岩石的放射性主要取决于泥质对放射性物质的吸附作用。泥质含量大，则天然放射性强，即自然伽马测井读数大，因此，可用自然伽马测井来确定泥质砂岩地层的泥质含量大小。通常，采用下述公式计算泥质含量：

$$V_{sh} = \frac{2^{GCUR \cdot \Delta GR} - 1}{2^{GCUR} - 1} \qquad (9-148)$$

$$\Delta GR = \frac{GR - GR_{min}}{GR_{max} - GR_{min}}$$

式中　GR——目的层的自然伽马值；

GR_{min}，GR_{max}——纯砂岩、纯泥岩的自然伽马值；

GCUR——经验系数，老地层的 GCUR = 2.0，古近系、新近系的 GCUR = 3.7。

另外，由于自然伽马射线在穿过地层时能量降低并逐渐被吸收，吸收的数量与地层密度有关，密度越大，吸收越多，即自然伽马测井读数降低。为了对地层的吸收作用进行补偿，通常使用自然伽马值乘以岩石体积密度，以消除地层吸收作用不同所引起的放射性差别，则式(9－148)变为：

$$V_{sh} = \frac{2^{GCUR \cdot I_{GR}} - 1}{2^{GCUR} - 1} \qquad (9-149)$$

$$I_{GR} = \frac{GR\rho_b - GR_{min}\rho_{sd}}{GR_{max}\rho_{sh} - GR_{min}\rho_{sd}}$$

式中　ρ_{sd}，ρ_{sh}——纯砂岩、纯泥岩的密度值。

利用自然伽马测井确定粘土含量公式为：

$$\mathrm{GR} \cdot \rho_b = A + BV_{si} + CV_{cl}$$

据 $V_{sh} = V_{si} + V_{cl}$，$V_{sh} = \frac{V_{cl}}{1 - \mathrm{SI}}$，得：

$$V_{cl} = \frac{\mathrm{GR} \cdot \rho_b - A}{B\frac{\mathrm{SI}}{1 - \mathrm{SI}} + C} \tag{9-150}$$

式中 A,B,C——与砂岩骨架、细粉砂和粘土的天然放射性有关的常数。

$$V_{cl} = \frac{\mathrm{GR} - \mathrm{GR}_{min}}{\mathrm{GR}_{clay} - \mathrm{GR}_{min}} \tag{9-151}$$

$$\mathrm{GR}_{clay} = \frac{\mathrm{GR}_{max} - \mathrm{GR}_{min}(1 - V_{clk})}{V_{clk}}$$

式中 GR_{clay}——粘土自然伽马值；

V_{clk}——粘土常数，典型泥岩中粘土所占的百分数。

上述方法适用于骨架不含放射性矿物的地层。

（六）自然电位测井

自然电位测井在泥岩处给出基线值，而在渗透层处出现异常，异常值的大小受泥质含量的影响。泥质含量高，则自然电位异常值小，因此，可用自然电位测井确定泥质砂岩地层的泥质含量，其方法如下：

$$V_{sh} = 1 - \frac{\mathrm{PSP}}{\mathrm{SSP}} \tag{9-152}$$

式中 PSP——假静自然电位值，$\mathrm{PSP} = \mathrm{SP} - \mathrm{SP}_{sh}$；

SSP——静自然电位值，$\mathrm{SSP} = \mathrm{SP}_{sd} - \mathrm{SP}_{sh}$。

另外，还可用下式计算泥质砂岩地层的粘土含量值：

$$\alpha = \frac{\mathrm{SP} - \mathrm{SP}_{sh}}{\mathrm{SP}_{sd} - \mathrm{SP}_{sh}} = \frac{\phi S_{xo}}{\phi S_{xo} + K_1 W_{cl} V_{cl}} \tag{9-153}$$

式中 α——自然电位减小系数；

SP，SP_{sd}，SP_{sh}——以某一基线为准，对泥质岩石、纯岩石和纯泥岩读出的自然电位值；

W_{cl}——湿粘土含水量；

K_1——待定常数。

式(9－152)或式(9－153)适用于厚水层。

（七）自然伽马能谱测井

自然伽马能谱测井一般可以给出五条测井曲线：总自然伽马（SGR）、无铀自然伽马（CGR）、铀（U）、钍（Th）、钾（K）曲线。由于粘土矿物的U，Th，K含量较高，而纯岩石中U，Th，K的含量很低，因此，U，Th，K的含量大小可以反映泥质砂岩中泥质含量的大小。由于渗透性地层中U含量的增高不但与泥质含量有关，而且还与地层水活动有关，因此，一般来讲，不用U曲线确定泥质地层的泥质含量。通常用总自然伽马、无铀自然伽马、钍、钾曲线确定泥质砂岩地层的泥质含量，其公式如下：

$$\Delta SGR_1 = \frac{SGR_1 - SGR_{1min}}{SGR_{1max} - SGR_{1min}}$$

$$V_{sh} = \frac{2^{(GCUR \cdot \Delta SGR_1)} - 1}{2^{GCUR} - 1} \quad (9-154)$$

式中 SGR_1——目的层的总自然伽马、无铀自然伽马、Th 及 K 曲线中的某条测井曲线值；

SGR_{1min}，SGR_{1max}——该曲线在纯砂岩和纯泥岩的最小值和最大值；

GCUR——经验系数，老地层的 GCUR = 2.0，古新系、新近系的 GCUR = 3.7。

另外，还可用 Th 和 K 曲线的"乘积指数"PI 来确定泥质含量：

$$PI = (K + 3.1)(Th + 12.4)$$

$$V_{sh} = \frac{PI - PI_{min}}{PI_{max} - PI_{min}} \quad (9-155)$$

式中 K——地层含钾量，%；

Th——地层中钍的浓度，g/t；

PI_{min}，PI_{max}——纯砂岩和纯泥岩的 PI 最小值和最大值。

当地层中含有云母、长石等高含钾矿物时，用钾确定的地层泥质含量偏高；当地层中含有锆石等高含钍的重矿物时，用钍确定的地层泥质含量偏高；由于铀具有较高的溶解度和流动性，造成了它与泥质含量的关系不稳定，因此，铀是否可用于确定地层泥质含量应视具体情况而定。此外，在利用自然伽马能谱测井曲线定量计算泥质含量时，除考虑地层条件选择有效曲线外，还要考虑曲线质量的好坏，一般来讲，总自然伽马曲线（SGR）和无铀自然伽马曲线（CGR）质量好，K，Th，U 曲线质量差些，而 K，Th，U 曲线质量的相对好坏随地层和井眼条件而变。

（八）中子寿命测井

中子寿命测井利用脉冲中子源向地层发射能量为 14MeV 的中子，测量经地层慢化而又返回井眼内的热中子或俘获伽马射线，根据计数率随时间的衰减，算出地层的热中子宏观俘获截面或寿命。按照岩石体积物理模型，完全含水泥质砂岩地层的热中子宏观俘获截面为：

$$\Sigma = (1 - V_{sh} - \phi) \cdot \Sigma_{ma} + V_{sh} \cdot \Sigma_{sh} + \phi \cdot \Sigma_{mf} \quad (9-156)$$

式中 Σ_{ma}，Σ_{sh}，Σ_{mf}——泥质砂岩骨架、泥质和孔隙内钻井液滤液的热中子宏观俘获截面。

对于含油气泥质砂岩地层，热中子宏观俘获截面为：

$$\Sigma = (1 - V_{sh} - \phi) \cdot \Sigma_{ma} + V_{sh} \cdot \Sigma_{sh} + \phi \cdot S_{xo} \cdot \Sigma_{mf} + \phi(1 - S_{xo})\Sigma_{hr} \quad (9-157)$$

式中 Σ_{hr}——泥质砂岩孔隙内残余油气的热中子宏观俘获截面。

当岩石骨架中不包含热中子俘获截面大的矿物且地层水矿化度较低时，可利用岩石热中子宏观俘获截面确定孔隙度；而当地层水矿化度较高时，可利用岩石热中子宏观俘获截面确定含水饱和度。

（九）岩性密度测井

岩性密度测井是一种利用光电效应和康普顿效应同时测量地层的岩性和密度的测井方

法，它可以给出两个参数：质量光电吸收截面 P_e 和地层体积密度 ρ_b。利用地层的 P_e 和 ρ_b 值，可以获得地层的体积光电吸收截面(U)值。对由复杂成分组成的岩石，U 可写成：

$$U = \sum U_i V_i \tag{9-158}$$

式中 U_i——岩石中第 i 种矿物或流体的体积光电吸收截面；

V_i——第 i 种矿物或流体的体积含量。

对于完全含水的泥质砂岩地层，根据式(9－158)得：

$$U = (1 - V_{sh} - \phi) \cdot U_{ma} + V_{sh} \cdot U_{sh} + \phi \cdot U_{mf} \tag{9-159}$$

式中 U_{ma}, U_{sh}, U_{mf}——泥质砂岩骨架、泥质和孔隙内钻井液滤液的体积光电吸收截面。

对于含油气泥质砂岩地层，根据式(9－158)得：

$$U = (1 - V_{sh} - \phi) \cdot U_{ma} + V_{sh} \cdot U_{sh} + \phi \cdot S_{xo} \cdot U_{mf} + \phi(1 - S_{xo}) U_{hr} \tag{9-160}$$

式中 U_{hr}——泥质砂岩孔隙内残余油气的体积光电吸收截面。

$$U = P_e \cdot \rho_e$$

即：

$$U \approx P_e \cdot \rho_b \tag{9-161}$$

式中 ρ_e——泥质砂岩地层的电子密度指数。

三、泥质砂岩电阻率测井响应方程

泥质砂岩含油性的评价主要是使用电阻率测井计算的含水饱和度参数来进行的。由于泥质的导电性，使泥质砂岩的导电性与纯砂岩不同。最初，人们认为泥质的导电性与邻近泥岩相同，而泥质砂岩的导电性是泥质和砂岩孔隙中地层水并联导电的结果，泥质对岩石电阻率的影响主要取决于地层的泥质含量与泥质分布形式。基于这些假设，按泥质分布形式和实验结果导出层状泥质、分散泥质、混合泥质等电阻率公式。实际上，泥质砂岩中的粘土矿物具有吸附某些阳离子的作用，其导电机理亦很复杂，而粘土矿物对岩石导电性的影响是很大的，因此，研究泥质砂岩的导电机理并提出相应的电阻率模型仍是当前评价泥质砂岩储集层的关键问题。早在 20 世纪 50 年代，希尔(Hill)等人就对粘土矿物的阳离子交换作用进行了实验研究，并用阳离子交换容量代替粘土含量或泥质含量研究了泥质砂岩的电导率和电化学电位。1953 年，Winsauer 和 McCardell 认为泥质岩石储集层的附加电导率是由附着在带电粘土表面上溶液中的双电层引起的，提出了粘土矿物双电层附加电导率与自由电解液电导率并联导电的泥质岩石电导率模型，并且认为粘土矿物双电层附加电导率随自由电解液电导率(C_w)而变，以解释附加电导率随 C_w 降低而降低的现象。1968 年，Waxman 和 Smits 解释了泥质附加导电项(X)的物理意义，且假设孔隙中的自由水与双电层内平衡离子的导电路径具有相同的几何因素，通过建立 B 与 C_w 的关系，使 X 随 C_w 而变，从而通过一个并联导电方程(W－S 模型)可描述 C_o 与 C_w 的曲线和直线关系。1977 年和 1984 年，Clavier 等人根据实验证明双电层内不含阴离子，因此，提出由自由水和粘土结合水组成的双水模型(D－W 模型)。双水模型认为，自由水和粘土结合水的导电路径的几何因素不相同，它通过建立 B 与 C_w 的关系来描述 C_o 与 C_w 的曲线和直线关系。1985 年、1986 年和 1988 年，Silva 和 Bassiouni 使用可变平衡离子当量电导和双水的概念，并认为平衡离子当量电导随扩散双电层的延伸程度而改变，因此，它是温度和远水电导率的函数，在此基础上提出了新的泥质砂岩双电层电导率模型（S－B 模型）。这些电阻率模型多为经验模型，从而使模型的应用范围受到了一定的限制。建立理论模型可以使模型的应用范围更广，基于有效介质理论包括 HB 方程（Bruggeman 和 Hanai）和对称导电理论（Koelman 和 de Kuijper）已建立了一些确定非均匀混合介质含水饱和度的纯理论模型。1935 年，Bruggeman 将这一理论扩展到在一种连续相介质中聚集着分散相的混合物，但他假设分散相和连续相都不导电。1960 年，Hanai 将 Bruggeman 理论扩展到分散相和连续相都导电的情况。1982、1983 年，Bussion 提出将 HB 方程用于解决泥质砂岩问题，并给出了含水泥质砂岩及含油气泥质砂岩的 HB 方程改进形式。1995、1996 年，Berg 根据有效介质理论将油气和骨架看作并联的分散相而水作为连续相，并考虑了泥质分布形式的影响，分别建立了只含分散或层状泥质情况下的用于确定泥质砂岩含水饱和度的有效介质电阻率方程，但他没有给出储集层同时含有分散泥质和层状泥质情况下的有效介质通用电阻率方程，此外，他认为粘土结合水的导电性与地层水的导电性相同，而将两者之间的电性差别结合到粘土颗粒电导率中。1997 年，Koelman 和 de Kuijper 给出了一个描述 N 种成分组成的各向异性、渗滤的混合介质电导率的有效介质方程。该方程将 N 种成分都处理为对称的，且允许多连续项存在，因此，该方程可用于沉积岩地层解释。de Kuijper 将这种有效介质方程用于泥质砂岩地层解释，建立了基于对称各向异性理论的电阻率方程（SATORI）。该方程包括不导电的骨架颗粒和油气、粘土颗粒、水三种成分，且只适用于分散泥质砂岩，但不适用于层状泥质砂岩和骨架导电岩石。1998 年，Berg 在比较有效介质 HB 电阻率方程与 SATORI 电阻率方程时，为了提高有效介质 HB 电阻率方程的精度，对粘土结合水的导电性进行了修正，即考虑了粘土结合水与地层水导电性的差异。泥质砂岩电导率模型的研究提高了泥质砂岩储集层含水饱和度的解释精度。

（一）泥质砂岩泥质电导率模型

1. 层状泥质砂岩电阻率方程

层状泥质砂岩中的泥质与纯砂岩呈互层状分布，因此，泥质砂岩的导电可看成为泥质与纯砂岩部分的电阻并联之和，其体积物理模型如图 9－30 所示。

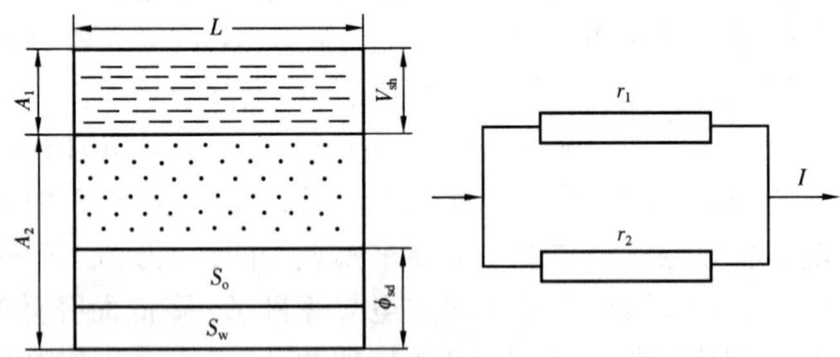

图 9－30　层状泥质砂岩体积物理模型及等效电路

设整个岩石的横截面积为 A，体积为 V，电阻为 r，电阻率为 R_t，泥质部分的电阻为 r_1，电阻率为 R_{sh}，体积为 V_1；纯岩石部分的孔隙度为 ϕ_{sd}，体积为 V_2，电阻为 r_2，电阻率为 R_{sd}，则：

$$\frac{1}{r} = \frac{1}{r_1} + \frac{1}{r_2}$$

$$\frac{1}{R_t \frac{L}{A}} = \frac{1}{R_{sh} \frac{L}{A_1}} + \frac{1}{R_{sd} \frac{L}{A_2}}$$

$$\frac{A \cdot L}{R_t} = \frac{A_1 \cdot L}{R_{sh}} + \frac{A_2 \cdot L}{R_{sd}}$$

$$\frac{1}{R_t} = \frac{V_1}{VR_{sh}} + \frac{V_2}{VR_{sh}}$$

$$\frac{1}{R_t} = \frac{V_{sh}}{R_{sh}} + \frac{1 - V_{sh}}{R_{sd}}$$

$$\frac{1}{R_t} = \frac{V_{sh}}{R_{sh}} + \frac{1 - V_{sh}}{R_{sd}} \qquad (9-162)$$

对于纯砂岩部分,应用阿尔奇公式得:

$$\frac{R_{sd}}{F \cdot R_w} = \frac{1}{S_w^2}, F = \frac{a}{\phi_{sd}^m}, \phi = \phi_{sd}(1 - V_{sh})$$

整理得:

$$R_{sd} = \frac{aR_w(1 - V_{sh})^m}{S_w^2 \phi^m}$$

将该式代入式(9-162),得:

$$\frac{1}{R_t} = \frac{V_{sh}}{R_{sh}} + \frac{S_w^2 \phi^m}{aR_w(1 - V_{sh})^{m-1}} \qquad (9-163)$$

式(9-163)即为层状泥质砂岩的电阻率方程。

2. 分散泥质砂岩电阻率方程

分散泥质均匀分散充填在砂岩颗粒之间,即泥质和地层水均匀混合分布在孔隙中,混合液体的电阻为水与泥质电阻并联之和,其体积物理模型如图9-31所示。

设 ϕ_z 和 ϕ 分别代表分散泥质砂岩的粒间孔隙度和有效孔隙度,Q 代表分散泥质体积与粒间孔隙体积之比,S_z 代表分散泥质和地层水的混合物体积与粒间孔隙体积之比(称为分散泥质砂岩的总含水饱和度),根据定义知:

$$Q = \frac{\phi_z - \phi}{\phi_z} = \frac{V_{sh}}{\phi_z} \qquad (9-164)$$

$$S_z = \frac{\phi_z - \phi + S_w \cdot \phi}{\phi_z} = Q + (1 - Q)S_w \qquad (9-165)$$

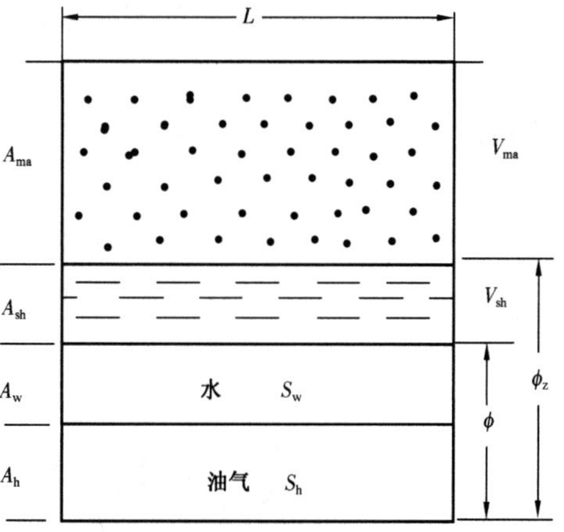

图9-31 分散泥质砂岩体积物理模型

根据阿尔奇公式得:

$$\frac{R_t}{R_o} = \frac{1}{S_z^2}, \qquad R_o = a \cdot R_z \phi_z^{-m}$$

整理得：

$$\frac{1}{R_t} = \frac{\phi_z^m \cdot S_z^2}{a \cdot R_z} \tag{9-166}$$

式中　R_z——分散泥质和地层水混合物的电阻率。

通常认为分散泥质的成分是粘土，假设粘土和水并联导电，则：

$$\frac{1}{r_z} = \frac{1}{r_{cl}} + \frac{1}{r_w}$$

$$\frac{1}{R_z \dfrac{L}{A_z}} = \frac{1}{R_{cl} \dfrac{L}{A_{sh}}} + \frac{1}{R_w \dfrac{L}{A_w}}$$

两端同除上岩石的粒间孔隙体积 V_z，得：

$$\frac{\dfrac{A_z \cdot L}{V_z}}{R_z} = \frac{\dfrac{A_{sh} \cdot L}{V_z}}{R_{cl}} + \frac{\dfrac{A_w \cdot L}{V_z}}{R_w}$$

$$\frac{S_z}{R_z} = \frac{Q}{R_{cl}} + \frac{\dfrac{A_z \cdot L - A_{sh} \cdot L}{V_z}}{R_w}$$

$$\frac{S_z}{R_z} = \frac{Q}{R_{cl}} + \frac{S_z - Q}{R_w}$$

将该式代入式(9－166)，整理得：

$$R_{cl} S_z^2 + (R_w - R_{cl}) Q S_z - \frac{a R_w R_{cl}}{R_t \phi_z^m} = 0$$

从上式中解出 S_z，并取其正根为：

$$S_z = \frac{-(R_w - R_{cl})Q + \sqrt{(R_w - R_{cl})^2 Q^2 + \dfrac{4aR_w R_{cl}{}^2}{R_t \phi_z^m}}}{2R_{cl}}$$

即：

$$S_z = \frac{-(R_w - R_{cl})Q}{2R_{cl}} + \sqrt{\left[\frac{(R_w - R_{cl})Q}{2R_{cl}}\right]^2 + \frac{aR_w}{R_t \phi_z^m}}$$

将上式代入式(9－165)，整理得：

$$S_w = \frac{\sqrt{\left[\frac{(R_w - R_{cl})Q}{2R_{cl}}\right]^2 + \frac{aR_w}{R_t\phi_z^m}} - \frac{(R_w + R_{cl})Q}{2R_{cl}}}{1 - Q} \tag{9-167}$$

假定 $a=0.81$，$m=2$，再将式(9－164)代入式(9－167)，得：

$$S_w = \frac{1}{\phi}\left(\sqrt{\left[\frac{(R_w - R_{cl})V_{cl}}{2R_{cl}}\right]^2 + \frac{0.81R_w}{R_t}} - \frac{(R_w + R_{cl})V_{cl}}{2R_{cl}}\right) \tag{9-168}$$

式(9－168)为分散泥质砂岩计算含水饱和度公式。

当 $R_w = R_{cl}$ 时，

$$S_w = \frac{1}{\phi}\left(\sqrt{\left(\frac{V_{cl}}{2}\right)^2 + \frac{0.81R_w}{R_t}} - \frac{V_{cl}}{2}\right) \tag{9-169}$$

由于声波测井反映粒间孔隙大小，而密度测井在水层处，且 $\rho_{sh} \approx \rho_{ma}$ 时 $\phi_D = \phi$，则：

$$Q \approx \frac{\phi_s - \phi_D}{\phi_s} \tag{9-170}$$

对于完全含水的泥质砂岩（不考虑泥质分布形式的影响），有：

$$\begin{cases}\phi_D = \phi + V_{sh}\phi_{Dsh} \\ \phi_s = \phi + V_{sh}\phi_{ssh}\end{cases}$$

$$\phi_s - \phi_D = V_{sh}(\phi_{ssh} - \phi_{Dsh})$$

令 $A = \phi_{ssh} - \phi_{Dsh}$，有 $\phi_s - \phi_D = AV_{sh}$，将该式代入式(9－170)，得：

$$Q \approx \frac{AV_{sh}}{\phi_s}$$

当 $R_w = R_{cl}$ 时，将上式代入式(9－167)，得：

$$S_w = \frac{1}{\phi}\left[\sqrt{\frac{0.81R_w}{R_t} + \left(\frac{AV_{sh}}{2}\right)^2} - \frac{AV_{sh}}{2}\right] \tag{9-171}$$

A 值通常在 0.2～0.4 之间。美国海湾地区 A 的最好经验值为 0.25。

（二）泥质砂岩双电层电导率模型

W－S，D－W，S－B 三种泥质砂岩双电层电导率模型在测井资料解释中得到了广泛应用，明显地提高了确定泥质砂岩储集层含油气饱和度精度。这三种电导率模型只适用于分散泥质砂岩，不能用于混合泥质砂岩地层解释。

1. 泥质砂岩泥质导电机理

1）粘土矿物

a. 粘土矿物的结构

粘土矿物是一种细粒的含水硅酸盐和铝硅酸盐，可分为非晶质和结晶质两类。结晶质类又分为层状和链层状两种结构类型，其中，层状结构的粘土矿物最常见。层状结构的粘土矿物由两种基本结构层组成：一种为硅氧四面体层，它由硅氧四面体之间通过共用氧原子互相连接而形成，一个硅氧四面体由一个硅离子和四个氧离子组成，硅离子位于中央，氧离子占据四个顶点，见图9－32；另一种为铝氧八面体层或镁氧八面体层，它由铝氧八面体或镁氧八面体通过共用氧原子互相连接而形成，一个铝氧八面体由一个铝离子和六个氧离子组成，铝离子位于中央，氧离子占据六个顶点，见图9－33。四面体和八面体基本结构层在空间上彼此以一定规律结合就形成了“结构单元层”。根据结构单元层中各基本结构层相互结合的比例及叠置方式不同，可将层状结构粘土矿物的结构单元层分为三种类型：1:1型、2:1型、2:1:1型。

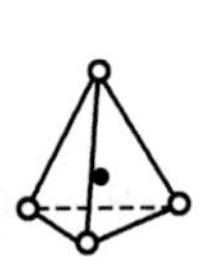
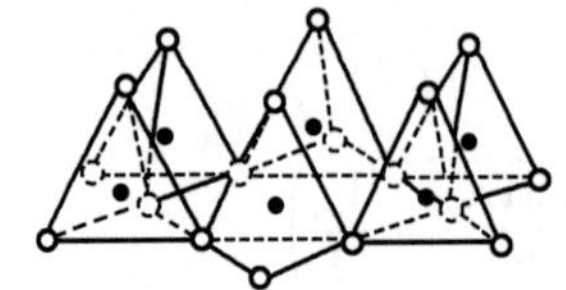

图9－32　硅氧四面体及硅氧四面体层

• —硅；○ —氧

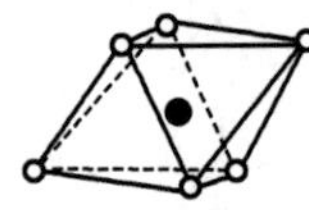
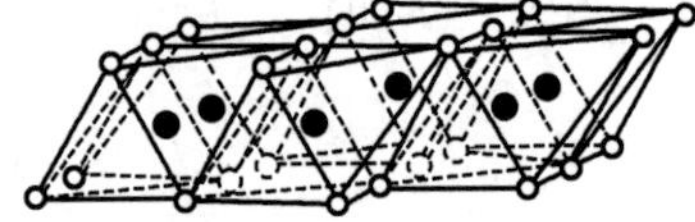

图9－33　镁（或铝）氧八面体及镁（或铝）氧八面体层

● —镁（或铝）；○ —氧

1:1型由一层四面体层和一层八面体层叠置并连接在一起而构成，四面体层中不出现 Si^{4+} 与 Al^{3+} 的交代，八面体层中 Al^{3+} 未被 Mg^{2+}，Fe^{3+} 交代，见图9－34。

2:1型由两层四面体层夹一层八面体层构成，属于三层结构单元层，见图9－35。

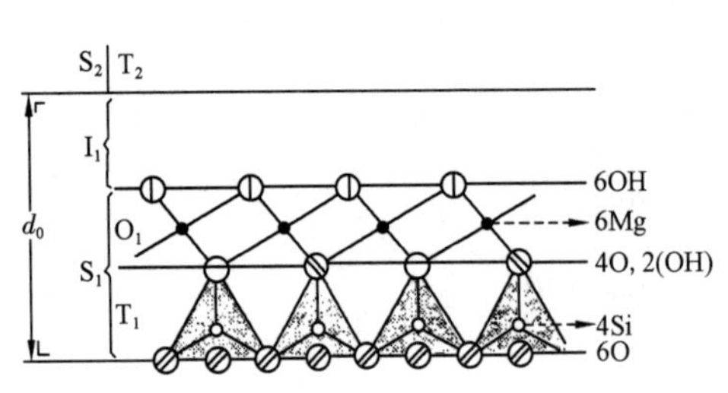

图9－34　1:1型

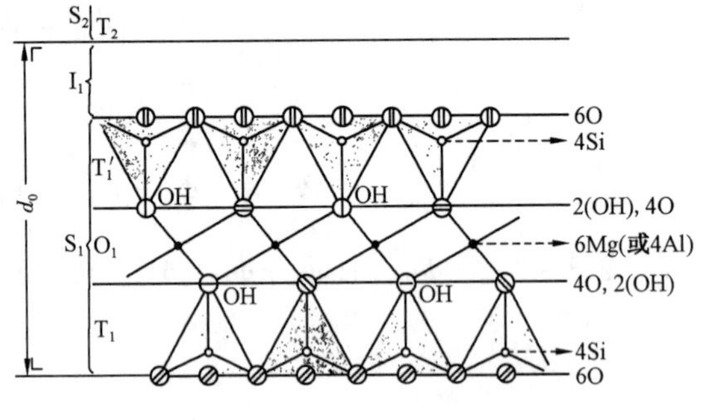

图9－35　2:1型

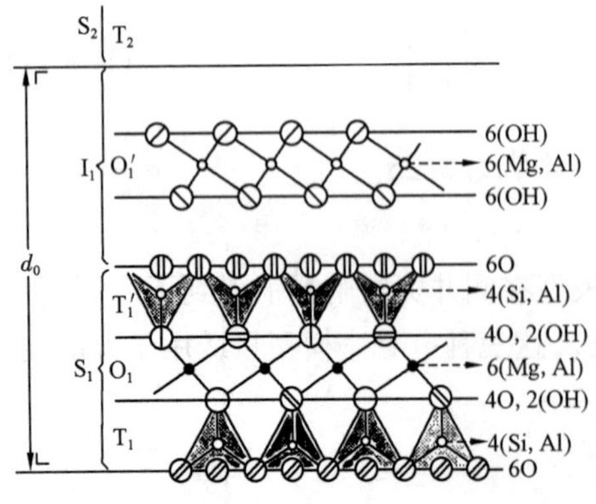

图9－36　2:1:1型

2:1:1型由2:1型结构单元层再叠置和连接一个似水镁石八面体层而构成，所叠置的八面体层可视为2:1型结构单元的层间物，见图9－36。

b. 常见的粘土矿物

在层状结构的粘土矿物中，将由同一类型的粘土矿物结构单元层重复叠置而成的称为简单层状结构粘土矿物，而将由两种或两种以上不同类型的粘土矿物结构单元层重复叠置而成的称为混层粘土矿物。高岭石、蒙脱石、伊利石、绿泥石等为简单层状结构粘土矿物，而蒙脱石/伊利石、蒙脱石/绿泥石等为混层粘土矿物。

高岭石的化学成分为 $Al_4[Si_4O_{10}](OH)_8$，其晶体结构属于1:1型。高岭石的结构单元层中电荷是平衡的，层间没有其他阳离子和水分子存在，为氢键连接。在它的晶格中只有极少数离子被置换，但在晶体外表面可发生断键，在晶体边面 OH 基在碱性及中性条件下可发生离解。高岭石多为隐晶质致密块状或土块集合体，呈鳞片状，有效直径为 0.2 ~ 0.5μm。干燥时有吸水性，湿态具可塑性，但不膨胀，可塑性、粘结性、粘着性和吸湿性都较弱。颗粒的总表面积相对较小，为$(10 \sim 20) \times 10^3 m^2/kg$。

蒙脱石的化学成分为 $Si_8Al_4O_{20}(OH)_4 \cdot nH_2O$，其晶体结构属于 2∶1 型。蒙脱石矿物晶层的顶层和底层两个基面都由 Si—O 面所构成，所以当两个晶层相互重叠时，晶层相互间只能形成很小的分子引力。晶层间的结合力很弱，故晶层的间距因水分子的进入而扩张，因失水而收缩。蒙脱石晶层间距变化在 0.96 ~ 2.14nm 之间，具有很大的胀缩性。在它的晶格中，低价阳离子对高价阳离子的置换较为普遍。蒙脱石颗粒细微，约 0.2 ~ 1μm；颗粒的总表面积大，为$(600 \sim 800) \times 10^3 m^2/kg$，且 80% 是内表面。其可塑性、粘结性、粘着性和吸湿性都特别显著。

伊利石的化学成分为 $K_{1-x}Al_2[(Si_{3+x}Al_{1-x})_4O_{10}][OH]_2 \cdot nH_2O$，$x = 0.25 \sim 0.5$，其晶体结构属于 2∶1 型。在伊利石晶层之间吸附有钾离子。钾离子半陷在晶层层面六个氧离子所构成的晶穴内，同时受相邻两晶层负电荷的吸附，因而对相邻两晶层产生了很强的键联效果，连接力很强，使晶层不易膨胀。伊利石晶层的间距为 1.0nm。在它的晶格中低价阳离子对高价阳离子的置换较为普遍，但主要发生在硅氧四面体层中，但部分电荷被 K 离子所中和。颗粒大小介于高岭石和蒙脱石之间，总表面积为$(70 \sim 120) \times 10^3 m^2/kg$。其可塑性、粘结性、粘着性和吸湿性都介于高岭石和蒙脱石之间。

绿泥石的化学成分为$(Mg,Fe,Al)_6(Si,Al)_4O_{10}(OH)_8$，其晶体结构属于 2∶1∶1 型。其晶层由滑石（属 2∶1 型，与蒙脱石结构相似，但其中铝氧八面体层中 Al^{3+} 为 Mg^{2+} 所替代）和水镁石（$Mg_6(OH)_{12}$）或水铝石（$Al_4(OH)_{12}$）八面体层相间重叠而成。晶层与晶层之间通过静电引力连接，故不具有膨胀性。在它的晶格中低价阳离子对高价阳离子的置换较为普遍，这种置换在硅氧四面体层、铝氧八面体层和水镁八面体层中均有不同程度的发生。颗粒较小，总表面积为$(70 \sim 150) \times 10^3 m^2/kg$。其可塑性、粘结性、粘着性和吸湿性居中。

c. 粘土的存在形式

粘土在砂岩孔隙中主要以分散形式存在。分散粘土是成岩粘土存在的主要形式，它由孔隙流体中粘土晶体的沉淀作用形成，且在沉积物沉积和压实过程中随着温度和压力引起的孔隙水化学变化而变化。分散粘土在孔隙流体系统中生成，且总是粘结在或包裹在砂岩的颗粒表面。分散粘土存在于孔隙结构中，有三种类型：离散型、孔隙内衬型、孔隙搭桥型，见图 9－37。

离散型是指粘土颗粒呈离散状态附着在孔隙壁上或占据粒间孔隙。这是砂岩中高岭石存在的典型模式，单个的或叠置片晶形的高岭石晶体呈斑状分散在整个孔隙系统中，而又未在孔隙或粒间孔隙中形成连生的晶体网络。这种高岭石晶体常常是不规则排列的，它不仅使有效孔隙度降低，而且还经常表现为孔隙中移动的细颗粒。

孔隙内衬型是指衬在孔隙壁上共生粘土晶体形成一层薄而连续的粘土包裹层。粘土晶体平行或垂直于孔隙壁表面。垂直附着在孔隙壁上的晶体一般是连生的，形成包含大量微孔隙的连续粘土层。伊利石、绿泥石和蒙脱石粘土具有这种孔隙内衬结晶形态。

孔隙搭桥型是指粘土晶体向孔隙或孔喉伸展，或完全穿过孔隙或孔喉，形成搭桥连接效应。

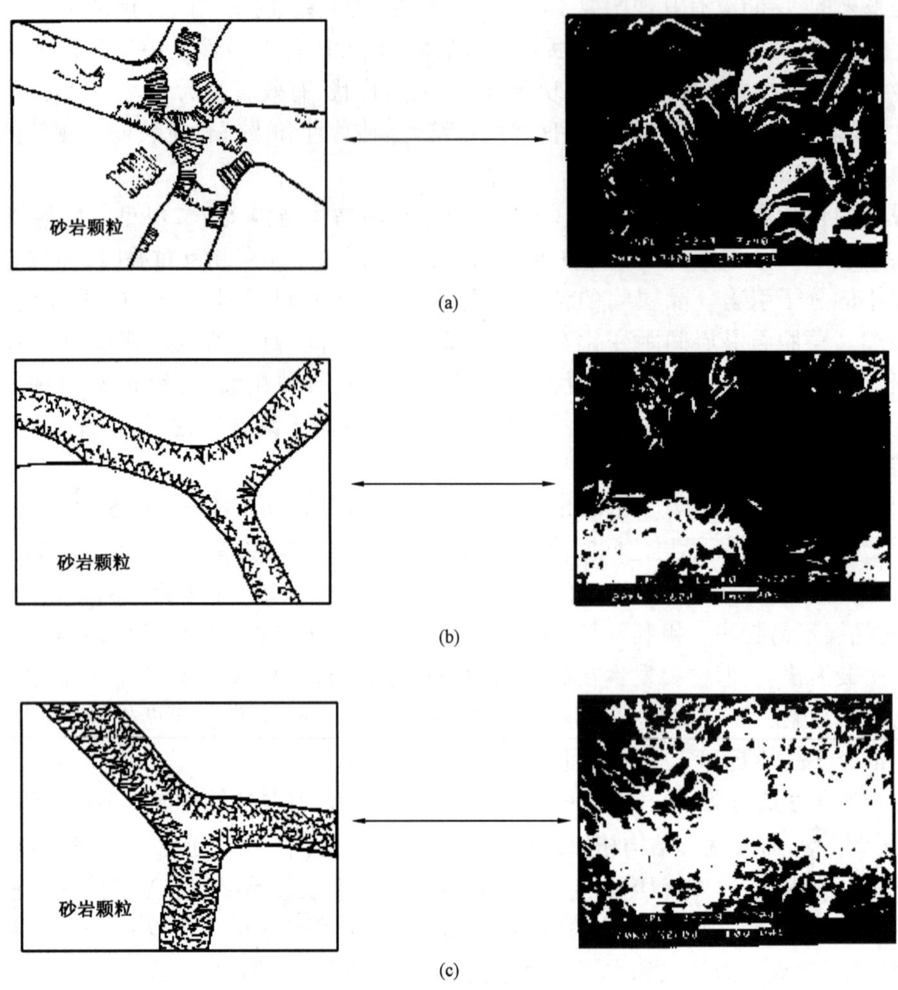

图 9 - 37　三种分散粘土类型

(a)离散型;(b)孔隙内衬型;(c)孔隙搭桥型

在孔隙系统中广泛发育着连生和互相连接的粘土晶体,从而造成微孔隙和曲折的流体流动通道,孔隙内衬和搭桥往往是同时发生的。砂岩孔隙中三种类型的分散粘土均对砂岩物性和电性产生明显的影响。一般来说,含离散型粘土的砂岩具有较低的粘土含量,故岩石的孔隙度和渗透率以及电阻率降低较小;而含孔隙内衬型和孔隙搭桥型粘土的砂岩具有较高的粘土含量,故岩石的孔隙度和渗透率以及电阻率降低较大,微孔隙非常发育,束缚水饱和度升高。

2)粘土水化作用

通常,粘土颗粒表面均带负电荷,这主要是由于粘土晶体的置换作用、破键作用和氢氧基的解离作用产生的。粘土晶体的置换作用是指在晶体中四面体晶层内 Si^{4+} 被 Al^{3+} 所替代及八面体晶层内 Al^{3+} 被 Mg^{2+} 或 Fe^{2+} 替代。由于晶体中阳离子被电价低的阳离子所替代,使晶体带负电荷。粘土晶体的破键作用是指晶体外表面发生化学键断裂,产生未平衡的负电荷,从而使晶体带负电荷。粘土晶体的氢氧基解离作用是指晶体边面氢氧基在碱性及中性条件下发生离解,产生未平衡的负电荷,从而使晶体带负电荷。这三种作用在不同粘土矿物晶体中发生的比例不同,如高岭石粘土矿物晶体的负电荷主要是由于破键作用和氢氧基的解离作用产生的，而蒙脱石粘土矿物晶体的负电荷主要是由于置换作用产生的。

粘土颗粒表面的负电荷必然要从它附近的水溶液中吸附阳离子而达到电平衡，而这被吸附的阳离子又处于可交换状态，即可与其他被吸附的阳离子或水溶液中的其他阳离子交换位置。同时，粘土表面的负电荷又具有排斥水溶液中的 Cl^- 的作用。

岩石中的水分子是一种电荷不完全平衡的极性分子，对外可显正、负两个极性。因此，带负电的粘土颗粒表面可直接吸附极性水分子。这些被吸附的极性水分子叫吸附水。被粘土表面负电荷吸引的阳离子（Na^+）又可与极性水分子结合而成水合离子。生成水合离子的作用称为离子水化。与阳离子结合的极性水分子又叫结合水。这样，粘土颗粒表面的负电荷既可直接吸附极性水分子，又可通过它吸附的水合离子而间接吸引极性水分子，从而在粘土表面形成一层薄水膜（图 9－38）。粘土颗粒表面直接和间接吸引极性水分子而形成水膜的作用。称为粘土水化作用或水化膨胀作用。

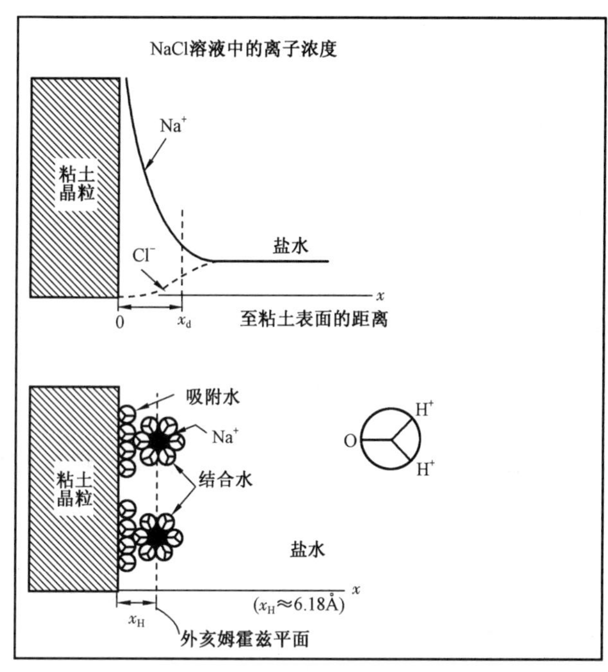

图 9－38　粘土表面结合水与扩散层离子浓度变化

3）粘土的阳离子交换作用

粘土的阳离子交换过程是较复杂的过程。一般情况下，粘土表面吸附的阳离子（水合离子）是不能自由运动的，但这种吸附并不很紧密。在外电场作用下，这些被吸附的水合离子也可以和水溶液中的其他水合离子交换位置。水膜内的阳离子也可以相互交换位置，从而使水膜内的阳离子发生移动，引起导电现象，这种现象称为粘土的阳离子交换作用。由阳离子交换产生的导电性称为粘土结合水的附加导电性。阳离子交换作用的特点是同类电荷离子的等电量交换，如一个两价的钙离子与两个一价的钠离子互相交换。阳离子交换的难易程度决定于粘土颗粒表面对阳离子的静电吸引力的大小，静电吸引力大的阳离子比较容易换下粘土表面上静电引力较小的阳离子，而这个静电引力大小主要与阳离子的价数和离子半径有关。离子价数代表了阳离子所带的正电荷数目，离子半径则表示一个阳离子产生的电磁场作用范围的有效半径。显然，在溶液中离子浓度相近的情况下，阳离子的价数越高，则静电引力越大，对于同价离子,则离子半径越大,其静电引力也越大。因此,常见阳离子与粘土表面负电荷的静电引力大小的顺序为:$Li^+ < Na^+ < K^+ < NH_4^+ < Mg^{2+} < Ca^{2+} < Sr^{2+} < Ba^{2+} < Al^{3+} < Fe^{3+} < Cr^{3+} < H^+$。因而排在后面的阳离子可置换它前面的阳离子。在泥质砂岩中,最常见的可交换阳离子是Na^+,K^+,Mg^{2+},Ca^{2+},NH_4^+等。

4)岩石的阳离子交换容量

从上面分析可知,粘土矿物是使泥质砂岩产生阳离子交换作用的基本因素,但是其他非粘土矿物,特别是颗粒极细的非粘土矿物,由于破键或晶格置换等原因也会产生阳离子交换作用。岩石的阳离子交换作用大小可用两个量来衡量。一个量是阳离子交换能力CEC,它代表每单位质量干岩样含有的可交换阳离子量,通常以每100g干岩样中含有的可交换阳离子的毫摩尔(mmol)数表示,其单位为mmol/100g干岩样;也可用每克干岩样中含有的可交换阳离子的毫摩尔数表示,单位为mmol/g干岩样。另一个量是阳离子交换容量Q_v,它代表岩样每单位总孔隙体积中含有的可交换阳离子的摩尔(mol)数,其单位为mol/L或$mmol/cm^3$。CEC常用于实验分析中,而Q_v常用于测井解释。两者之间的转换关系为:

$$Q_v = \frac{CEC(1-\phi_t)\rho_G}{\phi_t} \tag{9-172}$$

式中 ϕ_t——泥质砂岩的总孔隙度,小数;

ρ_G——岩石的平均颗粒密度,g/cm^3;

CEC——岩石的阳离子交换能力,mmol/g干岩样;

Q_v——岩石的阳离子交换容量,$mmol/cm^3$。

粘土阳离子交换能力大小主要受粘土矿物类型及比面的影响。不同的粘土矿物可交换阳离子能力不同。蒙脱石具有最高的阳离子交换能力,其值为0.8~1.5mmol/g干岩样,平均为1mmol/g干岩样。高岭石和绿泥石具有最低的阳离子交换能力。绿泥石的阳离子交换能力几乎接近于零;高岭石的阳离子交换能力为0.03~0.15mmol/g干岩样,平均为0.03mmol/g干岩样,是蒙脱石的1/33。伊利石的阳离子交换能力介于蒙脱石和高岭石之间,其值为0.1~0.4mmol/g干岩样,平均为0.2mmol/g干岩样。当粘土矿物的成分相同时,粘土阳离子交换能力CEC随粘土颗粒变小,随比面增大而增大。这是因为颗粒越小,随比面越大,粘土颗粒同附近水溶液接触面积也越大,边缘裸露的氢氧基中的氢原子被解离的也越多,破键作用也越强,由此产生的未平衡负电荷所吸引的可交换阳离子也越多。因此,一般认为,岩石的全部CEC几乎都是由小于2μm的极细颗粒产生的。

5)粘土表面的阳离子扩散层

由于粘土晶体表面带负电荷,因此,这种带负电荷的粘土颗粒置于水溶液形成湿粘土时,就以其电性力从水溶液中吸引正离子到其表面,同时,排斥溶液中的阴离子远离表面。这种被吸附的正离子受到两种力的作用:一种是粘土表面负电荷的吸附力,它力图把正离子拉向粘土表面;另一种是正离子间的斥力和正离子本身的热运动作用力,它使正离子离开粘土表面扩散到溶液中去。这两种力的作用使被吸附的正离子在粘土表面以外的溶液中成为平衡的分布,靠粘土表面近处的正离子浓度大,随着与粘土表面距离的增大,正离子由多到少,形成扩散分布。由于粘土表面带负电荷,等当量的正离子就扩散地分布在颗粒的周围,到了表面负电荷的电力所不及处,过多正离子浓度等于零,此处溶液中正离子浓度就同普通地层水中正离子浓度一样。因此,在粘土表面的水溶液中,正离子呈扩散分布,形成了粘土表面的阳离子扩散层。

由表面的负电荷和由负电荷从溶液中吸引到粘土表面附近的正离子就构成了双电层。图9－38给出了根据Gouy模型经过理论计算得到的扩散层离子浓度分布图。图中实线和虚线分别表示距离粘土表面x处的Na^+和Cl^-的局部浓度。在粘土表面附近，Na^+浓度超过Cl^-浓度的区域即为Na^+离子扩散层。理论计算表明，当Na^+、水分子大小与x_d相比可以忽略时，x_d与25℃时地层水含盐量P_w有关，其关系式为：

$$x_d = 3.06\sqrt{\frac{1}{\tau P_w}} \tag{9-173}$$

式中　x_d——Na^+扩散层的厚度，10^{-10}m；

P_w——地层水含盐量，mol/L；

τ——NaCl的活度系数。

实际上，每个阳离子都被结合水包围，而粘土表面又存在着吸附水，因此扩散层过多的正离子Na^+与粘土表面之间保持一段距离。当距离最近时，Na^+离子位于与粘土表面平行的平面上，即外亥姆霍兹平面上，与粘土表面的距离是x_H。

实验证明，当水溶液的含盐量足够大时，扩散层的厚度x_d可以近似地认为与x_H相等，而外亥姆霍兹平面与粘土表面之间的距离x_H为：

$$x_H = 2r_w + \sqrt{3}r_w + r_{Na^+} \tag{9-174}$$

式中　r_w——水分子半径，1.4×10^{-10}m；

r_{Na^+}——Na^+半径，0.96×10^{-10}m。

对于钠粘土来说，x_H约为6.18×10^{-10}m。将该值代入式(9－173)，得出$x_d = x_H$时的矿化度$P_{wH} = 0.35$mol/L($\tau_H = 0.71$)。

当水的矿化度大于0.35mol/L时，所有的平衡离子都被包含在外亥姆霍兹平面内，无盐层的扩展范围被限制在外亥姆霍兹平面内，而且其厚度与孔隙水的矿化度无关。

当水的矿化度小于0.35mol/L时，有一个真正扩展的扩散层，其厚度与孔隙水矿化度有关：

$$x_d = \alpha x_H$$

$$\alpha = \sqrt{\frac{\tau_H P_{wH}}{\tau P_w}} \tag{9-175}$$

根据斯特恩的双电层理论，厚度为x_d的双电层内的液体具有以下特征：

(1)只含有阳离子Na^+，而不含溶解于水中的盐的负离子Cl^-(在x_d以外的溶液中则同时含有Na^+和Cl^-)。这就形成了所谓在粘土表面附近有排盐现象，因而使颗粒表面(x_d层内)的水矿化度比远离颗粒表面的水的矿化度要低。据实验分析，从钠蒙脱石中抽出的水的矿化度只有原来饱和水的矿化度的1/5。

(2)由于受粘土表面负电场吸引力的作用，x_d层内的水合Na^+是紧贴粘土颗粒表面的，不随孔隙内自由液体的运动而与固体表面作相对运动。换句话说，由于负电场力的作用，x_d层内的水是不能自由运动的，它一直固定地附着在粘土颗粒表面。

(3)由于x_d层内水中基本上无自由离子，再加上x_d层内水的矿化度低，正离子受到表面负电场作用不能自由运动，因此，一般情况下，x_d层内水的导电性很差，电阻率较高。但在外电场作用下，这些被吸附的水合阳离子也可以和水溶液中的其他水合离子交换位置，水膜内的阳离子也可以相互交换位置，从而使水膜内的阳离子发生移动，产生导电作用，即粘土具有阳离子交换作用。

以上三点是 x_d 层内液体的特性，具备这种特性的粘土颗粒表面的附着水称为粘土水。

6）粘土水含量

粘土表面的水膜虽然很薄，但由于粘土颗粒极细，故它具有巨大的比面，能吸附大量的极性水分子。据计算，蒙脱石粘土的比面约为 $900m^2/cm^3$，伊利石粘土的比面约为 $280m^2/cm^3$，高岭石粘土的比面约为 $50m^2/cm^3$，而砂岩的比面约为 $0.014 \sim 0.028m^2/cm^3$，要比粘土的比面小得多。如前所述，当地层水矿化度较高时，可认为粘土表面扩散层粘土水层厚度 $x_d = x_H = 6.18 \times 10^{-10}m$，因此，$1cm^3$ 纯粘土所含的粘土水体积 V_{cw} 约为 $0.031 \sim 0.556cm^3$，由此看来，粘土水含量不能忽略。

岩石的粘土水含量通常指体积含量，也可指质量含量。粘土水体积含量定义为单位岩石体积中粘土水体积，用 V_{cw} 表示；而粘土水质量含量定义为每克干岩样中含有的粘土水质量，用 m_{cw} 表示。两者之间的关系为：

$$V_{cw} = m_{cw} \frac{\rho_G(1 - \phi_t)}{\rho_{cw}} \qquad (9-176)$$

式中 V_{cw}——粘土水体积含量，小数；

m_{cw}——粘土水质量含量，g/g 干岩样；

ρ_G——岩石的平均颗粒密度，g/cm^3；

ρ_{cw}——粘土水密度，g/cm^3；

ϕ_t——泥质砂岩的总孔隙度，小数。

一般来讲，粘土水体积含量概念常用于测井解释中，而粘土水质量含量概念常用于实验分析中。

7）阳离子交换容量与粘土水含量关系

由于粘土水主要是粘土表面负电荷吸引的阳离子结合水，其次是粘土表面吸附水，因此，粘土水含量与岩石的阳离子交换作用有密切关系。Hill 等人基于 6 个油田 28 块岩样在 25℃ NaCl 水溶液矿化度约从 13g/L 至饱和盐溶液条件下的实验测量结果，证明粘土水质量含量与岩石的阳离子交换能力成正比，而与 NaCl 水溶液矿化度成反比，其经验关系为：

$$m_{cw} = \left(\frac{0.084}{P_w^{0.5}} + 0.22\right)\text{CEC} \qquad (9-177)$$

式中 m_{cw}——粘土水质量含量，g/g 干岩样；

P_w——地层水含盐量，$mmol/cm^3$；

CEC——岩石的阳离子交换能力，mmol/g 干岩样。

将式(9-172)和式(9-176)代入式(9-177)，得：

$$V_{cw} = \left(\frac{0.084}{P_w^{0.5}} + 0.22\right)\frac{Q_v\phi_t}{\rho_{cw}} \qquad (9-178)$$

式中 V_{cw}——粘土水体积含量，小数；

Q_v——岩石的阳离子交换容量，$mmol/cm^3$；

ρ_{cw}——粘土水密度，g/cm^3；

ϕ_t——泥质砂岩的总孔隙度，小数。

2. 泥质砂岩 W－S 电导率模型

W－S 电导率模型是基于泥质砂岩的阳离子交换作用建立的电导率解释模型，它基于以下四个假设：(1)泥质砂岩地层的导电性是自由电解液(地层水)和粘土的交换阳离子并联导电的结果；(2)可交换阳离子的导电途径同自由电解液一样；(3)在地层水的电导率 C_w 小的范围内，可交换阳离子(Na^+)的迁移率随 C_w 增大而增大，并逐渐趋于最大值，达到稳定；(4)在含油气泥质砂岩中，可交换阳离子的迁移率不受部分地层水被油气置换的影响。

W－S 模型认为，泥质砂岩的导电特性与具有相同的总孔隙度、孔隙曲折度及流体饱和度的纯砂岩一样，差别在于泥质砂岩孔隙中的地层水导电性与纯砂岩孔隙中的地层水导电性不同。泥质砂岩孔隙中的地层水导电性是粘土颗粒吸附的可交换阳离子与岩石孔隙空间中的自由电解液并联导电的结果，其体积物理模型见图 9－39。

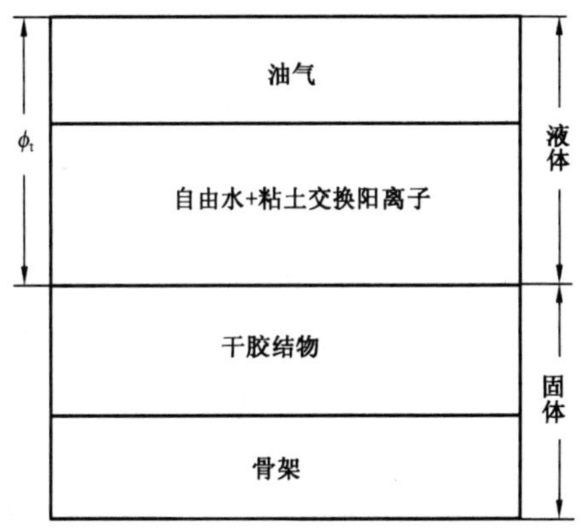

图 9－39　泥质砂岩 W－S 电导率模型的体积物理模型

按照并联导电的观点，含水泥质砂岩的电导率为：

$$C_o = XC_{ex} + YC_w \tag{9-179}$$

式中　C_o, C_{ex}, C_w——含水泥质砂岩、粘土交换阳离子和自由电解液的电导率；

X, Y——适当的几何参数，表征导电路径几何形状的影响。

当 $C_{ex}=0$ 时，则式(9－179)变为：

$$C_o = YC_w \tag{9-180}$$

式(9－180)应为含水纯砂岩的解释关系式。根据含水纯砂岩的阿尔奇公式，得：

$$C_o = \frac{C_w}{F^*} \tag{9-181}$$

式中　F^*——孔隙度与分散泥质砂岩总孔隙度(ϕ_t)相等的纯砂岩的地层因素。

由阿尔奇公式得：

$$F^* = \frac{a}{\phi_t^{m^*}} \tag{9-182}$$

式中　ϕ_t——分散泥质砂岩的总孔隙度；

m^*——胶结指数。

比较式(9－180)和式(9－181)，得：

$$Y = \frac{1}{F^*} \tag{9-183}$$

W－S 模型假设交换阳离子导电路径的几何形状与自由电解液完全相同，则：

$$X = Y = \frac{1}{F^*} \tag{9-184}$$

将式(9－184)代入式(9－179),得:

$$C_o = \frac{1}{F^*}(C_{ex} + C_w) \tag{9-185}$$

因为 $C_{ex} = BQ_v$,式(9－185)可写成:

$$C_o = \frac{1}{F^*}(BQ_v + C_w) \tag{9-186}$$

式中 B——粘土颗粒表面交换阳离子的当量电导率,(S/m)/(mmol/cm^3);

Q_v——泥质砂岩的阳离子交换容量,mmol/cm^3。

实验表明,当 NaCl 水溶液矿化度很低时,饱和 NaCl 水溶液的泥质砂岩的电导率 C_o 随溶液电导率 C_w 增加而急剧增大,C_o 增加的速度大于 C_w;此后溶液电导率 C_w 再进一步增加时,泥质砂岩电导率呈线性增加。这是因为当自由电解液浓度很低时,粘土表面的可交换阳离子几乎处于被吸附状态,因电场作用而交换位置,并不或很少与浓度很低的自由电解液中的阳离子交换位置而移动,故此时交换阳离子的迁移率是最低的,所产生的阳离子交换当量电导率 B 很小。然后,随着自由电解液浓度逐渐增加,电解液中的阳离子随之增多,粘土表面吸附的可交换阳离子与自由电解液中的阳离子交换位置而移动的概率迅速增多,交换阳离子的迁移率随之明显增大。当电解液达到相当高的浓度时,阳离子的迁移率增加到最大值,且为常数,使此时的阳离子交换当量电导率 B 保持为一个常数,因此,B 随 C_w 而变化。根据 Waxman－Smits 及 Waxman－Thomas 实验数据拟合出 B 与 C_w 的关系如下:

25℃时的 W－SⅠ模型:

$$B = 4.6(1.0 - 0.6e^{-0.77C_w}) \tag{9-187}$$

25℃时的 W－SⅡ模型:

$$B = 3.83(1.0 - 0.83e^{-0.5C_w}) \tag{9-188}$$

对于含油气分散泥质砂岩,油气进入孔隙空间,代替了一部分自由水,与粘土有关的交换阳离子在剩余的水中更为集中,孔隙水中的交换阳离子浓度增大,从而使含油气分散泥质砂岩阳离子交换的有效容量增大。因此,可假设含油气分散泥质砂岩阳离子交换的有效容量 Q'_v 与该岩石完全含水时的阳离子交换的有效容量 Q_v 和总含水饱和度 S_{wt} 有关,即 $Q'_v = Q_v/S_{wt}$;而且在含油气泥质砂岩中,假设可交换阳离子的迁移率不受部分地层水被油气置换的影响。与式(9－186)类似,可得含油气分散泥质砂岩对应的完全含水分散泥质砂岩的电导率 C'_o 公式如下:

$$C'_o = \frac{1}{F^*}\left(\frac{BQ_v}{S_{wt}} + C_w\right) \tag{9-189}$$

根据含油气纯地层的阿尔奇公式,可得含油气分散泥质砂岩的电导率方程:

$$C_t = S_{wt}^{n^*} C'_o$$

$$C_t = \frac{\phi_t^{m^*} S_{wt}^{n^*}}{a}\left(\frac{BQ_v}{S_{wt}} + C_w\right) \tag{9-190}$$

式中　C_t——含油气分散泥质砂岩的电导率，S/m；

n^*——饱和度指数。

方程式(9－190)为分散泥质砂岩 W－S 电导率模型。

3. 泥质砂岩 D－W 电导率模型

克莱维尔(Clavier)等人进一步分析了 W－S 模型和粘土水化作用，认为 W－S 模型不能说明粘土水化水的排盐作用，又忽略了粘土表面聚集(Na^+)阳离子形成的扩散层所具有的一定的厚度。

为了改进 W－S 模型，克莱维尔等人提出了双水(D－W)模型，其体积物理模型见图 9－40。D－W 电导率模型是基于粘土结合水和自由水并联导电概念建立的泥质砂岩电导率解释模型。它基于以下五个假设：

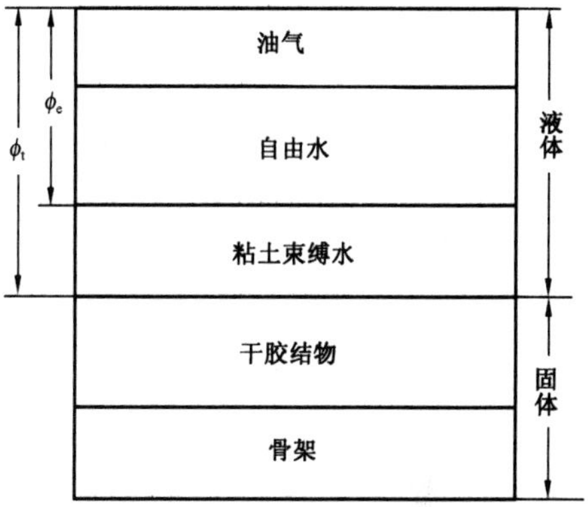

(1)泥质砂岩的水应分成两种水，即粘土水和自由水。粘土水靠近粘土表面，受双电层的控制。在粘土水中，聚集了大量可交换的阳离子(Na^+)，但不含阴离子(Cl^-)，不含盐，其导电过程是一种阳离子交换过程。自由水的导电特性和普通地层水一样。

图 9－40　泥质砂岩 D－W 电导率模型的体积物理模型

(2)泥质砂岩地层的导电性是粘土结合水和自由水并联导电的结果。

(3)粘土表面聚集的大量可交换阳离子(Na^+)的扩散层具有一定的厚度(x_d)。虽然粘土表面这层具有一定厚度的无盐水很薄，但由于粘土的比面积很大，因此，不能忽略这个薄水层的体积对泥质砂岩电导率产生的影响。

(4)在地层水电导率 C_w 小的范围内，可交换阳离子(Na^+)的迁移率随 C_w 增大而增大，并逐渐趋于最大值，达到稳定。

(5)在含油气泥质砂岩中，可交换阳离子的迁移率不受部分地层水被油气置换的影响。

粘土水指的是附着在粘土颗粒表面上的不能自由流动的那一层很薄的水膜中的水，它在孔隙体积中占的比例为：

$$(f_\phi)_{cw} = A_v x_d \tag{9-191}$$

而 $A_v = rQ_v$，将该式和式(9－175)代入式(9－191)得：

$$(f_\phi)_{cw} = rQ_v \alpha x_H = \alpha r x_H Q_v \tag{9-192}$$

令 $V_Q = rx_H$，则得：

$$(f_\phi)_{cw} = \alpha V_Q Q_v \tag{9-193}$$

$$V_Q = 0.3\left[\frac{295+25}{T+273+25}\right] \tag{9-194}$$

式中　A_v——单位孔隙体积中粘土占据的面积，m^2/cm^3；

r——粘土的比面积系数，$m^2/mmol$；

V_Q——单位平衡离子的粘土水体积,$cm^3/mmol$;

T——温度,℃。

由式(9-178)和式(9-193)可得:

$$\alpha = \frac{0.084P_w^{-0.5} + 0.22}{V_Q} \tag{9-195}$$

该模型认为,粘土水是不含盐的,既不含阴离子(Cl^-),但它含有全部的补偿阳离子,其浓度为 Q_v,等效电导率为 β,因此,粘土水的电导率 C_{cw} 为:

$$C_{cw} = \beta \frac{Q_v}{(f_\phi)_{cw}} = \frac{\beta}{\alpha V_Q} \tag{9-196}$$

$$\beta = 2.05(1.0 - 0.4e^{-2.0C_w}) \tag{9-197}$$

式中 β——粘土水中补偿离子 Na^+ 的等效电导率,(S/m)/($mmol/cm^3$)。

当地层水矿化度较高时,$\alpha = 1$,因此,粘土水的电导率与平衡离子浓度及粘土类型无关。其导电过程是一种阳离子交换过程。

自由水是相对粘土水而言的,指的是存储在岩石孔隙空间内并与颗粒表面有一定距离的那一部分孔隙水。自由水的导电特性与普通地层水一样,具有离子导电作用,但从水力学性质看,它不一定都是可动的。因为它包括可动水和微毛细管束缚水。它在孔隙中所占的比例为:

$$(f_\phi)_{fw} = 1 - (f_\phi)_{cw} = 1 - \alpha V_Q Q_v \tag{9-198}$$

它具有地层水的导电特性。因此,它的电导率为 $C_{fw} = C_w$。

威克斯曼和史密茨所做的实验表明,对于岩石的孔隙度和孔道曲折度来说,无论是盐离子导电,还是补偿离子导电,作用都是一样的。换句话说,地层的电导率就与它含有的等效电导率为 C_{we} 的水时一样。根据粘土结合水和自由水并联导电,得出地层水的等效电导率 C_{we} 为:

$$\begin{aligned} C_{we} &= (f_\phi)_{fw}C_w + (f_\phi)_{cw}C_{cw} \\ &= (1 - \alpha V_Q Q_v)C_w + \beta Q_v \end{aligned} \tag{9-199}$$

D-W 模型认为,任何一种含有泥质的地层,除了水的导电性与按其含盐量计算的导电性不一样以外,从电学观点来看,其地层水可看成是由粘土水和自由水两种水组成的;泥质砂岩的总导电性是总孔隙中的自由水和粘土水并联导电的结果,而地层的骨架和干泥质可认为不导电,对地层的导电性不作贡献。由阿尔奇公式得出饱含水地层的电导率 C_o 为:

$$C_o = \frac{1}{F_o}[(1 - \alpha V_Q Q_v)C_w + \beta Q_v] \tag{9-200}$$

$$F_o = \frac{a}{\phi_t^{m_o}} \tag{9-201}$$

式中 F_o——分散泥质砂岩的地层因素;

m_o——胶结指数。

假设含油气分散泥质砂岩地层与具有相同的孔隙度、孔隙曲折度和饱和度的纯地层一样,应用阿尔奇公式,得:

$$C_t = \frac{S_{wt}^{n_o}}{F_o} C'_{we} \tag{9-202}$$

双水模型认为，在油气层中，Q'_v 与该地层饱含水时的平衡离子浓度和油气层的含水饱和度有关，并且随着 S_{wt} 的降低而增大，即 $Q'_v = Q_v / S_{wt}$，于是有：

$$C'_{we} = \left(1 - \alpha V_Q \frac{Q_v}{S_{wt}}\right) C_w + \beta \frac{Q_v}{S_{wt}} \tag{9-203}$$

将式(9－203)和式(9－201)代入式(9－202)，得出含油气分散泥质砂岩地层的真电导率为：

$$C_t = \frac{\phi_t^{m_o} S_{wt}^{n_o}}{a} \left[\left(1 - \alpha V_Q \frac{Q_v}{S_{wt}}\right) C_w + \beta \frac{Q_v}{S_{wt}} \right] \tag{9-204}$$

方程式(9－204)为分散泥质砂岩 D－W 电导率模型。

4. 泥质砂岩 S－B 电导率模型

S－B 电导率模型是基于可变平衡离子当量电导和双水的概念建立的泥质砂岩电导率解释模型。它基于以下五个假设：(1)泥质砂岩地层中的水可分成两种，即扩散双电层影响下的溶液和自由平衡溶液。双电层影响下的溶液含有可交换阳离子，但不含盐(不含 Cl^-)，其导电过程是一种阳离子交换过程；自由平衡溶液的导电性和普通地层水一样。(2)泥质砂岩地层的导电性是双电层影响下的溶液和自由平衡溶液并联导电的结果。(3)扩散双电层有一定的厚度(x_d)，扩散双电层溶液的平衡离子当量电导随扩散双电层的延伸程度而改变。(4)扩散双电层溶液的平衡离子当量电导的计算是在假定双电层溶液被看做阴离子不动 1－1 电解液的前提下获得的。(5)在含油气泥质砂岩中，可交换阳离子的迁移率不受部分地层水被油气置换的影响。

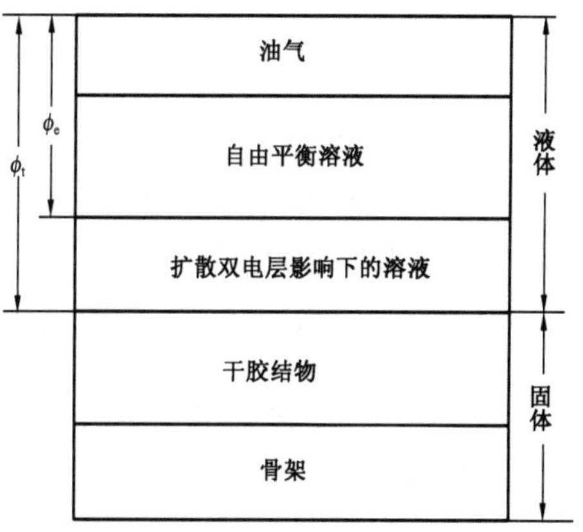

图 9－41　泥质砂岩 S－B 电导率模型的体积物理模型

S－B 模型假定泥质砂岩的导电特性与具有相同总孔隙度和孔道弯曲程度、孔隙中所含水的有效导电性 C_{we} 的纯砂岩的导电性相同。C_{we} 是扩散双电层影响下的溶液与平衡溶液有效电导率贡献总和。S－B 电导率模型的体积物理模型见图 9－41。

C_{we} 的表达式为：

$$C_{we} = (C_{eq}^{+} n^{+}) V_{fDL} + (1 - V_{fDL}) C_w \tag{9-205}$$

式中　C_w——平衡溶液电导率，S/m；

C_{eq}^{+}——双电层溶液中平衡离子的当量电导，(S/m)/(mmol/cm^3)；

V_{fDL}——双电层溶液所占的体积百分数；

n^{+}——双电层溶液浓度，mol/L。

不管双电层延伸程度如何，在双电层影响范围内溶液的离子浓度 n^{+} 可表示为：

$$n^{+} = \frac{Q_{v}}{V_{fDL}} \tag{9-206}$$

将式(9－206)代入式(9－205)，得：

$$C_{we} = C_{eq}^{+} Q_{v} + (1 - V_{fDL}) C_{w} \tag{9-207}$$

与纯砂岩地层类似，完全含水的泥质砂岩电导率 C_o 为；

$$C_{o} = \frac{C_{we}}{F_{e}} \tag{9-208}$$

$$F_{e} = \frac{a}{\phi_{t}^{m_{e}}} \tag{9-209}$$

式中 F_e——与分散泥质砂岩具有相同总孔隙度 ϕ_t 的等效纯砂岩地层的地层因素；

m_e——胶结指数。

将式(9－207)代入式(9－208)，得出饱含水泥质砂岩的 S－B 模型的电导率方程为：

$$C_{o} = \frac{1}{F_{e}} [C_{eq}^{+} Q_{v} + (1 - V_{fDL}) C_{w}] \tag{9-210}$$

在含油气分散泥质砂岩中，按阿尔奇公式可写出含油气分散泥质砂岩地层的电导率 C_t：

$$C_{t} = \frac{S_{wt}^{n_{e}} C'_{we}}{F_{e}} \tag{9-211}$$

式中 n_e——饱和度指数；

C'_{we}——含油气泥质砂岩的等效地层水电导率，S/m。

类似于 C_{we} 的表达式，可得 C'_{we} 表达式：

$$C'_{we} = C_{eq}^{+\prime} Q'_{v} + (1 - V'_{fDL}) C_{w} \tag{9-212}$$

在油气层中，Q'_v 与该地层饱含水时的平衡离子浓度和油气层的含水饱和度有关，并且随着 S_{wt} 的降低而增大，即：

$$Q'_{v} = \frac{Q_{v}}{S_{wt}} \tag{9-213}$$

$$V'_{fDL} = \frac{V_{u} F_{DL} Q_{v}}{S_{wt}} \tag{9-214}$$

$$V_{u} = 0.3 \frac{295 + 25}{T + 273 + 25} \tag{9-215}$$

$$F_{DL} = \frac{V_{fDL}}{V_{u} Q_{v}} \tag{9-216}$$

式中 V_u——与单位体积粘土平衡离子共生的粘土水体积；

F_{DL}——双电层扩散(展)因子。

把式(9－213)、式(9－214)代入式(9－212)，得：

$$C'_{we} = C^{+\prime}_{eq} \frac{Q_v}{S_{wt}} + \left(1 - \frac{V_u F_{DL} Q_v}{S_{wt}}\right) C_w \qquad (9-217)$$

S－B 模型认为，双电层内的流体是一种负离子不移动的 1－1 电解液，或者更确切地说，可视为 1－0 价电解液，其导电与普通 1－1 电解液的导电性质有关，该电解液在性质上与地层中的自由水相似。

假定自由水是 NaCl 溶液，S－B 定义双电层的等效（NaCl）溶液浓度 n_{eq} 及 C^{+}_{eq} 如下：

$$n_{eq} = \frac{3.571}{(F_{DL}^{\frac{1}{2}} - 0.188)^2} \qquad (9-218)$$

$$C^{+}_{eq} = \frac{C_{eq}}{f_G F_{n_{eq}}} \qquad (9-219)$$

式中 C_{eq}——基本电化学理论定义的双电层溶液的当量电导，(S/m)/(mmol/cm^3)；

$F_{n_{eq}}$——经验确定的校正系数，用于校正与高矿化度（$n_{eq}>0.5$mol/L）有关的影响，如电解液粘度的增加；

f_G——经验确定的校正系数，用于校正与扩散双电层（$F_{DL}>1$）的几何形状变化有关的影响。

在 25℃时，C_{eq}，$F_{n_{eq}}$，f_G 表达式为：

$$C_{eq} = \frac{12.645 + 7.6725\sqrt{n_{eq}}}{1 + 1.3164\sqrt{n_{eq}}} \qquad (9-220)$$

$$\begin{cases} F_{n_{eq}} = 1.0, n_{eq} \leqslant 0.5\text{mol/L} \\ F_{n_{eq}} = 1 + 3.83\times10^{-2}(n_{eq} - 0.5) + 1.761\times10^{-2}(n_{eq} - 0.5)^2, n_{eq} > 0.5\text{mol/L} \end{cases} \qquad (9-221)$$

$$f_G = F_{DL}^{\frac{1}{\eta}}, \eta = 0.6696 + 1.1796V_{fDL} - 0.14426V_{fDL}^2 \qquad (9-222)$$

$$C^{+\prime}_{eq} = C^{+}_{eq} \qquad (9-223)$$

将式（9－217）代入式（9－211），得出含油气分散泥质砂岩地层的 S－B 模型的电导率方程为：

$$C_t = \frac{S_{wt}^{n_e}}{F_e}\left[C^{+\prime}_{eq}\frac{Q_v}{S_{wt}} + \left(1 - \frac{V_u F_{DL} Q_v}{S_{wt}}\right)C_w\right] \qquad (9-224)$$

将式（9－209）代入式（9－224），得：

$$C_t = \frac{S_{wt}^{n_e}\phi_t^{m_e}}{a}\left[C^{+\prime}_{eq}\frac{Q_v}{S_{wt}} + \left(1 - \frac{V_u F_{DL} Q_v}{S_{wt}}\right)C_w\right] \qquad (9-225)$$

方程式（9－225）为分散泥质砂岩 S－B 电导率模型。

四、解释参数的选择

前面给出了钻井液电阻率、钻井液滤液电阻率、地层水电阻率、阿尔奇公式中的胶结指数和饱和度指数、压实校正系数等解释参数的确定方法，但没有给出有关泥质或粘土参数的确定方法。下面主要介绍反映岩石中泥质或粘土物理性质的解释参数估计和选择方法。

(一)确定胶结指数和饱和度指数

对于泥质砂岩,其电阻率方程中的 a,m,b,n 参数确定方法要比阿尔奇公式中的 a,m,b,n 参数确定方法复杂,可利用岩电实验数据,采用最优化方法确定泥质砂岩电阻率方程的 a,m,b,n 参数。

(二)确定油气密度和含氢指数

当密度与中子测井仪器探测范围内存在残余油气时,它们将对密度和中子测井值产生影响,而且这种影响随油气密度和含氢指数的减小而增大,故若对密度和中子测井值进行油气影响校正,需确定油气的密度 ρ_h 和含氢指数 Φ_{Nh}等参数。

1. 油气密度

对于淡水钻井液砂岩,由纯岩石的密度和中子测井响应方程及油气影响经验校正关系,可导出估算油密度 ρ_o 和天然气密度 ρ_g 的公式:

$$\rho_o = \frac{0.7(1+\alpha)S_{hr} - (1-\alpha)}{(1+0.72\alpha)S_{hr}} \tag{9-226}$$

$$\rho_g = \frac{(1+0.72\alpha)S_{hr} - (1-\alpha)}{(2.2+0.8\alpha)S_{hr}} \tag{9-227}$$

$$\alpha = \frac{\phi_{Nc}}{\phi_{Dc}}$$

$$\phi_{Nc} = \phi_N - V_{sh}\phi_{Nsh}$$

$$\phi_{Dc} = \phi_D - V_{sh}\phi_{Dsh}$$

式中 ϕ_N,ϕ_D——泥质岩石的视中子和密度孔隙度;

ϕ_{Nsh},ϕ_{Dsh}——泥岩的视中子和密度孔隙度;

S_{hr}——冲洗带残余油气饱和度;

V_{sh}——地层的泥质含量。

计算油气密度的方法为:首先,利用式(9-227)计算 ρ_g,若 $\rho_g < 0.3\text{g/cm}^3$,则 $\rho_h = \rho_g$;否则,再利用式(9-226)计算 ρ_o,若 $\rho_o > 0.6\text{g/cm}^3$,则 $\rho_h = \rho_o$;若 $\rho_g \geqslant 0.3\text{g/cm}^3$ 且 $\rho_o \leqslant 0.6\text{g/cm}^3$,则 $\rho_h = (\rho_o + \rho_g)/2$。

斯伦贝谢公司用下述公式计算任意岩性和地层水矿化度的泥质岩石孔隙中的 ρ_h。

$$\rho_h = \frac{\alpha - 1 + S_{hr}\left[A\left(\frac{\rho_{mf}(1-\rho_{mf}) + 0.2}{\rho_{mf}(1-P_{mf})}\right) + \frac{1.07(1.11 - 0.15P_{mf})\rho_{mf}}{\rho_{ma} - \rho_{mf}}\right]}{S_{hr}\left[\frac{1.5A}{\rho_{mf}(1-P_{mf})} + \frac{1.23\alpha}{\rho_{ma} - \rho_{mf}}\right]} \tag{9-228}$$

$$\alpha = \frac{\phi_{Nc}}{\phi_{Dc}}$$

式中 A——与挖掘效应有关的系数,对于补偿中子测井,$A=1.3$,对于井壁中子测井,$A=1$;

ρ_{mf},P_{mf}——钻井液滤液密度和矿化度。

Atlas 公司在其测井解释图版集(1985 年)中给出了另外两个计算 ρ_h 的公式。

对补偿中子测井:

$$\rho_h = \frac{\alpha - 1 + S_{hr}(1.87 + 0.72\alpha)}{(2.67 + 0.75\alpha)S_{hr}} \tag{9-229}$$

对井壁中子测井:

$$\rho_h = \frac{\alpha - 1 + S_{hr}(1.17 + 0.72\alpha)}{(1.67 + 0.75\alpha)S_{hr}} \tag{9-230}$$

$$\alpha = \frac{\phi_{Nc}}{\phi_{Dc}}$$

2. 油气含氢指数

烃的含氢指数应根据烃的组分和密度来估算。对于组分为 C_nH_{nx} 的油气,其含氢指数可用下式估计:

$$\Phi_{Nh} = 9\frac{8 - 5\rho_h}{32 - 5\rho_h}\rho_h \tag{9-231}$$

而对于组分未知的油气,其含氢指数可用下式估计:

$$\begin{cases} \Phi_{Nh} \approx 2.2\rho_h, \rho_h \leqslant 0.25\text{g/cm}^3 \\ \Phi_{Nh} \approx \rho_h + 0.3, \rho_h > 0.25\text{g/cm}^3 \end{cases} \tag{9-232}$$

(三)确定泥质(粘土)参数

在泥质砂岩测井解释中,常使用泥质(粘土)参数对测井值进行泥质影响校正。然而,由于泥质(粘土)成分和含量的变化以及上覆岩层压实作用的变化,使得泥质(粘土)性质发生变化,从而造成泥质(粘土)参数在不同地区、不同地质时代的地层甚至在同一口井的不同层段上都可能有明显的差别,因此,在测井解释与数据处理中,应合理的选择泥质(粘土)参数。

确定泥质(粘土)参数的方法主要有两种,即直接读值法和频率交会图法。在同一沉积环境内,若泥质(粘土)性质稳定,储集层所含泥质与邻近泥岩性质相同或相近,且在厚层泥岩处测井曲线质量良好的条件下,则可直接将稳定的厚层泥岩处测井曲线读值作为泥质参数。当然,在测井资料处理或预解释中可对读取的泥质参数作适当调整。

在测井数据处理中,一般采用频率交会图及 Z 值图来确定泥质参数。用于确定地层岩性成分的绝大多数频率交会图及 Z 值图都可用来确定解释井段的泥质参数。在地层不含放射性矿物的情况下,Z 值图能较好地反映地层的泥质含量,因此,在确定泥质参数中,Z 值图是必需的。用频率交会图及 Z 值图确定泥质参数的基本方法是:将理论交会图版重叠在频率交会图及 Z 值图上,分析地层的岩性和泥质的变化趋势,在点子比较集中和 Z 值最大的区域内确定泥岩点。然后,再根据本地区纯泥岩特性判断所确定的泥岩点是否为纯泥岩点,如果是纯泥岩点,则该点在频率交会图上的两个坐标轴上的坐标值即为本井段地层的泥质参数;如果不是纯泥岩点,当它含有足够多的泥质时,可用外推法得出纯泥岩的测井参数。所确定的泥质参数是否合适,取决于泥岩点位置确定的是否合理,因此,在确定每个频率交会图及 Z 值图的泥岩点位置时,要相互验证,以确保不同交会图确定的同一个泥质参数是相同的。

五、泥质砂岩油水层解释

泥质砂岩地层评价方法主要是将泥质含量、孔隙度、饱和度、束缚水饱和度、渗透率等储集层参数方程有机地结合起来，从而实现利用测井资料确定泥质砂岩储集层参数，完成油气水层定量评价等测井解释任务。

前面已经介绍了确定泥质砂岩地层的泥质含量和粘土含量、孔隙度及含水饱和度的各种测井方法，但由于实际地层的复杂性，很难用单一测井方法求准上述储集层参数，因此，在实际解释过程中，往往采用多种测井方法综合确定泥质砂岩地层的泥质含量或粘土含量、孔隙度和含水饱和度或含油气饱和度。束缚水饱和度、渗透率可采用经验公式确定。

（一）确定泥质含量和孔隙度及含水饱和度

1. 确定泥质含量和粘土含量

泥质含量的确定方法很多，它可以用单一测井方法计算，也可以用两种孔隙度测井交会图法计算。表9－8给出26个计算泥质含量的公式。由于各种方法在不利条件下确定的泥质含量一般比真值偏大，因此，在实际解释过程中，取各种泥质指示计算的泥质含量的最小值作为实际采用值。利用测井资料确定泥质含量的公式很多，但确定粘土含量的公式却很少。前面给出了3个确定泥质砂岩粘土含量的公式（其中有2个公式被列在表9－8中），可用来确定V_{cl}值。另外，还可以先确定储集层的泥质含量，然后，利用粘土含量和泥质含量的关系式计算粘土含量。

表9－8　计算泥质含量的公式

测井方法	计算泥质含量公式	说　　明	引用文献
自然伽马	$V_{sh}=\dfrac{GR-GR_{min}}{GR_{max}-GR_{min}}$	线性近似值	—
	$V_{sh}=\dfrac{2^{I_{sh}\cdot GCUR}-1}{2^{GCUR}-1},I_{sh}=\dfrac{GR-GR_{min}}{GR_{max}-GR_{min}}$	对于老地层，GCUR＝2；对于古近系、新近系地层，GCUR＝3.7	拉里洛夫（Larionov，前苏联）
	$V_{sh}=X\cdot I_{sh}$	I_{sh}由上式求得，X为区域校正值	—
	$V_{sh}=\dfrac{GR-A}{B}$	A，B为区域系数	—
	$V_{sh}=\dfrac{\rho_b GR-B_o}{\rho_{sh}GR_{max}-B_o}$	对地层密度（ρ_b）和泥质密度（ρ_{sh}）作校正，纯地层的背景读数（B_o）	斯伦贝谢（1969）
	$V_{cl}=\dfrac{\rho_b GR-A}{B\cdot\dfrac{SI}{1-SI}+C}$	统计方法，考虑了泥质中粉砂含量（SI为粉砂指数，A，B，C为系数）	波庞（Poupon，1970）
能谱测井总计数	$V_{sh}=\dfrac{CTS-CTS_{min}}{CTS_{max}-CTS_{min}}$	线性近似值	—
	$V_{sh}=\dfrac{2^{I_{sh}\cdot GCUR}-1}{2^{GCUR}-1},I_{sh}=\dfrac{CTS-CTS_{min}}{CTS_{max}-CTS_{min}}$	对于老地层，GCUR＝2；对于古近系、新近系地层，GCUR＝3.7	根据拉里洛夫资料（前苏联）
能谱测井钾	$V_{sh}=\dfrac{^{40}K-{}^{40}K_{min}}{^{40}K_{max}-{}^{40}K_{min}}$	线性近似值	—
	$V_{sh}=\dfrac{2^{I_{sh}\cdot GCUR}-1}{2^{GCUR}-1},I_{sh}=\dfrac{^{40}K-{}^{40}K_{min}}{^{40}K_{max}-{}^{40}K_{min}}$	对于老地层，GCUR＝2；对于古近系、新近系地层，GCUR＝3.7	福特（Fertl）等人（根据拉里洛夫资料）

续表

测井方法	计算泥质含量公式	说　　明	引用文献
能谱测井钍	$V_{sh}=\frac{Th-Th_{min}}{Th_{max}-Th_{min}}$	线性近似值	—
	$V_{sh}=\frac{2^{I_{sh}\cdot GCUR}-1}{2^{GCUR}-1}, I_{sh}=\frac{Th-Th_{min}}{Th_{max}-Th_{min}}$	I_{sh}由上式求得。对于老地层，GCUR＝2；对于古近系、新近系地层，GCUR＝3.7	福特等人（根据拉里洛夫资料）
自然电位	$V_{sh}=1.0-\frac{PSP}{SSP}=1.0-\alpha$		道尔（Doll，1950）
	$V_{sh}=1.0-x\cdot\frac{PSP}{SSP}=1.0-x\cdot\alpha$	x与粘土矿物类型有关	戴斯勃朗德（Desbrandes，1969）
	$1.0-\frac{PSP}{SSP}=\frac{\lg(R_t/R_{xo})}{\lg\frac{R_t/R_{xo}-V_{sh}\cdot R_t/R_{sh}}{1.0-V_{sh}\cdot R_t/R_{sh}}}$	需要知道α，R_t，R_{sh}和R_{xo}	波庞（1954）
	$1.0-\frac{PSP}{SSP}=\frac{\phi S_{xo}}{K_1\cdot V_{cl}\cdot W_{cl}+\phi S_{xo}}$	根据实验资料和理论研究得出的，W_{cl}为每单位粘土体积含水量，K_1为系数	波庞（1970）
电阻率	$V_{sh}=\left(\frac{R_{sh}}{R_t}\right)^{1/b}$　　$b=1.0\sim2.0$	V_{sh}在产油层低	格玛蒂（Gaymad，1970）
	$V_{sh}=\left[\frac{R_{sh}\cdot(R_{lim}-R_r)}{R_t\cdot(R_{lim}-R_{sh})}\right]^{1/b}$	对上式的改进，R_{lim}为纯产油层的最大电阻率	格玛蒂（1970）
	$\frac{1}{R_t}=\frac{\phi_{wirr}}{\phi}\cdot\frac{V_{sh}}{R_{sh}}+\frac{(\phi_{wirr})^2}{0.8R_w}$	在产油层中，ϕ_{wirr}与地层岩性、粒度、孔隙结构有关，还与地层泥质含量有关	波庞（1970）
中子	$V_{sh}=\frac{\phi_N}{\phi_{Nsh}}$	适用于低孔隙度地层。假设纯地层$\phi_N=0\%$，且中子孔隙度已作了岩性校正。在多孔地层中，V_{sh}偏高	格玛蒂（1970）
	$V_{sh}=\frac{\phi_N-\phi_{Nmin}}{\phi_{Nmax}-\phi_{Nmin}}$	允许ϕ_{Nmin}不等于0%。有时在气层中V_{sh}低，在多孔地层中V_{sh}高	
中子寿命	$V_{sh}=\frac{\Sigma_{log}-\Sigma_{min}}{\Sigma_{max}-\Sigma_{min}}$	在低孔隙度地层或气层中V_{sh}偏低，而在高孔隙度地层中V_{sh}偏高	
声波	$V_{sh}=\frac{\phi_s}{\phi_{ssh}}$	在多孔地层中V_{sh}偏高	
密度—中子交会图	$V_{sh}=A/B$ $A=\rho_b(\Phi_{Nma}-1.0)-\Phi_N(\rho_{ma}-\rho_f)-\rho_f\Phi_{Nma}+\rho_{ma}$ $B=(\rho_{sh}-\rho_f)(\Phi_{Nma}-1.0)-(\Phi_{Nsh}-1.0)(\rho_{ma}-\rho_f)$	(1)取决于纯骨架参数选择是否合适，V_{sh}可能偏小或偏大； (2)在气层中，可能太低，甚至出现负值； (3)在气层中，可以使用更完善的密度—中子交会图法； (4)对不规则井眼比较敏感	

续表

测井方法	计算泥质含量公式	说　明	引用文献
中子—声波交会图	$V_{sh}=A/B$ $A=\Delta t(\Phi_{Nma}-1.0)-\Phi_N\cdot(\Delta t_{ma}-\Delta t_f)-\Delta t_f\Phi_{Nma}+\Delta t_{ma}$ $B=(\Delta t_{sh}-\Delta t_f)(\Phi_{Nma}-1.0)-(\Phi_{Nsh}-1.0)(\Delta t_{ma}-\Delta t_f)$	(1)取决于纯骨架参数选择是否合适,V_{sh}可能偏小或偏大; (2)有效性取决于泥质对中子和声波的相对影响; (3)声波测井不受次生孔隙度影响; (4)中子测井受天然气的影响	
密度—声波交会图	$V_{sh}=A/B$ $A=\Delta t(\rho_{ma}-\rho_f)-\rho_b\cdot(\Delta t_{ma}-\Delta t_f)-\Delta t_f\rho_{ma}+\Delta t_{ma}\rho_f$ $B=(\Delta t_{sh}-\Delta t_f)(\rho_{ma}-\rho_f)-(\rho_{sh}-\rho_f)(\Delta t_{ma}-\Delta t_f)$	(1)取决于纯骨架参数选择是否合适,V_{sh}可能偏小或偏大; (2)对不规则井眼比较敏感; (3)声波测井不受次生孔隙度影响	

2. 确定有效孔隙度

对于完全含水的泥质砂岩地层,可用下列公式中的任意一个公式确定泥质砂岩地层孔隙度:

$$\phi=\phi_s-V_{sh}\cdot\phi_{ssh}\quad\text{(未考虑泥质分布形式)}\tag{9-233}$$

$$\phi=\phi_D-V_{sh}\cdot\phi_{Dsh}\tag{9-234}$$

$$\phi=\phi_N-V_{sh}\cdot\phi_{Nsh}\tag{9-235}$$

对没有或略有侵入的含油泥质砂岩,由于油的密度小于水的密度,故岩石体积密度降低,从而造成式(9-234)计算的纯砂岩视密度孔隙度(ϕ_{Dc})偏高;然而,由于油和水的含氢指数近似相等,利用式(9-235)计算的纯砂岩视中子孔隙度(ϕ_{Nc})与含油泥质砂岩储集层的孔隙度(ϕ)几乎相当,因此,可令$\phi=\phi_{Nc}$;或者利用式(9-147)的声波地层因素公式计算含油泥质砂岩储集层的孔隙度。

对于没有或略有侵入的含气泥质砂岩,ϕ_{Dc}比ϕ大,ϕ_{Nc}比ϕ小,且增大与减小的幅度差相近,故可采用下式计算储集层的孔隙度:

$$\phi=\sqrt{\frac{\phi_{Dc}^2+\phi_{Nc}^2}{2}}\ 或\ \phi=\sqrt{\frac{\phi_{Dc}^2+\phi_{Nc}^2}{2.2}}\tag{9-236}$$

对于有侵入的高孔隙度含气泥质砂岩,ϕ_{Dc}比ϕ增大的幅度差与ϕ_{Nc}比ϕ减小的幅度差不相近,且ϕ_{Nc}变化比ϕ_{Dc}大得多,则储集层孔隙度(ϕ)需经过油气校正才能给出或用下式近似计算:

$$\phi=(0.777\phi_{Dc}+0.223\phi_{Nc})(1-0.1S_{hr})\quad\text{(补偿中子测井)}\tag{9-237}$$

$$\phi=(0.713\phi_{Dc}+0.287\phi_{Nc})(1-0.1S_{hr})\quad\text{(井壁中子测井)}\tag{9-238}$$

$$\phi=\frac{\phi_{Nc}+\phi_{Dc}}{4}+\sqrt{\frac{\phi_{Dc}^2+\phi_{Nc}^2}{8}}\tag{9-239}$$

对于有侵入的含气纯砂岩，孔隙度低到中等，ϕ_{Dc}比ϕ稍大，但ϕ_{Nc}比ϕ减小较多，故储集层的孔隙度$\phi=\phi_{Dc}$。

3. 确定含水饱和度

在计算泥质砂岩地层的泥质含量V_{sh}、粘土含量V_{cl}和有效孔隙度ϕ值后，可利用含油气泥质砂岩的电阻率方程或电导率方程确定出储集层的含水饱和度值。目前评价泥质砂岩储集层的含水饱和度模型有几十种。表9-9给出了部分泥质砂岩储集层含水饱和度模型，这些模型可大致分为四类。这些模型都多少带有经验性质，因此，在实际应用中，可先根据各公式的适用条件选择几个公式进行试算，通过对比分析，从中选出最佳的确定含水饱和度的公式或加以必要的修改，以确定出更准确的含水饱和度值。计算泥质砂岩储集层含水饱和度的主要步骤为：利用多种泥质指示确定泥质砂岩地层泥质含量，利用三种孔隙度测井方法确定泥质砂岩储集层孔隙度，利用含水饱和度公式计算泥质砂岩储集层含油气饱和度。该解释流程实质上代表了用简单方法进行泥质砂岩解释的整个过程。

表9-9　部分泥质砂岩储集层含水饱和度方程

研究者	方程*	类型**	注释
Poupon 等	$C_t=\dfrac{(1-V_{sh})C_wS_w^2}{F}+V_{sh}C_{sh}$	1	层状泥质模型，F为纯砂岩地层因素
Hossin	$C_t=\dfrac{C_w}{F}S_w^2+V_{sh}^2C_{sh}$	1	
Simandoux	$C_t=\dfrac{C_w}{F}S_w^2+aV_{sh}C_{sh}$	1	S_w高，则$a=1$ S_w低，则$a<1$
L. de Witte	$C_t=\dfrac{2.15km_w}{F}S_w^2+\dfrac{km_{sh}}{F}S_w$	2	m_w为地层水中可交换离子的摩尔浓度； m_{sh}为与泥质有关的可交换阳离子的摩尔浓度； k为m_{sh}和m_w转换为电导率的转换系数
A. J. de Witte	$C_t=\dfrac{C_w}{F}S_w^2+AS_w$	2	A为与泥质含量有关的系数
Patchett 和 Rausch	$C_t=\dfrac{C_w}{F}S_w^2+C_SS_w$	2	C_S为由泥质产生的电导率($\neq C_{sh}$)
Waxman 和 Smits	$C_t=\dfrac{C_w}{F^*}S_w^2+\dfrac{BQ_v}{F^*}S_w$	2	F^*与相互连通的总孔隙度有关； S_w为总含水饱和度
Bardon 和 Pied	$C_t=\dfrac{C_w}{F}S_w^2+V_{sh}C_{sh}S_w$	2	修改后的 Simandoux 方程
斯伦贝谢公司	$C_t=\dfrac{C_w}{F(1-V_{sh})}S_w^2+V_{sh}C_{sh}S_w$	2	F与岩石中自由流体孔隙度有关
Clavier 等	$C_t=\dfrac{C_w}{F_o}S_w^2+\dfrac{(C_{wb}-C_w)V_QQ_vS_w}{F_o}$	2	双水模型。 F_o与相互连通的总孔隙度有关； S_w为总含水饱和度
Juhasz	$C_t=\dfrac{C_w}{F}S_w^2+\left(\dfrac{C_{sh}}{F_{sh}}-C_w\right)\dfrac{V_{sh}\phi_{sh}S_w}{\phi}$	2	归一化的 W-S 方程。 $F=1/\phi^m$，ϕ为密度测井计算的孔隙度，经油气影响校正； $F_{sh}=1/\phi_{sh}^m$，ϕ_{sh}为泥岩孔隙度，由密度测井计算

续表

研究者	方程*	类型**	注释
Doll	$C_t=\frac{C_w}{F}S_w^2+2V_{sh}\sqrt{\frac{C_wC_{sh}}{F}}S_w+V_{sh}^2C_{sh}$	3	
Alger 等	$C_t=\frac{C_w(1-q)^2}{F}S_w^2+\frac{q(1-q)(C_{sh}+C_w)}{F}S_w+\frac{q^2C_{sh}}{F}$	3	粘土悬浮液模型。 F 与被流体和粘土占据的总孔隙体积有关
Husten 和 Anton	$C_t=\frac{C_w}{F}S_w^2+2V_{sh}\sqrt{\frac{C_wC_{sh}}{F}}\left(1-\sqrt{\frac{C_w}{C_{wb}}}\right)S_w+V_{sh}^2C_{sh}\left(1-\sqrt{\frac{C_w}{C_{wb}}}\right)^2$	3	$F=1/\phi_t^2$，ϕ_t 为总连通孔隙度
Patchett 和 Herrick	$C_t=\frac{(1-V_{sh})C_w}{F}S_w^2+\frac{1-V_{sh}}{F}BQ_vS_w+V_{sh}C_{sh}$	3	层状砂泥岩模型。 V_{sh}为层状泥质含量； F 与泥质砂岩条带中总连通孔隙度有关
Poupon 和 Leveaux	$C_t=\frac{C_w}{F}S_w^2+2\sqrt{\frac{C_wV_{sh}^{2-V_{sh}}C_{sh}}{F}}S_w^2+V_{sh}^{2-V_{sh}}C_{sh}S_w^2$	4	Indonesia 方程
Poupon 和 Leveaux	$C_t=\frac{C_w}{F}S_w^2+2\sqrt{\frac{C_wC_{sh}}{F}}V_{sh}S_w^2+V_{sh}^2C_{sh}S_w^2$	4	简化的 Indonesia 方程（$V_{sh}\leqslant 0.5$）
Wood－house	$C_t=\frac{C_w}{F}S_w^2+2\sqrt{\frac{C_wV_{sh}^{2-V_{sh}}C_{sh}}{F}}S_w^2+V_{sh}^{2-V_{sh}}C_{sh}S_w^2$	4	Poupon 和 Leveaux 方程评价含沥青砂岩的变型
Raiga－Clemenceau 等	$C_t=\frac{C_w}{F}S_w^2+2\sqrt{\frac{C_w\phi_{wb}^{1.72}C_{wb}}{F}}S_w^{1.5}+\phi_{wb}^{1.72}C_{wb}S_w^2$	4	“双孔隙度”模型。 $\phi_{wb}=\phi_t-\phi_e$

* 除非有其他注释，否则 F 与自由流体孔隙度有关；S_w 与自由流体孔隙空间有关；以上方程 n 均为 2。

** 计算 S_w 方程的类型为：

1—$C_t=\alpha S_w^n+\gamma$，无交叉项，S_w 不出现在两项中；

2—$C_t=\alpha S_w^n+\gamma S_w^s$，无交叉项，两项中均有 S_w；

3—$C_t=\alpha S_w^n+\beta S_w^r+\gamma$，有交叉项，$S_w$ 出现在部分项中；

4—$C_t=\alpha S_w^n+\beta S_w^r+\gamma S_w^s$，有交叉项，$S_w$ 出现在所有项中。

α 为主要的砂岩项；β 为主要的交叉项；γ 为主要的泥质项；r 为交互项的饱和度指数；S 是一泥质项的饱和度指数。

（二）确定束缚水饱和度和渗透率

储集层的产液量高低以及产液中油气水相对比例，不但与储集层的泥质含量、有效孔隙度和含油气饱和度、油气水性质等参数有关，而且还与储集层的渗透率和束缚水饱和度大小有关。渗透率是评价储集层流体能否产出以及产液量高低最重要的参数，而束缚水饱和度与地层含水饱和度的相互关系是评价储集层产液中油气水相对比例最重要的参数，因此，必须准确地确定储集层的束缚水饱和度和渗透率。然而，由于束缚水饱和度和渗透率的影响因素比较复杂，目前还没有一种精确公式能描述渗透率或束缚水饱和度与测井响应参数之间的关系，因此，当前用测井资料确定束缚水饱和度和渗透率的方法，主要是建立在岩心资料和测井资料统计分析的基础上的。为此，首先要找出影响束缚水饱和度和渗透率的主要地质因素，进而找出最能反映这些因素的测井参数，最后建立两者的统计关系，从而达到利用测井资料确定储集层束缚水饱和度和渗透率的目的。目前，测井资料确定束缚水饱和度的方法很少，而确定渗透率的方法虽多，但大多数都只有数量级的准确性。

1. 影响束缚水饱和度和渗透率的地质因素

由地质学理论可知，影响泥质砂岩储集层渗透率 K 和束缚水饱和度 S_{wi} 的主要地质因素为孔隙度、粒度中值、分选系数、泥质（或粘土）成分及含量等。其中，粒度中值定义为在碎屑岩粒度组分累计曲线上，累计百分含量为50%所对应的颗粒直径，单位为毫米，用符号 M_d 表示，粒度中值表示碎屑颗粒的大小；分选系数定义为在碎屑岩粒度组分累计曲线上，累计百分含量为25%所对应的颗粒直径与75%对应的颗粒直径的比值，分选系数一般大于等于1，分选系数表示碎屑颗粒分选好坏。为了研究孔隙度、粒度中值、分选系数、泥质（或粘土）成分及含量等地质因素对泥质砂岩储集层渗透率 K 和束缚水饱和度 S_{wi} 的影响大小，从中找出主要的影响因素，可以采用如下的方法。

1）绘制两个影响因素的单相关图

通过绘制两个影响因素的交会图，可直观显示两变量之间是否存在关系以及存在怎样的关系。图9－42、图9－43给出某油层渗透率 K 与孔隙度 ϕ 以及泥质含量 V_{sh} 之间的交会图，从图中可以看出，K 随 ϕ 的增大而增大，随 V_{sh} 的增加而减少。图9－44是胜利油田沙二段的渗透率与粒度中值的交会图，从图中可以看出，K 随 M_d 的增加而增加。图9－45是大庆油田某井的 K 与 S_{wi} 的交会图，从图中可以看出，K 随 S_{wi} 的增加而减少。单相关图方法直观，但量的概念差，如 ϕ 和 V_{sh} 都对 K 有影响，究竟哪个因素对 K 影响更大些，则无法得知。

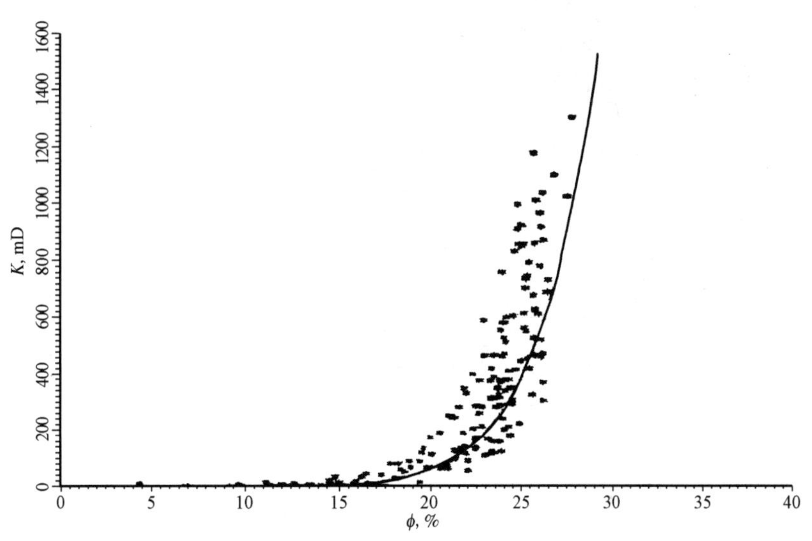

图9－42　某油层孔隙度与渗透率交会图

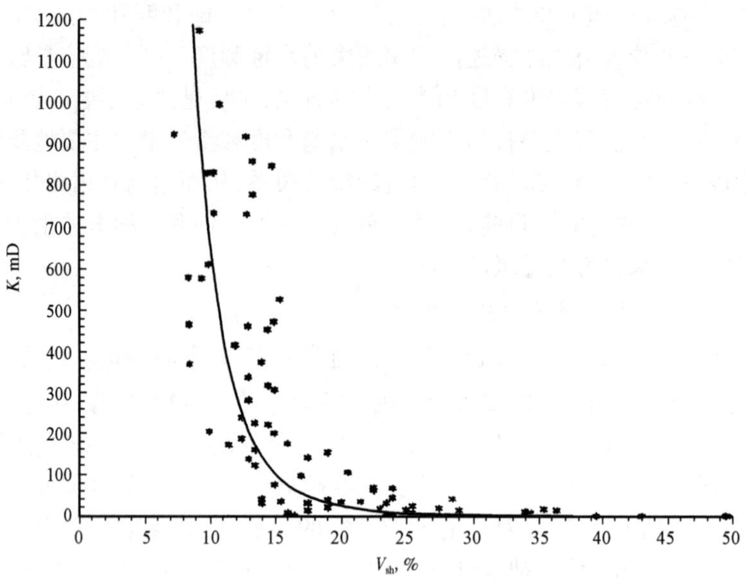

图 9-43　泥质含量与渗透率交会图

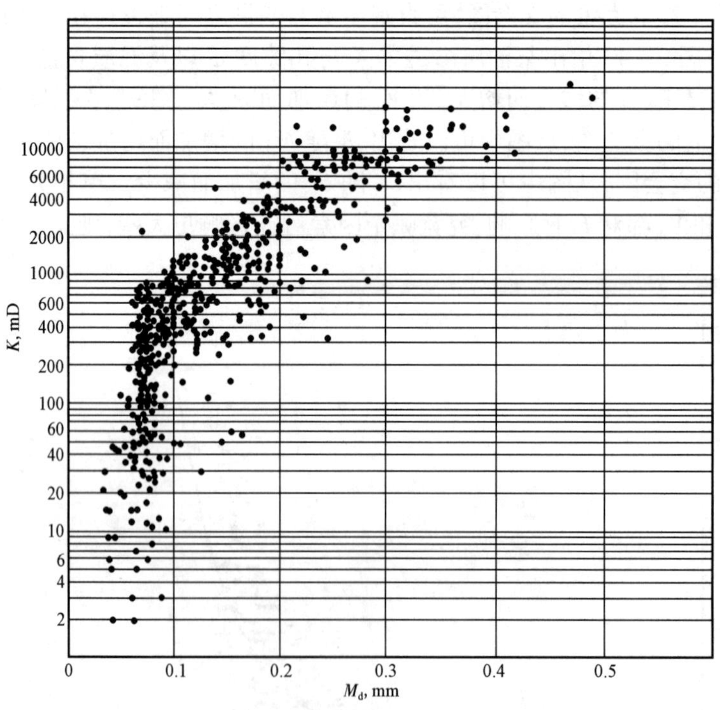

图 9-44　胜利油田沙二段渗透率与粒度中值的交会图

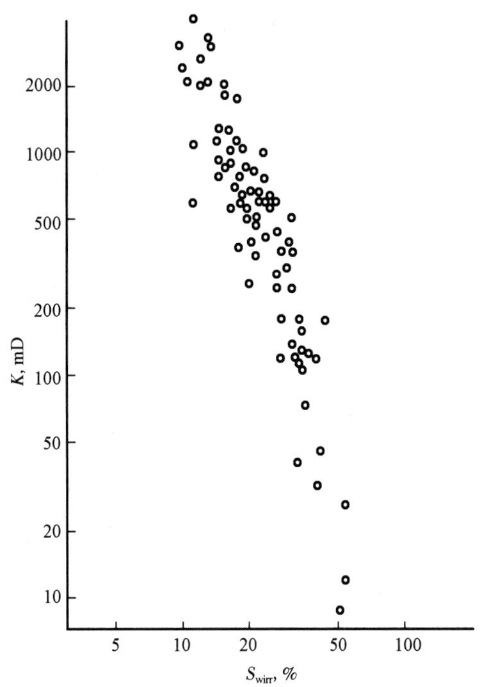

图 9－45　大庆油田某井的束缚水饱和度与渗透率交会图

2)计算两个影响因素的单相关系数

通过计算 K 或 S_{wi} 与各个影响因素之间的单相关系数,可以定量地描述各个影响因素对 K 或 S_{wi} 的影响大小,从而可分析出主要影响因素,弥补单相关图的不足。计算两变量之间的单相关系数公式如下:

$$r_{ij} = \frac{\sum_{k=1}^{n}(x_{ik} - \bar{x}_i)(x_{jk} - \bar{x}_j)}{n\sigma_i\sigma_j} \tag{9-240}$$

$$\sigma_i = \sqrt{\frac{1}{n}\sum_{k=1}^{n}(x_{ik} - \bar{x}_i)^2}, \sigma_j = \sqrt{\frac{1}{n}\sum_{k=1}^{n}(x_{jk} - \bar{x}_j)^2}$$

式中　x_{ik}, x_{jk}——第 L 块样品的第 i,j 个变量值,$L=1,\cdots,n$,$i=1,2,\cdots,m,m+1$,$j=1,2,\cdots,m,m+1$,其中,$x_{m+1,k}$代表因变量值;

$\bar{x}_i, \bar{x}_j$—— 第 i,j 个变量的平均值,$\bar{x}_i = \frac{1}{n}\sum_{k=1}^{n}x_{ik}$,$\bar{x}_j = \frac{1}{n}\sum_{k=1}^{n}x_{jk}$;

σ_i, σ_j—— 第 i,j 个变量的标准差;

r_{ij}——x_i 和 x_j 的单相关系数。

r_{ij}介于 －1 和 +1 之间,其绝对值越大,说明两者关系越密切,反之则关系越差;正值说明一个参数随另一个参数增加而增加,负值则表示一个参数随另一个参数增加而减小。

表 9－10 给出了胜利油田某井沙二段油层组各参数之间的单相关系数。由表可知,K 与 M_d 的单相关系为 0.839,说明两者相关性很好,且成正比关系;而 S_{wi} 与 M_d 的单相关系数为 －0.602,说明两者关系较密切,且成反比关系。另外,从表中还可以知道,影响渗透率的主要因素为 $M_d, V_{cl}, S_{wi}, \phi$;影响束缚水饱和度的主要因素为 V_{cl}, M_d, ϕ。在找出 S_{wi}或 K 与主要影响因素之间的关系后,就可用回归分析的方法建立求解 S_{wi}或 K 的关系式。

表 9-10　胜利油田沙二段某井油层组各参数之间单相关系数

单相关＼名称	渗透率	孔隙度	束缚水饱和度	电阻率	碳酸盐含量	粘土含量	分选系数	粒度中值
渗透率	1.0	0.316	-0.464	0.533	-0.118	-0.537	-0.272	0.839
孔隙度		1.0	-0.819	0.320	-0.332	-0.603	-0.418	0.365
束缚水饱和度			1.0	-0.576	0.195	0.670	0.306	0.602
电阻率				1.0	-0.0277	-0.464	-0.156	0.596
碳酸盐含量					1.0	0.130	0.0149	-0.153
粘土含量						1.0	0.478	-0.698
分选系数							1.0	-0.245
粒度中值								1.0

2. 确定束缚水饱和度方法

目前，用常规测井方法很难求准束缚水饱和度，只能近似确定储集层的束缚水饱和度值。束缚水饱和度确定方法如下：

1）试油资料确定束缚水饱和度

对于试油证实产油气而不产水的地层，用油基钻井液取心测得的含水饱和度值作为储集层的束缚水饱和度 S_{wi}，或用此层的电阻率资料求得的含水饱和度 S_w 作为 S_{wi}。用这种方法求出的 S_{wi} 只是一定岩性范围内束缚水饱和度的近似值，它与地层的实际束缚水饱和度有一定的偏差，而且不能确定岩性变化时实际的束缚水饱和度。实际上，因岩性变化，S_{wi} 变化范围相当大。表 9-11 给出了美国路易斯安那州海湾地区中新世储集层不同砂岩岩性的 S_{wi} 的变化范围，进一步证明了不同岩性的 S_{wi} 变化很大。

表 9-11　美国路易斯安那州海湾地区中新世储集层不同砂岩岩性的束缚水饱和度值

砂岩描述	自然伽马，API	有效孔隙度，%	束缚水饱和度，%
分选好的粗砂岩	≤30	>25	30
细砂岩，常有微含粉砂的薄夹层	>30	>25	50
微含粉砂与砂质砂岩薄互层	>30	18~25	65
粉砂质与泥质砂岩薄互层	>30	15~18	70

2）测井资料统计方法确定束缚水饱和度

表 9-10 表明，孔隙度、粒度中值、粘土含量对岩石的 S_{wi} 影响很大，另外，岩石的湿润性对 S_{wi} 也有一定的影响，而粘土含量本身与粒度中值有一定的相关性，故可考虑根据 M_d，ϕ 和湿润性建立确定束缚水饱和度的经验关系。根据我国六个油区 1774 块岩心分析数据统计分析建立的经验关系式为：

a. 中到高孔隙度砂岩（$\phi \geqslant 0.2$）

$$\lg S_{wi} = A_o - (1.5\lg M_d + 3.6)\lg \frac{\phi}{B_o} \tag{9-241}$$

式中，A_o 随胶结程度变弱、孔隙度增大和亲水性变强而减小；B_o 与此相反，即随胶结程度变弱、孔隙度增大和亲水性变强而增大。

对于高孔隙度($0.25 \leqslant \phi \leqslant 0.4$)、弱到中等胶结的砂岩,$A_o = 0.36$,$B_o = 0.114$。

对于中等孔隙度($0.2 \leqslant \phi \leqslant 0.31$)、中等胶结的砂岩,$A_o = 0.36$,$B_o = 0.1$。

对强亲水的高孔隙度($0.25 \leqslant \phi \leqslant 0.45$)、浅部、疏松砂岩层,$A_o = 0.18$,$B_o = 0.18$。

b. 低孔隙度砂岩($\phi \leqslant 0.2$)

$$\lg(1 - S_{wi}) = (0.98\lg M_d + 3.3)\lg \frac{1 - \phi}{B_o} \tag{9-242}$$

式中,B_o 与压实程度和湿润性有关,且随压实程度增加而增大,一般约为 0.7 ~ 0.8,非压实地层的 $B_o = 0.71$。

c. 计算粒度中值

在不含放射性矿物的沉积岩中,自然放射性主要是粘土和其他岩石碎屑吸附放射性物质产生的。这种吸附能力随岩性变细吸附能力增加,也就是随 M_d 减小,自然放射性增强,因此,可以建立 M_d 与 GR 之间的关系。胜利油田的 M_d 与 GR 之间的关系式为:

$$\lg M_d = C_o + C_1 \Delta GR \tag{9-243}$$

$$\Delta GR = \frac{GR - GR_{min}}{GR_{max} - GR_{min}}$$

式中　GR——目的层的自然伽马值,API;

GR_{min},GR_{max}——纯砂岩和纯泥岩的自然伽马值,API;

C_o,C_1——经验常数,$\Delta GR = 0$ 时,$\lg M_d = C_o$,$C_1 = -1.75 - C_o$。

对不同的油田或不同的地区,可建立不同的关系式。

3. 确定渗透率方法

目前,测井确定岩层渗透率的方法较多,但精度都不高,其中比较有效的一种方法是以孔隙度和束缚水饱和度为基础的统计分析方法。理论和实践都表明:K 与 V_{cl},ϕ,S_{wi}有着较好的相关性,下面介绍几种确定储集层渗透率的方法。

1)渗透率与孔隙度和束缚水饱和度的经验关系

利用测井计算的 ϕ 和 S_{wi}来计算 K,是一种常见的也很有效的确定储集层渗透率的方法。据此,已提出了许多计算渗透率的公式。

(1)Wyllie 和 Rose 的关系式:

$$K^{1/2} = c\frac{\phi}{S_{wi} - c'} \tag{9-244}$$

式中　c,c'——常数。

(2)斯伦贝谢公司的关系式:

$$K^{1/2} = c\frac{\phi^x}{S_{wi}^y} \tag{9-245}$$

式中　c——主要与油气类型有关的因子。

对中等密度的原油,$c = 250$;对于干的天然气,$c = 79$;指数 x,y 与岩石孔隙结构指数和饱和度指数有关的数,对砂岩常取 $x = 3$,$y = 1$。

(3)Timur 的关系式:

$$K = \frac{0.136\phi^{4.4}}{S_{wi}^2} \tag{9-246}$$

式中　ϕ——孔隙度,%；

S_{wi}——束缚水饱和度,%。

2)渗透率与粒度中值和孔隙度的经验关系

$$\lg K = D_1 + 1.7\lg M_d + 7.1\lg\phi \tag{9-247}$$

式中　K——渗透率,mD;

M_d——粒度中值,mm;

ϕ——孔隙度,小数;

D_1——与砂岩的压实程度、胶结物含量和分选性有关的经验值。

3)渗透率与孔隙度和束缚水饱和度及毛细管压力的关系

1981年,斯伦贝谢公司道尔研究中心指出,S_{wi}除了与烃的类型有关外,还与岩层的毛细管压力有关,所以他们提出了一种考虑毛细管压力的渗透率公式:

$$K^{\frac{1}{2}} = C \cdot \frac{\phi^3}{(C' \cdot S_{wi})^b} \tag{9-248}$$

$$C' = 1 - (0.00083p_c^{1.3} + 0.02)\sin(160\sqrt{S_{wi} - 0.04})$$

$$p_c = h(\rho_w - \rho_h)/2.3$$

式中　C'——校正系数,是毛细管压力的函数;

p_c——毛细管压力,psi;

ρ_w——水的密度,g/cm^3;

ρ_h——油气密度,g/cm^3;

h——自由水面以上的高度,ft。

(三)确定可动水饱和度和可动油气饱和度

1. 可动油气

可动油气是指在一定压差下地层中可以自由流动的油气。它的多少用可动油气饱和度和可动油气孔隙度来衡量。可动油气饱和度是指岩石含可动油气体积占有效孔隙体积的百分数,用S_{hm}表示;可动油气孔隙度是指岩石中可动油气孔隙体积与岩石体积的比值,用ϕ_{hm}表示。S_{hm}和ϕ_{hm}可用下式表示:

$$\begin{aligned} S_{hm} &= S_h - S_{hr} \\ &= 1 - S_w - (1 - S_{xo}) \\ &= S_{xo} - S_w \end{aligned} \tag{9-249}$$

$$\begin{aligned} \phi_{hm} &= \phi_h - \phi_{hr} \\ &= \phi S_h - \phi S_{hr} \\ &= \phi S_{xo} - \phi S_w \\ &= \phi_{xo} - \phi_w \end{aligned} \tag{9-250}$$

2. 可动水

可动水是地层岩石孔隙中除束缚水外可以自由流动的水,它的大小用可动水饱和度和可动水孔隙度来衡量。可动水饱和度是可动水体积占岩石有效孔隙体积的百分数，用 S_{wm} 表示；可动水孔隙度是指岩石中可动水孔隙体积与岩石体积的比值，用 ϕ_{wm} 表示。S_{wm} 和 ϕ_{wm} 可用下式表示：

$$S_{wm} = S_w - S_{wi} \tag{9-251}$$

$$\begin{aligned}\phi_{wm} &= \phi S_{wm} \\ &= \phi S_w - \phi S_{wi} \\ &= \phi_w - \phi_{wi}\end{aligned} \tag{9-252}$$

根据 $\phi,\phi_{xo},\phi_w,\phi_{wi}$ 大小，可以评价储集层中油气、水、可动油气、可动水的多少。$\phi-\phi_{xo}$ 表示残余油气多少，$\phi_{xo}-\phi_w$ 表示可动油气多少，$\phi_w-\phi_{wi}$ 表示可动水多少，$\phi-\phi_w$ 表示储集层含油气的量，$\phi-\phi_{wi}$ 表示储集层含可动流体的量。通过这些参数的重叠，可以对储集层中油气水作出综合性评价。

六、泥质砂岩气层解释

泥质砂岩气层评价是泥质砂岩储集层解释的一项重要任务，也是解释工程师必做的一项工作。为了提高泥质砂岩气层解释的符合率，必须深入研究泥质砂岩气层与油层或水层的测井响应特征差别，在此基础上，给出气层的定性或定量有效识别方法。由于天然气和石油或水的密度、含氢指数、声速等的物理性质差异很大，从而造成了气层在三种孔隙度测井曲线上与油层或水层有不同的特征。对于非压实的含气地层，Δt 值增大或出现“周波跳跃”现象；中子测井孔隙度读数明显降低，中子伽马读数明显增高；体积密度明显减小。因此，可以利用天然气的这些特有性质来识别气层。

（一）定性识别气层

基于气层的三孔隙度测井显示特征，给出了 4 种有效的气层识别方法。

1. 双孔隙度法

对于气层，ϕ_{sc} 增大，ϕ_{Dc} 增大，ϕ_{Nc} 减小，定义以下气层指示参数：

$$P_1 = 100 \times (\phi_{sc} - \phi_{Nc}) \tag{9-253}$$

$$P_1 = 100 \times (\phi_{Dc} - \phi_{Nc}) \tag{9-254}$$

其中，$\phi_{sc} = \phi_s - V_{sh}\phi_{ssh}, \phi_{Dc} = \phi_D - V_{sh}\phi_{Dsh}, \phi_{Nc} = \phi_N - V_{sh}\phi_{Nsh}$。

$P_1 > 0$ 为气层；$P_1 \approx 0$ 为水层或油层。

2. $A-K$ 法

在中子—密度交会图上，骨架点与流体点连线的斜率定义为：

$$A = \frac{\rho_{ma} - \rho_f}{\Phi_{Nf} - \Phi_{Nma}} = \frac{\rho_{bc} - \rho_f}{\Phi_{Nf} - \Phi_{Nc}} \tag{9-255}$$

式中 ρ_{bc}——经泥质影响校正后的密度测井值，g/cm^3；

Φ_{Nc}——经泥质影响校正后的中子测井值，小数。

在中子—声波交会图上，骨架点与流体点连线的斜率定义为：

$$K = \frac{\Delta t_f - \Delta t_{ma}}{\Phi_{Nf} - \Phi_{Nma}} \times 0.01 = \frac{\Delta t_f - \Delta t_c}{\Phi_{Nf} - \Phi_{Nc}} \times 0.01 \tag{9-256}$$

式中 Δt_c——经泥质影响校正后的声波时差测井值，μs/ft。

经泥质校正后的密度、中子、声波测井响应为：

$$\rho_{bc}=\rho_b-V_{sh}(\rho_{sh}-\rho_{ma}),\Phi_{Nc}=\Phi_N-V_{sh}(\Phi_{Nsh}-\Phi_{Nma}),\Delta t_c=\Delta t-V_{sh}(\Delta t_{sh}-\Delta t_{ma})$$

对于气层，ρ_{bc}和Φ_{Nc}减小，Δt_c增大，因此，A和K均变小，从而使在$A-K$交会图上含气地层点到原点的距离相对于岩性点到原点的距离减小，见图9－46。将两个距离差定义为气层识别参数：

$$P_2=\sqrt{\left(\frac{\rho_{ma}-\rho_f}{\Phi_{Nf}-\Phi_{Nma}}\right)^2+\left[\left(\frac{\Delta t_f-\Delta t_{ma}}{\Phi_{Nf}-\Phi_{Nma}}\right)\times 0.01\right]^2}-\sqrt{\left(\frac{\rho_{bc}-\rho_f}{\Phi_{Nf}-\Phi_{Nc}}\right)^2+\left[\left(\frac{\Delta t_f-\Delta t_c}{\Phi_{Nf}-\Phi_{Nc}}\right)\times 0.01\right]^2} \tag{9-257}$$

$P_2>0$为气层；$P_2\approx 0$为水层或油层。

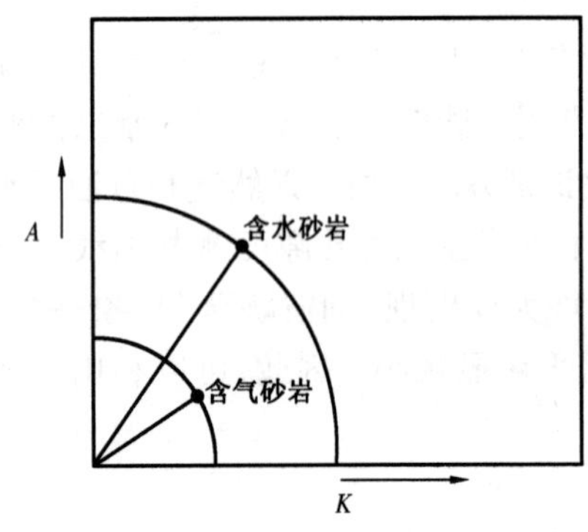

图9－46　A－K法识别气层原理图

3. 视流体时差与视流体密度之比

在真孔隙度(ϕ)与密度孔隙度(ϕ_{Dc})交会图(图9－47)上，将原点(0,0)和气层点(ϕ,ρ_{bc})的连线与ϕ=100%的竖线的交点对应的流体密度值定义为视流体密度，利用相似三角形的相似比定理，可得出视流体密度ρ_{fa}的表达式如下：

$$\rho_{fa}=\rho_{ma}-(\rho_{ma}-\rho_{bc})/\phi \tag{9-258}$$

在真孔隙度(ϕ)与声波孔隙度(ϕ_{sc})交会图(图9－48)上，将原点(0,0)和气层点($\phi,\Delta t_c$)的连线与ϕ=100%的竖线的交点对应的流体时差值定义为视流体时差，利用相似三角形的相似比定理，可得出视流体时差Δt_{fa}的表达式如下：

$$\Delta t_{fa}=\Delta t_{ma}+(\Delta t_c-\Delta t_{ma})/\phi \tag{9-259}$$

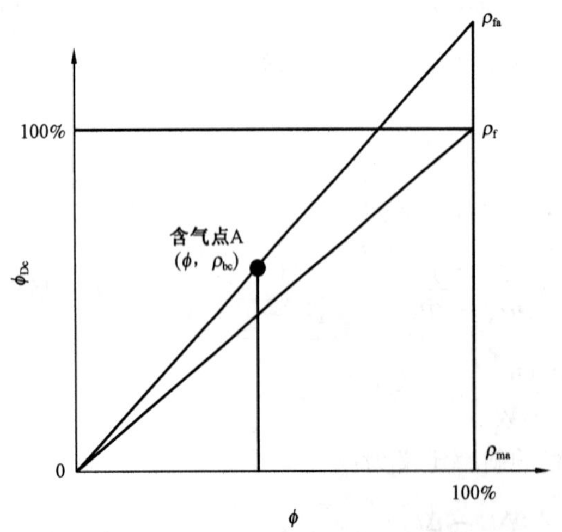

图9－47　真孔隙度与密度孔隙度交会图

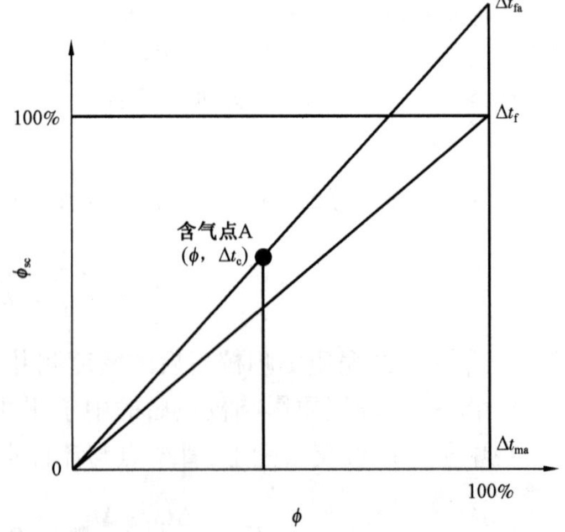

图9－48　真孔隙度与声波孔隙度交会图

当地层含气时,ρ_{bc}减小,Δt_c 增大,则 $\Delta t_{fa} > \Delta t_f, \rho_{fa} < \rho_f$,故定义如下的气层识别参数:

$$P_3 = (\Delta t_{fa}/\Delta t_f)/(\rho_{fa}/\rho_f) \tag{9-260}$$

当地层含气时,$P_3 > 1$;当地层不含气时,$P_3 \approx 1$。因此,$P_3 > 1$ 为气层,$P_3 \approx 1$ 为水层或油层。

4. 等效弹性模量差比法

岩石的等效弹性模量 E_c 定义为:

$$E_c = E\frac{1-\sigma}{(1+\sigma)(1-2\sigma)} \tag{9-261}$$

根据岩石纵波速度与 E, σ, ρ_b 之间的关系,经推导得出下式:

$$E_c = \frac{\rho_b}{\Delta t^2} \times 10^{16} \tag{9-262}$$

岩石的等效弹性模量差比值为:

$$P_4 = \frac{E_{cw} - E_c}{E_c} = \left(\frac{\rho_{wf}}{\Delta t_{wf}^2} - \frac{\rho_{bc}}{\Delta t_c^2}\right) \Big/ \left(\frac{\rho_{bc}}{\Delta t_c^2}\right) \tag{9-263}$$

式中 $\rho_{wf}, \Delta t_{wf}$——目的层 100% 含水的岩石体积密度值及声波时差值,利用纯砂岩密度和声波测井响应方程计算得出。

当地层含气时,ρ_{bc}减小,Δt_c 增大,则 E_c 减小。因此,$P_4 > 0$ 为气层;$P_4 \approx 0$ 为水层;油层与水层相近,$P_4 \approx 0$。

(二)定量识别气层

定量识别气层可以归结为确定地层的含气饱和度的问题。由于三种孔隙度测井的探测深度不同,因此,在钻井液滤液浅侵或未侵入的情况下,如高孔渗储集层或致密砂岩可采用"Kukal"模型计算泥质砂岩地层的含气饱和度,该模型采用密度、中子测井组合来求泥质砂岩储集层的含气饱和度;而在钻井液滤液侵入较深情况下,如中低孔渗储集层,可使用 $\Delta t - \phi_N$ 模型计算泥质砂岩储集层的含气饱和度。

在钻井液滤液浅侵或未侵入情况下(如致密砂岩),采用"Kukal"模型计算泥质砂岩地层的含气饱和度。

密度响应方程:

$$\rho_b = (1-\phi_t)\rho_{mt} + \phi_t[(1-S_{wxtD})\rho_h + S_{wxtD} \cdot \rho_f] \tag{9-264}$$

式中 ρ_b——地层体积密度,g/cm^3;

ρ_{mt}——干骨架密度,包括石英、长石、干粘土及碎屑颗粒,g/cm^3;

ρ_h——地层温度和压力下的天然气密度,g/cm^3;

ρ_f——密度测井仪探测范围内的液体密度,g/cm^3;

ϕ_t——总孔隙度,小数;

S_{wxtD}——密度测井仪探测范围内的总的含液体饱和度,小数。

中子响应方程:

$$\phi_N = \phi_t[(1-S_{wxtN})\phi_{Nh} + S_{wxtN} \cdot \phi_{Nf}] + V_{cl} \cdot \phi_{Ncl} - (\Delta\phi_N)_{ex} \tag{9-265}$$

式中 ϕ_N——经过岩性和环境校正的地层中子孔隙度,小数;

ϕ_{Nh}——地层温度和压力下的天然气中子孔隙度,小数;

ϕ_{Nf}——中子测井仪探测范围内的液体中子孔隙度,小数;

V_{cl}——粘土含量,小数;

ϕ_{Ncl}——粘土的中子孔隙度,小数;

$(\Delta\phi_N)_{ex}$——中子挖掘效应校正值;

S_{wxtN}——中子测井仪器探测范围内总的含液体饱和度,小数。

用 S_{wxt} 代替式(9-264)和式(9-265)中的 S_{wxtD} 和 S_{wxtN},联立式(9-264)和式(9-265)消去 ϕ_t 得:

$$S_{wxt}=\frac{\phi_{Nh}(\rho_b-\rho_{mt})-(\rho_h-\rho_{mt})[\phi_N-V_{cl}\phi_{Ncl}+(\Delta\phi_N)_{ex}]}{(\rho_f-\rho_h)[\phi_N-V_{cl}\phi_{Ncl}+(\Delta\phi_N)_{ex}]-(\phi_{Nf}-\phi_{Nh})(\rho_b-\rho_{mt})} \tag{9-266}$$

$$S_g=\frac{(1-S_{wxt})\phi_t}{\phi_e} \tag{9-267}$$

$$V_{cl}=\frac{GR-GR_{min}}{GR_{clay}-GR_{min}}$$

$$GR_{clay}=\frac{GR_{max}-GR_{min}(1-V_{clk})}{V_{clk}}$$

式中 GR_{clay}——粘土自然伽马值;

GR_{max},GR_{min}——砂泥岩的自然伽马最大值和最小值;

V_{clk}——粘土常数,典型泥岩中粘土所占的百分数;

S_{wxt}——中子和密度测井仪探测范围内总的含液体饱和度。

在钻井液滤液侵入较深情况下(如中低孔渗地层),可使用 $\Delta t-\phi_N$ 模型计算泥质砂岩地层的含气饱和度。

声波响应方程:

$$\Delta t=(1-\phi_t)\Delta t_{mt}+\phi_t[(1-S_{wxtAC})\Delta t_h+S_{wxtAC}\cdot\Delta t_f] \tag{9-268}$$

式中 Δt_{mt}——干骨架时差;

Δt_h——地层温度和压力下的天然气时差;

S_{wxtAC}——声波测井仪探测范围内总的含液体饱和度。

用 S_{wxt} 代替式(9-265)和式(9-268)中的 S_{wxtN} 和 S_{wxtAC},联立式(9-265)和式(9-268)消去 ϕ_t 得:

$$S_{wxt}=\frac{\phi_{Nh}(\Delta t-\Delta t_{mt})-(\Delta t_h-\Delta t_{mt})[\phi_N-V_{cl}\phi_{Ncl}+(\Delta\phi_N)_{ex}]}{(\Delta t_f-\Delta t_h)[\phi_N-V_{cl}\phi_{Ncl}+(\Delta\phi_N)_{ex}]-(\phi_{Nf}-\phi_{Nh})(\Delta t-\Delta t_f)} \tag{9-269}$$

然后,再利用式(9-267)求 S_g 值。

将上述气层识别方法应用于大庆油田某井,并给出了该井的测井解释成果图,见图9-49。根据成果图上的参数显示,对该井的每个储集层进行了综合解释,并将解释结果与试油结果进行了对比。1044.0~1051.0m 井段有效孔隙度为 23.6%,电阻率测井计算的含水饱和度为 35.3%,含气饱和度为 65.0%,含油气孔隙度为 15.8%,且该层在成果图上气层参数显示很好,故解释为气层,该层试油日产气量 71815m^3,解释结果与试油结果相符。1053.2~1057.9m

井段有效孔隙度为28.3%，电阻率测井计算的含水饱和度为46.2%，含气饱和度为51.3%，含油气孔隙度为15.3%，该层从成果图上看上部气层参数显示很好，而下部气层参数显示为无气，故将该层解释为气水同层，试油日产气量57335m^3，日产水7.45m^3，解释结果与试油结果相符。综上所述，气层识别效果很好。

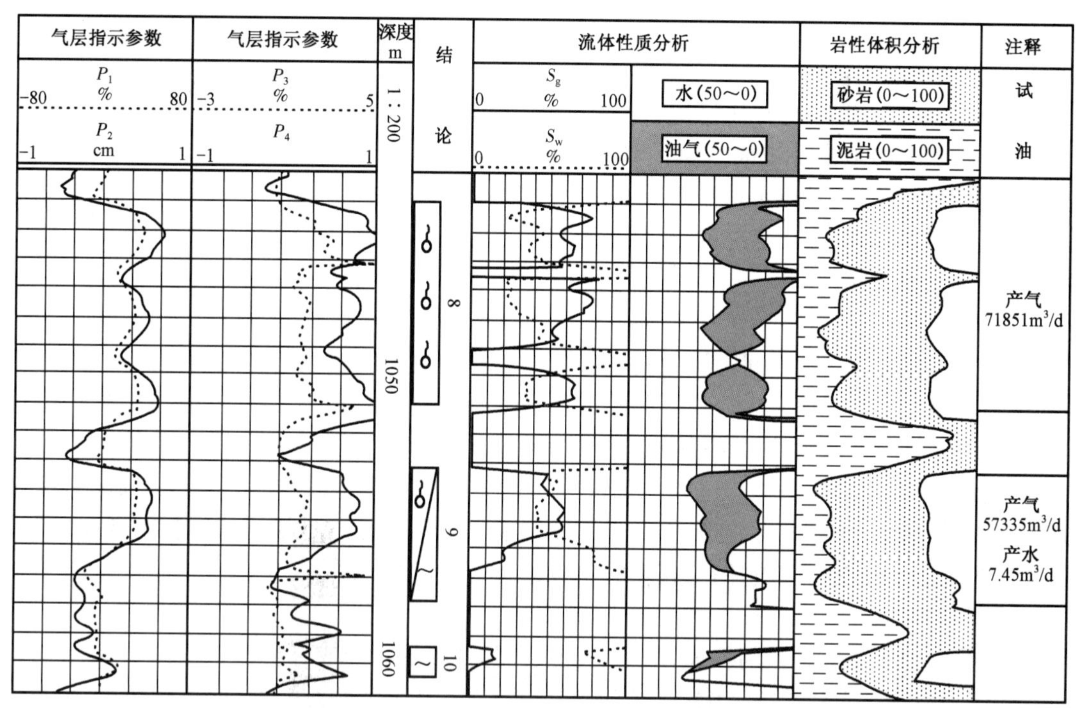

图9-49 大庆油田某井气层解释成果图

第三节 碳酸盐岩地层评价方法

与陆源碎屑岩相比，碳酸盐岩具有自己独特的性质——低孔、各向异性、非均质性，这三大特点给测井解释带来了多解性、模糊性和不确定性，大大增加了油气勘探的难度。

对于碳酸盐岩储集层来说，其测井解释的基本任务是通过计算岩石成分，识别孔隙空间结构特征，定量计算储集层的孔隙度、渗透率、饱和度等参数，最终判定有效储集层中的流体性质。

一、碳酸盐岩的孔隙空间

碳酸盐岩储集层沉积后，在成岩的后生和表生作用阶段中所形成的次生孔隙是其主要的孔隙空间，由此产生了三种基本的孔隙形态，即孔隙、裂缝和溶洞。由于次生改造作用的不同，使得孔隙、裂缝与溶洞三者之间组合特征各不相同，由此形成了复杂的孔隙空间结构。因此，碳酸盐岩储集层特征的核心是它的孔隙空间特征，也就是它的孔隙、溶洞和裂缝的发育特征及组合状况，这对于碳酸盐岩解释具有重要意义。这是因为：储集层的孔隙空间结构在很大程度上影响着地层原始流体分布状况；当地层被井钻穿后，钻井液或钻井液滤液对储集层侵入特征将受孔隙空间结构的控制；孔隙空间结构直接影响储集层的储量、产能以及生产方式；孔隙空间结构对于各种测井信息都有不同程度的影响。因此,在利用这些测井信息来研究该类储集层时,就必须建立一系列不同于砂泥岩剖面的概念和响应方程。

因此,要认识和评价碳酸盐岩储集层,最重要也是最困难的是研究其孔隙空间结构。

(一)孔与喉及其测井响应特征

1. 孔隙

1)孔隙大小的分类

微孔:直径小于0.01mm,常存在于致密结晶石灰岩、白云岩中。

细孔:直径在0.01~0.1mm之间,常存在于土状或似白垩状灰岩、白云岩中。

中孔:直径在0.1~0.5mm之间。

粗孔:直径在0.5~2mm之间,常存在于粒状或砂糖状灰岩、白云岩中。这些孔隙有粒内的、粒间的和晶间的几种。

2)孔隙的分布

由于碳酸盐岩的孔隙空间主要是由成岩期及成岩后期的次生改造作用所形成的,因而孔隙分布的均匀程度与其次生改造作用的种类和程度有关。一般来说,这种次生改造作用的种类和程度取决于两个方面,一是沉积物本身的矿物成分、颗粒大小、流体和有机物含量;二是温度、压力及其周围的化学条件。这两方面的因素对常见的次生改造作用,如压实、胶结、重结晶、矿物取代、淋滤、缝合线构造等,都有很大的影响。对碳酸盐岩地层来说,淋滤、胶结、重结晶、矿物取代是十分重要的,它们与孔隙的分布有着很密切的关系。

3)孔隙的形状

碳酸盐岩的孔隙形状差别很大,从宏观上大体将孔隙形状分成三种:一是基本为球形的孔隙,一般多为粒间孔隙和粒内孔隙;二是基本上为片状的孔隙,如有些特殊的晶间孔;三是不规则状的孔隙,如一些选择性溶蚀造成的孔隙形状就是极不规则的。实际上,孔隙形状的差异不仅影响各种测井信息的响应特征,而且还决定着储集层有效孔隙度下限值的选取。

2. 喉道

喉道是指连接孔隙之间的狭窄通道或孔隙内部变窄之处。从形态上看,可将喉道分为三种:一是管状喉道;二是孔隙缩小部分;三是片状喉道。

孔隙喉道的大小及所占比例直接影响到储集层的有效性。当80%以上孔隙喉道小于0.2μm时,为非储集层;当大多数孔隙喉道(50%或者更多)在0.2~1μm的范围内且只有少数的孔隙喉道介于1~4μm之间时,则为差的储集层;当大部分孔隙喉道(50%~80%)的宽度介于0.2~4μm之间时,则为中等的储集层;当50%的孔隙喉道宽度都超过1μm时,则为好的储集层。因此,研究孔隙喉道的大小对储集层评价具有重要的意义。

3. 孔喉的测井响应

在一般情况下,孔喉在测井曲线上的响应是明显而易于识别的,因为通常它们具有以下的特征:在曲线形状方面,表现为圆滑的U形,如电阻率呈U形降低,这与裂缝发育段的尖刺状电阻率起伏形成强烈的反差;在测井值方面表现为三高两低,即时差、电磁波传播时间、中子孔隙度增高,电阻率和岩石体积密度降低。但应指出的是,由于碳酸盐岩的孔隙、喉道主要受到次生改造的作用,使得其大小、形状、分布变化较大,这势必影响它们的测井响应,故上述特征要发生程度不同的变异。岩心分析资料与实际测井曲线对比的结果表明,孔喉分布越均匀,形状越趋于球形,孔径小而均匀则上述典型特征越明显;反之,则会出现各种异常的响应。

（二）孔洞及其测井响应

1. 孔洞

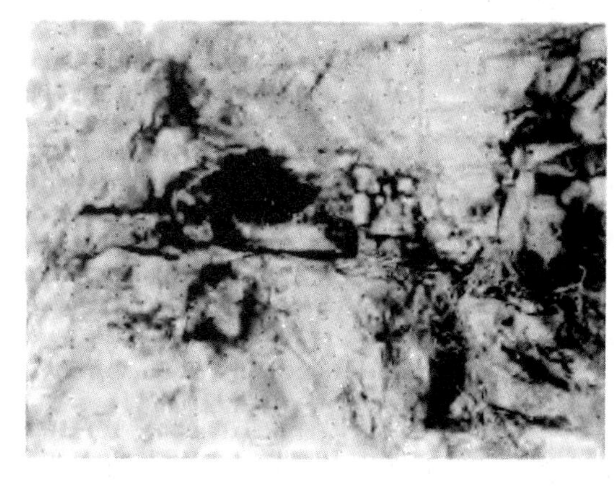

图 9－50　二叠系剖面中裂缝交叉处的大溶洞
黑—溶洞；白—方解石充填物

直径在2mm以上的孔隙称为孔洞（洞穴）。其中，直径为2～5mm者为小洞，直径为5～10mm者为中洞，直径大于10mm者为大洞。它主要由地下水的溶蚀造成，因此常发育于较纯的石灰岩地层中。由于地下水对石灰岩的溶蚀基本上是沿着裂缝进行的，故溶洞常沿裂缝分布，特别是在几组裂缝交叉的地方更易形成较大的溶蚀洞穴，见图9－50。

由于溶洞的形成受裂缝、岩性、地下水活动等多种因素的控制，因此在地层中表现出与孔喉和裂缝相比都更为突出的不均匀性。

2. 孔洞的测井响应

1）双侧向测井

侧向测井电阻率一般不反映洞穴，但若洞穴与裂缝串通起来则会造成电阻率明显降低。

2）声波时差

通常洞穴不造成纵波时差增高，只有当井壁附近有分布十分均匀的小洞时，才能使时差增高。

3）中子孔隙度

凡在中子测井的探测范围内有洞穴存在，都将对中子孔隙度有贡献，尤其当洞中被高矿化水充满时，影响将更为突出。

4）补偿密度

当密度测井仪极板正好靠在附近存在洞穴的井壁上时，则密度值下降，尤其当洞中充满天然气时密度值将下降得更明显。

总之，现有的测井方法对洞穴的探测效果不好，目前新发展的重力测井具有全方位、深探测的特点，因而最适合用于寻找洞穴。

（三）裂缝及其分类

所谓裂缝，是指岩石中因失去岩石内聚力而发生的各种破裂或断裂面，但通常是那些两个面未表现出相对移动的断裂面。由于裂缝的形成，将岩石切割成大小不等的岩块，称为基岩块。

裂缝是碳酸盐岩储集层最基本的地质特征，因为它是形成碳酸盐岩油气产层的重要条件，同时也控制着溶孔、溶洞的发育，影响着地层中原始流体的分布状况和钻井液或钻井液滤液的侵入特征。因此，要研究碳酸盐岩储集层，重要和核心的问题在于揭示裂缝的分布规律及其对孔洞的控制作用。

1. 裂缝的表征参数

1）裂缝的开度

裂缝的开度为单位井段内全部裂缝的平均宽度。碳酸盐岩裂缝的平均开度从1μm到大于1mm，标准的开度范围在60～120μm。

2)裂缝的密度

由于裂缝在地层中的发育程度受到构造应力、构造部位、地下水溶蚀、岩石成分、岩石结构与构造、岩层厚度、岩层组合等多因素的控制，因而裂缝在纵向上和横向上的分布都是极不均匀的。通常在构造应力集中、构造曲率较大的部位，在岩石脆性较大、岩层厚度较小的部位，在靠近柔性地层、风化壳、断层等部位，裂缝就越发育。为了能确切描述裂缝的发育程度，采用几种裂缝密度参数来进行表征：一是体积裂缝密度，即裂缝总面积与基质总体积的比值；二是面积裂缝密度，即裂缝累计长度与流动方向上基质的横截面积的比值；三是裂缝线密度，即垂直流动方向直线上的裂缝数与直线长度的比值，裂缝线密度也称为裂缝率或裂缝频率。

3)裂缝孔隙度

裂缝孔隙度是指单位体积岩石中裂缝体积所占的百分数，一般是取一个单位窗长(1ft)内由每个裂缝事件的平均开度来计算的。用这种计算方式得到的孔隙度实质上是井壁上裂缝数量和大小的面积量度，并外推得到体积值。裂缝孔隙度一般很低，很少大于1%，通常在百分之零点几。在计算裂缝孔隙度的所有参数中，裂缝开度是最重要的。

4)裂缝的大小

裂缝的大小(延伸长度)是指裂缝的长度与层厚度的关系，可分为较小裂缝、中等裂缝和较大裂缝。

5)裂缝的强度

裂缝的强度表示为裂缝的密度与岩层厚度频率的比值，如果只存在一层则强度实际上就是线密度。

6)裂缝的方向

裂缝的方向是指裂缝面的倾向和走向。

2. 裂缝的分类

1)按宽度进行分类

裂缝按其平均宽度的大小分为微裂缝(宽度小于0.15mm)，中等裂缝(宽度为0.15～2mm)、粗大裂缝(宽度大于2mm)。

2)按充填状况分类

按充填状况可以将裂缝分为张开缝和充填缝。充填物质主要包括沥青、方解石、粘土、石膏质等。充填方式包括晶状充填、薄膜状充填和脉状充填。

3)按渗流状况进行分类

按渗流状况可以将裂缝分为有效缝和无效缝。裂缝的有效性与裂缝的充填状况有关。当裂缝为粘土质、脉状充填时，对裂缝的有效性影响很大，甚至可能使裂缝成为无效缝；而当裂缝为方解石晶粒状充填，则仍然可能为有效缝。

4)按构造应力进行分类

在主应力和剪切应力作用下，岩层中将发生张性破裂缝和剪切破裂缝。当岩层未褶皱时，各应力的作用可使岩层产生平行于最大主应力方向的横张性裂缝，同时产生一组平面上的剪切缝，在剖面上则为一组垂直于层面的裂缝；当岩层褶皱变形后，因产生了次一级的构造应力，于是在褶皱轴部发生垂直于原最大主应力的纵张性裂缝，即平行于长轴方向，同时地层层面间可能发生脱离而出现平张缝，另外，还产生了一组剖面上的剪切裂缝，在平面上表现为一组平行于构造轴的裂缝。这些裂缝由于是不同应力作用所产生的，因而有着不同的特征。通常张性缝的延伸都不很大，而剪切缝可延伸较远，因此张性缝常常沿着剪切裂缝出现，见图9－51。构造裂缝有明显的方向性和组系性，见图9－52。

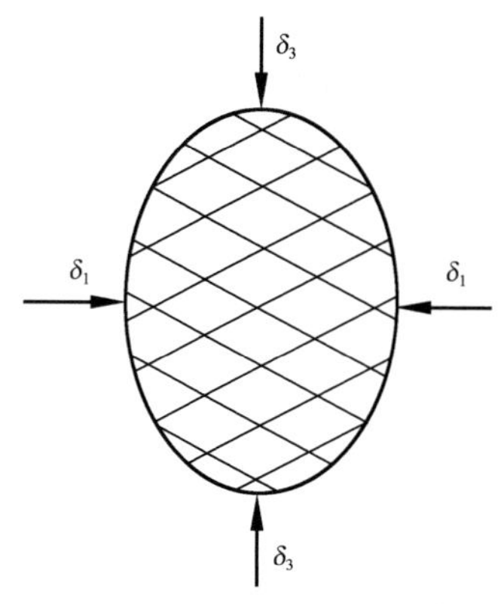

图 9－51　张性缝与剪切缝的关系

粗线—张性缝；细线—剪切缝

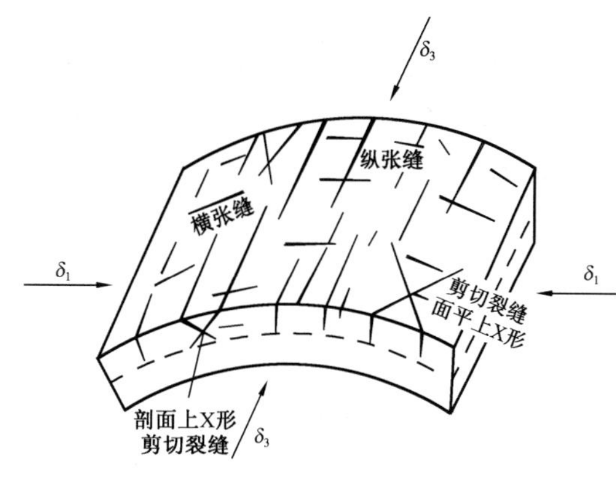

图 9－52　在平面和剖面上的构造裂缝示意图

5）按裂缝与井轴之间夹角分类

如果以井轴为参照系，可将裂缝分为：

高角度裂缝：裂缝面与井轴之间的夹角为 0°～15°。其中，与井轴之间的夹角为 0°的裂缝称为垂直裂缝。

斜交裂缝：裂缝面与井轴的夹角为 15°～70°。如果裂缝与井相交，又称过井裂缝。

低角度裂缝：裂缝面与井轴的夹角为 70°～90°。其中，与井轴之间的夹角为 90°的裂缝称为水平裂缝。

6）按成因分类

裂缝按其成因可分为天然裂缝和人工诱导裂缝两大类。天然裂缝又分为构造裂缝和非构造裂缝；人工诱导裂缝又可细分为钻具震动形成的裂缝、重钻井液与地应力不平衡形成的压裂缝及应力释放缝。

7）按裂缝组合特征分类

当某一层只有其中一种裂缝时，称之为单组系裂缝。单组系的高角度裂缝系统表现出明显的方向性。当某一层段有几种裂缝同时发育时，则称之为网状裂缝。网状裂缝系统从宏观来看，没有明显的方向性，故可当作一个均匀体系。

以上的分类是从不同角度对裂缝进行划分的，但是它们彼此之间并不是相互独立的，而是相互联系的。例如，一个构造成因的裂缝既可以是开启缝，也可以是有效缝；既可以是张性缝，又可以是多条裂缝交织在一起的网状缝。

二、碳酸盐岩储集层分类与划分

（一）碳酸盐岩储集层的分类

经验表明，在碳酸盐岩储集层中的孔隙空间常常不是单独存在的，而是以不同的方式组合在一起的，因此，不同类型的碳酸盐岩储集层在渗流特性、储油能力、产能、产出状态、测井响应和油井生产的递减率等方面都存在着很大的差异。因此，正确分析碳酸盐岩储集层的类型，直接关系到油田的综合评价、勘探与开发的决策以及最终影响油田开发的经济效果。

碳酸盐岩储集层分类的原则主要是从各种测井信息对各种孔隙空间的反映程度即识别能力和各种储集层的储集空间的类型以及相应的产能之间差异来进行划分的。据此可以将碳酸盐岩储集层划分为孔隙型储集层、纯裂缝型储集层、裂缝—孔隙型储集层、裂缝—洞穴型储集层四种。

1. 孔隙型储集层

该类储集层可发育于石灰岩或白云岩中，其储集和渗滤空间都以各种孔隙为主，裂缝的作用很小，因此储集性能的好坏受到孔隙和喉道的大小、分布、胶结、充填物性质等多种因素的控制。这与一般孔隙性砂岩储集层类似，所不同的是，前者多为次生孔隙，因而具有更大的非均匀性。如局部白云岩化形成的次生孔隙就具有很大的非均匀性，它们可能在纵向上和横向上都互不连通，因而难于构成工业性储集层，但在测井曲线上却有一定的反应，这就为储集层的测井解释增加了难度。

2. 裂缝型储集层

这是指在致密碳酸盐岩中因发育了较多的裂缝而形成的储集层。其基岩块孔隙度很低，常在1%以下；孔隙的直径也很小，大部分在0.01mm以下，故基本无储渗价值。储集层的储集空间和渗滤通道主要由裂缝贡献，因此只有当储集层厚度较大、裂缝很发育且延伸较远时，才能成为有工业价值的储集层。

这种裂缝型储集层多发育在岩性不纯的碳酸盐岩剖面如泥灰岩和含燧石灰岩中。因为这些地层不但基岩块孔隙度很低，而且也难于形成一些溶蚀的孔、洞和裂缝，故它的裂缝主要是由构造运动应力作用而产生的，所以常在褶皱剧烈的部位或断裂带、断层附近形成。

裂缝型储集层的储油能力都是由裂缝性系统提供的，一般来说，这种类型油层以具有很高的原油初产量为特征，然后在很短的时间内产量大幅度下降，甚至降低到具有经济开采价值的经济下限值以下。

由于裂缝型储集层主要是因构造应力作用而产生的，所以它的裂缝常具有明显的组系性。为此，可根据裂缝组系状况的不同，再进行如下的细分类。

1）高角度裂缝型储集层

它主要发育于厚层块状的致密灰岩中。其裂缝可能只在一个方向上对地层进行垂直条带状切割（常称为单组系高角度裂缝层），也可能在几个方向上进行垂直切割（常称为多组系高角度裂缝层）。

2）低角度裂缝型储集层

它主要发育于岩性在纵向上变化较大且储集层厚度较薄的层段，其裂缝产状基本平行于层面。此类储集层的工业价值经常被人们忽视，但近年来，大量实际勘探资料及岩心和地面露头观察表明，低角度裂缝不但普遍存在，而且也未被完全“压死”，在很多低角度裂缝发育段获得了工业油气流。

3）网状裂缝型储集层

当高角度裂缝和低角度裂缝并存时，裂缝对岩石产生近似立方体形状的切割，则形成网状裂缝型储集层，这常常是裂缝型储集层中最好的一种。

3. 裂缝—孔隙型储集层

这类储集层是在岩石具有较高有效孔隙的背景上又被各种裂缝切割所形成的，因此其主要储集空间是基岩块的孔隙，其主要的渗滤通道则是裂缝。这种储渗作用的分工使得该种储集层表现出孔隙空间结构上明显的双重介质特征。

这一类储集层又可以按照裂缝系统与基块孔隙之间储油能力的匹配程度分为两大类。

1）A类

A类的主要特点是基块孔隙的储油能力明显大于裂缝系统的储油能力。这种类型的储集层基块的孔隙特别高，往往大于10% ~20%，而裂缝一般只占孔隙体积的10%[图9-53(a)]，因此地层渗流特性与均匀地层相近。

2)B类

B类的主要特点是裂缝的储油能力与基块孔隙储油能力基本相似。这是一种理想孔隙组合[图9-53(b)]。一般这类储集层的基块孔隙度不大，平均约为5% ~15%。储集层基块孔隙度虽然不大，但具有良好的储集与渗流能力，而且由于有发育的裂缝系统，又提供了极好的渗流通道，因此裂缝系统的含油气饱和度也趋于100%。

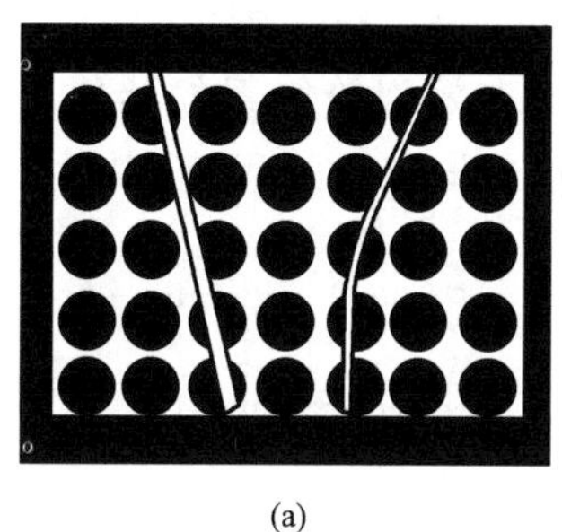
(a)

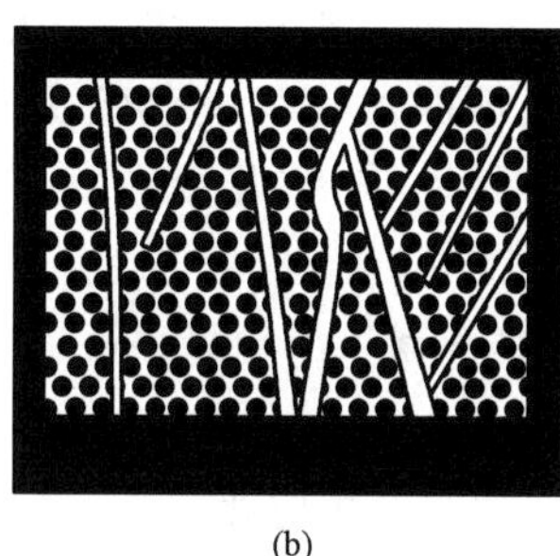
(b)

图9-53　裂缝—孔隙型储集层的分类

4. 裂缝—洞穴型储集层

在裂缝型储集层的背景上，由于地下水的溶蚀作用，发育了许多洞穴，从而形成了裂缝—洞穴型储集层。此类储集层基岩块孔隙度很低且孔径很小，不具有工业价值。洞穴提供了主要储集空间，裂缝为主要的渗流通道，但是由于裂缝和溶蚀洞穴往往串在一起，实际上很难区分。

(二)碳酸盐岩储集层的划分

1. 碳酸盐岩储集层划分的特点

碳酸盐岩储集层的测井解释和其他储集层的测井解释一样，都是要回答几个基本的问题：一是有效储集层在哪里的；二是它含什么性质的流体；三是如果它含有油气，那么油气的饱和程度怎样，油气的采出程度如何。为了回答这些问题，对于任何储集层都必须排除很多地质因素对测井信息的影响，以突出测井信息与上面几个问题之间的关系。但正如前面所述，由于碳酸盐岩储集层有很多区别于其他储集层的地质特征，使得碳酸盐岩储集层的划分与解释具有以下三个特点：

(1)定性划分储集层具有特别重要的意义，这是由于在碳酸盐岩剖面中准确识别裂缝的有效性难度很大，同时也由于任何半定量或定量的计算和计算机处理，都必须以准确的定性判断为基础，否则将很可能导致严重的错误解释。

(2)在解释方法上具有更大的综合性，即不仅要考虑测井信息的量，还必须注意曲线的形状；不仅要尽量使用各种测井响应，还必须综合地质、钻井、试采等方面的资料。

(3)在解释结果上常常具有更大的不确定性，如解释的高孔隙度层段却往往可能对应着比较差的连通性，解释的裂缝发育段却可能是径向延伸很浅的无效裂缝，测井曲线上极不明显的裂缝响应却可能是蕴藏着巨大产能的而未与井壁相切割的高角度天然裂缝或溶洞，呈明显水层特征的层位却可能是侵入很深的低角度裂缝高产油气层。

这些现象使碳酸盐岩储集层评价更加困难，因此如何处置解释的不确定性，将是碳酸盐岩储集层测井评价的关键所在。

2. 碳酸盐岩储集层划分的影响因素

用测井资料定性划分碳酸盐岩储集层段,其平均准确率约为60% ~70%,难于满足油气勘探、开发对测井提出的要求。现场实践经验表明,影响碳酸盐岩储集层划分准确率的因素包括:(1)储集层类型多,使之测井响应特征变化大,不易掌握;(2)非均质性突出,使得测井响应与储集层实际物性好坏的对应关系变差;(3)真假储集层的测井响应特征相似,稍稍人为的疏忽或测井信息不足都很容易造成错划或漏划储集层。

因此,碳酸盐岩储集层划分,就是去伪存真的过程:排除貌似具有一定孔隙度、一定裂缝发育的非储集层,而保留具有一定有效孔隙度、有效裂缝组系的储集层,进而辨别出它的储集类型,再综合各种地质、钻井资料,分析储集层非均质的程度,从而最后确认划分层段的有效性。

3. 碳酸盐岩储集层划分的常规方法

通常划分碳酸盐岩储集层的方法可归纳为以下四个步骤。

1)鉴别岩性,去掉非储集层段

a. 致密层

致密层电阻率高于2000Ω·m;各种测井视孔隙度均小于1%;裂缝识别测井或电磁传播测井无裂缝显示;声波变密度测井条纹清晰,黑白反差很强;纵横波声波幅度无衰减(在井径不扩大时);自然伽马放射性低值(一般小于10API)。

b. 泥质层

泥质层呈高自然伽马放射性,尤其以钍、钾含量高为主要特征;低电阻率;时差增高;中子孔隙度明显增大;电磁波传播时间与幅度衰减率曲线同时出现高值异常;体积密度略有降低,但经常因含有黄铁矿而使密度值非但不降,反而大于石灰岩的密度值。

c. 炭质层

炭质层自然伽马放射性不高;中子孔隙度高;密度小;时差高;与有效储集层特征十分类似,不同之处主要在于炭质层的电阻率偏高。

在除去上述三种非储集层段后,剩下的就是可疑储集层或储集层。

2)寻找相对低电阻率层段

在碳酸盐岩剖面中,储集层总是以相对低电阻率的特征出现,因此,首先应在剩下的可疑层中划出相对低电阻率段,然后再分析造成电阻率低的原因。除上述的泥质层外,有些碳酸盐岩中含有较多的黄铁矿,尤其是条带状的黄铁矿,将造成电阻率明显降低,故必须将其排除。具体方法是:在密度测井曲线上比石灰岩和白云岩密度值更高的低电阻率层应予以排除。

3)寻找具有一定孔隙度的地层

在上述非泥质、不含黄铁矿的低电阻率层段中寻找具有一定孔隙度的地层,主要是找声波时差增高、体积密度降低的地层,中子孔隙度仅作参考,因为气层的中子孔隙度不会明显增高。至于选取的孔隙度下限值,应根据不同地区、不同地层所确定的有效孔隙度下限值为准,然后再分别折合成各种测井信息的视孔隙度下限值。

4)寻找有效裂缝发育段

首先根据各种裂缝的测井响应特征,识别出裂缝段,进一步分析裂缝的产状和组合情况,然后再对这些层段的裂缝进行有效性分析。裂缝的有效性主要决定于它的张开度和径向延伸情况。

a. 裂缝张开度的估算

根据双侧向测井电阻率和幅度差异大小，可用图版分别估算水平裂缝和垂直裂缝的平均张开度。

b. 裂缝径向延伸深度的估算

高角度裂缝的径向延伸是一个十分重要的概念，因为它直接关系到如何鉴别那些毫无意义的人工裂缝（如钻具振动造成的裂缝）和那些没有工业价值的浅裂缝（如节理、局部未充填的裂缝等），以找出具有工业价值的径向延伸较深远的裂缝。当然，要定量解决这一问题是十分困难的，但一般可利用双侧向曲线特征作出近似的估计。

如果将侵入带的视几何因子为0.5时的侵入带半径定义成侧向测井的探测深度，则浅双侧向测井的探测深度为30～50cm，而深双侧向测井的探测深度在1.5m以上，一般可达2～3m。当裂缝径向延伸0.5m时，深、浅双侧向都因主要受到岩石骨架电阻率的影响而使得电阻率都相当高，在低孔灰岩层段一般高于3000Ω·m，在孔隙灰岩、白云岩段一般在1000Ω·m以上，同时，深、浅双侧向电阻率的比值为5～11；当裂缝径向延伸在2.5m以上时，深、浅双侧向都将主要受侵入带影响，故电阻率均明显降低，比值也将随之减小，但不可能等于1。表9－12给出了裂缝径向延伸情况与深、浅双侧向电阻率及其比值范围的对应关系。

表9－12　裂缝径向延伸深度与电阻率的关系

裂缝的径向延伸情况	储渗意义	地层性质	电阻率，Ω·m		深、浅侧向比值
			深侧向	浅侧向	
径向延伸小于0.5m的人工裂缝	无储渗意义	低孔石灰岩	大于8000	大于3000	小于5
		具有效孔石灰岩	大于1000	大于1000	
径向延伸为0.5～2.5m的浅裂缝	无储渗意义	低孔石灰岩	2000～8000	小于3000	5～11
		具有效孔石灰岩	大于1000	小于1000	
径向延伸大于2.5m的深裂缝	有一定的储渗意义	低孔石灰岩	小于2000	小于1000	小于5
		具有效孔石灰岩	小于1000	小于500	

4. 特殊碳酸盐岩储集层的识别

1）高角度裂缝性储集层

现用的测井方法对高角度裂缝的响应都不够灵敏，甚至有时根本就不反映。如纵波时差或贴井壁式的测井仪器测量时正好未覆盖到裂缝，则对裂缝就无反映；此外，高角度裂缝与井身相截割的概率较小，故有时可能出现储集层本身裂缝较发育，但却碰巧与井壁很少截割，因而现用测井曲线不能反映的情况。正是由于上述两个原因，使得用测井曲线的常规解释难于发现这类储集层，发生漏划的失误。但该类储集层可能是高产层，特别是经酸化压裂改造后，可能获得显著的效果。如昌2井的二叠系在断层附近的2462～2467m层段，双侧向出现正差异，裂缝识别有少量异常，但纵、横波都未衰减，见图9－54。按常规解释方法，这只能是很差的裂缝性储集层的反映。经射孔测试产微气，但经酸化压裂后产气$41.2\times10^5m^3/d$。这表明该储集层正是与井壁截割很少的高角度裂缝性储集层。显然，对待这种储集层用常规解释方法是很容易失误的，为此必须寻找新的解释方法和探测技术。

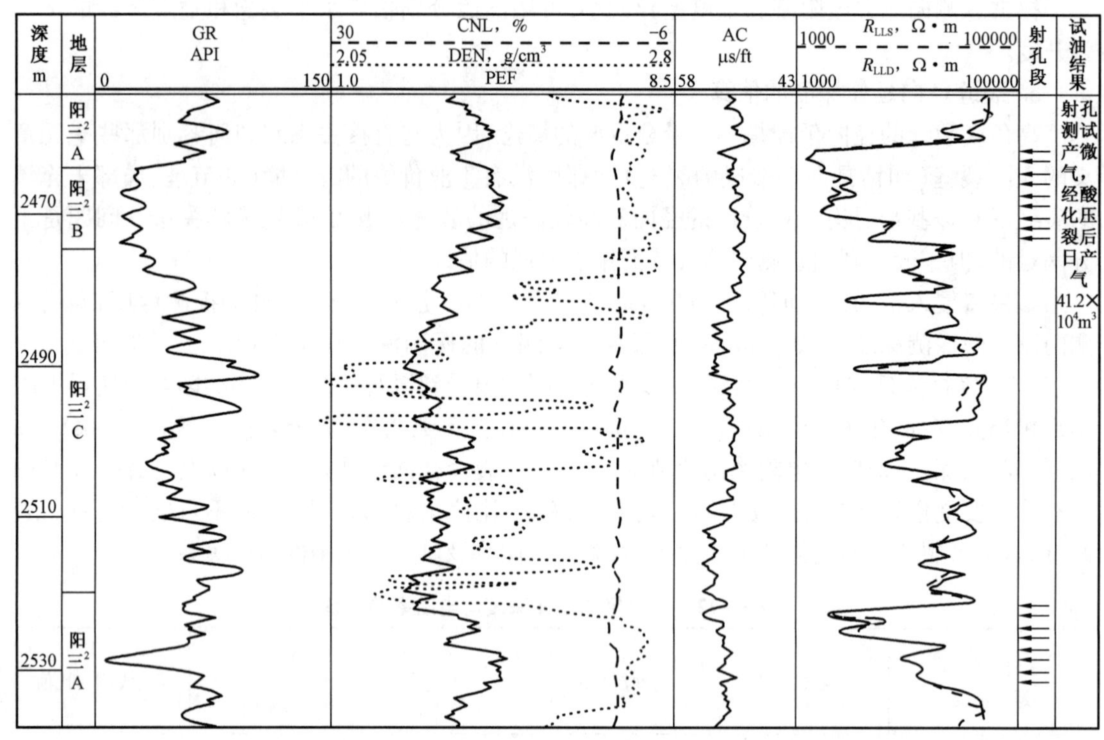

图 9-54　昌 2 井测井曲线图

要从根本上认识这类储集层，必须要有探测深度大、与裂缝是否和井壁相截割无关的测井方法。如重力测井、VSP 测井都可作为探测此类储集层的有效手段。此外，可通过研究长源距声波测井全波列后续波的干涉情况以及双侧向测井高电阻率背景的电阻率起伏特征来估计井壁附近垂直裂缝的发育程度。如果发现横波以后的续至波有一定的衰减或干涉，双侧向电阻率在 2000～5000Ω·m 范围内起伏较大，则应视为与井壁截割较少的高角度裂缝性储集层。

2）高放射性储集层

在碳酸盐岩剖面中，除了泥质地层自然伽马放射性较高外，富含有机质的碳酸盐岩地层及裂缝中有放射性铀盐沉淀的地层均具有相当高的自然放射性。对于后两种地层，只要裂缝发育，都能成为储集层。因此，不能不加区分地将高放射性地层排除，而必须根据自然伽马能谱曲线响应决定取舍。凡钍、钾含量较高（钍在 10g/t 以上，钾在 1% 以上）的地层为泥质层，予以排除；若只有铀含量高，则可能为含有机质层或裂缝中有钾盐沉淀的地层，这时不管自然放射性总值高低，只要它具有一定孔隙度和有效裂缝的测井响应特征，都应该划为储集层。

在碳酸盐岩储集层评价中，首先准确划分出储集层段，具有十分重要的意义。划分储集层的过程就是从测井资料中去伪存真的过程，也就是去掉那些貌似储集层的干层，留下具有储渗价值的储集层。

三、碳酸盐岩储集层流体性质识别技术

地层流体性质的识别与判别虽然是一种定性的解释，但出于钻井测试工程的需要，通常要求测井解释人员在井场就应作出判断，而且解释方法应力求直观、快速，解释结果应尽量准确，

否则将可能影响到整口井的产出水平。因此,及时对地层流体性质作出判断,在碳酸盐岩储集层测井解释中是非常重要的。

(一)直观判别法

当地层压力大于钻井钻井液液柱压力且地层流体已进入井中时,可用梯度井温、微差井温、噪声测井、井内流体电阻率、井内流体密度等方法直接探测各种地层流体在井筒中表现出的不同物理特性,以达到区分地层流体性质的目的。至于具体用哪些方法更为合适,则取决于井剖面的情况。如判别气、水层,则用井温、噪声、流体密度等测井方法较好;如判别油、水层,则用流体电阻率和持水率等测井方法较好。但应用上述资料时,需注意排除一些干扰因素。如用井温曲线时,应排除井径增大、岩盐溶解形成的低温异常,井漏形成的台阶状异常;用流体电阻率曲线时,应排除井漏层、岩盐溶解引起的异常。

当地层压力小于或等于钻井钻井液液柱压力且地层流体不可能进入井中时,一般不采用直观判别法。只有当储集层岩性、地层水矿化度较清楚且储集层类型为孔隙型或网状裂缝—孔隙型时,可采用深侧向测井电阻率数值的高低直接判别地层含流体性质,否则只有通过重复式地层测试器取样分析来判别。但应指出,对低孔隙—裂缝型储集层,不宜用重复式地层测试器进行取样,因为这时或者是取样极板密封失败而取到钻井液,或者是极板贴到致密岩块上而根本取不出地层流体样品。

(二)交会图识别法

该法是利用两种或两种以上的测井信息并通过一定的交会图显示地层的不同流体性质。这种方法的类型很多,但各类方法的应用条件不相同,应用效果也不同,因此,首先应该了解储集层的基本地质特征,然后选好测井信息和交会方法。

1. 径向电阻率变化特征法

这种方法的本质是利用钻井液或钻井液滤液对储集层发生侵入后而造成井壁附近径向上电阻率发生变化,且变化特征与地层流体性质密切相关。在实际应用中采用不同探测深度的电阻率测井(如双侧向、微球形聚焦)反映距井壁不同径向深度范围内的储集层电阻率差异,判别地层流体性质。显然,对于油气层来说,电阻率将随着探测深度增加而增大;对于水层来说,当地层水矿化度高于钻井液矿化度时,电阻率将随着探测深度增加而减小。

当地层岩性较复杂难于求准孔隙度,或当井剖面中无已知水层又不确切知道地层水矿化度时,最好选用径向电阻率变化法,因为它可以避开上述地质因素的干扰而突出地层流体性质的差异。但应注意,当储集层具有单组系的裂缝时,即以低角度裂缝为主或以高角度裂缝为主时,由于裂缝使深、浅双侧向电阻率发生畸变,使得低角度裂缝储集层常出现负幅度差,高角度裂缝储集层常出现正幅度差,因而完全掩盖了深、浅双侧向电阻率对地层流体性质差异的响应。

2. 时间推移法

这种方法的地质依据与径向电阻率变化特征法一样,均是对钻井液或钻井液滤液侵入特征的反映,主要区别在于:径向电阻率变化特征法是在同一时间用不同径向探测深度的测井仪器反映储集层在距井壁不同径向深度范围内某种物理性质的差异来判别地层流体性质;而时间推移法是用同一种仪器在不同时间测量储集层在井壁一定径向深度范围内某种物理性质随时间的变化来判别地层流体性质。

用好时间推移法的关键在于选好测井方法和测量时间两个因素,而要选好这两个因素的根本则在于对储集层类型及其地质特征的认识。下面将具体分析它们之间的关系。

1）测井方法的选择

对岩性比较复杂的孔隙型和裂缝—孔隙型储集层，应选用深双侧向测井方法较好；而针对岩性较纯、泥质含量很低的孔隙型和裂缝—孔隙型储集层，最好选用中子测井，因为它不仅可以作为裸眼井的时间推移测井，而且也可作为套管井中的时间推移甚至下套管前后的时间推移测井，这对于研究储集层在开发中的流体性质变化是很有帮助的。至于其他探测深度很浅的测井方法，如补偿声波测井、补偿密度测井、电磁波传播测井则不论地层性质如何，都不宜用作时间推移测井。

2）测量时间的选择

它既与储集层性质有关，又与测井方法的选择有关。当地层的裂缝很发育、渗透率高时，由于钻井液侵入很快，因而几次测量时间的间隔应小，尤其是在选用探测深度不够大的中子测井时，时间间隔更应该小；反之，对于低孔、低渗储集层，则可以适当加大时间间隔。

总之，只要选好了上述两个因素，时间推移法可以取得很好的地质效果，即使在相当复杂的地质条件和较差的井眼条件下，可以成功地识别出地层的流体性质。但这种方法也存在一定的缺陷，如当储集层为低孔裂缝型时，由于钻井液很快深侵，以至于第一次测井时侵入深度就已超过各种测井方法的探测深度，则不宜采用时间推移法。此外，时间推移法大大增加了测井工作量，占用了更多的钻井时间，所以在裸眼井情况下一般尽量不要用时间推移法。

3. 视孔隙度比较法

这种方法是利用不同地层流体对各种孔隙度测井信息影响程度和方式上的差别来识别流体性质的。

在常规孔隙度测井系列中，可通过比较中子、密度、声波视孔隙度大小来判别地层的流体性质。当以淡水的流体参数来计算中子、密度、声波测井的视孔隙度 ϕ_N，ϕ_D，ϕ_s 时，对于不同的储集层流体性质，则有淡水层的显示特征为 $\phi_N = \phi_D = \phi_s$，油层的显示特征为 $\phi_N = \phi_D = \phi_s$，盐水层的显示特征为 $\phi_N > \phi_D > \phi_s$（当地层孔隙度在 5% ~35% 时，氯元素的存在使 ϕ_N 异常增大，尤其在白云岩储集层更为显著），天然气层的显示特征为 $\phi_D > \phi_s > \phi_N$。因此，可利用以上视孔隙度关系来判别地层流体性质。视孔隙度比较法最适合于岩性较纯、孔隙度较高的孔隙型的气、水层识别。

4. 纵横波时差交会法

国外实验资料表明，当地层中含有天然气时，声波纵波速度 v_P 明显下降，而横波速度 v_S 则随着压力增高而略有增高，因此，当地层含气时，比值 v_S/v_P 或 $\Delta t_P/\Delta t_S$ 大于水层的比值，因此可以利用此结果来识别天然气层。

利用纵、横波时差交会法中应注意以下因素的影响：

（1）岩性影响。岩性的差异也将会造成 $\Delta t_P/\Delta t_S$ 比值的不同，因此，当两个储集层的岩性不同时，首先要进行岩性校正，然后再比较时差比值的大小。

（2）孔隙度影响。岩性相同且含流体性质一样的储集层，如孔隙度不等，则 $\Delta t_P/\Delta t_S$ 的比值也会不同。显然，含气层的孔隙度越大，其比值也越大。因此，最好将该值与孔隙度进行交会，以消除孔隙度的影响，而突出地层流体性质对比值的贡献。

（3）裂缝影响。当储集层中有裂缝发育时，纵、横波时差交会法的应用效果会大大降低，尤其是以垂直裂缝为主时，因纵波不受流体性质影响，而横波所受影响甚微，故使该方法基本没有效果。

5. 孔隙度与电阻率交会法

为了消除孔隙度差异给储集层含流体性质识别带来的影响，可采用孔隙度与电阻率交会识别地层流体性质。该方法是利用阿尔奇公式得出如下的孔隙度与电阻率之间的关系：

$$\frac{1}{\sqrt[m]{R_t}} = \left(\frac{S_w^n}{abR_w}\right)^{\frac{1}{m}}\phi \quad (9-270)$$

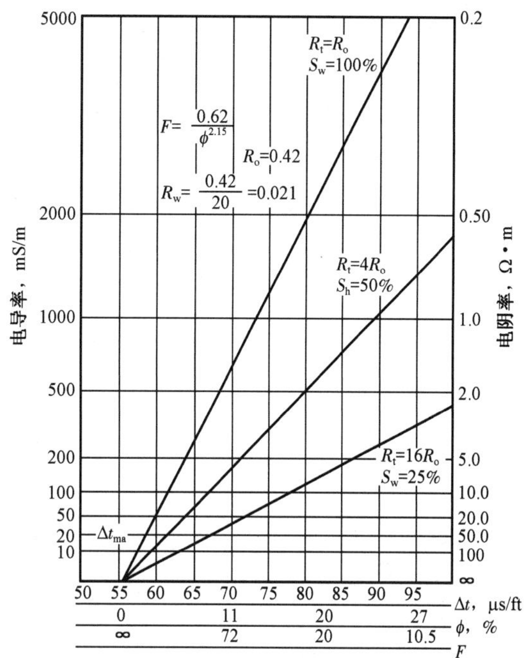

图 9－55　孔隙度与电阻率交会图

利用式（9－270）制作如图 9－55 所示的交会图。图中的水线由已知水层得出或由已知水层的 R_w 值计算得出。有时还可以作一条 $R_w=R_{mf}$ 时的水线，这是针对钻井液滤液侵入较深时而作的，因为钻井液深侵将使实际水层点不落在 R_w 水线上而落在 R_{mf} 水线上或落于二者之间。这样，油气层的饱和度线就应以 R_{mf} 水线为标准来刻度。此外，还可作一条泥岩线，当在解释剖面中既无已知水层又不知道水层电阻率时，可用邻近泥岩层确定的刻度线近似当作原始地层水线。

在应用孔隙度—电阻率交会图时，必须注意储集层泥质含量和裂缝发育状况对解释结果的影响。因为电阻率对这两个因素都十分敏感，甚至超过对地层流体性质的灵敏程度，所以最好按如图 9－56 所示的模型进行一定的泥质校正。

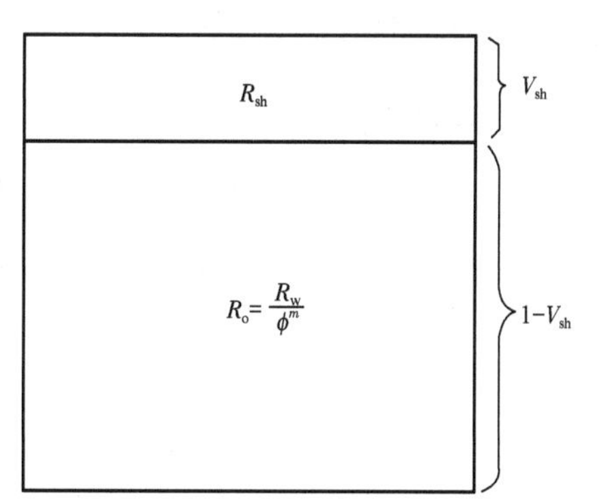

图 9－56　含泥地层电阻率模型

由于电阻率反映的是含水孔隙度，故可假定地层含水饱和度为 100%，则此时含泥质地层的电导率 C_{tsh} 可用如下公式表示：

$$C_{tsh} = \frac{V_{sh}}{R_{sh}} + \frac{\phi^m(1-V_{sh})}{R_w} \quad （设 a=1） \quad (9-271)$$

而不含泥质的纯地层的电导率 C_{tc} 可表示为：

$$C_{tc} = \frac{\phi^m}{R_w} \quad (9-272)$$

比值 C_{tsh}/C_{tc} 为由地层含泥质所造成的电导率增大系数，用该比值可对含泥质地层进行较粗略的电阻率校正。

裂缝影响的校正在碳酸盐岩剖面中更是一个普遍而困难的问题。因为已知水层的裂缝发育状况常常与目的层的裂缝发育状况不相同，而若用已知地层水电阻率计算的水层电阻率就更没有考虑裂缝的存在。这样很可能使低角度裂缝为主的油气层落在水线以上，而高角度裂缝为主的水层却又可能掉到水线以下的油气区里，因此必须要先对储集层进行裂缝识别。若遇上述两种裂缝性储集层，则对其电阻率应作校正。校正方法如下：

高角度裂缝储集层的电阻率校正量为 $R_c = R_{LLD}/1.5$，而低角度裂缝储集层的电阻率校正量为 $R_c = 1.3R_{LLD}$。其中，R_{LLD} 为深侧向测井电阻率。

6. 孔隙度与岩石力学性质参数交会法

实验研究表明，对于一定岩性的岩石来说，其力学性质主要取决于孔隙度、流体性质及压力等因素。因此，用孔隙度与岩石力学性质参数交会可消除孔隙度的影响，而突出地层流体性质的差别。根据国内外大量的实验研究成果，分别探讨了岩石饱和气与水时的纵波速度、横波速度、体积模量、杨氏模量、刚性模量、泊松比的变化情况，其结果见图 9－57 至图 9－60。

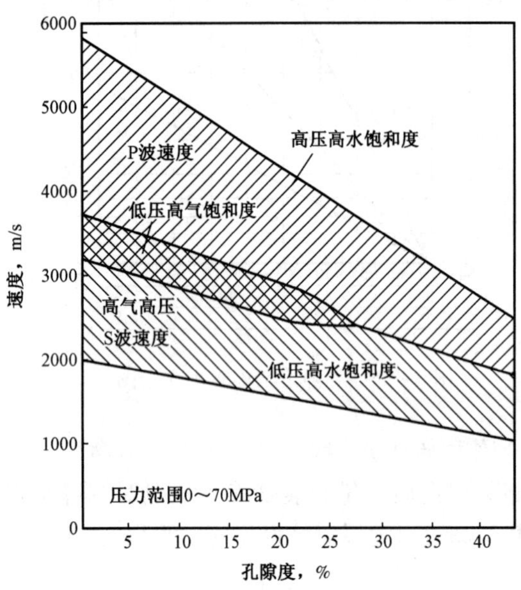

图 9－57　孔隙度与纵横波速度的关系

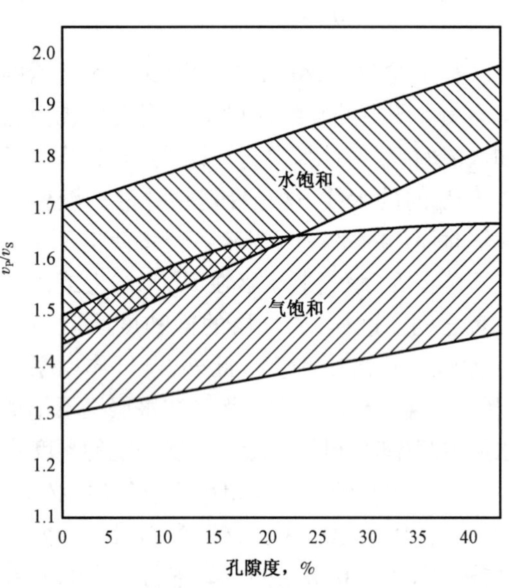

图 9－58　孔隙度与 v_P/v_S 比值的关系

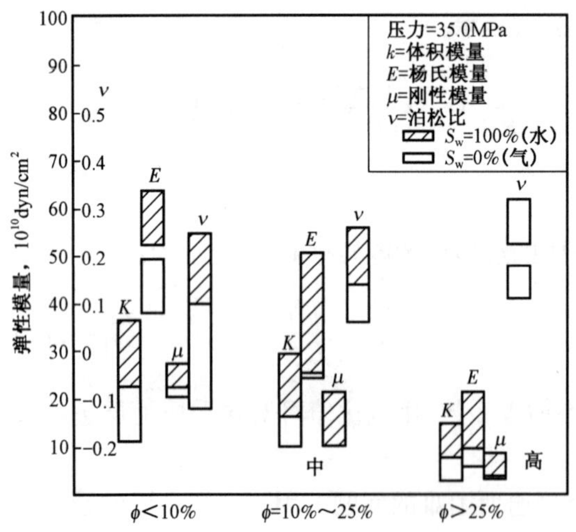

图 9－59　含不同流体的孔隙度与岩石弹性模量关系

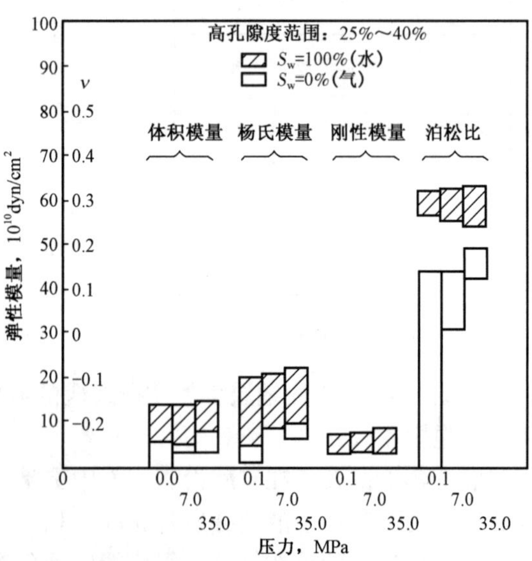

图 9－60　含不同流体的高孔隙度岩石弹性模量与压力关系

由图可知，孔隙度增高，使纵波声速 v_P、横波声速 v_S、体积模量 K、杨氏模量 E、刚性模量 μ 降低，但却使泊松比增加；当岩石饱和气时，会使其纵波速度 v_P 降低，横波速度 v_S 上升，因此，v_P/v_S 比值上升，并随孔隙度增加而增加；饱含气岩石的 v_P 和 v_S 与压力有明显的关系，一般在低压下记录到最低的 v_P 值，在高压下记录到最高的 v_S 值，因此在孔隙度为 0 ~ 27% 范围内，若 v_P 与 v_S 值接近则指示天然气存在；在高孔隙度（25% ~41%）范围内，在各种压力条件下，饱和气与水的岩石体积模量、杨氏模量、刚性模量都很低且接近，唯独泊松比数值增大且差别较大，但在低孔隙度（小于 10%）时，饱含气与水的岩石杨氏模量最大，且差异也较大。

由以上现象可知，对于低孔隙度岩石，采用孔隙度与杨氏模量或泊松比交会来判断岩石的气、水流体性质较好，泊松比越小，杨氏模量越小，指示岩石的含气饱和度越高；对于中等孔隙度（10% ~25%）岩石，采用孔隙度与泊松比交会判断岩石气、水流体性质较为适合；对于高孔隙度（大于 25%）岩石，采用孔隙度与泊松比或 v_P/v_S 交会来判断岩石的气、水流体性质较好。

（三）多参数综合判别法

此方法利用多种测井信息或多种解释参数，经过一定的分析和数学处理来显示油、气、水层之间的差异。用多种测井信息进行流体性质综合判别的方法较多，如多参数模糊聚类分析法、解释参数加权综合分析法等等。

多参数模糊聚类分析法利用双侧向、声波时差、中子、密度、自然伽马等资料，从中提取一些对判别地层流体性质有效的聚类参数，对单井样本集或地区性标准样本集进行模糊聚类并求出聚类中心，同时得到各样本隶属于油、气、水、干、泥等各类储集层的模糊隶属度，以此对地层性质进行判别。该法的优点在于降低了对曲线质量的要求，而且也减少了某些地质因素对某种测井信息的干扰。因此，从总体上来看，它提高了判别的准确程度，但这种优越性只有在比较均匀且各向同性的地层中使用时才能得到充分的体现，一旦遇到非均质的、各向异性强烈的地层，由于各种测井方法的纵向分辨率、径向探测深度受地层各向异性影响的方式和程度都不相同，因此，非均质性和各向异性引起的差异可能超过地层流体性质不同而造成的差异。这样，笼统地把各种测井信息综合起来到反不如针对某种特定的地层情况而选用少数与之相适应的测井信息。此时，采用解释参数加权综合分析法效果比较好，它包括以下五个步骤：

（1）地质因素的综合分析。首先对解释层的岩性纯度、孔隙度范围、裂缝发育程度、裂缝类型、剖面中有无已知水层、是否已知地层水矿化度或地层水矿化度稳定等因素进行分析和判别。

（2）确定各解释参数权值。基于上述地质因素分析，对各种流体性质判别单方法得出的解释参数分别赋予相应的权值 P_i，并令参与流体性质判别各方法的权值之和为 1，即 $\sum P_i = 1$。

（3）确定各种解释参数的流体性质区间。给每种方法得到的解释参数划分出对应于油、气、水层的特征区间范围。例如，用 R_t 与 ϕ 交会法得到的解释参数是 S_w，再根据地区经验将 S_w 分成对应于油（气）、水的区间，如 $S_w = 0 \sim 50\%$ 为油（气）层，$S_w = 51\% \sim 100\%$ 为水层；又如，用视孔隙度 ϕ_N，ϕ_D，ϕ_s 交会法得出的解释参数是 K 值（$K = \phi_s \cdot \phi_D / \phi_N^2$），则将 $K > 1$ 定为气层，$K \leqslant 1$ 定为水层。

（4）确定区间参数对流体性质的逼近程度。

将划定的特征区间值用百分数表示，并用其定义该区间中解释参数对相应流体性质的逼近程度 Q。如在 R_t 与 ϕ 交会中，将解释参数 $S_w = 51\% \sim 100\%$ 区间定为水层，则在该区间内的某一 S_w 值对水层的逼近程度 Q_w 定为：

$$Q_w = \frac{S_w - 51}{100 - 51} \times 100\% \qquad (9-273)$$

同样,在油(气)区间内的某一 S_w 值对油(气)层的逼近程度:

$$Q_H = \frac{51 - S_w}{51} \times 100\% \qquad (9-274)$$

(5)确定最终地层流体性质判别指标。

首先,分别计算出每种解释方法的地层流体性质判别指标:

$$F_{wi} = P_i Q_{wi}$$

$$F_{Hi} = P_i Q_{Hi} \qquad (9-275)$$

然后,求得总的地层流体性质判别指标:

$$F_w = \sum F_{wi}$$

$$F_H = \sum F_{Hi} \qquad (9-276)$$

比较 F_w 与 F_H,将其中较大者代表的流体性质作为最终确定的地层流体性质。

四、碳酸盐岩储集层裂缝评价技术

(一)裂缝的测井响应

裂缝是碳酸盐岩剖面中进行储集层划分、类型判别和综合评价的基本依据,因此认清各种裂缝的测井响应特征自然成为测井评价的核心。

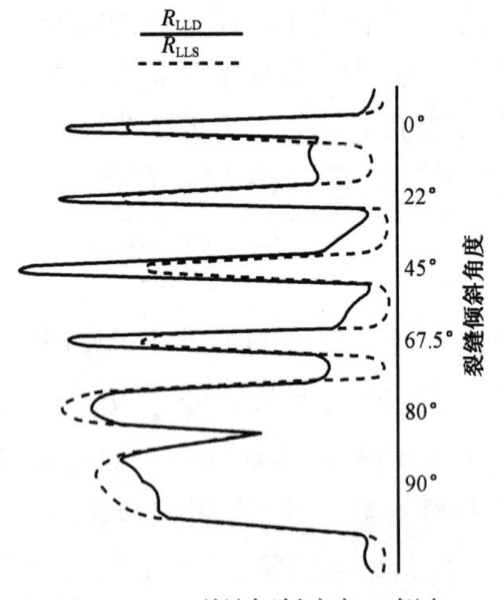

图 9-61　裂缝倾斜度与双侧向曲线特征的模型试验结果

1. 双侧向测井曲线特征分析

有关双侧向测井曲线对裂缝的响应特征首先在四川水槽模型实验中得到,如图 9-61 所示。之后,斯伦贝谢测井公司西比特(A. M. Sibbit)等人在此成果基础上,在计算机上利用有限元法数值模拟分析也得到了同样的结果,并建立了一系列的定量关系曲线,这些成果都得到了现场大量实际资料的证实。

1)高角度裂缝的曲线特征

电阻率值在致密层的高电阻率背景上有所降低,曲线形状较平缓,深、浅双侧向数值呈正差异,即深侧向电阻率 R_{LLD} 大于浅侧向电阻率 R_{LLS},电阻率下降的程度和差异的大小受以下因素的影响。

(1)裂缝张开度 ε。ε 增大,R_{LLD} 和 R_{LLS} 均减小,但 R_{LLS} 降得更快,故使差异变大,如图 9-62 所示。

(2)侵入半径。对于油气层,侵入深度 D 增大,正差异的幅度也增大,直到 $D > 2.54\text{m}$ 以后差异才基本稳定;对于水层,则侵入深度的影响很小,如图 9-63 所示。

(3)裂缝纵向延伸长度 L。由图 9-64 可知,电阻率差异的幅度随 L 的增长而变大,直到 $L > 7\text{m}$ 才基本恒定。

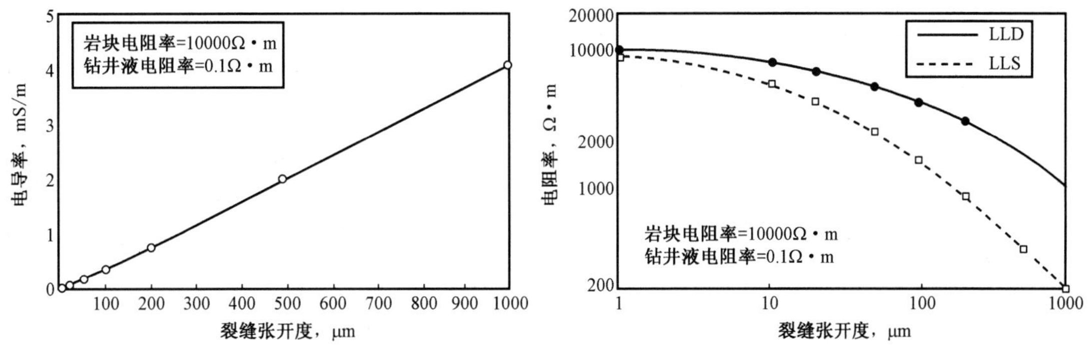

图 9－62 垂直裂缝张开度对双侧向电阻率的影响

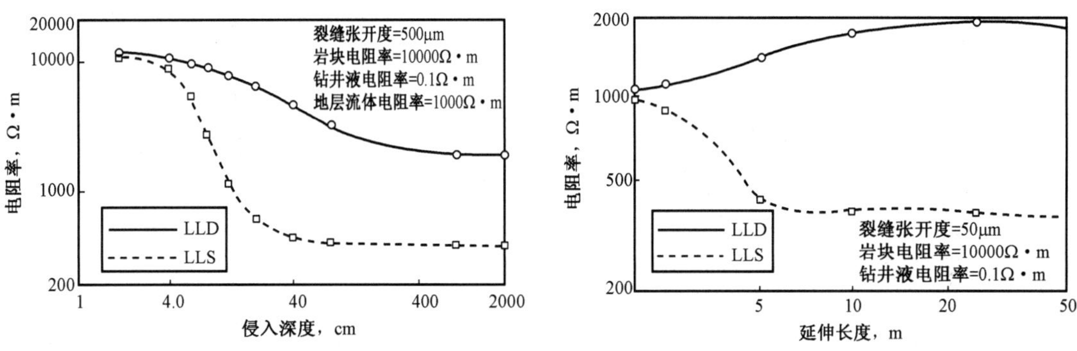

图 9－63 侵入深度对双侧向幅度的影响

图 9－64 裂缝纵向延伸长度对双侧向电阻率的影响

2)低角度裂缝的曲线特征

电阻率值在致密层高电阻率背景上明显降低，曲线形状尖锐，深、浅双侧向数值一般呈负差异，差异的幅度和性质受以下因素影响。

(1)裂缝张开度 ε。ε 增大使 R_{LLD} 和 R_{LLS} 都下降，但幅度差比高角度裂缝时小得多，且当 $\varepsilon > 10\mu m$时为负差异，当 $\varepsilon < 10\mu m$ 时为正差异，见图 9－65。

(2)电极系中心与裂缝的距离 d。当 $d < 40cm$ 时，侧向测井曲线为低阻、负差异；当 $d = 40 \sim 100cm$ 时为高阻、负差异，当 $d > 100cm$ 时为高阻、正差异。因此，曲线低阻异常的宽度为 80cm，见图 9－66。

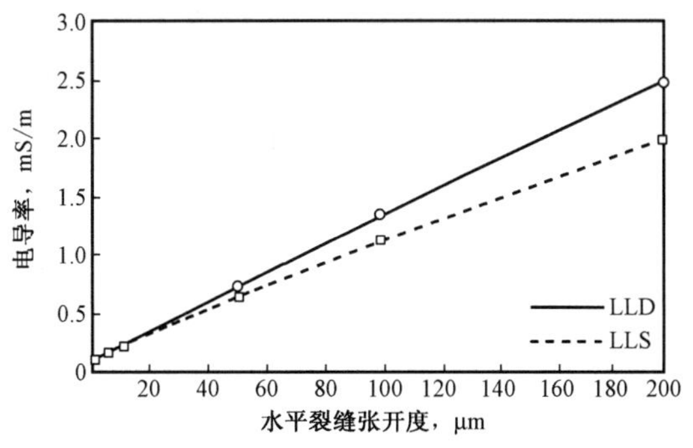

图 9－65 水平裂缝张开度对双侧向电阻率的影响

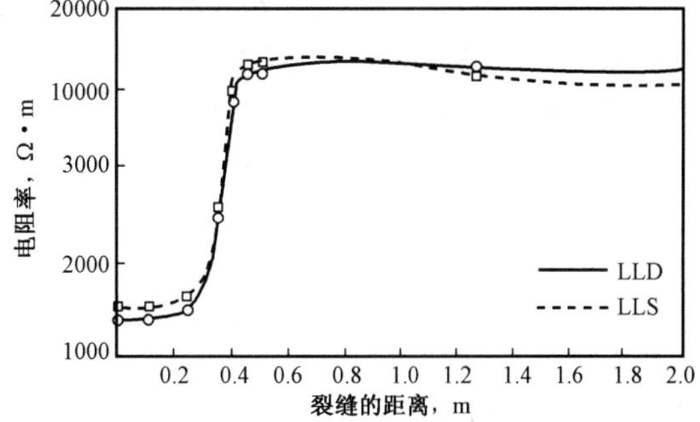

图 9－66 电极系中心与水平裂缝距离对双侧向曲线形状的影响

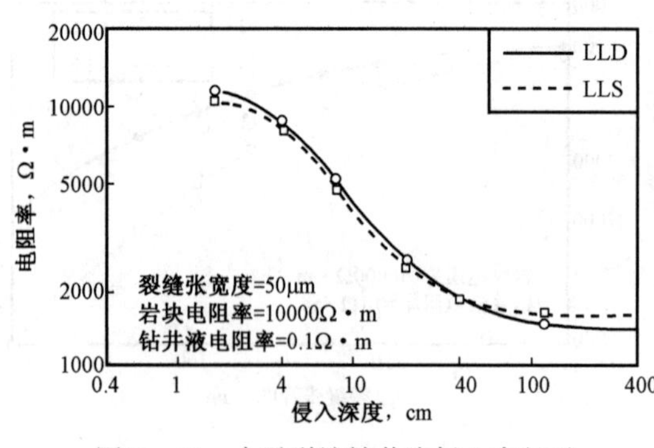

图 9-67　水平裂缝钻井液侵入半径对双侧向电阻率影响

(3)侵入半径 D。对油气层，当 $D>40$cm 时为低阻、负差异；当 $D<40$cm 时则为高阻、正差异，见图 9-67。

3)网状裂缝的曲线特征

在网状裂缝处，深、浅双侧向数值 R_{LLD} 和 R_{LLS} 都降得更低，幅度差异性质决定于裂缝的组合状态。当高角度裂缝占优势时呈正差异，而低角度裂缝占优势时呈负差异，当高、低角度裂缝都比较发育时则正负差异交替出现。曲线形状起伏较大，且起伏的频度在一定程度上反映了裂缝的发育情况，这一特征常作为定性评价裂缝性储集层的指标之一。

2. 裂缝识别测井曲线特征分析

由高分辨地层倾角测井仪在低电平控制电流状态下可测得裂缝识别测井曲线，它们实际上是四条微聚焦电导率曲线。利用裂缝识别测井曲线及其处理结果有助于研究井下裂缝的产状。

(1)若四条微电导率曲线都在同一深度出现尖峰，则为水平缝；若不同深度处出现高电导尖峰，则为斜交缝；若只有一条或两条电导率曲线出现较长的高电导率，则为垂直缝或亚垂直缝。

(2)由四条电导率曲线两两依次相减处理而得到的结果消去了部分层理面和泥质条纹的干扰，有利于突出高角度裂缝和斜交缝，但却去掉了水平缝，这是一个很大的欠缺。

(3)电导率异常探测处理(DCA)结果不仅能指示高角度裂缝和斜交裂缝发育的位置，而且也可以利用方位频率图大体指示裂缝的走向。

3. 双井径曲线特征

在裂缝性地层中的井会出现定向扩径现象，这主要是由于井眼的定向坍塌和垮塌造成的。定向坍塌与局部地应力有关，是应力释放的结果，往往是高角度裂缝的反映，其方向一般与形成区域性裂缝的最小应力方向(相当于裂缝的走向)平行。这意味着井眼的定向扩径现象不仅是裂缝的指示，而且根据扩径方向可以获得地区性裂缝分布(走向)的情况。

4. 微电阻率扫描成像测井特征

过井倾斜张开缝中因为充满了低阻导电钻井液，所以在微电阻率扫描成像测井图上显示为深暗色的正弦波曲线，与周围高电阻率的致密岩块和完全充填的裂缝相区别；而垂直裂缝一般往往是在垂向上延伸、并贯穿很远的狭长暗色区域。

5. 电磁波传播测井曲线特征

(1)因电磁波传播时间 TPL 主要与相位系数 β 有关，而 β 表达式为：

$$\beta=\omega\sqrt{\mu\varepsilon}\left[1-\frac{1}{8}(C/\omega\varepsilon)^2\cdots\right]\approx\omega\sqrt{\mu\varepsilon} \tag{9-277}$$

式中　ω——角频率；

μ——介质的磁导率，由于大多数岩石都是非磁性的，故其 μ 值与自由空间的磁导率 μ_0 相同，$\mu_0=4.77\times10^{-7}$H/m，其值很小；

ε—介电常数。

由式(9－277)可知,β 主要决定于 ε。由于裂缝中总是有钻井液侵入,故 ε 较大,使 β 增大,即 TPL 较大,尤其在水平裂缝处将出现高 TPL 的尖峰;在高角度裂缝处,如极板未遇裂缝则无异常,如极板正碰上裂缝则出现较大段的异常高值。

(2)电磁波衰减 EATT 主要决定于衰减系数 α,而 α 表达式为:

$$\alpha = \frac{C}{2}\sqrt{\mu/\varepsilon}\left[\frac{1}{8}(C/\omega\varepsilon)^2 + \cdots\right] \approx \frac{C}{2}\sqrt{\mu/\varepsilon} \tag{9－278}$$

式中　C——介质电导率。

故 EATT 决定于 C 和 ε 两个因素,且以 C 为主。C 越大,ε 越小,α 越大,幅度衰减越厉害,EATT 就越大。这样,在裂缝处 C 增大,但 ε 也增大,故 EATT 增大不明显;但在泥质条带处,则 C 大,ε 较小,故 EATT 较大。因此,EATT 和 TPL 配合是区别裂缝和泥质条带的好方法。

6. 声波测井特征

1)时差

水平裂缝往往导致声波能量的衰减,因而在声波曲线上出现时差增大或产生周波跳跃现象,反映裂缝的明显程度主要取决于裂缝的开口度、充填程度与充填物声阻抗的大小以及流体性质(如含气)。纵波声波时差一般不能反映垂直裂缝,这是因为滑行波是沿骨架直接传播的结果。

2)声幅

一般声波通过裂缝时,其声波幅度要发生明显的衰减。这是由于声波传播到充满流体的裂缝时将发生声能的转换,即在裂缝面处纵、横波要转换成流体波。当流体波传到另一裂缝面时,又要转回到纵、横波。这种转换必然造成能量的损失,其损失量除与裂缝宽度有关外,还与裂缝倾角有密切关系。图9－68 显示了裂缝倾角大小与声波幅度衰减的关系。

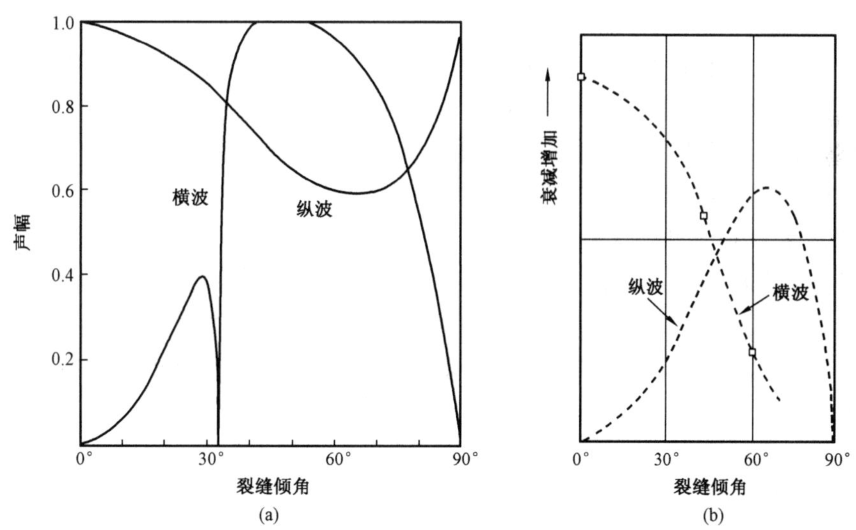

图9－68　裂缝倾角大小与声波幅度衰减的关系

图9－68 中的两个实验结果表明,裂缝对纵波的衰减基本一致,即倾角为0°和90°的裂缝对纵波无衰减,而倾角在33°～80°之间时纵波衰减较大,甚至超过了横波的衰减。裂缝对横波的衰减有所不同(可能由于实验条件造成的)。图9－68(a)表明,水平裂缝和垂直缝都使横

波剧烈衰减，在倾角为33°～70°之间时横波衰减不如纵波大，甚至不衰减；图9－68(b)表明，水平缝对横波衰减的幅度最大，然后随着裂缝倾角的增加，衰减逐步减小，但大于65°以后，衰减程度就基本稳定了。

一般，水平裂缝主要衰减横波幅度（或能量），而垂直裂缝主要衰减纵波幅度（或能量）。因此，低角度裂缝使纵、横波都有明显衰减，但横波衰减更剧烈；而高角度裂缝使纵波略有衰减，横波基本不衰减，仅在后部造成一些干涉，使波形有些变化。

3）斯通利波变密度显示特征

实验研究表明，斯通利波的能量（幅度）对张开缝十分灵敏，尤其当钻井液滤液在裂缝中流动时更具有明显的幅度衰减。因为斯通利波实质上是一种管波，它在井筒中的传播类似于活塞运动，造成井壁在径向上的膨胀和收缩。这时若当有张开裂缝与井壁连通，则管波的传播将使井液沿裂缝流进和流出地层，从而消耗能量，使斯通利波的幅度衰减，衰减的程度与裂缝张开度有关，因此利用斯通利波的衰减来探测有效裂缝是一种较好的方法。

如果斯通利波利用变密度图进行图像显示，则裂缝在VDL图上显示出以下特征：

（1）条带变浅，反差减弱，这是裂缝使斯通利波能量衰减所致。

（2）条带出现中断、扭曲或台阶状，这是低角度裂缝使声能剧烈衰减以及传播时间变化所造成的。

（3）出现人字形干涉条纹，这是当声波遇到裂缝或地层界面等声阻抗界面时发生反射波、转换波与直接信号叠加所形成的。

7. 核测井响应特征

由于目前所使用的核测井方法都是对井下某部分地层核性质的平均反映，因此一般不能用来探测裂缝，只是在几种特殊的情况下可作为探测裂缝的辅助方法。

（1）自然伽马能谱测井：高铀，低钍、钾指示含有铀盐沉淀物的裂缝，但应与含有机质地层的高铀特征相区别。

（2）岩性测井：当使用含重晶石的钻井液钻井时，由于钻井液侵入裂缝，造成光电吸收系数剧烈增高，但必须与井径扩大，孔隙型储集层段泥饼形成的高光电吸收系数相区别。

（3）密度测井：当密度仪探测器正好与张开裂缝相接触时，将使密度值产生尖锐的低值，但这应与井壁垮塌造成的低密度相鉴别。

（二）确定裂缝孔隙度和裂缝张开度

当钻开裂缝性地层时，钻井液要发生“截割式”侵入，渗透率很高的大裂缝中原始流体有一部分被钻井液滤液代替，岩石基块的渗透率很低故基本上没有被钻井液滤液所代替，因此双侧向电阻率不论是油层还是水层均突出了裂缝的作用，目前国内外都趋向于用双侧向测井曲线计算裂缝孔隙度 ϕ_f。

1. 计算裂缝孔隙度

1）裂缝性水层

在以垂直裂缝或网状裂缝为主的裂缝性水层，电流沿水平方向流动，双侧向测井的视电导率方程为：

$$C_{LLD} = \phi_m^{m_f} C_{mf} + \phi_f^{m_f} C_{wLLD} + C_{tm} \tag{9-279}$$

式中 C_{LLD}——深侧向测井视电导率，S/m；

ϕ_m——大裂缝钻井液侵入孔隙度；

C_{mf}——钻井液滤液电导率；

ϕ_f——小裂缝孔隙度；

C_{wLLD}——在深侧向测井探测范围内小裂缝地层水(包括钻井液滤液)电导率；

C_{tm}——没有钻井液侵入的岩石基块的电导率；

m_f——裂缝孔隙度指数。

浅侧向测井视电导率为：

$$C_{LLS} = \phi_m^{m_f} C_m + \phi_f^{m_f} C_{wLLS} + C_{tm} \tag{9-280}$$

式中 C_{LLS}——浅侧向测井视电导率。

式(9-279)减去式(9-280)，得：

$$C_{LLD} - C_{LLS} = \phi_f^{m_f}(C_{wLLD} - C_{wLLS}) = \phi_f^{m_f}(C_w - C_{mf}) \tag{9-281}$$

$$\phi_f = \sqrt[m_f]{(C_{LLD} - C_{LLS})/(C_w - C_{mf})} \tag{9-282}$$

2)裂缝性油气层

在以垂直裂缝或网状裂缝为主的裂缝性油气层中，电流沿水平方向流动，则深侧向测井视电导率方程为：

$$C_{LLD} = \phi_m^{m_f} C_m + \phi_f^{m_f} S_{wLLD}^{n_f} C_{wLLD} + C_{tm} \tag{9-283}$$

式中 S_{wLLD}——在深侧向测井探测范围内小裂缝的含水饱和度；

n_f——裂缝的饱和度指数。

浅侧向测井视电导率方程为：

$$C_{LLS} = \phi_m^{m_f} C_m + \phi_f^{m_f} S_{wLLS}^{n_f} C_{wLLS} + C_{tm} \tag{9-284}$$

式(9-283)减去式(9-284)，得：

$$C_{LLD} - C_{LLS} = \phi_f^{m_f}(S_{wLLD}^{n_f} C_{wLLD} - S_{wLLS}^{n_f} C_{wLLS}) \tag{9-285}$$

在深浅双侧向测井范围内，认为油气层的小裂缝中均为钻井液滤液，则有：

$$C_{LLD} - C_{LLS} = \phi_f^{m_f} C_{mf}(S_{wLLD}^{n_f} - S_{wLLS}^{n_f}) \tag{9-286}$$

$$\phi_f = \{(C_{LLD} - C_{LLS})/[C_{mf}(S_{wLLD}^{n_f} - S_{wLLS}^{n_f})]\}^{\frac{1}{m_f}} \tag{9-287}$$

在式(9-282)和式(9-287)的推导计算中，均未考虑到裂缝产状对双侧向测井的影响，因此它们只适合于网状裂缝和垂直裂缝发育的储集层，对于以低角度裂缝为主或以高角度裂缝为主的单组系裂缝性储集层则将造成较大的误差。为此，引入裂缝畸变系数 K_r，则式(9-287)变为：

$$\text{水层}: \phi_f = [(C_{LLS}/K_r - C_{LLD})/(C_{mf} - C_w)]^{\frac{1}{m_f}} \tag{9-288}$$

$$\text{油层}: \phi_f = \{(C_{LLD} - C_{LLS}/K_r)/[C_{mf}(S_{wLLD}^{n_f} - S_{wLLS}^{n_f})]\}^{\frac{1}{m_f}} \tag{9-289}$$

实验研究表明：K_r 为 1～1.3，水平裂缝取 1.3，垂直裂缝取 1。

总之，利用电导率差值法不仅可以计算裂缝孔隙度，而且可以寻找裂缝性油气藏的油水界面或者气水界面。这是因为若电导率差值为负值，指示裂缝性油气层；若电导率差值是正值，指示裂缝性水层。

电导率差值的另一个特点是能够补偿裂缝性地层泥质含量或导电矿物含量的影响，从而排除岩性变化引起多解性。

2. 计算裂缝张开度

裂缝张开度 ε 是指在测井仪器的纵向分辨率范围内所有与井壁相切割裂缝宽度的总和。裂缝张开度的计算是根据双侧向测井对裂缝的响应来进行的。斯伦贝谢测井公司西比特（A. M. Sibbit）等人提出，对高角度裂缝张开度用以下公式计算：

$$C_{LLS} - C_{LLD} = 4 \times 10^{-4} \varepsilon \cdot C_{mf} \tag{9-290}$$

式中 ε——裂缝张开度，μm。

对低角度裂缝，用以下公式计算：

$$C_{LLD} - C_b = 1.2 \times 10^{-3} \varepsilon \cdot C_{mf} \tag{9-291}$$

式中 C_b——岩块电导率，S/m。

C_b 值可由与解释层邻近的非裂缝性地层读取，也可在求得解释层的孔隙度后用下式近似计算：

$$C_b = 1/R_b = (\phi^m \cdot S_w^n)/R_w \tag{9-292}$$

式中 S_w——可取区域统计值；

R_b——岩块电阻率。

对于网状裂缝的张开度，可分别求出低角度裂缝和高角度裂缝的张开度，然后相加即得。

（三）确定碳酸盐岩储集层的含水饱和度

1. 地质模型

如前所述，碳酸盐岩储集层有四种基本类型，即孔隙型、裂缝型、裂缝—孔隙型、裂缝—洞穴型。其中，除孔隙型储集层可近似变成均匀、各向同性的介质外，其余三种都具有明显的非均匀性和各向异性。对于低孔隙度的裂缝型储集层和裂缝—洞穴型储集层，很难计算储集层的饱和度，因为钻井液对储集层的侵入很深，使得现有测井方法已不能探测到裂缝中的原始地层流体。针对这种情况，可以假设裂缝中的饱和度为100%含水或100%含油（气）。下面给出裂缝—孔隙型储集层的饱和度的求解方法。

裂缝—孔隙型储集层按照裂缝组系的差异可分成三个亚类：水平裂缝—孔隙型、垂直裂缝—孔隙型、网状裂缝—孔隙型。

这里分别以这三个亚类作为建立相应饱和度方程的地质模型。

2. 物理模型

饱和度方程的物理模型主要由原始地层流体分布状况、钻井液侵入特征和测井响应特征三个因素决定，现予以分别讨论。

1）原始地层流体分布状况

对于各种裂缝—孔隙型储集层，其裂缝被油（气）充满，故 $S_w=0$；岩块孔隙被油（气）和水充满，其含水饱和度 S_{wb} 的大小决定于孔喉大小、储集层油气水界面高度以及岩块尺寸等三个因素。孔喉越大，岩块尺寸越大，垂直高度越大，S_{wb} 越小。

2）钻井液侵入特征

三种裂缝—孔隙型储集层在被钻开后都要发生钻井液侵入，其侵入特征可用四个物理模型来表述，见图9－69。

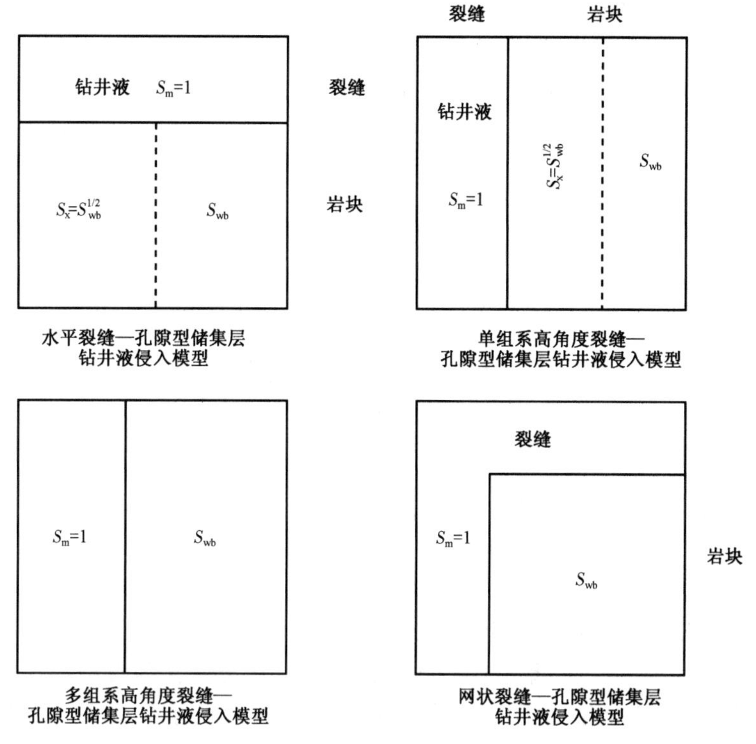

图9－69　三种裂缝—孔隙型储集层的钻井液侵入模型

3）测井响应特征

根据碳酸盐岩剖面的特点和各种测井信息的响应特征，选用双侧向测井作为计算饱和度的基本资料是合适的，因此这里只讨论侧向测井电阻率的响应模型。

（1）由于裂缝中充满了导电的钻井液滤液，因此，使深、浅侧向电阻率下降，而且水平裂缝的电阻率比高角度裂缝的电阻率下降得更多。

（2）当没有裂缝且地层中无径向电阻率的变化时，深、浅双侧向电阻率应该重合。对于水平裂缝，相当于在深侧向电流束的路径上并联一个较小的电阻，故使 R_{LLD} 下降；而对于浅侧向，相当于电流束的路径中串联一个小电阻，因而 R_{LLS} 基本不变，这样就造成了 $R_{LLD} < R_{LLS}$ 的负差异。对于垂直裂缝，相当于在浅侧向电流束的路径上并联了一个较小的电阻（因浅侧向的回路电极就在井下，所以电流路径很短，即裂缝的电阻很小），从而使 R_{LLS} 下降；但对于深侧向来说，却并联了一个相当大的电阻（因深侧向回路电极在地面，电流路径很长，而又得不到充分的发散）所以 R_{LLD} 虽有下降但很微弱，这样就造成了 $R_{LLD} > R_{LLS}$ 的正差异。为了描述在水平裂缝和垂直裂缝情况下深浅双侧向电阻率的差异性，分别使用 K_{r1}（R_{LLD}/R_{LLS}）和 K_{r2}（R_{LLD}/R_{LLS}）分别描述水平裂缝的负差异和垂直裂缝的正差异。实验和现场资料应用表明，K_{r1} 在0.7～0.8范围内，而 K_{r2} 在1.7～2.0范围内。对于多组系垂直裂缝，K_{r2} 将减小到1.1～1.3，此时可用 K_{r3} 表示，这主要是因为深双侧向测井的电流在这种裂缝体系中得到了较大的发散，因此可近似看成一个均匀导电网络，双侧向电阻率不发生畸变。

3. 饱和度方程

根据所建立的物理模型,可推导出相应的饱和度方程。这些方程既可反映孔隙、裂缝双重介质饱和度的差异,又可反映裂缝各向异性给电阻率带来的影响。

1)水平裂缝—孔隙型储集层的饱和度方程

该类储集层的侵入特征和侧向测井响应特征决定其具有以下特性:(1)裂缝被钻井液深侵,使深、浅双侧向都只能探测到裂缝侵入带;(2)水平裂缝使深双侧向测井的电阻率降低,其畸变系数为 K_{r1};(3)岩块被钻井液滤液呈阶梯状侵入,即深侧向测井探测原状地层,而浅侧向测井探测侵入带。

根据上述特征,并应用简单的电路并联关系,可建立饱和度方程组:

$$1/R_{LLD} = \frac{\phi_b^{m_b} \cdot S_{wb}^{n_b}}{R_w} + \frac{\phi_f^{m_f}}{R_m \cdot K_{r1}} \tag{9-293}$$

$$1/R_{LLS} = \frac{\phi_b^{m_b} \cdot S_x^{n_b}}{R_{mix}} + \frac{\phi_f^{m_f}}{R_m} \tag{9-294}$$

$$\frac{1}{R_{mix}} = \frac{S_x - S_{wb}}{R_{mf} \cdot S_x} + \frac{S_{wb}}{R_w \cdot S_x} \tag{9-295}$$

$$S_x = S_{wb}^{\frac{1}{2}} \tag{9-296}$$

2)垂直裂缝—孔隙型储集层的饱和度方程

单组系垂直裂缝—孔隙型储集层的侵入特征和水平裂缝—孔隙型储集层完全一致,不同之处在于侧向测井的响应是使双侧向电阻率 R_{LLS} 降低,其畸变系数为 K_{r2},因此,饱和度方程组为:

$$1/R_{LLD} = \frac{\phi_b^{m_b} \cdot S_{wb}^{n_b}}{R_w} + \frac{\phi_f^{m_f}}{R_m} \tag{9-297}$$

$$1/R_{LLS} = \frac{\phi_b^{m_b} \cdot S_x^{n_b}}{R_{mix}} + \frac{\phi_f^{m_f} \cdot K_{r2}}{R_m} \tag{9-298}$$

$$\frac{1}{R_{mix}} = \frac{S_x - S_{wb}}{R_{mf} \cdot S_x} + \frac{S_{wb}}{R_w \cdot S_x} \tag{9-299}$$

$$S_x = S_{wb}^{\frac{1}{2}} \tag{9-300}$$

多组系垂直裂缝—孔隙型储集层的特征为:(1)裂缝被钻井液深侵,使深、浅双侧向都只能探测到裂缝侵入带;(2)岩块被钻井液滤液呈截割式侵入;(3)浅双侧向电阻率 R_{LLS} 受垂直裂缝影响而降低,其畸变系数为 K_{r3}。饱和度方程组为:

$$1/R_{LLD} = \frac{\phi_b^{m_b} \cdot S_{wb}^{n_b}}{R_w} + \frac{\phi_f^{m_f}}{R_m} \tag{9-301}$$

$$1/R_{LLS} = \frac{\phi_b^{m_b} \cdot S_w^{n_b}}{R_w} + \frac{\phi_f^{m_f} \cdot K_{r3}}{R_m} \tag{9-302}$$

3）网状裂缝—孔隙型储集层的饱和度方程

网状裂缝—孔隙型储集层的特征为：(1)裂缝呈半深侵入状态，即浅双侧向测井探测钻井液侵入部分，而深双侧向测井可探测到原始地层流体部分；(2)岩块呈截割式侵入状态；(3)裂缝系统对深、浅双侧向测井电流束而言可等效为均匀、各向同性介质，因而不造成 R_{LLS}，R_{LLD} 的畸变。饱和度方程组为：

$$1/R_{LLD} = \frac{\phi_b^{m_b} \cdot S_w^{n_b}}{R_w} \tag{9-303}$$

$$1/R_{LLS} = \frac{\phi_b^{m_b} \cdot S_{wb}^{n_b}}{R_w} + \frac{\phi_f^{m_f}}{R_m} \tag{9-304}$$

4. 方程参数的确定

1）确定孔隙度指数

为了求解上述饱和度方程，必须分别得到岩块和裂缝系统的 m_b 和 m_f 值。

a. 裂缝孔隙度指数的选取

由 m 值的物理意义可知，完全规则、平直的裂缝，其裂缝孔隙度指数 m_f 值应等于1，但实际地层中的裂缝不可能总是平直的，常常都由于溶蚀或充填的存在使裂缝壁的宽窄和弯曲度发生变化，而且裂缝还经常连接着大大小小的溶洞，因此 m_f 往往要大于1。对纯裂缝性储集层 m_f 的计算表明，它在1～1.5范围内变化，所以 m_f 一般取作1.3较为合适。

b. 孔隙度指数 m_b 的选取

对于裂缝—孔隙型储集层，一般很难直接求得 m_b。若有水层存在，则可代入上述饱和度方程组求解，其中，方程中的 ϕ_b 由声波测井或电磁波传播测井求得。若没有水层，最好采用岩心分析数据求取 m_b 值。具体方法是：将岩块用水饱和，分别求得其 ϕ_b，R_o，进而求出 m_b 值。若储集层段未取心，则 m_b 只能取为区域经验值。当岩石孔隙度较高且连通性较好时，m_b 取2；当岩石孔隙度中等且中等连通程度时，m_b 取2.2；当岩石孔隙度较差时，m_b 可取2.5，最大可取3。

2）确定饱和度指数

在阿尔奇公式中，饱和度指数 n_b 实际上就是调节 I 和 S_w 关系的一个参数，它反映了润湿性和孔隙结构。显然，对于一个非常规则的孔道（图9－70），I 和 S_w 的关系为：

$$I = R_t/R_o = \frac{R_w/(\phi \cdot S_w)}{R_w/\phi} = 1/S_w \tag{9-305}$$

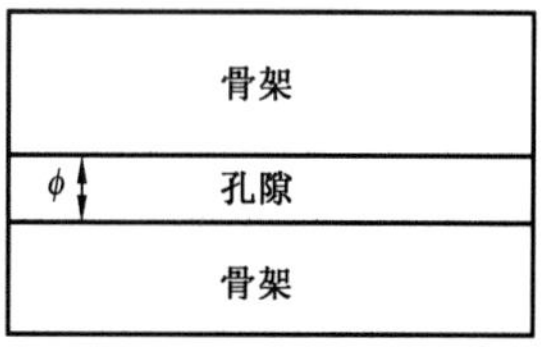

图9－70　规则孔道示意图

由式（9－305）可知，$n_b = 1$。但实际地层中的孔隙不可能这样规则，它是十分复杂的，因此，n_b 也不可能为1。由于 n_b 与 m_b 的物理本质相似，而且下限值皆为1，因此近似取 n_b 等于 m_b 是基本合理的。

（四）确定碳酸盐岩储集层渗透率

1. 计算岩石固有裂缝渗透率

岩石固有裂缝渗透率只与裂缝宽度有关。设岩石有一条水平裂缝（图9－71），裂缝宽度为 b，长度为 L，高度为 h，裂缝中的流体在压力差 $(p_1 - p_2)$ 的驱动下流动，对于裂缝中截面积等于 $b'h$ 地方，压力差 $(p_1 - p_2)$ 作用在该截面上的驱动力为 $(p_1 - p_2) b'h \times 10^{-3}\ \mu m^2$。流体在裂缝中流动的同时，还受到裂缝壁对流体的粘性力作用，流体受到的粘性力可以由下式表示：

$$F_1 = \mu A \frac{\mathrm{d}v}{\mathrm{d}b'} \tag{9-306}$$

式中 F_1——粘性力，dyn；

A——粘性力作用的截面积($A = hL$)，cm^2；

v——裂缝中流体的流速，cm/s。

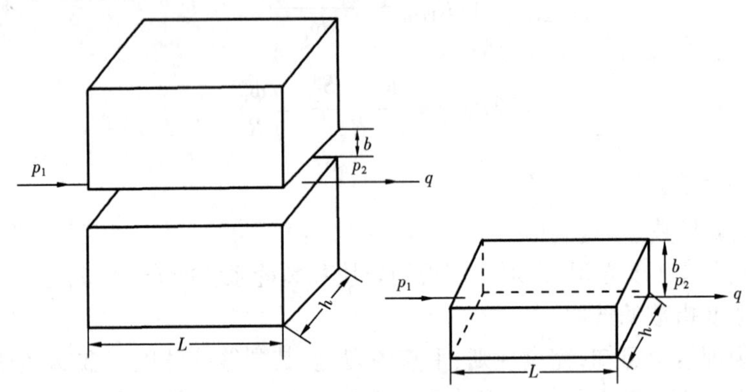

图 9-71 岩石裂缝渗透率

如果岩石中流动的流体没有被加速，那么驱动力(F_2)与粘性力(F_1)相加必须等于零，即：

$$F_1 + F_2 = 0 \tag{9-307}$$

将 F_1 和 F_2 的计算式代入式(9-307)，可得：

$$\mu hL \frac{\mathrm{d}v}{\mathrm{d}b'} + (p_1 - p_2)b'h = 0 \tag{9-308}$$

把式(9-308)中的第一项移到右边，两边再同乘以 $\mathrm{d}b'$，并对两边同时积分得：

$$(p_1 - p_2)\int b'\mathrm{d}b' = -\mu L\int \mathrm{d}v \tag{9-309}$$

或

$$(p_1 - p_2)\frac{b'^2}{2} = -\mu Lv + c \tag{9-310}$$

在裂缝的两边，流体的速度 $v=0$，此时 $b' = \frac{b}{2}$，则有：

$$c = (p_1 - p_2)\frac{b^2}{8} \tag{9-311}$$

将 c 代入式(9-310)，可以解出裂缝中流体的流速 v：

$$v = \frac{p_1 - p_2}{\mu L}\left(\frac{b_2}{8} - \frac{b'^2}{2}\right) \tag{9-312}$$

由于流过单元截面积 $\mathrm{d}A_f$ 的流量 $\mathrm{d}q$ 等于 $v\mathrm{d}A_f$，其中 $\mathrm{d}A_f = h\mathrm{d}b'$，则有：

$$q=\int_{-\frac{b}{2}}^{\frac{b}{2}} vh\mathrm{d}b'$$

$$=\int_{-\frac{b}{2}}^{\frac{b}{2}} \frac{p_1-p_2}{\mu L}\left(\frac{b^2}{8}-\frac{b'^2}{2}\right)h\mathrm{d}b' \tag{9-313}$$

$$q=\frac{b^3h(p_1-p_2)}{12\mu L} \tag{9-314}$$

或

$$q=\frac{b^2A_\mathrm{f}(p_1-p_2)}{12\mu L} \tag{9-315}$$

式中 A_f——裂缝的截面积($A_\mathrm{f}=bh$),cm^2。

由达西定理,流量 q 的表达式还可写为:

$$q=\frac{K_\mathrm{if}A_\mathrm{f}(p_1-p_2)}{\mu L} \tag{9-316}$$

式中 K_if——岩石固有渗透率。

式(9-315)与式(9-316)的右端相等,这样可以解出岩石固有裂缝渗透率:

$$K_\mathrm{if}=\frac{b^2}{12} \tag{9-317}$$

由此可见,岩石固有裂缝渗透率与裂缝宽度的平方成正比。

2. 计算岩石裂缝渗透率

岩石裂缝渗透率与岩石固有裂缝渗透率的关系如下所述。

(1)当岩石只有1条裂缝时,参见图9-71,流经裂缝的流量 q 为:

$$q=\frac{AK_\mathrm{if}}{\mu}\frac{\Delta p}{L}=\frac{bhK_\mathrm{if}}{\mu}\frac{\Delta p}{L}$$

$$=\frac{b^3h}{12\mu}\frac{\Delta p}{L} \tag{9-318}$$

(2)当岩石中有 n 条裂缝时,流经这 n 条裂缝的流量 q_n 为:

$$q_n=n\frac{b^3h}{12\mu}\frac{\Delta p}{L} \tag{9-319}$$

岩石中有 n 条裂缝时,用达西定理表示的流量公式为:

$$q_n=\frac{AK_\mathrm{f}}{\mu}\frac{\Delta p}{L} \tag{9-320}$$

式中 K_f——岩石裂缝渗透率。

式(9-319)与式(9-320)的右端相等,可以解出岩石裂缝渗透率:

$$K_\mathrm{f}=\frac{nhb^3}{12A} \tag{9-321}$$

当岩石中有 n 条裂缝时，裂缝孔隙度等于 n 条裂缝孔隙体积除以岩石总体积，即：

$$\phi_f = \frac{V_{\phi_f}}{V} = \frac{nhbL}{AL} = \frac{nhb}{A} \tag{9-322}$$

则岩石裂缝渗透率与岩石固有裂缝渗透率的关系式为：

$$K_f = \phi_f K_{if} \tag{9-323}$$

或

$$K_f = \phi_f \frac{b^2}{12} \tag{9-324}$$

由此可见，岩石裂缝渗透率等于岩石固有裂缝渗透率乘以裂缝孔隙度。因此，岩石裂缝渗透率始终要小于岩石固有裂缝渗透率。

与渗透率有关的裂缝孔隙 ϕ_f 和裂缝张开度 b 可从式(9－324)中导出：

$$\phi_f = \frac{12K_f}{b^2} \tag{9-325}$$

$$b = \left(\frac{12K_f}{\phi_f}\right)^{\frac{1}{2}} \tag{9-326}$$

(3)当岩石有多裂缝存在时，采用多裂缝模型。多裂缝模型是由平行的基质薄片组成的，这些薄片有规则地与裂缝交互排列(图9－72)，因此，流体流动被看成是平行于裂缝的。

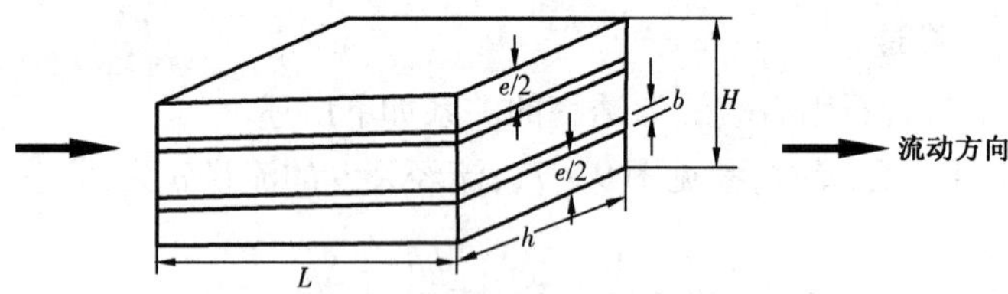

图9－72　多裂缝层(裂缝和层平行)

由图9－72可推导出岩石裂缝渗透率、孔隙度、裂缝密度和平均裂缝张开度之间的关系：

$$\phi_f = \frac{nhb \times L}{S \times L} = \frac{nhb}{S} = \frac{nb}{H} = AFD \times b = LFD \times b \tag{9-327}$$

$$K_f = \phi_f \frac{b^2}{12} = K_{if} \times b \times AFD = K_{if} \times b \times LFD \tag{9-328}$$

$$b = \left(\frac{12K_f}{\phi_f}\right)^{\frac{1}{2}} = \left(\frac{12K_f}{AFD}\right)^{\frac{1}{3}} = \left(\frac{12K_f}{LFD}\right)^{\frac{1}{3}} \tag{9-329}$$

$$\phi_f = \frac{12K_f}{b^2} = \sqrt[3]{12K_f AFD^2} \tag{9-330}$$

式中，裂缝面密度 AFD 和裂缝线密度 LFD 的关系为：

$$AFD = \frac{n \times h}{S} = \frac{n}{H} = LFD \tag{9-331}$$

3. 计算孔隙型储集层渗透率

从岩心分析资料统计可知，孔隙型储集层的渗透率 K_b 与其孔隙度 ϕ 和束缚水饱和度 S_{wirr} 可满足以下关系：

$$K_b = c\frac{\phi^x}{S_{wirr}^y} \tag{9-332}$$

式中 c, x, y——经验系数。

4. 计算裂缝孔隙型储集层渗透率

当岩石具有一定孔隙度时，对整个储集层渗透率仍有一定的影响。其影响方式为岩石渗透率 K_b 与裂缝渗透率 K_f 的简单相加，即：

$$K = K_b + K_f \tag{9-333}$$

在实际地层中，由于裂缝型储集层的类型不同，其裂缝的产状和组合形态也不同，所以计算裂缝的公式也不同。裂缝按其产状及其组合形态可以归纳成三种类型，即单组系裂缝模型、多组系垂直裂缝模型和网状裂缝模型，见图9－73、图9－74、图9－75。

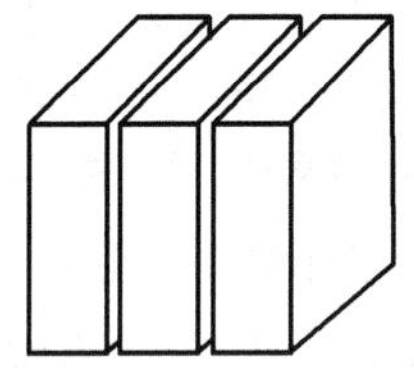

图9－73 板状裂缝型储集层模型

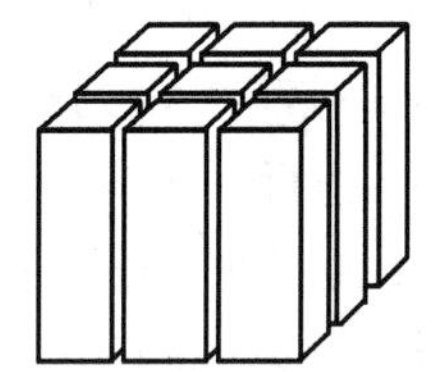

图9－74 火柴棍裂缝型储集层模型

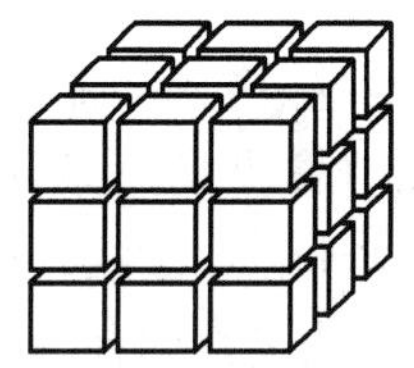

图9－75 立方体裂缝型储集层模型

这三类模型的渗透率计算公式如下：

平板状模型：

$$K_f = 8.50 \times 10^{-4} b^2 \phi_f \tag{9-334}$$

火柴棍模型：

$$K_f = 4.24 \times 10^{-4} b^2 \phi_f \tag{9-335}$$

立方体模型：

$$K_f = 5.66 \times 10^{-4} b^2 \phi_f \tag{9-336}$$

式中 b——裂缝宽度，μm^2；

ϕ_f——裂缝孔隙度，小数。

综上所述，碳酸盐岩储集层的评价技术包括了四个方面的内容，即储集层孔隙空间特征分析、有效储集层的划分、储集层流体性质的判别、储集层裂缝参数的定量计算。其中，储集层孔隙空间特征分析是基础，对碳酸盐岩剖面的解释至关重要，因为只有搞清了储集层孔隙空间的结构，特别是裂缝的产状，其余三项技术才有针对性，从而避免严重的失误。当然，随着碳酸盐岩勘探开发工作的日益深入，对测井技术提出了更多、更高的要求，只作储集层划分解释是远远不够的。为此，必须对储集层作出进一步定性和定量以至综合的评价。

第四节　测井资料数据处理

测井资料的数字处理就是应用电子计算机对测井资料进行自动整理和自动解释,并将解释成果自动显示出来。随着计算机技术及测井技术的发展,测井资料的数字处理在油田勘探开发中的作用已经越来越大。

20 世纪 60 年代初(1961 年)开始用计算机处理地层倾角测井资料,1964 年研制出了第一台数字测井仪。20 世纪 70 年代中期,发展了车载计算机数控测井系统,如斯伦贝谢公司产生的 CSU,还有德莱赛公司生产的 3700,可以对测井进行自动控制、自动刻度和自动检测,并可在井场对测井信息进行实时处理与初步的分析解释,及时提供必要的地质参数;同时,还采用了远程终端、计算网络、远距离传输和卫星传输等技术,发展了测井数据库、专家系统、软件工程等。20 世纪 90 年代,推出了成像测井系统。这些技术促进了计算机处理技术的发展。我国从 20 世纪 70 年代初开始研究用计算机处理测井资料,各地相继从国外引进了一批小型机如 85 机、PE3220 机、PE3230 机、Vax 2 机等,以及一些测井分析软件如 SAND2,CLASS,POR 等等,从那时起各地都可以用计算机来处理各种测井资料。由于计算机具有高速、准确的能力,可以在短时间内处理大量的资料,尽可能地利用各种资料进行分析,能够在复杂地质条件下完成人工难以进行的比较完善的综合定量解释工作,提供越来越多的地质和地球物理参数,大大提高了测井资料解决地质勘探与开发问题的能力,使得测井解释从定性解释发展成为定量解释。另外,它还可以应用一些数学方法如数理统计方法、最优化方法等来对测井和地质资料进行分析和解释,从而提高测井解释的精度。

测井资料的数字处理可以用来确定矿物的百分含量;计算岩层的地质参数,如 V_{sh},ϕ_t,ϕ_e,K,S_h,ρ_h;快速直观评价地层,如双孔隙度法显示油气水层;处理地层倾角资料给出地层的倾向和倾角等;计算地层的弹性力学参数如切变模量、泊松比等;可用来研究油田开发中油层动态、油水推进情况等;可以进行自动分层和地层对比,绘制各种参数的等值图和交会图。

一、测井资料处理流程

测井资料计算机解释的主要环节为测井资料的输入、测井资料的预处理、选择解释模型和解释参数、测井资料的计算机解释、数据处理成果的显示。

(一)测井资料的输入

用于进行数据处理的测井资料可以是野外测井数字磁带、模拟测井曲线或实时数字信息。前两种是计算机中心采用的,后一种是车载计算机数控测井仪上进行实时数字处理时采用的。野外测井数字磁带是数字测井仪在井场记录的测井信息的数字量;模拟测井曲线是测井仪记录的随深度而连续变化的电压值(模拟量),需经过数字化变成数字量;实时数字信息是车载计算机数控测井仪在井场进行测井的同时由仪器中专门的模数转换装置输出的数字信息,一般只是用于井场比较简单的计算。

(二)测井资料的预处理

以上输入的测井资料都必须应用专门的程序进行预处理后,才能用计算机分析计算。野外数字磁带的预处理包括:改变数据的记录格式,对数据进行刻度,即把代表电压值的采样数据转换成为以工程单位(如 $\Omega \cdot m$,$\mu s/m$,g/cm^3)表示的测井值,按曲线名和深度值把数据重新进行归并排列,使之成为便于计算的用户格式磁带记录。模拟测井曲线在用数字化仪转化成数字量以后进行预处理,其内容包括:把等时采样数据转换成等距采样数据,把表示采样点的坐标值的数据刻度成为以工程单位表示的测井值等。数控测井仪得到的实时数字信息代表的是采样点的电压值,因此,也必须先用专门的程序对这些采样数据进行数据刻度等预处理,预处理后的测井资料可以用于计算机处理。

(三)选择解释模型和解释参数

在用预处理后的数字曲线进行各种定量计算之前,需要根据解释井的地质情况、测井内容和井下条件选择合理的解释模型,并确定用于定量计算所必须的初始参数。解释模型和解释参数选择正确与否,直接关系到解释成果的可靠程度,特别是对那些地质情况还不太清楚的新井的解释更是必要的。为此,应结合各种地质资料、钻井取心及试油资料,对原始或预处理后回放的模拟测井曲线进行细致的分析研究,并选择某些层段作出各种类型的交会图来判断岩性成分、选择某些解释参数、确定各种曲线的附加校正值,必要时还应进行试算工作。最后,合理地选择解释模型和解释参数,为测井分析程序提供必要的数据准备。

(四)测井资料的计算机解释

对经过预处理后的测井数据进行计算机解释,是利用事先编制的测井分析程序,将输入的数据和参数按深度逐点进行计算。必要时,还可以先用程序对测井数据进行各种校正及环境影响校正,用分层程序划分解释层段等。用计算机解释测井资料主要目的有:岩性分析,计算储集层物理参数,评价地层的含油性等。它将按采样点的顺序连续地计算出解释层段中各个采样点处的成果参数,并按采样点的顺序把它们存放在成果磁带上。

(五)数据处理成果的显示

最后,把成果磁带上的成果显示成直观的图形或者数据表格。显示方式有两种:一种为成果表;另一种为成果图。成果表是把成果磁带上的数据按照深度的顺序打印成数据表,可以直接读出各个深度的采样数据,便于进行定量分析。成果图是按规定格式用绘图程序把成果磁带上的数据画成曲线图形,它的特点是形象直观,便于进行地质解释和分析对比工作。

二、POR 程序处理方法

POR 程序是 Atlas 公司开发的最简单的泥质砂岩分析程序。它采用五种常用泥质指示计算地层泥质含量,采用三种孔隙度测井的任一种测井计算储集层孔隙度,选用泥质砂岩电阻率方程或阿尔奇公式计算储集层饱和度。

(一)计算地层泥质含量

POR 程序给出了 5 种计算泥质含量方法。它分别使用自然伽马、自然电位、补偿中子、地层电阻率、中子寿命计算地层泥质含量。各种方法均采用下面的经验公式计算地层泥质含量:

$$\mathrm{SH}_i = \frac{\mathrm{SHLG}_i - \mathrm{GMIN}_i}{\mathrm{GMAX}_i - \mathrm{GMIN}_i} \qquad (i = 1,2,\cdots,5) \tag{9-337}$$

$$V_{\mathrm{sh}i} = \frac{2^{\mathrm{GCUR}\cdot\mathrm{SH}_i} - 1}{2^{\mathrm{GCUR}} - 1} \tag{9-338}$$

式中 $SHLG_i$——解释层段内第 i 条曲线测井值；

$GMIN_i$——第 i 条曲线在纯砂岩处的测井值；

$GMAX_i$——第 i 条曲线在纯泥岩处的测井值；

SH_i——第 i 条曲线测井相对值；

GCUR——地区经验系数；

V_{shi}——第 i 条曲线求出的泥质含量。

（二）计算地层孔隙度

POR 程序采用三种孔隙度测井中的任一种方法计算地层孔隙度。在孔隙度计算中，采用含水泥质岩石模型，未考虑油气影响。

密度测井：

$$\phi = \frac{\rho_b - \rho_{ma}}{\rho_f - \rho_{ma}} - \frac{V_{sh}(\rho_{sh} - \rho_{ma})}{\rho_f - \rho_{ma}} \tag{9-339}$$

式中 ρ_b——密度测井值，g/cm^3；

ρ_f,ρ_{ma}——孔隙流体和岩石骨架的密度值，g/cm^3。

声波测井：

$$\phi = \frac{\Delta t - \Delta t_{ma}}{(\Delta t_f - \Delta t_{ma})C_p} - \frac{V_{sh}(\Delta t_{sh} - \Delta t_{ma})}{\Delta t_f - \Delta t_{ma}} \tag{9-340}$$

式中 Δt——声波时差，μs/m；

$\Delta t_f,\Delta t_{ma}$——孔隙流体和岩石骨架的声波时差，μs/m；

C_p——地层压实校正系数。

补偿中子测井一般采用忽略骨架含氢指数的计算方法，即：

$$\phi = \Phi_N - V_{sh}\Phi_{Nsh} \tag{9-341}$$

式中 Φ_N——补偿中子测井值；

Φ_{Nsh}——泥质的中子测井值。

（三）计算地层含水饱和度

POR 程序采用阿尔奇（Archie）公式或 Simandoux 简化公式计算储集层含水饱和度。

（1）Simandoux 简化公式：

$$S_w = \frac{1}{\phi}\left(\sqrt{\frac{0.81R_w}{R_t}} - V_{sh}\frac{R_w}{0.4R_{sh}}\right) \tag{9-342}$$

式中 R_w,R_t,R_{sh}——地层水电阻率、地层真电阻率和泥岩电阻率。

（2）阿尔奇公式：

$$S_w = \left(\frac{aR_w}{\phi^m R_t}\right)^{\frac{1}{n}} \tag{9-343}$$

其中，a,m,n 取两组值：一组值为 $a=1,n=2,m=1.87+0.019/\phi$，且当 $\phi>0.1$ 时令 $m=2.1$，

当 $m>4$ 时 $m=4$；另一组值为 $a=0.62$，$m=2.15$，$n=2$。

（四）计算地层渗透率

POR 程序采用 Timur 公式计算地层绝对渗透率：

$$K=\frac{0.136\phi^{4.4}}{S_{\mathrm{wirr}}^{2}} \tag{9-344}$$

式中 S_{wirr}——束缚水饱和度，%；

ϕ——孔隙度，%；

K——绝对渗透率，$10^{-3}\mu\mathrm{m}^2$。

（五）计算出砂指数

POR 程序通过计算出砂指数来反映砂岩强度和稳定性。出砂指数计算公式为：

$$\mathrm{BULK}=13400\frac{\rho_{\mathrm{b}}}{\Delta t^{2}} \tag{9-345}$$

式中 ρ_{b}——密度测井值，$\mathrm{g/cm^3}$；

Δt——声波测井值，$\mu\mathrm{s/ft}$；

BULK——出砂指数，$10^6\mathrm{lb/in^2}$（约为 $7.04\times10^8\mathrm{kg/m^2}$），数值范围一般在 1～10 之间。

BULK 用于指导采油作业。经验表明，当 BULK≥3 时，正常求产方式下采油不出砂；否则，就会出砂，这时应减小油嘴生产，可不出砂或少出砂。

（六）累计孔隙厚度和累计油气厚度

（1）累计孔隙厚度：

$$\mathrm{PF}=\sum_{i=1}^{m}\phi_i\Delta h \tag{9-346}$$

式中 Δh——测井曲线采样间隔，通常为 0.125m 或 0.1m；

ϕ_i——第 i 个采样点的孔隙度，小数。

（2）累计油气厚度：

$$\mathrm{HF}=\sum_{i=1}^{m}\phi_i(1-S_{\mathrm{w}i})\Delta h \tag{9-347}$$

式中 $S_{\mathrm{w}i}$——第 i 个采样点计算含水饱和度，小数。

PF 和 HF 表示从某一深度开始累计得到的纯孔隙厚度和纯油气厚度。在测井解释成果图上，通常在某些深度位置上用短线表示累计得到的纯孔隙厚度或纯油气厚度，每相邻短线之间累计孔隙厚度或累计油气厚度为 1m 或 1ft。处理井段的短线越多，说明地层孔隙越发育或油气越多。

（七）解释实例

图 9－76 给出了利用 POR 程序处理的胜利油田古近系地层中一口探井的成果图。从图中可知，在 2292.9～2299.6m 和 2292.9～2299.6m 的储集层处，泥质含量较大，束缚水饱和度较高，而这两层的含油气饱和度较高，故解释为油层；在 2321.6～2326.6m 的储集层处，泥质含量降低，但含水饱和度增大，表明该层可动水增加，故解释为油水同层。

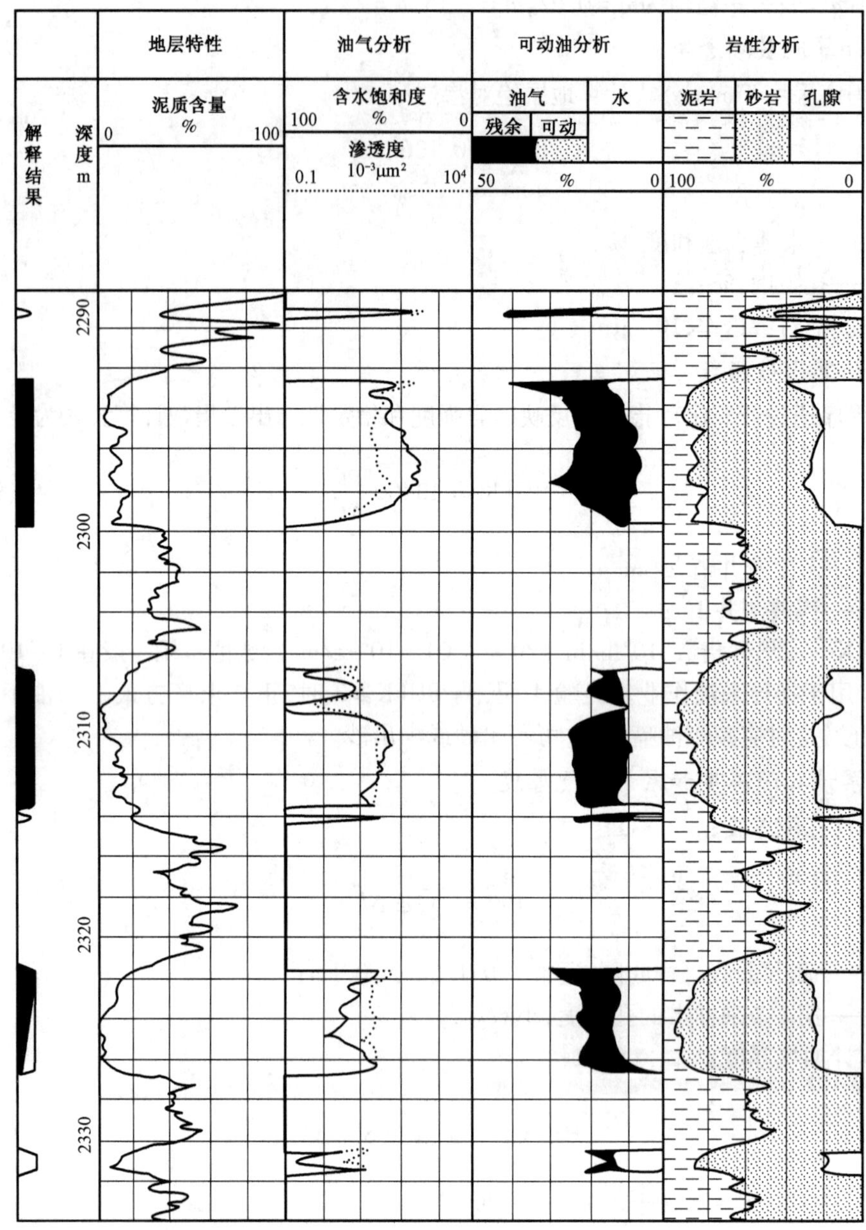

图 9－76　利用 POR 程序处理的胜利油田古近系地层中一口探井的成果图

参考文献

[1] 张守谦,李占咸．石油地球物理测井．北京:石油工业出版社,1981.

[2] 丁次乾．矿场地球物理．东营:中国石油大学出版社,2002.

[3] 张庚骥．电法测井．东营:石油大学出版社,1996.

[4] 陈一鸣,朱德怀,等．矿场地球物理测井技术测井资料解释．北京:石油工业出版社,1994.

[5] 王秀明．应用地球物理方法原理．北京:石油工业出版社,2000.

[6]《测井学》编写组．测井学．北京:石油工业出版社,1998.

[7] 王群,庞彦明,等．矿场地球物理测井．北京:石油工业出版社,2002.

[8] 楚泽涵．声波测井原理．北京:石油工业出版社．1987.

[9] 王爱民．扇区水泥胶结测井仪及在套管井的应用．测井技术,2003,27(增刊):56 - 58.

[10] 黄隆基．核测井原理．东营:中国石油大学出版社,2008.

[12] 洪有密．测井原理与综合解释．东营:中国石油大学出版社,2007.

[12] 曹嘉猷．测井资料综合解释．北京:石油工业出版社,2002.

[13] 陆大卫．石油测井新技术适用性典型图集．北京:石油工业出版社,2001.

[14] 中国石油与天然气总公司勘探局．测井新技术与油气层评价进展．北京:石油工业出版社,1997.

[15] 张守谦,顾纯学,等．成象测井技术及应用．北京:石油工业出版社,1997.

[16] 石油测井情报协作组．测井新技术应用．北京:石油工业出版社,1998.

[17] 肖立志,柴细元,等．核磁共振测井资料解释与应用导论．北京:石油工业出版社,2001.

[18] 贾文玉,田素月,等．成像测井技术与应用．北京:石油工业出版社,2000.

[19] 李舟波．钻井地球物理勘探．北京:地质出版社,2006.

[20] 郭海敏．生产测井导论．北京:石油工业出版社,2003.

[21] 吴锡令．生产测井原理．北京:石油工业出版社,1997.

[22] 陈科贵,谌海云．油气田生产测井．北京:石油工业出版社,2000.

[23] 孙建孟．油田开发测井．东营:中国石油大学出版社,2007.

[24] 石油测井学会．测井资料在油气田开发中的应用．北京:石油工业出版社,1991.

[25] 林梁．电缆地层测试器资料解释理论与地质应用．北京:石油工业出版社,1994.

[26] 王贵文,郭荣乾．测井地质学．北京:石油工业出版社,2000.

[27] 司马立强．测井地质应用技术．北京:石油工业出版社,2002.

[28] 王曰才,王冠贵．地层倾角测井．北京:石油工业出版社,1987.

[29] 胡盛忠．石油工业新技术及标准规范手册——石油勘探新技术及标准规范．哈尔滨:哈尔滨地图出版社,2004.

[30] 吴元燕,陈碧钰．油矿地质学．2 版．北京:石油工业出版社,1996.

[31] 雍世和,张超谟．测井数据处理与综合解释．东营:石油大学出版社,1996.

[32] 孙建孟,王永刚．地球物理资料综合应用．东营:石油大学出版社,2001.

[33] 张厚福,等．石油地质学．北京:石油工业出版社,1999.

[34] 赵澄林,朱筱敏．沉积岩石学．3 版．北京:石油工业出版社,2001.

[35] 潘兆橹．结晶学及矿物学．下册．3 版．北京:地质出版社,1994.

[36] 须藤俊男．粘土矿物学．严寿鹤,刘万,等译．北京:地质出版社,1981.

[37] 欧·塞拉．测井解释基础与数据采集．谭廷栋,廖明书,等译．北京:石油工业出版社,1992.

[38] 欧·塞拉．测井资料地质解释．肖义越,译．北京:石油工业出版社,1992.

[39] 赵良孝,补勇．碳酸盐岩储层测井评价技术．北京:石油工业出版社,1994.

[40] 宋惠珍,贾承造,等．裂缝性储集层研究理论与方法．北京:石油工业出版社,2001.

[41] 欧阳建,王贵文,等．测井地质分析与油气层定量评价．北京:石油工业出版社,1999.

[42] 欧阳建．石油测井解释与储层描述．北京:石油工业出版社,1994.

[43] 谭廷栋．裂缝性油气藏测井解释模型与评价方法．北京:石油工业出版社,1987.

[44] 曾文冲,欧阳建,等. 测井地层分析与油气评价. 北京:石油工业出版社,1987.
[45] 胡宗全. 致密裂缝性碎屑岩储层描述、评价与预测. 北京:石油工业出版社,2005.
[46] 李舟波. 地球物理测井数据处理与综合解释. 长春:吉林大学出版社,2003.
[47] 石德勤,陶宏根,傅有升. 大庆测井公司优秀论文集. 北京:石油工业出版社,2004.
[48] 楚泽涵,等. 地球物理测井方法与原理. 下册. 北京:石油工业出版社,2008.
[49] 贾慧丽,李宏魁,代华. 氧活化找漏找窜测井技术应用研究. 长江大学学报:自然科学版,2009,6(4):175 - 176.
[50] 郭海敏,等. 氧活化测井解释方法研究. 石油天然气学报,2007,29(4):94 - 96.